Symmetry in Matter and Group Theory

物質の
対称性と
群論

今野 豊彦 著

共立出版

序文

　本書は、かねてから著者が、こんな本があったらいいなぁと思っていた内容を共立出版（株）のご支援を受け、まとめあげたものである。

　我々の周りには対称性が満ちあふれている。たとえば、世界を結ぶ飛行機が軽くて強いのは、そこに用いられているジュラルミンという合金の中で、アルミニウム原子の並進対称性を破るようにマグネシウムなどの原子が析出しているからだ。また、こうしている今も、我々の血液中に存在する鉄原子は4回対称を基本とする点対称場におかれ、そのお陰で、我々は日夜、生命活動を営むことができている。我々が対称性を勉強しようというのはしごく当然の結果といえる。

　材料や固体物理を専攻する学生のみなさんが、最初に対称性に接するのは結晶中の原子の並び方であろう。そこで格子や 32 種類の点群、さらに空間群を学ぶ。しかし、それらは結晶構造の解析やテンソルへの応用が主で、群論を系統的に学ぶ機会はほとんどない。そうでありながら、結晶場における d 軌道の分裂や、バンド構造における Δ や Γ といったシンボルが、磁性や固体物理を学ぶにつれ登場する。また、最近では微粒子やクラスターの研究で、π_g とか σ_u とか得体の知れない記号に直面することも多くなってきた。これとは対照的に、化学を専攻する学生が分子軌道法、配位子場理論、分子振動などを学ぶ際、群論は必須の手段である。しかし一方で、化学系の教科書では並進対称性を伴う系、すなわち、結晶に関する記述は多くの場合、最後の章に簡単にまとめられている程度ではないだろうか。

　私にとって、原子配置に関する複雑な空間群を知っている優秀な学生が、一方で、分子軌道法や点対称場における軌道の分裂を、初等的な群論の立場から扱えないのは非常にもったいないものに思えた。また一方、分子振動の既約化などをマスターした学生が、ブラベー格子やバンド理論、あるいはテンソルに接する機会がないのも残念だった。

　こういった時、材料系博士課程前期 1 年生を対象に、物質の対称性と群論に関する半年間の講義を行う機会を得た。2 年前の秋、東北大金研の一セミナー室に集まったのはたった 10 名だったが、この中には結晶の構造解析を行う者、磁性を専攻する者、材料の機械的性質を扱う者、あるいは理学部化学科から進学してきた者がおり、私の目的からして十分の陣容だった。このセミナーのためにテキストを作成したが、それに大幅に手を加えたのが本書である。

　だいぶ背伸びをして書いたせいもあって、内容が不十分なものになったことを恐れている。結晶学の先生からは、ミラー指数や実際の構造例、あるいは消滅則に関する記述が少なすぎるのではないかと怒られるかもしれない。量子化学では基本中の基本である軌道の反対称化にさえ触れていない。群論の先生には剰余類群や二重群も書いていない本など、群論の教科書ではないと怒られるかもしれない。しかし、材料・固体物理・化学を学ぶ学生が、対称性というテーマで結ばれたバリアフリーの状

況を作り出し、また、ただでさえ取っ付きにくい群論に親しんでもらうためには、最初のハードルはできるだけ低くしたかった。その結果が本書であるともいえる。

　本書の図面は、ほとんどが手製のものであるが、*International Tables for Crystallography* からのデータ、田辺–菅野ダイヤグラム、AgZn のバンド計算の結果だけは転載させていただいた。使用を許可してくださった関係諸氏に感謝申し上げる。特に、田辺行人、菅野曉両先生には、面識がないのにもかかわらず、転載を快諾していただき、厚くお礼申し上げたい。もともと、私が本書でカバーしている分野に興味を抱いた理由のひとつが、母校、スタンフォード大学での無機化学の授業において "*Chemistry is Electron. Ligand Field Theory is Tanabe-Sugano Diagram !*" とたたき込まれたことであり、この意味からも、両先生には、この場を借りて感謝申し上げたい。

　大分、広範囲の分野をカバーするテキストになってしまったが、よくよく考えると、私自身が寄与した部分など、ほんのかけらもない。すべて、先人の偉業である。当初は、気軽な気持ちで書き始めたテキストであったが、時間が経つにつれ、群論、そして量子力学を築き上げた人々の英知の前に、心が震えそうになることが何度もあった。それに比べると、私など、築き上げられた学問を伝えるのが精一杯である。これまでに私が読んだ文献や教科書のすべてを掲げて、先人の偉大さを少しでも学生のみなさんにお伝えしたかったのであるが、それは不可能である。そこで、ほんのわずかであるが、各章の先頭に、こうした先輩科学者が述べられた珠玉のお言葉の一端を記させていただいた次第である。また、本書の内容に関する一切の責任は私にある。不適切な表現等については、適宜、改めていく所存であるので、ご指導いただければ幸いである。さらに本書は、出版コスト削減のため DTP により私が作成した原稿を流用したものであることを付記したい。このため、多少お見苦しい点があるかもしれないが、ご容赦いただきたい。特に図と本文とのフォントが多少、異なっているところがあるが、このことによる混乱はないと信じる。

　本書をまとめるにあたって、共立出版（株）の小山透氏には、本というものの在り方を始め、多くのことを教えていただいた。ここに感謝したい。また、金研でのセミナーも 2 期生を送りだし、これまでに、数多くの学生のみなさんにご助力いただいた。つたない私の授業についてきてくれたことを、ここにお礼申し上げる。さらに、本書の執筆を暖かく見守ってくださった平賀賢二教授を始めとする研究室スタッフのみなさま、そして学生のみなさんに、心から感謝する。また、家庭をかえりみずにコンピュータに向かうことを許してくれた妻の順子、そして、まだ幼い峻馬と愛に感謝するとともに、これから、少しは父親としての役目を果たすことを約束したい。最後に、私が本書を執筆できるようになったのも、もとをただせば、これまでの奔放な私の生き方を、じっと見守ってくれた両親のお陰である。この場を借りて心から感謝したい。

2001 年 9 月　東北大学金属材料研究所　平賀研究室にて
今野豊彦

目次

第0章　はじめに
- 0.1　対称操作とは何か ... 1
- 0.2　対称性が果たす役割：本書の概要 ... 2
- 0.3　表記法について ... 5

第I部　対称性と結晶学

第1章　ブラベー格子と結晶系
- 1.1　結晶構造 ... 8
- 1.2　対称操作 ... 9
- 1.3　ネット（2次元格子） ... 10
- 1.4　ブラベー格子 ... 12
- 1.5　結晶系 ... 19

第2章　点群
- 2.1　点群の表示：ステレオ投影 ... 20
- 2.2　対称要素の表記 ... 21
- 2.3　点群 ... 22
- 2.4　結晶に存在する32種類の点群の導出 ... 23
- 2.5　各点群における極点と対称要素のステレオ図 ... 25
- 2.6　シェーンフリース表記 ... 30
- 2.7　32種類の点群の特徴といくつかの分類法 ... 33

第3章　空間群
- 3.1　並進操作を伴う対称操作：ノンシンモルフィック操作 ... 35
- 3.2　2次元空間群 ... 38
- 3.3　3次元空間群 ... 42
- 3.4　*International Tables for Crystallography* ... 53
- 3.5　回折現象と対称操作 ... 63
- 3.6　実在の物質の構造の例 ... 64

第II部　群論と量子力学

第4章　群論入門

- 4.1 群とは何か ……………………………………………………………… 68
- 4.2 積表と再配列定理 ………………………………………………………… 70
- 4.3 部分群と巡回群 …………………………………………………………… 74
- 4.4 相似変換とクラス ………………………………………………………… 75
- 4.5 群の表現 …………………………………………………………………… 79
- 4.6 既約表現とキャラクター表 ……………………………………………… 82
- 4.7 大直交定理 ………………………………………………………………… 84
- 4.8 既約化と直積 ……………………………………………………………… 88
- 4.9 射影演算子 ………………………………………………………………… 95
- 4.10 利用例 …………………………………………………………………… 97

第5章　量子力学の復習

- 5.1 ベクトル空間と状態ベクトル …………………………………………… 100
- 5.2 固有状態とシュレディンガー方程式 …………………………………… 103
- 5.3 縮退した状態：三次元井戸 ……………………………………………… 107
- 5.4 交換関係とCSCO ………………………………………………………… 109
- 5.5 近似法 ……………………………………………………………………… 112
- 5.6 対称操作と量子力学 ……………………………………………………… 116

第6章　球対称場における原子の状態

- 6.1 中心力の場 ………………………………………………………………… 118
- 6.2 一電子系固有状態 ………………………………………………………… 119
- 6.3 多電子系の取扱い ………………………………………………………… 125
- 6.4 タームシンボル …………………………………………………………… 128
- 6.5 フントの法則 ……………………………………………………………… 132
- 6.6 スピン–軌道相互作用 …………………………………………………… 133
- 6.7 $L\text{-}S$ カップリングと $j\text{-}j$ カップリング ………………………………… 134

第III部　物質の対称性とその応用

第7章　配位子場理論

- 7.1 配位子場理論とは ………………………………………………………… 138

7.2　点対称場における一電子状態の既約表現 139
　7.3　多電子系固有状態の既約表現：弱い結晶場の場合 143
　7.4　強い結晶場の場合 144
　7.5　低対称化の方法 147
　7.6　エネルギー相関図 150
　7.7　田辺–菅野ダイヤグラム 153
　7.8　配位子場理論の応用：金属錯体を中心として 156

第8章　分子軌道法

　8.1　分子軌道法の基礎：二原子分子 H_2^+ の状態 162
　8.2　波動関数の対称性と重なり積分 S 166
　8.3　分子軌道の既約表現：二原子分子の場合 167
　8.4　MO ダイヤグラム 171
　8.5　配置間相互作用と非交差則 171
　8.6　分子における多電子系固有状態とタームシンボル 173
　8.7　スペクトロスコピー 178
　8.8　異種二原子分子の対称性と既約表現 181
　8.9　三原子分子 182

第9章　分子振動

　9.1　振動と回転運動の分離 187
　9.2　運動の自由度 189
　9.3　質点系の運動方程式 190
　9.4　基準振動 193
　9.5　基準振動の既約表現 196
　9.6　座標系の選択：対称座標系 201
　9.7　射影演算子を用いた振動モードの図示 202
　9.8　基準モードと状態関数 206
　9.9　赤外およびラマン分光 210

第10章　バンド理論

　10.1　巡回群の既約表現とエネルギー準位 214
　10.2　既約表現 Γ_κ と波数 k 221
　10.3　ブロッホの定理とブロッホ関数 223
　10.4　逆格子とブリルワンゾーン 224
　10.5　格子振動 228

10.6	電子の状態：自由電子モデル	232
10.7	電子の状態：タイトバインディングモデル	236
10.8	結晶の点対称性とバンド	241
10.9	k の群とバンド構造	244
10.10	適合関係	251
10.11	ポテンシャルがゼロでない場合	252
10.12	ノンシンモルフィックな系、スピン–軌道相互作用	253

第11章　テンソル

11.1	物性テンソルとフィールドテンソル	255
11.2	テンソルの定義	260
11.3	極性テンソルと軸性テンソル	261
11.4	テンソル成分の削減とマトリックス表示：フィールドテンソルの対称性	262
11.5	熱力学的な対称性と物性テンソル	264
11.6	ノイマンの原理	268
11.7	結晶の対称性と物性テンソル：直接法	269
11.8	結晶の対称性と物性テンソル：群論に基づいた方法	280
11.9	いくつかの応用例	283

問題解答		285
付録A：	立体模型	300
付録B.1：	並進対称性と両立する32種類の生成要素	301
付録B.2：	並進対称性と両立する32種類の一般点と対称要素のステレオ投影図	302
付録C：	17種類の2次元空間群	304
付録D：	3次元空間群：*International Tables* から（No.194, 225）	308
付録E：	キャラクター表	312
付録F：	対称テンソルの非ゼロ成分・等価な成分	318
参考文献		321
索引		323

第 0 章　はじめに

Symmetry, as wide or as narrow as you may define its meaning, is one idea by which man through the ages has tried to comprehend and create order, beauty, and perfection.

　　　　　　　　　　　　　　　　　　　　　　　　　H. Weyl　"Symmetry"

0.1　対称操作とは何か

　対称性とは何だろう。たとえば図 0.1(a), (b) に示した物体 A と B とでは B の方がより対称性が高いことは何となく判るだろう。このことをはっきりさせるために線分 $\alpha\beta$ を引き、それに対してこれらの物体を左右逆転させてみよう (図 0.2)。この操作を*鏡映操作*(mirror operation) といい、線分 $\alpha\beta$ を*鏡映面* (mirror plane) と呼ぶ。また、そのような操作によって生まれた物体を仮に mA と表そう。鏡映操作の結果得られた mA と A とは明らかに異なっているが、mB ともとの B とはまったく区別がつかない。

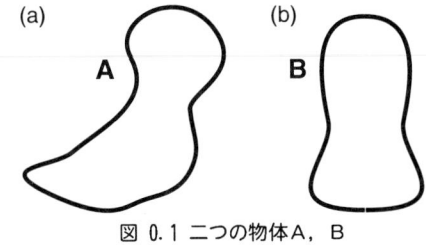

図 0.1　二つの物体A, B

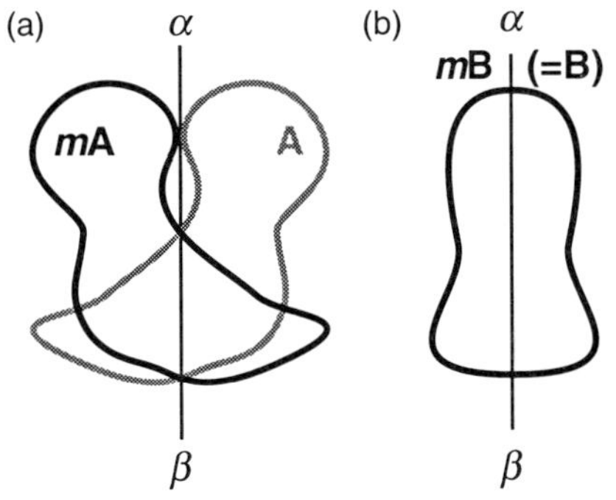

　このように物体に対して特定の操作を施したときに同一な物体が得られるとき、その操作を*対称操作* (symmetry operation) という。言い換えると、対称操作によって物体は不変 (invariant) に保たれる。たとえば、物体 B にとって鏡映面 $\alpha\beta$ で表される鏡映操作は対称操作であるが、物体 A にとってはそうではない。そして対称操作の数が多い物体ほど対称性の高い物体といえる。

図 0.2　鏡映面 $\alpha\beta$：操作と「対称」操作

　物体 C を考えよう (図 0.3(a))。これは先ほどの B よりもさらに対称性が良いように見える。実際、図 0.3(b)に示したように m_x と m_y という二つの鏡映面がある。また、原点を中心に 180° 回転してもこの物体はもとの物体と区別がつかない。この操作を*回転操作* (rotation) と呼び、180° は 1 回転＝360° の 1/2 だから、2 とか C_2 とかで表す。さらに原点を中心に物体のすべての座標を (x, y) から $(-x, -y)$ に変化させる操作を考えると、物体 C にとって、こ

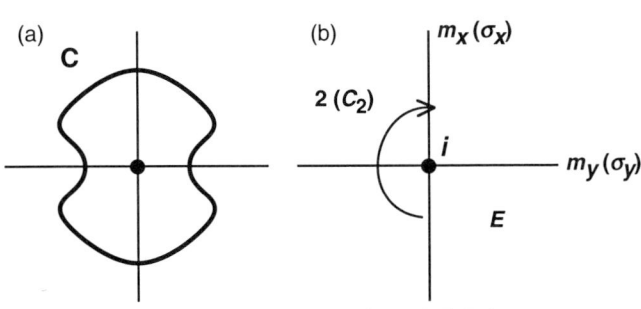

図 0.3　物体Cと鏡映、回転、反転、恒等操作

第0章 はじめに

れも立派な対称操作であることがわかる。この操作は反転操作（inversion）と呼ばれる。

さて、これまでに回転、鏡映あるいは反転といった操作が出てきたが、それらによってもまったく変化を及ぼされない（座標が変換されない）点が一つだけ存在する。それは物体 C でいうと反転操作の中心、すなわち座標軸の原点である。このように、これらの操作は常にこの1点に対して不変であるという理由から、これらの操作を点対称操作（point symmetry operation）と呼ぶ。

一方、物体を横や縦にずらす操作を並進操作（translation）と呼ぶ。先の物体 A から C に対して並進操作は対称操作ではありえない。横にずらせば、その分だけ移動してしまうからだ。ところが、次に図 0.4 で示したような点が無限に広がっている場合ではどうだろうか。これを物体 D と呼ぶことにしよう。この物体 D に並進操作を施してみると、図中の矢印 α や β で示した並進操作前後ではこの物体にはまったく変化がない。すなわち、この操作に対して物体 D は不変である。したがって、矢印 α や β で示された並進操作は対称操作としての資格を持っている。そこで、このように物体を不変に保つ並進操作を並進対称操作（translational symmetry operation）と呼ぼう。一方、矢印 γ で示された並進操作はこの物体 D にとって対称操作ではない。

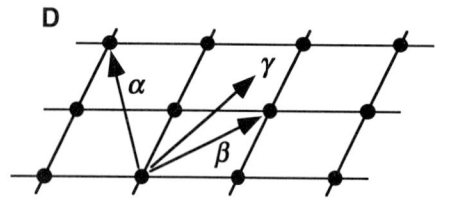

図 0.4 物体D：並進操作γと並進対称操作α、β

0.2 対称性が果たす役割り：本書の概要

次に、物質の対称性を論ずることがなぜ大切なのかを本書の内容を概観することによって考えてみよう。以下、各章のポイントをあげてみる。

第 I 部、第 1 章から第 3 章までは、原子の幾何学的な並び方を対称性という観点からいかに整理するかについてまとめる。点対称性から始めても、並進対称性から始めても同じであるが、この本では著者のバックグランドの関係で後者からスタートした。第 1 章では格子とは何かを述べ、対称性という観点から 2 次元では 5 種類、3 次元では 14 種類の格子か存在しないことを述べる。結晶学の立場からいうと 14 種類のブラベー格子と 7 種類の結晶系の導入部である。

第 2 章では点対称性操作を再度確認し、物体をその物体が有する点対称操作によって分類することを試みる。いくつかの点対称操作は組み合わさり、閉じた系を作る。これが点群だ。そして物体には固有の点対称操作が存在し、物体をそれが属する点群で分類できる。ここでは、並進対称性と両立する 32 種類の点群を中心としているが、並進対称性では許されない 5 回や 8 回といった回転操作だって、対称操作として分子などには存在する。結晶学に興味のない方は、このあと第 4 章の群論入門に進んでもらってかまわない。一方、テンソルを学びたい方はこの章から第 11 章に飛んでよい。

第3章は格子と点群の組合せによって作り出される空間群についての話である。ここではノンシンモルフィックな操作と呼ばれる新しい対称操作が出てくる。この章は結晶学を専攻する人には必須であり、"International Tables" の第1巻を一人で使えるようになることを一応の目標としている。

　ところで、第 I 部では点群とか空間群とかいう言葉さえ用いるが、群論の話はほとんどでてこない。そのようなことには気にせず、第 I 部では、ステレオ投影図を用いて等価な点（これを一般点と呼ぶ）を繰り返し生み出す操作をゲーム感覚で練習する中から対称性の秘める美しさを感じてほしい。実はその操作の一つひとつこそが第4章で説明するところの群の要素であり、この段階で感覚的に各対称操作に慣れることにより、群論におけるクラスの概念などがすでにおぼろげに芽生えてくる。

　第 II 部、第4章から第6章までは群論の手法を用いるための基礎を述べた。第4章が群論入門である。まず群の定義を積表を助けに行う。続いて積表を満たす系、すなわち群の表現を学ぶ。そして既約表現の存在を理解することが最大目標である。本書で述べるのは壮大な群論という体系の中で、対称操作によって構築される群のそのまた入門的なところだけだ。難しい大直交定理の証明などは一切省き、その定理から導かれる群論的手法の用い方の説明に終始する。私など、ピタゴラスの定理をどのように証明するかはすっかり忘れてしまったが、その使い方だけは人並みに覚えている。正しい使い方さえ忘れなければそれで実用上は十分であることは、読者のみなさんも常日ごろ感じておられるのではないだろうか。

　第5章では量子力学の復習を行おう。といってもシュレディンガー方程式を解くようなことは一切省く。むしろ対称性と群論という立場から重要なのは状態空間という概念をきちんと理解することである。ある境界条件下で互いに直交する関数系は基底をなし、その基底によって張られる空間が状態空間だ。そして、その中に存在する一つひとつのベクトルが状態ベクトルである。物質に対称操作をほどこした前後でそのエネルギー固有値は変化するはずがない。すなわち、対称操作という演算子とハミルトニアンという演算子は交換する。このことから、<u>与えられた系の固有状態は系の持つ対称性が属する群のいずれかの既約表現に従う</u>という極めて重要な結論が得られる。この結果、我々はシュレディンガー方程式を解かなくとも、系の対称性からのみ解の性質を知ることができる。

　次の第6章において孤立した原子の中の電子状態の記述を復習する。化学や物理を専攻する方々には見慣れた記述が続くが、一方、材料系の読者のみなさんにはこれまで断片的にしか学ぶチャンスがなかった内容なのではないだろうか。正規の群論の教科書であれば、球対称な系は回転群の導入により固有状態が二つの量子数に依存することを直ちに示すべくなのであろうが、本書ではむしろ、動径関数を含めた原子の状態を量子化学の立場から学ぶことで、第7章以降の準備としたい。また、この章では、一電子系固有状態、電子配置、多電子系固有状態という組み立てをしっかり覚えてほしい。

第 III 部は応用編と位置づけている。まず、第 7 章で配位子場理論をみる。原子がいくつかの原子に囲まれると中心の原子から眺めた世界（これをサイトシメトリー (site symmetry) という）はもはや球対称とはいえなくなる。すなわち、対称性は低下し、その原子から眺めた世界は対称性の低いある点群に属する。このような状況下で、その原子を中心に存在する電子の固有状態がどのように変化するかを論ずるのが配位子場理論である。周囲の配位子場の大きさが弱ければ球対称の場に対する摂動として扱えるし、逆に強い配位子場の場合、配位子の構成する点群の既約表現そのもので基底となる固有状態を指定する。この弱い場と強い場の関係を示したエネルギー相関図で有名なものが田辺–菅野ダイヤグラムだ。この相関図を定性的に理解できるようになれば、本書における配位子場理論の目的の 9 割は達成されたといえる。

一方、分子全体にまたがる電子状態に関して述べたのが第 8 章である。ここでは分子軌道を各原子軌道の線形結合で与えたとき、全体の分子軌道が持たなくてはならない点対称性を考える。本書では分子軌道法の極く基礎的な部分の記述しか行っていない。しかし、分子軌道は必ず分子の属する点群に従うということ、および同一の既約表現に属する分子軌道のみが相互作用を持つことができることさえ理解すれば、どのような分子でも対称性という観点からエネルギーレベル図を定性的に構築することができる。

次の第 9 章では分子振動について述べる。n 個の原子からなる系の振動は $3n$ 個の連立方程式により古典的に記述できる。そのような連立運動方程式が与える固有状態が基準振動である。各原子の変位を基底とする連立方程式を解くのは大変な作業であるが、実は各基底は分子の持つ点対称操作によって互いに変換されるので、分子の対称性から簡単に基準振動の既約表現を求めることができる。

第 10 章バンド理論で、初めて並進対称性を群論という立場から導入する。まず巡回群の既約表現がどのように表されるかを述べ、(i) 固体物理で学ぶ波数 k は巡回群における各既約表現を表す指標であること、(ii) 逆空間中において k のサイトシメトリーが k の群を与え、逆格子ベクトル K で結ばれた等価な k からなる表現を既約化することにより、バンドを分類することを述べる。バンド理論自体、固体物理の守備範囲であるが、むしろ(i)に関しては化学系の読者のみなさんのほうがすんなりと理解していただけるのではないかと思う。ベンゼン環などの分子軌道の既約表現を並進対称性という長さの次元で焼き直したのが波数 k だからだ。

最後の第 11 章テンソルのところで、我々は再びマクロ的性質に戻る。まず、フィールドテンソルと物性テンソルとを区別した後、後者は結晶の点群に従わなくてはならないというノイマンの原理から物性テンソルが持つべき性質を明らかにしていく。この章は直接法という群論によらない手法を中心に議論を進めているので 11.8 節を除けば、先に述べたように第 2 章からいきなりジャンプすることもできる。少し別の言い方をすれば、原子の並び方と同様に物性を与える符号も各対称操作に対して同じ点群に従う。したがって直感的な議論が容易に通用するのである。

以上のように、このテキストの中の個々の内容は現象面からすると別々のように見えるが、対称性という大きな視点からすると、お互いに深く関連している。そして、それらの底流にある群論に基づく考え方が見えてきたとき、あなたは物質の対称性を扱うのに必要な "play the game" という感覚が自分自身の中に芽生えてきているのに気がつくだろう。その時こそが、本書を離れてさらに上のレベルのテキストに進む潮時である。

0.3　表記法について

　最後に対称操作や点群あるいは既約表現と呼ばれる、群を記述する際に現れる様々な表記法について簡単に述べる。先にでてきた鏡映面を例にとっていうと、結晶学ではこの操作を m (mirror) と表すが、化学の分野では σ でもって表すのが普通である。前者を*国際表記*（international notation）、後者を*シェーンフリース表記*（Schoenflies' notation）と呼ぶ。もちろん両者は表記法の違いであって中身は同一である。回転操作に関していうと4回回転操作（90°回転操作）を前者では 4、後者では C_4 で表す。ここまでは簡単であるが、両者の差は反転など右手系から左手系の変換を伴う操作を扱うとき、少々ややっこしくなる。しかし、これは考え方の相違だけで本質的なことではもちろんないので、二つの表記法に慣れてほしい。本書では第一部では国際表記を主、シェーンフリース表記を従として両者を併記し、第4章以降は次第にシェーンフリース表記を主に用いた。結晶学以外の分野ではシェーンフリース表記が主に用いられているからである。

　一方、既約表現に関してはマリケン表記（Mulliken's notation）を主に用い、バンド理論のところで *BSW* 表記（Bouckaert, Smoluchowski and Wigner's notation）を用いた。後者は点群における既約表現の表記法であるにもかかわらず、並進対称性を考慮して主軸の選択をしていることが特徴で、このため異なった k の群の既約表現間の相関がきちんととれる。

　また、群論においてキャラクター（character）と呼ばれる群の表現と一対一の関係にある極めて重要な数が現れる。これまでの国内の多くの教科書ではこれを「指標」としていたが、本書ではあえて英語どおり、キャラクターと表した。指標という言葉を日本語本来の指標という意味で用いたときの混乱を避けたかったからと、現代ではキャラクターという言葉が日本語として十分定着したと考えたからである。

第0章　はじめに

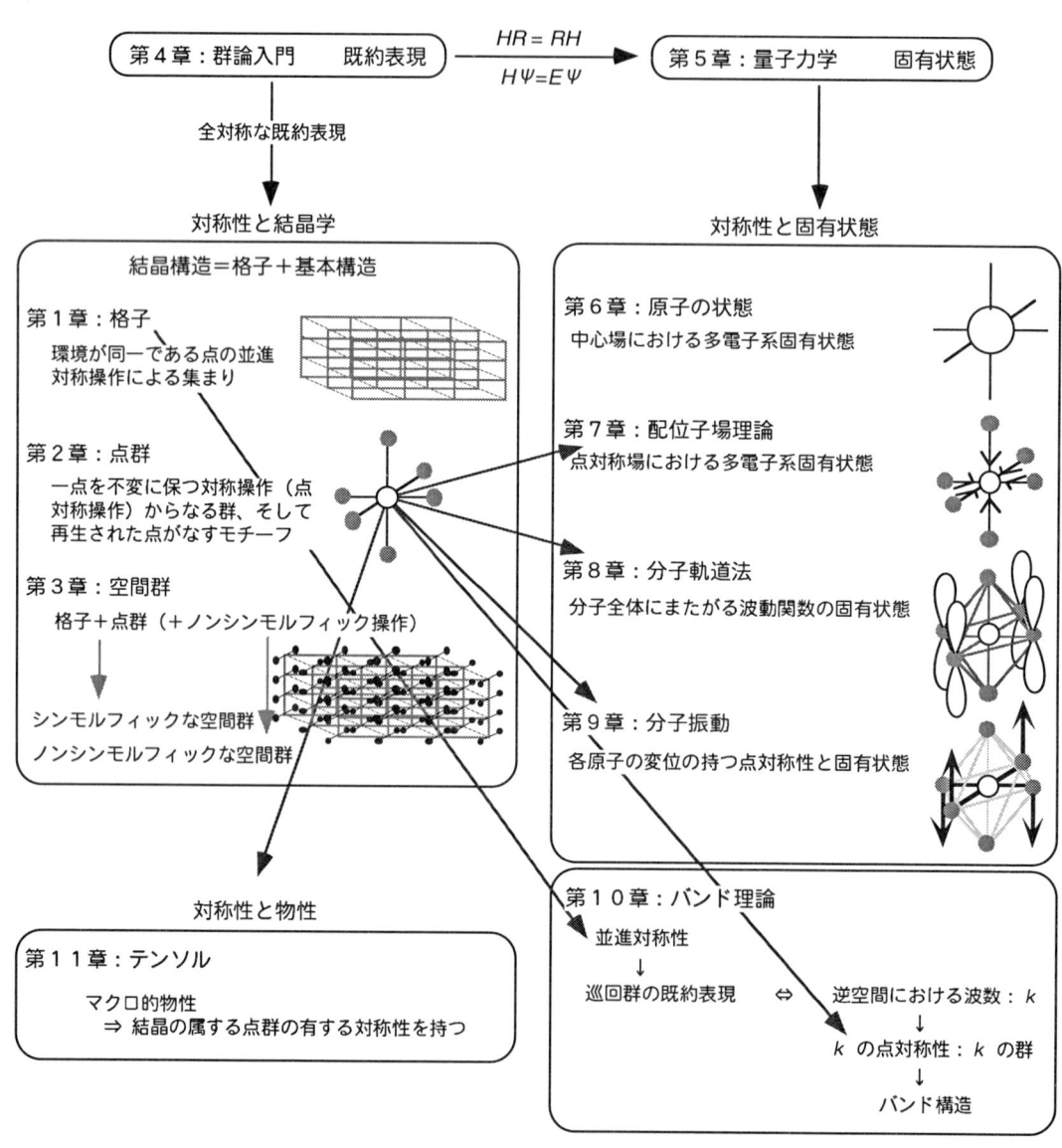

図 0.5 物質の対称性と群論：地図

第 I 部　対称性と結晶学

世の中に存在する物質のすべてが結晶であるわけでは無論ないが、それでもこれまで報告されている結晶構造は無機物だけを数えても 14 万種類を超えている。こんなにたくさんある結晶をどうやって分類するのだろうか？　それは対称性である。こんなにたくさん結晶構造があってもそのすべてはたった 7 個の結晶系のいずれかに属し、14 種類のブラベー格子のいずれかを有し、32 種類の点群のいずれかに分類され、230 種類の空間群のいずれかに属する。それですべてである。そこで、第 1 章から第 3 章までは幾何学的な原子の並び方を対称性でもって分類する方法を考える。まずは群論のことなど気にせずに、対称操作になれることに徹してほしい。

第1章 ブラベー格子と結晶系

We have not succeeded in finding or constructing a satisfactory definition that starts out "A Bravais lattice is ..."; the sources say "That was a Bravais lattice."

　　　　　　　　　　　　　　　C. Kittel　*"Introduction to Solid State Physics"*

　この章では、並進対称性に着目した結晶の分類を考えよう。そのため、格子という概念を導入する。まず、対称操作の相違により2次元格子はたった5個しか存在しないことを述べる。次に2次元格子を重ね合わせることにより14個の互いに異なった（ユニークな）3次元格子を求めよう。これがブラベー格子だ。そして、格子の有する点対称性から7個の結晶系が存在することを確認する。

1.1　結晶構造

　最初に、格子点から定義しよう。格子点とは単に規則正しく並んだ点ではなく、

　　　　格子点（lattice point）：周囲の環境が同一である点をいう。

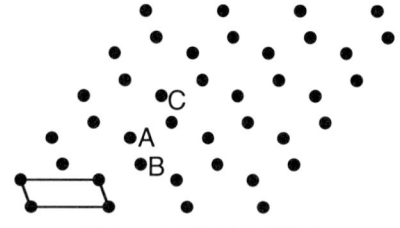

図 1.1 点の集まりと格子点

　たとえば、図 1.1 の点をある原子と考えよう。これらの原子は規則正しく並んでいるが、よく観察すると 原子 A と原子 B とでは周囲の環境が異なっていることがわかる。また、この A と B を結ぶベクトルによる並進操作を行っても全体の原子は重ならない。一方、原子 A と原子 C とは並進操作により、周囲の環境を含めて完全に重なるから、これらの原子は格子点上に存在しているといってよい。いってよい、と書いたのは格子点上に原子が存在する必然性はまったくないからだ。周囲の環境が同一でさえあれば、格子点の上には何もなくともかまわない。

　これらの格子点を結んだユニットが*単位胞*（unit cell）である。単位胞といってもいくら大きくてもいくつ格子点を含んでいてもかまわない。ただし、格子点を結んでいることが条件である。図中の平行四辺形は格子点を結んでいないので単位胞ではない。

　問題1.1　図1.1 に単位胞を描け。

　単位胞は1種類だけではなく、自由に選択できる。そのうち、格子点を平均で一つ含む単位胞を*プリミティブ単位胞*（primitive unit cell）という。

　問題1.2　図1.1 にプリミティブ単位胞を描け。

　このプリミティブ単位胞にもいろいろな選択があるが、どのような取り方をしても、その単位胞がプリミティブである限り、一つの格子点とそれに付随した一つの構造（上の例では原子 A と原子 B）が含まれていることがわかるだろう。この場合、この二つの原子からなる構造を*基本構造*（basis）と呼ぶ。また、格子点は定義により並進対称性操作により無限に再現さ

れる。これが*格子* (lattice) だ。すなわち、*結晶構造* (structure) とは格子と基本構造からなり、それらが決まった段階で無限に再現できる。重要なことなのであらためて書いておこう。

$$\underline{結晶構造（structure）} = \underline{格子（lattice）+基本構造（basis）} \tag{1-1}$$

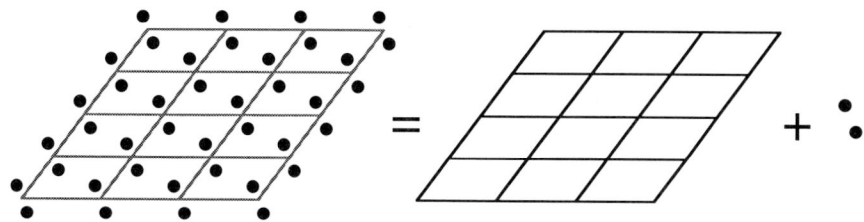

図 1.2 結晶構造 ＝ 格子 ＋ 基本構造

一口に格子といっても対称性の高いものもあればそうでないものもある。この章の目的は格子を対称性という観点から分類することだ。

1.2 対称操作

格子点を不変にする操作、すなわち*対称操作* (symmetry operation) には次のものがある。
(i) 並進(対称)操作、(ii) 回転(対称)操作、(iii) 反転操作、(iv) 鏡映操作。（並進操作と回転操作には対称操作でないものも、もちろん存在する（0.1 節参照）。しかし以後、特に断らない限り、本書においてはこれらの操作が対称操作であることを暗黙の了解とする。）また、群論の立場からは何もしない操作である (v) *恒等操作* (identity operation) も立派な対称操作だ。

これらの操作はあとから学ぶように群を構成する要素そのものであり、*対称要素* (symmetry element) とも呼ばれる。

- *並進操作* (translation) は
$$\vec{r} = l\vec{a} + m\vec{b} + n\vec{c} \quad (l, m, n：整数) \tag{1-2}$$
で表される。ここで、ベクトル $\vec{a}, \vec{b}, \vec{c}$ はプリミティブ単位胞を表すベクトルである（図 1.3）。

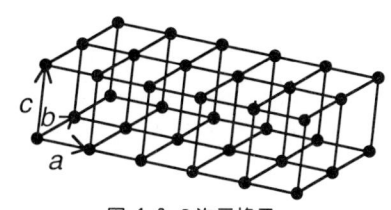

図 1.3 3 次元格子

- *回転操作* (rotation) とは、ある軸の周りに
$$360°/n = 2\pi/n \quad (n = 1, 2, 3, 4, 6) \tag{1-3}$$
だけ格子を回転したあと、まったく同一の格子に重なるような操作をいう。また、このときの軸を n 回回転軸と呼ぶ（実際は $1/n$ 回転していないのだから、$1/n$ 回回転軸というのが正確な言い方なのだが、慣習でこう呼ばれている）。英語ではそれぞれの n に対する軸を monad, diad, triad, tetrad, hexad と呼び、図 1.4 のようなシンボルが用いられる。並進対称操作と両立する回転軸はこれだけだが、世の中にはもちろん 5 回や 7 回といった回転軸だって存在する。

⬢ = diad, ▲ = triad, ◆ = tetrad, ⬣ = hexad

図 1.4 回転軸の表示

問題 1.3 並進対称操作と両立する回転軸が 1, 2, 3, 4, 6 しかないことを示せ。

- *反転操作*（inversion）は*反転中心*（inversion center）に関して次の座標変換をもたらす。
$$(x, y, z) \rightarrow (-x, -y, -z) \tag{1-4}$$
この操作は（1-2）から自明なことだが、すべての格子点について成立している。

- *鏡映操作*（reflection）は文字どおり点Aを点 A′ に映し出す（図 1.5）。このとき、紙面に垂直な面 *m* を*鏡映面*（mirror plane）という。この操作では右手系が左手系となることに注意しよう。同様のことは反転操作についてもいえる。このような操作はエンアンティモーファス操作（enantimorphous operation）と呼ばれる。鏡映操作は格子点の配列を扱うだけであれば単なる操作にすぎないが、このような操作で関係づけられた右手系と左手系という二つの異なった立体構造を有する分子は光学異性体と呼ばれ、応用上極めて重要であり、それ自身で大きな研究分野を形成する。たとえば、*l-*メントールとして知られている分子 $C_{10}H_{20}O$ は左旋性（levorotatory）であり、人間には清涼感を与えるが、その異性体である右旋性（dextrorotatory）を有する *d-*メントールではその効果は 1/10 以下である。

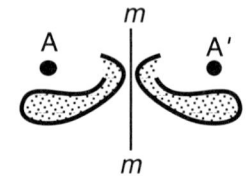

図 1.5 鏡映面と鏡映操作

1.3 ネット（2次元格子）

これでネット（net）と呼ばれる*2次元格子*（two-dimensional lattice）を導くための準備はできた。以下、5種類のユニークなネットを求める。すなわち、我々は2次元単位胞の辺の長さ（a と b）とその間の角度（γ）に注目し、これらを変化させた時に出現する対称要素の種類によって2次元格子を分類する。以下の図に示す点は原子ではなくて、あくまでも格子点である。

1.3.1 オブリークネット

まず、もっとも一般的な場合である。格子をなす二つの辺の長さが異なり、その間の角度も直角ではない格子をオブリークネット（oblique net）という。このような格子の有する対称要素は格子点

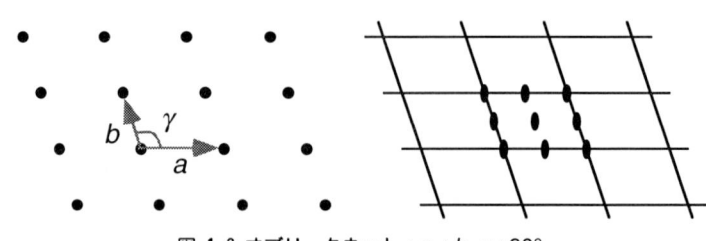

図 1.6 オブリークネット：$a \neq b, \gamma \neq 90°$

上および、各格子点を結ぶ線分（どのような線分でもよい）の中点上に存在する2回回転軸である。プリミティブ単位胞には四つの異なった2回回転軸が存在する。

1.3.2 長方形ネット

プリミティブ単位胞の二つの辺間の角度が直角になると、鏡映という新しい対称要素が四つ生まれてくる。これを*長方形ネット*（rectangular net）という。

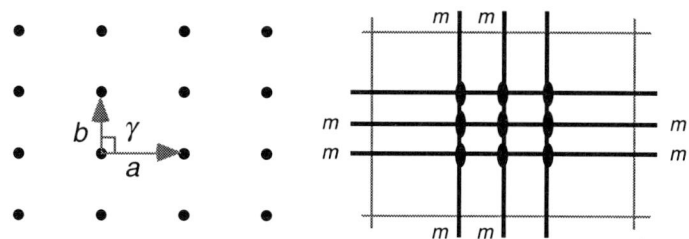

図 1.7 長方形ネット：$a \neq b, \gamma=90°$

1.3.3 菱形ネット

次に2辺の長さが同じであるが間の角度が 60、90、120°でない場合を考えよう。これらの角度を除外するのは、この三つの角度による回転は新たな回転操作を誘起するからだ。このネットを菱形ネット（rhombic net）と呼ぶ。プリミティブ単位胞は図の中央に示してある2辺の長さが a の菱形である。

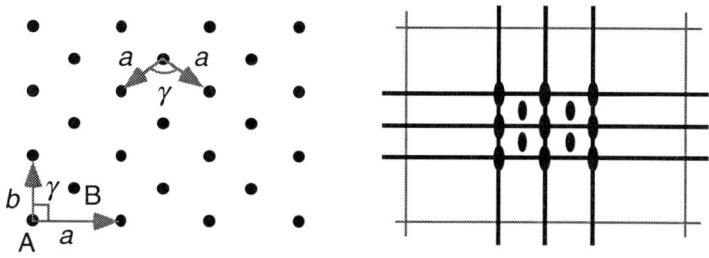

図 1.8 菱形ネット：$a \neq b, \gamma=90°$ （$a = a, \gamma \neq 90°, 120°$）

一方、このようなネットは新たな格子点 B を長方形ネットのプリミティブ単位胞の中心に加えた構造を持っている（図 1.8 左下）。このように格子点を加えることを*センタリング*（centering）という。だから、菱形ネットは *C-長方形ネット*（centered-rectangular net）とも呼ばれる。このようなセンタリングは3次元格子にも出てくるが、最大の注意点はセンタリングでもたらされた点もまったく同等な格子点であるということである。図中の A も B も格子点であるということは A を B に重ねるという並進操作が対称操作であるということからも明らかだ。<u>センタリングは格子点に付随する基本構造ではない。</u>

1.3.4 正方形ネット

2次元プリミティブ単位胞の二つの辺が同じ長さになってしまえば、残る変数はその2辺間の角度しかない。最初に γ が 90°の場合を考えよう。これが*正方形ネット*（square net）だ。この場合、長方形ネットにあった四つの2回回転軸のうち二つが4回回転軸となり、さらに新たな鏡映面が生まれる。

問題 1.4 図 1.9 の格子点にセンタリングにより新たな格子点を加えよ。このよ

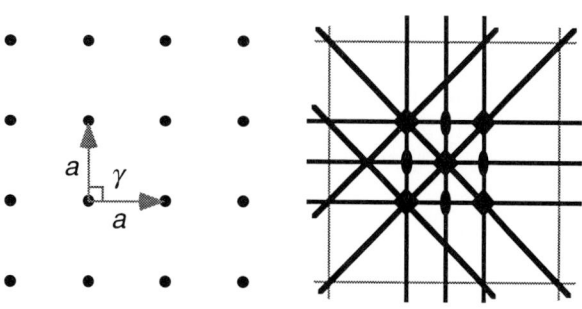

図 1.9 正方形ネット：$a = a, \gamma=90°$

うにして得られた格子はこれまでのものとは異なったユニークな格子といえるか？

1.3.5 六方ネット

残された2次元プリミティブ単位胞の2辺間の角度、γの選択の余地は60°および120°しかない。ところが、この二つの角度を足しあわせると180°となることからも明らかなように、これら二つの角度がもたらすネットは同一である。これを六方ネット（hexagonal net）と呼ぶ。

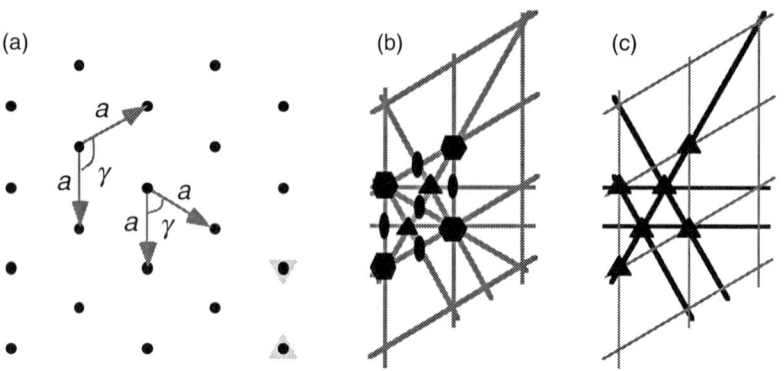

図 1.10 六方ネット：$a = a$, $\gamma = 120°$, $\gamma = 60°$

ところがここで並進対称性と点対称性との兼合いで、ややっこしいことが起こる。まず、図1.10(a) で示した格子点上に6回回転軸があっても、3回回転軸があっても得られる2次元格子は同一であることを確認しよう。次に、仮に格子点が6回回転軸であるとして考えられる対称要素をすべて記してみる。すると図1.10(b) のように格子点の間に2回回転軸が生まれ、さらに真ん中に3回回転軸が生まれる。また、図中の太線で示した線がすべて鏡映面となる。

一方、格子点が3回回転軸である場合はどうだろう。正三角形の真ん中に3回回転軸が存在しているのはよいとしても、2回回転軸は存在しない。この事情は三角形のモチーフを格子点上に置いてみると理解しやすい。2回回転操作はこの三角形のモチーフを左右の形を逆にしてしまうのだ。したがって、2回回転軸は対称要素ではない。また、同様の理由で鏡映面も図1.10(c) に示したものしか存在しない。<u>すなわち対称性の異なった二つの系が図1.10(a) に示した同一の2次元格子を持つのである</u>。このような理由で3回対称性を持つモチーフが存在するとき、このネットを三方ネット（triangular net）と呼ぶ場合もある。しかし、<u>モチーフのない格子点本来の持つ対称性はあくまでも六方ネットであることを、忘れないでおこう</u>。

1.4 ブラベー格子

前節までの2次元の例で、格子と対称性とのかかわりについて本質的なことは網羅している。すなわち、格子は並進対称性と点対称性を持っているが、それらを組み合わせて得られたユニークな対称性を持つ格子点の集まりが独立した格子なのだ。以下、ネットを重ね合わせることにより14種類のユニークな3次元格子を導く。これがブラベー格子（Bravais lattice）だ。

1.4.1 三斜格子

まず、オブリークネットを2回回転軸が一致しないように重ね合わせる。これが三斜格子（トライクリニック: triclinic lattice）だ。このスタッキング（stacking）によってネットの有してい

た2回回転軸は消滅し、この格子の持つ対称要素は反転操作のみとなる。

 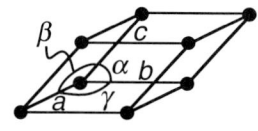

$a \neq b \neq c, \alpha \neq \beta \neq \gamma$

図 1.11 三斜格子

1.4.2 単純単斜格子

次に二つのオブリークネットの2回回転軸が一致するように真上に重ね合わせてみよう。これが**単純単斜格子**（P-モノクリニック: primitive monoclinic lattice）だ。

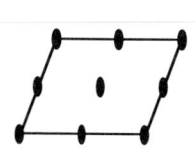 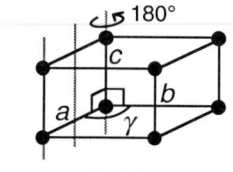

$a \neq b \neq c, \alpha = \beta = 90° < \gamma$

図 1.12 単純単斜格子

1.4.3 側心単斜格子

オブリークネットには、格子点を結ぶ線上にも2回回転軸がある（図 1.6）。よって、図 1.13のようにずらして重ねても2回回転軸は失われないはずだ。これを**オフセットスタッキング**（off-set stacking）という。すると、2回回転軸を含む側面にも格子点を有する格子が得られ、単純単斜格子とは明らかに異なった並進対称性を有している。そこで、この格子を**側心単斜格子**（side-centered monoclinic lattice）と呼ぶ。特に、図 1.13に示したようにb軸を含まない面、すなわち、B面に格子点がある格子をB-モノクリニック（B-centered monoclinic lattice）などと呼んで、どの面に新たな格子点があるかわかるように記述するのが普通である。この対称性の高い単位胞（プリミティブではない）には平均して二つの格子点が含まれる。

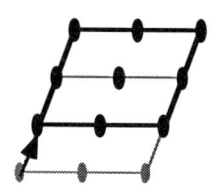 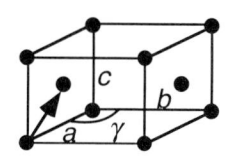

$a \neq b \neq c, \alpha = \beta = 90° < \gamma$

図 1.13 側心単斜格子

問題 1.5 オブリークネットを図 1.14 のように重ね合わせたのではユニークなブラベー格子ができないことを示せ。

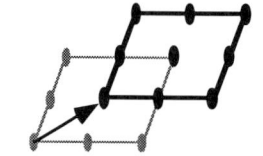

図 1.14 オブリークネットの体心センタリング

1.4.4 単純直方格子

次に長方形ネットに移ろう。直接、上に重ねることにより**単純直方格子**（P-オーソロンビック: primitive orthorhombic lattice）ができる。直方格子は*斜方格子*とも呼ばれる。

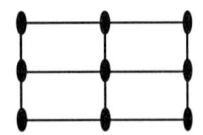 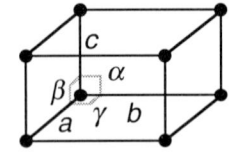

$a \neq b \neq c, \alpha = \beta = \gamma = 90°$

図 1.15 単純直方格子

1.4.5 側心直方格子

次に長方形ネットに対してオフセットスタッキングを試みる。このような格子点の組合せは新しい並進対称性を有しておりユニークな格子である。また、面上の格子点は、側心でも底心でも対称性という観点からして同一である。そこで、この格子を*側心直方格子*（side-centered orthorhombic lattice）と呼ぶ。一般には側心単斜格子のときと同様に、どの面に格子点があるかわかるように *B*-オーソロンビック（*B*-centered orthorhombic lattice）などと呼ばれる。

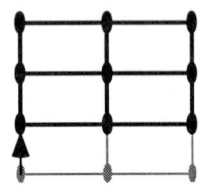 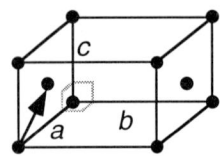

$a \neq b \neq c, \alpha = \beta = \gamma = 90°$

図 1.16 側心直方格子

1.4.6 体心直方格子

一方、図 1.17 のようなオフセットスタッキングも存在する。単斜格子の場合はこのスタッキングはユニークな格子を生まなかったが（問題 1.5）直方格子の場合はこれまでのものとは異なった点対称性と並進対称性を備えた格子となる。これを*体心直方格子*（*I*-オーソロンビック: *I*-orthorhombic lattice（Innenzentrierte: body-centered の意））という。この格子は単純直方格子の中心に、新たな格子点をセンタリングによってもたらしたものと見ることもできる。

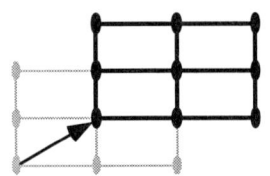 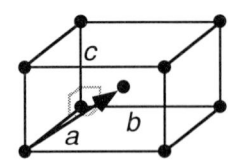

$a \neq b \neq c, \alpha = \beta = \gamma = 90°$

図 1.17 体心直方格子

これで2回回転軸が失われないように長方形ネットを積み重ねてできるブラベー格子は網羅した。次に出てくるのは菱形ネットである。まず、真上に重ねてみよう。

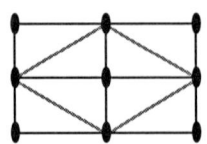 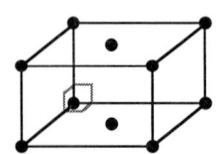

図 1.18 菱形格子のスタッキング

このような格子はユニークなブラベー格子といえるだろうか？ 答えはノーである。なぜなら、この格子は先にでてきた側心直方格子をころがして底心直方格子にしたものだからだ。

1.4.7 面心直方格子

さらに菱形ネットのオフセットスタッキングを行うと図 1.19 のような格子が生まれる。これが*面心直方格子*（*F-オーソロンビック*: face(F)-centered orthorhombic lattice）である。

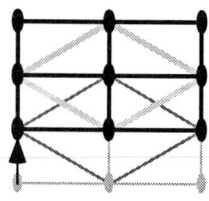 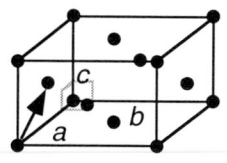

$a \neq b \neq c, \alpha = \beta = \gamma = 90°$

図 1.19 面心直方格子

問題 1.6 菱形ネットを図 1.20 のように重ね合わせたのではユニークなブラベー格子ができないことを示せ。

以上で長方形ネットおよび菱形ネットから得られる 3 次元格子は網羅した。次に 4 回回転軸を有する唯一のネット、正方形ネットを考えよう。

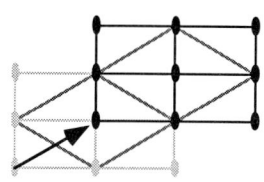

図 1.20 菱形格子の体心スタッキング

1.4.8 単純正方格子

まず、真上に重ねてみることにより*単純正方格子*（*P-テトラゴナル*: primitive tetragonal lattice）を得る。

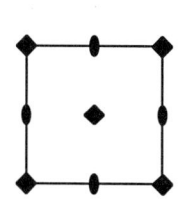 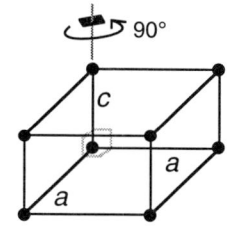

$a = b \neq c, \alpha = \beta = \gamma = 90°$

図 1.21 単純正方格子

1.4.9 体心正方格子

次にオフセットスタッキングを試みる。*体心正方格子*（*I-テトラゴナル*: I-centered tetragonal lattice）の誕生だ。

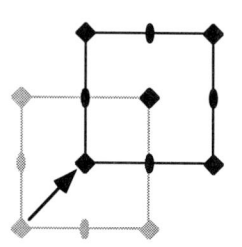 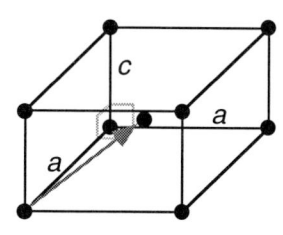

$a = b \neq c, \alpha = \beta = \gamma = 90°$

図 1.22 体心正方格子

問題 1.7 図 1.23 の*面心正方格子*（F-テトラゴナル：F-centered tetragonal lattice）はユニークな格子と言えるか？

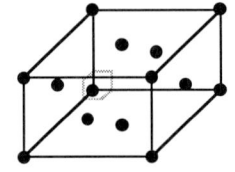

図 1.23 面心正方格子

1.4.10 六方格子

最後に残されたネットは六方ネット（三方ネット）である。まず、このネットの6回対称性が失われないように、そのまま真上に重ねてみよう（図 1.24）。これが六方格子（ヘキサゴナル： hexagonal lattice）だ。

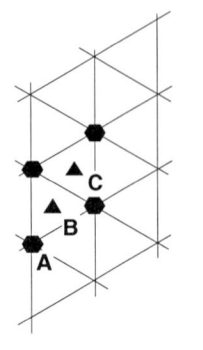

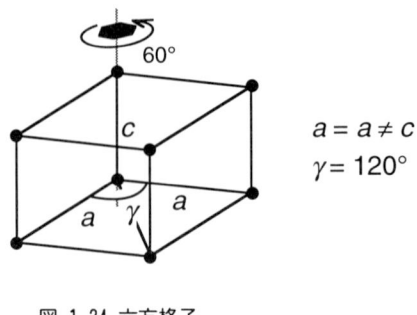

図 1.24 六方格子

1.4.11 三方格子とロンボヘドラル格子

六方ネットにおいて6回回転軸が3回回転軸に置き変わったものも立派な2次元格子であった。これを真上に重ねた格子を*三方格子*（トリゴナル：trigonal lattice）という（図 1.25）。これは格子の対称性とからすると六方格子と同一であり、ブラベー格子としては区別されないが、3回対称性しか持たないモチーフ（基本構造）が加わった時、三方格子と呼ばれる。

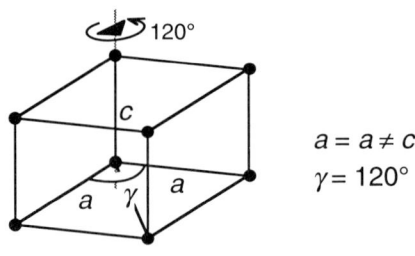

図 1.25 三方格子（＝六方格子）

次に六方（三方）ネット中に存在する三つの3回回転軸が A-B-C-A-B-C という具合に重なるスタッキングを行ってみる（図 1.26）。当然、6回対称性は失われるが、3回対称性は損なわれない（図 1.10(c)）。できた格子は三方格子にセンタリングで格子点を加えたものでもあり、新たな並進対称性を持っている。また、この格子のプリミティブ単位胞は図のように3回対称軸を有し、3辺の長さが等しい六面体であることがわかる。このような格子はユニークである。通常、この六面体の頂角γが 60°、90°、109.47°以外の場合を*ロンボヘドラル格子*（rhombohedral lattice）と呼ぶ。

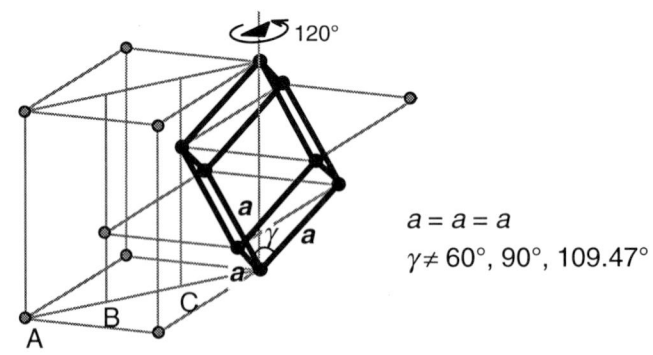

図 1.26 ロンボヘドラル格子

要するに格子としては三方格子と六方格子は同一であるが、モチーフの対称性という観点から、両者は区別できる可能性を持っており、点群と組み合わせて空間群を分類するとき、両者は明確に区別されて呼ばれる。さらに三方格子がセンタリングを伴うスタッキングを持ったとき、格子としてユニークなロンボヘドラル格子が生まれるわけだ。これらの格子は3回回転軸

によって特徴づけられていることが共通点だ。

さて、残りはロンボヘドラル格子の特殊な場合である。一般にはロンボヘドラル格子の3回対称軸は1本しか存在しないが、頂角γが60°、90°、109.47°以外の場合に限って、以下に述べる新たな対称性が生まれる。共通するのは3回回転軸が4本となることである。

1.4.12 単純立方格子

γが90°の場合、最初のロンボヘドラルの3回回転軸に加え、計4本の3回回転軸が図1.27のように発生する。また同時にロンボヘドラル格子点を結ぶ各辺は4回回転軸となる。さらに2回回転軸も6本生まれる。このような格子はもとのロンボヘドラルに加え、新たな対称性を有し、ユニークである。これが、*単純立方格子*（simple culbic lattice）だ。

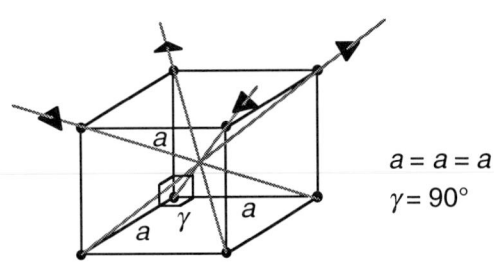

図 1.27 単純立方格子

1.4.13 面心立方格子

γが60°の場合も特殊で図1.28のようになる。この図を見るとロンボヘドラルの各辺が2回回転軸となっていることがわかる。さらに、四つの格子点を含む単位胞を考えると上記の単純立方格子と同様の対称性、すなわち、3回および4回の回転軸が存在している。一方で、この格子は単純立方の各面の中心に格子点をセンタリングしたものと見なすことができる。このように、この格子は今まででてきたものとは異なった並進対称性および点対称性を有しており、これを*面心立方格子*（face-centered cubic lattice）と呼ぶ。

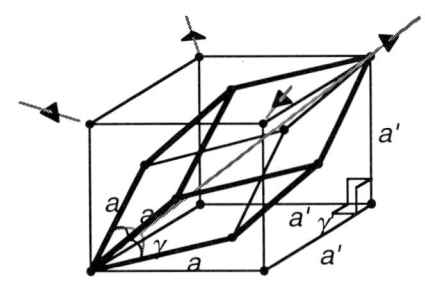

図 1.28 面心立方格子

1.4.14 体心立方格子

$\gamma = 109.47°$の場合、ロンボヘドラルの各辺が3回回転軸となる。つまり、体対角の位置にあるもともとの3回対称軸と併せて、4本の3回対称軸が存在することになり、単純立方格子と同じ点対称性を有するわけだ。一方、この格子は、図のように単純立方格子の中心、すなわち体心に新たな格子点をセンタリングしたものとみなすこともできる。そこで、

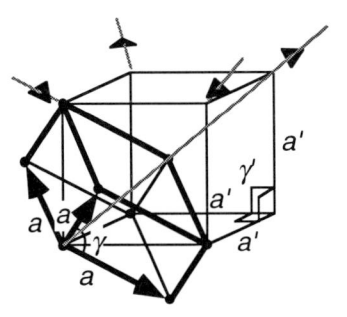

図 1.29 体心立方格子

この格子を体心立方格子（body-centered cubic lattice）と呼ぶ。

以上で14個のブラベー格子をすべて網羅した。これらを図 1.30 にまとめてみよう。

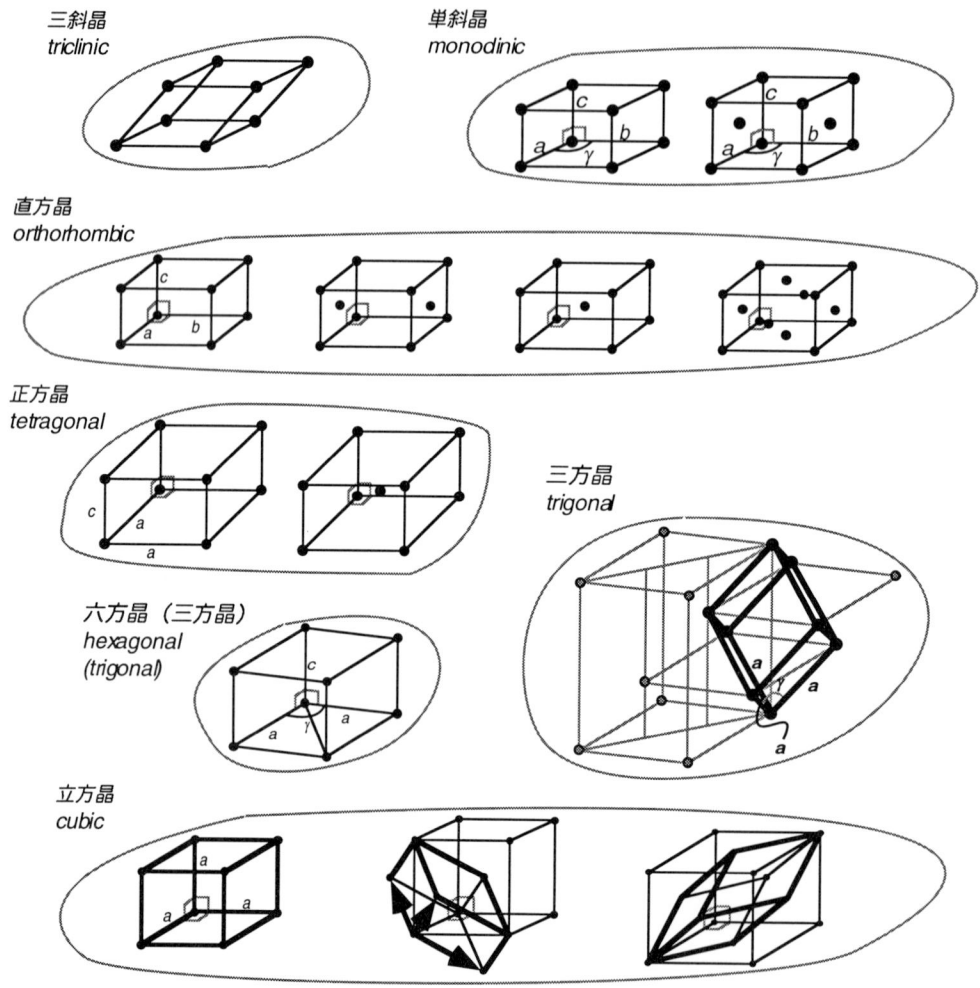

図 1.30　七つの結晶系と14種類のブラベー格子

あなたは次の事柄をきちんと説明できるだろうか？

- 図 1.30 には、なぜ、体心単斜格子が存在しないのか？（問題 1.5 参照）
- 図 1.30 には、なぜ、面心正方格子が存在しないのか？（問題 1.7 参照）
- 六方格子と三方格子およびロンボヘドラル格子はどのような関係にあるか？

さらに、これまで結晶のことを学んだ人は次のことを確認しよう。

- 六方細密充填（hexagonal close-packed、hcp）構造での二つの原子位置は格子点ではない。

1.5 結晶系

さて、図 1.30 に示された 14 種類のブラベー格子を見てみると、7 個の格子はプリミティブであるが、他の格子は体心や面心などのセンタリングを含んでいることがわかる。センタリングは格子点が兼ね備える並進対称性という点で異なった格子をもたらしているが、点対称性という観点からはセンタリングを行った後の格子とセンタリングのない単純格子とは同じ対称性を有している。つまり、格子の点対称性に着目すると格子を大きく 7 個に分類することができる。これを*結晶系*（crystal system）による分類という。

図 1.30 からもわかるように、この結晶系を特徴づける対称要素は回転操作であり、回転軸の種類と数によって 7 種の結晶系にわけられる。これらを表 1.1 にまとめる。マクロ的な物性をテンソルを用いて表すときもそのテンソルの有する性質はこの 7 個の系により大きく整理される（第 11 章）。また、次章において点群をまとめる際にもこの結晶系という概念が基本となる。

表 1.1　7 種類の結晶系

結晶系	対称要素（回転軸）
三斜晶（triclinic）	なし
単斜晶（monoclinic）	一つの 2 回回転軸
直方晶（斜方晶、orthorhombic）	互いに直交した三つの 2 回回転軸
正方晶（tetragonal）	一つの 4 回回転軸
三方晶（trigonal）	一つの 3 回回転軸
六方晶（hexagonal）	一つの 6 回回転軸
立方晶（cubic）	四つの 3 回回転軸

問題 1.8 ロンボヘドラル格子はどの結晶系に属するか？

この章のまとめ

- 結晶構造 ＝ 格子 ＋ 基本構造
- 格子点：周囲の環境が同一である点
- 対称操作：物体に対してある操作を行った後でも、物体が不変（invariant）であるとき、そのような操作を対称操作と呼ぶ。並進対称操作と点対称操作にわけられる。本章では、後者に属するものとして、回転操作、鏡映操作、反転操作に触れた。
- 5 種類の 2 次元格子（ネット）
- 14 種類の 3 次元格子（ブラベー格子）
- 7 種類の結晶系

第 2 章　点群

We start by discussing the crystallographic point groups, which play a central role in the theory of molecules and crystalline solids.

M. Tinkham　"*Group Theory and Quantum Mechanics*"

結晶の電気抵抗、熱膨張、弾性など巨視的な性質の対称性は、並進操作を考えなくとも回転、鏡映、反転という対称要素さえわかっていればきちんと記述できる。また、大きな鉱物結晶の形は回転や鏡映といった対称要素の存在を示している。一方、ミクロの世界にだって、たとえば分子にも、回転や鏡映といった対称操作がもちろん存在する。これら回転、鏡映、あるいは反転といった操作はある 1 点の周りに作用するが、その 1 点だけはこれらの操作により不変 (invariant) に保たれる。そこで、このような対称性を点対称性 (point symmetry) と呼び、各操作を点対称操作と呼ぶ。この章では、これらの点対称操作の組合せによっていくつもの閉じた対称操作の集合ができることを学ぼう。そして、それぞれのグループを点群 (point group) と呼ぶ。

2.1　点群の図示：ステレオ投影

点対称性の代表選手としてここではピラミッドを考えよう。ピラミッドはちょっと、という人はたとえば、アンモニア NH₃ 分子でもいい。図 2.1 にこれらの物体の対称性に着目した模式図と存在する対称要素を示した。このようにピラミッドもアンモニアも 1 本の 4 回ないし 3 回の回転軸とその回転軸を含むいくつかの鏡映面によって特徴づけられている。

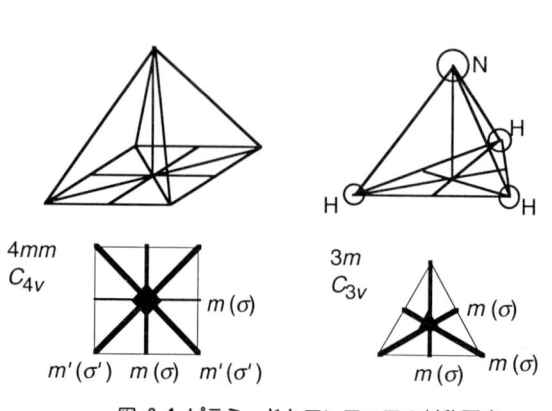

図 2.1 ピラミッドとアンモニアの対称要素

また、対称要素を示す図に $4mm$ とか C_{4v} とか書いたのはこれらの物体が属する点群を表す記号である。$4mm$ も C_{4v} も同じことを意味する。前者は国際表記 (international notation) あるいは Hermann-Mauguin 表記と呼ばれているものであり、並進対称性と点群が共に存在する結晶の点群を表すのに都合がよい。一方、後者はシェーンフリース表記 (Schönflies notation) であり、化学の分野では頻繁に用いられる。両者の相違は 2.6 節に改めて記すこととして、この章では当分両者を併記する。

さて、点群を表すのに、このように物体の形を考えることも大切であるが、一方で結晶や分子の原子の並び方をいちいち描いているのでは煩雑である。そこで、次に述べるステレオ投影図を用いて、原子位置など、対称性を反映するものと、存在する対称要素を表すことにしよう。

いま、考えている物体の中心、すなわち点対称操作によって不変な点を球の中心に置く。この球を参照球 (reference sphere) と呼ぶ。そして、この球の中心からその物体の対称性を反映している各点や面の法線を通り抜ける直線がその球と交わる点を極点 (pole) と呼ぶことにしよう。

すると、この極点の分布が対称性を表す。また、同様に回転軸や鏡映面といった対称要素も参照球上に映し出すこともできる。こ

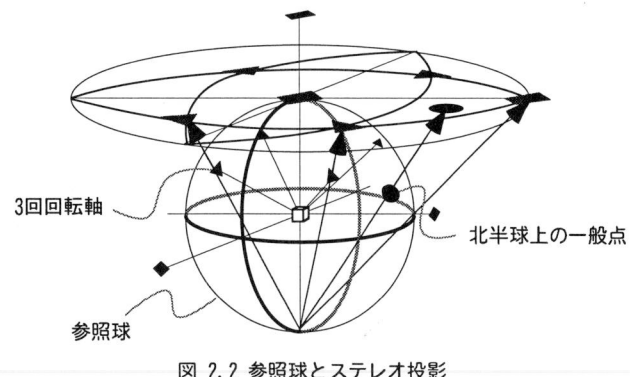

の参照球上の極点を2次元平面に投影する手段は世界地図の種類ほどあるわけだが、特に図 2.2 に示したように参照球上の一点から反対側の点に接する平面に半球上の点を写し出す投影法を*ステレオ投影*（stereographic projec-tion）と呼ぶ。この方法の特長は角度情報が正しく表現されることである。

図 2.2 参照球とステレオ投影

2.2 点対称操作の表記

次に図 2.2 を頭に置きながら、考えている結晶の*対称要素*（symmetry element）をその要素によって再生される極点とともにステレオ投影図によって記述してみよう。

2.2.1 回転操作

不変な一点を通過する軸の回りに $360°/n$ 回転する操作が n 回の*回転操作*（rotation operation）である（1.2 節参照）。並進操作と両立する回転軸は前章で学んだように1, 2, 3, 4, 6 回回転軸しかないから、まず、これらの回転操作を考えよう。北半球上の極点を●印で代表すると、これらの回転操作によって、等価な●印は図のように再生され、また、中心に回転軸が存在する（図 2.3）。

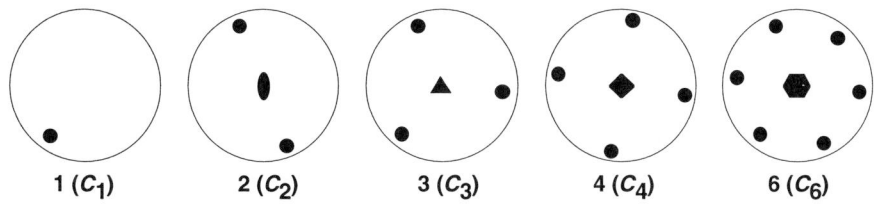

図 2.3 回転軸と回転操作により再生された一般点のステレオ投影図

一方、図 2.3 の回転軸はすべて z 軸に平行であった。しかし、直方晶のように 2 回回転軸が x 軸や y 軸に平行な場合もある。図 2.4 に 2 回回転軸が紙面に平行な場合のステレオ投影図を示した（この図も z 軸の＋側から、つまり北半球を見下ろすように書かれている）。このとき、北半球上の任意の位置にある極点●は南半球上に再生されるが、この点を〇印で表すことが約束だ。

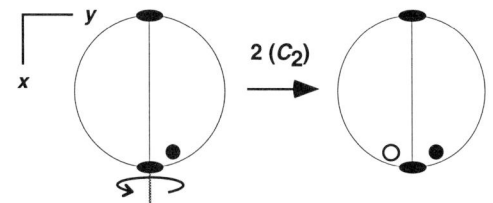

図 2.4 2回回転操作による北半球上の一般点の南半球への再生

2.2.2 鏡映操作、反転操作

参照球の中心を通過する面を鏡と考え、反対側に写し出す操作が*鏡映操作*（mirror operation）だ。*鏡映面*（mirror plane）は太い線や赤道上の太い円で表し、m あるいは σ というシンボルを用いる。

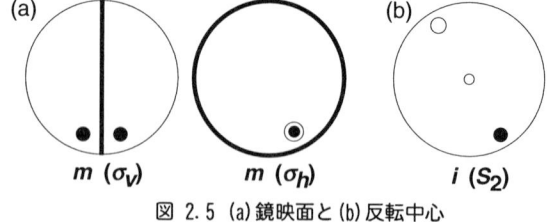

図 2.5 (a)鏡映面と(b)反転中心

一方、中心の一点に関して極点の座標を反転する操作が*反転操作*（inversion operation）だ。このとき、この不変な一点を*反転中心*（inversion center）と呼び、小さな○印で表す。この操作を表すシンボルは i である。また、鏡映や反転操作は右手系から左手系に移る操作を伴っているので*インプロパー回転*（improper rotation）という。これに対し、通常の回転操作を*プロパー回転*（proper rotation）という。

2.2.3 回反操作

回転操作のすぐ後に反転操作を行う操作を*回反操作*（rotoinversion operation）と呼び、その軸を*回反軸*（rotoinversion axis）という（図 2.6）。回反軸のシンボルも図 2.6 に示した。鏡映、反転などの操作はすべてこの回反軸で代表することができる。

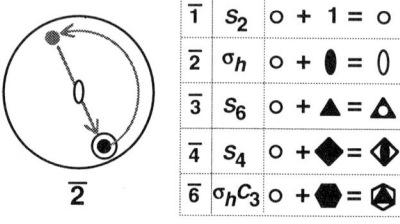

図 2.6 2回回反操作と各回反軸のシンボル

問題 2.1 各回反操作によって得られる極点の分布と回反操作のシンボルを次に示せ。

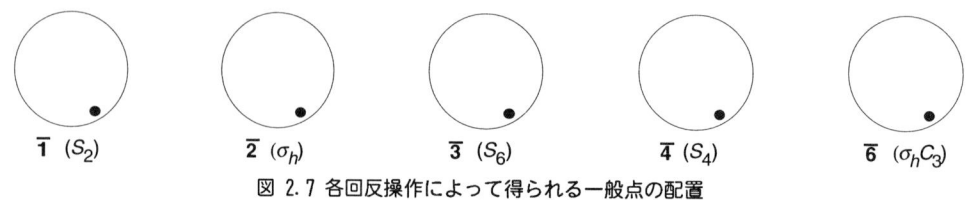

図 2.7 各回反操作によって得られる一般点の配置

問題 2.2 点群 $\bar{5}$ を示す極点図を示せ。$\overline{10}$ ではどうか？

2.3 点群

2.3.1 点群とは

対称要素として、何もしないという恒等操作と赤道上に鏡映面が存在する場合を考えよう。何もしない操作を対称操作というのか、と思われるかもしれないが、敢えていえば、自分自身が存在するためにこの操作が必要なのだ。この二つの操作を 1（E）および m（σ）で表そう。今、m を 2 回繰り返すと、一般点は自分自身に戻る。つまり、対称操作の集合 $\{E, m\}$ は閉じている。厳密な群の定義は別の機会に学ぶこととして（第 4 章）、現時点ではこの閉じた対称要素の集合が群であると考えてよい。そして、現在、対象としている要素は点対称操作であるから、このような操作の集合からなる群を*点群*（point group）と呼ぶ。点対称要素のいろいろな組合せは異なった点群を生むから、一つひとつの点群に名前があると便利だ。次節で見るように、点群の名前をみただけで、どのような要素の集合か判別がつくような命名法がいいだろう。そこで、集合 $\{E,$

m} を点群 m と呼ぶこととしよう。

2.3.2 一般点と特殊点

さて、点群 m は極点のステレオ投影図によってもうまく表されている。図 2.8 にも描かれているように、通常、極点は北半球上と南半球上にある。そのような対称要素上にない点を一般点（general position）と呼ぶ。また、等価な極点の数を多重度（multiplicity）という。この例では一般点の多重度は 2 である。ところが、極点が赤道上にある場合はどうだろう。この点に鏡映操作を施しても、新たな極点は生み出されず多重度は 1 である。これを特殊点（special position）と呼ぶ。要するに鏡映面や回転軸など、対称要素上にある極点は特殊点であり、一般点よりも多重度が低くなる。一方、一般点の多重度はその点群の対称要素の数と等しい。

このように一般点の分布は点対称要素の集合、すなわち点群の性質をよく表している。両者は等価であるといってもいい。この章の目的は、点群を一般点の分布という手法を用いて感覚的に身に付けることだ。

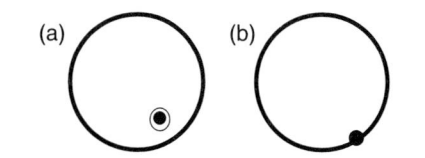

図 2.8 鏡映操作に関する (a) 一般点 と (b) 特殊点

2.4 結晶に存在する 32 種類の点群の導出

さて、現実の分子や結晶はこれまで出てきたいくつかの対称要素が組み合わさることにより、全体として特徴のある構造を生み出している。たとえば、アンモニア分子 NH_3 の場合、3 回回転軸に加え、その回転軸を含む鏡映面が存在している。さらに共存する対称要素はそれら自身で閉じており、個性を持ったグループをなしている。また、閉じた対称要素のグループは互いに独立である。そしてその一つひとつが点群と呼ばれる群をなす。このような群は無数にあるが、並進対称性と両立する点群は 32 種類しかない。この節ではまず、これら 32 種類の点群を導きたい（この節は少し抽象的なので、最初は軽く目を通すだけでよい）。

最初に、ある軸に対称要素が組み合わさった場合の表示法を述べる。まず、主要な X 回回転軸を主軸と呼び X で表そう。これが回反軸の場合は $\bar{X}$ となる。次に考えられるのが主軸に直交して鏡映面が存在する場合である。これを X/m と書く。ところが、図 2.6 にも示したように鏡映面はその鏡映面と直交する 2 回回反軸によって同等に表されるので、主軸に鏡映面が直交しているということは主軸と 2 回回反軸が重なっているということである。このため X/m という対称要素が存在できるのは X が偶数、すなわち、2, 4, 6 の場合だけである。さらに別の見方をすれば、X/m は X に $\bar{1}$ が加わったものと解釈することもできる。

次に、点群のシンボルについて述べる。まず、並進操作と両立する結晶系は 7 種類しかないから（表 1.1）、それらの系を特徴づける X 回回転軸、すなわち主軸を点群を表す記号の最初におく（ただし立方晶は例外）。対称要素として主軸しか存在しないときはそれですべてである。さらに対称要素が存在するとき、それらの要素を一般に α, β, γ で表せば点群は通常、$\alpha\beta\gamma$ と表される。したがって、点群は 4mm とか 6/m 2/m 2/m などと表記される。また、後者は通常 6/mmm と略記されるが、これをショートシンボル（short symbol）と呼ぶ。これに対し、6/m 2/m 2/m はフルシンボル（full symbol）と呼ばれる。

第2章 点群

立方晶の場合、必然的に存在する3回回転軸を β の位置に書き（したがって、立方晶に属する点群はすべて $\alpha 3 \gamma$ のように書ける）、α にはそれ以外の回転軸で高い対称性を持った方向（4回回転軸、それがなければ2回回転軸）の要素を、さらに4回回転軸がある場合、γ の位置に2回回転軸方向の要素を表す。

これらの予備知識をもとに表2.1を見てみよう。ここには並進対称性と両立する32種類の点群が示されている（薄い字で示したものは重複している点群、（）内はショートシンボル）。

表2.1 並進対称性と両立する32種類の点群の導出

	三斜晶 triclinic	単斜晶 monoclinic	直方晶 orthorhombic	正方晶 tetragonal	三方晶 trigonal	六方晶 hexagonal	立方晶 cubic
X	1	2		4	3	6	23
$\bar{X}$	$\bar{1}$	$\bar{2} \equiv m$		$\bar{4}$	$\bar{3}$	$\bar{6}$	$m3$
$X + \bar{1}$	$\bar{1}$	$2/m$		$4/m$	$\bar{3}$	$6/m$	$2/m\,\bar{3}$ ($m3$)
$X22$			222	422	32	622	432
Xmm			$mm2$	$4mm$	$3m$	$6mm$	$m3m$
$\bar{X}2m$			$m2m$	$\bar{4}2m$	$\bar{3}m$	$\bar{6}2m$	$\bar{4}3m$
$X22 + \bar{1}$			$2/m\,2/m\,2/m$ (mmm)	$4/m\,2/m\,2/m$ ($4/mmm$)	$\bar{3}\,2/m$ ($\bar{3}m$)	$6/m\,2/m\,2/m$ ($6/mmm$)	$4/m\,\bar{3}\,2/m$ ($m\bar{3}m$)

まず、立方晶以外の系についてなぜ、このようになるのか簡単に説明する。

（第1列：X）並進対称性と両立する回転軸は主軸である1, 2, 3, 4, 6回回転軸であった。もっとも単純な場合、これ以外の対称要素は存在しない。これで5個の点群1, 2, 3, 4, 6が生まれる。

（第2列：$\bar{X}$）これらの主軸が回反軸となった場合。

（第3列：$X + \bar{1}$）第1列に示した点群に反転中心が加わった場合。

（第4列：$X22$）主軸に直交して2回回転軸が存在する場合。このとき、三方晶を除き、2回回転軸の間にもう1本の2回回転軸が自動的に生まれる。

（第5列：Xmm）主軸に直交して2回回反軸（鏡映面）が存在する場合。このときも必然的にもう一つの鏡映面が生まれる。

（第6列：$\bar{X}2m$）主軸が回反軸であり、かつ、その回反軸に直交して2回回転軸が存在する場合。このとき、必然的にもう一つの鏡映面が生まれる。

（第7列：$X22 + \bar{1}$）第4列に示した点群に反転中心が加わった場合。

立方晶の場合でも事情はそれほど複雑なわけではなく、第1列目の点群が23であるのは4本の3回回転軸が交わると必ず2回回転軸が生まれるということを反映している。また、第4列目は新しい対称要素として4回回転軸を加えると、2回回転軸が新たに生まれ、点群は必然的に432となることを示している。一方、4回回反軸を加えると $\bar{4}3m$ が生まれる。さらに23と432に反転中心を加えると $m3$ と $m\bar{3}m$ がそれぞれ生まれる。

以上、かなり抽象的な説明になってしまった。そこで、以下、実例でもってこれらの点群を見ていこう。32種類の点群のステレオ投影図はまとめて巻末の付録Bに示した。

2.5 各点群の極点と対称要素のステレオ図

これから 32 種類の点群がそれぞれどのような操作を内包し、また、それに伴って中心の点の周囲に存在する極点がどのように繰り返し現れるかを調べよう。ここでは一つひとつの極点に関して右手・左手系の区別はせず、一般点は互いに同等である。

2.5.1 直方晶系 (orthorhombic system)

直感的に理解しやすい直方晶系からスタートしよう。この系には 222, 2mm, mmm という 3 個の点群が存在する。まず、点群 222 (D_2) の極点図を作ってみる（図 2.9）。最初に北半球上の一般点 a に対して、2_z という 2 回回転操作を施すと、北半球の反対側の場所に b が生まれる。これらに対して 2 回回転操作 2_y を施すと、南半球側にさらに二つの一般点が生まれる。また、これらの一般点を結びつける 2_x という 2 回回転軸が自動的に生まれたことに気づく。これで、点群 222 の一般点および対称操作を示す極点図の完成である。

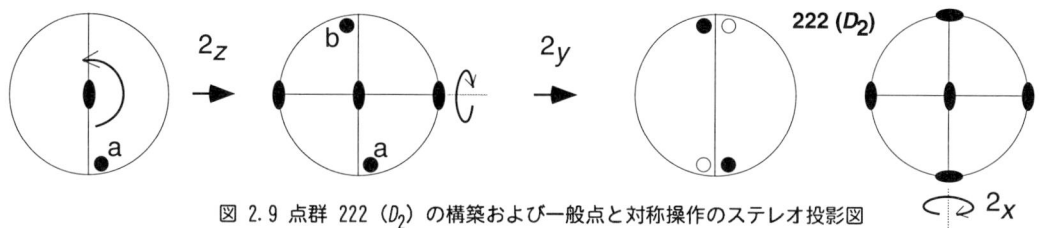

図 2.9 点群 222 (D_2) の構築および一般点と対称操作のステレオ投影図

この点群では結局 4 個の一般点が現れた。すなわち多重度は 4 である。また、この点群 222 を構成する対称要素は $\{1, 2_x, 2_y, 2_z\} = \{E, C_{2x}, C_{2y}, C_{2z}\}$（シェーンフリース記号については後述）とやはり 4 個であり、多重度に等しい。第 4 章で学ぶが、この一般点の多重度は群のオーダー (order) と呼ばれる量そのものであり、群を規定する大切な数なのだ。

問題 2.3 点群 2mm (C_{2v}) に関して、下に示した一般点 a から出発することにより、等価な一般点および対称要素のステレオ投影図を完成させよ。多重度はいくつか？ 同様のことを点群 2/m 2/m 2/m (=mmm、D_{2h}) に関して行え。

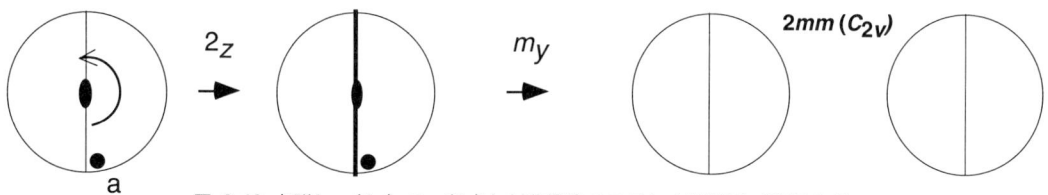

図 2.10 点群 2mm (C_{2v}) の一般点と対称操作のステレオ投影図（問題 2.3）

2.5.2 正方晶系 (tetragonal system)

この系には全部で 7 個の点群が存在する。最初に図 2.11 を見ながら点群 422 を考えてみよう。まず、主軸である 4 回回転軸（これを C_4 と呼ぼう）の連続した操作により一般点が 4 個生まれる。次に主軸に直交する 1 本の 2 回回転軸（これを C_2 と呼ぼう）による操作を行うと南半球も含め計 8 個の一般点が生まれる。これで、一般点に関する極点図は完成である。一方、図からわかるように、C_2 自身も主軸である 4 回回転操作によってもう一つ再生される。この二つの C_2 は 4 回回転操作により結ばれるから等価である。ところが、図中に示した a と b という二つの一般

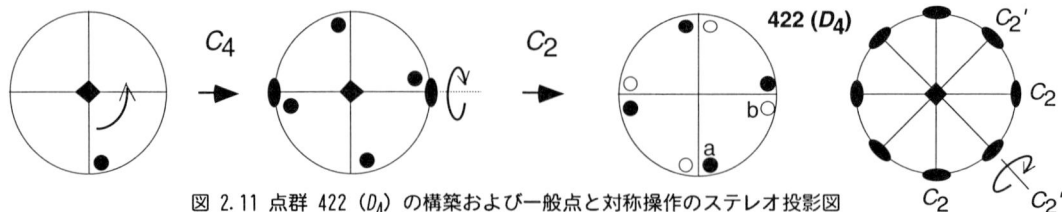

図 2.11 点群 422 (D_4) の構築および一般点と対称操作のステレオ投影図

点の関係は、C_2 から 45°ずれたところに別な 2 回回転軸が存在することを示唆している。これを C_2' として示した。この C_2' にも等価な C_2' がもう一つ存在する。しかし、C_2 と C_2' とは C_4 によって重ならないから互いに非等価な 2 回回転操作である。これらの等価な対称要素の組は第 4 章でクラスという概念で整理される。

また、このように 8 個の一般点は C_4 を繰り返して作用させ、その後に C_2 を作用させることによりすべて再生された。要するに極点図を得るのに必要な操作は C_4 と C_2 の二つである。このように点群のオーダーだけ一般点を作るのに、必要十分な対称操作をを*生成要素*（generator）と呼ぶ。生成要素の選択にはある程度、自由度がある。たとえば上の例では C_4 と C_2' でもいい。

問題 2.4 点群 $\bar{4}2m$ (D_{2d}) に関して、一般点 a から出発して、次のステレオ投影図を完成させよ。生成要素としてどのような対称要素が考えれるか？

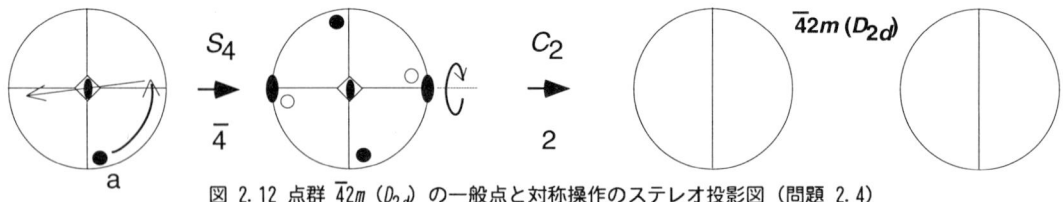

図 2.12 点群 $\bar{4}2m$ (D_{2d}) の一般点と対称操作のステレオ投影図（問題 2.4）

2.5.3 単斜晶系 (monoclinic system)

この系に属する点群は 3 種類しかない。簡単そうに思えるが、結晶学を志す人にとっては*第 1 セッティング*（1st setting）と*第 2 セッティング*（2nd setting）と呼ばれる慣習があってちょっと厄介だ（図 2.13）。この二つの極点図を見てみると、両者の差は主軸である 2 回回転軸を紙面に垂直にとるか紙面内にとるかということであることがわかる。ただ、a, b, c 軸の取り方は紙面に

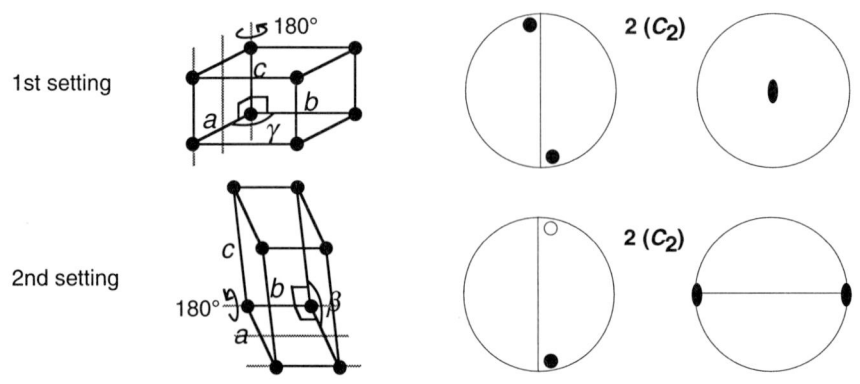

図 2.13 単斜晶系における二つのセッティングと点群 2 のステレオ投影図

対して常に同じであるので（c 軸を紙面から飛び出す方向にとる）、2 回回転軸が前者では c 軸に、後者では b 軸となる。この表記は空間群を表す際にも用いられる。

問題 2.5 点群 $2/m$ (C_{2h}) の一般点と対称要素を第 2 セッティングと第 1 セッティングで表せ。また、多重度はいくつか？

2.5.4 三方晶系 (trigonal system)

この系には 5 個の点群が存在する。また、ロンボヘドラル格子の対称性もこの点群で表される。また、この系の大きな特徴は主軸に直交する鏡映面が存在しえないことだ。例として点群 32 (D_3) を示す（図 2.14）。これからわかるように、点群 222 や 422 のときのように最初の 2 回回転軸の間に新たな 2 回回転軸は派生していない。120°の半分である 60°の位置はもとの 2 回回転軸と重なってしまうからだ。

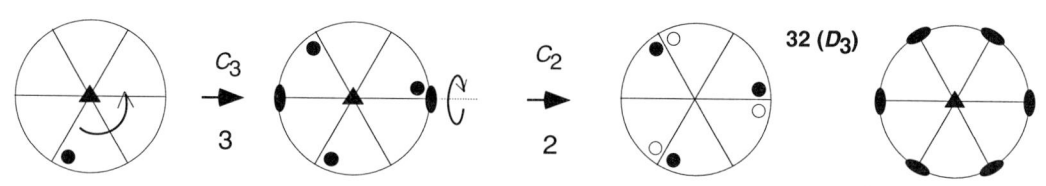

図 2.14 点群 32 (D_3) の構築および一般点と対称操作のステレオ投影図

問題 2.6 点群 32 (D_3) に存在する 2 回回転軸に主軸を含む鏡映面を加えよ。すなわち、点群のシンボルとして、3 2/m（正しくない）で表される点群の極点および対称要素のステレオ投影図を求めよ。新たに派生した対称操作は何であるか？ よってこの点群を何と呼ぶべきか？

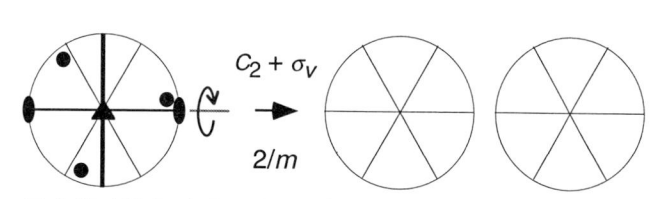

図 2.15 点群 32 (D_3) に鏡映面が加わって得られる点群（問題 2.6）

2.5.5 六方晶系 (hexagonal system)

この系には 7 種類の点群が存在する。例として点群 $\bar{6}m2$ (D_{3h}) を示す（図 2.16）。主軸による $\bar{6}$ という操作は 3 回回転軸 (C_3) とそれに直交する鏡映面 σ_h よる操作 S_3 と同等である。その後、2 回回転操作を施すことにより、計 12 個の一般点が生まれる。この結果、2 回回転軸を含む鏡映面が派生するが、この鏡映面を $\bar{2}$ 操作と考えると $\bar{2}$ 軸は最初の 2 回回転軸の間に存在している。また極点図では 3 回対称軸しかもってないように見えるが、六方晶系に属する。

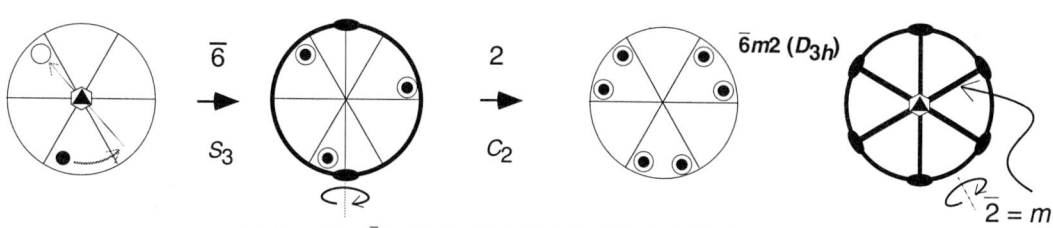

図 2.16 点群 $\bar{6}m2$ (D_{3h}) の構築および一般点と対称操作のステレオ投影図

第2章 点群

問題 2.7 点群 622 (D_6) の一般点と対称要素をステレオ投影図で示せ。生成要素としてどのような対称要素を考えればよいか？

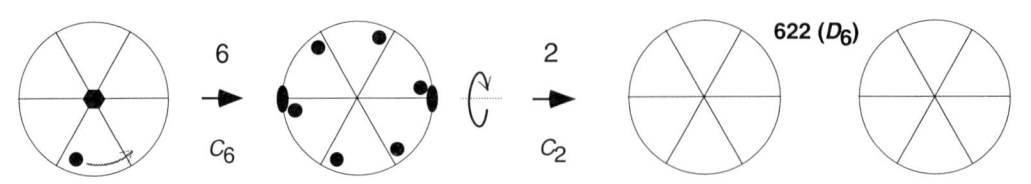

図 2.17 点群 622 (D_6) の構築（問題 2.7）

問題 2.8 右の物体はどの点群に属するか？ それぞれの物体が有するモチーフを再生する対称要素から、所属する点群を求めよ。角度記号は 60 度であることを示すだけで、無視してよい、側面のモチーフの対称性を考慮せよ。

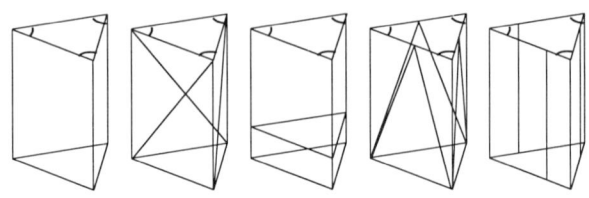

図 2.18 三角柱に描かれたモチーフの対称性と点群

2.5.6 立方晶系 (cubic system)

ある系が立方晶であるために、4 回回転軸の存在は必要でない。あくまでも互いに交わる 4 本の 3 回回転軸の存在が必要十分条件である。この系を理解するのよい方法は、紙模型を作って自分で一般点を再生することだ。面倒でも、付録 A の平面図をコピーし、立方体を組み立てて考えると以下の議論が実感できよう。まず、4 本ある 3 回回転軸のうち、北半球側に突き出した軸を 1, 2, 3, 4 と呼び、南半球側に突き出たそれぞれに対応する軸を –1, –2, –3, –4 と呼ぼう（図 2.19(a)）。

最初に、立方体上に一般点を一つ描き、それを 3 回回転軸 ($C_3(1)$) によって再生しよう。この操作をステレオ投影図で示したのが (b) だ。これにより 3 点が得られる (c)。ここで、立方体上に太線で示した 1/8 の部分がステレオ投影図 (b) の太線の三角形の部分に対応する。次に、二つ目の 3 回回転軸 ($C_3(2)$) による 120°および 240°の回転によって、二つの三角形が再生される (c)。そして、その中の 3 個の一般点も同様に再生されるはずである (d)。ここで、最後にでき

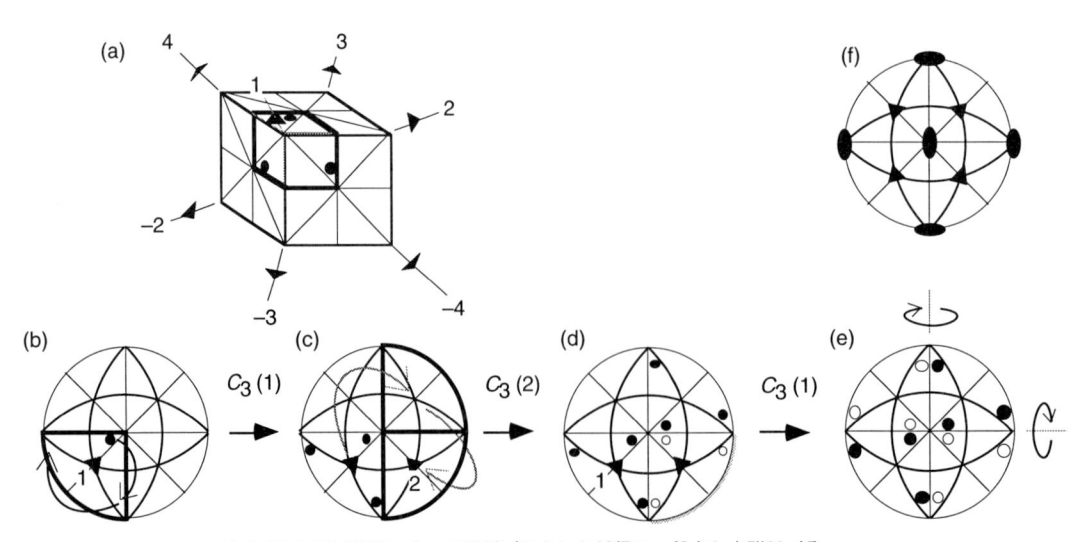

図 2.19 3 回対称軸によって関係づけられた12個の一般点と点群23（T）

2.5 各点群の極点と対称要素のステレオ図

た三角形は南半球上にあり、存在する一般点は○印で表される。さらに、ここで再生された最後の三角形中の3個の一般点に再度、$C_3(1)$を作用させると、(e) に示した極点図が完成する。

このように3回回転軸の組合せだけで、12個の一般点を得たが、一方で、(e)のプロセスで、複数の点が重複してしまった。したがって、3回回転軸の組合せでは閉じた一般点の系は得られない。つまり、これらは正しい生成要素ではない。この場合、生成要素は1本の3回回転軸と2本の2回回転軸である（確認してみよ）。そして、得られた点群を23 (T) と呼ぶ。

問題 2.9 3回対称操作のもう一つの可能性は3回回反軸 $\bar{3}$ である。3回回反操作は3回回転軸＋反転あることを利用し、点群23を基に4本の3回回反軸から得られる一般点のステレオ投影図を構築せよ（図 2.20）。4回転軸は現れるか？このような点群の名称をフルシンボルとショートシンボルで表せ。

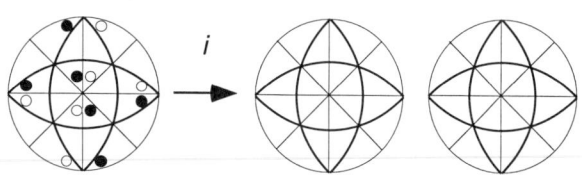

図 2.20 点群23 (T) に反転中心が加わった点群（問題 2.9）

次に、点群23に存在する2回回転軸を4回回転軸に変えるとどのような一般点の配置が現れるかを考えてみよう（図 2.21）。北半球と南半球にあった一般点がそれぞれ2倍になり、4回回転軸の間に新たに2回回転軸が生じた。これが点群432(O)である。

23 (T) (+ 4) → 432 (O)

図 2.21 点群432 (O) の構築

問題 2.10 点群23の2回回転軸を4回回反軸に変えることにより点群 $\bar{4}3m$ (T_d) を得よ。

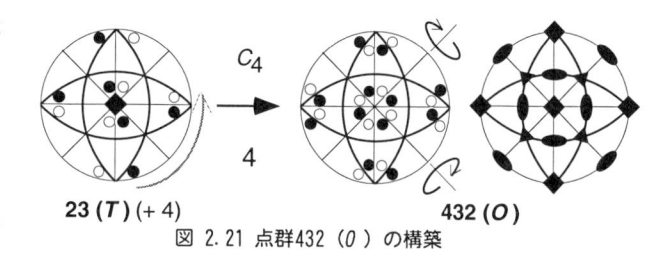

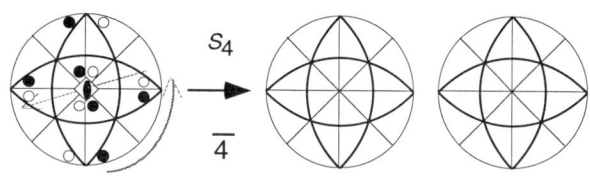

図 2.22 点群 $\bar{4}3m$ (T_d) の構築（問題 2.10）

点群 $\bar{4}3m$ (T_d) は正四面体の有する点対称性も表しており、これから頻繁に登場する（図 2.23）。

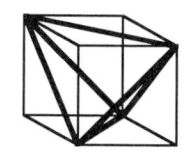

図 2.23 正四面体：点群 $\bar{4}3m$ (T_d)
立方体：点群 $m\bar{3}m$ (O_h)

最後に、点群 432(O) あるいは $\bar{4}3m$ (T_d) に反転中心を加えることにより最も高い対称性を有している点群 $4/m\bar{3}2/m$ が得られる。これは通常、ショートシンボルで $m\bar{3}m$ (O_h) と表される。図2.23の外側に描かれた立方体の有する点対称性である。

問題 2.11 次の物体が属する点群は何か？

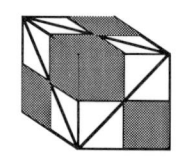

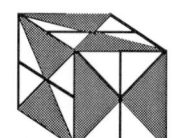

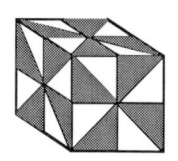

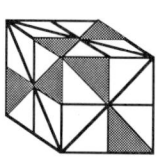

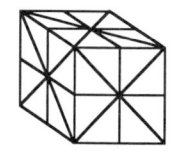

図 2.24 立方体に描かれたモチーフと点群

2.6 シェーンフリース表記

ここでシェーンフリース（Schönflies）記号による表記法について少し詳しく触れたい。我々がここまで主に用いてきた点群の表示は国際表記あるいは Hermann-Mauguin 表記と呼ばれるもので、結晶学の分野ではよく用いられる。一方、シェーンフリース表記は分子の点群を表すのによく用いられ、また、本格的な群論を用いた現象の説明にもこちらの表示が用いられることが多い。これら二つの表示法は同等であるが、右手系を左手系に映す操作などに考え方の相違がみられ、必ずしも表記の仕方に簡潔な対応があるわけではない。

2.6.1 対称操作

(a) 回転操作：C_n

・n 回回転軸（n-fold axis）は C_n で表される。また、C_n 軸の周りに $2\pi k/n$ だけ回転する操作を C_n^k で表す。たとえば 4 回回転操作は一般点を主軸の周りに 90°, 180°, 270°回転する操作であるが、これを $C_4^1, C_4^2 (=C_2^1), C_4^3$ と表す。（国際表示では 4、$4^2 (=2)$、4^3 となる。）

・また、分子のように並進対称性との両立を考えなければ n は 1, 2, 3, 4, 6 である必要はまったくない。さらに直線状分子の場合、その周りに何度（ϕ）回転してももとの分子に重なるから、それは対称操作である。このような回転軸と操作を C_∞ および C_∞^ϕ で表す。

(b) 鏡映操作：$\sigma_h, \sigma_v, \sigma_d$

シェーンフリースの表示法の特徴は鏡映面と主軸との関係が常に明らかなことである。

・主軸に直交する鏡映面（たとえば点群 $4/m$（C_{4h}）に存在する鏡映面）を σ_h で表す（h は horizontal の意）。

・主軸を含む鏡映面（たとえば点群 $4mm$（C_{4v}）でいう 4 回回転軸を含む鏡映面）を σ_v で表す（vertical）。主軸の回転操作によって重ならない鏡映面を表したいとき（たとえば点群 $4mm$ で互いに 45°の位置関係にある二組の鏡映面）は σ_v および σ_v' などと表す。

・最後に主軸を含み、主軸と直交する 2 回回転軸の間にできる鏡映面を σ_d で表す（dihedral）。（たとえば、$\bar{4}m2$ において主軸を含む鏡映面）

(c) 回映操作：S_n

右手左手変換を伴うインプロパー回転をどう表現するか、という点が国際表記とシェーンフリース表記との最大の相違である。前者では回反操作、すなわち、n 回回転＋反転によりインプロパー回転を表し、一般的には $\bar{n}$ という記号を用いるが、後者では n 回回転＋鏡映を考え、これを回映操作と呼び、S_n で表す。すなわち、C_n の操作の直後に主軸に直交した鏡映操作 σ_h をほどこす操作（この操作順は逆でもよい）を回映操作（rotoreflection operation）と定義する。式で表すと

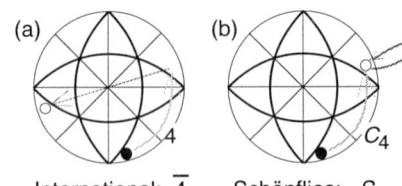

$$S_n = C_n \sigma_h = \sigma_h C_n \tag{2-1}$$

となる。一般には $\bar{n}$ と S_n とは等しくない。

図 2.25 (a) 回反操作（国際表示）と (b) 回映操作（シェーンフリース表示）

問題 2.12 次の関係があることをステレオ投影図で確かめてみよ（問題 2.1 参照）。

$$\bar{1} = S_2, \quad \bar{2} = S_1 = \sigma, \quad \bar{3} = S_6, \quad \bar{4} = S_4, \quad \bar{6} = S_3 \tag{2-2}$$

(d) 反転操作： i $(=S_2)$

前節の結果から反転操作は S_2 でもあるが、普通は国際表記と同様、i という記号を用いる。
$$i = S_2 = C_2\sigma_h = \sigma_h C_2 \tag{2-3}$$

(e) 恒等操作： E

何もしないという操作 1 は E（Einheit）で表す。この操作も立派な対称要素である。

以上が基本操作である。さらに二つ以上の操作を連続して行うときは後からほどこす操作を先に行われた操作の左に次々と記す。たとえば、C_3 の直後に σ_h をほどこす操作はまとめて $\sigma_h C_3$ と書かれる。この表記法でいくと $ii = E$、$C_3^1 C_3^1 C_3^1 = E$、$C_4^1 C_4^2 = C_4^3$ などと表される。

2.6.2 点群の表記法

国際表示では、点群は 2.4 節に示したように $\alpha\beta\gamma$ という 3 次元の各方向（一般にはこの方向は直交していない）に存在する対称要素を並べることにより表す。この表記では 7 種類の結晶系が明確にわかるので無機材料を扱う者にとってはなじみやすかった。一方、シェーンフリース記号では、対称操作、特に主軸の性格と主軸に直交する対称要素の組合せに基づいた点群の表記が行われる。

まだ、群の定義を行ってないが、一つひとつの対称操作の集合が群を構成する（ここでの対称操作とは、たとえば C_4 という軸ではなく、個々の操作、E, C_4^1, C_4^2, C_4^3 をさしている）。すなわち、これらの対称操作を組み合わせていくことにより、一つの閉じた系ができるが、そのときの対称操作の集合を群と呼び、また、一つひとつの操作が群の要素をなす。以下、シェーンフリースの表記法による点群表記の仕方をまとめる。

まず、回転操作のみからなる群が四つある。

（1）C_n： （このシンボルは回転操作を表す C_n と同じ。）これは回転操作 C_n を連続して行い、自分自身に戻る操作、つまり恒等操作を与えるまでのそれぞれの操作からなる点群をいう。たとえば、点群 C_3（国際表記では 3）を構成する対称要素は $\{E, C_3, C_3^2\}$ である。また、点群 C_n の要素の数は n である。

（2）D_n： このシンボルは n 回回転軸を主軸とし、それに直交する n 個の 2 回回転軸が存在する点群をいう。であるから D_n を構成する要素の数は $2n$ である。たとえば、D_3（32）を構成する要素は $\{E, C_3, C_3^2, C_2^{(1)}, C_2^{(2)}, C_2^{(3)}\}$ である（図 2.26）。

（3）T： これは四つの 3 回回転軸と三つの 2 回回転軸からなる対称操作により構成される群をいう。要するに点群 23 のことだ。四つの 3 回回転軸がそれぞれ C_3, C_3^2 を持ち（これで 8 個）、これに 3 本の 2 回回転軸と恒等操作 E を加えて、結局、12 の要素を持つ。

（4）O： これは四つの 3 回回転軸に加え、三つの 4 回回転軸および六つの 2 回回転軸からなる対称操作により構成される群である。要するに点群 432 のことだ。T における 2 回回転軸を 4 回回転軸に置き換えた結果、生まれた群と考えることもできる。

次に鏡映操作を伴う群が登場する。

（5）S_n： 通常、このシンボルにおいて n は常に偶数である。（奇数の場合は次に述べる C_{nh} で表される。）この点群の対称要素の数は n である。我々は回映操作だけの点群 $S_2(\overline{1})$、$S_4(\overline{4})$

および $S_6(\bar{3})$ をすでに学んでいる。たとえば、点群 $S_2(\bar{1})$ の対称要素は $\{E, i\}$ である。

（６）C_{nh}：主軸である n 回回転軸と直交する鏡映面からなる点群をいう。対称要素の数は $2n$ である。たとえば、点群 C_{4h} (4/m) の対称要素は $\{E, C_4, C_4^2, C_4^3, \sigma_h, \sigma_h C_4, \sigma_h C_4^2, \sigma_h C_4^3\}$ の 8個だ。一方、C_{1h} (m) の対称要素は $\{E, \sigma_h\}$ の二つである。

ここで、上述のように C_{4h} が C_4 と C_{1h} という二つの群の組合せからできていることに注意しよう。このような群を*直積群*（direct product group）と呼び、次のように表す。

$$C_{nh} = C_n \otimes C_{1h} \tag{2-4}$$

（７）C_{nv}：主軸である n 回回転軸とそれを含む鏡映面 σ_v を有する対称要素からなる点群をさす。n 個存在する鏡映面の間の角度は、π/n である。n 個の C_n と n 個の σ_v の計 $2n$ 個の対称要素が存在する。

（８）D_{nh}：これは D_n にさらに主軸に直交する鏡映面 σ_h を加えた対称要素からなる点群である。次の直積群で表すことができる。したがって要素の数は $4n$ となる。

$$D_{nh} = D_n \otimes C_{1h} \tag{2-5}$$

図 2.26 に3回回転軸を主軸にとり、主軸と直交する2回回転軸、そして主軸と直交する鏡映面が加わった場合のステレオ投影図を示した。C_3 と D_3 は三方晶系に属するが D_{3h} は六方晶系に属する。σ_h により、主軸の性格はどのように変わっただろうか？

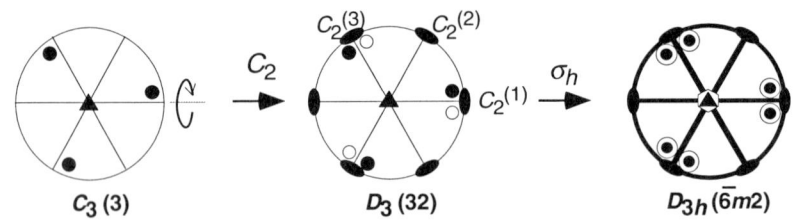

図 2.26 3回回転操作に2回回転操作、さらに鏡映操作が加わることにより生じる点群と二つの表示法の比較

（９）D_{nd}：これは D_n に存在する主軸に直交する n 本の2回回転軸の中間に、鏡映面 σ_d を加えた対称操作からなる点群である。n が奇数の場合は単純に $D_{nd} = D_n \otimes S_2$ という直積の形に書ける。32個の点群の中では $D_{3d}(\bar{3}m)$ しかない。一方、n が偶数の場合は σ_d の導入により主軸の性格が C_n から S_{2n} に変わる。対称要素の数は $4n$ である。例として図 2.27 に D_2 に σ_d を加えた場合を示す。このように4回回反軸が派生した。

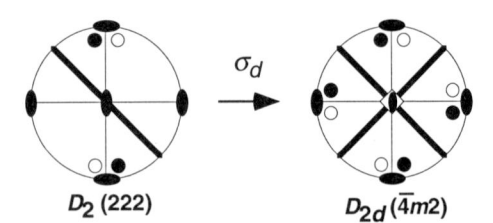

図 2.27 2回回転軸に挟まれた鏡映面 σ_d がもたらす点群

そして、立方晶系に属し、かつ鏡映操作を伴う点群がある。

（１０）T_h：要するに $m3$ だ。T に反転操作を加えたものと考えてよい。次の直積群で表すことができる。したがって対称要素の数は24。

$$T_h = T \otimes S_2 \tag{2-6}$$

（１１）T_d：要するに $\bar{4}3m$ だ。点群 T に存在する2回回転軸の間に σ_d を導入することによって得られる点群。このことにより D_{nd} の場合がそうであったように、もともとあった C_2 と

いう回転操作が S_4 という操作に変わる。したがって対称要素の数は 24。図形でいうと正四面体に相当する（図 2.23）。

（１２）O_h：要するに $m\bar{3}m$。次の直積群で表すことができる。したがって対称要素の数は 48。
$$O_h = O \otimes S_2 \tag{2-7}$$
並進対称性と両立する 32 種類の点群は以上である。

さらにシェーンフリース記号を用いれば C_∞ 軸を持つ点群をこれまで述べたやり方の延長上で自然に表現できる。たとえば、C_∞ 操作と C_∞ 軸を含む鏡映操作からなる群を点群 $C_{\infty v}$ と呼び、さらに C_∞ 軸に直交する 2 回回転軸 C_2 が存在する場合を点群 $D_{\infty h}$ と呼ぶ。一酸化炭素 CO が前者に属し、酸素 O_2 が後者に属する。このようにシェーンフリース記号では並進対称性を前提とした結晶系に束縛されることなく、任意の点の周囲の対称性を記述できる。

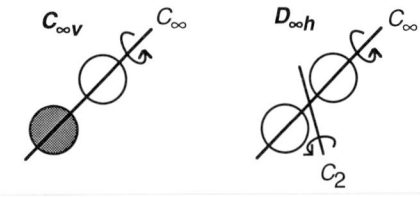

図 2.28 任意の微小回転を対称操作として持つ二原子分子と点群

問題 2.13 並進対称性を持たないアモルファス金属も局所的には点対称性を満たした構造を持つことが最近の研究でわかってきている。右に示すのはそのような構造ユニットの一例である。これはアルキメデスの反プリズムとしても知られており、二つの正四面体が互いに 45°ずれた構造を持っている。この構造はどのような点群に属するだろうか？

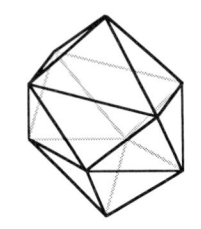

図 2.29 アルキメデスの反プリズム

2.7 32 種類の点群の特徴といくつかの分類法

最後に、並進対称性と両立するこれら 32 種類の点群の全体を概観してみよう。

- **中心対称性を持つ点群**

付録 B を見ると、正方晶、三方晶、六方晶の三つは、主軸に交わる 2 回回転軸（あるいは回反軸）が存在する場合とそうでない場合があることがわかる（たとえば 4〜4/m は前者で 422〜4/mmm は後者）。また、立方晶の場合、4 回回転軸が存在する点群とそうでないものがある。このように考えると、32 の点群を、11 のグループに分類することができる。そして、それぞれのグループの中に存在する点群のうち、最も対称性の高いものは常に反転中心を有するものである。これら反転中心を持つ点群のことを*中心対称性を持つ点群*（centrosymmetric point groups）と呼ぶ。また、11 のグループのことをラウエクラス（Laue class）と呼ぶ（日本語ではラウエグループと呼んでも差し支えないが、それらは数学的な群を構成しないことに注意）。

・中心対称性を持つ点群：$\bar{1}, 2/m, mmm, 4/m, 4/mmm, \bar{3}, \bar{3}m, 6/m, 6/mmm, m3, m\bar{3}m$

X 線回折や通常の電子線回折では必ず反転中心が加わる。したがって、通常の回折実験では 32 種類の点群を決定することはできず、この 11 個のラウエクラスのみにしか分類できない。

- **極性を持つ点群、持たない点群**

　残りの 21 個の点群が中心対称性を持たないのであるが、ステレオ投影図を見てみると、このうち、いくつかの点群は北半球（あるいは南半球）のみにしか一般点が存在しないことに気がつく（全部で 10 個ある）。このような点群を極性（polarity）を持つ点群と呼ぶ。そして、残りの 11 個が極性を持たない点群である。

　　　　・極性を持つ点群：$1, m, 2, 2mm, 4, 4mm, 3, 3m, 6, 6mm$
　　　　・極性を持たない点群：$222, \bar{4}, 422, \bar{4}2m, 32, \bar{6}, 622, \bar{6}m2, 23, 432, \bar{4}3m$

　極性を持つ点群に属する結晶（極性結晶）は外部電場がゼロの時であっても、ある温度以下で自発分極（spontaneous polarization）を持つ。このような結晶を焦電気結晶（pyroelectric crystal）と呼ぶ。このうち、外部から自発分極と反対方向の電場を加えたとき、自発分極の方向が反転するならば、この性質を強誘電性（ferroelectricity）と呼び、そのような結晶は強誘電体と呼ばれる。また、自発分極の発生しない高温から温度を下げたとき、ある温度を境にして強誘電性を示すようになるわけであるが、このような相転移を強誘電性相転移と呼ぶ。

　さらに、432 を除いた 20 個の中心対称性を持たない点群に属する結晶に外部から応力を加えると、誘導分極が生ずる。この性質がピエゾ効果（piezo effect）であり、マクロ的には 3 階テンソルで示される（第 11 章）。また、中心対称性を持たない点群に属する結晶のうち、いくつかは自然旋光性（optical rotatory power）を示す。

- **ホロシメトリックな点群**

　それぞれの結晶系で最も対称性の高い点群をホロシメトリックな点群（holosymmetric point group）という。

　　　　・ホロシメトリックな点群：$\bar{1}, 2/m, mmm, 4/mmm, \bar{3}m, 6/mmm, m\bar{3}m$

- **エンアンチモーフィックな点群**

　反転中心も鏡映面も存在せず、右手系と左手系とが混在していない 11 の点群をエンアンチモーフィックな点群（enantimorphic point groups）という。

　　　　・エンアンチモーフィックな点群：$1, 2, 222, 4, 422, 3, 32, 6, 622, 23, 432$

この章のまとめ

- 点対称操作：ある 1 点の周りに施される対称操作。その 1 点だけがこれらの操作に対して不変（invariant）である。回転操作、鏡映操作、反転操作、回反（回映）操作がある。
- ステレオ投影図
- 点群：点対称操作（要素）の閉じた集合。並進対称性と両立する点群は 32 種類、存在する。並進対称性を要求しなければ、点群は無数に存在する（分子の場合など）。
- 一般点、特殊点、多重度、生成要素
- 国際表示とシェーンフリース表示。後者では回反操作の代わりに回映操作が用いられる。

第3章 空間群

Thus, a crystallographic space group is the set of geometrical symmetry operations that take a 3-dimensional periodic object (a crystal) into itself.
　　　　　　　　　　　　G. Burns　"Space Groups for Solid State Scientists"

　我々は結晶を対称性によって系統的に分類する方法を考えている。これまですでに七つの結晶系、14個のブラベー格子、そして32種類の点群を導いてきた。次に、これらの概念を組み合わせて*空間群*（space group）を構築していく。まず、

結晶構造（structure） ＝ 格子（lattice） ＋ 基本構造（basis）

という基本事項を思い起こそう。結晶構造の分類という立場からすると、点群を学んだことは大ざっぱにいって、与えられた結晶系と両立する基本構造の可能性を学んだことに相当する。したがって、格子と点群との組合せによって、対称要素の新たな閉じた系、すなわち、空間群ができることが予想されるが、このような格子と点群との単純な組合せによってできる空間群を*シンモルフィック空間群*（symmorphic space group）という。これらは全部で73種類ある。
　一方、空間群では並進対称操作が許されるので、回転とか鏡映とかいった操作に*部分的な並進操作*（non-primitive translation）が加わった新しい対称操作が生まれる。この新しい操作を考えることにより*ノンシンモルフィック空間群*（nonsymmorphic space group）と呼ばれる一連の群が生まれる。
　結局、全部で230個の空間群が存在し、すべての結晶はこのいずれかに属することとなる。

3.1 部分的並進操作を伴う対称操作：ノンシンモルフィック操作

　最初に、対称操作とは何かを再考する。点群での操作をもう一度思い起こしてほしい。ここで行ったことは、いくつもの一般点を再生しながら結局は自分自身に戻るという操作の組合せの追求であったのではないだろうか（図3.1(a)）。だから、100°の回転というのはありえなかった。
　点群の場合、必ず自分自身に戻らなくては対称操作とはいえないわけだが、空間群の場合、並進操作が許されているので、必ずしも、自分自身に戻る必要はない。となりの単位胞の同一の位置に戻っても立派な対称操作であるといえる。そして、となりの単位胞に移るまでにいくつかの一般点を再生することができればよい。ただし、点群における回転軸が 1, 2, 3, 4, 6 しかなかったように、結晶系と両立するような一般点の再生の仕方というものにも制限がある。こういったことに注意して、ノンシンモルフィックな操作（nonsymmorphic operation）と呼ばれる新しい対称操作を考えよう。

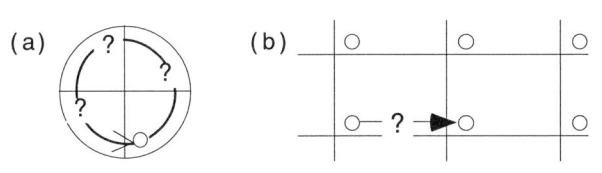

図 3.1　(a) 点対称操作と (b) 並進対称操作の存在下での対称操作

3.1.1 らせん操作

　まず登場してくるのが*らせん操作*（screw operation）という部分的並進操作と回転操作との組合せである。例として、4_1 というらせん軸を説明する。これは、図3.2(a)のように 90°回転して 1/4 だけ回転軸に沿って移動した点に一つ目の一般点を再生し、次にまた、90°回転して 1/4 だけ移動した点に二つ目の一般点を再生する、ということを繰り返して、4回目に（となりの単位

第3章 空間群

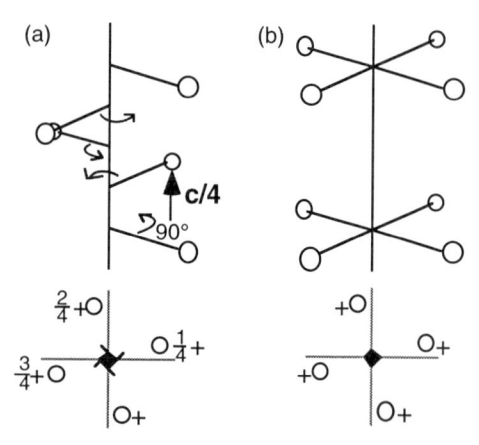

図3.2 (a) らせん操作 4_1 と (b) 通常の回転操作 4

胞の）自分自身に戻るという操作である。図 3.2 にはらせん操作と通常の回転操作を表すシンボルおよび一般点の回転軸(z)方向の一般的な座標を「＋」で示した。すなわち、z の値は単位胞の大きさの 0.1 でもいいし、0 でもいいし、0.5 でもいい。重要なことはらせん操作では 1/4 ずつその値が増えて、ぐるっと一周する、ということである。したがって、作られる一般点の数は4である。

この例では 1/4 ずつ一般点がずれていったが、90°ごとのずれの大きさは 2/4=1/2 でも 3/4 でもいい。このような操作を 4_2 および 4_3 と表す。そして、このような操作が 2, 3, 4, 6 回転操作のそれぞれに存在する。一般には R 回回転軸 R に対し、らせん回転軸を R_q と表す。この意味は <u>360°/R の回転のたびに回転軸の方向に q/R だけずらして一般点を再生する</u>、ということである。回転軸方向へのずれの量は $q<R$ であればよいので、次の11個のらせん回転操作が存在する。

$$2_1, 3_1, 3_2, 4_1, 4_2, 4_3, 6_1, 6_2, 6_3, 6_4, 6_5$$

図3.3 らせん回転軸を表すシンボル

これらのらせん回転軸に対する記号を、図 3.3 に示した。一方、これらのらせん回転軸が関係づける一般座標を図 3.4 に示す。このように、任意の座標の値を＋で表し、その値が1を超えた場合、単位胞をいくつか戻して、回転軸方向の変化量がゼロから1までの間に入るようにする。すなわち、単位胞には R 個の一般点が存在する。

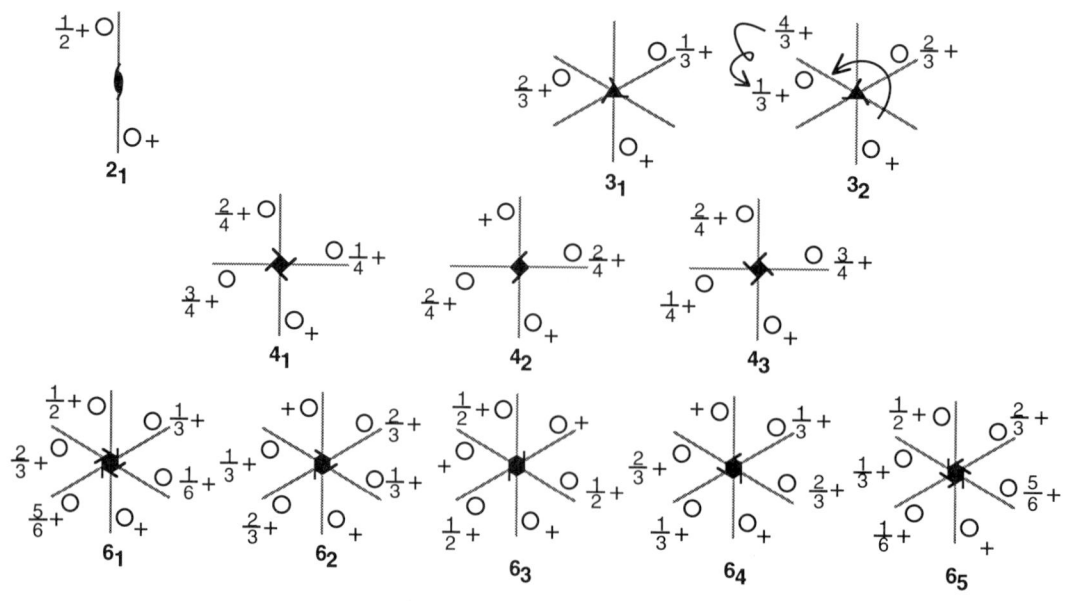

図3.4 らせん操作によってもたらされる一般点

問題 3.1 次の議論が間違いであることを説明せよ。

「4_3 操作では回転軸方向に向かって $3/4\,c$ ずつ $90°$ ずれた位置に一般点が形成される。その z の値は $3/4, 6/4(=3/2), 9/4, 12/4(=3)$ であり、もとの単位胞の 3 倍の大きさにわたって一般点が形成される。したがって、4_3 操作を伴う単位胞は元の単位胞を 4_3 軸方向に向かって 3 倍したものである。」

3.1.2 グライド操作

部分的な並進を伴う、もう一つの対称操作はグライド操作（glide operation, 映進操作）である。これには軸グライド、対角グライド、およびダイアモンドグライドがある。

- **軸グライド**（axial glide）の例を図 3.5 に示す。要するに単位胞の $1/2$ だけ a, b, c いずれかの方向に一般点を移動した後、a, b, c 軸を含む鏡映面について鏡映操作を繰り返す対称操作である（鏡映を先に行い、つづいて $1/2$ の並進操作を行ってもよい）。このときの鏡映面をグライド面（glide plane, 映進面）と呼び、その並進操作の方向をとって、この操作を b グライドとか c グライドと呼ぶ。鏡映操作により右手系から左手系に移行したことを示すのには、一般点を示す○印の中にカンマをつけた記号が用いられる。また、グライド面は並進の方向が a 方向、b 方向であれば鎖線、紙面に垂直な c 方向であれば点線で表す。一方、グライド面が紙面に平行な場合、$1/2$ 並進方向への矢印を伴った折れ線で表す（後述、図 3.19 参照）。

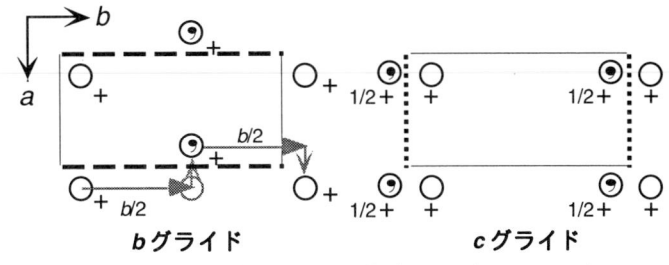

図 3.5 グライド操作：軸グライド（axial glide）

- **対角グライド**（diagonal glide, n glide）は $(a+b)/2, (b+c)/2$ または $(c+a)/2$ という部分的な並進操作の後に鏡映操作を行う対称操作をいう（この順序も逆でもよい）。これらの操作は単に n グライドとも呼ばれる。また、立方晶と正方晶の場合、$(a+b+c)/2$ という並進操作を伴うこともある。紙面に垂直に存在する n グライド面は一点鎖線で、紙面に平行な n グライド面は図 3.6 左上に示した記号で表される。

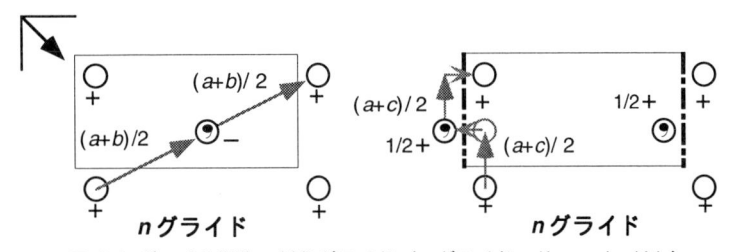

図 3.6 グライド操作：対角グライド（n グライド、diagonal glide）

- **ダイアモンドグライド**（diamond glide）は立方晶、正方晶あるいは直方晶のセンタリングを伴った格子に存在し、$(a\pm b)/4, (b\pm c)/4, (c\pm a)/4$ もしくは $(a\pm b\pm c)/4$ という部分的な並進を行った後、鏡映を行う操作である。図 3.7 を見てみよう。このようにセンタリングによって生じた格子点に向かう二組の並進操作を伴う鏡映操作により（その途中で）一つの一般点が再生される。（ただし、上の例は格子点という特別な点に関してのダイアモンドグライド操作であることに注意。）

第3章　空間群

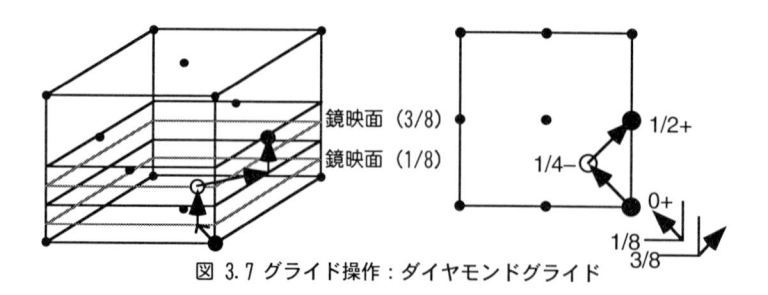

ダイアモンド構造がこの操作で表されるのでこのような名称がついているが、通常は格子点の周囲にある一般点のすべてがこの操作により繰り返されることに注意したい。

図 3.7 グライド操作：ダイヤモンドグライド

問題 3.2 高さが ○+ で表される一般点がダイヤモンドグライドにより（○1/2+の高さに映し出される途中で）生まれる新たな点の高さはいくつか？

3.2　2次元空間群

以上の知識を基にして、17 種類の2次元の空間群を学ぼう。まず、2次元には 5 種類の格子（ネット）がある（1.3 節）。一方、2次元の点群についてはあらわな形では触れなかったが、極性を持つ3次元の点群（北半球にのみ一般点を持つ点群、2.7 節）が2次元の点群に等しい。これらの単純な組合せにより、13 個のシンモルフィック空間群が現れる。一方、グライド操作を組み合わせることにより、ノンシンモルフィック空間群が 4 個生まれ、計 17 種類ということになる。また、2次元空間群自体の表記法であるが、最初にネットを小文字で示し、次に z, x, y 方向に存在する対称操作をフルシンボルでは示す（鏡映面はその法線方向の位置に該当するシンボルをもって示す）。通常は自明な操作を省略したショートシンボルが用いられる。以下に示す番号は、*International Tables for X-ray Crystallography* （3.4 節）に出てくる番号、記号はショートシンボルだ（フルシンボルはかっこで示した）。簡単なオブリークネットから得られる2次元空間群に関しては付録Cを見てもらうとして、ここではそれ以外の空間群を考えていくことにしよう。

- **長方形ネットと菱形ネット**

  まず、長方形ネットに鏡映（m）もしくはグライド（g）操作が加わった場合の一般点を示す。

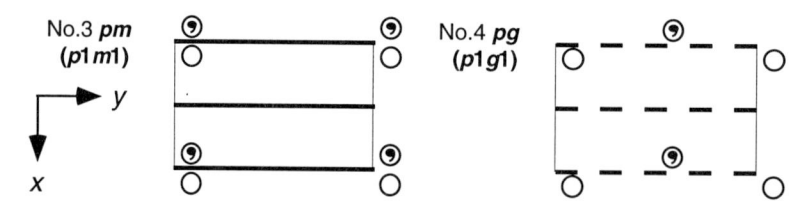

  図 3.8 長方形ネットに一つの鏡映面あるいはグライド面が加わってできた2次元空間群

また、上の二つの単位胞中央に存在する m や g という対称要素は格子点の持つ並進操作の結果、派生したものであることに注意しよう。

問題 3.3 点群 m の操作と菱形格子を組み合わせたとき、どのような一般点が得られるか図 3.9 を完成させることにより調べよ。また、派生する対称操作は何か？

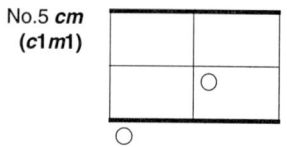

図 3.9 菱形ネットと鏡映面の組合せ（問題 3.3）

次に、図 3.10 に空間群 *p2mm* を示す。このように鏡映面が二つ交わったところに 2 回回転軸が自動的に発生する。さらに格子点を結ぶ箇所にも新たな対称要素が発生している。これは第 1 章でネットの対称性を調べたときと同じ事情である。また、一般点の多重度は存在する対称要素の数に等しい。

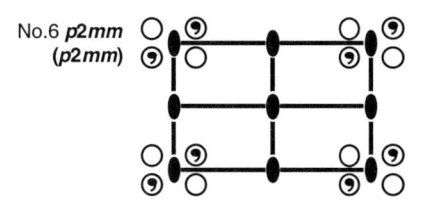

図 3.10 長方形ネットに点群2mmのモチーフが加わってできた2次元空間群*p2mm*

一方、鏡映面がグライド面に変わった場合を次の問題で見てみよう。

問題 3.4 図 3.11 に示した二つの空間群を完成させよ。2 回回転軸はどこに発生したか？ また一般点の数は対称要素の数に等しいといえるか？

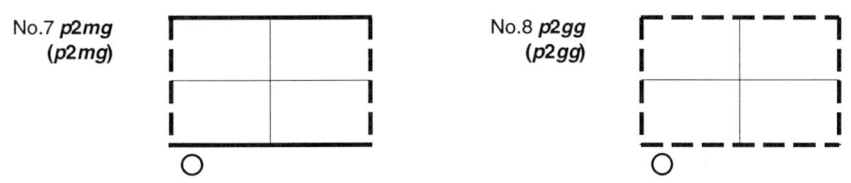

図 3.11 2次元空間群 *p2mm* の鏡映面がグライド面に変わった場合（問題 3.4）

得られた結果を付録 C 中の同じ空間群と比較してみよう。この問題では鏡映面やグライド面を基準に原点をとったので上記の結果を得たが、通常、原点は 2 回回転軸上にとるので一見、異なった図が得られる。

最後にセンタリングの影響を調べてみよう。図 3.12 に示すのは長方形ネットでセンタリングのある場合、すなわち、菱形ネットに鏡映面を加えた場合だ。センタリングによりグライド操作が派生することに注意。

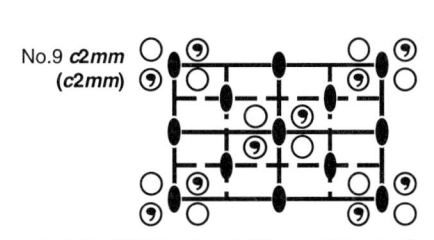

図 3.12 菱形ネットに点群2mmのモチーフが加わってできた2次元空間群*c2mm*

• 正方形ネット

次に正方形ネットに基づく2次元空間群のうち、最も単純な *p4* を見てみよう（図 3.13）。格子点の周りに 4 回回転操作によって生じる一般点を描く。次にこの一般点を並進操作により四つの格子点に再生させる。この結果、正方形の中心に新たな 4 回回転軸が、また各辺の中点をつきぬける 2 回回転軸が自動的に発生する。

次に各格子点に点群 4*mm* を重ねてみる。

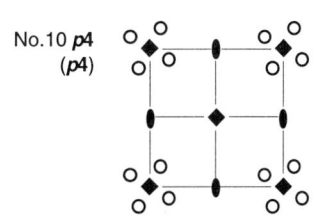

図 3.13 正方形ネットに点群4のモチーフが加わってできた2次元空間群*p4*

問題 3.5 図 3.14 に示した正方ネットと点群 4*mm* を組み合わせることによって、空間群 *p4mm* を完成させよ。

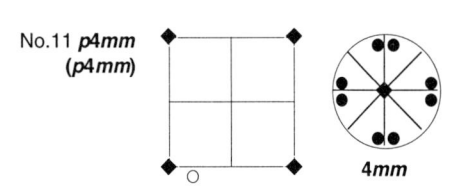

図 3.14 正方形ネットの格子点に点群 4*mm* のモチーフが加わった場合（問題 3.5）

この問題の答えは付録 C にある。グライド操作が意外なところに派生した。しかし、この空間群は正方形ネットに 4mm という点群を組み合わせたものであるからシンモルフィック空間群である。言い換えると、ここに現れたグライド操作はあくまでも派生して出てきたものなのだ。それでは次に、グライド操作が必須の対称操作として存在する空間群を見てみよう。

問題 3.6 図 3.15 の空間群 p4gm を完成させよ。

p4mm も p4gm も一つの単位胞の中には一般点が 8 個、すなわち対応する点群が与える一般点の数と同じであることに注意しよう。

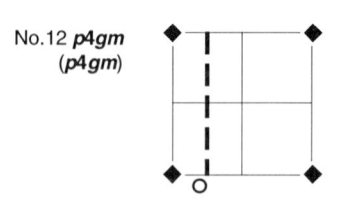

図 3.15 空間群 p4mm の一つの鏡映面がグライド面に変わった場合（問題 3.6）

• 三方ネット

2次元格子（1.3.5 節）で見たように、この場合、ネット自体は六方ネットと同一である。すなわち、格子点だけを見れば 6 回の対称性を有している。このような格子点に 3 回対称性を持ったモチーフを置くことにより、6 回対称性が失われるわけだ。p3 に関しては自明であるので付録 C を見てもらうとして、ここでは鏡映面を持ったモチーフ、すなわち点群 3m を格子点に置こう。すると鏡映面が単位胞の対角上に存在するか、隣の格子点を通過するかによって p3m1 と p31m という二つの異なった空間群が得られる。これは格子より低い対称性を持つ点群の対称要素が格子の本来、等価であった対称要素に制限を与えてしまったことの結果で（縮退が解けた）、同様のことは3次元空間群でもおこる。

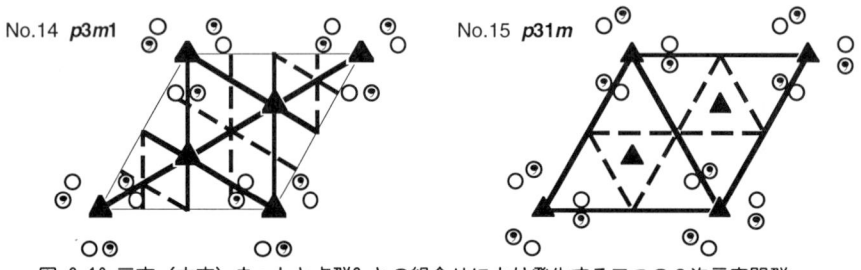

図 3.16 三方（六方）ネットと点群3mとの組合せにより発生する二つの2次元空間群

• 六方ネット

六方ネットと両立する点群は 6 と 6mm のみである。60°ずつ回転するので三方ネットで生じた

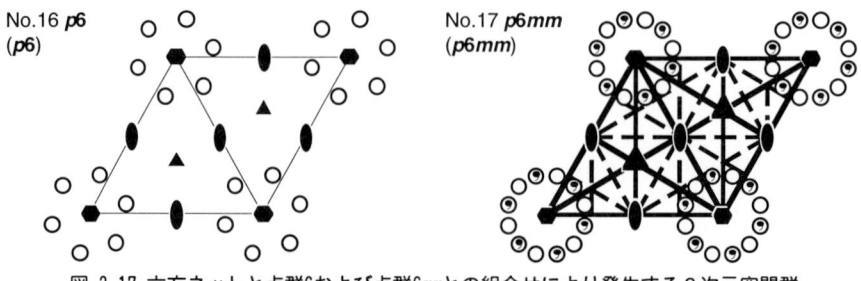

図 3.17 六方ネットと点群6および点群6mmとの組合せにより発生する2次元空間群

ような二つの独立した組合せは生じない。単純な $p6$ において格子点を結ぶ位置に 2 回回転軸が（これは $p4$ の場合も同じだ）、そして長い対角線を 3 等分した位置に 3 回回転軸が生ずることが大きな特徴だ。$p6mm$ ではこれに鏡映面が加わり、さらにグライド面がすべての鏡映面の間に派生する。

以上、17 種類の 2 次元空間群を付録 C にまとめた。原点（origin）のとり方によって対称要素に対する 一般点の分布の仕方が一見、異なるように見える場合があることが要注意だ。

我々が今、ここで学んでいる独立な 2 次元空間群が 17 種類存在することの証明は決して簡単ではなく、20 世紀に入ってからなされた。それにもかかわらず、古代エジプトの装飾はこれら 17 個の空間群をすべて網羅しているという。

- サイトシメトリー

ところで、一般点がある対称要素の上に存在すると、その点は高い対称性を持つ。このことを定量的に表現するためにサイトシメトリー（site symmetry）という概念が用いられる。すなわち、ある点が対称要素 X の上にたまたま存在しているとすると、サイトシメトリーは X であるという。たとえば4回回転軸上の点のサイトシメトリーは少なくとも 4 であるし、鏡映面上の任意の点のサイトシメトリーは少なくとも m である。言い換えると、その点を中心に回転とか鏡映とかを行ったあと結晶全体がもとの結晶と完全に重なるような操作の集合で構成される点群がサイトシメトリーである。したがって、全然でたらめに選んだ一般点のサイトシメトリーは 1 となる（でたらめに選んだ点を中心にして結晶全体を回転しても反転しても結晶はもとと重ならない）。言い換えると、サイトシメトリーとはその点から、周囲に存在する結晶全体を見たときの点対称性を表す。また、サイトシメトリーが高い点の多重度は、重なってる対称要素の分だけ少なくなる。たとえば、4 回回転軸は本来、4 個の一般点をもたらすが、4 回回転軸上にある特殊点は 4 回回転操作を行ってもたった 1 個の点しか再生させない。すなわち、多重度は 1 である。

問題 3.7 2 次元空間群において対称性が最も高い点のサイトシメトリーは通常、その空間群の基となる点群に等しい。ところが、付録 C を詳細に観察すると最高のサイトシメトリーが点群の対称性より低い場合が四つある。このような点群を列挙せよ。これらの空間群が共通して有する対称要素は何か。また、これらの空間群において最高のサイトシメトリーを有する点の多重度はいくつか？

問題 3.8 仙台市営バスの入口のステップには滑り止めとして鉄板の上に突起があるが、それは図 3.18 のような模様をしている。これを 2 次元のモチーフとして考え、次の問いに答えよ。
(i) 単位胞を示せ。
(ii) 存在する対称要素を示せ。また、どのような 2 次元空間群に属するか？

図 3.18 バスの滑り止め鉄板のモチーフと 2 次元空間群

3.3　3次元空間群

いよいよ3次元の空間群を学ぶ準備が整った。先に述べたように全部で230種類の空間群が存在するが、2次元空間群の場合がそうであったように、それらはブラベー格子と点群との単純な組合せによりもたらされるシンモルフィック空間群、および、らせん回転操作あるいはグライド操作が必須の対称要素として加わったノンシンモルフィック空間群に分類される。

- 空間群の表記

国際表記法では、空間群を示すには一般的に書いて、$\Lambda\alpha\beta\gamma$という記号が用いられる。ここでΛはブラベー格子の特徴を表す記号であり、$\alpha\beta\gamma$は点群を特徴づける記号である。Λの場所に書かれているのは P, A, B, C, I, F, R のいずれかであり、このうち、R はロンボヘドラル格子を示すが、その他は単に Primitive とか A-centered といったセンタリングに関する情報しか持っていない（a 軸を含まない面が A 面である）。なぜ14種類のあるブラベー格子をきちんと示さないのかというと、32個の点群はいずれかの結晶系に属するから、所属する点群を示してしまえば、結晶系も自明となり、あと必要な情報は格子のセンタリングに関するもののみとなるからである。

次に $\alpha\beta\gamma$ により表される点群の情報だが、空間群を作るのに必須の対称操作がシンモルフィックな操作であるときは点群の記号がそのまま用いられる（たとえば $P222$ とか $Imm2$）。一方、通常の回転操作や鏡映操作の代わりにらせん操作やグライド操作が存在するときは、該当する点群操作をノンシンモルフィックな操作を表す記号で置き換える（たとえば $P2_12_12$ とか $Ima2$）。

また、通常は標準的略記法（standard short symbol）が用いられる。たとえば、フルシンボルである $P\frac{2}{m}\frac{2}{m}\frac{2}{m}$ や $C\frac{2}{m}\frac{2}{c}\frac{2_1}{m}$ の代わりに $Pmmm$ や $Cmcm$ がそれぞれ用いられる。

一方、シェーンフリースの記号では「空間群の点群」（次項参照）の記号にスーパースクリプトをつけて空間群を表す（たとえば、D_2^3 とか C_{2v}^{22} のように）。

- 空間群の点群

ある空間群の点群とは、らせん操作やグライド操作が存在しない場合は自明であるが、ノンシンモルフィック空間群については、必須のらせんあるいはグライド操作に伴う部分的な並進操作をゼロとしたときに得られる点群をいう。たとえば $P2_12_12$ や $Ima2$ の点群はそれぞれ $222\ (D_2)$ と $mm2\ (C_{2v})$（2回回転軸が z 方向にあるので $mm2$ と書く）である。

- いくつかの対称要素の表示

まず、紙面の下方向を a 軸、右方向を b 軸、紙面から飛び出す方向を c 軸となるように物体を置く。そしてその物体の一般点と対称要素を c 軸に沿ってそのまま紙面に投影する（この軸は単斜晶などの場合、必ずしも紙面（投影面）と直交してるとは限らない）。

一般点は a 軸、b 軸、c 軸方向へ0から1までの任意の値を持つことができるから、これを x, y, z で表す。ここで z の値が任意であることを示すため、一般点を表す図中では○+という記号が用いられる。さらに部分的な並進操作により z の値が $z+1/2$ となったような場合、○1/2+ と表す。また、対称要素の表記であるが、点群で用いられた記号のうち自明なもの、また、投影面に垂直ならせん軸などの記号はそのまま用いられる。一方、紙面に垂直あるいは平行な鏡映面やグライド面は図3.19に示すシンボルで表される。

3.3 3次元空間群

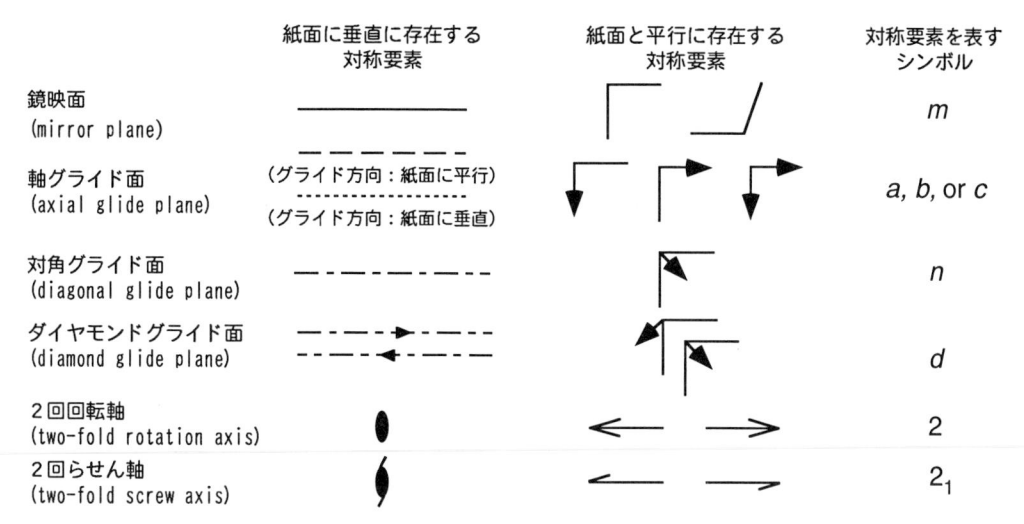

	紙面に垂直に存在する対称要素	紙面と平行に存在する対称要素	対称要素を表すシンボル
鏡映面 (mirror plane)	———————	⌐⌐	m
軸グライド面 (axial glide plane)	（グライド方向：紙面に平行） ------- （グライド方向：紙面に垂直）	↓→ ↓→	$a, b,$ or c
対角グライド面 (diagonal glide plane)	— - — - —	⌐	n
ダイヤモンドグライド面 (diamond glide plane)	— · — →← — · —	⌐	d
2回回転軸 (two-fold rotation axis)	●	← →	2
2回らせん軸 (two-fold screw axis)	●	← →	2_1

図 3.19 空間群を構成する代表的対称要素の表示記号

　図 3.19 の4番目に示されているのがダイヤモンドグライドである。この操作は、先にも述べたように（図 3.7）、一つの格子点周囲の一般点から同じ単位胞中のセンタリングによってもたらされた別の格子点周囲の一般点に移る途中に新たな一般点を生成する操作である。したがって、たとえばFセンタリングの場合、どの面心の位置に移るかをきちんと示さなくてはならないので、ダイヤモンドグライドを示す記号ではその方向を示す記号が必ずペアで用いられる。

　図 3.19 に示した操作以外にも、投影面に平行な4回回転軸やらせん軸などが考えられるが、それらが存在するのは立方晶のときのみであるので省略した。さら立方晶には投影面とある角度をもって交わる2回、3回の回転軸、らせん軸の存在も可能であるし（図 3.46）、鏡映面、グライド面なども投影面と一定の角度をもって交わることができる。これらの操作に関する記号のすべては *International Tables* （3.4節）にまとめられているので、必要なときに調べればよい。

　最後に当然のことであるが、すべての空間群において単位胞は3次元並進操作によって無限に繰り返されることが暗黙の了解である。すなわち、単純な並進操作も空間群における立派な対称要素である。したがって空間群を構成する対称操作の数は無限あるということになる。しかし通常は、単位胞を再生するための単純な並進操作を除いた h 個の操作を*必須の空間群対称操作* (essential space group operations) と呼び、考察の対象とするのである（h の数は高だか 48 である。点群 $m\bar{3}m$ において得られた一般点の数が48であった）。

3.3.1 三斜晶系 (triclinic system)

　この結晶系には P 格子のみが存在する。また、この格子と両立する点群は 1 と $\bar{1}$ のみであり、ノンシンモルフィックな操作が加わることも許されない。したがって、この結晶系に属する空間群は $P1$ および $P\bar{1}$ の二つのみである。

　通常は反転中心を原点に置く。その理由

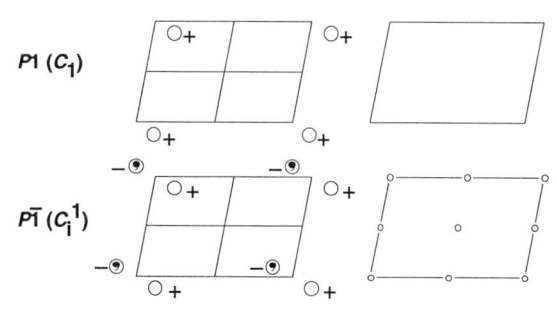

図 3.20 三斜晶系に属する二つの空間群

の一つはこうすることによりX線回折などの波の干渉を考える際の位相の関係が求めやすくなるからである。また、上の例のように、格子点を結びつける点にも反転中心が派生する。

3.3.2 単斜晶系(monoclinic system)

この結晶系にはブラベー格子として単純格子と側心格子の二つが存在し（図 1.12, 13）、点群として $2(C_2)$、$m(C_{1h})$、$2/m(C_{2h})$ の 3 個が存在する。したがって6個のシンモルフィック空間群が存在することがわかる。さらに、7 個のノンシンモルフィック空間群があり、この系には全部で 13 種類の空間群が存在する。

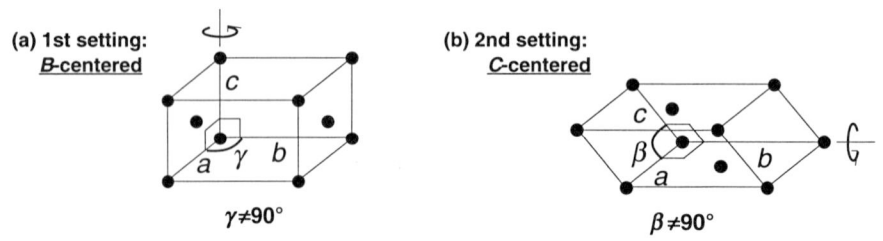

図 3.21 単斜晶を表す際の二つの方法：(a) 第一セッティング (b) 第二セッティング

単斜晶を扱うとき最初に注意すべきことは、2.5.3 節にも述べたように、どの軸を 2 回回転軸（主軸）となるように結晶を置くかということである。主軸が c 軸（投影面に垂直）である場合を第一セッティング（1st setting）、b 軸（紙面上の水平方向）である場合を第二セッティング（2nd setting）という（ただし、1983年版の *International Tables for Crystallography* ではこのような呼び名がなくなった）。したがって、側心格子は第一セッティングでは B 格子と呼ばれ、第二セッティングでは C 格子と呼ばれる。図 3.21 にこの事情を示す。

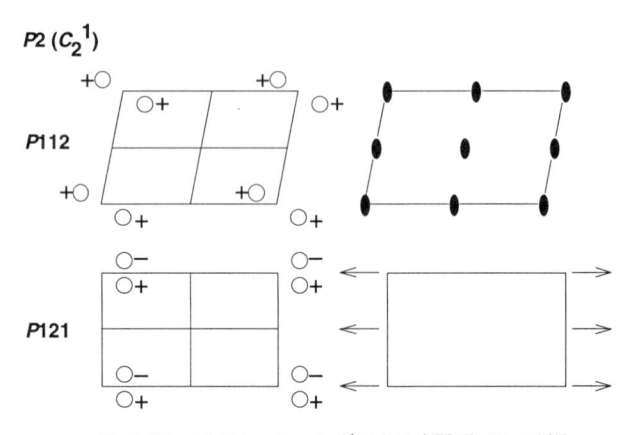

図 3.22 二つのセッティングによる空間群 *P2* の対比

最初に基本的な空間群 $P2$（C_2^1）を例にとって、二つのセッティングの相違を見てみよう（図 3.22）。格子点を結んだ位置に派生する 2 回回転軸が二つのセッティングでどのように図示されているかに注意したい。

一方、単斜晶には 2 回回転軸の代わりに 2 回回反軸＝鏡映面が存在する場合もある。

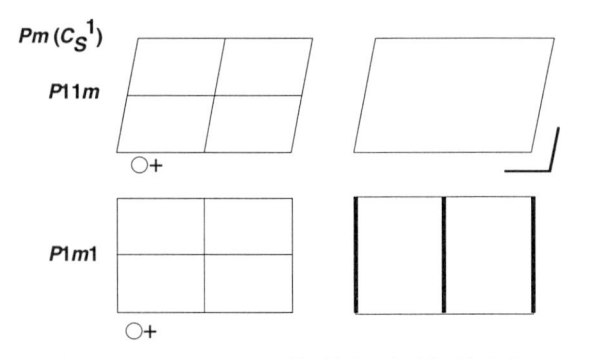

図 3.23 二つのセッティング：鏡映面を対称要素とする空間群 *Pm*（問題 3.9）

問題 3.9 空間群 Pm を図 3.23 に示した二つのセッティングで表せ。対称要素は図面右に示してあるので、一般点のみ再生すればよい。

次にセンタリングを伴った格子を考える（図 3.24）。先に述べたように単斜晶系にはセンタリングは側心しか存在しないが、セッティングによってその表記の仕方が異なる。また、センタリングの存在により単位胞中の一般点の数は 2 倍になる。さらにこれらを結びつける対称要素が派生する。図で、センタリングによってどのような対称要素が派生して出現したか調べてみよう。また、らせん軸がどの一般点とどの一般点を関係づけているか確認しよう。

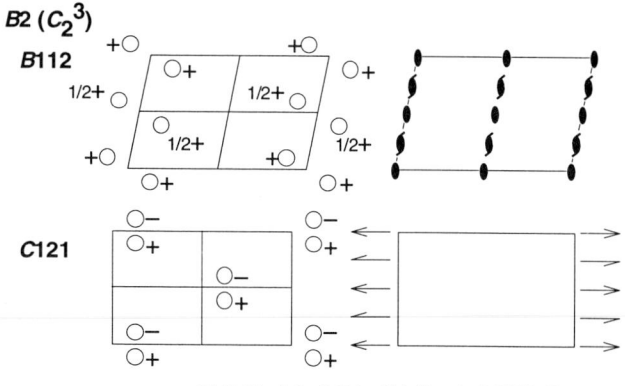

図 3.24 センタリングを伴った空間群 $B2$

同様にグライド操作によってどの一般点どうしが関係づけられているか、空間群 Bm で見てみよう（図 3.25、グライド面は 1/4 の高さにある）。

問題 3.10 空間群 Bm を第二セッティングで表せ。フルシンボルは $C1m1$ である。

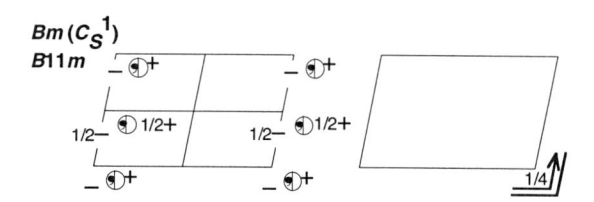

図 3.25 単斜晶系においてセンタリングを伴った格子と鏡映操作を伴った点群との組合せで得られる空間群 Bm

これらのノンシンモルフィックな操作は格子点のセンタリングに伴って発生したものであり、一般点を得る上での必須の操作ではないので、上記の二つの空間群は依然、シンモルフィックな空間群である。

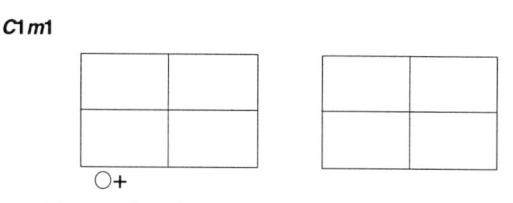

図 3.26 空間群 Bm（第二セッティング、問題 3.10）

では、次に必須な対称操作としてグライド操作が存在する場合を調べてみる。（空間群の図や表から、どの操作が必須の対称操作かということを読み取ることは少し難しい。考えている空間群が シンモルフィックかノンシンモルフィックかの見分け方については 3.4.2 節で述べる。）図 3.27 に示すのは空間群 Bb の一般点の配置と対称要素である。この操作では b グライドに加え、1/4 の高さに n グライドが派生した。これはセンタリングによる結果である。

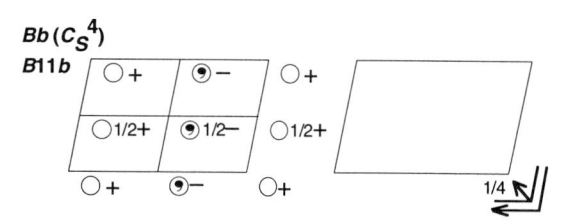

図 3.27 空間群 Bb：（グライド操作が必須の対称要素）

問題 3.11 空間群 Bb を第二セッティングで表せ。フルシンボルは $C1c1$ である。

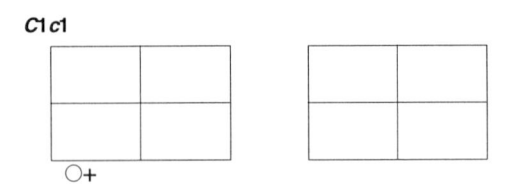

図 3.28 空間群 Bb（第二セッティング、問題 3.11）

さて、単斜晶系に属する点群で最も対称性の高い点群（ホロシンメトリックな点群）は $2/m$ である。したがって、単純な組合せによる $P2/m$ や $B2/m$ といった空間群はむろん存在するし、$P2_1/m$ とか $P2/b$ などのノンシンモルフィックな空間群もこの系に属する（図 3.29）。

ここで反転中心が派生するが、これは空間群 $P2_1/b$ の点群が $2/m$ であることを考えると当然の帰結である。つまり、らせん操作とグライド操作に伴う部分的並進操作をゼロとすればこの空間群の点群として $2/m$ が得られる。そして、この点群には反転操作が存在するからだ。要するに、派生する対称操作は空間群の点群を構成する対称操作からも予測できる。

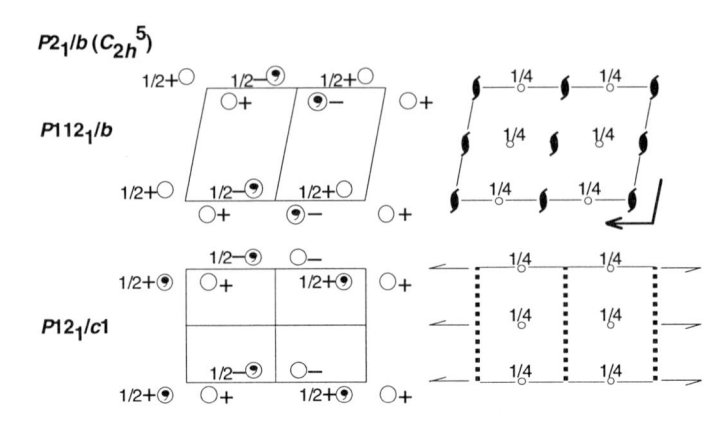

図 3.29 点群 $2/m$ がノンシンモルフィックな操作 $2_1/b$ に置き換った空間群 $P2_1/b$

3.3.3 直方晶（斜方晶）（orthorhombic system）

この結晶系のブラベー格子には P、C（もしくは A）、F、I のすべてのセンタリングが存在し、点群として $222(D_2)$, $mm2(C_{2v})$, $mmm(D_{2h})$ が存在する。したがって、これらのかけ合わせにより 12 個のシンモルフィック空間群が存在するように思えるが、実際は $mm2$ に対して C 格子と A 格子は同等ではないので（センタリングが 2 回回転軸と垂直な面にあるのか、含んだ面にあるのかということ）、13 種類のシンモルフィック空間群が存在する。さらにらせん操作、グライド操作というノンシンモルフィックな操作を加えると、$222(D_2)$, $mm2(C_{2v})$, $mmm(D_{2h})$ の点群に対し、それぞれ、9、21、28 すなわち、全部で 58 種類の異なった空間群が存在する。

まず、空間群 $P2_12_12$ および $P2_12_12_1$ を示す。これらの空間群の点群は 222 であり、したがって多重度は 4 だ。つまり、一つの格子点について四つの一般点がある。ここで、この二つの例において 3 本の 2 回回転あるいはらせん軸がどのようにお互い交差するかを調べてみよう。点群 222 の場合、生成要素は二つの独立した 2 回回転操作であり、残りの 2 回回転軸は自動的に生まれたことを思い出そう。これと同様に、空間群 $P2_12_12$ においても c 方向の 2 回回転軸の操作は他の 2 本のらせん軸による連続した操作と、同等の結果を及ぼさなくてはならない。言い換えると、2 回回転操作により関係づけられる二つの一般点は同じ高さにあるので 2 本のらせん回転軸も同じ高さになくてはならないことになる。一方、$P2_12_12_1$ では c 方向のらせん操作により関係づけられる二つの一般点の高さは、らせん操作により 1/2 だけ異なる。したがって、他の 2 本のらせん軸のうち 1 本は 1/4 の高さになくてはならず、これらのらせん軸は互いに交わっていない。

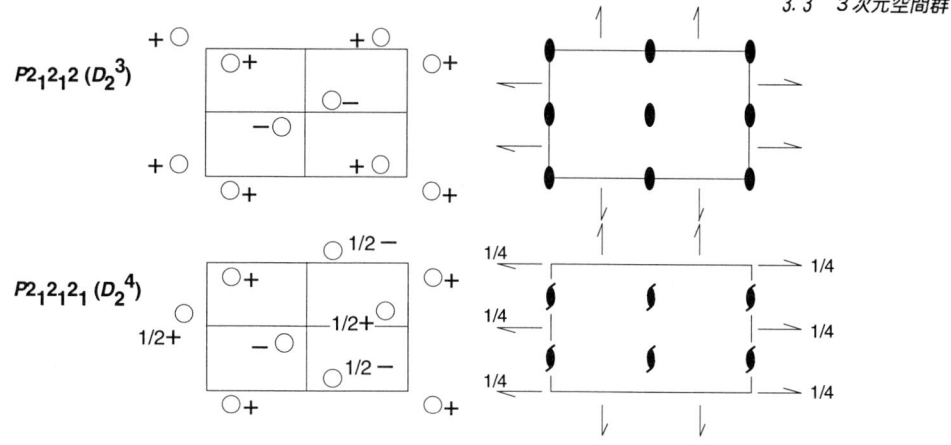

$P2_12_12 (D_2^3)$

$P2_12_12_1 (D_2^4)$

図 3.30 空間群 $P2_12_12$ と $P2_12_12_1$（らせん軸の組合せに注意）

問題 3.12 z 方向（紙面に垂直）の 2 回回転軸と交わるように y 方向に 2_1 軸を選んだとき、x 方向に派生する対称要素は何か？ したがって、このような空間群はなんと呼ばれるか？

次に I センタリングを見てみよう。P 格子中の一般点が（1/2 1/2 1/2）だけずれた位置にも再生されるのがこのセンタリングの効果である。例として空間群 $I2_12_12_1(D_2^9)$ を考える。

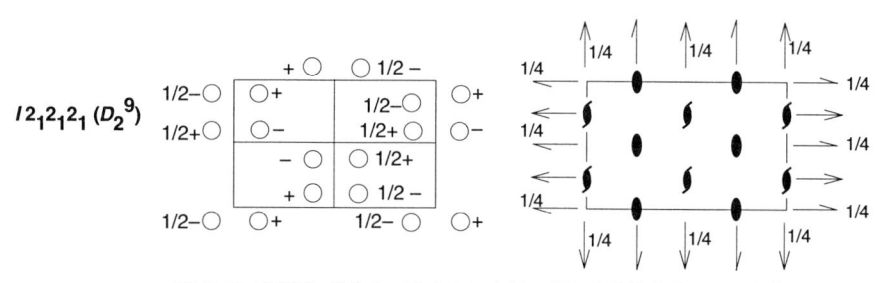

$I2_12_12_1 (D_2^9)$

図 3.31 空間群 $I2_12_12_1$（体心センタリングにより発生するらせん軸に注意）

これを先ほどの $P2_12_12_1$ と比較してみると、新たに 2 回回転軸が a 軸，b 軸，c 軸方向に 3 本でき、かつ、これらも交わっていないことがわかる。

次に点群 $mm2(C_{2v})$ に属する 21 個の空間群の例として $Pnc2(C_{2v}^6)$ を見てみたい。あなたは、空間群のシンボル $Pnc2$ を見ただけで、図 3.32 を描けるだろうか？ 2 回回転操作は自明であると思う。そして点群 $mm2$ の場合と基本的には同様に c 方向の 2 回回転軸に対し、a および b 方向に法線を持つグライド面が二つ存在するはずだ。であるから空間群の記号を見て、たとえば c グライド面を b 軸と垂直にとってその操作を一般点に対して行えばよい。正しく c グライド面をとれば、残る n グライド面が a 軸と垂直な面に自動的に生まれるはずだ。ここで難しいのはグライド面が 2 回回転軸を含む位置にあるか、図のように二つの 2 回回転軸の中間、すなわち b 方向に 1/4 の位置にあるか、ということだろう。上記の例で仮に c グライド面を 2 回回転軸を含む位置にとると、a 軸と垂直な面上に生まれる

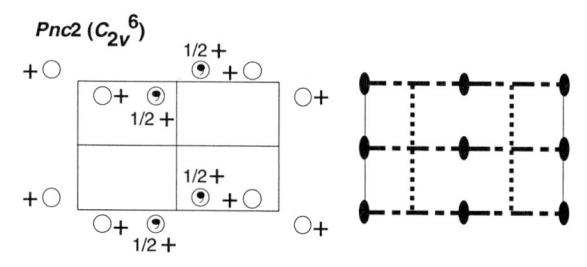

$Pnc2 (C_{2v}^6)$

図 3.32 空間群 $Pnc2$（c グライド面の位置に注意）

操作は n グライドではなく、c グライドとなってしまう。つまり、空間群 $Pcc2$ ができてしまう。こうしたことから c グライドは b 方向の $1/4$ の位置にとるべきことがわかる。しかし、注意深く考えると a 軸と垂直な n グライドの記号は、c 方向と b 方向への $1/2$ の並進操作ががあることを意味しているから、最初にとる c グライド面は $1/4b$ の位置にあるべきだったということがわかる。

直方晶の最後の例として点群 mmm (D_{2h}) に属する 28 個の空間群を考える。ここで、注意したいのは mmm という表記は $2/m\ 2/m\ 2/m$ の省略形であるということである。したがって、2回回転軸もしくはらせん軸が必ず x, y, z 方向に存在する。例として空間群 $Pnma(D_{2h}^{16})$ の一般点の分布と対称操作を図 3.33 に示す。この空間群のフルシンボルは $P2_1/n\ 2_1/m\ 2_1/a$ である。

この例は一見複雑に見えるが、三つの異なった方向の対称要素だけで一般点は完全に再現できる。（2種の2回らせん軸で4個の一般点ができ、それにグライド操作（〜鏡映）を加えれば、全部で8個の一般点ができる。）したがって、生成要素は3個であり、点群 mmm の場合と同じだ。

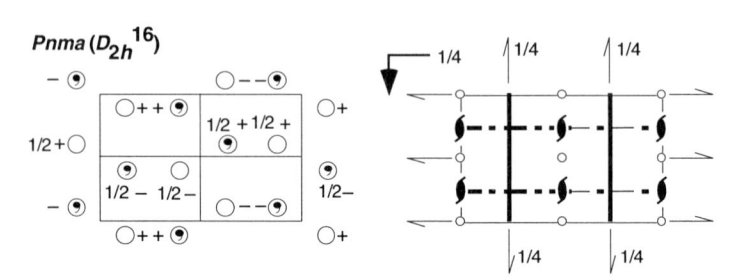

図 3.33 空間群 $Pnma$：（フルシンボルは $P2_1/n\ 2_1/m\ 2_1/a$）

ところで、この空間群 $Pnma$ とその順番を入れ換えた $Pmna$ とは同じものだろうか？ 実は後者をフルシンボルで表すと $P2/m\ 2/n\ 2_1/a$ となり、この二つは異なった空間群なのである。実際、$Pnma$ は International Tables で No.62 であるが $Pmna$ は No.53 と記載されている。この例は $P..a$ というように c 面において a グライドという「a 方向への操作」を選んでしてしまうと a 面と b 面（あるいはそれらと直交する軸）における対称操作の互換性がなくなる場合のあることを示している。<u>グライド操作では、それが存在する面と部分的な並進操作の方向という二つの操作間の関係が重要なのである。</u>

さらにセンタリングというもう一つのファクターが加わる。たとえば、$Pbm2$ は $Pma2$ と同等である (No.28) が、これらの点群が A 格子と組み合わされてできた空間群 $Abm2$ (No.39) と $Ama2$ (No.40) は異なった空間群である。

3.3.4 正方晶 (tetragonal system)

この結晶系には 7 個の点群、および P 格子と F 格子（同等に I 格子 (1.4.9 節参照) ）があり、ノンシンモルフィックな操作を加えることにより、全部で 68 種類の空間群が存在する。最初に空間群 $P4_1(C_4^2)$ を示す。この空間群では一般点

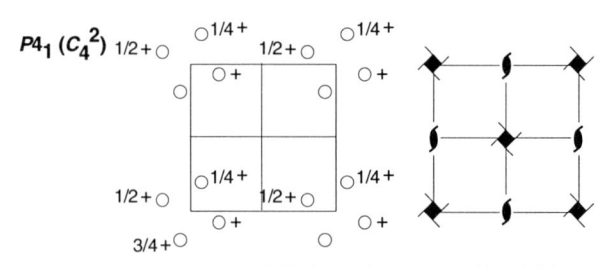

図 3.34 空間群 $P4_1$（派生した 2_1 軸に注意）

がスパイラル上に配置されている。このような空間群に属する結晶はエンアンティモーフィック (enantimorphic) あるいは キラル (chiral) と呼ばれ、光学的に活性である (chiral: ギリシャ語

で手という意味）。一方、$P4_2$ は光学的に活性ではない。

問題 3.13 空間群 $P4_2(C_4^3)$ の一般点の配置、および対称要素を図示せよ。

$P4_2(C_4^3)$

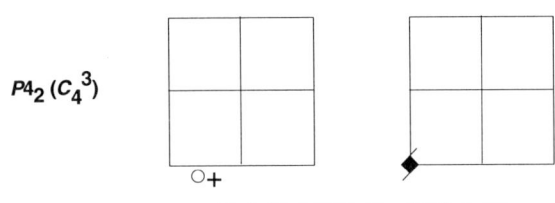

図 3.35 空間群 $P4_2$（問題 3.13）

次に点群 $4mm(C_{4v})$ に属する空間群の例として $P4mm(C_{4v}^1)$ を見てみよう（図3.36）。格子点の間に鏡映面およびグライド面が派生した。また、これらの空間群に属する一般点を再生するのに必要な生成要素は三つのシンボルのうち、いずれか二つの要素である。

さらに、同じ点群に属するノンシンモルフィックな空間群の例として $P4_2bc(C_{4v}^8)$ を見てみよう（図3.37）。この例では n グライドが対角方向に派生した。ここで次の問題でセンタリングの効果を復習しておこう。

$P4mm(C_{4v}^1)$

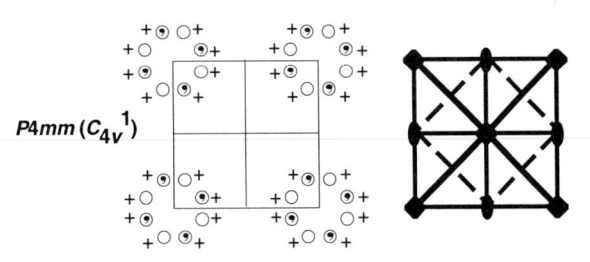

図 3.36 空間群 $P4mm$

問題 3.14 空間群 $I4$ (C_4^5) の一般点の配置と対称要素を描け。

$P4_2bc(C_{4v}^8)$

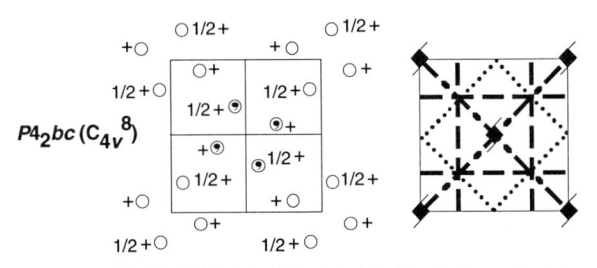

図 3.37 空間群 $P4_2bc$（派生したグライド面に注意）

次に4回対称軸に交差する2回対称軸が存在する場合の例として、空間群 $P4_222(D_4^5)$ の一般点と対称要素を図 3.38 に示す。この場合は主軸がらせん軸（4_2）であったため、1本の2回回転軸が $1/4$ の高さにずれてしまった。このように2種類の2回回転軸は必ずしも交差しない。

$P4_222 (D_4^5)$

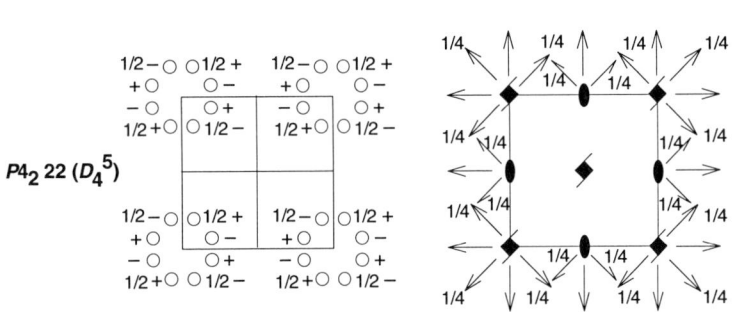

図 3.38 空間群 $P4_222$（二つの2回回転軸に注意）

また、正方晶では主軸と直交する互いに 45°の位置関係に方向に異なった対称要素を有することができる。言い換えると、たとえば、互いに 45°の位置に存在する 2 と m という二つの対称要素はブラベー格子の対称性に対して、もはや互換ではない。これは直方晶の最後のところで触れた $Pnma$ のと似たような事情である。最後に、このことを実例でもって確認しよう（図3.39）。

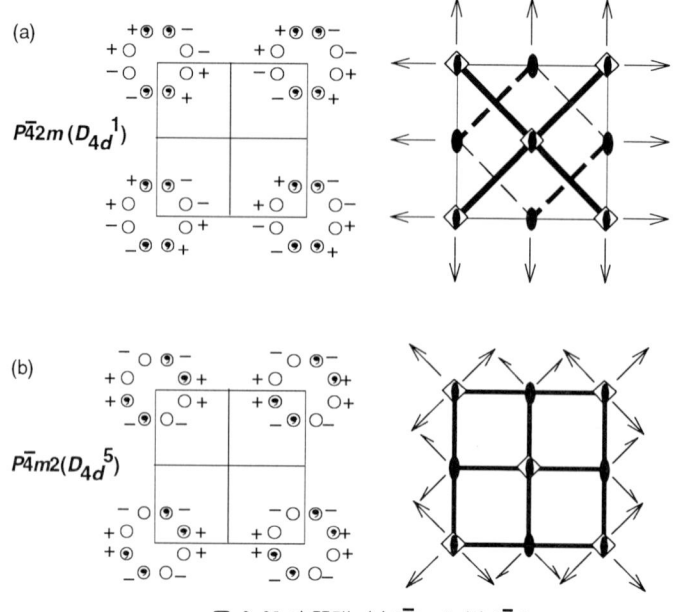

$P\bar{4}2m(D_{4d}^1)$

$P\bar{4}m2(D_{4d}^5)$

図 3.39 空間群 (a) $P\bar{4}2m$ と (b) $P\bar{4}m2$

これら二つが異なった空間群であることは、前者でグライド操作、後者でらせん操作が派生したことからもわかる。

3.3.5 三方晶 (trigonal system)

この結晶系には二つのブラベー格子がある。単純な三方格子（格子点の並び方は六方格子と同じでブラベー格子としてはこの二つは区別されない）とロンボヘドラル格子である。ロンボヘドラル格子は三方格子において $(-1/3, 1/3, 1/3)$ のセンタリングを繰り返して得られる格子でもある（1.4.11 節）。 *International Tables* では三方格子とロンボヘドラル格子のそれぞれを P および R で表している。この結晶系と両立する点群は $3, \bar{3}, 32, 3m, \bar{3}m$ ($C_3, S_6, D_3, C_{3v}, D_{3d}$) の五つである。これらの組合せとノンシンモルフィックな操作を加えることにより、全部で 35 種類の空間群がこの結晶系に存在する。

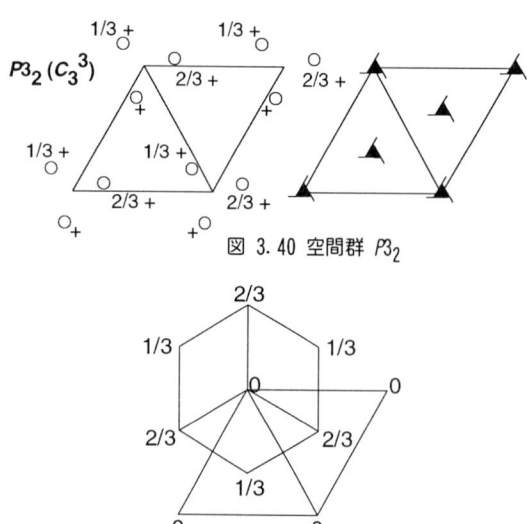

$P3_2(C_3^3)$

図 3.40 空間群 $P3_2$

最初に、この系の 3 番目の空間群 $P3_2(C_3^3)$ の一般点の分布と対称操作を見てみよう。各格子点上には 3_2 というらせん操作が存在するが、三つの格子点の中心にも同様の操作が派生している。

次に、ロンボヘドラル格子を見てみよう。まず、この格子において格子点が六方格子を基準にして 0、1/3、2/3 の高さにあることを確認する（図 3.41）。図中に各格子点の高さを示した（図 1.26 と比較のこと）。

図 3.41 三方格子とロンボヘドラル格子

この格子に基づく空間群の例として $R3$ を示す（図3.42）。このように *International Tables* には、六方格子とロンボヘドラル格子との位置関係が明らかになるように一般点が記載されている。また、各格子点を突き抜ける対称要素は3回回転軸であるが、その他にセンタリングによって発生する格子点に応じて 3_1 および 3_2 というらせん軸が派生している。

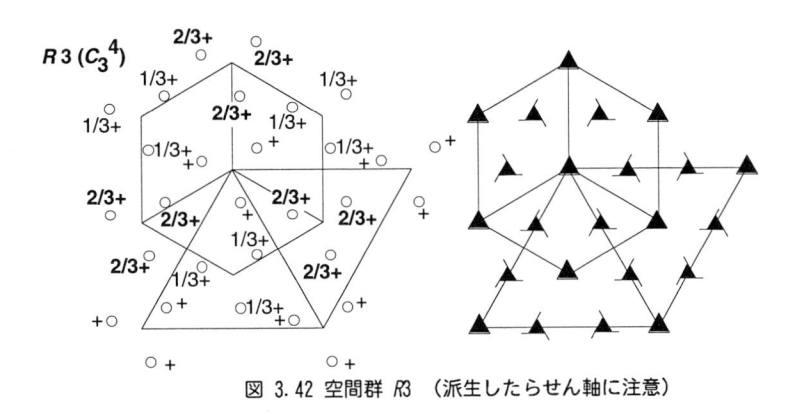

図3.42 空間群 $R3$ （派生したらせん軸に注意）

次に六方格子に戻り、3回回転軸に直交して2回回転軸が存在する場合を学ぼう。この場合、基本構造の対称性を加味すると、この格子は六方ではなく、三方格子とみなすべきで、主軸に直交する2回回転軸の選び方は等価ではない。例として $P312(D_3^1)$ および $P321(D_3^2)$ を示した（図3.43）。2回回転軸が鏡映面となった場合も事情は同様で、二通りの異なった空間群が生じる。2次元空間群ででてきた $p3m1(C_{3v}^1)$ と $p31m(C_{3v}^2)$ と同じ事情である（図3.16）。また、上の二つの例ではらせん軸が意外なところに生じていることに注意しよう。このように異なった格子点のモチーフ間を関係づけるらせん軸を我々は $P4_22 2(D_4^5)$（図3.38）でも見てきた。

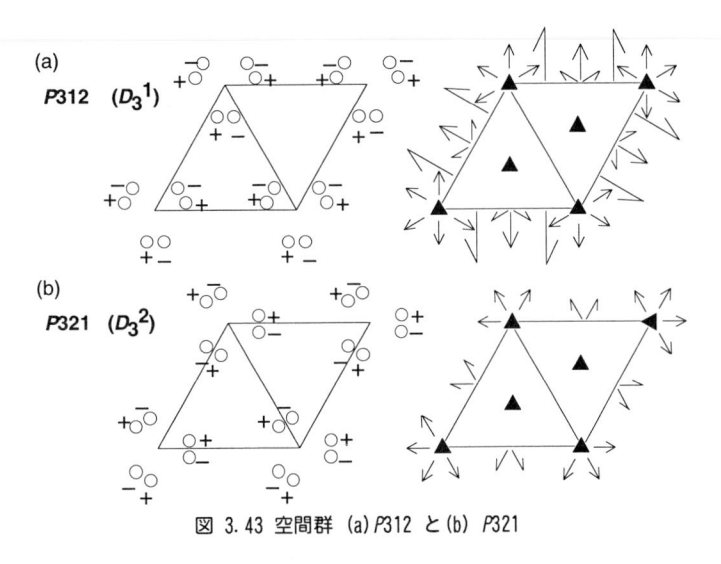

図3.43 空間群 (a) $P312$ と (b) $P321$

3.3.6 六方晶系 (hexagonal system)

この結晶系にはプリミティブなブラベー格子と7個の点群、6, $\bar{6}$, $6/m$, 622, $6mm$, $\bar{6}m2$, $6/mmm$ (C_6, C_{3h}, C_{6h}, D_6, C_{6v}, D_{3h}, C_{6h}) が存在する。さらにノンシンモルフィックな操作を加えることにより、全部で27種類の空間群が存在する。一例として空間群 $P6_1(C_6^2)$ を見てみよう。この例は特に説明の必要がないだろう。

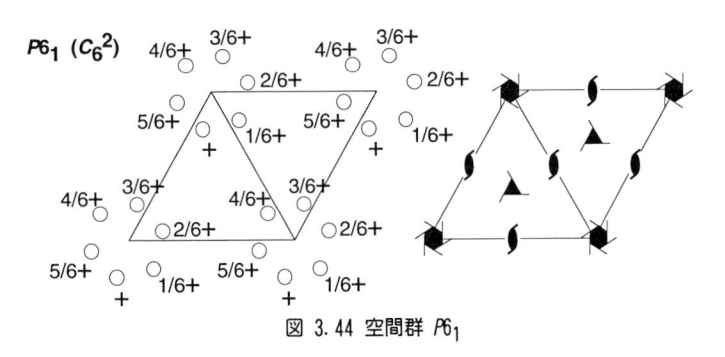

図3.44 空間群 $P6_1$

それでは次に六方最密充填構造（hexagonal close-packed, hcp）が属する空間群 $P6_3/mmc$ を見てみよう（図 3.45）。多くのグライド面が存在し、また、一般点の多重度も 24 である。ちなみに実際の hcp 構造と呼ばれている構造では単位胞中に二つの同種原子が存在するが、それは図中の記号で $\bar{6}m2$ を通る軸上にある。このように、空間群の原点と通常用いられる結晶構造のモデルの原点とは一致しない場合があるので注意が必要だ。

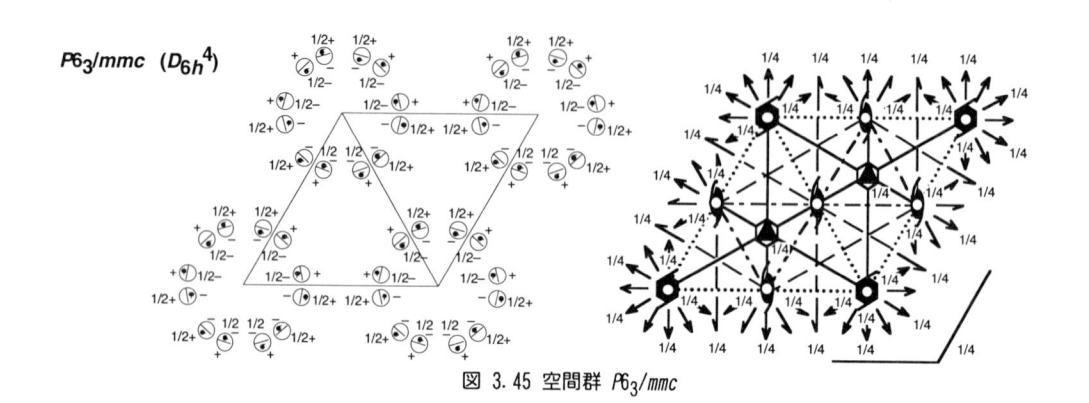

図 3.45 空間群 $P6_3/mmc$

3.3.7 立方晶系（cubic system）

この結晶系には P, F, I の格子、および $23, m3, 432, \bar{4}3m, m\bar{3}m$ (T, T_h, O, T_d, O_h) という五つの点群があり、全部で 36 種類の空間群が存在する。この系に関しては 1983 年発行の *International Tables* において初めて一般点が記述された。

問題 3.15 空間群 $P23(T)$ の単位胞中に存在する一般点の数はいくつか？ $F23$ ではどうか？ 空間群 $P\bar{4}3m$、$Im\bar{3}m$、$Fd\bar{3}m$ ではどうか？

要するに、これほど多くの立体的に分布する一般点を 2 次元の投影図に現すのは難しいのである。1983 年版でも一般点はステレオ図でもって表現されている。ここでも、いたずらに一般点を表すことをやめ、この系に特徴的な対称操作のシンボルを見ることにとどめる。たとえば交差する 4 本の 3 回回転軸や 2 本の 3 回らせん軸は図 3.46 のように表される。

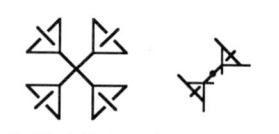

図 3.46 交差する 4 本の 3 回回転軸と 2 本の 3 回らせん軸の表示

この結晶系の例として、空間群 $P23$ (T) の単位胞中に存在する対称要素を図 3.47 に示す。このように立方晶系は 3 回回転軸によって特徴づけられている。直感的にむずかしいのが、3 回らせん軸の存在だ。

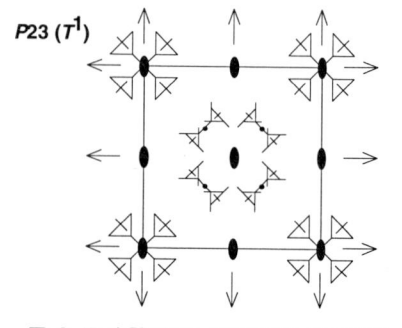

図 3.47 空間群 $P23$ に存在する対称要素

3.4 International Tables for Crystallography

我々は空間に規則的に分布する点の集合を内在する対称性に基づいた「空間群」により分類することを学んだ。次にこの節では 230 種類の空間群におけるすべての対称操作、一般点（general position）、*特殊点*（special position）の座標や多重度に関する情報はもちろん、結晶学における対称性に関する理論的背景なども記述されている *International Tables for Crystallography, vol.A* の見方・利用法について簡単にまとめる。

この本は 1935 年に発行された *Internationale Tabellen zur Bestimmung von Kristallstrukturen*、そして 1952 年に発行された *International Tables for X-ray Crystallography* から引き継がれたものである。その名前からもわかるように 1983 年のバージョンでは *X-ray* という言葉が消え、結晶学の様々な側面から利用できるように企画された次の 3 巻から構成されている。

  Volume A: Space-Group Symmetry
  Volume B: Reciprocal Space
  Volume C: Mathematical, Physical, and Chemical Tables

それぞれの巻がデータベースであり、また同時に教科書である。これらの企画は 1963 年のローマ会議から始まっており、Pilot Issue を作成するのにほぼ 10 年を費やしている。その後、1972 年の京都会議から *Volume A* の具体的な準備が始まった。この間、多くの編集者により念入りの査読とデータのチェックが繰り返され、内容に間違いのないことが確認されたうえで、1983 年に *Volume A* が The International Union of Crystallography から発刊された。この *International Tables* は結晶学に携わる者にとってただ単に権威あるばかりでなく、世界中の科学者が未知の物質の結晶構造等を決定するためのよりどころである。そのすべてをカバーするのはこのコースの範疇をはるかに越えているので、ここでは実用上重要な記号の意味を理解し、独力で *International Tables* を利用するための基礎を学ぶこととしよう。

3.4.1 *International Tables* 中の主な記号の説明

1983 年版では多くの空間群が見開きの 2 ページにわたって示されており、最初にショートシンボルによる国際表記、およびシェーンフリース表記による空間群記号が示され、その右に点群と結晶系が示されている。次の行に通し番号（1-230）、フルシンボル、パターソンシメトリー（後述）が示され、その下に一般点および対称要素の投影図がこれまで我々が習ってきた記号を用いて描かれている。ここではまず、例として No.83 *P4/m* を図 3.48 に示し、いろいろな用語を説明したい。各項の解説のあと *P4/m* の場合を◎印で示した。

- Patterson Symmetry（パターソンシメトリー）：X 線等を用いた回折実験では回折パターンが必ず反転中心を持ってしまうこと、すなわち中心対称性を持つ点群（ラウエクラス）にしか区別できないことはすでに触れた（2.7 節参照）。空間群でも事情は同じだが、ブラベー格子の区別はつけられる。このような事情から回折実験により区別できる空間群をパターソンシメトリー（Patterson Symmetry）と呼ぶ。基本的にはブラベー格子とラウエクラスとの組合せと考えてよいが、三方晶系の場合が少し複雑で（$P\bar{3}m1$ と $P\bar{3}1m$ の区別がある）合計 24 種類の Patterson Symmetry がある。

 ◎ 空間群 *P4/m* の場合、Patterson Symmetry も *P4/m* である。

P4/m C_{4h}^1 4/m   Tetragonal

No. 83   P4/m   Patterson symmetry P4/m

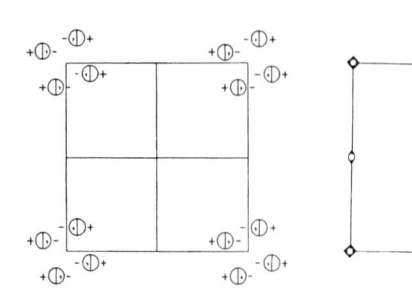

Origin at centre (4/m)

Asymmetric unit $0 \leq x \leq \frac{1}{2}$; $0 \leq y \leq \frac{1}{2}$; $0 \leq z \leq \frac{1}{2}$

Symmetry operations

(1) 1   (2) 2   0,0,z   (3) 4^+ 0,0,z   (4) 4^- 0,0,z
(5) $\bar{1}$ 0,0,0   (6) m   x,y,0   (7) $\bar{4}^+$ 0,0,z; 0,0,0   (8) $\bar{4}^-$ 0,0,z; 0,0,0

Generators selected   (1);   t(1,0,0);   t(0,1,0);   t(0,0,1);   (2);   (3);   (5)

Positions

Multiplicity, Wyckoff letter, Site symmetry			Coordinates			Reflection conditions
8	l	1	(1) x,y,z (2) $\bar{x},\bar{y},z$ (3) $\bar{y},x,z$ (4) $y,\bar{x},z$			General:
			(5) $\bar{x},\bar{y},\bar{z}$ (6) $x,y,\bar{z}$ (7) $y,\bar{x},\bar{z}$ (8) $\bar{y},x,\bar{z}$			no conditions
						Special:
4	k	m..	$x,y,\frac{1}{2}$	$\bar{x},\bar{y},\frac{1}{2}$	$\bar{y},x,\frac{1}{2}$ $y,\bar{x},\frac{1}{2}$	no extra conditions
4	j	m..	$x,y,0$	$\bar{x},\bar{y},0$	$\bar{y},x,0$ $y,\bar{x},0$	no extra conditions
4	i	2..	$0,\frac{1}{2},z$	$\frac{1}{2},0,z$	$0,\frac{1}{2},\bar{z}$ $\frac{1}{2},0,\bar{z}$	$hkl: h+k=2n$
2	h	4..	$\frac{1}{2},\frac{1}{2},z$	$\frac{1}{2},\frac{1}{2},\bar{z}$		no extra conditions
2	g	4..	$0,0,z$	$0,0,\bar{z}$		no extra conditions
2	f	$2/m$..	$0,\frac{1}{2},\frac{1}{2}$	$\frac{1}{2},0,\frac{1}{2}$		$hkl: h+k=2n$
2	e	$2/m$..	$0,\frac{1}{2},0$	$\frac{1}{2},0,0$		$hkl: h+k=2n$
1	d	$4/m$..	$\frac{1}{2},\frac{1}{2},\frac{1}{2}$			no extra conditions
1	c	$4/m$..	$\frac{1}{2},\frac{1}{2},0$			no extra conditions
1	b	$4/m$..	$0,0,\frac{1}{2}$			no extra conditions
1	a	$4/m$..	$0,0,0$			no extra conditions

Symmetry of special projections

Along [001] $p4$ Along [100] $p2mm$ Along [110] $p2mm$
$a' = a$ $b' = b$ $a' = b$ $b' = c$ $a' = \frac{1}{2}(-a+b)$ $b' = c$
Origin at $0,0,z$ Origin at $x,0,0$ Origin at $x,x,0$

Maximal non-isomorphic subgroups

I   [2]$P4$ 1; 2; 3; 4
    [2]$P\bar{4}$ 1; 2; 7; 8
    [2]$P2/m$ 1; 2; 5; 6

IIa   none

IIb   [2]$P4_2/m(c'=2c)$; [2]$C4/a(a'=2a, b'=2b)(P4/n)$; [2]$F4/m(a'=2a, b'=2b, c'=2c)(I4/m)$

Maximal isomorphic subgroups of lowest index

IIc   [2]$P4/m(c'=2c)$; [2]$C4/m(a'=2a, b'=2b)(P4/m)$

Minimal non-isomorphic supergroups

I   [2]$P4/mmm$; [2]$P4/mcc$; [2]$P4/mbm$; [2]$P4/mnc$
II   [2]$I4/m$

図 3.48 International Tables に記載された空間群 P4/m に関するデータ
(International Union of Crystallography の許可を得て転載、以下同様)

- Origin（原点）：一般点の投影図の原点がどの対称要素に置かれているかを示す。

    ◎ 原点は $4/m$ の中心にある。（細かいことだが、中心にあるから 'at' となる。単に4回回転軸上の任意の点であれば 'on 4' となる。たとえば $P4$ などの場合がそれに相当。）

- Asymmetric unit（非対称ユニット）：これは単位胞中に存在する一つの一般点が占める体積である。単位胞中の等価でないユニークな非対称領域の体積と考えてもよい。具体的には、単位胞の体積を V、単位胞中の格子点の数を n（たとえば P 格子で $n=1$、F 格子で $n=4$）、空間群の点群の多重度を h とすれば、Asymmetric unit の占める体積は V/nh である。この非対称ユニットに内にある原子位置さえ指定すれば、あとはその空間群に応じた対称操作ですべての点を再生できる。

    ◎ $P4/m$ では8個の一般点が単位胞中に存在するから、$0 < x < 1/2$ などとなる。

- Symmetry operations（対称操作）：考えている空間群を定義するのに必要な対称操作。一般点, x, y, z に対しここに示されている一つひとつの対称操作をほどこすことにより、すべての一般点が再生される。したがって、Symmetry Operations の数は一般点の多重度に等しい。また、一つひとつの操作に番号がつけられている。

    ◎ $P4/m$ では： (1)は恒等操作、(2)は4回回転軸のうち、180°回転する操作、C_4^2。$00z$ の位置にある。(3)は4回回転軸のうち、90°回転する操作（反時計まわり）、C_4^1。4^+ という記号に注意。(4)は4回回転軸のうち、-90°回転する操作、C_4^3。記号は 4^-。(5)は反転中心、i。(6)は鏡映面、σ_h、$z=0$ の位置にある。(7)は 4^+ にさらに反転操作が加わったもの（$\bar{4}$、S_4^3）、反転中心の位置は $0,0,0$。(8)は同様のことを 4^- に対して行ったもの（S_4^1）。

- Generators selected（(ここで用いられた)生成要素）：上記の単位胞中に存在する対称操作に、並進操作を加えた空間群に存在するすべての対称操作を作り出すのに必要な対称操作。生成要素である。ここに記載されている対称操作を順に次々と繰り返すだけで、考えている空間群のすべての対称操作は再生される（したがって一般点も再生される）。Generator の選択には自由度がある。

    ◎ $P4/m$ では： (1)は恒等操作。$t(1,0,0)$は$(1,0,0)$並進操作を示す。続く二つもそれぞれの方向への並進操作。したがって三つの並進操作で格子はすべて再生される。Symmetry operations の(4)の操作は(2)+(3)で作られる。これらの操作に反転操作(5)を加えれば(6)、(7)、(8)の操作が生まれる。したがって空間に無限に存在するすべての一般点を再生するのには Generators selected に示された8個の操作を次々繰り返していけばよい。

- Positions：ここには対称性という観点から等価でない点（位置、position）が、対称性の最も悪い点、すなわち一般点から順に示されている（一般点以外はすべて特殊点）。
    (i) Multiplicity（多重度）：単位胞中に存在する一般点あるいは特殊点の数。
    (ii) Wyckoff letter（ワイコフレター）：各位置を対称性の高いものからアルファベットで順に呼ぶ。
    (iii) Site symmetry（サイトシメトリー）：各位置がたまたまある対称要素上に存在したとしよう。そのとき、その位置はその対称操作に関して不変である。そのような要素の集合は結晶の属する点群の部分群であり、それをサイトシメトリー（site symmetry）という（41ページ参照）。各位置から結晶全体を見たときの対称性でもある。83年より前の版では単に点群が示されていたが、83年版から格子に対し方向性をもったサイトシメトリー（oriented site symmetry）が記載され、点群を構成する対称要素と格子の各軸との対応が明確になった。

$P4_2/m$ C_{4h}^2 $4/m$ Tetragonal

No. 84 $P4_2/m$ Patterson symmetry $P4/m$

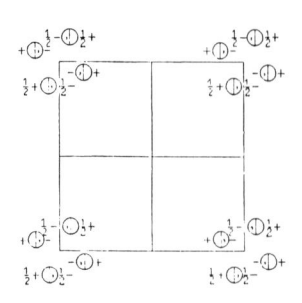

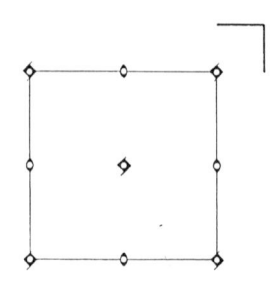

Origin at centre ($2/m$) on 4_2

Asymmetric unit $0 \leq x \leq \frac{1}{2}$; $0 \leq y \leq \frac{1}{2}$; $0 \leq z \leq \frac{1}{2}$

Symmetry operations

(1) 1
(2) 2 $0,0,z$
(3) $4^+(0,0,\frac{1}{2})$ $0,0,z$
(4) $4^-(0,0,\frac{1}{2})$ $0,0,z$
(5) $\bar{1}$ $0,0,0$
(6) m $x,y,0$
(7) $\bar{4}^+$ $0,0,z;\ 0,0,\frac{1}{4}$
(8) $\bar{4}^-$ $0,0,z;\ 0,0,\frac{1}{4}$

Generators selected (1); $t(1,0,0)$; $t(0,1,0)$; $t(0,0,1)$; (2); (3); (5)

Positions

Multiplicity, Wyckoff letter, Site symmetry

			Coordinates			Reflection conditions

General:

8 k 1   (1) x,y,z (2) $\bar{x},\bar{y},z$ (3) $\bar{y},x,z+\frac{1}{2}$ (4) $y,\bar{x},z+\frac{1}{2}$
              (5) $\bar{x},\bar{y},\bar{z}$ (6) $x,y,\bar{z}$ (7) $y,\bar{x},\bar{z}+\frac{1}{2}$ (8) $\bar{y},x,\bar{z}+\frac{1}{2}$

$00l: l=2n$

Special: as above, plus

4 j $m..$ $x,y,0$ $\bar{x},\bar{y},0$ $\bar{y},x,\frac{1}{2}$ $y,\bar{x},\frac{1}{2}$ no extra conditions

4 i $2..$ $0,\frac{1}{2},z$ $\frac{1}{2},0,z+\frac{1}{2}$ $0,\frac{1}{2},\bar{z}$ $\frac{1}{2},0,\bar{z}+\frac{1}{2}$ $hkl: h+k+l=2n$

4 h $2..$ $\frac{1}{2},\frac{1}{2},z$ $\frac{1}{2},\frac{1}{2},z+\frac{1}{2}$ $\frac{1}{2},\frac{1}{2},\bar{z}$ $\frac{1}{2},\frac{1}{2},\bar{z}+\frac{1}{2}$ $hkl: l=2n$

4 g $2..$ $0,0,z$ $0,0,z+\frac{1}{2}$ $0,0,\bar{z}$ $0,0,\bar{z}+\frac{1}{2}$ $hkl: l=2n$

2 f $\bar{4}..$ $\frac{1}{2},\frac{1}{2},\frac{1}{4}$ $\frac{1}{2},\frac{1}{2},\frac{3}{4}$ $hkl: l=2n$

2 e $\bar{4}..$ $0,0,\frac{1}{4}$ $0,0,\frac{3}{4}$ $hkl: l=2n$

2 d $2/m..$ $0,\frac{1}{2},\frac{1}{2}$ $\frac{1}{2},0,0$ $hkl: h+k+l=2n$

2 c $2/m..$ $0,\frac{1}{2},0$ $\frac{1}{2},0,\frac{1}{2}$ $hkl: h+k+l=2n$

2 b $2/m..$ $\frac{1}{2},\frac{1}{2},0$ $\frac{1}{2},\frac{1}{2},\frac{1}{2}$ $hkl: l=2n$

2 a $2/m..$ $0,0,0$ $0,0,\frac{1}{2}$ $hkl: l=2n$

Symmetry of special projections

Along [001] $p4$
$\boldsymbol{a}' = \boldsymbol{a}$ $\boldsymbol{b}' = \boldsymbol{b}$
Origin at $0,0,z$

Along [100] $p2mm$
$\boldsymbol{a}' = \boldsymbol{b}$ $\boldsymbol{b}' = \boldsymbol{c}$
Origin at $x,0,0$

Along [110] $p2mm$
$\boldsymbol{a}' = \frac{1}{2}(-\boldsymbol{a}+\boldsymbol{b})$ $\boldsymbol{b}' = \boldsymbol{c}$
Origin at $x,x,0$

Maximal non-isomorphic subgroups

I $[2]P4_2$ $1;2;3;4$
     $[2]P\bar{4}$ $1;2;7;8$
     $[2]P2/m$ $1;2;5;6$

IIa   none

IIb $[2]C4_2/a(\boldsymbol{a}'=2\boldsymbol{a},\boldsymbol{b}'=2\boldsymbol{b})(P4_2/n)$

Maximal isomorphic subgroups of lowest index

IIc $[3]P4_2/m(\boldsymbol{c}'=3\boldsymbol{c});[2]C4_2/m(\boldsymbol{a}'=2\boldsymbol{a},\boldsymbol{b}'=2\boldsymbol{b})(P4_2/m)$

Minimal non-isomorphic supergroups

I $[2]P4_2/mmc;[2]P4_2/mcm;[2]P4_2/mbc;[2]P4_2/mnm$

II $[2]I4/m;[2]P4/m(2\boldsymbol{c}'=\boldsymbol{c})$

図 3.49 *International Tables* に記載された空間群 $P4_2/m$ に関するデータ

◎ たとえば $P4/m$ の $4k$ の位置では $m\ .\ .$ と書かれているが、これは主軸と垂直に鏡映面が存在するが、<100>および<110>方向には対称要素が存在しないことを示している。

(iv) Coordinates（座標）：各等価な点の座標。一般点にはそれぞれの位置を再生するのに必要な前述の対称操作の番号も記載されている。

(v) Reflection conditions（反射（回折）条件）：そのサイトが占有されたときの回折条件（3.5 節参照）。

- Symmetry of special projections（特定方向に投影したときの対称性）：3次元空間群を特定の方向に投影したときに得られる2次元空間群。

3.4.2 シンモルフィックな空間群とノンシンモルフィックな空間群

　一方、空間群 $P4_2/m$（図 3.49）では対称性の最もよいサイトでも単位胞に等価な点が2箇所存在する。これは 4_2 軸が存在することによる必然的な結果である。このことは、*International Tables* の多重度の欄にも反映されている。すなわち、プリミティブ格子であるにもかかわらず、空間群 $P4_2/m$ において最も対称性の高い点における多重度は2である。また、その場所のサイトシメトリーは $2/m$ であり、空間群 $P4_2/m$ が属する点群（3.3 節参照）である $4/m$ より低い対称性しか持っていない。これらの結果はこの空間群がノンシンモルフィックな操作を必須の操作として有していることに起因している。一般に、ある空間群の最も対称性の高いサイトのサイトシメトリーがその空間群の点群より低い対称性しか持っていなければ、その空間群はノンシンモルフィックである。また、多重度もブラベー格子から予想される最低の数より大きい。

　さらに、空間群 $P4_2/m$ には $P4/m$ と比べ、多くの消滅則が記されているが、それは 4_2 軸の存在によることもわかる。つまり、消滅則 $l=2n$ はらせん操作により c 軸方向に等価な点が2箇所あることに起因している（3.5 節参照）。

問題 3.16 空間群 $P4/m$ と $P4_2/m$ に存在するいくつかの一般点を示した。それぞれを結晶中の等価な原子と考え、これらのサイトを Multiplicity（多重度）と Wyckoff letter によって示せ。また、それぞれの位置のサイトシメトリーは何であるか？

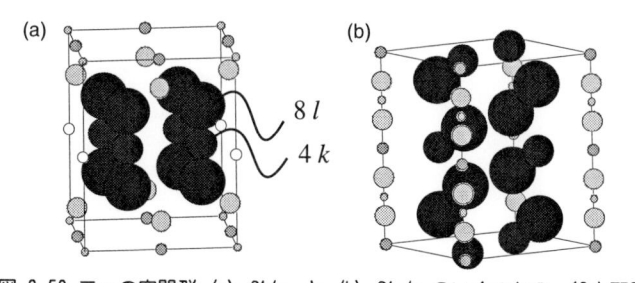

図 3.50 二つの空間群 (a) $P4/m$ と (b) $P4_2/m$ のいくつかの一般点配置

3.4.3 International Tables：センタリングがある例

　センタリングがある場合もまったく同じである。一例として $Imm2$ を考えてみる（図 3.51）。

- Symmetry operations: I センタリングによる新たな座標が $(1/2, 1/2, 1/2)+$ により示されている。ここにある対称要素を見ると $t(1/2, 1/2, 1/2)$ 以外はセンタリングというあらわな操作ではない。

$Imm2$ C_{2v}^{20} $mm2$ Orthorhombic

No. 44 $Imm2$ Patterson symmetry $Immm$

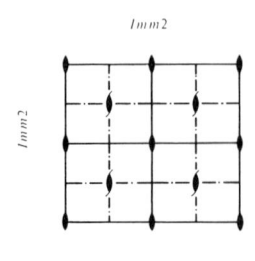

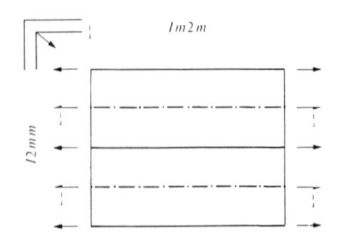

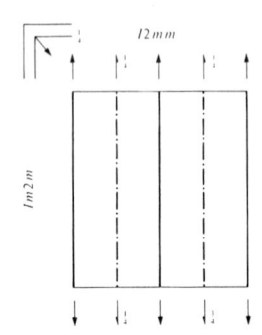

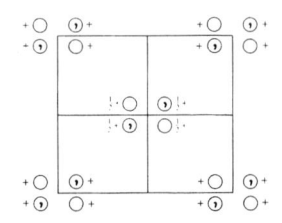

Origin on $mm2$

Asymmetric unit $0 \le x \le \frac{1}{2}$; $0 \le y \le \frac{1}{2}$; $0 \le z \le \frac{1}{2}$

Symmetry operations

For $(0,0,0)+$ set
(1) 1   (2) 2 $0,0,z$ (3) m $x,0,z$ (4) m $0,y,z$

For $(\frac{1}{2},\frac{1}{2},\frac{1}{2})+$ set
(1) $t(\frac{1}{2},\frac{1}{2},\frac{1}{2})$ (2) $2(0,0,\frac{1}{2})$ $\frac{1}{4},\frac{1}{4},z$ (3) $n(\frac{1}{2},0,\frac{1}{2})$ $x,\frac{1}{4},z$ (4) $n(0,\frac{1}{2},\frac{1}{2})$ $\frac{1}{4},y,z$

Generators selected   (1); $t(1,0,0)$; $t(0,1,0)$; $t(0,0,1)$; $t(\frac{1}{2},\frac{1}{2},\frac{1}{2})$;   (2);   (3)

Positions

Multiplicity,
Wyckoff letter,
Site symmetry

Coordinates

$(0,0,0)+$ $(\frac{1}{2},\frac{1}{2},\frac{1}{2})+$

Reflection conditions

General:

8 e 1   (1) x,y,z (2) $\bar{x},\bar{y},z$ (3) $x,\bar{y},z$ (4) $\bar{x},y,z$

$hkl: h+k+l = 2n$
$0kl: k+l = 2n$
$h0l: h+l = 2n$
$hk0: h+k = 2n$
$h00: h = 2n$
$0k0: k = 2n$
$00l: l = 2n$

Special: no extra conditions

4 d m . . $0,y,z$ $0,\bar{y},z$

4 c . m . $x,0,z$ $\bar{x},0,z$

2 b $mm2$ $0,\frac{1}{2},z$

2 a $mm2$ $0,0,z$

Symmetry of special projections

Along [001] $c2mm$
$a' = a$ $b' = b$
Origin at $0,0,z$

Along [100] $c1m1$
$a' = b$ $b' = c$
Origin at $x,0,0$

Along [010] $c11m$
$a' = c$ $b' = a$
Origin at $0,y,0$

図 3.51 *International Tables* に記載された空間群 *Imm2* に関するデータ

すなわち、x, y, z という最初の一般点から体心の格子点周囲の一般点を1回の操作ですべて再生することが可能であることを示している。たとえば 2(0, 0, 1/2) 1/4, 1/4, z というのは z 方向に 1/2 進む並進操作を伴った2回回転軸（つまり、らせん軸）が 1/4, 1/4, z の位置に存在することを意味し、同様に n(1/2, 0, 1/2) x, 1/4, z は x、z 方向にそれぞれ 1/2 だけ並進移動する n グライドが y=1/4 の位置にあることを意味する。

- Positions: ここに示されている座標に (0, 0, 0) および (1/2, 1/2, 1/2) を加えることにより単位胞中のすべての等価な点が再生される。

- Multiplicity: 空間群記号で指定された単位胞中の多重度が示されている。格子が I センタリングを伴っているので、最も低い多重度でも2である（空間群は、シンモルフィック）。

問題 3.17　空間群 $Imm2$ に存在する一般点を（I センタリングというあらわな操作をせずに）表中の Symmetry operations に示されている8個の操作を用いて再生せよ。また、それらの対称操作を示せ。

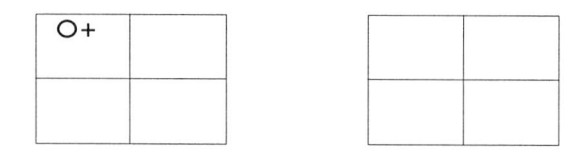

図 3.52 空間群 $Imm2$ の一般点 8e サイトの分布と対称操作（問題 3.17）

3.4.4　いくつかの構造例

次に $Pm\bar{3}m$（図 3.54）を例にとって実際の構造と空間群がどのような関係にあるのか考えてみたい。まず、実際の構造に移る前にこの空間群の一般点の配置例を多重度と Wycoff letter と共に、図 3.53 に示した。このように同じ空間群に属するといっても実際の原子配置は一見、かなり異なって見える。それでも対称性という観点からこれらの配置はすべて同一の空間群に従う。さらに対称性の低い一般点には座標 x, y, z の自由度があるのが普通だから、たとえば同じ 24m

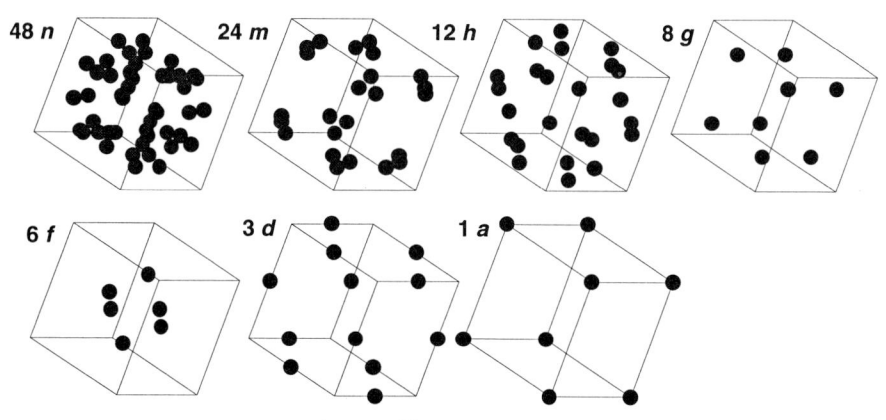

図 3.53 空間群 $Pm\bar{3}m$ における各サイトの位置の例

CONTINUED No. 221 $Pm\bar{3}m$

Generators selected (1); $t(1,0,0)$; $t(0,1,0)$; $t(0,0,1)$; (2); (3); (5); (13); (25)

Positions

Multiplicity, Coordinates Reflection conditions
Wyckoff letter,
Site symmetry

h,k,l permutable
General:

48	n	1	(1) x,y,z	(2) $\bar{x},\bar{y},z$	(3) $\bar{x},y,\bar{z}$	(4) $x,\bar{y},\bar{z}$
			(5) z,x,y	(6) $z,\bar{x},\bar{y}$	(7) $\bar{z},\bar{x},y$	(8) $\bar{z},x,\bar{y}$
			(9) y,z,x	(10) $\bar{y},z,\bar{x}$	(11) $y,\bar{z},\bar{x}$	(12) $\bar{y},\bar{z},x$
			(13) $y,x,\bar{z}$	(14) $\bar{y},\bar{x},\bar{z}$	(15) $y,\bar{x},z$	(16) $\bar{y},x,z$
			(17) $x,z,\bar{y}$	(18) $\bar{x},z,y$	(19) $\bar{x},\bar{z},\bar{y}$	(20) $x,\bar{z},y$
			(21) $z,y,\bar{x}$	(22) $z,\bar{y},x$	(23) $\bar{z},y,x$	(24) $\bar{z},\bar{y},\bar{x}$
			(25) $\bar{x},\bar{y},\bar{z}$	(26) $x,y,\bar{z}$	(27) $x,\bar{y},z$	(28) $\bar{x},y,z$
			(29) $\bar{z},\bar{x},\bar{y}$	(30) $\bar{z},x,y$	(31) $z,x,\bar{y}$	(32) $z,\bar{x},y$
			(33) $\bar{y},\bar{z},\bar{x}$	(34) $y,\bar{z},x$	(35) $\bar{y},z,x$	(36) $y,z,\bar{x}$
			(37) $\bar{y},\bar{x},z$	(38) y,x,z	(39) $\bar{y},x,\bar{z}$	(40) $y,\bar{x},\bar{z}$
			(41) $\bar{x},\bar{z},y$	(42) $x,\bar{z},\bar{y}$	(43) x,z,y	(44) $\bar{x},z,\bar{y}$
			(45) $\bar{z},\bar{y},x$	(46) $\bar{z},y,\bar{x}$	(47) $z,\bar{y},\bar{x}$	(48) z,y,x

no conditions

Special: no extra conditions

24	m	..m	x,x,z	$\bar{x},\bar{x},z$	$\bar{x},x,\bar{z}$	$x,\bar{x},\bar{z}$	z,x,x	$z,\bar{x},\bar{x}$
			$\bar{z},\bar{x},x$	$\bar{z},x,\bar{x}$	x,z,x	$\bar{x},\bar{z},x$	$x,\bar{z},\bar{x}$	$\bar{x},z,x$
			$x,x,\bar{z}$	$\bar{x},\bar{x},\bar{z}$	$x,\bar{x},z$	$\bar{x},x,z$	$z,x,\bar{x}$	$\bar{z},x,x$
			$\bar{x},z,\bar{x}$	x,z,x	$z,x,\bar{x}$	$z,\bar{x},x$	$\bar{z},x,x$	$\bar{z},\bar{x},\bar{x}$

24	l	m..	$\tfrac{1}{2},y,z$	$\tfrac{1}{2},\bar{y},z$	$\tfrac{1}{2},y,\bar{z}$	$\tfrac{1}{2},\bar{y},\bar{z}$	$z,\tfrac{1}{2},y$	$z,\tfrac{1}{2},\bar{y}$
			$\bar{z},\tfrac{1}{2},y$	$\bar{z},\tfrac{1}{2},\bar{y}$	$y,z,\tfrac{1}{2}$	$\bar{y},z,\tfrac{1}{2}$	$y,\bar{z},\tfrac{1}{2}$	$\bar{y},\bar{z},\tfrac{1}{2}$
			$y,\tfrac{1}{2},\bar{z}$	$\bar{y},\tfrac{1}{2},\bar{z}$	$y,\tfrac{1}{2},z$	$\bar{y},\tfrac{1}{2},z$	$\tfrac{1}{2},z,\bar{y}$	$\tfrac{1}{2},z,y$
			$\tfrac{1}{2},\bar{z},\bar{y}$	$\tfrac{1}{2},\bar{z},y$	$z,y,\tfrac{1}{2}$	$z,\bar{y},\tfrac{1}{2}$	$\bar{z},y,\tfrac{1}{2}$	$\bar{z},\bar{y},\tfrac{1}{2}$

24	k	m..	$0,y,z$	$0,\bar{y},z$	$0,y,\bar{z}$	$0,\bar{y},\bar{z}$	$z,0,y$	$z,0,\bar{y}$
			$\bar{z},0,y$	$\bar{z},0,\bar{y}$	$y,z,0$	$\bar{y},z,0$	$y,\bar{z},0$	$\bar{y},\bar{z},0$
			$y,0,\bar{z}$	$\bar{y},0,\bar{z}$	$y,0,z$	$\bar{y},0,z$	$0,z,\bar{y}$	$0,z,y$
			$0,\bar{z},\bar{y}$	$0,\bar{z},y$	$z,y,0$	$z,\bar{y},0$	$\bar{z},y,0$	$\bar{z},\bar{y},0$

12	j	m.m2	$\tfrac{1}{2},y,y$	$\tfrac{1}{2},\bar{y},y$	$\tfrac{1}{2},y,\bar{y}$	$\tfrac{1}{2},\bar{y},\bar{y}$	$y,\tfrac{1}{2},y$	$y,\tfrac{1}{2},\bar{y}$
			$\bar{y},\tfrac{1}{2},y$	$\bar{y},\tfrac{1}{2},\bar{y}$	$y,y,\tfrac{1}{2}$	$\bar{y},y,\tfrac{1}{2}$	$y,\bar{y},\tfrac{1}{2}$	$\bar{y},\bar{y},\tfrac{1}{2}$

12	i	m.m2	$0,y,y$	$0,\bar{y},y$	$0,y,\bar{y}$	$0,\bar{y},\bar{y}$	$y,0,y$	$y,0,\bar{y}$
			$\bar{y},0,y$	$\bar{y},0,\bar{y}$	$y,y,0$	$\bar{y},y,0$	$y,\bar{y},0$	$\bar{y},\bar{y},0$

12	h	mm2..	$x,\tfrac{1}{2},0$	$\bar{x},\tfrac{1}{2},0$	$0,x,\tfrac{1}{2}$	$0,\bar{x},\tfrac{1}{2}$	$\tfrac{1}{2},0,x$	$\tfrac{1}{2},0,\bar{x}$
			$\tfrac{1}{2},x,0$	$\tfrac{1}{2},\bar{x},0$	$x,0,\tfrac{1}{2}$	$\bar{x},0,\tfrac{1}{2}$	$0,\tfrac{1}{2},x$	$0,\tfrac{1}{2},\bar{x}$

8	g	.3m	x,x,x	$\bar{x},\bar{x},x$	$\bar{x},x,\bar{x}$	$x,\bar{x},\bar{x}$		
			$x,x,\bar{x}$	$\bar{x},\bar{x},\bar{x}$	$x,\bar{x},x$	$\bar{x},x,x$		

6	f	4m.m	$x,\tfrac{1}{2},\tfrac{1}{2}$	$\bar{x},\tfrac{1}{2},\tfrac{1}{2}$	$\tfrac{1}{2},x,\tfrac{1}{2}$	$\tfrac{1}{2},\bar{x},\tfrac{1}{2}$	$\tfrac{1}{2},\tfrac{1}{2},x$	$\tfrac{1}{2},\tfrac{1}{2},\bar{x}$

6	e	4m.m	$x,0,0$	$\bar{x},0,0$	$0,x,0$	$0,\bar{x},0$	$0,0,x$	$0,0,\bar{x}$

3	d	4/mm.m	$\tfrac{1}{2},0,0$	$0,\tfrac{1}{2},0$	$0,0,\tfrac{1}{2}$			

3	c	4/mm.m	$0,\tfrac{1}{2},\tfrac{1}{2}$	$\tfrac{1}{2},0,\tfrac{1}{2}$	$\tfrac{1}{2},\tfrac{1}{2},0$			

1	b	$m\bar{3}m$	$\tfrac{1}{2},\tfrac{1}{2},\tfrac{1}{2}$					

1	a	$m\bar{3}m$	$0,0,0$					

Symmetry of special projections

Along [001] $p4mm$ Along [111] $p6mm$ Along [110] $p2mm$
$a'=a$ $b'=b$ $a'=\tfrac{1}{3}(2a-b-c)$ $b'=\tfrac{1}{3}(-a+2b-c)$ $a'=\tfrac{1}{2}(-a+b)$ $b'=c$
Origin at $0,0,z$ Origin at x,x,x Origin at $x,x,0$

Maximal non-isomorphic subgroups

I [3]$P4/m\,12/m\,(P4/mmm)$ 1; 2; 3; 4; 13; 14; 15; 16; 25; 26; 27; 28; 37; 38; 39; 40
   [3]$P4/m\,12/m\,(P4/mmm)$ 1; 2; 3; 4; 17; 18; 19; 20; 25; 26; 27; 28; 41; 42; 43; 44
   [3]$P4/m\,12/m\,(P4/mmm)$ 1; 2; 3; 4; 21; 22; 23; 24; 25; 26; 27; 28; 45; 46; 47; 48
   [4]$P1\bar{3}2/m\,(R\bar{3}m)$ 1; 5; 9; 14; 19; 24; 25; 29; 33; 38; 43; 48
   [4]$P1\bar{3}2/m\,(R\bar{3}m)$ 1; 6; 12; 13; 18; 24; 25; 30; 36; 37; 42; 48
   [4]$P1\bar{3}2/m\,(R\bar{3}m)$ 1; 7; 10; 13; 19; 22; 25; 31; 34; 37; 43; 46
   [4]$P1\bar{3}2/m\,(R\bar{3}m)$ 1; 8; 11; 14; 18; 22; 25; 32; 35; 38; 42; 46
   [2]$Pm\bar{3}1\,(Pm\bar{3})$ 1; 2; 3; 4; 5; 6; 7; 8; 9; 10; 11; 12; 25; 26; 27; 28; 29; 30; 31; 32; 33; 34; 35; 36
   [2]$P432$ 1; 2; 3; 4; 5; 6; 7; 8; 9; 10; 11; 12; 13; 14; 15; 16; 17; 18; 19; 20; 21; 22; 23; 24
   [2]$P\bar{4}3m$ 1; 2; 3; 4; 5; 6; 7; 8; 9; 10; 11; 12; 37; 38; 39; 40; 41; 42; 43; 44; 45; 46; 47; 48

IIa none

IIb [2]$Fm\bar{3}m\,(a'=2a,b'=2b,c'=2c)$; [2]$Fm\bar{3}c\,(a'=2a,b'=2b,c'=2c)$; [4]$Im\bar{3}m\,(a'=2a,b'=2b,c'=2c)$

Maximal isomorphic subgroups of lowest index

IIc [27]$Pm\bar{3}m\,(a'=3a,b'=3b,c'=3c)$

図 3.54 *International Tables* に記載された空間群 $Pm\bar{3}m$ に関するデータ

サイトでも座標の値の異なった非等価な 24m サイトをある原子が占有すれば、それが仮に同種の原子であっても異なった性質（たとえば磁気モーメントなど）を持ってかまわない。

それでは、*International Tables* に記載されている空間群の Positions の欄（図 3.54）を見ながら、次の問題を通していくつかの構造を見てみよう。

問題 3.18 (a) ポロニウムは 75°C 以下で空間群 $Pm\bar{3}m$ の 1a サイトを占有する構造をとる（a=3.345Å）。右に単純立方格子を示したが、この格子の中に原子の占有する場所を○で示すことにより、ポロニウムの結晶構造を示せ。この構造は通常なんと呼ばれているか？
(b) 一方、75°C 以上ではロンボヘドラル格子が安定相である（空間群 $R\bar{3}m$）。その構造を定性的に描け。この相転移によって失われた対称要素と残った対称要素を3個ずつあげよ。

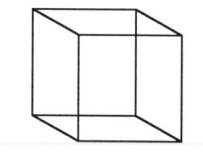

問題 3.19 (a) *International Tables* は空間群 $Pm\bar{3}m$ において 1a サイトと 1b サイトは等価でないことを語っている。この 2 箇所に別々の原子が占有する構造を描け。このような構造は通常何と呼ばれているか。そのような構造を持つ物質の例をいくつかあげよ。
(b) もし、上記の二つのサイトに同じ原子が占有した場合、その構造は何という空間群に属するか。そのような構造を持つ物質の例をいくつかあげよ。

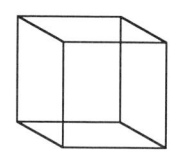

問題 3.20 (a) WO_3 では W が 1b サイトを O が 3c サイトを占有する構造をとる。そのような構造を描け。
(b) さらに B という原子が 1a サイトを占有する一般式でいうと ABO_3 と記述される物質の構造を描け。A および B 原子はそれぞれ何個の O 原子により囲まれているか？
(c) A, B, O それぞれの原子のサイトシメトリーは何か？
(d) このような構造は何と呼ばれているか？

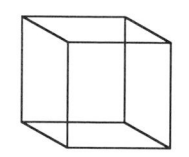

3.4.5 Subgroups と Supergroups

ここで先の例では触れなかった*部分群*（subgroup）と supergroup について簡単に触れる。部分群については第4章である程度、述べることとして、ここでは群論という観点からすると厳密さには欠けるが、*International Tables* の記載事項を理解することを目標に、簡単な説明を行いたい。

まず、正方晶系に属する点群を考えよう。ここには対称性の高いものから、4/mmm, $\bar{4}$m2, 4mm, 422, 4/m, $\bar{4}$ および 4 の七つの点群がある。ここで 4mm を構成する対称要素はすべて 4/mmm に含まれているから、4mm は 4/mmm の部分群である。次に、点群 4 を構成する要素は 4/mmm にも 4mm にも含まれているから点群 4 はこの両者の群の部分群である。さらに、4/mmm と点群 4 の間には 4mm という群が存在するが、4/mmm と 4mm との間には何も存在しない。すなわち、4mm は 4/mmm の部分群の中で最も大きい群であるといえる。このような部分群を *Maximal subgroup*（自分自身を除いた最大のオーダーを持つ部分群）という。よく観察すると 4mm だけでなく、$\bar{4}$m2, 422, 4/m のそれぞれと 4/mmm との間にも何も存在しないことがわかる。すなわ

ち、これらの群はみな Maximal subgroup としての資格を持っている。つまり、Maximal subgroup は一つではない。

要するに対称性の高い群から恒等操作以外の何らかの対称要素を取り除くことにより部分群が発生するわけで、その取り除き方が最も少ないものを Maximal subgroup というわけだ。何をとるかによっていくつかの Maximal subgroup が生まれるのも自然である。一般に、親となる群（parent group）の要素の数を h、部分群の要素の数を g と置くと $h/g=$ 整数である（4.3.1 節）。

問題 3.21 (a) 点群 4/mmm をフルシンボルで示せ。
(b) 点群 4/mmm の一般点のステレオ図（付録 B）を観察することにより、4/mmm から一つの2回回転軸を、取り除いたときに生じる可能性のある点群を三つ示せ。
(c) 上記のそれぞれの点群は1本の2回回転軸に加えて、どのような対称要素が失われているか？

ところで、今は点群を例にとって考えたが、同様のことは並進操作を含む空間群に関してもいえる。たとえば I 格子から $t(1/2\ 1/2\ 1/2)$ という並進操作を取り除けば P 格子となる。このように空間群の部分群には単位胞中の点群操作やらせん・グライド操作を取り除いたものと並進操作そのものを取り除いたものとの2種類にわけられる。それぞれを

   I translationengleiche （もしくは t-subgroups）
   II klassengleiche   （もしくは k-subgroups）

と呼ぶ。II の k-subgroups では何らかの並進操作を取り除くわけだから、単位胞の取り方が変化する場合がある。もとの単位胞と比べて k-subgroups の単位胞が同じ場合を IIa、大きくなる場合を IIb というカテゴリーに、さらに k-subgroups ともとの群とが*同型*（isomorphic、4.5.2 節）の場合を IIc というカテゴリーに入れて区別する。そして *International Tables* では

   I、IIa、IIb を Maximal non-isomorphic subgroups
   IIc を Maximal isomorphic subgroups of lowest index

としてまとめ、それぞれの項目に該当する空間群があればすべて記述している。また、それぞれの subgroup の前にある [2] とか [3] とかという数字は上記の h/g の値、すなわち、どれだけの対称要素が失われたかを示す。たとえば、[2]であればその部分群の対称要素の数はもとの空間群の半分に減ったことを示す。一方、subgroup のあとにある数字は温存された（そなわち、失われなかった）対称要素の番号である。

たとえば、前述の $P4/m$ の場合、I のカテゴリー（Maximal t-subgroups）に属する空間群として $P4$ があるが、この $P4$ に存在する群を構成するのに必要な要素の数は4、すなわち半分であり、それは、0°，90°，180°，270° の回転操作であるので、Maximal non-isomorphic subgroups の I の欄に : [2] $P4$ 1; 2; 3; 4   と示されている。

一方、今考えている空間群が何らかの空間群の部分群である場合も当然ある。たとえば、$P4$ から $P4/m$ を見た場合などである。このような場合、$P4/m$ を $P4$ の *Supergroup*（スーパーグループ）と呼ぶ。Supergroup も、その要素が単位胞中の操作、主に点群操作に関するもの（らせん、グライドも含むが）、である場合とセンタリングなどの並進操作である場合があり、それぞれを前述のように I, II と区別して記載する。この 部分群(subgroup) と Supergroup に関する情報は物

性研究者にとって大切である。

問題 3.22 *International Tables* を用いて、ポロニウムの 75°C における相転移は空間群 $Pm\bar{3}m$ から *t*-subgroup への構造変化であることを確認せよ（問題3.17参照）。

問題 3.23 (a) 強誘電体として知られている $BaTiO_3$ は T_1=406K 以上で $Pm\bar{3}m$ である。この構造は強誘電性を示すか？（2.7 節参照） (b) 一方、T_1 以下で空間群 $P4mm$ に相転移をおこす。この構造は極性を持つ構造といえるか？ したがって、強誘電性を示すか？ この相は $Pm\bar{3}m$ の Maximal subgroup といえるだろうか？

3.5 回折現象と対称操作

我々は空間に規則的に分布する点の集合を、その集合に内在する対称性に基づいた空間群により分類することを学んだ。ここで、これまで述べなかった、空間群のデータに示されている消滅則について簡単に触れたい。

回折とは要するに、物質に放射線を照射したとき、構成する各原子から二次的に発生する波の干渉である。ここでは回折理論に深く立ち入ることなしに、h, k, l を整数とするとき、回折とは hkl で指数づけられる逆格子点（10.4.1 節参照）への散乱、あるいは単に結晶中のミラー指数で表される hkl 面からの反射という描像を受け入れよう。すると、X線、電子線、中性子線などが hkl 面からブラッグ反射（Bragg reflection）を受けるとき、回折波の干渉の仕方は単位胞中の原子の並び方によって様々に変化するだろう。

単位胞からの hkl 回折波の相対的な振幅を表す因子は**構造因子**（structure factor）F_{hkl} と呼ばれ、次式で表せる。

$$F_{hkl} = \sum_n f_n \exp\{2\pi i(hx_n + ky_n + lz_n)\} \tag{3-1}$$

ここで n は単位胞中のすべての原子にわたってとる。一方、f_n はその場所に存在する原子の**原子散乱因子**（atomic scattering factor）であり、x_n などは単位胞中の各軸に沿った座標（0～1の値を持つ）である。そしてこの座標に原子の並び方の対称性が反映され、構造因子が変化する。

さっそく例として b グライド操作が存在する場合を考えよう。この場合、ノンシンモルフィック操作なので、単位胞の一般点の数、すなわち多重度は少なくとも2である。で、そのような一般的な場合を考えると、原子の座標は図 3.55 で示せる。ここで、これら二つの一般点は対称操作によって得られた場所であり、定義によってこの二つの場所にはまったく同等の原子が存在する。

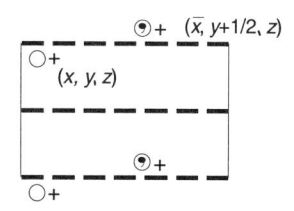

図 3.55 グライド面が x 軸に垂直な (001) 面に存在するときの一般点の配置

さて、(3-1) 式に従って構造因子を計算してみると hkl 反射に対して次の表式が得られる。

第3章 空間群

$$F_{hkl} = f\left\{e^{2\pi i(hx+ky+lz)} + e^{2\pi i(-hx+k(y+1/2)+lz)}\right\}$$
$$= f\, e^{2\pi i(ky+lz)}\left\{e^{2\pi i hx} + e^{2\pi i(-hx+k/2)}\right\} \quad (3\text{-}2)$$

ここで特殊な場合として $h=0$ という反射を考えてみよう。すると構造因子は次の簡単な形になる。

$$F_{hkl} = f\, e^{2\pi i(ky+lz)}\left\{1 + e^{\pi i k}\right\}$$
$$= f\, e^{2\pi i(ky+lz)}\left\{1 + (-1)^k\right\} \quad (h=0) \quad (3\text{-}3)$$

ミラー指数の定義により h, k, l は整数であるから、$0kl$ 反射の構造因子は k に値によって次の 2 種類の大きさを持つこととなる（n は整数）。

$$F_{0kl} = 2f\, e^{2\pi i(ky+lz)} \quad (k=2n)$$
$$= 0 \quad (k=2n+1) \quad (3\text{-}4)$$

この結果は $k=2n+1$ のとき、$0kl$ 反射の構造因子はゼロとなることを示している。このような規則を*消滅則*（systematic extinction）と呼ぶ。

また、同様に b グライドの代わりに c グライドが存在するときは $h=0$ の反射に対して

$$F_{0kl} = 2f\, e^{2\pi i(ky+lz)} \quad (l=2n)$$
$$= 0 \quad (l=2n+1) \quad (3\text{-}5)$$

となる。

問題 3.24 上の例において、グライド操作が n グライドに変わったときはどのような消滅則が得られるか？ まず、一般点を作図し、次に上述の方法で消滅則を求めよ。

3.6 実在の物質の構造の例

International Tables はこのように空間群に関する必要な情報をすべて含んでいるが、一方、実際に存在する物質がどのような構造を持っているか、という情報を与えるものではない。今、何か既知の物質があってその構造を知りたいときは ASM International 発行の *Pearsons' Handbook of Crystallographic Data for Intermetallic Phases* が便利である。以下、その例をいくつか示す。

まず、このハンドブックに示されている $NaZn_{13}$ のデータを示す。ただちにこの物質の空間群が $Fm\bar{3}c$ であることがわかる。次に、等価な位置にあるそれぞれの原子に関して Multiplicity、Wyckoff letter、Site symmetry、および座標と占有確率が示されている。この例では Zn が二つの非等価な位置 $8b$ と $96i$ を占めていることに注意しよう。

表 3.1 $NaZn_{13}$ の構造と各原子の位置

Structure Type: $NaZn_{13}$,　Pearson Symbol: $cF112$, Space Group: $Fm\bar{3}c$、No.226

Na	$8a$	432		$x=1/4$	$y=1/4$	$z=1/4$	occ.=1
Zn1	$8b$	$m\bar{3}$.		$x=0$	$y=0$	$z=0$	occ.=1
Zn2	$96\,i$	m ..		$x=0$	$y=0.1806$	$z=0.1192$	occ.=1

(*Pearsons' Handbook of Crystallographic Data for Intermetallic Phases* から引用)

この表中に示してある座標は非対称ユニットの中に存在する原子の座標であり、単位胞中のすべての原子はこれらの座標に対する対称操作により再生できる。現在では結晶を描くための数多くのプログラムが市販されており、空間群と非対称ユニット中の座標を与えるだけで、単位胞中の原子を描いてくれる。

問題 3.25 単位胞中には Na, Zn がそれぞれいくつの原子が存在するか？

図 3.56 に、このデータにより描いた $NaZn_{13}$ のモデルを示した。

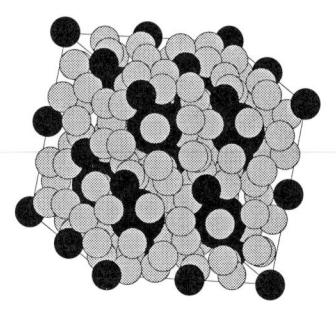

図 3.56 $NaZn_{13}$（空間群 $Fm\bar{3}c$）

次に空間群 $Fd\bar{3}m$ に属する $Al_{10}V$ にを考えてみよう。この物質では Al 原子は三つの非等価な位置を占有していることがわかる（表 3.2）。

表 3.2 $Al_{10}V$ の構造と各原子の位置

Structure Type: $Al_{10}V$、　Pearson Symbol: $cF176$, Space Group: $Fd\bar{3}m$、　No.227

V	16 c	.$\bar{3}m$	$x=1/8$	$y=1/8$	$z=1/8$	occ.=1
Al 1	16 d	.$\bar{3}m$	$x=5/8$	$y=5/8$	$z=5/8$	occ.=1
Al 2	48 f	2 . mm	$x=0.1407$	$y=0$	$z=0$	occ.=1
Al 3	96 g	. . m	$x=0.0654$	$y=0.0654$	$z=0.3009$	occ.=1

（*Pearsons' Handbook of Crystallographic Data for Intermetallic Phases* から引用）

このデータから得られた構造モデルを図 3.57(a)に示す。また、(b)には同じ空間群を持つが、$2a$ サイトのみを占有する構造を描いた。この構造は、一般になんと呼ばれているだろうか？　このように同一の空間群でも占有するサイトによって構造がまったく異なることに注意しよう。

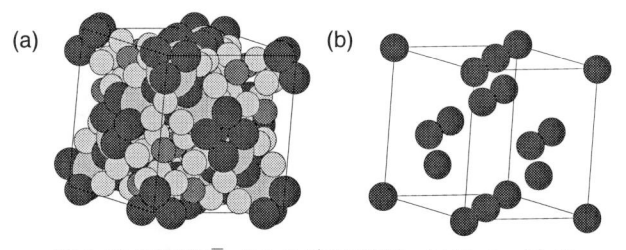

図 3.57 空間群 $Fd\bar{3}m$ にしたがう構造例：(a) $Al_{10}V$、(b) Si

問題 3.26 室温における鉄の単位胞を二つ重ねて右に示した。(a) この単位胞はどの空間群に属するか？ また、○印で示した鉄原子の Wycoff letter とサイトシメトリーを述べよ。(b) 酸素や炭素などの不純物元素は八面体位置や四面体位置と呼ばれる空隙サイトに侵入する。前者は六つの原子に囲まれた位置（たとえば (1/2 1/2 0)）にある。二つの単位胞の間の面にこの八面体位置を図示し、その位置のサイトシメトリーを与えよ。この位置は 6 個の鉄原子から同じ距離にあるか？ (c) 一方、四面体位置とは、たとえば（1/2 1/4 0）で示される場所である。この位置のサイトシメトリーは何か？ 最近接の鉄原子はいくつあるか？

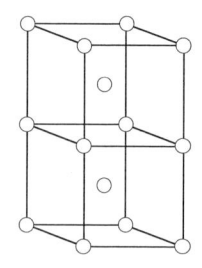

図 3.58 体心立方格子

この問題のように、侵入型不純原子は通常、結晶中の対称性の低い特殊点に存在する。結晶が応力を受けて歪むと、今まで等価であった特殊点が異なった対称性を持ち、いくつかの居心地の悪くなった不純原子は少しでも居心地の良いサイトに移ろうとする。これが緩和という現象だ。言い換えると、応力をかけることによって、サイトシメトリーの縮退が一部、解け、侵入型原子は少しでもエネルギー的に有利な場所に移ろうとする。

この章のまとめ

- ノンシンモルフィック操作：らせん操作とグライド操作
- 空間群：格子（並進対称操作）と点群（点対称操作）の組合せによって生まれる一連の対称要素の閉じた集合。シンモルフィックな空間群とノンシンモルフィック空間群
- 17 種類の 2 次元空間群、230 種類の 3 次元空間群
- *International Tables* の見方。
- 回折と対称操作：消滅則

第II部　群論と量子力学

ある点を中心としたモチーフを不変にする対称操作が集合が点群をなし、並進対称性を有する系ではそれが空間群に発展することを第I部では学んだ。ここまで共通することは、対称操作が働き掛けるのは空間の中に存在する点や面という感覚的にイメージできる物体であるということである。しかし、対称性に従うのは原子の並び方だけではない。各原子の変位や原子の周囲に分布する電子の状態も結晶や分子がなす原子全体の対称性に従うはずだ。そのようなことを対称性という考え方で整理しようとすると、これまでの直感的なやり方では不十分であり、本格的な「群論」に基づく手法が必要となる。また、同時に物質の性質を支配しているのはミクロな世界の法則であり、それを記述するのに最小限の「量子力学」の考え方と手法を知っておく必要がある。そこで、第II部では群論の基礎を述べた後、必要な量子力学の知識を復習する。また、第III部への準備として、群論は用いず、むしろ量子化学の基礎という観点に立って、球対称場における電子の状態を調べる。

第4章 群論入門

It seems best to fix the underlying general concept with some precision beforehand, and to that end a little mathematics is needed, for which I ask your patience.

H. Weyl   *"Symmetry"*

　我々はすでに、一つひとつの対称操作は物体を不変に保ち、しかも、対称操作を繰り返すことにより一般点と呼ばれる等価な点が再生され、結局は元に戻ることに気づいているはずだ。つまり、系を構成する対称操作はそれぞれの系で閉じている。本章ではこの直感を群の定義を与えることにより具現化し、一つひとつの対称操作が群における要素であること、そして対称要素を表現する方法は無限にあるが既約表現という必要十分な表現の集合があること、そして、それらはキャラクターという数で特徴づけられることを述べる。

4.1 群とは何か
4.1.1 集合

　群を定義する前に集合（set）について復習する。ここでいう集合とは要素（element）の集まりである。英語の set に忠実に従うと、集まりというよりは一揃えといった方が正確かもしれない。つまり我々は要素：A, B, C から構成される集合を$\{A, B, C\}$で表す。また、要素の数をオーダー（order）と呼び、本書ではこれを h で表す。さらに、ある集合を構成する要素の部分的な集合を部分集合（subset）と呼ぶ。

例1　このクラスを構成する 10 人のメンバーは集合をなす。そのオーダーは 10 である（$h=10$）。各メンバーが集合の要素であり、また、それぞれのメンバーの所属する研究室別に五つの「部分集合」が存在する。

例2　整数の集まりは集合をなす。そのオーダーは無限である。そのうち、負の数の集合はもとの集合の部分集合をなす。

例3　一つひとつの対称操作を要素と考え、それらの集まりに対し、集合を定義することもできる。たとえば、4回回転軸の周りには $E, C_4, C_4^2=C_2, C_4^3$ という4個の操作＝要素が存在するので、集合 $\{E, C_4, C_4^2=C_2, C_4^3\}$ と表す。（今後、回転軸そのものと回転対称操作を厳密に区別する。つまり、回転軸自身は対称操作ではない。集合の要素となるのはあくまで、C_4, C_2, C_4^3 といった個々の操作である。）

　最後の例のように一つひとつの対称操作が集合の要素となる。したがって、たとえば鏡映面がいくつも存在する場合、これまで主に学んだ国際記号では不便が生じる（m_{xy0} のように座標を用いて表すこともできるが）。そのような事情もあって化学の分野ではのシェーンフリース記号が用いられることが多い（2.6 節参照）。また、これまでは対称操作と対称要素という言葉をなんとなく使ってきたが、対称要素という言葉には群を構成する要素というニュアンスが強く含まれている。

問題 4.1　6回回転軸の周りの対称要素からなる集合を書け。この集合のオーダーはいくつか？　また、この集合のうち、恒等操作と2回回転操作からなる「部分集合」に属する対称要素を書け。同様のことを3回回転操作に関して行え。

問題 4.2 点群 $3m$（C_{3v}）を構成する対称要素からなる集合を書け。オーダーはいくつか？

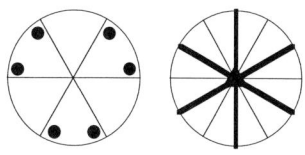

図 4.1 点群$3m$

4.1.2 群の定義

まず、集合を構成している要素間の関係を考えよう。たとえば整数からなる集合の要素間には和とか、積といった関係を定義することができる。A, B, C という要素に対し、このことを一般に次のように表す。

$$AB = C \tag{4-1}$$

このような要素間の関係は一般的なものであって、対称操作という要素間にも積を定義することができる。たとえば、対称操作 C_2 あとに C_4 を施せば C_4^3 が得られるが、このことを

$$C_4 C_2 = C_4^3 \tag{4-2}$$

と表す（後から施す操作を左側から「かける」）。

また、要素間の関係において*交換則*（commutative law）$AB=BA$ は必ずしも成立しない（次の問題参照）。

問題 4.3 次のマトリックス$\tilde{A}$、$\tilde{B}$ により一般点 (x,y) を変換せよ。

$$\tilde{A} = \begin{bmatrix} 1 & 0 \\ 0 & -1 \end{bmatrix}, \quad \tilde{B} = \begin{bmatrix} 0 & -1 \\ 1 & 0 \end{bmatrix}$$

それぞれどのような対称操作に該当するか？ さらにこの二つのマトリックスが交換する（commute）かどうか、マトリックスによるあらわな計算およびステレオ投影図による一般点の変換という二つの観点から考察せよ。

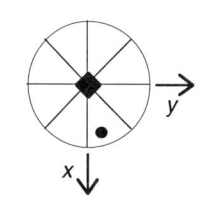

図 4.2 マトリックスによる一般点の変換と対称操作

さて、ある関係（和とか積とか連続した対称操作とか）によって結びつけられた集合の要素が次の四つの条件を満たすとき、そのような集合を特に*群*（group）と呼ぶ。これから、述べることは、抽象的であるが、当たり前のことばかりである。（以下、要素を結びつける関係を*積*（product）という言葉で代表するが、これは通常の積以外の関係（たとえば和）でもかまわない。）

(1) **クロージャー**：任意の二つの要素の積および各要素の*自乗積*（square product）によって作られた要素がその集合に属することをクロージャー（closure）という。すなわち、A, B という要素を用いて、$C=AB$ という新たな要素が作られたとすると、群が成立するためには C も同一の集合に属していなければならない。言い換えると、群を構成する要素は（前提としている関係に基づいて）閉じている。

(2) **単位要素**：一つのユニークな要素が存在し、この要素が他のすべての要素と交換し、かつ、それらすべての要素を不変に保つ*単位要素*（identity）が存在する。通常の積計算における 1 に相当。この要素は、通常、ドイツ語の Einheit から E というシンボルで表される。対称操作という観点からすれば、何もしない＝恒等操作のことだ：

$$EX = XE = X \tag{4-3}$$

(3) **結合則**: A, B, C という要素の連続した積を考える場合、積計算を行う順序は任意であるとき、結合則（associative law）が成立しているという。

$$A(BC) = (AB)C \tag{4-4}$$

(4) **逆要素**: A という要素に対し、同一の集合の中に B という要素が存在し、

$$AB = BA = E \tag{4-5}$$

という関係を満たすとき、B を A の*逆要素*（inverse element）と呼び、$B=A^{-1}$ と書く。$A=B^{-1}$ でもある。対称操作という観点からすれば、もとに戻す対称操作が同一の集合の中に必ず存在することが、群を成すための必要条件であるといえる。

問題 4.4 和によって関係づけられたすべての整数の集合は群をなすか？ この場合の単位要素は何か？また、任意の整数 n の逆要素は何か？

問題 4.5 点群 2 における要素の集合 $\{E, C_2\}$ は群をなすか？ それぞれの要素の逆要素は何か？

第 I 部で点群や空間群について詳しく学んでいるので、もう気がついていることと思うが、上に示した点群 2 (C_2) の例に限らず、32 種類の点群および 230 種類の空間群を構成するそれぞれの対称操作（要素）は、群としての要件を満たしている。

4.2 積表と再配列定理
4.2.1 積表

群の性質を簡潔に示すためには群を構成する任意の要素間の $C=AB$ という関係を表にして表すのが手っ取り早い。このような表は*積表*（multiplication table）と呼ばれる。積の結果、得られる表中の要素 C は次の規則で与えられる： $C =$ （左欄の要素）×（上欄の要素）。たとえば、オーダーが 2 の群の積表は次の一般形を有する。

表 4.1 積表における二つの要素の掛け合わせの順序：（左欄の要素）×（上欄の要素）

	E	B
E	EE	EB
B	BE	BB

例 点群 2 $C_2=\{E, C_2\}$ に対して積表を作ると次のようになる。（表中の左上の C_2 はこの表が点群 C_2 の積表であることを示す。）

表 4.2 点群 C_2 の積表の作成

C_2	E	C_2
E	EE	EC_2
C_2	C_2E	EE

$\longrightarrow$

C_2	E	C_2
E	E	C_2
C_2	C_2	E

問題 4.6 積（かけ算）によって関係づけられた集合 $\{1, -1\}$ は群をなすか？ また、積表を作成せよ。

表 4.3 かけ算のもとでの $\{1, -1\}$ の積表の作成

$\{1, -1\}$	1	-1
1		
-1		

この他、二つの対称要素しか含まない点群として $m(C_{1h}) = \{E, \sigma_h\}$ などがあるが、これらの積表も上の二つと同じ形に書ける（確認すること）。すなわち、群としての要件を満たすために必然的に存在する単位要素を E、それ以外のもう一つの要素を A で代表すると $h=2$ の群は、必ず次の形の積表を有する。このように各要素を抽象的な記号で表した群を*抽象群*（abstract group）という。以後、オーダーが h の抽象群を $\mathbf{G}_h$ と表すこととしよう。

表 4.4 オーダーが 2 の抽象群 $\mathbf{G}_2$

$\mathbf{G}_2$	E	A
E	E	A
A	A	E

ちょっと考えてみればわかることだが、オーダーが 2 の群はこれ以外にありえない。仮に、$AA=B$ のような関係があると閉じた集合とならず、クロージャーに反するからだ。言い換えると、$h=2$ の集合は $AA=E$ の関係、すなわち A が自分自身の逆要素でなければ群となりえない。このように、オーダーが 2 の群は点群 $2(C_2)$ であろうと、$m(C_{1h})$ であろうと $\{1, -1\}$ のような群であろうと、すべて同一の積表を有し、同一の抽象群 $\mathbf{G}_2$ に属する。この極めて単純な結果は驚きであると同時に、群の美しさの起源でもある。そこで、そのような<u>同一の積表を持つ群を*同型な群* (isomorphic group) と呼ぶ。</u>（ただ次に述べる再配列定理から行と列の順番を変えても構わないので、同型の群でも一見、異なった積表に見えることがあるから注意が必要だ。同型であることは写像の概念で整理される（4.5.2 参照）。）同型な群は構成する要素やその要素を関係づける規則（和とか積とか）が異なっても群論という観点からは同じ性質を有する。逆にいうと、オーダーが同じでも異なった積表を持つ群は異なった性質を持つことが予想される。これから、このような群の分類について少し詳しく学ぼう。

4.2.2 再配列定理

まず、積表に関して重要な*再配列定理*（rearrangement theorem、組換え定理）を述べる。
「積表中のそれぞれの行と列には群を構成する要素はそれぞれ必ず 1 回だけ現れる。そして、すべての行と列は同一ではありえず、したがって、すべての行と列はもとの要素の順番を変えた（再配列した）ものである。」

この定理の証明であるが、もし仮に、まったく同じ行（あるいは列）が二度現れてきたらどうなるかを考えてみればわかる。ここでは厳密な証明より直感的な例として、点群における一般点の極点図を考える。極点図では一つひとつの一般点が一つひとつの対称操作に対応している。すなわち、群を構成する要素がそれぞれの一般点に対応している。ここで積表における左欄の一つの要素、たとえば A、をある行の一つひとつの要素に掛けるということは、極点図上のすべての一般点に対称操作 A を一様に施すということに他ならない。すなわち、新しい行は必ずもとの行と異なる。言い換えれば、このような操作によって、ある一般点が消滅したり、ある一般点が重なるということはけっして起こらない。単に一般点が再生され、その順番が変わる、すなわち再配列するだけである。

さて、ここで点群などの具体例を用いずに、オーダーが 3 の群の積表を作成してみよう。すなわち、極点図やマトリックスという直感的な手法によらず、再配列定理により積表を作成するの

第4章 群論入門

だ。$h=3$ の群は一般に $\{E, A, B\}$ と表される。まず、E を含む行と列は定義により、何の変化も与えず自明である。したがって、直ちに次の部分的な表ができる。

表4.5(a) $h=3$ の群の積表の作成

	E	A	B
E	E	A	B
→ A	A		
B	B		

次に、矢印で示した行を考えると A はもう決定されているから、その行の要素が群をなすためには残りの二つの空欄のいずれかに単位要素である E が入らなければならない。すなわち $AA=E$ か $AB=E$ のどちらかである。当然、一方を選ぶと、残りの要素 B の場所は再配列定理によって決定してしまう。

最初に2行目において $AA=E$ と置いてみよう。すると必然的に $AB=B$ となる。これでは3列目に B が二つ現れ、再配列定理に反する。また、$AB=B$ が成立するためには $A=E$ でなくてはならない。ところがそうすると1行目において、E が二つできてしまい、矛盾が生じる。この簡単な考察から $AA=E$ はありえず、$AB=E$ のみが群を構成するための可能な選択肢であることがわかる。最後の行はそれぞれの列を考えれば自動的に求まり、したがって次の積表が得られる。

表4.5(b) $h=3$ 抽象群G_3の積表の作成

G_3	E	A	B
E	E	A	B
A	A	B	E
B	B	E	A

さて、$h=3$ の群の積表は他にはあるだろうか？ 実は $AA=E$ が成立しないのであるから上のプロセスはすべての可能性を網羅しており、上に得られた積表は $h=3$ の群に関して唯一のものであり、G_3 という群は一つしか存在しないことがわかる。

問題 4.7 点群 $3(C_3)$ を構成する対称要素を書け。次に対称性を考慮して点群 $3(C_3)$ の積表を作れ。この積表は G_3 と同一の形をしているだろうか？ すなわち、点群 $3(C_3)$ は G_3 と同型かどうか、確認せよ。

この考え方を進めて $h=4$ の群の積表も完成させてしまおう（抽象的な方法で見通しが効かなくなったときは、上の問題のように、いつでも $h=4$ の点群を構成する具体的な対称要素に基づいて積表を作ることができる）。先ほどのやり方でいくと、まず、E を含む行および列以外のどこに E を置くかということがポイントとなる。すなわち、考えている群の中に自分が自分自身の逆要素となるような要素（たとえば、$AA=E$ など）がある場合とない場合（たとえば、$AB=E$ など）を考えることが第一歩である。したがって、ここでもこの二つのケースに分けて我々の作業を始める。

A を自分自身の逆要素と置いてもよいが、表の対称性からまず、B をそのように置く。すなわち3行目において $BB=E$ と置く。すると次の部分的な表が得られる。

表 4.6 h=4 の群の積表の作成：E をどこに置くか

	E	A	B	C
E	E	A	B	C
→ A	A	●		○
B	B		E	
C	C			

次に、たとえば→で示した行においてどこに E を置けるか考える。すると、それは再配列定理から●か○で示した位置のいずれかでなければならない。縦横に組合せを考えると、残りは直ちに求まる。パズルのつもりで自力でやってみることが大切だ。このようにすると次の二つの積表が得られる（必ず自分で確認すること）。この二つを抽象群 $\mathbf{G}_4^1$ と $\mathbf{G}_4^2$ と呼ぼう。

表 4.7 h=4 の二つの抽象群 $\mathbf{G}_4^1$ と $\mathbf{G}_4^2$

$\mathbf{G}_4^1$	E	A	B	C
E	E	A	B	C
A	A	B	C	E
B	B	C	E	A
C	C	E	A	B

$\mathbf{G}_4^2$	E	A	B	C
E	E	A	B	C
A	A	E	C	B
B	B	C	E	A
C	C	B	A	E

問題 4.8 E が対角上に一つしかない取り方では積表ができないこと、すなわち、そのような群は存在しないことを示せ。

表 4.8 h=4 において他の可能性はあるか？（問題 4.8）

	E	A	B	C
E	E	A	B	C
A	A			
B	B			
C	C			

このように h=4 の群には $\mathbf{G}_4^1$ と $\mathbf{G}_4^2$ の2種類しか存在しない。そこでこのように抽象的に求めた群が我々が知っているオーダーが4の点群とどのような関係にあるか、次の例で考えてみよう。

問題 4.9 オーダーが4の点群として $4(C_4)$ と $2mm(C_{2v})$ を考え、積表を完成させよ。それぞれ、同型なのは $\mathbf{G}_4^1$ か $\mathbf{G}_4^2$ か示せ。

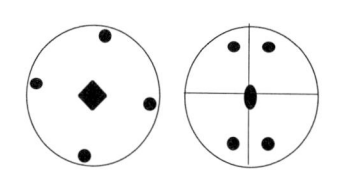

表 4.9 点群 C_4 および C_{2v} の対称要素間の積表（問題 4.9）

C_4	E	C_4^1	C_2	C_4^3
E	E			
C_4^1				
C_2				
C_4^3				

C_{2v}	E	C_2	σ_v	σ_v'
E	E			
C_2				
σ_v				
σ_v'				

4.3 部分群と巡回群

4.3.1 部分群

ある群を構成している要素の部分集合（subset）が群としての必要条件を満たしているとき、その群をもとの群に対する*部分群*（subgroup）と呼ぶ。たとえば、群 $\mathbf{G}_4^1$ では下表でハッチングで示した部分集合 $\{E, B\}$ が閉じており、群をなすことがわかる（群であるための他の要件、単位要素および逆要素の存在、また、結合律も満たされている）。

表 4.10 $\mathbf{G}_4^1$ の部分群 G_2

$\mathbf{G}_4^1$	E	A	B	C
E	E	A	B	C
A	A	B	C	E
B	B	C	E	A
C	C	E	A	B

このことを具体例で考えてみよう。問題 4.9 を振り返ると、群 $\mathbf{G}_4^1$ は点群 C_4 と同型であり、その中の要素 B は C_2 という対称操作と一対一の関係にあることがわかる。つまり、部分群 $\{E, B\}$ は点群 C_2 と同型であり、群 $\mathbf{G}_4^1$ から部分群 $\{E, B\}$ を求めたことは、点群 C_4 の部分群としての点群 C_2 を求めたことに相当する。

問題 4.10 一方、点群 C_4 の他の部分集合 $\{E, C_4\}$ や $\{E, C_4^3\}$ は群としての要件を満たさない。$\{E, C_4, C_4^3\}$ も同様である。どのような要件が欠けているか？ また、これらの部分集合に属する操作のみから極点図を作成し、部分的な「対称操作」による一般点の再生が点群としての対称性の欠如をもたらすことを示せ。（したがって、これらは「対称」操作とはいえない。）これに対して部分集合 $\{E, C_2\}$ は対称性の低下はあるが、群としての条件は満たしている。

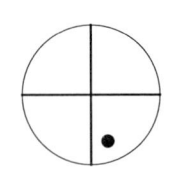

ここで、部分群のオーダー に関して*ラグランジュの定理*（Lagrange's theorem）を述べる。

ラグランジュの定理 オーダーが h の群の部分群のオーダーを g とすると、$h/g=$整数である

厳密な証明は省略するが、32 個の点群を作ったときの逆を考えれば、この定理は定性的に納得いくはずだ。たとえば、六方晶系に属する点群では対称性が高くなるたびに多重度は 6→12→24 と倍ずつ大きくなった。したがってホロシメトリックな点群から何らかの対称要素を取り除けば、多重度が半分、すなわち、部分群のオーダーが半分になるのは直感的に理解できる。ただし、この定理の言ってることはもうちょっと奥が深くて、たとえばオーダーが 6 の群の部分群のオーダーは 6 でも 3 でも 2 でも（1 でも）よい。こういった相違は出発点となる群から、どの対称要素を取り除くかにより生じる。（例として、次節で巡回群を考える。）また、3.4.5 節で天下り的に述べた subgroup と supergroup の説明、および *International Tables* 中の記号の記述も理解できるはずだ。さらに、この定義に従えば、もとの群のオーダーが h である部分群として $\{E\}$ ともとの群そのものも含まれる。そこで、これら自明な 2 種の部分群を除いた部分群は*正規部分群*（proper subgroup）と呼ばれる。

問題 4.11 点群 C_{2v} の部分群を求めよ。

4.3.2 巡回群

群を構成する要素の集合が一般に $\{A, A^2, \ldots, A^h=E\}$ で表されるとき、その群を*巡回群*（cyclic group）という。たとえば、群 $\mathbf{G}_3$ をもう一度みると $B=AA$, $E=AB=AAA$ であるから $\{E, C_3, C_3^2\}$ などの群 $\mathbf{G}_3$ は巡回群である。

表 4.11 巡回群 $\mathbf{G}_3$

$\mathbf{G}_3$	E	A	B
E	E	A	B
A	A	B	E
B	B	E	A

言い換えると、同一の操作を繰り返すことにより他のすべての対称操作が生まれてくる系がそのような巡回群に相当する。具体的には単純な回転操作のみを有する点群 C_n（n：整数）がある。ここで $n=1, 2, 3, 4, 6$ という制限を取り除いた。結晶という限定を離れて成立する事柄だからである。また、単位胞の繰返しをもたらす並進操作の集合も周期的境界条件を取り込むことにより、巡回群と考えることができる。

巡回群の重要な性質として、その群を構成するすべての要素に対して交換則が成立することがあげられる。任意の二つの要素は A^m と A^n と書け（m, n: 整数）、この二つが交換することは明らかであろう（結果がこれらの操作を作用させる順序によらない）。すべての要素が他のすべての要素と交換する群を*アーベル群*（Abelian group）と呼ぶ。巡回群はアーベル群である。

また、一般に $\{A, A^2, \ldots, A^h=E\}$ で表される巡回群において $D=A^n$（$n<h$）であるような任意の要素を選び、この D と、$F=DD$, $G=DDD$ などの要素からなる新しい部分集合を作れる可能性は常にある。この部分集合がもし、恒等操作 $E(=D^g)$ を含むならばそれは群としての条件を満たすので、もとの巡回群に対する部分群となり、そのオーダーは $g=h/n$ で与えられる。

問題 4.12 点群 $6(C_6)$ の部分群とそのオーダー g を求めよ。$g=h/n$ は成立しているか？

4.4 相似変換とクラス

4.4.1 相似変換と共役

この節では要素間の少し抽象的な変換の仕方を学ぼう。すでに我々はそれぞれの点群を構成する対称操作には類似のものがあることに気がついている。簡単な例として $3m(C_{3v})$ という点群を考えると、3回回転軸の周りの操作である C_3 と C_3^2 は互いに似ているが、一方、主軸を含む3個の面による鏡映操作とは異質のものである。同じ群に属する要素をこうした似た者同士に分類しておくことが想像以上に重要であることがあとで判明する。

この似た者同士の要素のことを群論では*共役な要素*（conjugate element）という。そして、どの要素とどの要素が共役か、ということを数学的に分類する手法がここで述べる相似変換である。方法自体は機械的なものなので、深く考えずにそのまま覚えてしまったほうが、とりあえずは手っ取り早い。

定義 任意の要素 R を用いて、ある要素 A を次のように B に変換することを*相似変換*（similarity transformation）という：

$$R^{-1}AR = B \tag{4-6}$$

さらに、R, A, B のすべてが同じ群に属するとき、B は A と共役 (conjugate) であるという。

数学的にはこれだけのことだが、さっぱり実感がわかないのではないだろうか。そこで上の操作が一体何を意味するのか、点群 $3m(C_{3v})$ を例にとって考えてみよう。

この点群に存在する要素は $\{E, C_3, C_3^2, \sigma_v, \sigma_v', \sigma_v''\}$ である。ここではこれらの要素を、一般点に作用するオペレータと考える。たとえば、C_3 という操作は一般点 a を b に変換するから、これを a に対するオペレータ C_3 の作用として

$$C_3 a = b \tag{4-7}$$

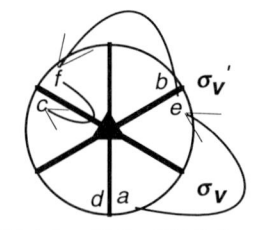

図 4.3 一般点 a に対する連続操作 $\sigma_v^{-1} C_3 \sigma_v$

と表そう（図 4.3）。最初に C_3 の σ_v による相似変換を図 4.3 を参考にして考えてみる。σ_v の逆要素は σ_v であることに注意して、式(4-6)の左辺に定義された一つひとつの操作で a がどのように移動するかを追ってみる。

$$[\sigma_v^{-1} C_3 \sigma_v] a = [\sigma_v^{-1} C_3] e = \sigma_v^{-1} f = \sigma_v f = c = C_3^2 a \tag{4-8}$$

結局、a は c に移った。すなわち、3 個の連続した操作の結果は $C_3^2 a$ という操作と等価なわけだ。左辺は C_3 の σ_v による相似変換であるから C_3 と C_3^2 は定義により共役である。このように（4-6）は共役な要素を機械的に次々生み出す。

同様の方法で σ_v を C_3 によって相似変換してみよう。

$$[C_3^{-1} \sigma_v C_3] a = [C_3^{-1} \sigma_v] b = C_3^{-1} d = C_3^2 d = f = \sigma_v' a \tag{4-9}$$

この場合、σ_v が σ_v' に相似変換され、σ_v' は σ_v と共役であることが示された。

これらの例のように相似変換を定義する $R^{-1}AR=B$ において、R の効果は（厳密ではない表現だが）R^{-1} により相殺されるので、たとえば主軸の周りの回転操作はやはり同様の回転操作にしか変換されないわけだ。結果として、このような方法を網羅することにより、ある群に存在する共役な要素（点群の場合は対称要素）の集団を抽出することができる。

ここで、共役な要素に関するいくつかの性質を述べる。
　　　（1）すべての要素は自分自身に共役である。
　　　（2）A が B に共役であるならば、B は A に共役である。
　　　（3）A が B と C に共役であるならば、B と C は互いに共役である。

（1）を証明するためには自分自身を共役にするような R が常に存在することを言えば十分である。たとえば、どの群にも必ず存在する E がそれに相当する。
（2）は $A=X^{-1}RX$ の両辺の左と右からそれぞれ X と X^{-1} を作用させれば証明される。すなわち、

$$A = X^{-1}BX \quad \rightarrow \quad XAX^{-1} = XX^{-1}BXX^{-1} = B \tag{4-10}$$

問題 4.13　（3）を証明せよ。

4.4.2 クラス

前節の結果は群を構成する各要素はいくつかの共役な要素の集団にわけられることを示している。そこで、この仲良し集団を次のように定義する。ここにおいてやっと、我々が点群における対称操作で直感的に気づいていたことをきちんと表現できたわけである。

定義 共役な要素による、もとの対称要素の部分集合のことをクラス（class）と呼ぶ。

群の要素をクラスに分類するためには (i) まず、一つの要素に対して同じ群に属するすべての要素によって相似変換を施し、一つ目のクラスに属する要素を抽出し、(ii) 次にこのクラスに属さない一つの要素を選び、同じ群のすべての要素によって相似変換を施し、二つ目のクラスに属する要素を抽出し、... という操作をすべてのクラスが決まるまで続けなくてはならない。

こみいった例の前に特殊なケースを一つ考えよう。もし、B という要素が存在して、それが同じ群に属する、他のすべての要素と交換するならば、相似変換の定義により、

$$R^{-1}BR = BR^{-1}R = B \tag{4-11}$$

であるから、B はけっして他の要素と共役にはなりえない。すなわち、B は自分自身でクラスを形成する。例としては単位要素である E、そして巡回群の中の各要素があげられる。

一般的な例を次の要素からなる点群 32（D_3）について考察しよう：

$$\{E, C_2^{(1)}, C_2^{(2)}, C_2^{(3)}, C_3, C_3^2\}$$

ここで C_2 のスーパースクリプト $^{(1)}, ^{(2)}, ^{(3)}$ はそれぞれ主軸の C_3 に直交する別々の2回回転対称要素であることを示している。以下、これらの要素をこの順番に $\{E, A, B, C, D, F\}$ と置く。前節の方法は煩雑すぎるので、まず、積表を作ってしまおう。

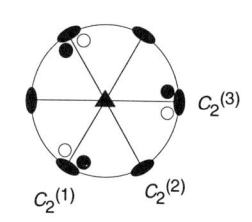

図 4.4 主軸に直交する三つの2回回転軸

問題 4.14 図 4.4 の極点図における一般点の動きを追うことにより、点群 32（D_3）の積表を作製せよ。

結果は次のとおりであり、この積表を用いることにより、相似変換は機械的に行える。

表 4.12 点群 32（D_3）と同型な抽象群 G_6^2

G_6^2	E	A	B	C	D	F
E	E	A	B	C	D	F
A	A	E	F	D	C	B
B	B	D	E	F	A	C
C	C	F	D	E	B	A
D	D	B	C	A	F	E
F	F	C	A	B	E	D

まず、E がそれ自身でクラスを作るのは先に述べたとおりである。次に A に関して可能な相似変換をすべて行う。（逆要素を求めるプロセスに注意。たとえば、$DF=E$ から $D^{-1}=F$。）

$$E^{-1}AE = A$$
$$A^{-1}AA = EA = A$$
$$B^{-1}AB = B^{-1}F = BF = C$$

$$C^{-1}AC = C^{-1}D = CD = B$$
$$D^{-1}AD = D^{-1}C = FC = B \qquad (4\text{-}12)$$
$$F^{-1}AF = F^{-1}B = DB = C$$

したがって、A, B, C が一つのクラスを形成することがわかる。

さらに、D と F が残されたので、このいずれかに関して相似変換を行わなければならない。

$$E^{-1}DE = D$$
$$A^{-1}DA = A^{-1}B = AB = F$$
$$B^{-1}DB = B^{-1}C = BC = F$$
$$C^{-1}DC = C^{-1}A = CA = F \qquad (4\text{-}13)$$
$$D^{-1}DD = ED = D$$
$$F^{-1}DF = F^{-1}E = DE = D$$

結局、D と F も一つのクラスを形成することがわかった。

まとめると点群32（D_3）には次の三つのクラスが存在する。

$$\text{クラス}(1) = \{E\} = \{E\}$$
$$\text{クラス}(2) = \{A, B, C\} = \{C_2^{(1)}, C_2^{(2)}, C_2^{(3)}\}$$
$$\text{クラス}(3) = \{D, F\} = \{C_3, C_3^2\}$$

点群操作からの予想どおり、これらのクラスは同種の要素によって構成されている。

ここで、クラスと部分群とを混同しないように、念のため群 $G_6^{(2)}$ の部分群をまとめる。これらはいずれも巡回群だ。（クラスは一般には群を成さないことに注意。）

$$S_1=\{E\},\ S_2=\{E, A\},\ S_3=\{E, B\},\ S_4=\{E, C\},\ S_5=\{E, D, F\}$$

相似変換により群の要素はクラスにわけられることがわかったが、クラスを求めるのにいちいち相似変換を行わなくてはならないのだろうか？　もう気がついてるかもしれないが、点群のような対称操作を群の要素とする場合、共役な要素同士は他の対称要素によって重なるので、実際の見通しはかなりよいのである。たとえば上述の例で C_3 と C_3^2 が同じクラスとなったのは C_2 がこれら二つを結びつけているからである。しかし直感のみに頼るのは危険である。点群 $\bar{6}(C_{3h})$ をみると C_3 と C_3^2 とは似ているが別々のクラスに属する。これらを結びつける操作がないからである。

問題4.15 点群 $\bar{6}$（C_{3h}）の要素を $\{E, A, B, C, D, F\} = \{E, \sigma_h C_3^2, C_3, \sigma_h, C_3^2, \sigma_h C_3\}$ と考え、この群がどちらの抽象群に属するかを積表を参考に確かめよ。さらに各要素をクラスに分類せよ。また、各要素を上のように並べた理由はなんだろうか？点群6の場合はどうだろう？

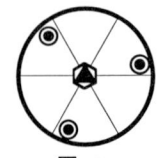

表4.13 $h=6$ の抽象群 G_6^1 と G_6^2

G_6^1	E	A	B	C	D	F
E	E	A	B	C	D	F
A	A	B	C	D	F	E
B	B	C	D	F	E	A
C	C	D	F	E	A	B
D	D	F	E	A	B	C
F	F	E	A	B	C	D

G_6^2	E	A	B	C	D	F
E	E	A	B	C	D	F
A	A	E	F	D	C	B
B	B	D	E	F	A	C
C	C	F	D	E	B	A
D	D	B	C	A	F	E
F	F	C	A	B	E	D

4.5 群の表現

どのような集合が群としての要件を満たすかということは理解できた。しかし一方でオーダーが 2 の群でも m, C_2 などの点群、あるいは $\{1, -1\}$ など多くの集合が群としての条件を満たしている。一体、ある群を正しく記述するのに必要かつ十分な要素の集合とはなんだろうか？

4.5.1 対称操作のマトリックスによる表現

まず、初めに点群 $2mm$（C_{2v}）を構成する四つの要素 $\{E, C_2, \sigma_v, \sigma_v'\}$ を一般点 (x, y, z) に対する座標変換と考えて、これらの対称操作に対応する 3×3 の座標変換マトリックスを書いてみよう。図 4.5 の極点図を見れば、この対称操作によって一般点は次のように変換されることがわかる。

$$
\begin{aligned}
(x,y,z) &\xrightarrow{E} (x,y,z) \\
(x,y,z) &\xrightarrow{C_2} (-x,-y,z) \\
(x,y,z) &\xrightarrow{\sigma_v} (x,-y,z) \\
(x,y,z) &\xrightarrow{\sigma_v'} (-x,y,z)
\end{aligned}
\tag{4-14}
$$

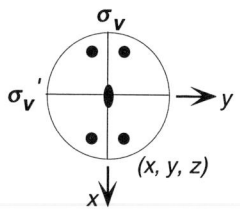

図 4.5 点群 $2mm$ における対称操作とマトリックス

これらの各操作は次のマトリックスで表される。

$$
\tilde{E}\begin{pmatrix}x\\y\\z\end{pmatrix} = \begin{bmatrix}1&0&0\\0&1&0\\0&0&1\end{bmatrix}\begin{pmatrix}x\\y\\z\end{pmatrix} = \begin{pmatrix}x\\y\\z\end{pmatrix}; \quad \tilde{C_2}\begin{pmatrix}x\\y\\z\end{pmatrix} = \begin{bmatrix}-1&0&0\\0&-1&0\\0&0&1\end{bmatrix}\begin{pmatrix}x\\y\\z\end{pmatrix} = \begin{pmatrix}-x\\-y\\z\end{pmatrix},
$$
$$
\tilde{\sigma_v}\begin{pmatrix}x\\y\\z\end{pmatrix} = \begin{bmatrix}1&0&0\\0&-1&0\\0&0&1\end{bmatrix}\begin{pmatrix}x\\y\\z\end{pmatrix} = \begin{pmatrix}x\\-y\\z\end{pmatrix}; \quad \tilde{\sigma_v}'\begin{pmatrix}x\\y\\z\end{pmatrix} = \begin{bmatrix}-1&0&0\\0&1&0\\0&0&1\end{bmatrix}\begin{pmatrix}x\\y\\z\end{pmatrix} = \begin{pmatrix}-x\\y\\z\end{pmatrix}
\tag{4-15}
$$

さて、これらのマトリックスの集合 $\{\tilde{E}, \tilde{C_2}, \tilde{\sigma_v}, \tilde{\sigma_v}'\}$ は群としての条件を満たしているだろうか？

問題 4.16 これらのマトリックスを $\{E, A, B, C\} = \{\tilde{E}, \tilde{C_2}, \tilde{\sigma_v}, \tilde{\sigma_v}'\}$ と表し、
(i) $EA=A$（単位要素）、(ii) $AB=C$（クロージャー）、(iii) $AA=E$（逆要素）
等を計算により確認し、これらのマトリックスが問題 4.9 で得た点群 $2mm$ の要素の積表、$G_4{}^2$ と同型の積表を有することを確認せよ。

表 4.14 抽象群 $G_4{}^2$

$G_4^{(2)}$	E	A	B	C
E	E	A	B	C
A	A	E	C	B
B	B	C	E	A
C	C	B	A	E

このように、マトリックス $\{\tilde{E}, \tilde{C_2}, \tilde{\sigma_v}, \tilde{\sigma_v}'\}$ は点群 $2mm$ と同型である。すなわち、対称操作という幾何学的操作をマトリックス計算で置き換えたものである。これをマトリックスによる群の*表現* (representation) という。

このような積表を満たすマトリックスの組は上述したものだけだろうか？ 少し考えればわか

ることだが次数を大きくしたり、すでに $\mathbf{G}_4^2$ に従うことがわかっているマトリックスを組み合わせたりして、$\mathbf{G}_4^2$ の積表に従うマトリックスの組はいくらでも作れる。たとえば次のマトリックスの集合 $\{\tilde{E}', \tilde{A}', \tilde{B}', \tilde{C}'\}$ もこの積表に従うので一組の表現である。

$$\tilde{E}' = \begin{bmatrix} 1 & 0 & 0 & 0 \\ 0 & 1 & 0 & 0 \\ 0 & 0 & 1 & 0 \\ 0 & 0 & 0 & 1 \end{bmatrix}, \quad \tilde{A}' = \begin{bmatrix} -1 & 0 & 0 & 0 \\ 0 & -1/3 & -2/{3\sqrt{2}} & -2/{\sqrt{6}} \\ 0 & -2/{3\sqrt{2}} & -2/3 & 1/{\sqrt{3}} \\ 0 & -2/{\sqrt{6}} & 1/{\sqrt{3}} & 0 \end{bmatrix},$$

$$\tilde{B}' = \begin{bmatrix} 1 & 0 & 0 & 0 \\ 0 & 1/3 & 2/{3\sqrt{2}} & -2/{\sqrt{6}} \\ 0 & 2/{3\sqrt{2}} & 2/3 & 1/{\sqrt{3}} \\ 0 & -2/{\sqrt{6}} & 1/{\sqrt{3}} & 0 \end{bmatrix}, \quad \tilde{C}' = \begin{bmatrix} -1 & 0 & 0 & 0 \\ 0 & 1/3 & -4/{3\sqrt{2}} & 0 \\ 0 & -4/{3\sqrt{2}} & -1/3 & 0 \\ 0 & 0 & 0 & 1 \end{bmatrix} \quad (4\text{-}16)$$

一方、次に定義された 1×1 のマトリックスを考えよう。

$$\tilde{E}'' = [1], \quad \tilde{A}'' = [-1], \quad \tilde{B}'' = [-1], \quad \tilde{C}'' = [1] \quad (4\text{-}17)$$

すると、これらの集合 $\{\tilde{E}'', \tilde{A}'', \tilde{B}'', \tilde{C}''\}$ も $\mathbf{G}_4^2$ の積表に従うので別の表現である。

さらに「そんなの当たり前じゃん！」と思うだろうが、次の 1×1 マトリックス

$$\tilde{E}^\# = [1], \quad \tilde{A}^\# = [1], \quad \tilde{B}^\# = [1], \quad \tilde{C}^\# = [1] \quad (4\text{-}18)$$

からなる集合 $\{\tilde{E}^\#, \tilde{A}^\#, \tilde{B}^\#, \tilde{C}^\#\}$ もこの積表に従うので、群 $\mathbf{G}_4^2$ の立派な表現の一つである。

問題 4.17 上記マトリックスの集合が積表 $\mathbf{G}_4^{(2)}$ に従い、よって点群 $2mm$ と同型な群としての条件を満たすことを確認せよ。

4.5.2 同型な表現

これまで出てきた一つひとつのマトリックスと抽象群 $\mathbf{G}_4^2$ の各要素 E, A, B, C との対応関係を見てみよう。このような対応関係を一般に*写像*（mapping）という。たとえば、(4-15), (4-16)に示した各マトリックスは群 $\mathbf{G}_4^2$ の各要素 E, A, B, C と一対一の関係にある。このような表現を*同型* (isomorphic) な表現とか*真の表現* (true representation) という。一方、(4-17) では $+1$ が E と C とに、-1 が A と B とに対応を持っている。すなわち、各要素が 1：2 の関係にある。さらに、(4-18)では 1 という行列要素を持つひとつの 1×1 マトリックスが群 $\mathbf{G}_4^{(2)}$ の各要素と 1：4 の対応関係にある。このような 1：多数の関係にある表現を*準同型* (homomorphic) な表現と呼ぶ。

4.5.3 等価な表現、可約な表現、そして既約表現

これまで見てきたように、ある群を表現するのにマトリックスを使うのは便利だが同じ積表に従うマトリックスがたくさんあって厄介である。実際、相似変換と直和と呼ばれる手法を用いれば、与えられた積表に従う表現を無限に作ることを示せる。我々はいったいどうしたらよいのだろうか？

しかし、収拾不能な事態に陥ったわけではない。実は、どの群にも基本的な表現の集まり（＝最小のマトリックスの集まり）があって、他のすべての表現はその基本的な表現から作れる。こ

の基幹となる表現を*既約表現*（irreducible representation）と呼ぶ。一方、同一の積表には従うが既約ではない他のいくつもの表現を*可約表現*（reducible representation）と呼ぶ。重要なことは「*等価でない既約表現の完全な集合*」（complete set of inequivalent irreducible representations）をそれぞれの群について求めることである。次節で例を示す前に、本節では一般的な説明を行う。抽象的なのでこの節は最初は軽く目を通すだけでよい。

• 等価な表現

今、オーダーが 4 のある群を考えよう（たとえば点群 $2mm$（C_{2v}））。このときの要素の集合を $\{E, A, B, C\}$ で表す。次に、すべての要素を相似変換

$$R^{-1}AR = A'$$

などによって変換しよう。すると、集合 $\{E', A', B', C'\}$ が得られる。このように相似変換によって結ばれた表現を*等価な表現*（equivalent representation）と呼ぶ。

一方、先の $2mm$ の例で出てきた二つの表現 {1, −1, 1, −1} と {1, 1, 1, 1} は相似変換により結びつかないから互いに非等価な表現である。

• 可約表現と既約表現

次元の大きなマトリックスの組（(4–16)など）は多くの場合、相似変換によって非対角項がゼロのマトリックスに変換でき、したがって、いくつかの低次元のマトリックスにブロック分割することができる。このような場合、もとのマトリックスを可約なマトリックスといい、そのようなマトリックスにより表されている表現を*可約表現*（reducible representation）という。

$$\left[\begin{array}{cc|c|cc|c|c} 0 & -1 & 0 & 0 & 0 & 0 & 0 \\ 1 & 0 & 0 & 0 & 0 & 0 & 0 \\ \hline 0 & 0 & 1 & 0 & 0 & 0 & 0 \\ \hline 0 & 0 & 0 & 0 & 1 & 0 & 0 \\ 0 & 0 & 0 & -1 & 0 & 0 & 0 \\ \hline 0 & 0 & 0 & 0 & 0 & 1 & 0 \\ \hline 0 & 0 & 0 & 0 & 0 & 0 & -1 \end{array}\right]$$

図 4.6 マトリックスのブロック化

一方、ある群に属する各マトリックスを同時にそれ以上、ブロック化できないとき、最後に残った個々のマトリックスを既約なマトリックスと呼ぶ。そして、既約なマトリックスにより表されている表現を*既約表現*（irreducible representation）という。マトリックスを対角化することと、複数のマトリックスを同時にブロック化することとは異なるが、とりあえず、どうやったらブロック化できるかについては、悩まないことにしよう。大切なことは、可約なマトリックスは定義により既約なマトリックスの集まりで表現できるということだ。

• 直和

ブロック化の逆である。ある群の要素 A を考えよう。既約表現の意味することは「この要素 A に対して、積表を満たすマトリックス表現がいくつもあり、それらのほとんどは可約であり、限られたいくつかの既約表現の組合せによって作ることができる」ということである。たとえば、要素 A を表現する二つの既約なマトリックスを $\Gamma_1(A)$ と $\Gamma_2(A)$ と表せば（その次元をそれぞれ l_1 と l_2 としよう）、可約なマトリックス $\Gamma_{\rm red}(A)$ は次のような*直和*（direct sum）で表せる。

$$\Gamma_{\rm red}(A) = \Gamma_1(A) \oplus \Gamma_2(A) \qquad (4\text{–}19)$$

ここで $\Gamma_{\rm red}(A)$ の次元は $l_1 + l_2$ ある（図 4.7 参照）。

$$\Gamma_{\rm red}(A) = \left[\begin{array}{c|c} \Gamma_1(A) & 0 \\ \hline 0 & \Gamma_2(A) \end{array}\right]$$

図 4.7 要素Aに対する二つの表現 Γ_1とΓ_2の直和による表現$\Gamma_{\rm red}$

第4章 群論入門

このように直和はブロック構造を持つ可約マトリックスをそれぞれの要素に対して作るわけだが、このとき、もとの要素間の関係はもちろん失われない。たとえば、もとの既約表現において

$$AB = C$$

という関係が A, B, C という要素間にあったとすると

$$\Gamma_{red}(R) = \Gamma_1(R) \oplus \Gamma_2(R) \oplus \Gamma_3(R) \quad (R = A, B, C) \tag{4-20}$$

というように、直和によって得られた可約表現 Γ_{red} に対しても、$AB=C$ という関係は忠実に再現されている（図 4.8 参照）。

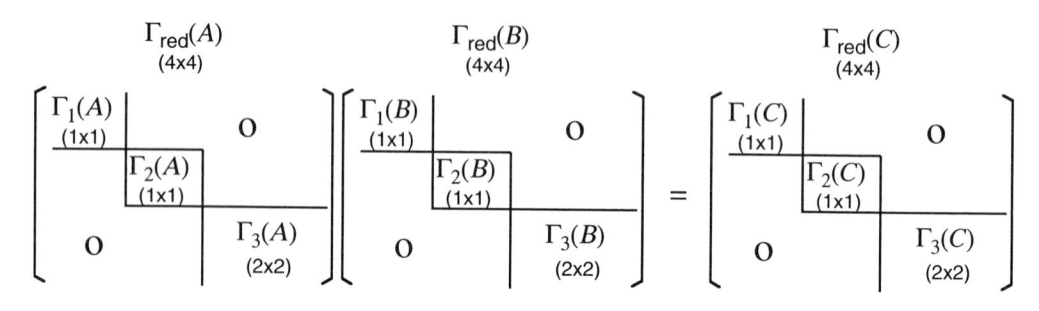

図 4.8 4x4の可約表現における積 $AB=C$

このように、直和を繰り返すことにより同一の積表に従う次元の大きな可約表現をいくらでも作れるし、また、できた可約表現を相似変換することにより、同じ次元で異なった行列要素を持つ表現をいくらでも作れる。しかし、最小限に必要な既約表現はどうやって求めるのだろうか？

4.6 既約表現とキャラクター表
4.6.1 既約表現：点群 $2mm$ (C_{2v}) の場合

ここに至って、我々の問題は与えられた群を過不足ない既約表現の集合で表すことに帰着した。再度、例として点群 $2mm$ (C_{2v}) $\{E, C_2, \sigma_v, \sigma_v'\}$ を考えよう。繰り返すが、この群を構成する要素は次の積表に従わねばならない。

表 4.15 点群 $2mm$ (C_{2v}) の積表

$2mm$	E	C_2	σ_v	σ_v'
E	E	C_2	σ_v	σ_v'
C_2	C_2	E	σ_v'	σ_v
σ_v	σ_v	σ_v'	E	C_2
σ_v'	σ_v'	σ_v	C_2	E

我々の問題はこの積表を満たす、等価でない既約表現を書き下すことである。これらの既約表現をとりあえず、Γ_i ($i = 1, 2, ...$)と置こう（いくつ既約表現があるかはすぐに明らかになる）。先にやったように、それぞれの既約表現にはそれぞれの要素に対してユニークなマトリックス表現があるから、次のような一覧表がつくれるはずである。（これは積表ではない。各既約表現に属する各要素を横に並べて表にしたものだ。つまり Γ_1, Γ_2 で示された各行にあるそれぞれのマトリックスが積表を満たしている。）

4.6 既約表現とキャラクター表

表 4.16 (a) 点群 2mm（C_{2v}）を構成する対称要素 E, C_2, σ_v, σ_v' に対する異なった表現の一覧表を作る

2mm (C_{2v})	E	C_2	σ_v	σ_v'
Γ_1	[?]	[?]	[?]	[?]
Γ_2	[?]	[?]	[?]	[?]
·				
·				

すでに点群 2mm（C_{2v}）を考察することにより、可約か既約かはわからないけれど、$E, C_2, \sigma_v, \sigma_v'$ の「表現」として次の 3×3 のマトリックスを得ているので、それから出発しよう（4.5.1 節）。

$$\tilde{E} = \begin{bmatrix} 1 & 0 & 0 \\ 0 & 1 & 0 \\ 0 & 0 & 1 \end{bmatrix}, \quad \tilde{C}_2 = \begin{bmatrix} -1 & 0 & 0 \\ 0 & -1 & 0 \\ 0 & 0 & 1 \end{bmatrix}, \quad \tilde{\sigma}_v = \begin{bmatrix} 1 & 0 & 0 \\ 0 & -1 & 0 \\ 0 & 0 & 1 \end{bmatrix}, \quad \tilde{\sigma}_v' = \begin{bmatrix} -1 & 0 & 0 \\ 0 & 1 & 0 \\ 0 & 0 & 1 \end{bmatrix} \quad (4\text{-}21)$$

これらの 3×3 マトリックスは先の定義によれば明らかに可約なマトリックスである。つまり、非対角項がみなゼロなので、3 個の 1×1 マトリックスにわけることができる。すると既約表現の表として次のものが得られる（それぞれの既約表現が変換している座標を基底関数（basis）として示した）。

表 4.16 (b) 点群 2mm（C_{2v}）を構成する対称要素 E, C_2, σ_v, σ_v' に対するいくつかの表現

2mm (C_{2v})	E	C_2	σ_v	σ_v'	基底関数
Γ_1	[1]	[-1]	[1]	[-1]	x
Γ_2	[1]	[-1]	[-1]	[1]	y
Γ_3	[1]	[1]	[1]	[1]	z
·					

さて、次なる問題はこれですべての既約表現を網羅したか、すなわち、この表はこの群に属する既約表現の完全な集合といえるか、という点である。この表が完全でなければ、これから作る可約表現も一部の既約表現に偏ったものになってしまうし、将来、ある群を分析するとき、すべての既約表現のキャラクターが表となっていなければ甚だ不便である。

実は点群 2mm（C_{2v}）を構成する既約表現はもう一つある！ それは、$\{E, C_2, \sigma_v, \sigma_v'\} = \{[1], [1], [-1], [-1]\}$ である。この 1×1 のマトリックスの集合が考えている群 $\mathbf{G}_4^2$ の一つの表現であることを確かめるにはこれらのマトリックスが該当する積表を満たすかどうか見ればよい。この表現を Γ_4 と呼ぼう。

問題 4.18 新たに与えられた既約表現 Γ_4 が抽象群 $\mathbf{G}_4^2$ の積表に従うことを確認せよ。

このように Γ_4 も立派な既約表現である。ここで、この Γ_4 が一般点 (x, y, z) に対する幾何学的な変換から導かれなかったことに注意してほしい。また、上の表を考察すると、Γ_4 という表現が $\Gamma_1 \times \Gamma_2 = \Gamma_4$ という関係を満たし、すなわち、表現 Γ_4 は基底関数として xy を有することがわかる。これは対称操作が、第 I 部でやったような空間上の点のみならず、一般の関数に対してもなされ得ることを示す最初の例である。（この観点からすると、第 I 部で行った幾何学的対称操作は x, y, z という基底関数に対する変換操作を同時に行ったものといえる。）

4.6.2 キャラクター：点群 2mm（C_{2v}）の場合

さて、これから次第に明らかになるが、既約表現としての性質を表すためには、実はマトリックス中のすべての行列要素を知る必要はなく、ほとんどの場合、対角項の和さえ知れば十分なのである。

定義 群の要素のマトリックス表現 $\tilde{R}$ の対角項の和をキャラクター（Character、指標）と呼ぶ。

$$\chi = \sum_i R_{ii} \tag{4-22}$$

通常は既約なマトリックスの代わりにこのキャラクターを表にする。といっても、もとの表現が 1×1 マトリックスの場合はキャラクターとはマトリックス成分そのものだ。点群 2mm（座標を考慮して表すと mm2）のキャラクターの表を書き下す前に、Γ_3 に現れたキャラクターがすべて 1 であることに注目しよう。この点群では、どのような対称操作を施しても一般点の z 座標は不変であるからそうなったのだ。このような表現を*全対称な既約表現*（totally symmetric irreducible representation）と呼び、表の一番上に置く。

表 4.17 点群 2mm（C_{2v}）のキャラクター表

2mm（C_{2v}）	E	C_2	σ_v	$\sigma_v{}'$	基底関数
Γ_3	1	1	1	1	z
Γ_1	1	−1	1	−1	x
Γ_2	1	−1	−1	1	y
Γ_4	1	1	−1	−1	xy

すべてのキャラクターが 1 である表現はどのような積表でも満たすから、全対称な既約表現はすべての群に存在し、キャラクター表の第 1 行に示されている。これで、点群 2mm の既約表現をそのキャラクターで代表した表は完成した（なぜこれですべてかという点は次節で述べる）。この表を点群 2mm のキャラクター表（character table）という。キャラクター表には群としての実用上必要な情報が、ほとんど含まれており、この表の性質を理解することは極めて重要である。もちろん、他のすべての表現はこの表から作成可能である。また、キャラクター表を用いて、ある対称場に置かれた原子の波動関数がどのように縮退しているか、また原子はどのような振動モードを持つか、といった情報が定性的に得られる。したがって、以下、本書における主題はこのキャラクター表の性質を理解することと、利用法を学ぶことの 2 点に集約される。

4.7 大直交定理

幾何学的な座標変換からだいぶ離れて抽象的な議論となってきているが、もうしばらく我慢してほしい。一般論の展開なのでなおさら理解しにくいと思うが、とりあえずは、この節で述べる結果とその手法を機械的に覚え、使えるようになるだけで十分である。（だんだん慣れてくるに従って定理の意味も自然に理解できてくる。）

ある群を構成する要素の既約表現間の関係を支配する極めて重要な定理として大直交定理と呼ばれる定理がある。また、キャラクター表は与えられた群を構成する既約表現のキャラクターの一覧であり、その意味で完全であるが、このキャラクター間の関係もこの定理から必然的に導かれる。そこで、まず、大直交定理を天下り的に述べ、そこからいくつかの結論を導きたい。

オーダーが h のある群 $\{E, A, B, C, ...\}$ に属する要素を一般に R で表そう（$R=E, A, B, C, ...$）。そして、R が l 次元の既約マトリックスにより表現されたとして、このマトリックスを $\Gamma(R)$ と表そう。$\Gamma(R)$ はマトリックスであるから、当然、行列要素を持っている。ここでは、その m 行 n 列目の行列要素を $\Gamma(R)_{mn}$ と表すこととする。

さらに一つの群にはいくつかの異なった既約表現があるのが普通であるから、Γ にサブスクリプト $i, j, k, ...$ をつけて $\Gamma_i(R)_{mn}$, $\Gamma_j(R)_{mn}$ などと表すこととする。したがって、ある群における要素 R の i 番目の既約表現の mn 番目のマトリックス要素は一般に、次のように書かれる。

$$\Gamma_i(R)_{mn} \tag{4-23}$$

このとき、同じ群に属する各表現の各行列要素間には次の関係が存在する（*印は複素共役を表す）。

$$\sum_R \left[\Gamma_i(R)_{mn}\right]\left[\Gamma_j(R)_{m'n'}\right]^* = \frac{h}{\sqrt{l_i l_j}} \delta_{ij}\delta_{mm'}\delta_{nn'} \tag{4-24}$$

これを**大直交定理**（great orthogonality theorem）という。

いきなりクロネッカーの δ が三つも並んだ式がでてきてしまったが、ここはクールに（4-24）式を分析することとしよう。まず、和が h 個の要素 R についてとられていることに注意しよう。そこで、それぞれの行列要素を h 次元ベクトルの成分と考えてみよう。すると、このベクトルが既約表現の数だけあることになる。つまり大直交定理が主張していることは、i 番目の既約表現の各要素の mn 番目の行列要素からなる h 次元のベクトルと j 番目の既約表現における各要素の $m'n'$ 番目の行列要素からなる h 次元のベクトルとは互いに直交しますよ、ということである（図 4.9 参照）。しかし、これだけではまだ何のことかさっぱりわからないので、以下、この定理から帰結する五つの重要な結論を述べ、実例とともに見てみよう。

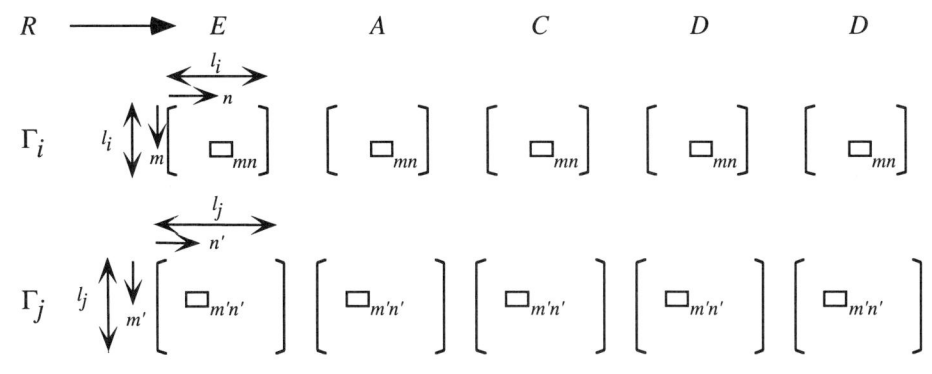

図 4.9 大直交定理（Great Orthogonality Theorem）

例として再び点群 $2mm$ をとって考える。まず、$2mm(C_{2v})$ のキャラクター表を、全対称な既約表現を Γ_1 と置き直して、もう一度、表 4.17 に示す。

第4章 群論入門

表 4.17 点群 2mm（C_{2v}）のキャラクター表

2mm（C_{2v}）	E	C_2	σ_v	σ_v'	基底関数
Γ_1	1	1	1	1	z
Γ_2	1	-1	1	-1	x
Γ_3	1	-1	-1	1	y
Γ_4	1	1	-1	-1	xy

次の各定理が大直交定理から派生する、我々にとって大切なことがらだ。

(1) 既約表現の次元、$l_i, l_j, \ldots$ の 2 乗の和はその群のオーダー h に等しい。すなわち、

$$l_i^2 + l_j^2 + \cdots = h \tag{4-25}$$

この定理の派生したものとして、恒等表現 E のキャラクターの和に関して次の規則が成り立つ。

$$\sum_i \left[\chi_i(E)\right]^2 = h \tag{4-26}$$

（なぜならば、E の対角要素はすべて 1 であり、既約表現の次数 l に等しいから。）

例 点群 2mm のオーダーは 4 であり、この群を構成する四つの既約表現の次数はすべて 1 であったから、

$$l_i^2 + l_j^2 + \cdots = (1)^2 + (1)^2 + (1)^2 + (1)^2 = 4 = h$$

が成立している。これが、前節で点群 2mm には基底関数を x, y, z とする既約表現に加えてもう一つの既約表現があるはずであると考えた根拠である。

(2) どの既約表現 Γ_i をとっても各要素のキャラクターの 2 乗和は群のオーダー h に等しい。

$$\sum_R \left[\chi_i(R)\right]^2 = h \tag{4-27}$$

（(4-26) と異なり、和が各要素（横方向）にわたってとられていることに注意。）

例 点群 2mm の一つの既約表現 Γ_4 を考えると

$$[\chi(E)]^2 + [\chi(A)]^2 + [\chi(B)]^2 + [\chi(C)]^2 = (1)^2 + (1)^2 + (-1)^2 + (-1)^2 = 4 = h$$

(3) 任意の二つの既約表現に属するそれぞれのキャラクターを成分とする h 次元ベクトルは互いに直交する。

$$\sum_R \chi_i(R)\, \chi_j(R)^* = 0 \quad (i \neq j) \tag{4-28}$$

例 点群 2mm の一つの既約表現 Γ_2 と Γ_4 を考えると

$$\chi(\Gamma_2) \cdot \chi(\Gamma_4)^* = (1)(1) + (-1)(1) + (-1)(-1) + (1)(-1) = 0$$

(4) 同じクラスに属するマトリックスのキャラクターは等しい。
　（∵ 同じクラスに属するマトリックスは相似変換で関係づけられるが、相似変換によってマトリックスの対角項の和、すなわちキャラクターは変わらない。）

(5) ある群の既約表現の数はその群のクラスの数に等しい。

例　点群 2mm には $\{E, C_2, \sigma_v, \sigma_v'\}$ という要素が存在するが、各要素自身がクラスを形成する。すなわち4個のクラスが存在する。したがって、既約表現も4種類ある。

我々がキャラクター表を利用する（あるいは作製する）にあたって使うのは大直交定理そのものではなく、ここに示した五つの小定理である場合がほとんどである。これらは、大直交定理そのものほど威嚇的でなく、小定理のいうこともなんとなく直観的に受け入れられるだろう。本書の目的からすれば、それで十分である。

ここで、これらの定理を利用して、点群 $3m(C_{3v})$ のキャラクター表を作成してみよう。この点群には

$$\{E, C_3, C_3^2, \sigma_v, \sigma_v', \sigma_v''\} \tag{4-29}$$

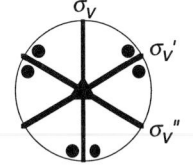

という6個の要素が存在する。したがって、オーダーは6である（$h=6$）。さて、先に学んだように C_3 と C_3^2 という要素は共役であり、一つのクラスを形成する。また、3個の鏡映面も主軸による3回回転操作により結びつけられていることから共役である（厳密には 4.4.1 節で触れた相似変換を行う必要がある）。したがって、この点群に属する要素をクラス別にまとめて次のように書こう。

図 4.10 点群 $3m$

$$\{E, 2C_3, 3\sigma_v\}$$

- step1　まず、三つのクラスしか存在しないから直ちに既約表現も三つしかないことがわかる。
- step2　また、同一のクラスに属する要素は同じキャラクターを持つから、各クラスに属する要素のうち、それぞれ一つの要素についてのみキャラクターを求めれば十分である。
- step3　さらに大直交定理からの結論ではないが、どの群にも必ず、全対称な既約表現が存在することがわかっているので、キャラクター表の一番上の行は次のように書かれねばならない。

$$\{1,\ \ 1,\ \ 1\}$$

- step4　最初に小定理（I）を利用し、それぞれの既約表現の次元を求めよう。点群 $3m(C_{3v})$ の場合、オーダーが6であるから

$$\sum_i [\chi_i(R)]^2 \ =\ h\ =\ 6\quad \text{である。}$$

　　——→　この式を満たす整数の組合せは $(1)^2 + (1)^2 + (2)^2 = 6$ しかない。

　　——→　したがって、三つの既約表現の次元と単位要素、E、のキャラクターは 1、1、2 であることがわかる（恒等表現 E は定義によりその対角要素がみな 1 であるから、E のキャラクターと次元は常に等しい）。

　　——→　これらの情報をもとに次の部分的なキャラクター表ができる。

表 4.18(a)　点群 $3m$（C_{3v}）のキャラクター表を作成する

$3m(C_{3v})$	E	$2C_3$	$3\sigma_v$
Γ_1	1	1	1
Γ_2	1	x	y
Γ_3	2	u	v

- step5　それぞれの既約表現を $h=6$ の成分を持つベクトルと考えたとき、これらのベクトルは直交し、また、ベクトルの絶対値の2乗和は6である。これから Γ_2 は次のように求まる。

$$\Gamma_1 \cdot \Gamma_2\ =\ 1(1)(1) + 2(1)x + 3(1)y\ =\ 0$$
$$(\Gamma_2)^2\ =\ 1(1)^2 + 2x^2 + 3y^2\ =\ 6 \quad \longrightarrow\quad x=1,\ y=-1$$

(それぞれの項の最初の数字 1, 2, 3 は各クラスに属する要素の数を示す。∵クラスが3個しかないといっても和はすべての要素についてとる必要があるから。)

- step6 一方、Γ_3 は次のように求まる。

$$\Gamma_1 \cdot \Gamma_3 = 1(1)(2) + 2(1)u + 3(1)v = 0$$
$$\Gamma_2 \cdot \Gamma_3 = 1(1)(2) + 2(1)u + 3(-1)v = 0 \longrightarrow u = -1, \ v = 0$$

以上より、点群 $3m$（C_{3v}）に対する次のキャラクター表が得られる。

表 4.18(b) 点群 $3m$（C_{3v}）のキャラクター表

$3m(C_{3v})$	E	$2C_3$	$3\sigma_v$
Γ_1	1	1	1
Γ_2	1	1	-1
Γ_3	2	-1	0

予想どおり、Γ_3 に属するキャラクターの2乗和も $2^2 + 2\times(-1)^2 + 3\times 0^2 = 6$ となっている。点群操作を行うこともなく、積表を作成することもなく、キャラクター表が得られてしまった。

問題 4.19 上記の方法に従って次の点群 222（D_2）のキャラクター表を作成せよ。

4.8 既約化と直積

群がキャラクター表によって特徴づけられ、また既約表現間には大直交定理から帰結されるいろいろな関係があることを学んだ。この節ではキャラクター表をもう少し深く見てみるとともに、可約な表現を既約化する方法、そして、その逆の直積について学びたい。

4.8.1 マリケン表記

これまで、既約表現を一般に Γ_i などと記してきたが、実際は単に順番でつけるよりも、それぞれの既約表現の内包する物理に従って各表現を命名した方が応用上、有用である。そこで、ここではマリケン表記（Mulliken notation）についてまとめる。この表記法では、それぞれの既約表現を一般に X_{ij}^s という形で表す。ここで X は既約表現の次元に対応し、その他のサブスクリプトやスーパースクリプトは考えている操作によって基底関数の符号が変わるか否かによって決まる。

（1）$\chi(E)$、すなわち既約表現の次元 l に応じて X は決まる。

$$l = \begin{cases} 1 & \rightarrow & A \text{ or } B \\ 2 & \rightarrow & E \\ 3 & \rightarrow & T \end{cases}$$

（次元が2の既約表現は E と呼ばれるわけだが、これを恒等操作の記号 E と混同しないように）

（2）$l=1$ のときはさらに、主軸 C_n の操作に対するキャラクター $\chi(C_n)$ により X は決まる。

$$\chi(C_n) = \begin{cases} +1 & \to & A \\ -1 & \to & B \end{cases}$$

（3）一つ目のサブスクリプト $_i$ は主軸と直交する2回回転操作 C_2 あるいは σ_v のキャラクターにより決まる。すなわち、

$$\chi(C_2 \text{ or } \sigma_v) = \begin{cases} +1 & \to & X_1 \\ -1 & \to & X_2 \end{cases}$$

（4）もう一つのサブスクリプト $_j$ はパリティ（parity）に関するもので、反転操作 i が存在するときつけられ、この操作のキャラクターにより決まる。要するに反転操作によって符号が変わらなければ正のパリティを持ち g で表す。逆に、符号が変わるときは u で表す。

$$\chi(i) = \begin{cases} +1 & \to & X_g \\ -1 & \to & X_u \end{cases}$$

（g は gerade（ゲラード、偶）；u は ungerade（ウンゲラード、奇）の意）

（5）また σ_h のキャラクターによりスーパースクリプト ' もしくは " がつく。

$$\chi(\sigma_h) = \begin{cases} +1 & \to & X' \\ -1 & \to & X'' \end{cases}$$

たとえば、$\bar{6}m2$（D_{3h}）に A_2' というシンボルが出てくるが、これはこの既約表現に少なくとも次の矢印で示したキャラクターを持つ要素が存在することを意味する。

表 4.20 マリケン記号 A_2' の意味する内容

D_{3h}	E	$2C_3$	$3C_2$	σ_h	$2S_3$	σ_v
A_2'	1	1	−1	1	1	−1
	↑A	↑$_2$		↑'		↑$_2$

また、C_{2v} および C_{3v} のキャラクター表を再度、マリケン表記を用いて示すと次のようになる。

表 4.21 マリケン記号により規約表現を表した C_{2v} および C_{3v} のキャラクター表

C_{2v}	E	C_2	σ_v	σ_v'	基底関数
A_1	1	1	1	1	z
A_2	1	1	−1	−1	xy
B_1	1	−1	1	−1	x
B_2	1	−1	−1	1	y

C_{3v}	E	$2C_3$	$3\sigma_v$
A_1	1	1	1
A_2	1	1	−1
E	2	−1	0

要するにキャラクターが −1 だと、その操作によって基底関数の符号が変わり、それが主軸による回転操作によって起こったり、反転操作によって起こることをマリケン表記は簡潔に表現している。

4.8.2 基底関数

ここでキャラクター表の右端に書いてある*基底関数* (basis function) について少し詳しく考えてみよう。一例として上記 C_{3v} の既約表現 A_1, A_2, E に属する基底関数を求めてみよう。まず、これまでやってきたように、(x, y, z) を変換する 3×3 のマトリックスを求め、それを既約化することから出発する。この群に属するすべての要素についてマトリックスを求める必要はなく、各クラスに属する要素一つずつで十分である。すなわち、

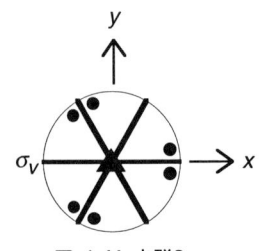

$$\{E, \; 2C_3, \; 3\sigma_v\} \;\to\; \left\{ \begin{bmatrix} 1 & 0 & 0 \\ 0 & 1 & 0 \\ 0 & 0 & 1 \end{bmatrix}, \begin{bmatrix} \cos(2\pi/3) & -\sin(2\pi/3) & 0 \\ \sin(2\pi/3) & \cos(2\pi/3) & 0 \\ 0 & 0 & 1 \end{bmatrix}, \begin{bmatrix} 1 & 0 & 0 \\ 0 & -1 & 0 \\ 0 & 0 & 1 \end{bmatrix} \right\} \quad (4\text{-}30)$$

を既約化することから始めよう。これらのマトリックスは 2×2 と 1×1 の二つのマトリックスにブロック化でき、また、これ以上ブロック化できないので、ここで得られたマトリックスが既約表現である。そして、それぞれのマトリックスによって変換される関数こそが、それぞれの既約表現の基底関数だ。次に二つの既約マトリックスとそのキャラクターを示す。

$$\begin{array}{cccccc}
 & E & C_3 & \sigma_v & & \\
 & \begin{bmatrix} 1 & 0 \\ 0 & 1 \end{bmatrix} & \begin{bmatrix} \cos(2\pi/3) & -\sin(2\pi/3) \\ \sin(2\pi/3) & \cos(2\pi/3) \end{bmatrix} & \begin{bmatrix} 1 & 0 \\ 0 & -1 \end{bmatrix} & & \\
\chi_E & = 2 & 2\cos(2\pi/3) = -1 & 0 & \to E \to (x, y) & (4\text{-}31) \\
 & [1] & [1] & [1] & & \\
\chi_{A_1} & = 1 & 1 & 1 & \to A_1 \to (z) &
\end{array}$$

このように既約表現 E が (x, y) を、A_1 が z を基底関数としてそれぞれ持つことがわかった。この状況を「群 C_{3v} において基底関数 z は既約表現 A_1 に従って変換し、基底関数 (x, y) は組み合わさって既約表現 E に従って変換する」という。

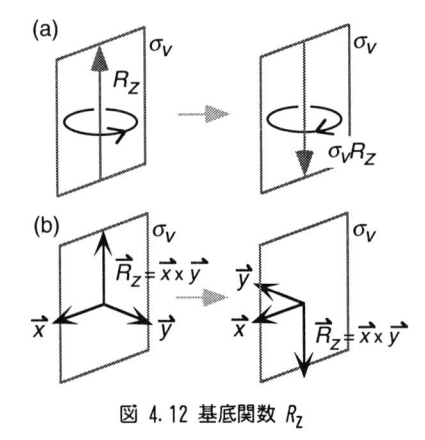

一方、C_{3v} の既約表現のうち、A_2 の基底関数はまだ求まっていない。A_2 のキャラクターを見ると σ_v により符号が変わることがわかる。つまり、σ_v に関してのみ反対称だ。このような表現に対応する基底関数は図 4.12(a) のように z 軸の周りの回転を示すベクトルである。これを R_z で示す。別な解釈をすると $\vec{R}_z = \vec{x} \times \vec{y}$ というベクトル積で定義されたベクトル $\vec{R}_z$ が σ_v により符号を変えることがわかる（回転モーメントや 1 階軸性テンソル（11 章）に対応する）。

図 4.12 基底関数 R_z

同様に、xy とか $x^2+y^2+z^2$ とかいう 2 乗の組合せがどのような既約表現に従うかということも符号の変化から求めることができ、結果がキャラクター表に示されている。たとえば点群 C_{3v} の各既約表現のキャラクターと 2 次までの基底関数は次のように示されている。

表 4.22 点群 C_{3v} のキャラクター表と基底関数

C_{3v}	E	$2C_3$	$3\sigma_v$			
A_1	1	1	1	z	$x^2+y^2+z^2$, $2z^2-x^2-y^2$	
A_2	1	1	-1			R_z
E	2	-1	0	(x, y)	(xz, yz), (xy, x^2-y^2)	(R_x, R_y)

この節の最後に R_z などという回転を表す基底関数について、もう少し考えよう。例として点群 C_{2v} の環境にある原子の（あるいはその周りの電子の）z 方向の角運動量 l_z を見てみる。この量はベクトル積で定義され、その z 成分は次のように与えられる（11.3 節も参照のこと）。

$$l_z = xp_y - yp_x \tag{4-32}$$

この点群の主軸は 2 回回転軸であり、C_2 操作によって $x \to -x; p_x \to -p_x; y \to -y$ などと変わるから、(4-32) の全体としての符号は変化しない。つまり、C_2 操作に対応するキャラクターは 1 であり、直ちに l_z は A_1 もしくは A_2 のように変換されることがわかる。次に x 軸に直交する鏡映面 σ_v の操作を施すと x と p_x の符号は変わるが y および p_y の符号は変化しない。つまり、l_z の符号が変化する。以上の考察より、z 方向の回転を表す基底関数 R_z は既約表現 A_2 に従うことがわかる。また、一般に、反転中心のある系では R_x, R_y, R_z は必ず gerade のように振る舞い、通常の x, y, z は ungerade に従う。

問題 4.20 点群 $2mm(C_{2v})$ において y 方向の回転を表す基底関数 R_y が属する既約表現を求めよ。

4.8.3 可約表現の既約化

物理化学の問題では、分子や着目している原子の周囲の対称性はあらかじめわかっている場合が多い。このようなとき、基底として選んだ任意の関数がどのような既約表現に属するかを求めるのに、大直交定理から導かれるもう一つの規則が威力を発揮する。

一般に可約表現は既約表現の集まり（ブロック）で表されるが、同一の既約表現に従うブロックがいくつ存在してもかまわない。そこで、今、考えている可約表現の中に j 番目の既約表現 Γ_j がいくつあるかということを a_j という数で示すこととしよう。したがって任意の可約表現は既約表現の和として次のように一般的に表せる。

$$\Gamma_{red}(A) = \begin{bmatrix} \Gamma_1(A) & 0 \\ 0 & \Gamma_2(A) \end{bmatrix}$$

図 4.13 既約表現の可約化

$$\Gamma_{red} = \sum_j a_j \Gamma_j \tag{4-33}$$

また図 4.13 で対角要素の和だけを考えると、もとの可約表現 Γ_{red} のキャラクターはそれぞれの既約表現のキャラクターの和であるから、次のように書ける。

$$\chi_{red}(R) = \sum_j a_j \chi_j(R) \tag{4-34}$$

ここで両辺に $\chi_i^*(R)$ をかけ、R について和をとると、次の等式が成立することがわかる。(重要)

$$\underline{a_i = \frac{1}{h} \sum_R \chi_{red}(R) \chi_i^*(R)} \tag{4-35}$$

第4章 群論入門

$$(\because \sum_R \chi_i^*(R)\sum_j a_j\chi_j(R) = \sum_R \sum_j a_j\chi_i^*(R)\chi_j(R) = a_i\sum_R \chi_i^*(R)\chi_i(R) = a_i h)$$

この式は与えられた可約表現のキャラクターさえわかっていれば（単に対角要素を足しあわせばいいだけなので、ほとんど常にわかっているといえる）、キャラクター表を見ることにより、注目している既約表現がいくつその可約表現に存在しているかを与えてくれる便利なものだ。

例 今、ABC_3 という架空の分子を考えよう。この分子の波動関数が図のように $f_1\sim f_4$ で合成されており（いわゆる混成軌道を形成している）、我々は今、その既約表現を知りたいとしよう。ここで分子の対称性から $f_1\sim f_3$ は等価であり、互いに区別がつかないことに注意しよう。

この分子の点群は C_{3v} であり、一方、$f_1\sim f_4$ を基底とするマトリックスは 4×4 である。これらの関数が C_{3v} を構成する対称操作でどのように変換されるかを考える。ここでの目的、すなわち $f_1\sim f_4$ からなる混成軌道を既約表現に分解するためにはこの点群の3種のクラスに属する操作を一つずつ考えれば十分である。そこで、$f_1\sim f_4$ の関数が E, C_3^2, および A と B を含む σ_v によりどのように変換されるかを考えよう。たとえば、$C_3^2 f_1 \to f_3$ などから $f_1\sim f_4$ を基底とする次のマトリックスが求まる。

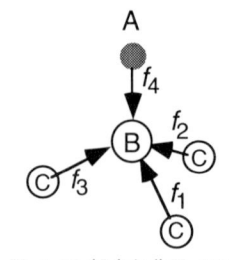

図 4.14 架空な分子 ABC_3

$$\tilde{E}\begin{bmatrix}1&0&0&0\\0&1&0&0\\0&0&1&0\\0&0&0&1\end{bmatrix}\begin{bmatrix}f_1\\f_2\\f_3\\f_4\end{bmatrix}=\begin{bmatrix}f_1\\f_2\\f_3\\f_4\end{bmatrix};\quad \tilde{C}_3^2\begin{bmatrix}0&0&1&0\\1&0&0&0\\0&1&0&0\\0&0&0&1\end{bmatrix}\begin{bmatrix}f_1\\f_2\\f_3\\f_4\end{bmatrix}=\begin{bmatrix}f_3\\f_1\\f_2\\f_4\end{bmatrix};\quad \tilde{\sigma}_v\begin{bmatrix}1&0&0&0\\0&0&1&0\\0&1&0&0\\0&0&0&1\end{bmatrix}\begin{bmatrix}f_1\\f_2\\f_3\\f_4\end{bmatrix}=\begin{bmatrix}f_1\\f_3\\f_2\\f_4\end{bmatrix} \quad (4\text{-}36)$$

ここに現れた 4×4 のマトリックスが点群 C_{3v} の積表に従う一つの可約表現にほかならない。そこで、それぞれの可約表現についてキャラクターを求めると（対角要素の和をとればよい）

$$\chi(E)=4;\quad \chi(C_3^2)=1;\quad \chi(\sigma_v)=2 \quad (4\text{-}37)$$

が直ちに求まる。

一方、点群 C_{3v} のキャラクター表は先に求めたとおり、次のように与えられている。

表4.23 C_{3v} のキャラクター表と基底 $f_1\sim f_4$ を基底とする可約表現 Γ_{red} のキャラクター

$C_{3v}(3m)$	E	$2C_3$	$3\sigma_v$
A_1	1	1	1
A_2	1	1	−1
E	2	−1	0
Γ_{red}	4	1	2

この表に示された各キャラクターと我々が得た基底関数のキャラクター(4-37)から直ちに、我々の採用した基底関数 $f_1\sim f_4$ に含まれる既約表現の数を知ることができる。そのプロセスは驚くほど簡単で、(4-35) にこれらのキャラクターを代入するだけでよい。すなわち、

$$a_{A_1}=\tfrac{1}{6}\{4\cdot(1)_E\cdot 1+1\cdot(2)_{C_3}\cdot 1+2\cdot(3)_\sigma\cdot 1\}=2$$
$$a_{A_2}=\tfrac{1}{6}\{4\cdot(1)_E\cdot 1+1\cdot(2)_{C_3}\cdot 1+2\cdot(3)_\sigma\cdot -1\}=0 \quad (4\text{-}38)$$
$$a_E=\tfrac{1}{6}\{4\cdot(1)_E\cdot 2+1\cdot(2)_{C_3}\cdot -1+2\cdot(3)_\sigma\cdot 0\}=1$$

ここで $(\ )_E$ などのかっこの中の数字はそれぞれのクラスのオーダー、すなわち要素の数である（和はすべての要素にわたってとる必要がある）。

このようにして、図 4.14 に $f_1 \sim f_4$ からなる基底関数は既約表現 A_1 を2個、E を1個、含んだ表現であることがわかる。このことを直和で表せば

$$\Gamma_{\mathrm{red}} = 2A_1 \oplus E \tag{4-39}$$

となる。ABC_3 という架空の分子が点群 C_{3v} に属するからといって我々の選んだ波動関数の組合せが、A_1, A_2, E という既約表現をすべて含むものではないことに注意しよう。また、念のため

$$2\chi_{A_1}(R) + \chi_E(R)$$

を各要素 E、C_3、σ_v について計算すると、もとの可約表現のキャラクター (4-37) が確かに得られる。最初なので戸惑うかもしれないが、これが与えられた表現を既約化するプロセスである。

問題 4.21 点群 C_{3v} に属する可約表現が2種、与えられている。これらを既約表現に分解せよ。

表 4.24 可約表現 Γ_a および Γ_b のキャラクターと既約化(問題 4.21)

C_{3v}	E	$2C_3$	$3\sigma_v$
Γ_a	5	2	1
Γ_b	7	1	-1

4.8.4 直積と積分の評価

物理化学の多くの場面で二つの関数 f_1 と f_2 の積の積分を計算しなければならなくなる。

$$J = \int f_1 \cdot f_2 \, d\tau \tag{4-40}$$

たとえば、f_1 と f_2 は隣り合う原子の波動関数でもよいし、一つの原子の基底状態と励起状態を示す波動関数でもよい。このようなとき、この積分がとりあえず、ゼロかそうでない有限の値を持つかということが大切で、対称性から積分を実行しなくともこの判定をくだすことができる。

- **直積**

f_1 と f_2 が既約表現、Γ_1 と Γ_2 とに属するとしよう。このとき、Γ_1 と Γ_2 との積からなる表現 Γ_{DP} を Γ_1 と Γ_2 の*直積* (direct product) といい、

$$\Gamma_{\mathrm{DP}} = \Gamma_1 \otimes \Gamma_2 \tag{4-41}$$

で表す。直積のキャラクターはそれぞれのキャラクターの積で表される。すなわち、

$$\chi_{\mathrm{DP}}(R) = \chi_1(R)\,\chi_2(R) \tag{4-42}$$

このとき、二つの関数の積 $f_1 \cdot f_2$ は既約表現 Γ_{DP} に従って変換する。

(4-42) の証明 直積とは二つのマトリックスの次のような積であり、ここでは一般的な場合ではなく、2×2 マトリックスについて、直積マトリックスのトレースを具体的に計算することで納得しよう。

$$\tilde{A} = \begin{pmatrix} a_{11} & a_{12} \\ a_{21} & a_{22} \end{pmatrix}; \quad \tilde{B} = \begin{pmatrix} b_{11} & b_{12} \\ b_{21} & b_{22} \end{pmatrix}$$

$$tr.(\tilde{A} \otimes \tilde{B}) = tr.\begin{pmatrix} a_{11}\tilde{B} & a_{12}\tilde{B} \\ a_{21}\tilde{B} & a_{22}\tilde{B} \end{pmatrix} = tr.\begin{pmatrix} a_{11}b_{11} & a_{11}b_{12} & a_{12}b_{11} & a_{12}b_{12} \\ a_{11}b_{21} & a_{11}b_{22} & a_{12}b_{21} & a_{12}b_{22} \\ a_{21}b_{11} & a_{21}b_{12} & a_{22}b_{11} & a_{22}b_{12} \\ a_{21}b_{21} & a_{21}b_{22} & a_{22}b_{21} & a_{22}b_{11} \end{pmatrix} = (a_{11}+a_{22})(b_{11}+b_{22}) = (tr.\tilde{A})(tr.\tilde{B})$$

このように、(4-42) は二つの要素 A と B が交換しなくとも成立する。

次に直積の例を点群 C_{3v} について考えてみよう。

(1) f_1 と f_2 がそれぞれ既約表現 A_1 と A_2 に従うとしよう。この二つの関数の積 $f_1 \cdot f_2$ は
$$\Gamma_{DP} = A_1 \otimes A_2$$
に従って変換される。さらに Γ_{DP} の具体的な表現を求めるには (4-42) に従って Γ_{DP} のキャラクターをそれぞれのクラスについて求める必要がある（表 4.25(a)）。すると、$\Gamma_{DP}=A_2$ であることがわかる。つまり、$f_1 \cdot f_2$ は A_2 として振る舞う。

表 4.25(a) A_1 と A_2 の直積 Γ_{DP} が従う表現

C_{3v}	E	$2C_3$	$3\sigma_v$
A_1	1	1	1
A_2	1	1	−1
E	2	−1	0
$\Gamma_{DP}=A_1 \otimes A_2$	1	1	−1

(2) f_1 と f_2 が両方とも既約表現 E に従う場合はどうだろうか？ 同様にキャラクター表を使って直積のキャラクターを求め、次に既約表現への分解を行う（表 4.25(b)）。この場合、$f_1 \cdot f_2$ は $A_1 \oplus A_2 \oplus E$ からなる可約表現にしたがって変換されることがわかる。

表 4.25(b) E と E の直積 Γ_{DP} が従う表現

C_{3v}	E	$2C_3$	$3\sigma_v$	
A_1	1	1	1	
A_2	1	1	−1	
E	2	−1	0	
$\Gamma_{DP}=E \otimes E$	4	1	0	$= A_1 \oplus A_2 \oplus E$

これらの結果を点群 C_{3v} に属する既約表現の積表という形で表してみよう（表 4.26）。これを直積表 (direct product table) という（上欄と左欄に C_{3v} の既約表現をとり、表中に直積を示す）。ここでわかるように全対称な既約表現 A_1 は表の対角部分にのみ現れている。一般に二つの既約表現 Γ_1 と Γ_2 との直積 Γ_{DP} が全対称な既約表現 A_1 を含むとき、二つの表現は等しい：
$$\Gamma_1 = \Gamma_2 \tag{4-43}$$

表 4.26 点群 C_{3v} の既約表現間の直積表

C_{3v}	A_1	A_2	E
A_1	A_1	A_2	E
A_2	A_2	A_1	E
E	E	E	A_1+A_2+E

• 積分の評価

さて、いよいよ (4-40) にでてきた $f_1 \cdot f_2$ の積分 J の評価である。この積分は何らかの物理量に対応しており、考えている分子や結晶に回転や鏡映といった対称操作を施すことによって、値が

変わってはならない。対称操作によって符号が変わる関数は全体積にわたって積分を実行する際、ゼロとなってしまうからだ。すなわち、ゼロでない有限の値は被積分関数のこの符号の変わらない部分から得られる。このことを群論では次のように表現する：

「積分 J がゼロでないためには被積分関数 $f_1 \cdot f_2$ は全対称な既約表現を含んでなければならない。」

このことは 直積 $\Gamma_1 \otimes \Gamma_2$ が A_1 を含んでなければならないということと同値である。すなわち、(4-43)の結果を用いて言い換えると $\Gamma_1 = \Gamma_2$ である必要がある。さらに言い換えると f_1 と f_2 は同じ対称性を持った基底関数でなければならないということだ。

この結論を被積分関数が三つの基底関数の積である場合に拡張することは簡単で次のようにいえる。

$\int f_1 \cdot f_2 \cdot f_3 \, d\tau \neq 0$ であるためには $\Gamma_1 \otimes \Gamma_2 \otimes \Gamma_3$ は必ず A_1 を含んでなければない。
言い換えると $\Gamma_1 \otimes \Gamma_2 = \Gamma_3$ でなければならない。

問題 4.22 点群 C_{3v} において関数 f_1, f_2, f_3 の既約表現がそれぞれ $\Gamma_1 = A_2$, $\Gamma_2 = E$, $\Gamma_3 = E$ であることがわかっている。次の積分はゼロでない値を持つことができるか？

（1） $\int f_1 \cdot f_2 \, d\tau$；　　　（2） $\int f_1 \cdot f_2 \cdot f_3 \, d\tau$

4.9 射影演算子

点対称性を持っている分子や並進対称性を持っている結晶の波動関数、あるいは原子変位を与える関数はその分子や結晶の対称性に従わなければならない（すなわち、対称性に従うのは極点図で描かれる一般点のみではない）。このような状況で任意の関数から対称性に従う関数を作りたいという場合がしばしば起こる。そのようなとき、用いられるのがここで述べる*射影演算子*（projection operator）である。この演算子も大直交定理から求まるが、本書ではそのうち「不完全な」射影演算子（'imcomplete' projection operator）と呼ばれている簡単なもののみを扱う。

定義 次の形で与えられるオペレータ：

$$P_i = \frac{l_i}{h} \sum_R \chi_i^*(R) R \propto \sum_R \chi_i^*(R) R \tag{4-44}$$

を*射影演算子*（projection operator） P_i という。ここで i は考えている点群の中の任意の既約表現、R は対称操作そのものである。

この一連の操作をある基底に施し、その基底を次々再生するわけだが、上式はそのとき、再生された各基底にその対称操作のキャラクター（の複素共役量）がかけられることを示している。このようにして再生された基底の集合はもともとの点群の対称性を満たし、集合体としてその表現に従っている。

点群 C_{2v} を例にとって考えよう。まず、キャラクター表を示したが、これに基づいて既約表現 A_1 および A_2 に従う関数を構築してみよう。ここではステレオ投影図を用いて射影演算子の効果を感覚的に理解できれば十分である。

第4章 群論入門

表 4.27 C_{2v} のキャラクター表と射影演算子

C_{2v}	E	C_2	σ_v	σ_v'
A_1	1	1	1	1
A_2	1	1	−1	−1
B_1	1	−1	1	−1
B_2	1	−1	−1	1

最初に、A_1 について見るとキャラクターはすべて1であるから射影演算子は次のように書ける。

$$P_{A_1} = 1 \cdot E + 1 \cdot C_2 + 1 \cdot \sigma_v + 1 \cdot \sigma_v' = E + C_2 + \sigma_v + \sigma_v' \tag{4-45}$$

これを一般的な位置にある s 軌道に対して作用させると四つの操作によって4個の軌道ができ、その和がいわゆる原子軌道の線形結合によってできた分子軌道、すなわち $LCAO\text{-}MO$ (linear combination of atomic orbital – molecular orbital) となる。

$$P_{A_1} s_1 = (E + C_2 + \sigma_v + \sigma_v') s_1 = s_1 + s_2 + s_3 + s_4 \tag{4-46}$$

ここで s のサブスクリプトは点群を構成する一般的な位置と考えればよい。ステレオ投影図で図示すれば図 4.15 のようになる。何のことはない、点群 C_{2v} の極点図における一般点を s 軌道で置き換えただけである（全対称な既約表現 A_1 だからこのようになった）。このように分子の持つ対称性を満たしている原子軌道の線形結合を対称性に合致した線形結合 (SALC: symmetry adapted linear combination) と呼ぶ。

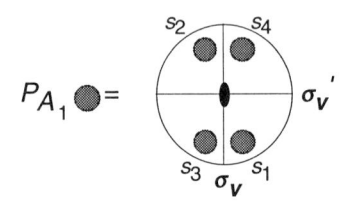

図 4.15 点群 C_{2v} の既約表現 A_1 に従う基底を再生する射影演算子 P_{A_1}

次に対象とする基底として方向性を持ったベクトルを考えてみよう（たとえば分子振動に現れる原子変位をイメージする）。図 4.16 のような矢印でベクトルを代表すると、P_{A_1} によってこのベクトルは図 4.16(a)で示したように再生されることがわかるだろう。一方、既約表現 A_2 に対応する射影演算子 P_{A_2} を考えると、これは次のように表される：

$$P_{A_2} = 1 \cdot E + 1 \cdot C_2 + (-1) \cdot \sigma_v + (-1) \cdot \sigma_v' = E + C_2 - \sigma_v - \sigma_v' \tag{4-47}$$

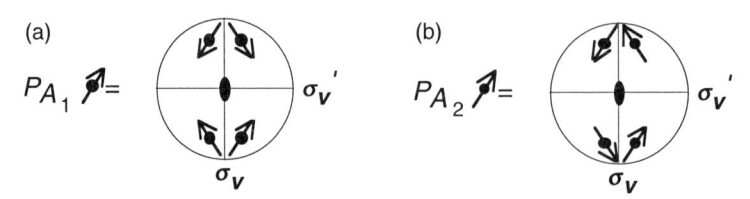

図 4.16 点群 C_{2v} に属する基底を再生する射影演算子、(a) P_{A_1} (b) P_{A_2}

鏡面操作によって再生されたベクトルの符号が変わることを P_{A_2} という演算子は要求しているのだ。したがって、同じベクトルから出発して A_2 に従う各ベクトルは図 4.16(b)のようになる。

このように全対称な既約表現以外の表現では σ_v などの操作は鏡映操作の直後に符号の変化を要求する。この観点からいうと第Ⅰ部でやった一般点の変換は、符号の変化を含まない、全対称な表現を点という形で具現化し、ステレオ投影していたことに相当する。さらに我々は 9.7 節で

分子振動においてこの演算子を用いる。そこで、この演算子が任意の関数から特定の既約表現だけを抽出するという性質を持つものであることを説明する。

問題 4.23 上の例で既約表現 B_1 に従う各原子の変位を極点図上に示せ。B_2 の場合ではどうか。

4.10 利用例

第Ⅲ部でキャラクター表を用いることにより物理化学の種々の問題がいかに、定性的だが美しく解けるかということを述べる。ここではその予告を兼ねて、キャラクター表が活躍する典型的な例を紹介する。波動関数をどのように導くかといった詳細にはとらわれず、ここでは原子の波動関数がキャラクター表の基底関数のいずれかの関数形を有することを単純に受け入れてほしい。

4.10.1 重なり積分

分子軌道法によって分子や共有結合性の結晶の電子状態を計算するとき、隣り合う原子の波動関数の積の積分を*重なり積分*（overlap integral）という。そして、この積分がゼロでないことが、その二つの原子が相互作用を持つ、すなわち、*結合状態*（bonding state）あるいは*反結合状態*（anti-bonding state）をとることのできる必要条件である。この重なり積分の評価に群論は簡潔な手段を提供する。

点群 C_{3v} に属する NH_3 を例にとって考えよう（図4.17）。結合に寄与する軌道は N 原子の $2s, 2p$ および H 原子の s 軌道である（N 原子の $1s$ は内殻に深く入っているので結合への寄与は少ない）。3個の H 原子は対称操作によって区別がつかないので、これらの s 軌道は対等に扱われねばならない。すなわち、これらの線形結合（これが分子軌道だ）を考え、その分子軌道が分子の対称性を満たしている

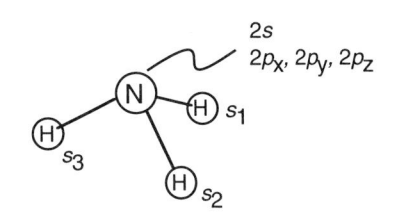

図 4.17 点群 C_{3v} に属する分子 NH_3 と分子軌道を構成する基底関数

ことを要請する。そのためまず、3個の s 軌道が C_{3v} のもとで許される変換方式を考え、それを既約表現に分解する。これは4.8.3節で紹介したやり方を用いればすぐにできる。

まず、点群 C_{3v} に属する三つのクラスについて $s_1 \sim s_2$ を基底とする可約表現のキャラクターを求めることから始めよう。

$$E: \begin{bmatrix} s_1 \\ s_2 \\ s_3 \end{bmatrix} = \begin{bmatrix} 1 & 0 & 0 \\ 0 & 1 & 0 \\ 0 & 0 & 1 \end{bmatrix} \begin{bmatrix} s_1 \\ s_2 \\ s_3 \end{bmatrix}, \quad C_3: \begin{bmatrix} s_2 \\ s_3 \\ s_1 \end{bmatrix} = \begin{bmatrix} 0 & 1 & 0 \\ 0 & 0 & 1 \\ 1 & 0 & 0 \end{bmatrix} \begin{bmatrix} s_1 \\ s_2 \\ s_3 \end{bmatrix}, \quad \sigma_v: \begin{bmatrix} s_2 \\ s_1 \\ s_3 \end{bmatrix} = \begin{bmatrix} 0 & 1 & 0 \\ 1 & 0 & 0 \\ 0 & 0 & 1 \end{bmatrix} \begin{bmatrix} s_1 \\ s_2 \\ s_3 \end{bmatrix} \quad (4\text{-}48)$$

$$\chi(E) = 3, \qquad \chi(C_3) = 0, \qquad \chi(\sigma_v) = 1$$

このように3個の H 原子からなる分子軌道の可約表現 Γ のキャラクターは 3, 0, 1 であり、キャラクター表と比較することにより、この可約表現は既約表現 A_1 と E とに分解されることがわかる。

表4.28 3個のH原子のs軌道からなる分子軌道の既約表現を求める

C_{3v}	E	$2C_2$	$3\sigma_v$	
A_1	1	1	1	z
A_2	1	1	-1	
E	2	-1	0	(x, y)
Γ	3	0	1	$A_1 \oplus E$

一方、主軸上にあるN原子のs軌道は球で代表される完全な対称性を有しており、既約表現A_1に従う。したがって、H原子のs軌道による分子軌道のA_1の部分とN原子のs軌道の重なり積分はゼロではないから、結合あるいは反結合状態を形成できる。

さらに、キャラクター表はN原子の(p_x, p_y)軌道は一緒になって既約表現Eに従うことを示している。したがって、たった今、既約化したH原子のs軌道による分子軌道のEの部分がやはりこのEに従うN原子の(p_x, p_y)軌道と結合状態あるいは反結合状態を形成することが判明した。

具体的なH原子による分子軌道の形もこの場合、さほど難しくはない。それぞれの分子軌道をh_1, h_2, h_3と表すと、既約表現がA_1を含むことから射影演算子を用いるまでもなく、全対称な分子軌道

$$h_1 = 1/\sqrt{3}(s_1 + s_2 + s_3) \tag{4-49}$$

を直ちに書き下せる。$1/\sqrt{3}$は規格化因子。（ここでの議論では本質的でないので省いてもよい。）残りの二つの分子軌道はΓのもう一つの既約表現Eに従うわけだが、これはh_1と直交するように求めればよい。たとえば、

$$h_2 = 1/\sqrt{2}(s_1 - s_2) \tag{4-50}$$

$$h_3 = 1/\sqrt{6}(s_1 + s_2 - 2s_3) \tag{4-51}$$

となる。このh_2とh_3とが一緒になって既約表現Eのように振る舞うわけだ。

4.10.2 選択則

赤外線分光やラマン分光によって観察される吸収スペクトルは外部からの電磁場によって原子の状態が基底状態から励起状態へ遷移することに対応している。この遷移が起こるためには、基底状態と励起状態の波動関数をΨ_gとΨ_eと置いて

$$J_T = \int \psi_g T \psi_e d\tau \neq 0 \tag{4-52}$$

である必要がある。ここでTが遷移を表す演算子である。

赤外線分光で観察するのは電気的な双極子遷移モーメントであり、Tは

$$T = x, y, z \tag{4-53}$$

と書かれる。ここで、x, y, zそれぞれがx, y, z偏光した電磁波の吸収あるいは放出が起こることを示す演算子である。

J_Tがゼロでない値を持つためには（すなわち、双極子遷移が起こるためには）、

$$\Gamma_g \otimes \Gamma_e = \Gamma_T \quad (\Gamma_T = \Gamma_x, \Gamma_y, \Gamma_z) \tag{4-54}$$

であることが積分の評価に関するこれまでの議論から直ちに導かれる（4.8.4節）。

ここではやはり点群 C_{3v} を例にとって考える。基底状態が既約表現 A_1 で表されているとしよう。このとき、図 4.18 で示した遷移が可能であるか否か、キャラクター表を用いて判定したい。

(a) $A_1 \to A_1$: $A_1 \otimes A_1 = A_1$ である。これは z の既約表現であるから、z 偏光した電磁波を吸収（放出）することにより、双極子遷移は可能である（(x, y) 面に偏光した電磁波に対してこの遷移は禁止）。

(b) $A_1 \to A_2$: $A_1 \otimes A_2 = A_2$ である。x, y, z いずれの既約表現も A_2 に属さないからこの遷移は起こらない（禁止されている）。

(c) $A_1 \to E$: $A_1 \otimes E = E$ である。基底関数 (x, y) が E に属す。すなわち、(x, y) 面に偏光した電磁波を吸収（放出）することにより、双極子遷移は可能である。

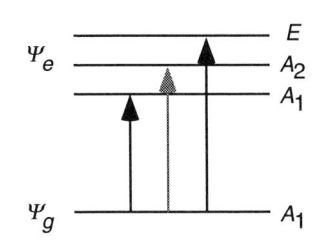

図 4.18 基底状態 A_1 から架空の励起状態 A_1, A_2, E への遷移の可能性の判定

このように、群論は実際の積分を計算することなく、その遷移が可能かどうか、簡潔に判定する手段を与えてくれる。

この章のまとめ

- 群の定義：クロージャー、単位要素、結合則、逆要素
- 積表、再配列定理
- 部分群、巡回群
- 相似変換とクラス
- 群の表現：可約表現と既約表現
- キャラクター表、既約表現と対称要素、基底関数
- 大直交定理と派生する定理
- 直積と可約な表現の既約表現への分解
- 射影演算子

第5章 量子力学の復習

His methods were rapidly adopted by other investigators, and applied with such success that there is hardly a field of physics or chemistry that has remained untouched by Schrödinger's work.

L. Pauling and E.B. Wilson, Jr. "Introduction to Quantum Mechanics"

ここでは群論の応用に際して知っておきたい量子力学の基礎的知識を確認しよう。といっても細かな数式を追うのではなく厳密さは多少犠牲にしても、できるだけ直感的に、ベクトル空間の延長上にある直交関数系によって張られた状態空間の概念をつかむことに重点を置きたい。そして、対称性が状態関数に与える作用を考えることにより固有状態と既約表現とが一対一の関係にあることを強調し、この章を終える。

5.1 ベクトル空間と状態ベクトル

5.1.1 ベクトル空間

我々の存在する3次元の空間を記述するにはいろいろな座標系がある。どの場合も単位ベクトルを定義し、それぞれの単位ベクトルを基底（basis）として、その線形結合で空間内の任意の点を指定できる。ここでは我々は直交する x, y, z 軸によって定められる通常の直交座標系を考えよう。これらの軸に沿って与えられる単位ベクトルは普通、$\vec{e}_x$ や $\vec{e}_y$ などで表される。これらは互いに直交する「単位」ベクトルであるから、次の関係が存在する。

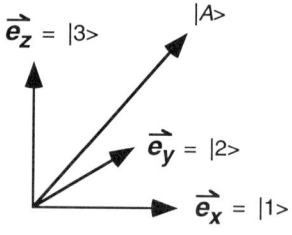

図 5.1 3次元ベクトル空間

$$\vec{e}_i \cdot \vec{e}_j = \begin{cases} 0, & i \neq j \\ 1, & i = j \end{cases} \equiv \delta_{ij} \tag{5-1}$$

さて、これらの単位ベクトルをここでは図 5.1 のように $|1\rangle, |2\rangle, |3\rangle$ と表すこととしよう。すなわち、次のように書ける。

$$\vec{e}_x = |1\rangle = \begin{pmatrix} 1 \\ 0 \\ 0 \end{pmatrix}, \quad \vec{e}_y = |2\rangle = \begin{pmatrix} 0 \\ 1 \\ 0 \end{pmatrix}, \quad \vec{e}_z = |3\rangle = \begin{pmatrix} 0 \\ 0 \\ 1 \end{pmatrix} \tag{5-2}$$

したがって、一般のベクトル $\vec{A} = |A\rangle$ はこれらの線形結合で表されるから、たとえば、

$$|A\rangle = c_1 \vec{e}_x + c_2 \vec{e}_y + c_3 \vec{e}_z = c_1 |1\rangle + c_2 |2\rangle + c_3 |3\rangle = \begin{pmatrix} c_1 \\ c_2 \\ c_3 \end{pmatrix} \tag{5-3}$$

と書かれるわけだ。ここで、c_i ($i=1, 2, 3$) はただの係数であるが、より一般的なことを考慮して、複素数でもよいこととしよう。

さて、複素数に共役な量があるのと同様に、$|A\rangle$ に共役なベクトルを $\langle A|$ で表し、次のように表記することとしよう。

$$\langle A| = c_1^* \langle 1| + c_2^* \langle 2| + c_3^* \langle 3| = \begin{pmatrix} c_1^*, & c_2^*, & c_3^* \end{pmatrix} \tag{5-4}$$

ここで c_i^* ($i=1, 2, 3$) は c_i の複素共役 (complex conjugate) を表す。（列ベクトルが行ベクトルになっていることに注意。また、$\langle A|$ が存在する空間はどこか？ などということにはとりあえず、悩む必要はない。）

単位ベクトルにも同様に、共役な量が定義できる。

$$\langle 1| = (1\ \ 0\ \ 0), \quad \langle 2| = (0\ \ 1\ \ 0), \quad \langle 3| = (0\ \ 0\ \ 1) \tag{5-5}$$

このような $|A\rangle$ や $\langle A|$ というベクトルの記述法はディラックの表記 (Dirac's notation) と呼ばれるものであり、それぞれをケット (ket)、ブラ (bra) と呼ぶ（括弧を表す bracket に起因する）。この表記法によればスカラー積は $\langle A|A\rangle$ のように表される。さらに、単位ベクトル間の直交性と単位ベクトルの大きさが 1 に規格化されていることは次のように表される。

$$\langle i|j\rangle = \delta_{ij} \tag{5-6}$$

問題 5.1 次の単位ベクトル間のスカラー積を計算せよ。

$$(a) \quad \langle 1|1\rangle = (1\ \ 0\ \ 0)\begin{pmatrix}1\\0\\0\end{pmatrix} = \qquad (b) \quad \langle 3|2\rangle =$$

このように大きさが 1 に*規格化* (normalize) され、*直交* (orthogonal) している単位ベクトルの組を*正規直交系* (orthonornal system) と呼ぶ。

ここで、一般のベクトル $|A\rangle$ の大きさ（の 2 乗）を求めてみよう。

$$|A|^2 = \langle A|A\rangle = \begin{pmatrix}c_1^* & c_2^* & c_3^*\end{pmatrix}\begin{pmatrix}c_1\\c_2\\c_3\end{pmatrix} = c_1^*c_1 + c_2^*c_2 + c_3^*c_3 \tag{5-7}$$

このように、ベクトル $|A\rangle$ の大きさ（の 2 乗）は列ベクトルと行ベクトルの積と考えてもよいが、(5-6) に与えられてる正規直交条件を積極的に用いれば、次のようにも計算される。

問題 5.2 一般のベクトル $|A\rangle$ の大きさ（の 2 乗）を求む。

$$|A|^2 = \langle A|A\rangle = \{c_1^*\langle 1| + c_2^*\langle 2| + c_3^*\langle 3|\}\{c_1|1\rangle + c_2|2\rangle + c_3|3\rangle\}$$
$$= c_1^*c_1\langle 1|1\rangle + c_1^*c_2\langle 1|2\rangle + c_1^*c_3\langle 1|3\rangle + \cdots$$

以上のことは結局、ベクトルをケットで置き換え、その共役な量としてブラを定義しただけである。ただ、これまで 3 次元、すなわち、$n=3$ の場合についてのみ考えてきたが、以上の規則は n がいくつのであっても一般的に成立する。すなわち 3 次元空間が基底ベクトルの組 $\{|1\rangle, |2\rangle, |3\rangle\}$ で張られているように、<u>n 次元空間は基底ベクトル $\{|i\rangle\}$ ($i \leq n$) により張られている</u>。

5.1.2 状態ベクトル

$[0, a]$ の領域で定義される規格化されたフーリエ級数を考えよう（図 5.2）。そして、フーリエ級数を構成する i 番目の三角関数に対して、ベクトル $|i\rangle$ を対応させよう。すなわち、関数とベクトルとの間に次の関係があると考えるのだ。

$$|1\rangle \leftrightarrow \sqrt{\tfrac{2}{a}}\sin\tfrac{\pi}{a}x$$
$$|2\rangle \leftrightarrow \sqrt{\tfrac{2}{a}}\sin\tfrac{2\pi}{a}x$$
$$|3\rangle \leftrightarrow \sqrt{\tfrac{2}{a}}\sin\tfrac{3\pi}{a}x \quad (5\text{-}8)$$
$$\vdots$$
$$|n\rangle \leftrightarrow \sqrt{\tfrac{2}{a}}\sin\tfrac{n\pi}{a}x$$

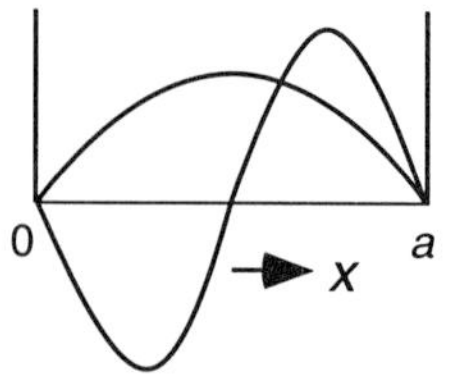

図 5.2 区間$[0, a]$で定義されたフーリエ関数

ベクトルが関数？！などと驚かないでほしい。ただ、こういった対応があると約束するだけなのだ。関数の変数（ここでは x）と$|i\rangle$の成分とはまったく別物であり、間違っても、$|i\rangle$はサイン関数のようなくねくねしたベクトルか？などと考えないこと。ベクトル $\{|i\rangle\}$ が張る空間はサイン関数が存在する 1 次元空間とはまったく別なのだ。

さて、ここでこのように与えられたベクトル間のスカラー積を対応する関数間の定積分で定義する：

$$\langle i \mid j \rangle = \int_0^a (\sqrt{\tfrac{2}{a}}\sin\tfrac{i\pi}{a}x)^* \cdot \sqrt{\tfrac{2}{a}}\sin\tfrac{j\pi}{a}x\, dx \quad (i, j: 0, 1, 2, \ldots) \quad (5\text{-}9)$$

ここで * は複素共役量であることを示す。この積分は容易に計算でき、次の結果を得る。

$$\langle i \mid j \rangle = \delta_{ij} \quad (5\text{-}10)$$

このように $[0, a]$ で定義され規格化された三角関数と一対一の関係にあるベクトル$|1\rangle, |2\rangle, \ldots$は互いに直交し、かつ、スカラー積の大きさは 1 である。すなわち(5-8)で与えられた $\{|i\rangle\}$ は形式的に幾何学的ベクトルの場合と同様の正規直交系をなしている。

問題 5.3 (5-9)の積分を実行し、直交関係を確認せよ。

さらに一歩進んで、$\{|i\rangle\}$ をマトリックス（列ベクトル）表示することもできる。すなわち、

$$|1\rangle = \begin{pmatrix}1\\0\\0\\\vdots\\0\end{pmatrix},\quad |2\rangle = \begin{pmatrix}0\\1\\0\\\vdots\\0\end{pmatrix},\quad \cdots,\quad |n\rangle = \begin{pmatrix}0\\0\\0\\\vdots\\1\end{pmatrix} \quad (5\text{-}11)$$

ブラベクトルについても同様である。

$$\langle i| = (0\ \ 0\ \ \cdots\ \underset{i}{1}\ \cdots\ 0) \quad (5\text{-}12)$$

また一般に、$[0, a]$ の領域で定義される連続な任意の関数 $f(x)$ は、この区間で定義されたフーリエ級数、すなわち (5-8) で与えられた三角関数の線形結合として記述できる。すなわち、任意の関数 $f(x)$ は次のように表すことが可能である。

$$f(x) = \sum_i c_i \sqrt{\tfrac{2}{a}}\sin\tfrac{i\pi}{a}x \quad (5\text{-}13)$$

ここで c_i は i 番目の三角関数の重みを与える係数である。このように任意の関数をある関数系の線形結合で表せるとき、その関数系は完全であるという。

この状況を (5-8) の約束に従ってベクトル $\{|i\rangle\}$ で表すと、同じ係数を $\{c_i\}$ を用いて

$$|\psi\rangle = \sum_i c_i |i\rangle \tag{5-14}$$

と書ける。(5-11) を用いてケットの成分で表せば、

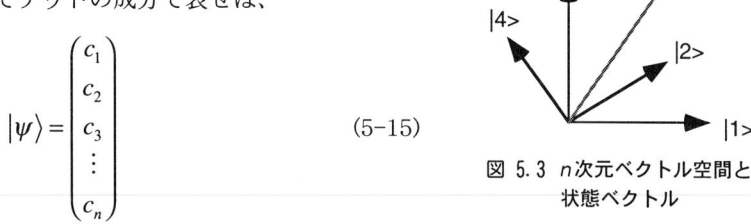

$$|\psi\rangle = \begin{pmatrix} c_1 \\ c_2 \\ c_3 \\ \vdots \\ c_n \end{pmatrix} \tag{5-15}$$

図 5.3 n 次元ベクトル空間と状態ベクトル

となる。(5-13), (5-14), (5-15) は同等であり、関数 $f(x)$ とベクトル $\{|i\rangle\}$ で張られた空間の1点に向かうベクトル $|\psi\rangle$ とが一対一の関係にあることを示している（図5.3）。

また、一般のベクトル $|\psi\rangle$ の大きさも $\{|i\rangle\}$ が正規直交系であることを示す (5-10) を用いて、直ちに次のように記述できる。

$$\begin{aligned}\langle \psi | \psi \rangle &= c_1^* c_1 + c_2^* c_2 + \cdots + c_i^* c_i + \cdots \\ &= \sum_i c_i^2 \end{aligned} \tag{5-16}$$

幾何学的ベクトルにおいては正規直交系をなす単位ベクトルの集合 $\{|i\rangle\}$ ($i \leq n$) により n 次元空間内のすべての点を記述できることは自明であった。すなわち、$\{|i\rangle\}$ は常に完全であった。これに対し、この節で紹介した関数と一対一の関係にある単位ベクトルの集合 $\{|i\rangle\}$ ($i \leq n$) が完全であるためには、定義された領域でもとの関数系が完全でなければならない。このような関数系を<u>完全直交系</u>（complete orthonormal system）という。すなわち、<u>もとの関数系が完全であるとき、初めて対応する状態ベクトルの集合 $\{|i\rangle\}$ は通常のベクトルの場合と同じように基底（basis）をなすといえるわけだ</u>。また、$\{|i\rangle\}$ を関数ベクトルと呼びたいところだが、実はすぐに学ぶように、これらの関数は与えられた条件下での固有状態を示す関数であり、通常、状態ベクトル（state vector）と呼ばれる。

5.2 固有状態とシュレディンガー方程式

ここまでは関数に対応するベクトルという抽象的な話であった。次に、固有値問題の解として、完全正規直交系が得られたとき、その関数系と対応する状態ベクトルの持つ意味を考えよう。以下、我々は定常状態のシュレディンガー方程式（Schrödinger equation）を対象とする。

5.2.1 シュレディンガー方程式

時間に依存しない定常状態では一定のエネルギー E を持つ。このとき、物体の状態は波動関数 $\Psi(\vec{r})$ あるいはそれと対応する状態ベクトル $|\Psi\rangle$ で記述され、次の固有方程式に従うというの

が量子力学の仮定である。

$$H|\Psi\rangle = E|\Psi\rangle \tag{5-17}$$

ここで H は古典的な系のハミルトニアン（Hamiltonian）に対応した演算子であり、状態ベクトル $|\Psi\rangle$（あるいは同等に波動関数、$\Psi(\vec{r})$）に作用する。特に、スカラーポテンシャル $V(\vec{r})$ のみが存在する場を運動する質量 m の粒子に対するハミルトニアン H は次のように表される。

$$H = -\frac{\hbar^2}{2m}\nabla^2 + V(\vec{r}) = -\frac{\hbar^2}{2m}\left(\frac{\partial^2}{\partial x^2} + \frac{\partial^2}{\partial y^2} + \frac{\partial^2}{\partial z^2}\right) + V(\vec{r}) \tag{5-18}$$

ここで $\hbar=h/2\pi$ はプランクの定数（Planck's constant）である（$h=6.626\times10^{-34}$(joule·second)）。なぜこうなるか、ということに関してはここでは悩まないことにしよう。シュレディンガーが1926年、それ以前の量子論で *ad-hoc* に与えられていた量子数が、固有方程式を解くことにより自然に与えられるという論文（E.Schrödinger, *Annalen der Physik*, **79**, 361, (1926)）を発表した後、この結果が多くの研究者に受け入れられたのも、何よりもこの方程式が実験結果をよく説明するという事実だったのだから。

ここでは例として、どの量子力学の教科書にも載っている1次元ポテンシャル井戸中の粒子の運動を考えよう。すなわち、今、ポテンシャルが次のように与えられている。

$$V(x) = \begin{cases} 0 & (0 \leq x \leq a) \\ \infty & (x<0, a<x) \end{cases} \tag{5-19}$$

このとき、次の関数：

$$\Psi_n(x) = \sqrt{\frac{2}{a}}\sin\left(\frac{n\pi}{a}x\right) \quad (\Leftrightarrow \quad |n\rangle) \tag{5-20}$$

にハミルトニアン（5-18）を作用させれば、次の固有値：

$$E_n = \frac{\hbar^2}{2m}\left(\frac{n\pi}{a}\right)^2 \tag{5-21}$$

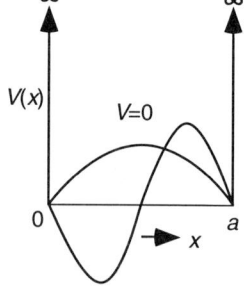

図 5.4 井戸型ポテンシャルと固有状態

が得られる（やってみること）。言い換えると、（5-20）は与えられたポテンシャル（5-19）のもとでシュレディンガー方程式を満たしている。すなわち、

$$H\Psi_n(x) = E_n\Psi_n(x) \quad (\Leftrightarrow \quad H|n\rangle = E_n|n\rangle) \tag{5-22}$$

が成立している。$\Psi_n(x)$ はこのポテンシャル中を運動する重さ m の粒子の状態を示す波動関数である。また、境界条件の存在により、n は $n = 0, 1, 2, 3, ...$ という不連続な値をとり、エネルギーが量子化されていることがわかる。ここで n を量子数(quantum number)と呼ぶことにしよう。

このように、与えられた条件下で粒子は勝手気ままに運動できるわけではなく、n で指定される個性を持った状態にある。そこで、$\Psi_n(x)$ で指定された状態を*固有状態*（Eigenstate）と呼ぼう。そして、固有状態にハミルトニアンというエネルギーに対応する演算子を作用させると、固有エネルギーが得られる。また、固有状態を表す波動関数（固有関数、Eigenfunction）$\Psi_n(x)$ と固有ベクトル $|n\rangle$ は一対一の関係にある。

5.2.2 マトリックス表示

この固有ベクトルの考え方はハミルトニアンをマトリックス表示することにより、はっきりする。まず、(5-22) の左側からブラ$\langle n|$をかけてみると、E_n はただの数だからくくりだされて、

$$H_{nn} = \langle n|H|n\rangle = \langle n|E_n|n\rangle = E_n\langle n|n\rangle = E_n \tag{5-23}$$

が導かれる。さらに上のように一般のブラやケットに対して定義された H_{ij} を要素とするマトリックス$\tilde{H}$は、$\{|n\rangle\}$ が直交系であることより、次のように書ける。

$$\tilde{H} = \begin{pmatrix} E_1 & 0 & 0 & 0 & 0 & 0 \\ 0 & E_2 & 0 & 0 & 0 & 0 \\ 0 & 0 & E_3 & 0 & 0 & 0 \\ 0 & 0 & 0 & \ddots & 0 & 0 \\ 0 & 0 & 0 & 0 & E_n & 0 \\ 0 & 0 & 0 & 0 & 0 & \ddots \end{pmatrix} \tag{5-24}$$

ここで、この$\tilde{H}$を (5-11) のようにマトリックス表示されたケット$|n\rangle$に作用させると

$$\tilde{H}|n\rangle = \begin{pmatrix} E_1 & 0 & 0 & 0 & 0 & 0 \\ 0 & E_2 & 0 & 0 & 0 & 0 \\ 0 & 0 & E_3 & 0 & 0 & 0 \\ 0 & 0 & 0 & \ddots & 0 & 0 \\ 0 & 0 & 0 & 0 & E_n & 0 \\ 0 & 0 & 0 & 0 & 0 & \ddots \end{pmatrix} \begin{pmatrix} 0 \\ 0 \\ 0 \\ \vdots \\ 1 \\ \vdots \end{pmatrix} = E_n|n\rangle \tag{5-25}$$

となり、すなわち、$|n\rangle$の固有値としてE_nが与えられる。

次に、より一般的な場合を考え、ハミルトニアン $\tilde{H}$ が非対角項を含んでいると仮定しよう。我々の基底 $\{|i\rangle\}$ が完全であれば、このような場合の固有状態も必ずこの $\{|i\rangle\}$ の線形結合で表されるはずなのだが、そのような状態ベクトルが $\{|i\rangle\}$ で張られた空間のどこに存在するかわからない。そこで、その係数を $\{c_i\}$ と置こう。つまり、未知の関数をとりあえず、

$$|\psi\rangle = \sum_i c_i |i\rangle \tag{5-26}$$

と置く。するとこの問題は

$$\tilde{H}|\Psi\rangle = E|\Psi\rangle \Leftrightarrow \begin{pmatrix} H_{11} & H_{11} & H_{13} & \cdots & H_{1n} & \cdots \\ H_{21} & H_{22} & H_{23} & & & \\ H_{31} & H_{32} & H_{33} & & & \\ \vdots & & & \ddots & & \\ H_{n1} & & & & H_{nn} & \\ \vdots & & & & & \ddots \end{pmatrix} \begin{pmatrix} c_1 \\ c_2 \\ c_3 \\ \vdots \\ c_n \\ \vdots \end{pmatrix} = E \begin{pmatrix} c_1 \\ c_2 \\ c_3 \\ \vdots \\ c_n \\ \vdots \end{pmatrix} \tag{5-27}$$

という固有値問題を解き、c_i を成分とする固有ベクトルを求めることに帰着する。このため、(5-27) の右辺に単位マトリックス$\tilde{I}$をかけて左辺に移項することから出発する。すなわち、

$$(\tilde{H} - E\tilde{I})|\Psi\rangle = 0 \qquad (5\text{-}28)$$

となるが、これが意味ある解を持つためには、左辺のマトリックスの*行列式*（determinant）がゼロでなくてはならない。すなわち、次の等式を要求する：

$$\det[\tilde{H} - E\tilde{I}] = 0 \qquad (5\text{-}29)$$

あらわに書くと

$$\begin{vmatrix} H_{11} - E & H_{12} & \cdots & H_{1n} \\ H_{21} & H_{22} - E & \cdots & H_{2n} \\ \vdots & \vdots & \ddots & \vdots \\ H_{n1} & H_{n2} & \cdots & H_{nn} - E \end{vmatrix} = 0 \qquad (5\text{-}30)$$

となる。この行列式を解けば、固有値であるエネルギーが n 個、また、縮退がなければ対応する固有ベクトル $\{c_i\}$ の組が n 個、得られる。今、n 番目の固有状態 $|\Psi_n\rangle$ に寄与する単位ベクトル $|i\rangle$ の大きさを表す係数を c_i^n と置けば、次式を得る。

$$|\Psi_n\rangle = \sum_i c_i^n |i\rangle \qquad (5\text{-}31)$$

このように、$\{|i\rangle\}$ が完全直交系であれば、固有状態は必ず $\{|i\rangle\}$ で展開できる。

5.2.3 オブザーバブルとエルミート性

前節に述べたことはもう少し一般に拡張できる。つまり、ある系の状態が基底ベクトル $\{|i\rangle\}$ によって展開できるとする。このとき、エネルギーや位置など、ある物理量に対応する演算子 A をオブザーバブル（observable）という。そして、次の行列要素で定義されるマトリックスを $\tilde{A}$ を、オブザーバブル A のマトリックスによる表現という。

$$A_{ij} = \langle i|\tilde{A}|j\rangle \qquad (5\text{-}32)$$

もちろんハミルトニアンもオブザーバブルの一つである。

ここでオブザーバブルのエルミート性について簡単に触れておきたい。今、あるオブザーバブル A に対応する二組の異なった固有値と固有関数をそれぞれ、λ と $|\alpha\rangle$、および μ と $|\beta\rangle$ と置こう。ここで λ と μ は測定可能な異なる値（$\lambda \neq \mu$）を持つ物理量であり、実数でなければならない。$|\alpha\rangle$ と $|\beta\rangle$ がオブザーバブル A に対する固有状態であるとは

$$\begin{aligned} \tilde{A}|\alpha\rangle &= \lambda|\alpha\rangle \\ \tilde{A}|\beta\rangle &= \mu|\beta\rangle \end{aligned} \qquad (5\text{-}33)$$

を意味する。今、この二つの式にそれぞれ $\langle\beta|$ と $\langle\alpha|$ をかけると、

$$\begin{aligned} \langle\beta|\hat{A}|\alpha\rangle &= \lambda\langle\beta|\alpha\rangle \\ \langle\alpha|\hat{A}|\beta\rangle &= \mu\langle\alpha|\beta\rangle \end{aligned} \qquad (5\text{-}34)$$

が得られる。この二つの式の左辺は互いにブラとケットが逆になっている。そこで今、(5-34) の一つ目の式の*転置共役*（adjoint）した量をとったとき、

$$\left[\langle\beta|\tilde{A}|\alpha\rangle\right]^\dagger = \langle\alpha|\tilde{A}^\dagger|\beta\rangle = \langle\alpha|\tilde{A}|\beta\rangle \qquad (5\text{-}35)$$

が成立していると仮定する。すると（5-34）は次のようになる。
$$\langle\alpha|\tilde{A}|\beta\rangle = \lambda\langle\alpha|\beta\rangle \tag{5-36}$$
$$\langle\alpha|\tilde{A}|\beta\rangle = \mu\langle\alpha|\beta\rangle$$
この二つの式の差をとれば、
$$0 = (\lambda - \mu)\langle\alpha|\beta\rangle \tag{5-37}$$
仮定により$\lambda \neq \mu$であるから、
$$\langle\alpha|\beta\rangle = 0 \tag{5-38}$$
が結論される。すなわち、異なった固有値を持つ固有関数は直交することが示された。

このようなことができたのは（5-35）を仮定したから、すなわちオブザーバブル A を表すマトリックス$\tilde{A}$の転置共役なマトリックスが自分自身に等しかったからである。この性質をエルミート性（Hermitian conjugate, self-adjoint）という。すなわち、<u>オブザーバブルがエルミートマトリックスで表せれば、固有値は必ず実数であり、さらに異なった固有値を持つ固有関数は必ず直交する</u>。以下、我々が扱うオブザーバブルはすべてこのエルミート性を持つものとしよう。

問題 5.4 基底ベクトル $\{|1\rangle = \begin{pmatrix} 1 \\ 0 \end{pmatrix}, |2\rangle = \begin{pmatrix} 0 \\ 1 \end{pmatrix}\}$ で張られた系に、次のオブザーバブルが与えられている。固有値と固有ベクトルを求めよ。
$$\sigma_x = \begin{pmatrix} 0 & 1 \\ 1 & 0 \end{pmatrix}$$

5.3 縮退した状態：3次元井戸

大分、抽象的な話が続いたので、ここで固有状態の例として、3次元井戸の中に閉じ込められた粒子の固有状態を考えてみる。すなわち、1辺が a, b, c である直方体の内部のみポテンシャルがゼロである場合を考える（図5.5）。

この場合のハミルトニアンをあらわに書けば、
$$H = -\frac{\hbar^2}{2m}\nabla^2 = -\frac{\hbar^2}{2m}\left(\frac{\partial^2}{\partial x^2} + \frac{\partial^2}{\partial y^2} + \frac{\partial^2}{\partial z^2}\right)$$
（ただし、直方体の中で） (5-39)

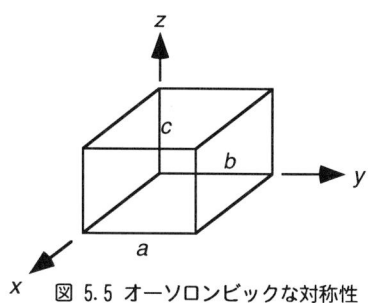

図 5.5 オーソロンビックな対称性を持つ3次元井戸型ポテンシャル

となる。つまり、ハミルトニアンは次のように分離される。
$$H = H_x + H_y + H_z \tag{5-40}$$
したがって、固有方程式
$$H\Psi(x,y,z) = E\Psi(x,y,z) \tag{5-41}$$
の解は変数分離をすることにより、簡単に求まり、一般解：
$$\Psi(x,y,z) = \sqrt{\frac{2}{a}}\sin\left(\frac{l\pi}{a}x\right)\cdot\sqrt{\frac{2}{b}}\sin\left(\frac{m\pi}{b}y\right)\cdot\sqrt{\frac{2}{c}}\sin\left(\frac{n\pi}{c}z\right) \tag{5-42}$$
を得る。このように、解は三つの量子数 l, m, n により規定されている。また、解を構成する三

第5章 量子力学の復習

つの三角関数が定義されている領域が異なり、これらの関数は互いに独立である。したがって、それぞれの三角関数に対応する状態ベクトルが張る空間も異なり、お互いの干渉はない。

結局、考えている固有状態はそれぞれの状態ベクトルの積を用いて

$$|\Psi_{lmn}\rangle = |\psi_l\rangle_x |\psi_m\rangle_y |\psi_n\rangle_z \tag{5-43}$$

と表される。このような積を*直積*あるいは*テンソル積*（direct product, tensor product）という。

一方、これらの量子数に対応する固有値 E_{lmn} は (5-40) から次のように書ける。

$$E_{lmn} = \frac{\hbar^2 \pi^2}{2m}\left(\left(\frac{l}{a}\right)^2 + \left(\frac{m}{b}\right)^2 + \left(\frac{n}{c}\right)^2\right) \tag{5-44}$$

この表式を用いて、3次元井戸の対称性と粒子の固有エネルギーの関係を調べてみよう。

まず、$a=b=c$ という特殊な場合から考えてみる（すなわち、立方体の閉じ込められた粒子のエネルギーである）。対称性という立場からは、点群 $m\bar{3}m$ (O_h) の環境下の粒子のエネルギーを見ていることになる。この場合、l, m, n が互換しても (5-44) は同一の解を与える。たとえば、$E_{211}=E_{121}=E_{112}$ である。つまり、三つの異なった波動関数に対して同一の固有値が存在する。このようなとき、エネルギー固有値は三重に*縮退*（degenerate）しているという。さらに $l, m, n = 0, 1, 2$ や 4, 2, 1 のようにそれぞれの量子数が異なった場合、3!・2!・1!=6、つまり、6重にエネルギーは縮退している。

ところが、対称性が少し悪くなり、$a=b \neq c$ となったとする。すなわち、粒子の周囲の環境が $4/mmm$ (D_{4h}) と変化した場合を考える。すると $E_{211}=E_{121}$ ではあるが、$E_{211}=E_{112}$ ではない。すなわち、対称性の低下により、二重に縮退した値と縮退していない値とに分裂する。

さらに、$a \neq b \neq c$ すなわち、mmm (D_{2h}) の場合を考えると、異なったレベルのエネルギーが偶然一致しなければ、$E_{lmn} \neq E_{lnm} \neq E_{mnl} \neq E_{mln} \neq E_{nlm} \neq E_{nml}$ となり、縮退は完全に解けたことになる。

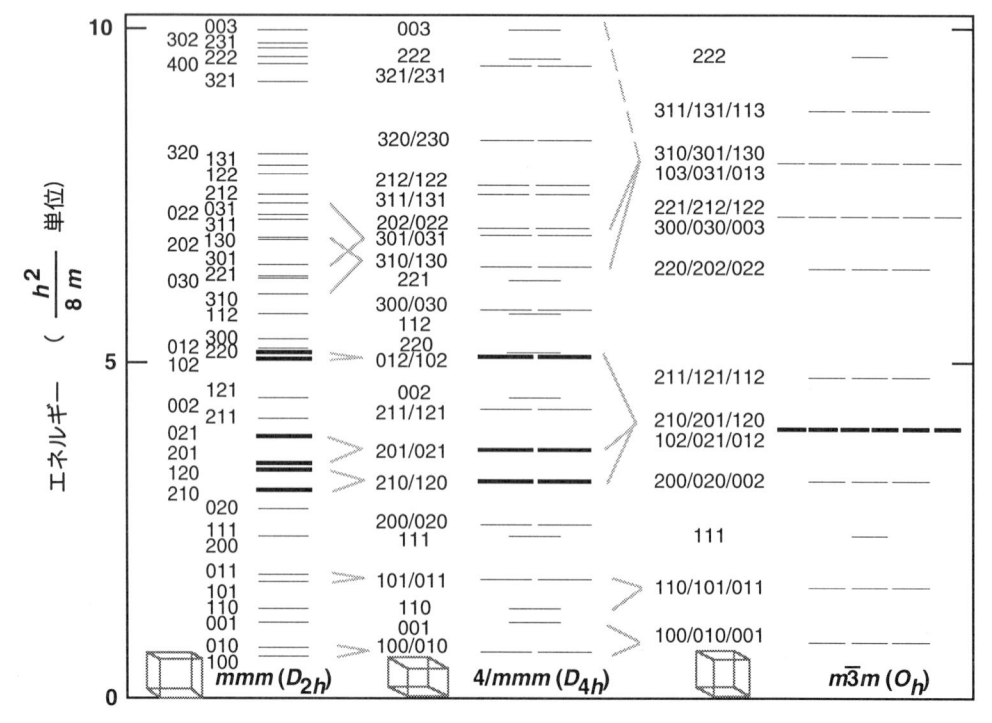

図 5.6 3次元井戸の対称性と固有エネルギー

対称性の存在による本質的な縮退のことを*システマティックな縮退*（systematic degeneracy）あるいは*必然的な縮退*（essential degeneracy）といい、一方、必然性はないのにたまたまエネルギーの値が一致した状態のことを*偶然の縮退*（accidental degeneracy）という。

以上の具体例として、
O_h : $a=b=c=1.12$、D_{4h} : $a=b=1.25; c=0.95$、D_{2h} : $a=1.30; b=1.20; c=0.95$　（$l^2+m^2+n^2 \leq 21$）
の場合についての計算結果を図 5.6 に示す。厳密な意味での偶然の縮退は存在しないが、実験誤差の範囲内でエネルギーが縮退していると観察される場合がある。なお、これらはあくまでもエネルギーレベルであり、それぞれの状態を粒子が占有することによって実際の多粒子系のエネルギーは定まる。

問題 5.5 今、それぞれのレベルには 1 個ずつしか粒子が入れないものと仮定しよう。粒子が 1 個存在するときには D_{2h} が安定であるが、粒子が 2 個入ることによって、D_{2h} と D_{4h} のトータルエネルギーがほとんど同じとなる。では、粒子が 3 個のときはどうなるだろう。また、5 個のときはどうか。（これは広い意味でヤン-テラー（Jahn-Teller）効果と考えることができる。）

5.4 交換関係と CSCO

5.4.1 交換関係

再び、堅い話に戻る。今、A と B というオブザーバブルに対して、*交換子*（commutator）と呼ばれる次の括弧を定義する。

$$[A, B] = AB - BA \qquad (5\text{-}45)$$

もし、オブザーバブル A と B に対して交換則が成立していれば、この括弧の値はゼロとなる：

$$[A, B] = 0 \qquad (5\text{-}46)$$

5.4.2 オブザーバブルの交換則は必ずしも成立しない

シュレディンガー方程式においてエネルギーを与えるオブザーバブルは次式で与えられる。

$$H = -\frac{\hbar^2}{2m}\nabla^2 + V(\vec{r}) \qquad (5\text{-}47)$$

これを古典的なエネルギーの表式である

$$E = -\frac{\vec{P}^2}{2m} + V(\vec{r}) \qquad (5\text{-}48)$$

と比べると、運動量を表すオブザーバブルが次のように書けることがわかる。

$$\vec{p} = \frac{\hbar}{i}\vec{\nabla} \qquad (5\text{-}49)$$

x 成分のみを書けば

$$P_x = \frac{\hbar}{i}\frac{\partial}{\partial x} \qquad (5\text{-}50)$$

となる。一方、位置を表す演算子は X, Y, Z などで、これらには x, y, z がそれぞれ対応する。

ここで位置と運動量とを表すオブザーバブルが交換するかどうかを見てみよう。これらは演算

子であるから、たとえば、x の関数である $f(x)$ に作用させてその結果を見ればよい。すると、

$$[X, P_x]f(x) = \frac{\hbar}{i}\left\{x\frac{\partial}{\partial x} - \frac{\partial}{\partial x}x\right\}f = \frac{\hbar}{i}\left\{x\frac{\partial}{\partial x}f - \left(\frac{\partial}{\partial x}(xf)\right)\right\} = -\frac{\hbar}{i}f(x)$$

となるから、最左辺と最右辺を比べて、

$$[X, P_x] = i\hbar \tag{5-51}$$

が成立する。すなわち、位置と運動量とを表す演算子は交換せず、$i\hbar$ という値をとる (y, z 成分に関しても、同様)。一方、成分が異なれば、これらの演算子は交換する。たとえば、先の 3 次元井戸の場合だ。

問題 5.6（重要） 量子力学でも角運動量は古典論と同じように、次のように定義される。

$$\vec{L} = \vec{r} \times \vec{p} \tag{5-52}$$

$$\vec{L} = (L_x, \ L_y, \ L_z) \tag{5-53}$$

前述の結果を用いて、L_x と L_y が交換するかどうか調べよ。

5.4.3 状態を定義するのに必要十分なオブザーバブルの集合 (Complete Set of Commuting Observavles: CSCO)

さて、3次元井戸に閉じ込められた粒子がどのように記述されたか振り返ってみよう。ポテンシャルがゼロの直方体井戸の中では、ハミルトニアンは次のように書けた。

$$H = -\frac{\hbar^2}{2m}\left(\frac{\partial^2}{\partial x^2} + \frac{\partial^2}{\partial y^2} + \frac{\partial^2}{\partial z^2}\right) = H_x + H_y + H_z$$

つまり、x, y, z 各方向のハミルトニアンは相互作用を持たず、交換する。

$$[H_x, H_y] = 0 \tag{5-54}$$

この結果、全体のハミルトニアンに対する固有状態 $|\Psi\rangle$ は、x, y, z 各方向の固有関数に対応する個々の状態ベクトルの直積で与えることができた：

$$|\Psi_{lmn}\rangle = |\psi_l\rangle_x|\psi_m\rangle_y|\psi_n\rangle_z \tag{5-55}$$

このように交換するオブザーバブルにはそれぞれの固有状態を表す状態ベクトルが独立して存在し、系の状態は個々の状態ベクトルの直積で記述されている。逆に言うと、交換するオブザーバブルがすべてわからなくては、状態は指定できない。そこで、与えられた状態を定義するのに必要十分なオブザーバブルの集合を CSCO (*Complete Set of Commuting Observables*、交換するオブザーバブルの完全な集合) という。すなわち、<u>与えられた物理的状況に対し、CSCO を定義し、その固有状態を見つけることにより、状態は初めて過不足なく記述される</u>。

例1 したがって (5-51) で見たように

$$[X, P_x] = i\hbar$$

であるから、この二つの量は交換せず、したがって、位置と運動量を同時に定義することはできない。

例2 問題 5.6 で調べたように角運動量のそれぞれの成分は交換しない。つまり、

$$[L_x, L_y] = i\hbar L_z \tag{5-56}$$

などが成立している。したがって、角運動量の x, y, z 成分を同時に定義することはできない。

一方、角運動量の大きさ

$$L^2 = L_x^2 + L_y^2 + L_z^2 \tag{5-57}$$

はそれぞれの成分と交換する：

$$[L^2, L_i] = 0 \quad (i = x, y, z) \tag{5-58}$$

結局、角運動量はその大きさと x, y, z いずれか一つの成分により記述される（第6章）。

5.4.4 通常の関数以外で表される状態

これまでは状態ベクトルは完全な直交関数系に対応する状態空間に存在するベクトルとして定義された。しかし、この関数というのは何もフーリエ級数のような直感的な空間に存在する関数である必要はない。

極端な例として、粒子が信号機のような色を持っているとしよう。そしてこの色は赤、緑、黄色があればすべて記述できるとしよう。すなわち、この「色」空間は基底をなす状態ベクトル $\{|R\rangle, |G\rangle, |Y\rangle\}$ により張られている。これらは、基底をなすのであるから、

$$\langle i | j \rangle = \delta_{ij} \quad (i, j = R, G, Y) \tag{5-59}$$

が成立している。一方、「色」演算子を C とすれば、それぞれの状態ベクトルに対して、固有値 $\{R, G, Y\}$ が存在する。つまり、

$$C|R\rangle = R|R\rangle, \quad C|G\rangle = G|G\rangle, \quad C|Y\rangle = Y|Y\rangle \tag{5-60}$$

したがって、粒子の状態を正確に記述するためには粒子の色という属性を他の状態ベクトルに加える必要がある。このように考えると、先の3次元井戸に存在する粒子を状態を記述する CSCO は

$$\{H_x, H_y, H_z, C\} \tag{5-61}$$

と拡張され、固有状態は

$$|l, m, n, color\rangle = |l\rangle|m\rangle|n\rangle|color\rangle \tag{5-62}$$

という積で定義される。「色」空間を張る状態ベクトルが他の状態ベクトルと交換するのは、この場合は、自明であるようにも思えるが、もし、色が、他の状態、たとえば運動量と相互作用を持つ場合はこの限りではない。しかし、そのような場合でも、この相互作用が小さければ、次節に述べる方法で近似解を与えることができる。我々は色という架空の状態を扱うことはないが、第6章でスピンが登場する。

5.4.5 時間に依存するシュレディンガー方程式

状態が時間とともに変化していく状況は次の方程式で記述されるというのが量子力学の仮定である。

$$i\hbar \frac{d}{dt}|\Psi(t)\rangle = H(t)|\Psi(t)\rangle \tag{5-63}$$

つまり時間に依存するシュレディンガー方程式を解くことは状態空間におけるベクトルの変遷を時間の関数として追うことに他ならない（図 5.7）。我々は定常状態のみを扱うので、本書で時間に依存するシュレディンガー方程式のお世話になることはない。

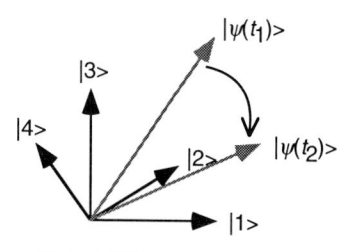

図 5.7 状態ベクトルの n 次元空間中の時間に依存した変遷

5.5 近似法

現実には、定常状態に問題を限っても厳密にシュレディンガー方程式を解けるのは水素原子や調和振動子といった限られた場合でしかない。我々が直面する大多数のケースにおいて、得られるベストの解は近似解でしかない。たとえば、電子が 2 個以上ある原子の電子構造、電子と原子核との磁気的相互作用、周囲に存在している原子群が中心の原子に及ぼす効果、分子全体の軌道、などなど、これらの状態を記述する理論はすべて近似法に立脚している。そこで、本節では摂動法と変分法という二つの代表的な考え方の基礎を見てみよう。(この節は、最初は軽く読み流すだけでよい。)

5.5.1 摂動法

与えられた区間において完全直交系 $\{|i\rangle\}$ が存在すれば、任意の関数、すなわち、任意の状態はその線形結合で表されるのであった (5-31)。

$$|\Psi_n\rangle = \sum_i c_i^n |i\rangle \tag{5-63}$$

この例として我々は区間 $[0, a]$ に井戸型ポテンシャルが存在し、その中で運動する粒子の状態を考えた。この区間で定義された三角関数は、それぞれ量子数 n に対応する固有関数であり、任意の状態は (5-63) のように、これらの和により記述できた。

つまり、この場合、幸運にも完全直交系をなす個々の基底ベクトルが同時に一つひとつの固有状態に対応していた。しかし、いつもこうであるとは限らない。たとえば、サイン関数は $x, x^3, ...$ という関数でテイラー展開できる。実際、$x, x^2, x^3, x^4, ...$ という関数系は完全であることが知られており、適当な直交化を施せば、我々の基底を

$$\{x, x^2, x^3, x^4, ...\} \tag{5-64}$$

という多項式の集合から作ることができる。しかし、このような基底により展開された固有状態は (5-63) において非常に多くの係数を含んだ複雑なものになるだろう。言い換えると、与えられた問題に対して、どのような基底を選ぶかということが重要なのだ。

というわけで、我々は再び

$$\{|n\rangle\} = \left\{\sqrt{\frac{2}{a}}\sin\frac{\pi}{a}x, \sqrt{\frac{2}{a}}\sin\frac{2\pi}{a}x, ..., \sqrt{\frac{2}{a}}\sin\frac{n\pi}{a}x, ...\right\} \tag{5-65}$$

という基底に戻ろう。先に述べたように、この基底は井戸型ポテンシャルという理想的な状況に対しては非常に便利であった。一方、我々のポテンシャルがこれからほんの少しだけずれた場合はどうだろうか？ たとえば、図 5.8 に示したように井戸の底が少しだけ傾いている場合である。この傾きを A という小さな量を用いて表せば、ポテンシャルは

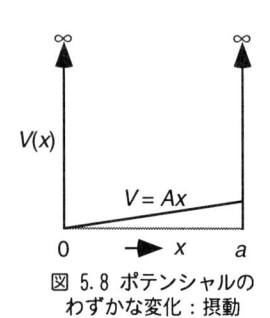

$$V(x) = \begin{cases} Ax & (0 \leq x \leq a) \\ \infty & (x < 0, a < x) \end{cases} \tag{5-66}$$

と書ける。このような場合、係数 A が小さければこのポテンシャル中を運動する粒子の固有エネルギーは井戸の底がフラットな場合と大差ないであろう。実際、固有エネルギーは A の大きさに依存するであろうが、A がゼロの極限では我々が先に求めた固有エネルギー (5-21) と厳密に一致しなくてはなるまい。このような場合、我々が折角 $A=0$ のときに得た、直交完全系 (5-65) を用いて A がゼロで

図 5.8 ポテンシャルのわずかな変化：摂動

ない場合の固有状態や固有エネルギーを表すことはできないだろうか？　もちろん、A が大きくなれば、そのような近似は的を得たものとはいえないだろう。そこで、以下、A が十分小さいものと仮定してこの可能性を考えてみよう（何に対して小さいかということは後で述べる）。

このように、ある系の固有状態と固有エネルギーが直交完全系により、すでに与えられており、そのような状態にわずかの変化が起きたとき、新たな固有状態と固有エネルギーを、もとの直交系とその固有値を用いて近似的に表す代表的な方法が摂動法 (perturbation method) だ。この手法を状態ベクトルを用いて定性的に示すと図 5.9 のようになる。つまり、新しい状態ベクトル $|\Psi_n\rangle$ は元の状態ベクトルからほんの少しずれるが、このとき、$|\Psi_n\rangle$ を摂動のない固有状態ベクトル $|n\rangle$ によって展開することにより与えるのだ。直感的にわかるように摂動が小さいとき、$|\Psi_n\rangle$ は $|n\rangle$ に非常に近い。以下、1 次の摂動法に関してその基本的な考え方を簡単に示すが、縮退のある場合の取扱いなど、詳しいことは量子力学の教科書を参考にしてほしい。

まず、摂動のない状態のハミルトニアンを H_0、摂動を λ を 1 より非常に小さな数として λP で表そう。すると我々のハミルトニアンは λ の関数として一般に次のように書ける。

$$H(\lambda) = H_0 + \lambda P \tag{5-67}$$

新しい固有状態も固有値も λ の関数であるはずだから、我々の新しいシュレディンガー方程式は次のような形を有しているはずだ。

$$H(\lambda)|\Psi(\lambda)\rangle = \varepsilon(\lambda)|\Psi(\lambda)\rangle \tag{5-68}$$

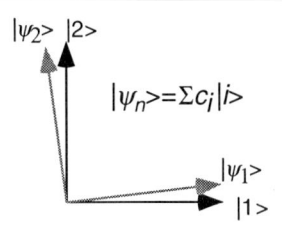

図 5.9 新しい直交系を古い直交系により構築する

ここで、摂動のない状態の基底と固有エネルギーを量子数 n を用いて次のように表しておく。

$$\text{状態ベクトル}\quad :\{|0\rangle, |1\rangle, |2\rangle, |3\rangle, \ldots, |n\rangle, \ldots\} \tag{5-69}$$

$$\text{固有エネルギー}:\{E_0, E_1, E_2, E_3, \ldots, E_n, \ldots\} \tag{5-70}$$

次に、摂動のあったとき、n 番目の固有値と固有エネルギーを次のように表せると仮定する。

$$\varepsilon_n(\lambda) = \varepsilon_{n,0} + \lambda \varepsilon_{n,1} + \lambda^2 \varepsilon_{n,2} + \cdots + \lambda^i \varepsilon_{n,i} + \cdots \tag{5-71}$$

$$|\Psi_n(\lambda)\rangle = |\kappa_{n,0}\rangle + \lambda|\kappa_{n,1}\rangle + \lambda^2|\kappa_{n,2}\rangle + \cdots + \lambda^i|\kappa_{n,i}\rangle + \cdots \tag{5-72}$$

サブスクリプト n は新しい n 番目の量子状態について考えていることを示し、i は i 次の近似項であることを示す。たとえば、$\varepsilon_{n,2}$ と $|\kappa_{n,2}\rangle$ はそれぞれ新しい n 番目の量子状態に関するエネルギーの 2 次の近似項と状態ベクトルである。今から我々は、これらを摂動の無い状態の解 E_n と $|n\rangle$ で表そうとしているわけだ。λ は小さいのだから、i の値の小さなものほど重要である。

最初にゼロ次の項から考える。0 次の近似とは (5-71) の第 1 項であり、$\lambda \to 0$ の極限でもある。すなわち、つまり、摂動のない解そのものである。したがって、n 番目の量子状態について直ちに次の結果が求まる。

$$\varepsilon_n^0 = E_n \tag{5-73}$$

$$|\kappa_{n,0}\rangle = |n\rangle \tag{5-74}$$

何のことはない。0 次の近似解とは摂動のない固有状態そのものだ。

ここで、少しわき道にそれるが、後のための準備として、新しい固有状態が $|\Psi_n(\lambda)\rangle$ が規格化されていることを要求しておこう：

$$1 = \langle \Psi_n(\lambda) | \Psi_n(\lambda) \rangle = \langle \kappa_{n,0} | \kappa_{n,0} \rangle + \lambda \big(\langle \kappa_{n,0} | \kappa_{n,1} \rangle + \langle \kappa_{n,1} | \kappa_{n,0} \rangle \big) + \lambda^2 (\cdots) + \cdots \qquad (5\text{-}75)$$

これが λ の値とかかわりなく成立するためには、λ^i がかかっている各項がゼロである必要があり、

$$\langle \kappa_{n,0} | \kappa_{n,0} \rangle = \langle n | n \rangle = 1 \qquad (5\text{-}76)$$

$$\langle \kappa_{n,0} | \kappa_{n,1} \rangle + \langle \kappa_{n,1} | \kappa_{n,0} \rangle = \langle n | \kappa_{n,1} \rangle + \langle \kappa_{n,1} | n \rangle = 0 \longrightarrow \langle \kappa_{n,1} | n \rangle = 0 \qquad (5\text{-}77)$$

などが成立してなくてはならない。

さて、1次以上の近似項を求めるには摂動を取り入れたハミルトニアン（5-67）と λ で展開した近似解（5-71）をシュレディンガー方程式（5-68）に代入する。すなわち、

$$(H_0 + \lambda P)\big\{ |\kappa_{n,0}\rangle + \lambda |\kappa_{n,1}\rangle + \lambda^2 |\kappa_{n,2}\rangle + \cdots \big\} = \big\{ \varepsilon_{n,0} + \lambda \varepsilon_{n,1} + \lambda^2 \varepsilon_{n,2} + \cdots \big\} \big\{ |\kappa_{n,0}\rangle + \lambda |\kappa_{n,1}\rangle + \lambda^2 |\kappa_{n,2}\rangle + \cdots \big\}$$

$$(5\text{-}78)$$

が得られる。ここでこれを λ の次数で整理すると、

$$H_0 |\kappa_{n,0}\rangle + \lambda \big(H_0 |\kappa_{n,1}\rangle + P |\kappa_{n,0}\rangle \big) + \lambda^2 (\cdots) + \cdots = \varepsilon_{n,0} |\kappa_{n,0}\rangle + \lambda \big(\varepsilon_{n,1} |\kappa_{n,0}\rangle + \varepsilon_{n,0} |\kappa_{n,1}\rangle \big) + \lambda^2 (\cdots) + \cdots$$

$$(5\text{-}79)$$

となるが、ここでこの等式は λ の値の如何にかかわらず成立しなくてはならない。したがって、我々は λ の各項について次の等式を要求する。

$\lambda=0$ の項から： $\quad H_0 |\kappa_{n,0}\rangle = \varepsilon_{n,0} |\kappa_{n,0}\rangle \qquad (5\text{-}80)$

これは先に求めた摂動のない状態に対応する方程式であり、解は（5-73）と（5-74）によりすでに与えられている。一方、次の等式が1次の摂動エネルギーと状態の補正項を与える。

$\lambda=1$ の項から： $\quad H_0 |\kappa_{n,1}\rangle + P |\kappa_{n,0}\rangle = \varepsilon_{n,1} |\kappa_{n,0}\rangle + \varepsilon_{n,0} |\kappa_{n,1}\rangle \qquad (5\text{-}81)$

これから、エネルギーを求めるにはブラ $\langle \kappa_{n,0} | (= \langle n |)$ を上式の両辺にかける。すると

$$\langle \kappa_{n,0} | H_0 | \kappa_{n,1} \rangle + \langle \kappa_{n,0} | P | \kappa_{n,0} \rangle = \langle \kappa_{n,0} | \varepsilon_{n,1} | \kappa_{n,0} \rangle + \langle \kappa_{n,0} | \varepsilon_{n,0} | \kappa_{n,1} \rangle \qquad (5\text{-}82)$$

となる。ここで、ハミルトニアンのエルミート性から左辺第1項におけるハミルトニアンをブラ $\langle \kappa_{n,0} |$ に作用させることができ、$\langle \kappa_{n,0} | \varepsilon_{n,0}$ が得られる。よって（5-82）の左辺第1項と右辺第2項はキャンセルする。さらに右辺第1項のブラとケットは、摂動のない状態、すなわち $\langle n |$ と $|n\rangle$ にほかならないから（(5-74)）、結局、固有エネルギーの1次の補正項として次式を得る。

$$\underline{\varepsilon_{n,1} = \langle n | P | n \rangle} \qquad (5\text{-}83)$$

次に状態ベクトルを求めるには、再度（5-81）の両辺に n 番目以外のブラ $\langle m | (m \neq n)$ をかける。

$$\langle m | H_0 | \kappa_{n,1} \rangle + \langle m | P | n \rangle = \langle m | \varepsilon_{n,1} | n \rangle + \langle m | E_n | \kappa_{n,1} \rangle \qquad (5\text{-}84)$$

ここで0次の項に関しては（5-73）および（5-74）を用いている。先ほどと同様に左辺第1項におけるハミルトニアンをケットではなくブラ $\langle m |$ に作用させ、また、$|m\rangle$ と $|n\rangle$ とが直交していることを用いると次式が得られる。

$$\langle m | \kappa_{n,1} \rangle = \frac{1}{E_n - E_m} \langle m | P | n \rangle \qquad (5\text{-}85)$$

さて、ここで $\{|i\rangle\}$ は直交完全系であったことを思い出そう。すなわち、任意の関数は $\{|i\rangle\}$ で展開できる。もちろん、今、我々が考えている1次の補正項である $|\kappa_{n,1}\rangle$ もだ。すなわち、

$$|\kappa_{n,1}\rangle = \sum_m c_m |m\rangle \tag{5-86}$$

と書ける。今、上の式の両辺にブラ $\langle m|$ をかけてみると、$\{|i\rangle\}$ が直交系であることから、

$$c_m = \langle m|\kappa_{n,1}\rangle \tag{5-87}$$

に求まる。すなわち、(5-85) は 1 次の補正項 $|\kappa_{n,1}\rangle$ を我々の $\{|i\rangle\}$ で展開したときの展開係数を与える。また、ここで c_n は (5-77) からゼロである。したがって、次の1次の補正項を得る。

$$|\kappa_{n,1}\rangle = \sum_{m \neq n} \frac{\langle m|P|n\rangle}{E_m - E_p}|m\rangle \tag{5-88}$$

結局、1次までのエネルギーと状態ベクトルは次のようにまとめられる。

$$\varepsilon_n(\lambda) = E_n + \langle n|P|n\rangle + O(\lambda^2) \tag{5-89}$$

$$|\psi_n(\lambda)\rangle = |n\rangle + \sum_{m \neq n} \frac{\langle m|P|n\rangle}{E_n - E_m}|m\rangle + O(\lambda^2) \tag{5-90}$$

つまり縮退のない場合、量子数 n に対応する固有エネルギーの 1 次の補正項は、単に、摂動のない固有状態 $|n\rangle$ の摂動に対する期待値である。また、この方法が有効であるためには摂動の大きさ P は摂動のない固有エネルギー間の差（$E_n - E_m$）に対して十分小さくなくてはならない。

問題 5.7 井戸型ポテンシャルが次のように与えられている。A が小さいとして、基底エネルギー E_0（$n=0$）を 1 次の摂動法により求めよ。

$$V(x) = \begin{cases} Ax & (0 \leq x \leq a) \\ \infty & (x < 0, a < x) \end{cases}$$

5.5.2 変分法

時間に依存しないある未知の系を考えよう。この系の固有状態は直交完全系 $\{|i\rangle\}$ により記述され、対応する一連の固有エネルギーも存在しているはずだ。ところが我々はこの $\{|i\rangle\}$ の形を見いだせず、したがって、基底状態（$n=0$）の固有エネルギーもわからないとする。

しかたがないので、基底状態を記述する試行関数として $|\Psi_0\rangle$ を「えいやっ！」と書き下そう。この状態の基底エネルギーを ε_0 と置くと、真の基底エネルギー E_0 に対して、

$$\varepsilon_0 = \frac{\langle \Psi_0|H|\Psi_0\rangle}{\langle \Psi_0|\Psi_0\rangle} \geq E_0 \tag{5-91}$$

が常に成立している、というのが固有値問題における変分法からの帰結である。また、等号は $|\Psi_0\rangle$ が真の基底状態ベクトルに等しいときのみ成立する。

これを証明するためには、まず、我々の系が境界条件によって制約を受けている固有値問題であり、任意の関数は直交完全系 $\{|i\rangle\}$ で展開できるという基本事項から出発する。すなわち、われわれが仮定した $|\Psi_0\rangle$ は、好むと好まざろうと、先に見たように、必ず $\{|i\rangle\}$ で展開できる。

$$|\Psi_0\rangle = \sum_i c_i |i\rangle \tag{5-63}$$

我々が、係数の組 $\{c_i\}$ を知らないだけだ。この未知の係数を用いて、（5-91）の分子をあらわに書き下すと、

$$\langle\Psi_0|H|\Psi_0\rangle = \sum_i \left(|c_i|^2 E_i\right) \geq E_0 \sum_i |c_i|^2 \quad (\because E_i > E_0, \ i \neq 0) \tag{5-92}$$

となる。すなわち、$|\Psi_0\rangle$ が本当の基底状態に等しくない限り、$|\Psi_0\rangle$ が与える H の期待値は、必ず、真の基底エネルギー E_0 より大きくなる。言い換えると、どのようにいいかげんに $|\Psi_0\rangle$ を書き下しても、その期待値は E_0 という下限を持っていることになる。

このような理由から、<u>何らかの方法でもっともらしい試行関数をまず作り、その値が何らかの方法（通常は偏微分をして極小値をとる）でもっと小さくなれば、それは真の値により近づいている</u>、ということが保証されている。言い換えると、試行関数により基底状態のエネルギーをあるパラメータとして与え、さらに、そのパラメータを改善することにより、試行関数と固有エネルギーの精度を同時に高めることが、固有値問題においては常に可能である。この方法を変分法（variational method）と呼ぶ。

問題 5.8 区間 $[0,a]$ において定義されている底がフラットな井戸型ポテンシャル（5-19）に戻ろう。ここで、次に与えられる規格化された2次曲線による試行関数を用い、基底エネルギーを求めよ。また、（5-91）を確認せよ。

$$|f\rangle = \sqrt{\frac{30}{a^5}}(ax - x^2)$$

5.6 対称操作と量子力学

この章の最後に、対称操作と固有状態の関係について考えよう。簡単のため直交座標系にある物体があり、観測者はこの座標系にすわってハミルトニアン H という測定器によって物体のエネルギーを測っているとする。また、この観測者は同時に対称操作 R という器械を持ち、物体に対称操作を施すことができるとする（図5.10）。

さて、最初の物体の状態が $|\Psi\rangle$ で記述されているとすれば、対称操作を施してからエネルギーを測定しようと、エネルギーを測定してから対称操作を施そうと、同じエネルギー固有値が得られなくてはならない。すなわち、

$$HR|\Psi\rangle = RH|\Psi\rangle \tag{5-93}$$

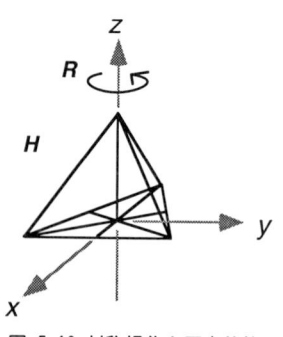

図 5.10 対称操作と固有状態

言い換えると、H と R は交換する。

$$[H, R] = 0 \tag{5-94}$$

一般に交換する二つの演算子 A, B に関しては次の重要な定理が存在する。

（1）$|\Psi\rangle$ が A の固有ベクトルであるならば、$\{B|\Psi\rangle\}$ も A の固有ベクトルであり、同じ固有値を与える。

（2）A と B に共通な固有ベクトルからなる正規直交系を必ず構築できる。

この節の最初に述べた観測者が行ったことは定理(1)そのものである。すなわち、

$$H|\Psi_n\rangle = E_n|\Psi_n\rangle \xrightarrow{R} H[R|\Psi\rangle]_n = E_n[R|\Psi\rangle]_n \tag{5-95}$$

を意味している。さらに n 番目の固有値に対して $|\Psi_n\rangle$ が縮退していないときは、両者の固有ベクトルは定数を除いて一致するので定理（2）も明らかだ。一方、縮退のある時は固有値 E_n を与える固有ベクトルによって張られる状態空間（これを部分空間という）内で、R に対して必ず対角化が可能であり、したがって A と B に共通な固有ベクトルを見つけることができる。

多少まどろっこしくなったかもしれないが、我々がこれから先に進むのに、最も重要な結論は H と R、すなわちハミルトニアンと対称操作は常に同じ基底を持ちえるということである。したがって、固有状態と既約表現とは一対一の関係にある。

最後に、対称操作 R の固有値とは何か考えてみよう。簡単のため、縮退のない状況を考える。まず、その固有値を r と置いてみる。

$$R|\Psi\rangle = r|\Psi\rangle \tag{5-96}$$

右辺全体が定常状態のシュレディンガー方程式を満たしており、かつ、規格化されているから、

$$\langle\Psi|r^*r|\Psi\rangle = r^*r\langle\Psi|\Psi\rangle = r^*r = 1 \tag{5-97}$$

が成立してなくてはならない。よって r は次の値をとることができる：

$$r = \pm 1 \tag{5-98}$$

言い換えると、対称操作の表現マトリックスは +1 か –1 でなくてはならない：

$$R|\Psi\rangle = \pm 1|\Psi\rangle \tag{5-99}$$

ここにでてきた ±1 というのがそのままキャラクター表の +1 や –1 に対応していると考えてもよい。縮退のない状態ではキャラクターが対称操作を現す 1×1 マトリックスそのものであり、結局、キャラクターそのものが符号の変化を示しているからだ。

上の例では r が実数だったが本当は絶対値が 1 の複素数で書けるはずである。すなわち、

$$r = e^{\theta \pi i} \tag{5-100}$$

したがって、(5-99)は、より一般には次のようになる。

$$R|\Psi\rangle = e^{\theta \pi i}|\Psi\rangle \tag{5-101}$$

巡回群の場合がこれに相当し、第10章で改めて述べる。

この章のまとめ

- 状態ベクトルと状態ベクトルで張られる空間
- シュレディンガー方程式と固有状態
- 完全直交系
- CSCO(Complete Set of Commuting Observables)：交換するオブザーバブルの完全な集合
- 摂動法と変分法
- 量子力学と対称性：固有状態と既約表現

第6章　球対称場における原子の状態

For light atoms, however, say with atomic number Z<40, the total angular momentum and total spin angular momentum are almost separately conserved, and so L and S are almost "good" quantum numbers.

D.A. McQuarrie　"Quantum Chemistry"

前章で学んだ量子力学の基本的な考え方を原子核を取り巻く電子に適用しよう。微分方程式を解くことは一切行わないが、状態空間の概念には忠実に従いたい。そして一電子問題の解に基づいて、多電子系状態を記述する方法を学ぶ。

6.1　中心力の場

身近な中心場が作用している系を考えよう。たとえば、あなたが今、立っている（すわっている）地球。地球とあなたの間には万有引力が働いている。地球の中心に質点があり、あなたの中心に質点があり、その2点間に働いている

$$F = -G\frac{Mm}{r^2} \tag{6-1}$$

という力だ。宇宙を回るスペースシャトルにも同じ力が働いている。上の式を見ればわかるとおり、2点間に働く力は2点間の距離のみの関数である。これを中心力の場という。中心力の場は等方的である。上も下もない。あるのはお互いの距離だけである。何と不思議な世界であろうか。

中心力の場における物体の運動を記述するするためには、どのような座標系と量を用いるべきであろう？　ヒモの先に重りをぶら下げてくるくる回してみればわかるが、中心力の場では x, y, z という座標よりは、原点からの距離と角度を規定する方がずっとすっきりする。また、中心力の場では、中心の周りをどれだけの勢いでぐるぐる回っているか、ということが重要である。そこで、今後、物体の位置を表すのに (r, ϕ, θ) という球座標系を用い（図 6.1）、また、ぐるぐる回る「いきおい」を我々は**角運動量**（angular momentum）をもって定量的に表す。古典力学を勉強した人は角運動量はそもそも等方的な場における保存量であることを思い出すとよい。

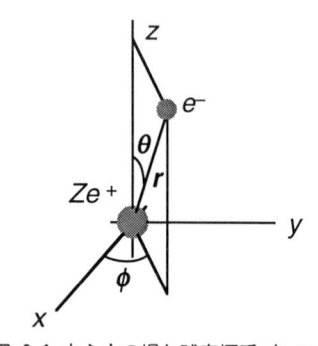

図 6.1 中心力の場と球座標系 (r, θ, ϕ)

さて、先に見たように、この角運動量を量子力学の立場から考えると、L_x とか L_y とかといった角運動量の各成分は互いに交換しないので、これらの量を同時に用いて状態を規定することはできない。すなわち、これらの成分は CSCO をなさない（5.4.3 節）。一方、角運動量の絶対的な大きさを示す L^2 と角運動量の任意の一方向の成分に対応するオブザーバブルとは互いに交換し、CSCO をなすのであった（5-58）。通常、角運動量の方向を示すオブザーバブルとしては L_z を選ぶので、我々は、

$$\{H, L^2, L_z\} \tag{6-2}$$

を状態を規定する CSCO として選ぼう。すなわち、エネルギーと角運動量の大きさとその方向を指定すれば、中心場に存在する物体の状態は記述できる。

最初に L^2 と L_z との固有値を天下り的に与えたい。なぜなら、この二つの量は微分方程式など一切、解かなくとも、前章で求めた角運動量における交換関係（問題 5.6）だけから出発して、

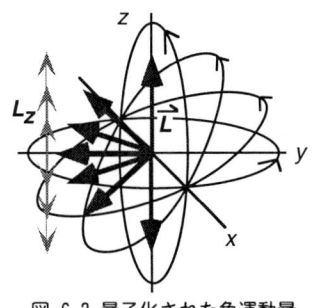

$$L^2|l,m\rangle = l(l+1)\hbar^2|l,m\rangle$$
$$L_z|l,m\rangle = m\hbar|l,m\rangle \quad (6\text{-}3)$$

図 6.2 量子化された角運動量

となることがわかっているからだ（たとえば C.Cohen-Tannoudji, *et al.*）。ここで l のとれる値は 0, 1/2, 1, 3/2, 2, ... であること、また m は $-l, -l+1, ... , l-1, l$ であること、つまり、後者は全部で $(2l+1)$ の異なった値をとることが角運動量の一般論から導かれている。したがって l が整数（分数）であれば m の値もすべて整数（分数）となる。なんだかごまかされたような気もするが、我々はその物理的意味を考えることによりこの結果を受け入れ、前に進むこととしよう。(6-3) のおおよそ意味するところを図 6.2 に示してみた。

まず、角運動量の方向とは図のように軌道面と垂直にとられることを確認したい。すると L^2 の大きさが $l(l+1)\hbar^2$ であり、かつ、z 方向の成分はその l から出発して $\hbar$ 分だけ異なった値しかとれないということを (6-3) は物語っている。

これらのオブザーバブルを我々の座標系であらわに書くためには前の章でやったように古典的に表された角運動量 (5-52) を球座標系で表せばよい。詳細は解析学の教科書に任せるとして結果は次のようになる。

$$L^2 = -\hbar^2\left(\frac{\partial^2}{\partial\theta^2} + \frac{1}{\tan\theta}\frac{\partial}{\partial\theta} + \frac{1}{\sin^2\theta}\frac{\partial}{\partial\phi^2}\right)$$
$$L_z = \frac{\hbar}{i}\frac{\partial}{\partial\phi} \quad (6\text{-}4)$$

我々はこの式を直接用いないが、あとで球座標系で表したハミルトニアン中にこの形がでてくる。

6.2 一電子系の固有状態

さて、孤立した原子では電子が原子核の周りを回っており、2 点間に働く力は電気的なクーロン力である。すなわち、質点間に働く力は

$$F = -\frac{Ze^2}{r^2} \quad (6\text{-}5a)$$

と書ける。ポテンシャルで表すと、

$$V(r) = -\frac{Ze^2}{r} \quad (6\text{-}5b)$$

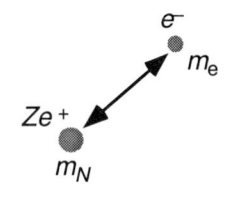

図 6.3 原子核と電子間のクーロン力

となる。ここで、Z は原子核の原子番号である。これからしばらく、どのような原子であっても電子が 1 個しかない状態について考える。これを一電子問題 (one electron problem) という。

一電子状態における系のハミルトニアンは原子核と電子の二体運動であり、定常状態のシュレディンガー方程式は、それぞれの質量を m_N と m_e と置いて、次のようになる。

第6章 球対称場における原子の状態

$$\left\{-\frac{\hbar^2}{2m_N}\nabla^2 - \frac{\hbar^2}{2m_e}\nabla^2 - \frac{Ze^2}{r}\right\}|\Psi\rangle = E|\Psi\rangle \tag{6-6}$$

この方程式を解くためには、原子核と電子との換算質量（reduced mass）μ を求め、ラプラシアン（Laplacian）を一つにまとめて行うのが常套手段であるが、ここでは原子核の質量は電子の質量に比べて格段に大きい（$m_N \gg m_e$）ことを利用して、

$$\mu \fallingdotseq m_e \tag{6-7}$$

と置いて（すなわち、(6-6)式の第1項を省略して）議論を進めよう。

すると、(6-6)式は球座標系で次のように書かれる。

$$\left\{-\frac{\hbar^2}{2m_e}\left[\frac{1}{r}\frac{d^2}{dr^2}r + \frac{1}{r^2\sin\theta}\frac{\partial}{\partial\theta}\left(\sin\theta\frac{\partial}{\partial\theta}\right) + \frac{1}{r^2\sin^2\theta}\frac{\partial^2}{\partial\phi^2}\right] - \frac{Ze^2}{r}\right\}|\Psi\rangle = E|\Psi\rangle \tag{6-8}$$

（これも単にラプラシアンを球座標系で表しただけなので、あまりこだわらないこと。このような変換は、たとえば電磁気学の教科書に詳しく書いてある。）この式と L^2 に相当する演算子の表式(6-4)とを見比べると都合のよいことに、直ちに次のように書けることに気がつく。

$$\left\{-\frac{\hbar^2}{2m_e}\frac{1}{r}\frac{\partial^2}{\partial r^2}r + \frac{L^2}{2m_e r^2} - \frac{Ze^2}{r}\right\}|\Psi\rangle = E|\Psi\rangle \tag{6-9}$$

つまり、ハミルトニアンうち、角度（θ, ϕ）に依存する部分はすべて角運動量の大きさを示す演算子(6-4)に含まれ、エネルギー固有値そのものには、あらわな形で入ってこないのだ。これはエネルギーはぐるぐる回る勢いに依存するとしても、その角度には直接依存しないという我々の直感と一致している。

また、L^2 の固有値は $l(l+1)\hbar^2$ でなければならないことが、角運動量の一般論からの帰結であったから L^2 という演算子を $l(l+1)\hbar^2$ という値でもって置き換えても一向に構わない。もちろん、その結果としてエネルギー固有値は l の値に従属することになる。

要するに、(6-8)式は次のような r 方向のみの方程式となる。r 方向のみの方程式だからその解も r 方向の分布を表す状態ベクトルに対応した関数に違いない。そこで、そのような関数に対応する状態ベクトルを $|R\rangle$ で表そう。

$$\left\{-\frac{\hbar^2}{2m_e}\frac{1}{r}\frac{\partial^2}{\partial r^2}r + \frac{l(l+1)\hbar^2}{2m_e r^2} - \frac{Ze^2}{r}\right\}|R\rangle = E|R\rangle \tag{6-10}$$

このように角運動量を組み込むことにより、シュレディンガー方程式は r のみの1次元の方程式となってしまった。さらに角運動量を形式的にポテンシャルに組み込んでしまうことも可能である。すなわち、次の有効ポテンシャルが存在すると考えてもよい。

$$V_{\text{eff}}(r) = \frac{l(l+1)\hbar^2}{2m_e r^2} - \frac{Ze^2}{r} \tag{6-11}$$

この第1項がぐるぐる回って遠くに行こうとする遠心力を、第2項がそれを引き止めようとする中心力を、それぞれ与えるポテンシャルである（図6.4）。$l=0$ の場合、クーロンポテンシャルが電子の感じるポテンシャルそのものであるが、$l=1$ だと有効ポテンシャルは有限の r において極小を持つ。

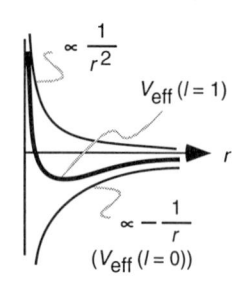

図 6.4 角運動量と有効ポテンシャル

問題 6.1 $l=2$ の場合に電子が感じる実効的なポテンシャルを定性的に示せ。極小値はどこか？

以下の議論は軽く読み流すだけで、固有状態が図 6.5 に示す構造を、および各状態が（6-16）に示した量子数で規定されてることを認めて、先に進んでもらってかまわない。

動径方向の方程式（6-10）は、$r\to\infty$ の極限で関数の値がゼロになるという境界条件のもとに解かれるから、得られる固有状態は離散化し、何かある量子数で特徴づけられているに違いない。これは動径量子数 n_r と呼ばれ、ゼロかゼロより大きな整数であることがわかっている。さらに、方程式自身に l が入っていることから、この n_r も l に依存するだろう。すなわち、我々が目指す解は、境界条件からくる量子数と、もともとの方程式が l を含むことからくる量子数という、二つの量子数によって特徴づけられている。さらにエネルギー固有値は、両者の束縛を受け、$n=n_r+l+1$ で与えられる主量子数（principal quantum number）n により決まる。また、$n_r\geq 0$ であることより、軌道角運動量 l は $l=n-1, n-2, ..., 0$ の値しかとれない。

通常は、n_r ではなく、n と l を用いて動径方向の状態ベクトルを記述する。そこで我々も、とりあえず、これを $|R_{n,l}\rangle$ で表そう。この状態ベクトルは $r:[0, \infty]$ の区間において、

$$\langle R_{n,l}|R_{n',l'}\rangle = \delta_{nn'}\delta_{ll'} \quad (l=n-1, n-2, ..., 0; \quad l'=n'-1, n'-2, ..., 0) \tag{6-12}$$

と規格化された完全直交系をなすはずだ。

一方、(θ, ϕ) 方向の解は固有値として L^2 を与える。先にも述べたように、角運動量に関する一般論から、(θ, ϕ) 方向の解に対応する状態ベクトルは二つの量子数 l と m とで指定されるので、これを $|l, m\rangle$ と呼ぶことにしよう。これは（6-4）から次の固有方程式を満たしている。

$$-\hbar^2\left(\frac{\partial^2}{\partial\theta^2}+\frac{1}{\tan\theta}\frac{\partial}{\partial\theta}+\frac{1}{\sin^2\theta}\frac{\partial}{\partial\phi^2}\right)|l,m\rangle = L^2|l,m\rangle \tag{6-13}$$

ここで、この方程式を解くのも一案であるが、先にも述べたように角運動量に関する一般論から $l(l+1)\hbar^2$ という解が存在することがわかっているので、我々はそれを受け入れよう。むしろ、（6-13）のようにあらわに書かれた方程式はその一つの表現形だと考えた方がよい。（たとえば、スピンのように微分方程式の形に書けない角運動量も存在する（相対論が必要）。）そこで、ここで得られる角運動量を特に**軌道角運動量**（orbital angular momentum）と呼ぼう。この量は**軌道量子数** l（orbital quantum number）により特徴づけられている。また、L^2 の最後の項が L_z の表式を含まんでいることからも予想がつくように、この解は l に依存するもう一つの量子数 m を含んでいる。この m を**磁気量子数**（magnetic quantum number）と呼ぶ。図 6.2 に示したように m は

$$m = 0, \pm 1, \pm 2, \pm 3, ..., \pm l$$

の値をとる。l は一般には、整数かあるいは 1/2 の整数倍の数であるが、軌道角運動量に関しては ϕ 方向の境界条件（ϕ 方向にぐるっと一回りして波動関数は連続でなくてはならない）：

$$e^{2\pi i m} = 1 \tag{6-14}$$

から、m の値は整数であることがわかる。したがって量子数 l も整数である。また、軌道角運動量に関する固有状態を表す状態ベクトル $|l, m\rangle$ も規格化され、完全直交系をなしている。すなわち、

$$\langle l,m|l',m'\rangle = \delta_{ll'}\delta_{mm'} \quad (m=\pm l, \pm(l-1), ..., 0; \quad m'=\pm l', \pm(l'-1), ..., 0) \tag{6-15}$$

以上、天下り的ではあるが、中心場における状態は r, θ, ϕ という三つの異なった状態空間に存在する固有ベクトルで表され、それぞれ、n, l, m という次の関係にある量子数により特徴づけられていることがわかった。

第6章 球対称場における原子の状態

$$n = 1, 2, 3, 4, \ldots$$
$$l = 0, 1, 2, 3, \ldots, n-1 \qquad (6\text{-}16)$$
$$m = 0, \pm 1, \pm 2, \pm 3, \ldots, \pm l$$

これらの量子数に対応して固有値と状態ベクトル（固有関数）が存在する。また、n、l、m によって定められたそれぞれの状態空間を張る状態ベクトルは直交しているが、このことはマトリックスで考えるとわかりやすい（図6.5）。このように状態ベクトルが直交しているということはマトリックスの非対角要素がゼロであることと同値である。そして全体の固有状態$|\Psi\rangle$はCSCOをなす各オブザーバブルの固有状態の直積で規定される：

$$|\Psi\rangle = |R_{n,l}\rangle |l, m\rangle \qquad (6\text{-}17)$$

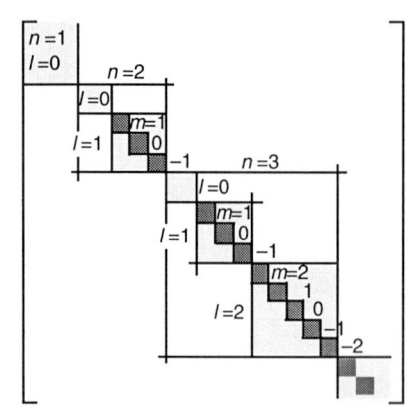

図 6.5 中心場における状態空間の構造

一般論の展開であったが、これで球対称の場における固有状態を表す波動関数の大まかな構造はわかった。方程式を解くことは量子力学の教科書に任せることとして、我々は結果を考えよう。

（i）動径方向

まずは r 方向の固有関数であるが、これは先に出てきた（6-10）を解くことによって求まる。次の表式が動径方向についての規格化された解である。

$$|R_{n,l}\rangle = R_{nl}(r) = -\sqrt{\left(\frac{2Z}{na_o}\right)^3 \frac{(n-l-1)!}{2n\{(n+l)!\}^3}}\, e^{-\frac{\rho}{2}} \rho^l L_{n+l}^{2l+1}(\rho) \qquad \left(\rho = \frac{2Z}{na_o} r\right) \qquad (6\text{-}18)$$

ここで r を規格化するための a_0 はボーア半径（Bohr radius）と呼ばれる基本的な量である：

$$a_0 = \frac{\hbar^2}{m_e e^2} = 0.529\,\text{Å} \qquad (6\text{-}19)$$

また、$L_p^q(\rho)$ はラゲルの陪多項式（associated Laguerre polynomials）と呼ばれ、次の形に表すことができる。

$$L_{n+l}^{2l+1}(\rho) = \sum_{k=0}^{n-l-1} (-1)^{k+2l+1} \frac{\{(n+l)!\}^2}{(n-l-1-k)!(2l+1+k)!\,k!} \rho^k \qquad (6\text{-}20)$$

そして肝心のエネルギー固有値は動径方向の状態を規定する量子数 n のみに依存し、その値は

$$E_n = -\frac{Z^2 \mu e^4}{2\hbar^2 n^2} \cong -\frac{Z^2 m_e e^4}{2\hbar^2 n^2} \qquad (6\text{-}21)$$

である。この n に対し、n 個の l と $2l+1$ 個の m が存在する。このように縮退度が異常に大きいのは、先にも述べたように、この系が球対称という高い対称性を有しているからだ。動径方向の波動関数は一口でいうと、このようにラゲルの陪多項式が指数関数でダンピングされた形をなす。

$$R_{10}(r) = (Z/a_o)^{3/2} \cdot 2 \cdot e^{-\rho/2}; \quad R_{20}(r) = \frac{(Z/a_o)^{3/2}}{2\sqrt{2}} \cdot (2-\rho) \cdot e^{-\rho/2};$$
$$R_{21}(r) = \frac{(Z/a_o)^{3/2}}{2\sqrt{6}} \cdot \rho \cdot e^{-\rho/2}; \quad R_{30}(r) = \frac{(Z/a_o)^{3/2}}{9\sqrt{3}} \cdot (6-6\rho+\rho^2) \cdot e^{-\rho/2}; \qquad (6\text{-}22)$$
$$R_{31}(r) = \frac{(Z/a_o)^{3/2}}{9\sqrt{6}} \cdot (4-\rho)\rho \cdot e^{-\rho/2}; \quad R_{32}(r) = \frac{(Z/a_o)^{3/2}}{9\sqrt{30}} \cdot \rho^2 \cdot e^{-\rho/2}; \ \ldots$$

しかし、この表式は複雑なだけでさっぱりイメージがわかないので、最初のいくつかの関数を具体的に描いてみよう。図 6.6 に波動関数および電子密度を示す波動関数を2乗した量を示す。主量子数 n がいくつの場合であっても、角運動量がゼロの s 軌道は原点上に有限の存在確率を持つのに対し、角運動量がゼロでない場合、原点上の電子の存在確率はゼロである。

これは有効ポテンシャル（図 6.4）のスケッチからもわかるように角運動量が少しでも存在すると中心での反発力は無限大になってしまうことと対応している。腕を広げてスピンを開始したスケート選手がその腕を小さくすることによって勢いを増すことと同じ現象だ。同様に、角運動量が大きければ大きいほど、電子の存在確率が最大となる半径は大きくなる。さらに、エネルギーが高い状態ほどノード（node、節）を多く持つのは一元井戸中の粒子の場合と同じだ。

この関数の形からもなんとなくわかるかもしれないが、これらの固有状態は互いに直交している。そしてそれらの状態は、主量子数 n の値そのものと角運動量の指標である l より与えられる s (sharp, l=0)、p (principal, l=1)、d (diffuse, l=2) などを用いて $2p$ 軌道とか $3d$ 軌道とか呼ばれる。つまり、軌道とは電子が占有しうる空間的状態のことだ。

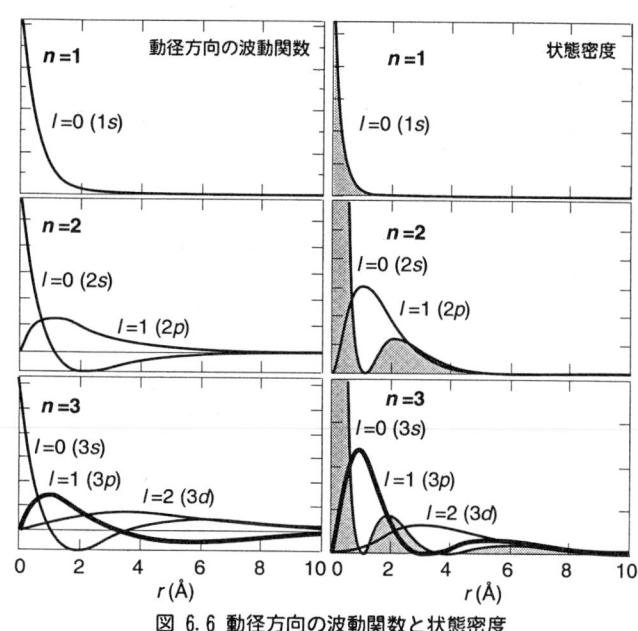

図 6.6 動径方向の波動関数と状態密度
($l = 0$ (s 軌道) の状態密度のみハッチングで示した)

(ii) (θ, ϕ) 方向

この二つの方向の分布はまとめて**球面調和関数**（spherical harmonics）として表される。

$$|l, m\rangle = Y_l^m(\theta, \phi) = \frac{(-1)^l}{2^l\, l!} \sqrt{\frac{2l+1}{4\pi} \frac{(l+m)!}{(l-m)!}}\, e^{im\phi} (\sin\theta)^{-m} \frac{d^{l-m}}{d(\cos\theta)^{l-m}} (\sin\theta)^{2l} \quad (6\text{-}23)$$

これもこのままでは、さっぱり実感がわかない。我々が使うのはせいぜい $l = 4$ 程度までなのでこちらのほうも、最初のいくつかを書き下してみよう。

$$l = 0: \quad Y_0^0 = \frac{1}{\sqrt{4\pi}}$$

$$l = 1: \quad Y_1^0(\theta, \phi) = \sqrt{\tfrac{3}{4\pi}} \cos\theta; \quad Y_1^{\pm 1}(\theta, \phi) = \mp\sqrt{\tfrac{3}{8\pi}} \sin\theta\, e^{\pm i\phi}$$

$$\begin{aligned}l = 2: \quad & Y_2^0(\theta, \phi) = \sqrt{\tfrac{5}{16\pi}}(3\cos^2\theta - 1); \\ & Y_2^{\pm 1}(\theta, \phi) = \mp\sqrt{\tfrac{15}{8\pi}} \sin\theta \cos\theta\, e^{\pm i\phi}; \quad Y_2^{\pm 2}(\theta, \phi) = \mp\sqrt{\tfrac{15}{32\pi}} \sin^2\theta\, e^{\pm 2i\phi}\end{aligned} \quad (6\text{-}24)$$

第6章 球対称場における原子の状態

図 6.7(a) 球面調和関数 Y_0^0 の広がり

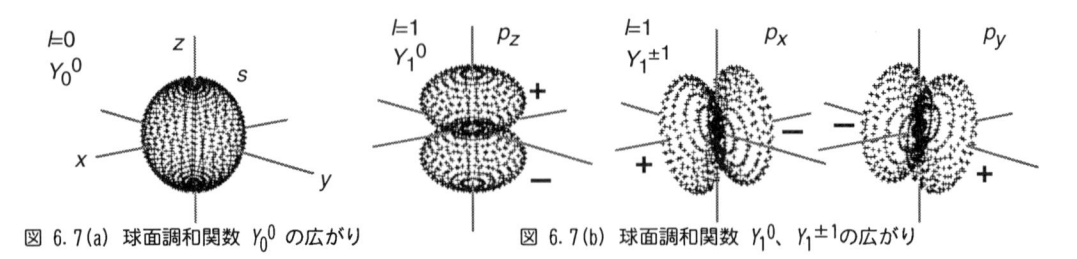

図 6.7(b) 球面調和関数 Y_1^0、$Y_1^{\pm 1}$ の広がり

図 6.7 にこれらの関数が等しい値を与える曲面をスケッチした。$l=0$ の状態は等方的である。したがって、動径方向の波動関数の大きさがそのまま等方的に広がり電子の波動関数となっている。実際の波動関数は動径方向と球面調和関数との積で表されるので、l の値にかかわらず図 6.7 は実際の電子の分布を示しているのではない。たとえば $2s$ 軌道では電子は二重の殻のような分布をしている。

一方、$l=1$ では原点がノードとなり符号が変わる。反転操作に対して符号が変わるといってもいい（図 6.7(b)）。つまり奇のパリティ（odd parity）を持つ。また、それぞれ x, y, z 方向に伸びているので p_x, p_y, p_z 軌道とも呼ばれる。p_x 軌道は決して x と等しいわけではないが、対称操作に対して座標 x のように振る舞う（符号を変える）ので p_x と呼ばれる。今後しばしば p_x 状態の基底が x であるというような短絡した議論が本書でも飛び交うが、その理由はこの対称性という観点にある。

同様のことは $l=2$ の状態、すなわち d 軌道に関してもいえる。まず、d 軌道の大きな特徴は反転操作に対して符号が変わらない、すなわち偶のパリティ（even parity）を有していることだ。$l=2$ の状態空間は m の値の異なった 5 個の状態ベクトルにより張られているが、それぞれの状態ベクトルに対応するのがここに示した 5 個の球面調和関数だ。$m=0$ の状態はよく d_{z^2} 軌道と呼ばれるが Y_2^0 の中に存在する $\cos^2\theta$ を展開してみればわかるとおり、この関数には x^2+y^2 という成分

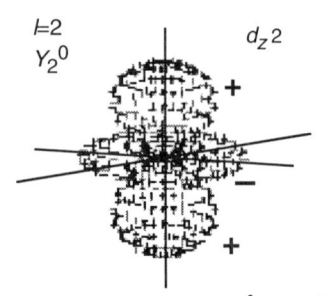

図 6.7(c) 球面調和関数 Y_2^0 の広がり

が含まれている。また、m の値が大きくなるに従って、$l=2$ のこれらの関数は z 軸と垂直な方向に大きな広がりを持つ。すなわち z 軸の周りを広がってぐるぐる回りだし、大きな L_z 成分を持つ。さらに d_{z^2} は z 軸方向に、$d_{x^2-y^2}$ は x および y 軸方向にそれぞれ広がりを有するが、他の三つの関数は各軸の間の方向に広がっていることに注意しよう（第 7 章）。

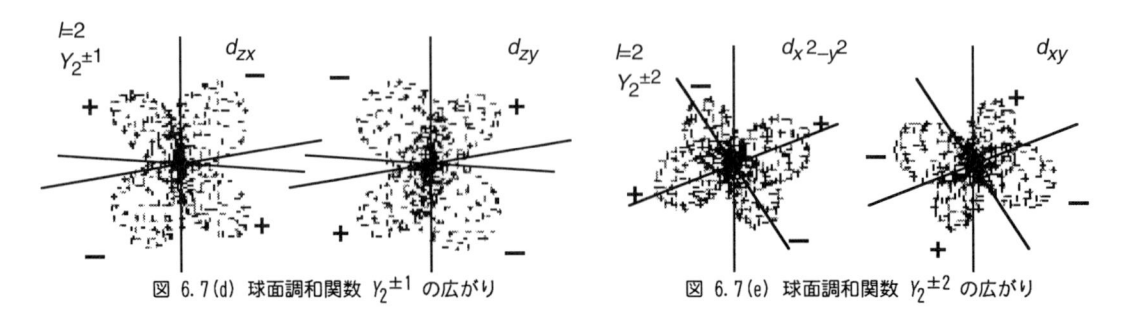

図 6.7(d) 球面調和関数 $Y_2^{\pm 1}$ の広がり

図 6.7(e) 球面調和関数 $Y_2^{\pm 2}$ の広がり

6.3 多電子系の取扱い

前節では原子核の周りに電子がたった一つだけ存在するときの電子の状態（軌道）を求めた。得られた状態は互いに直交し、量子力学の要請にかなった厳密なものである。しかしながら、大前提は電子がたった1個しかないことであり、このやり方で解けるのは水素原子や1価のヘリウムイオンの場合のみである。古典力学でもそうであるが、我々は解析的に三体問題を解くことはできない。したがって、多電子系を取り扱うには、いくつかの近似が必要である。ここでは一電子問題の解から出発して、物理的考察により実際の原子の中の電子の状態をどのように組み上げていくかを見てみよう。また、その過程で電子を正しく記述するのに必要なもう一つの状態量であるスピンを導入する。

6.3.1 軌道近似と電子配置

細かい数学に立ち入るつもりは毛頭ないが、我々の扱う物理的な描像をクリアにするために、まず、電子が多数存在するときのハミルトニアンを書き下してみよう（図6.8）。

$$H = -\frac{\hbar^2}{2m_N}\nabla^2 + \sum_n \left(-\frac{\hbar^2}{2m_e}\nabla_n^2 - \frac{Ze^2}{r_n}\right) + \sum_{n>m} \frac{e^2}{r_{nm}} \tag{6-25}$$

ここで r_n と r_{nm} は、それぞれ各電子の原子核からの距離と各電子の間の距離である。つまり、第3項は電子間のクーロン相互作用を示す。この項があるおかげで、多電子系の問題は本質的に多体問題なのである（だから解けない）。（仮に解けたとすれば、固有方程式の解はそれぞれの電子が無関係ではありえないことから、一般に次の形をとらなくてはならない。

$$|\Psi\rangle = |\Psi(\vec{r}_1, \vec{r}_2, \vec{r}_3, ...)\rangle \tag{6-26}$$

これではいたって面倒である。全体の波動関数はすべての電子に依存し、電子数が増えるごとに、我々は固有方程式を最初から解かなくてはいけないことになる。

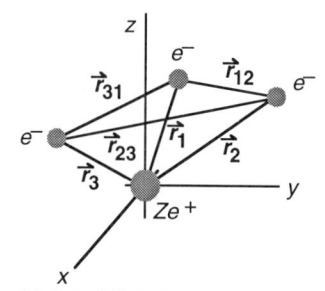

図 6.8 多電子系における相互作用

そこで、大胆ではあるが、<u>多電子系の状態が一電子状態の直積で表されるとまず考え、その後に、物理的視点からこのナイーブな描像を補正することとしよう</u>。すなわち、電子間の反発を無視し、次の状態ベクトルを我々の出発点とする。

$$|\Psi\rangle = |\Psi(\vec{r}_1)\rangle|\Psi(\vec{r}_2)\rangle|\Psi(\vec{r}_3)\rangle|\Psi(\vec{r}_4)\rangle \ ... \tag{6-27}$$

右辺における各状態は一電子問題において得られた解そのものである。すなわち、前章で得られた結果を用いれば、（6-27）の一つ目のケットは

$$|\Psi(\vec{r}_1)\rangle = |R_{n,l}(r_1)\rangle|Y_{l,m}(\theta_1, \phi_1)\rangle \tag{6-28}$$

となり、このような状態が電子の数だけあることになる。そしてこれらの解の単純な積（直積）が全体の波動関数を与えるというのである。したがって、<u>状態間の干渉は始めからまったく考慮されていない。そして、このようにして求めた一電子状態に一つずつ電子を入れて、全体としての原子を記述しよう</u>というのである。このような近似を*軌道近似*（orbital approximation）という。

この仮定に従えば、あとは簡単である。すなわち、一つひとつの状態は他の電子の存在をまったく考えない一電子問題の解であるから、すでに求めている $1s, 2s, 2p, ...$ という状態に電子が一つひとつ入ると考えればよい。したがって、いくつの電子がどの一電子状態に入るかを記述す

れば、我々の第一ステップは終わったことになる。結果はすでに高校の化学で習っているとおりである。すなわち、電子が $1s$ や $2s$ という状態にいくつ入っているかということを各状態のスーパースクリプトとして表す。例をあげると

$$(1s)^1 : \text{H の基底状態}$$
$$(1s)^2 : \text{He の基底状態}$$
$$(1s)^1(2s)^1 : \text{He の励起状態}$$
$$[\text{He}](2s)^1 : \text{Li の基底状態}$$

などである。これを*電子配置* (configuration) という。

<u>個々の電子状態自体が一電子近似によって求まったものであることに加えて、この記述は原子を構成する多数の電子が各軌道にどのように入っているか、ということに触れていない。</u>たとえば、炭素の基底状態は

$$[\text{He}](2s)^2(2p)^2$$

であるが、今から見るように p 軌道に 2 個の電子を収容する方法は 15 の異なったやり方がある。さらに、エネルギー的にも $[\text{He}](2s)^2(2p)^2$ で表された配置には三つの異なったレベルが存在する。すなわち、高校で習った電子の配置はユニークな多電子系固有状態には対応しない。それでは固有状態を求めるために、やはり、解けもしない固有方程式に立ち向かうのか？ というとそうではない。我々は次節以下で、多電子系固有状態の持つべき性質を定性的に考え、一電子系の直積による固有状態 (6-27) に修正を加えることにより現実の多電子系固有状態を表していく。

6.3.2 スピンとパウリの排他律

ここでスピン (spin) を導入しなくてはならない。スピンは電子に限らず、中性子などの素粒子が持つ基本的な量であることをここでは受け入れよう。スピンは素粒子固有の角運動量であり、大きさと方向を持つ。先に示したように量子力学において角運動量はその大きさと一つの方向しか規定できず、スピンとて例外ではない。すなわち、スピンを正確に記述するには大きさ S と z 方向の成分 S_z を与える演算子が必要であり、それらに対応する固有状態は次のように表される。

$$\begin{aligned} S^2|s, m_s\rangle &= s(s+1)\hbar^2|s, m_s\rangle \\ S_z|s, m_s\rangle &= m_s\hbar|s, m_s\rangle \end{aligned} \tag{6-29}$$

電子のスピンの大きさは $1/2\,\hbar$ であり、磁気量子数は $\pm 1/2$ である。すなわち、電子のスピンは上を向いた状態か下を向いた状態のいずれかでしかない。ここではそれぞれの状態を

$$|\uparrow\rangle, \ |\downarrow\rangle \tag{6-30}$$

という二つの状態ベクトルで表すこととしよう。これらのベクトルは直交しており、次の関係が成立している。

$$\begin{aligned} S_z|\uparrow\rangle &= \tfrac{1}{2}\hbar|\uparrow\rangle, \quad S_z|\downarrow\rangle = -\tfrac{1}{2}\hbar|\downarrow\rangle \\ \langle\uparrow|\uparrow\rangle &= \langle\downarrow|\downarrow\rangle = 1; \quad \langle\uparrow|\downarrow\rangle = 0 \end{aligned} \tag{6-31}$$

さて、スピンという属性を持つ電子は各軌道状態に上向きのものが一つ、下向きのものが一つ

しか入ることができないというのがパウリの排他律（Pauli exclusion principle）である。ちなみにヘリウム原子に存在する二つの電子は基底状態と励起状態において、たとえば、図 6.9 のような配置をとる。

図 6.9 二つの電子の配置の仕方の例

この図において $2s$ 状態のエネルギーが $2p$ 状態のエネルギーより低く描かれているが、一電子近似ではエネルギーは主量子数 n にのみ依存し、したがって両者のエネルギーレベルは同一だったはずだ（すなわち縮退している）。しかし、多電子系固有状態では上図のように $2s$ 状態のエネルギーの方が低くなる。その主な理由を次節で説明する。また、励起状態を示す図(b), (c) には二つの電子のスピンが反平行に配置しているものと平行に配置している場合を示した。この両者ともパウリの排他律を満たしており、$(1s)^1(2s)^1$ という同一の「配置」で示されるがそのエネルギーは異なる。この事情をその次に述べる。

6.3.3　内殻の電子によるクーロン場の遮へい

$2s$ と $2p$ という状態の r 方向の波動関数の広がりを思い出そう（図 6.6）。$2p$ では電子は角運動量を有しているので外側に広がっている。今、$2s$ と $2p$ という二つの状態に電子が一つずつ入っているとしよう。このとき、$2p$ に入っている電子が原子核から受けるクーロン力は、その内側にある $2s$ に入っている電子のおかげで弱まっているはずだ。つまり、$2p$ 電子から見た原子核の実効的な電荷を Z_{eff} とすると、この値は原子核が本来有する Z より小さい。通常、どれくらい小さくなっているかを*遮へい定数*（shielding constant）σ を用いて評価する。

$$Z_{\text{eff}} = Z - \sigma \tag{6-32}$$

電子の持つエネルギーは一電子系のところで見たように電子が感じる電荷の 2 乗に比例するから(6-21)、実効的な電荷が小さければエネルギーの(絶対)値もより小さくなるわけだ。

6.3.4　フントの第一法則

$(1s)^1(2s)^1$ という配置を考えよう。スピンを考えるとこの配置には図 6.9(b)と(c)に示したように反平行と平行という二つの異なった状態が対応する。ここでパウリの排他律を適用してエネルギーを定性的に考えよう。この排他律により、平行なスピンが同一

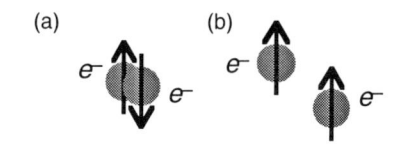

図 6.10 パウリの排他律とクーロンエネルギー

の場所に存在することはありえない。一方、反平行の場合は排他律は適用されないから二つの電子が同一の場所に存在する確率もありうる。この状況を図 6.10 に模式的に示した。この両者のクーロンエネルギーを比べてみると、<u>平均してスピンが反平行の場合(a)の方が二つの電子が接近する確率が高く、より高いエネルギーを持つ</u>ことがわかる。つまり、平行スピンのクーロンエネルギーのほうが低い。

この結果は一般に適用できる。すなわち、同一の電子配置間のエネルギーを比べると

不対スピンの数が多い状態ほど低いエネルギーをとる。

という結果が導かれる。これが*フントの第一法則*（Hund's first law）だ。

第6章 球対称場における原子の状態

すなわち、自然界はできるだけスピンを揃えようとするわけだ。次節で角運動量の和の取り方について説明するが、スピンがそろえば個々のスピンのベクトル和 $\bar{S}$ が最大になるので、z 方向の成分の数（$-S$ から S まで $2S+1$ 個、多重度（multiplicity）という）が最大になる状態のエネルギーが最も低いとも言い換えられる。

こうしてフントの第一法則により、一つの配置に属する二通りの電子の並べ方のどちらがより安定かという問題を、少なくともヘリウム原子の第一励起状態に関しては理解できた。次節にて、さらに、より一般的な場合について考えよう。

6.4 タームシンボル

6.4.1 多電子系固有状態を指定する量子数および角運動量の和の取り方

多電子系において個々の電子は相互作用を持っており、一電子問題で得たそれぞれの電子の軌道角運動量は原子の状態を規定するよい量子数とはいえない。しかし、<u>原子をとりまくすべての電子のもつ軌道およびスピン角運動量を合わせた全角運動量（これを J で表そう）は保存される</u>。すなわち、J は状態を規定する量子数といえる。しかし、あとから述べるように軌道角運動量とスピン角運動量との相互作用は磁気的なものであり、軽い原子に対してはこの二つの量が独立に原子の状態を規定していると考えてよい。そこで、ひとまず、*総軌道角運動量*（total orbital angular momentum）L と総スピン各運動量（total spin angular momentum）S とを多電子系を記述する量子数と考え、J をその補正項と考えることにする。すなわち、我々は多電子系の角運動量に関する状態を次の状態ベクトルで記述する。

$$|\Psi\rangle = |L, S, J\rangle \approx |L, S\rangle \tag{6-33}$$

一方で、これら L や S は個々の電子の持つ軌道やスピン角運動量（l と s）から構成されている。したがって、まず、個々の角運動量がどのように足し合わされて全体の軌道やスピン角運動量となっているのか、ということを復習しておく必要がある。

二つの電子の持つ軌道角運動量をそれぞれ l_1 および l_2 としよう。この二つはベクトル量であったから、同じ方向を向いたときに最も大きくなり、反平行となったときに最も小さくなる。すなわち、L は次の一連の値をとる：

$$L = |l_1 - l_2|, \ldots, l_1 + l_2 - 1, l_1 + l_2 \tag{6-34}$$

スピン角運動量に関しても同様なベクトル和が成立する：

$$S = |s_1 - s_2|, \ldots, s_1 + s_2 - 1, s_1 + s_2 \tag{6-35}$$

また、電子全体の磁気量子数 M_L と M_S については L や S に対し、これまで学んだ規則が成り立つ。

$$M_L = -L, -L+1, -L+2, \ldots, 0, \ldots, L-2, L-1, L \tag{6-36}$$

$$M_S = -S, -S+1, -S+2, \ldots, 0, \ldots, S-2, S-1, S \tag{6-37}$$

これらは各磁気量子数 m_{l_1}, m_{l_2} などの単純和として求めることもできる。

問題 6.2 二つの電子が $2p$ 軌道（$l=1$）に入っているとしよう（$(2p)^2$）。この場合、総軌道角運動量 L は具体的にどのような値をとるか？ S はどうか？

6.4.2 ミクロ状態

問題 6.2 に出てきた個々の p 軌道には磁気量子数 m_l が $+1, 0, -1$ の状態があり、さらにスピンの $\uparrow/\downarrow$（m_s）を加味すると、全部で6個の状態があることになる。また、$(2p)^2$ 配置のように 2

個の電子がこれら 6 個の状態に入ると $_6C_2=15$ の異なった組合せが存在する。これらは異なった状態である。そこで、その一つひとつをミクロ状態（micro state）と呼び区別する。言い換えると、電子の持つ m_l と m_s はそれぞれの状態で異なり、その一つひとつをミクロ状態として区別しようというわけだ。たとえば、電子が 2 個存在する場合、ミクロ状態を記述する状態ベクトルは i 番目の電子の状態ベクトル $|m_l, m_s\rangle_i$ の直積として次のように表される。

$$|m_l, m_s\rangle_1 |m_l, m_s\rangle_2 \tag{6-38}$$

ここで<u>一つ目と二つ目の電子を区別することができないので 1 と 2 は入れ替わっても同じミクロ状態となる。</u>(6-38) の具体的な形として、たとえば、

$$|+1, \downarrow\rangle_1 |0, \uparrow\rangle_2 \tag{6-39}$$

という状態は一つの電子のスピンが下向きで $m_l=+1$ の状態に入り、もう一つの電子のスピンが上向きで $m_l=0$ の状態に入っていることを意味する（図 6.11）。また、総磁気量子数 M_L も総スピン磁気量子数 M_S もそれぞれの電子の各量子数の和で表されるから次のように与えられる。

図 6.11 $M_L=1$, $M_S=0$ に属するミクロ状態の一例

$$M_L = m_{l_1} + m_{l_2} = 1 + 0 = 1; \quad M_S = m_{s_1} + m_{s_2} = 1/2 - 1/2 = 0 \tag{6-40}$$

問題 6.3 $M_L=1$、$M_S=0$ を与える、もう一つのミクロ状態を図 6.11 のように示せ。$M_L=2, M_S=0$ ではどうか？ $M_L=0, M_S=1$ ではどうか？

6.4.3 タームシンボル

問題 6.2 によれば、この p^2 という一つの配置に対して図 6.11 の例ばかりでなく、$L=2, 1, 0$ という三つの軌道角運動量を持つ場合があることがわかる。この配置において、すべてのミクロ状態を示したのが図 6.12 だ。すぐに明らかになるが、これらの多くはエネルギー的に縮退している。我々は<u>これらの状態を、原子全体の保存量である総軌道各運動量 L で分類したい</u>。そこでまず、一電子系において l の値に応じて、$s, p, d, f, ...$ と名前をつけたように、多電子系でも総軌道角運動量 L の値に応じて

$$L: \quad 0\ 1\ 2\ 3\ 4\ 5\ 6\ 7\ ...$$
$$S\ P\ D\ F\ G\ H\ I\ K ...$$

と名前をつけることとしよう（E や J が抜けていることに注意）。これらの記号に加えてスピン角運動量 S の情報も示せれば便利である。さらに欲を出せば、総角運動量 J についての情報も書いておきたい。そこで、L, S, J という総角運動量を有する多電子系固有状態を状態ベクトル (6-33) の代わりに

$$^{2S+1}L_J \quad \text{（重要）} \tag{6-41}$$

というシンボルで表すこととする。これをタームシンボル（term

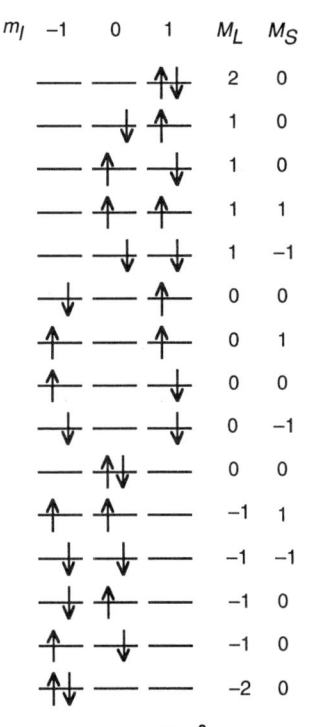

図 6.12 電子配置 p^2 を与える 15個のミクロ状態

symbol、電子項）という。タームシンボルは多電子系としての原子の状態を簡潔に表現している。ただし、一つのタームシンボルにはいくつかのミクロ状態が対応している。先に進む前に、一つのタームシンボルに対し、いくつのミクロ状態が存在するかを押さえておこう。

最初に、軌道角運動量について考える。一つの L には磁気量子数 M_L が $2L+1$ 個だけあったから、軌道角運動量の縮退度は $(2L+1)$ である。また、スピン角運動量 S に関してもまったく同様のことがいえる。すなわち、S の縮退度は $(2S+1)$ である。そして、S の縮退度の応じて一重項（singlet）、二重項（doublet） … などという（タームシンボルの左肩に記されているのがこのスピンに関する縮退度だ）。以上のことより、^{2S+1}L の縮退度は

$$(2L+1)(2S+1) \tag{6-42}$$

であり、^{2S+1}L と表された状態にこの数だけミクロ状態が存在している。

例 ^3P では $L=1, S=1$。よって、この多電子系状態には、9個の異なるミクロ状態が存在する。

一方、タームシンボルの右下の J は ^{2S+1}L という $(2L+1)(2S+1)$ 個の状態のうち、異なった J の値を与える状態が存在することを意味している。この J によって $(2L+1)(2S+1)$ の縮退が一部、解かれることを後で学ぶ。この各 J に対応するミクロ状態の数、すなわち縮退度も同様に

$$(2J+1) \tag{6-43}$$

により与えられる。我々はひとまず、J を無視して ^{2S+1}L を求め、その後、可能な J を求める。

6.4.4 ミクロ状態からのタームシンボルの導出

再び p^2 配置を例にとって考えよう。p 軌道だから、磁気量子数 m_l のとれる値は $-1, 0, 1$ であり、それぞれの状態に電子は最大2個まで入れる。ただし、パウリの排他律により、同一の m_l の値を持つ電子のスピンは反平行でなくてはならない。また、$m_s = \pm 1/2$ である。そして、個々の電子の m_l と m_s をそれぞれ足しあわせることにより、原子全体としての M_L と M_S が求まる。見通しをよくするため、図6.12を M_L と M_S で整理して表の形にしてみよう（図6.13）。

この図中でも、三本の線は左から $m_l = -1, 0, 1$ の状態に対応している。我々の仕事はこの表に基づき、各ミクロ状態を多電子系固有状態の指標である L と S とで分類し、その結果をタームシンボルで示すことだ。これには M_L の大きい状態から次々に決めていくとやりやすい。

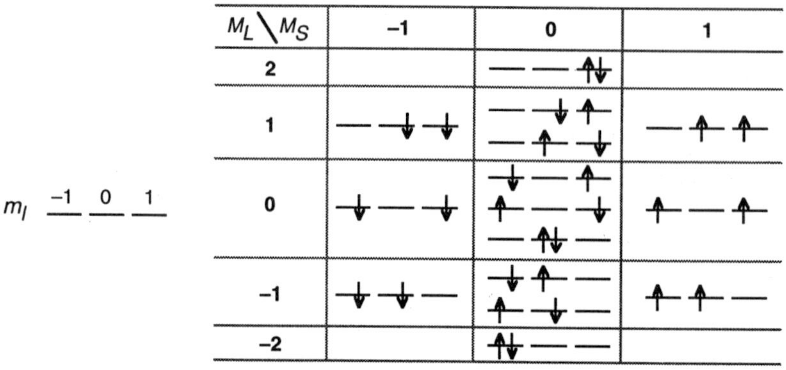

図6.13 電子配置 p^2 に属する15種類のミクロ状態の M_L と M_S による整理

一番大きな M_L は2であり、このような値を与える L は当然、2かそれよりも大きい。したがって、$L=2$、すなわち D という状態が存在することが直ちに結論される。また、$L=2$ であるためには二つの電子が $m_l=1$ という同一の軌道状態に入らねばならない。このためパウリの排他律が適用され、この二つのスピンは反平行であると結論される。したがって $M_S=0$、すなわち、$S=0$ である。よって、この状態のタームシンボルは ^1D と決まる（縮退度は次のように5）。

$$(2L+1)(2S+1) = (2\cdot2+1)(2\cdot0+1) = 5 \tag{6-44}$$

これで5個のミクロ状態が ^1D に属することがわかったので、図6.13からこれらを取り除こう。$M_L=\pm2$ の状態を除くことは自明であるが、あとはどの状態が ^1D に属するのだろうか？ 実は我々がここで用いている簡便な手法ではどの状態が ^1D に属するかは結論できないのである。

たとえば、図6.13の表の中ほどの $M_L=1,\ M_S=0$ という状態には二つのミクロ状態が対応している。言い換えると、この固有空間は次の二つの状態ベクトルにより張られている。

$$\left|M_L=1,\ M_S=0\right\rangle_{\text{atom}} = \begin{cases}|0,\downarrow\rangle_1|1,\uparrow\rangle_2 \\ |0,\uparrow\rangle_1|1,\downarrow\rangle_2\end{cases} \tag{6-45}$$

よって、この二つのベクトルの線形結合で得られる互いに直交する状態ベクトルの組をいくらでも作れる。そして、このうちのどの状態が ^1D に属するのかは、このままではわからない。この種の問題をきちんと解くためには、角運動量における昇降演算子という手法を用いる必要がある。

しかし、我々が問題にしているのは多電子系固有状態を構成するミクロ状態を決定することではなく、^1D に属する数だけであるから、ここでは、ミクロ状態の選択にこだわることはやめにして、図6.13の表を固有状態の数だけの表にしてしまおう。

表 6.1(a)　p^2配置を構成するミクロ状態の数と総磁気量子数 M_L および M_S との関係

$M_L \setminus M_S$	−1	0	1
2		1	
1	1	2	1
0	1	3	1
−1	1	2	1
−2		1	

この表で2以上の値を持つ欄は、「この欄の固有空間は2個以上の互いに直交する状態ベクトルで張られていますよ。考えている固有状態がこれらの状態ベクトルのどのような組合せで表現されるかはわかりません。でも、正規直交系をなしているので、安心して必要な数だけお取りください」ということを意味している。これをスレーターの方法 (Slater's method) という。

というわけで、^1D に属する5個の状態を取り除こう。（どれでも、といっても ^1D では $M_S=0$ でなくてはならないので、真ん中の列から5個の状態を取り除く。）すると次の表を得る。

表 6.1(b)　p^2配置を構成するミクロ状態から ^1D に属するミクロ状態を除去した結果

$M_L \setminus M_S$	−1	0	1
2			
1	1	1	1
0	1	2	1
−1	1	1	1
−2			

残ったミクロ状態から M_L や M_S の値の次に大きいタームシンボルを決めよう。表を見ると、
$$M_L=1 \text{ かつ } M_S=1$$
すなわち、$L=1$, $S=1$ の組が次に大きいことがわかる。したがって、タームシンボルは ^3P と決定される。スピンの縮退度が3なので、これを三重項（triplet）という。^3P の縮退度は
$$(2L+1)(2S+1) = (2 \cdot 1+1)(2 \cdot 1+1) = 9$$
である。したがって、表 6.1(b)からさらに9個のミクロ状態を取り除け、次表を得る。そして、最後に残ったミクロ状態のタームシンボルは ^1S である。

表 6.1(c) p^2 配置を構成するミクロ状態から ^1D および ^3P に属するミクロ状態を除去した結果

$M_L \setminus M_S$	-1	0	1
2			
1			
0		1	
-1			
-2			

これでほとんど終わったが、最後に J の計算が残っている。^3P に関してまず考えると
$$J = L+S = 1+1 = 2, \quad J = L+S-1 = 1+1-1 = 1, \quad J = L-S = 1-1 = 0$$
という三つの異なった状態が存在することになる。シングレットの場合は $J=L$ となり、自明である。（あえて J の値を書いて区別する必要は本当はない。）

以上をまとめると、電子配置 p^2 から得られるタームシンボルは
$$p^2 \rightarrow {}^1D + {}^3P + {}^1S \rightarrow {}^1D_2 + {}^3P_2 + {}^3P_1 + {}^3P_0 + {}^1S_0 \tag{6-46}$$
という結果になる。

問題 6.4 ^3P 状態は $J=2, 1, 0$ の場合があることが示されたが、各 J の縮退度を計算し、それが、^3P の縮退度と矛盾していないことを示せ。

問題 6.5 p^1 および p^5 配置のタームシンボルを求めよ。（この二つのタームシンボルは等しい。これは一般にいえる結果で、$p^n=p^{6-n}$, $d^n=d^{10-n}$, $f^n=f^{14-n}$ などが成立する。）

問題 6.6 d^1 配置のタームシンボルを求めよ。

6.5 フントの法則

一つの電子配置に対応する多くのミクロ状態がタームシンボルに象徴される多電子系固有状態に分類されることは判った。次に知りたいのは、これらの状態のエネルギーの順番だ。そこで、我々は次のフントの法則を理解することとしよう（第一法則については6.3.4節でも述べた）。

1. 最大の S を有する状態が最も安定であり、S が小さくなるほど、エネルギーは高くなる。
2. 同一の S を有する状態では最大の L を有する状態のエネルギーが最も低い。
3. 同一の L と S を有する状態では、軌道が許す最大の電子の数（d であれば10）に対し、
   存在する電子数が半分以下の場合、最小の J の値をとる状態が安定であり、
   存在する電子数が半分以上の場合、最大の J の値をとる状態が安定である。

第二法則は要するに自然界はぐるぐると回っているほうがより安定であると解釈できるだろう。第三法則はスピン-軌道相互作用から帰結されることで次に少し詳しく述べる。このフントの法則は基底状態に関しては正しい答えを与えるが、励起状態においてはそうとは限らない。

いずれにしても、このルールに基づけば、先の p^2 配置に属するタームはエネルギーの低い順に次のように並べられる。

$$^3P_0 < {}^3P_1 < {}^3P_2 < {}^1D_2 < {}^1S_0 \tag{6-47}$$

問題 6.7 d 軌道には電子が 10 まで入るがそれぞれの配置の基底状態のタームシンボルを求めよ。

6.6 スピン-軌道相互作用

軌道角運動量を持っている電子は原子核の周りをまわっている。電子のほうから見れば、電荷 Ze の物体が電子の周りをまわっていることになる。これは電子の周りに円電流が流れているのと同じだ。ところが、円電流が流れているとき、その内側には磁界が生じるというのが電磁気学の教えるところである。一方、電子にはスピンがあり、磁気モーメントがある。この磁気モーメントは磁界の方向にそろった方が安定だ。すなわち、<u>軌道角運動量がゼロでない電子では、自分自身の持つ軌道角運動量が自分自身のスピン角運動量と相互作用を起こしている</u>（図 6.14）。

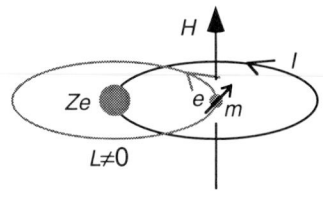

図 6.14 スピン-軌道相互作用

詳しい計算（といっても古典論では数行）によれば、この相互作用に起因するハミルトニアン H_{SO} は次のように表される：

$$H_{SO} = \frac{Z_{eff}e^2}{2m_e^2 c^2}\frac{1}{r^3}\vec{l}\cdot\vec{s} = \zeta\,\vec{l}\cdot\vec{s} \tag{6-48}$$

この表式を見ると、この相互作用は Z に比例すると思われるかもしれないが、電子と原子核との距離 r が Z に反比例するので（Z が大きいほど電子は引きつけられる）、結局、H_{SO} は Z の 4 乗に比例する。つまりこの効果は重い元素ほど重要ということになる。

このスピン-軌道相互作用がフントの第三法則の起源である。実際には、我々は個々の電子より多電子系としての状態、すなわちタームシンボル間における H_{SO} の重要性を知りたいので、一電子の場合の比例定数 ζ と次の関係にある多電子系の比例定数 λ を用いて、次の形で表す：

$$H_{SO} = \lambda\,\vec{L}\cdot\vec{S} = \pm\frac{\zeta}{2S}\vec{L}\cdot\vec{S} \tag{6-49}$$

（+/-サインは電子の占有数が軌道の許す最大電子数の半分以下/以上に対応している。）

例 我々が道路でよく見るオレンジ色の街灯（波長約 589nm）は Na の $[Ne]3p^1 \to [Ne]3s^1$ への遷移であり、タームシンボルで表せば、$^2P \to {}^2S$ への遷移に対応する。ここで、^2P 状態はダブレットであり、$^2P_{3/2}$ と $^2P_{1/2}$ という状態に分裂している。この分裂幅は 0.6nm、エネルギーでいうと約 0.002eV に相当する。この分裂のことを*微細構造*（fine structure）という（図 6.15）。これは L と S が同じ方向にあるか否かに起源を発している。

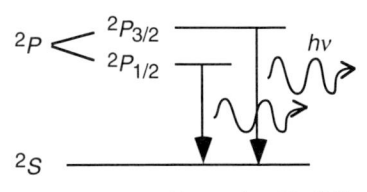

図 6.15 オレンジ色の Na 光の微細構造

6.7 L-S カップリングと j-j カップリング

以上より、我々の多電子系のハミルトニアンは次のように修正されなくてはならない。

$$H = -\frac{\hbar^2}{2m_N}\nabla^2 + \sum_n\left(-\frac{\hbar^2}{2m_e}\nabla_n^2 - \frac{Ze^2}{r_n}\right) + \sum_{n>m}\frac{e^2}{r_{nm}} + \lambda\,\vec{L}\cdot\vec{S} \quad (6\text{-}50)$$

$$= H_0 + H_{\text{Repulsion}} + H_{\text{SO}}$$

H_{SO} の大きさは先に述べたように原子番号に依存するが、水素では H_0 の約 10^{-4} である。このようなとき、量子力学では H_{SO} の効果を H_0 に対する摂動とみなし、H_0 の固有値（すなわちエネルギー）がどのような変動を受けるか計算できる。軽元素では摂動による固有エネルギーの変動は小さく、先のナトリウムの微細構造に現れた程度である。より定量的には、J と $J+1$ の値を持つ状態のエネルギーの差は先の λ を用いて、

$$\Delta E_{J,J+1} = \lambda\,(J+1) \quad (6\text{-}51)$$

であることがわかっている。

ところが、λ は Z の4乗に比例するので、重い原子になるに従ってこの分裂は大きくなり、ついにはフントの法則で求めたエネルギーの順序をくつがえしてしまうことが予想される。この場合にも個々のフントの法則は有効であり、ただ、適用する順序が第3、第1、第2となると考える。

そこで $H_{\text{Repulsion}}$ が優勢の場合、L-S カップリング (Russell–Saunders coupling) が適用されるといい、逆に H_{SO} が優勢の場合、j-j カップリング (j-j coupling) が適用されるという。そこで、電子配置 p^2 における固有状態を二つの結合様式に従って図示してみよう（図6.16）。

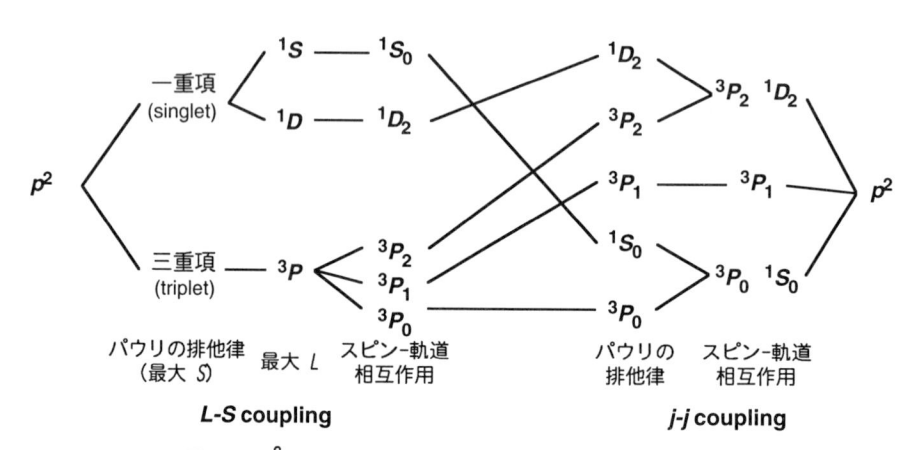

図 6.16 p^2 配置における L-S カップリングと j-j カップリングの相関図

現実の原子はすべてこの間に存在する。どちらが重要であるかは、定量的に判断しなくてはならない。最外殻電子が p^2 配置をとるのは、炭素など周期律表で IV 族に属する原子である。そこで、次にこれらの原子の持つ各配置のエネルギーを図6.17で比較してみよう（C.E.Moore, Atomic Energy Levels, National Bureau of Standards, Circular No.467 からの数値をプロットした）。このように鉛であっても L-S カップリングが優勢であり、実用上、我々が扱う元素の大部分は j-j カ

プリングよりも *L-S* カップリングに近いと考えてよい。

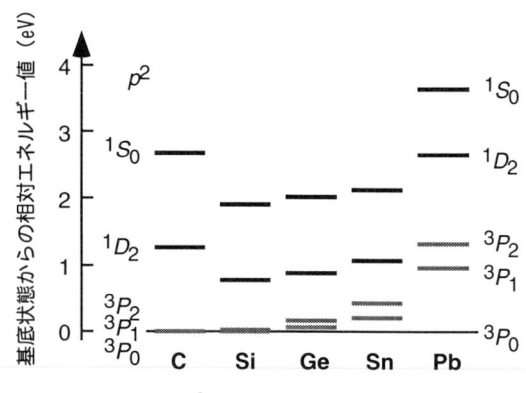

図 6.17 p^2 配置を有する原子の各タームの相対的なエネルギーレベル

問題6.8 電子配置 d^2 および d^8 おけるタームシンボルは次のとおりである。
$$^3F, {}^3P, {}^1G, {}^1D, {}^1S$$
これらのタームに必要であれば J の値をさらに求め、*L-S* カップリングに従ってエネルギーレベルを求めよ。ただし、^1D のエネルギーのほうが ^3P より低いことがわかっている。

この章のまとめ

- 中心力の場：球座標系で記述され、r 方向の状態と (θ, ϕ) 方向の状態に分離でき、量子数 n, l, m により、固有状態は規定される。
- 一電子問題：複数の電子があっても、電子間の相互作用を無視して得られた解。我々は1個の電子について、中心場の問題を解き、それによって得られた各レベルに単純に電子をつめていった。
- 電子配置：一電子固有状態の各レベルに、それぞれ、何個、電子が占有しているかを示す。
- ミクロ状態：与えられた電子配置に対し、各電子が実際にとりうる個々の固有状態。
- 多電子系固有状態：多電子系においては電子間に相互作用があるので、個々の電子の角運動量は保存されず、総角運動量 L, S, J により、状態は記述される。
- タームシンボル：$^{2S+1}L_J$ で表され、多電子系固有状態を簡潔に示す。我々はミクロ状態が与える M_L と M_S の値から、与えられた電子配置に対するタームシンボルを決めた。
- パウリの排他律とフントの法則：個々のタームのエネルギー準位を与える。

$$\Rightarrow \textit{L-S} \text{ カップリング}$$

- スピン–軌道相互作用：電子の持つ軌道角運動量と自分自身のスピンとの磁気的相互作用。電子間の反発力に対する摂動と見なすことができ、重い元素ほど重要となる。*L-S* カップリングに対する補正を与える。

$$\Rightarrow \textit{j-j} \text{ カップリング}$$

第III部　物質の対称性とその応用

対称性と一口にいっても分子や結晶をなす原子の幾何学的配置の対称性もあれば、その中の一つの原子を取り囲む点対称性をさす場合もある。また、各原子の平衡位置からのずれが織りなす対称性を考えているのか、はたまた分子全体の電子状態の対称性を考えているのか、あるいはさらに、もっと大きな結晶全体が具備する物性の対称性を考えているのか、実に様々なケースがある。第III部ではこのような一見異なった問題を解く際に、我々が第II部で確立した群論の手法がいかに用いられるかを紹介する。

第7章 配位子場理論

We may use the set of five d wave functions as a basis for a representation of the point group of a particular environment and thus determine the manner in which the set of d orbitals is split by this environment.

F.A. Cotton "Chemical Applications of Group Theory"

前章では多電子系状態を一電子近似から出発して記述した。その際、電子間の静電的な反発とスピン-軌道相互作用を摂動と考えたのであった。また、フントの法則を適用することにより可能なタームシンボルのうちどの状態が基底状態となるのか考察した。しかし、これらの取扱いはすべて、自由な球対称場にある原子についてのものであった。本章では、さらに原子が球対称以外の点対称場に入ったとき、タームシンボルで表される電子の固有状態がどのように変化するかを考える。前半で一般論を述べ、その後、応用上重要な d 電子を有する遷移金属原子の電子構造に議論を絞る。

7.1 配位子場理論とは

7.1.1 配位子場理論と結晶場理論

ルビーの美しい赤色はアルミナ（Al_2O_3）の中で、6個の酸素イオンに囲まれた数パーセントのCrイオンの存在が原因だ（図 7.1）。また、鉄を水に溶かすと水和反応により、鉄イオンはやはり6個の水原子に囲まれる。このように、ある原子を囲むイオンや水原子、あるいは CN^- などの基を*配位子*（ligand: リガンド）という。<u>配位子に囲まれた金属イオンの環境は、もはや球対称ではない</u>。図 7.1 のように等距離にあるイオンに囲まれた場合、$O_h(m\bar{3}m)$ となる。このとき、取り囲む酸素イオンを純粋な六つの点電荷として考えると、これらは Cr 中の負の電荷を持つ電子に対し、反発力を伴う相互作用を与える。そこで、この相互作用を Cr の電子状態に対する静電的な摂動と考え、エネルギーレベルの変化を追う理論が*結晶場理論*（crystal field theory）である。これに対し、中心に置かれた原子と配位子との間に波動関数に重なり、つまり何らかの化学結合があるとして、その電子状態に対する対称場の効果を考える理論が*配位子場理論*（ligand field theory）だ。

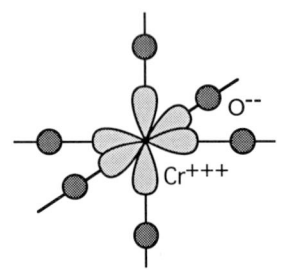

図 7.1 点群 O_h の環境に置かれたCrイオン（e_g に属する d 軌道のみ模式的に示した）

結晶場の中心に置かれた原子の電子状態を群論という立場から定性的に論ずる方法、および静電的摂動によりエネルギーレベルの変化を定量的に計算する方法は Hans A. Bethe によって1929年に確立された（*Annalen der Physik*, **3**, 133, (1929))。また、Bethe の群論による取り扱いは配位子場理論においても有効であることがわかっている。そこで本章において我々は、この群論による定性的な取扱いを学ぶこととしよう。言い換えると、本書の内容に関する限り、我々は配位子場理論と結晶場理論の区別をしない。

このように配位子場/結晶場理論において多大な貢献をした Bethe であるが、Bethe 自身は核物理から恒星のエネルギー源である CNO サイクルにいたるまで、極めて広範囲の研究を行った理論物理学者であり、彼自身、この論文について次のように語っている。

"I did that essentially only because I had studied a book on group theory, and you can't really understand something unless you apply it and work with it yourself. So since Wigner had done all the really important things with group theory, I thought the only thing that remains to be done is to take an atom in a crystal of various symmetries and see how the energy levels will look there. I am told that people have used that paper, but I have never seen what has come out of it." (*From a Life of Physics*, World Scientific)

7.1.2 ハミルトニアン

n 番目のリガンドの電荷を z_n とし、系のハミルトニアンを書き下してみよう。

$$H = H_0 + H_{\text{Repulsion}} + H_{\text{SO}} + H_{\text{Ligands}}$$
$$= \sum_i \left(-\frac{\hbar^2 \nabla_i^2}{2m} - \frac{Ze^2}{r_i} \right) + \sum_{i>j} \frac{e^2}{r_{ij}} + \lambda \vec{L} \cdot \vec{S} + \sum_n \frac{z_n e^2}{r_n} \tag{7-1}$$

ここで現れた H_{Ligands} が新たな摂動項である。このハミルトニアンが表す状況を図7.2にスケッチしたが、我々の扱っている問題は、実はかなり複雑だ。この場合、H_0 に対して、次に大きな項を主要な摂動項としてエネルギーレベルを考える。$H_{\text{Repulsion}} > H_{\text{Ligands}} > H_{\text{SO}}$ の場合を*弱い結晶場*（weak field）といい、$H_{\text{Ligands}} > H_{\text{Repulsion}} > H_{\text{SO}}$ の場合を*強い結晶場*（strong field）という。

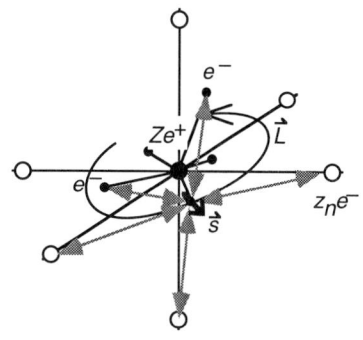

図 7.2 原子核、リガンド、そして電子間に働くクーロン相互作用とスピン-軌道相互作用

7.1.3 エネルギー相関図

自由原子（あるいはイオン）という球対称の場において、固有状態のエネルギー順位は *L-S* カップリングと *j-j* カップリングとの間で連続的につながり（図 6.16）、考えている状態のエネルギーは $H_{\text{Repulsion}}$ と H_{SO} の相対的な大きさによって決まった。これと同様に、弱い結晶場におけるエネルギーレベルと強い結晶場におけるレベルとは連続的につながっているはずである。この状況を*エネルギー相関図*（correlation diagram）によって表す。配位子場理論とは一口でいえば、エネルギー相関図をリガンドの対称性と強さの関数として系統的に調べる学問分野であるといえよう。

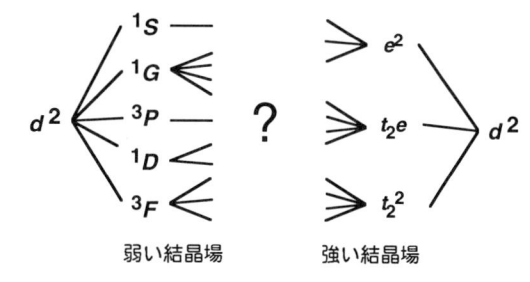

図 7.3 結晶場の強さによる多電子系固有状態の変化

7.2 点対称場における一電子状態の既約表現

我々が最終的に知りたいのは、与えられた対称性のもとでのタームシンボルで代表される原子あるいはイオンの多電子系固有状態だ。そのためにはまず、一電子系の波動関数が考えている点対称場でどのように分裂するかを知っておく必要がある。ここではそのために必要な群論の手法を学んでしまおう（この節はちょっと面倒くさいが、結論は機械的かつエレガントなので諦めずに読み通すこと。最終的な結果は極めて単純だ）。

波動関数がある点対称場に置かれている。このとき、その波動関数は点群が有する既約表現のいずれかに従わなくてはならない（5.6節参照）。

7.2.1　点群 O (432)

我々が学んだ代表的な点対称操作は n 回回転操作である。この回転操作によって r 方向の長さは当然変わらないし、また、角度 θ も変わらない。つまり r と θ の関数に変化はない。変化するのは ϕ 方向の関数のみである。したがって、状態ベクトル $|l, m\rangle$ に対応する球面調和関数(6-23)あるいは(6-24)のうち、今、考えなくてはならないのは ϕ 方向の変化を表す次の関数である。

$$\Phi(\phi) = e^{im\phi} \qquad (m = -l, -l+1, \ldots, 0, \ldots, l-1, l) \tag{7-2}$$

m の値に応じて、$(2l+1)$ 個の関数があるわけだが、ここでこれらの関数に対して、n 回回転操作 C_n を作用させてみよう。例として $l=2$、すなわち d 軌道の場合を考える $(n=360°/\alpha)$。

$$\begin{pmatrix} e^{2i\phi} \\ e^{i\phi} \\ 1 \\ e^{-i\phi} \\ e^{-2i\phi} \end{pmatrix} \xrightarrow{C_n} \begin{pmatrix} e^{2i(\phi+\alpha)} \\ e^{i(\phi+\alpha)} \\ 1 \\ e^{-i(\phi+\alpha)} \\ e^{-2i(\phi+\alpha)} \end{pmatrix} \tag{7-3}$$

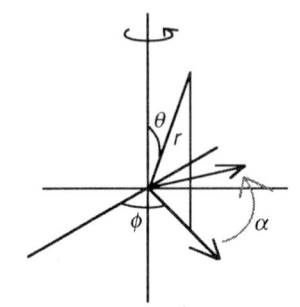

図 7.4　基底関数 $e^{im\phi}$ に対する回転操作 C_n （$\alpha=2\pi/n$）

このような操作は変換マトリックスを用いれば

$$\begin{pmatrix} e^{2i\alpha} & 0 & 0 & 0 & 0 \\ 0 & e^{i\alpha} & 0 & 0 & 0 \\ 0 & 0 & e^0 & 0 & 0 \\ 0 & 0 & 0 & e^{-i\alpha} & 0 \\ 0 & 0 & 0 & 0 & e^{-2i\alpha} \end{pmatrix} \begin{pmatrix} e^{2i\phi} \\ e^{i\phi} \\ 1 \\ e^{-i\phi} \\ e^{-2i\phi} \end{pmatrix} = \begin{pmatrix} e^{2i(\phi+\alpha)} \\ e^{i(\phi+\alpha)} \\ 1 \\ e^{-i(\phi+\alpha)} \\ e^{-2i(\phi+\alpha)} \end{pmatrix} \tag{7-4}$$

と表せる。点群 O(432) には $\{E, 8C_3, 3C_4^2, 6C_4, 6C_2\}$ という対称要素が存在するから、このようなマトリックスも要素の数だけ存在する。そして、これらのマトリックスは点群 O の可約な表現になっているであろう。そこで、これらのマトリックスのキャラクターを求め、既約化せねばならない。もちろん、実際には5種のクラスについてのみ考えれば十分だ。

というわけでキャラクターを求めよう。$l=2$ といった特定の場合に限定せず、一般の場合を考えると、変換マトリックスの対角項の和は単純な級数の和であり、次の公式が簡単に求まる。

$$\chi(C_n) = \sum_{m=-l}^{l} e^{mi\alpha} = \frac{\sin\left(\left(l+\frac{1}{2}\right)\alpha\right)}{\sin\left(\frac{\alpha}{2}\right)} \qquad (\alpha = 2\pi/n) \tag{7-5}$$

問題 7.1　変換マトリックスの対角項の和をとることにより上式を確認せよ。

この結果の威力をさっそく用いることとしよう。先の例に戻って、まず、d 軌道が O(432) の環境に置かれた場合を考える。$l=2$ であり、α の値は回転操作 C_n に対し $\alpha=360°/n$ で与えられる。

7.2 点対称場における一電子状態の既約表現

$$C_2: \quad \chi = \frac{\sin\frac{5}{2}\frac{2\pi}{2}}{\sin\frac{1}{2}\frac{2\pi}{2}} = 1$$

$$C_3: \quad \chi = \frac{\sin\frac{5}{2}\frac{2\pi}{3}}{\sin\frac{1}{2}\frac{2\pi}{3}} = -1$$

$$C_4: \quad \chi = \frac{\sin\frac{5}{2}\frac{2\pi}{4}}{\sin\frac{1}{2}\frac{2\pi}{4}} = -1$$

$$E: \quad \chi = 5$$

(7-6)

(Eに関するキャラクターは$(2l+1)$個の関数が不変に保たれるので5となる)

以上で、点群$O(432)$のもとでの基底$\{e^{2i\phi}, e^{i\phi}, 1, e^{-i\phi}, e^{-2i\phi}\}$に対する回転操作のマトリックス表現のキャラクターが求まった。我々はこの表現をΓ_dと置き、直ちに既約化しよう。必要なのは4.8.3節で学んだ手続きと、点群Oのキャラクター表だけである。

表7.1 点群Oのキャラクター表とd軌道に対する変換操作の可約表現Γ_d

O	E	$8C_3$	$3C_2 (=C_4^2)$	$6C_4$	$6C_2$	
A_1	1	1	1	1	1	$x^2+y^2+z^2$
A_2	1	1	1	−1	−1	
E	2	−1	2	0	0	$(2z^2-x^2-y^2, x^2-y^2)$
T_1	3	0	−1	1	−1	
T_2	3	0	−1	−1	1	(xy, xz, yz)
Γ_d	5	−1	1	−1	1	

問題 7.2（重要） Γ_dを既約表現に分解せよ。

この結果、<u>球対称下で縮退していたd軌道の固有状態はOという環境下で、次の既約表現に分裂する</u>ことがわかる。（この場合、我々の出発点はd軌道という一電子問題で得られた固有状態であるから、得られた既約表現も小文字で表す。）

$$d \xrightarrow{O} e + t_2 \tag{7-7}$$

これらの既約表現に対する基底関数はd_{z^2}や$d_{x^2-y^2}$など、6.2節の最後に触れたd軌道と同じ対称性を有していることに注意したい。

7.2.2 点群 O_h

我々が遭遇するもっと代表的な点群は$O(432)$より$O_h(m\bar{3}m)$である．この両者の相違は反転中心が存在するか否かであるから、得られた既約表現に反転中心が存在することを示すマリケン表記：gを付け加えればよい（4.8.1節参照）。すなわち、

$$d \xrightarrow{O} e + t_2 \xrightarrow{i} e_g + t_{2g} \tag{7-8}$$

と書ける。

問題 7.3 f軌道が対称場$O_h(m\bar{3}m)$に置かれたとき、どのような既約表現に分裂するか調べよ。

7.2.3 点群 T_d

点群 O_h と並んで、応用上重要な点群は T_d である。この点群には S_4 と σ_d という θ の値の変化を伴う対称操作が存在する。また、これらの操作によって p や f 軌道など奇のパリティを有する関数の符号が変わる。よって、d 軌道の場合は問題ないが、奇のパリティを有する軌道に関しては (7-5) 式のみでは対応できなくなる。詳細は省略するが (T.J.Konno, 2001)、ルジャンドル陪関数の基本的な性質により、回映操作 S_n のキャラクターは次のように求まる。

$$\chi(S_n) = \frac{\cos\left(\left(l+\frac{1}{2}\right)\alpha\right)}{\cos\left(\frac{\alpha}{2}\right)} \qquad (\alpha = 2\pi/n) \tag{7-9}$$

これと (7-5) 式を用いれば、S_4 と σ_d という要素のキャラクターは対応する C_4 と C_2 という要素のキャラクターと次の関係にあることを示せる。

$$\chi(S_4) = (-1)^l \chi(C_4); \quad \chi(\sigma_d) = (-1)^l \chi(C_2) \tag{7-10}$$

要するに l が奇数の軌道関数の場合、S_4 と σ_d という要素のキャラクターは (7-5) 式で与えられる値に -1 を掛けたものというわけだ。これらの関数が奇のパリティを有していることを考えると、直感的に納得のいく結果である。

問題 7.4 面心立方格子における四面体位置のサイトシメトリーは $T_d(\overline{4}3m)$ である。この対称場において d 軌道および f 軌道はどのように分裂するか？ 次のキャラクター表をもとに考えよ。

表 7.2 点群 T_d のキャラクター表

T_d	E	$8C_3$	$3C_2$	$6S_4$	$6\sigma_d$	
A_1	1	1	1	1	1	$x^2+y^2+z^2$
A_2	1	1	1	−1	−1	
E	2	−1	2	0	0	$(2z^2-x^2-y^2, x^2-y^2)$
T_1	3	0	−1	1	−1	
T_2	3	0	−1	−1	1	(xy, xz, yz)
Γ_d						
Γ_f						

7.2.4 その他の対称場の例

このように球対称場では、縮退していた一電子系固有状態は対称性の低下と共にいくつかの既約表現に分裂する。すべての波動関数と点群に関してこの分裂様式を求めることは楽しいが大変なので、代表的な点群の中で $l=6$ までの状態がどのような既約表現に分かれるかを次に示す。

表 7.3 球対称場における $l=6$ までの一電子（軌道）状態と点対称場における既約表現で表された状態との相関

	O_h	T_d	D_{4h}	D_3
s	a_{1g}	a_1	a_{1g}	a_1
p	t_{1u}	t_2	$a_{2u}+e_u$	a_2+e
d	e_g+t_{2g}	$e+t_2$	$a_{1g}+b_{1g}+b_{2g}+e_g$	a_1+2e
f	$a_{2u}+t_{1u}+t_{2u}$	$a_1+t_1+t_2$	$a_{2u}+b_{1u}+b_{2u}+2e_u$	a_1+2a_2+2e
g	$a_{1g}+e_g+t_{1g}+t_{2g}$	$a_1+e+t_1+t_2$	$2a_{1g}+a_{2g}+b_{1g}+b_{2g}+2e_g$	$2a_1+a_2+3e$
h	$e_u+2t_{1u}+t_{2u}$	$e+t_1+2t_2$	$a_{1u}+2a_{2u}+b_{1u}+b_{2u}+3e_u$	$1a_1+2a_2+4e$
i	$a_{1g}+a_{2g}+e_g+t_{1g}+2t_{2g}$	$a_1+a_2+e+t_1+2t_2$	$2a_{1g}+a_{2g}+2b_{1g}+2b_{2g}+3e_g$	$3a_1+2a_2+4e$

(F.A.Cotton *Chemical Applications of Group Theory, 3rd ed.*, p.264. f 軌道の T_d における分裂様式のみ修正して引用)

7.3 多電子系固有状態の既約表現：弱い結晶場の場合

これだけの準備で配位子場におかれた原子の多電子系固有状態を論ずることが可能である。まず、この固有状態は次のタームシンボルで表すことが約束だ。

$$^{2S+1}\Gamma \qquad \text{(重要) (7-11)}$$

これは球対称場の原子のターム $^{2S+1}L_J$ によく似ている(6-41)。軌道関数が総軌道各運動量 L ではなく、固有状態の既約表現 Γ になっただけだ。つまり、<u>原子の周囲の点対称場から影響を受けるのは、軌道に関する固有状態であって、スピンには影響がないのだ</u>。ただし、我々はスピン-軌道相互作用は非常に弱いものとして考慮の対象から外している。

さて、この節では弱い結晶場の場合を考えよう。この場合、まず、電子間の反発力があり、そのような互いに避けあう状況の中で電子は互いのスピンを揃えようとし、また、軌道角運動量を最大にしようとした。それが L-S カップリングである。したがって、弱い結晶場における多電子系の状態も、まず、<u>自由原子における状態が L-S カップリングで分裂し、次に、それらの各状態が結晶場</u>という摂動により分裂すると考えるのが自然だろう。であれば、表 7.3 に示した一電子系状態の分裂様式をそのまま多電子系にも当てはめたくなる。言い換えると、表 7.3 中の s や f や e や t という固有状態（既約表現）をそのまま大文字にしてもよいのかということだ。

おおまかに言って、一電子系であっても、多電子系固有状態であっても、軌道状態の分裂という観点から表 7.3 の結果を適用できると考えてよい。しかし厳密には、前節で見たように一電子軌道のパリティにより分裂後の多電子系状態の既約表現が異なる場合があり、注意を要する。たとえば、d 軌道のパリティは偶だから、d 軌道によって構成される多電子系電子状態のパリティは奇にはなりえない。すなわち、ungerade にはならない。d 軌道から構成される P 状態が O_h 環境下に入ったからといって、T_{1u} とはなりえないのだ。本書では以下、応用上重要な d 軌道によって構成される多電子系状態が O_h および T_d という環境に置かれた場合の注意点を述べるにとどめたい。これらの場合の多電子系固有状態の分裂を示したのが表 7.4 である。一電子系の場合（表 7.3）と比べると次のような相違がある。

（1）P および F 状態のパリティが gerade になっている。
（2）T_d 環境下において P 状態に対応する既約表現が t_2 が T_1 となっている。

表 7.4 点対称場 O_h および T_d における d 軌道からなる多電子系固有状態の既約表現

	O_h	T_d
S	A_{1g}	A_1
P	T_{1g}	T_1
D	E_g+T_{2g}	$E+T_2$
F	$A_{2g}+T_{1g}+T_{2g}$	$A_2+T_1+T_2$
G	$A_{1g}+E_g+T_{1g}+T_{2g}$	$A_1+E+T_1+T_2$

(F.A.Cotton *Chemical Applications of Group Theory*, 3rd ed., p.264 より引用)

たとえば、L-S カップリングによる d^2 配置がもたらす状態はエネルギーの高い順に次の左に示したように記述されることはすでに学んだ（問題 6.8）。上の表を用いれば O_h という環境下でこれらはさらに次のように分裂する。

第7章 配位子場理論

$$^1S \rightarrow {}^1A_{1g}$$
$$^1G \rightarrow {}^1A_{1g}+{}^1E_g+{}^1T_{1g}+{}^1T_{2g}$$
$$^3P \rightarrow {}^3T_{1g}$$
$$^1D \rightarrow {}^1E_g+{}^1T_{2g}$$
$$^3F \rightarrow {}^3A_{2g}+{}^3T_{1g}+{}^3T_{2g}$$

このように弱い結晶場における分裂様式は前節で求めた一電子系固有状態の分裂様式に酷似している。したがって、先のパリティに起因する注意さえ忘れなければ、基本的に表 7.3 を使ってよい。一方、群論でわかるのはここまでで、分裂後のエネルギー準位は定量的な計算で求めねばならない。これについては次節以降、少しずつ述べるとして、次に、強い結晶場の場合を学ぼう。

7.4 強い結晶場の場合

今度は L-S カップリングに比べ、結晶場の効果が大きい場合である。このような状態では、縮退していた一電子系固有関数そのものが、まず大きく分裂し、新たな一電子系固有状態が生まれる。そして、これらの状態に電子を入れていくことにより、多電子系固有状態が構築される。

7.4.1 d 軌道の分裂：新たな一電子系固有状態

前節において O_h という対称場において d 軌道が e_g と t_{2g} という二つの既約表現に分裂することを確認した。そこで、O_h 対称の強い結晶場における我々の出発点を e_g 状態と t_{2g} 状態と考えよう。（これらは、それぞれ d_γ 軌道、d_ε 軌道とも呼ばれる。）

一方、群論は e_g と t_{2g} のエネルギー差に関しては答えることができなかった。そこで視点を変えて、前節の結果を半定量的に再考してみよう。まず、O_h 下では x, y, z それぞれの方向に負の電荷が存在するので（図 7.1、7.2）、その方向に伸びる波動関数（$d_{z^2}, d_{x^2-y^2}$）の固有エネルギーは高くなるだろう（図 6.7）。一方、それを避ける方向に伸びる波動関数（d_{xz}, d_{xy}, d_{yz}）のエネルギーは相対的に低くなるだろう。つまり、e_g の固有エネルギーの方ほうが t_{2g} より高くなるはずである（図 7.5）。

より定量的に考えると二つの固有状態のエネルギー差 Δ は結晶場を形成する電荷の価数や距離に依存するはずである。事実、過去にこのようなパラメータを用いて、Δ の値を計算する試みが行われた。が、結局、それらの結果は実験から予測される値の約 1/10 程度のものでしかなかった。この計算誤差はどうにもならず、結局、その計算過程で使われた D と q という記号だけが残り、$10Dq$ をもってして、これら二つのレベルのエネルギー差を表すという慣習が残った。そこで我々も e_g も t_{2g} の差 Δ を $10Dq$ をもって示すこととする。また、T_d 下では、4個の点電荷が逆に x, y, z 軸を避ける<111>方向に分布しており、$10Dq$ の符号が逆転する。そして、その大きさは O_h 環境の場合の 4/9 となることが計算によって示されている。（反転中心もないので、既約表現から g をとる。）

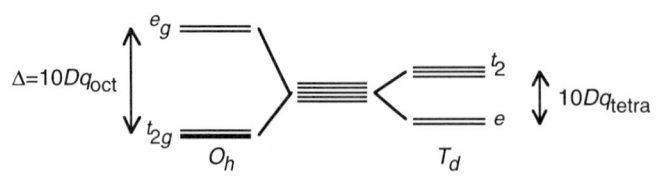

図 7.5 二つの立方対称場 O_h と T_d の下での d 軌道の分裂とエネルギー差 $10Dq$ （$Dq_{tetra}= - (4/9) Dq_{oct}$）

7.4.2 分裂した状態への電子配置

このような e_g と t_{2g} という新たな固有状態に一つずつ電子を入れてみよう。そして多電子系固有状態を構築することとしよう。以下、しばらくの間、d 軌道を取り巻くのは O_h という対称性をもった強い結晶場とする。

まず、電子が1個の場合、すなわち、d^1 という配置が e_g 軌道と t_{2g} 軌道を基にしてどのように記述されるのか考える。これは楽勝だ！ s, p などの軌道を扱ったときと同様に個々のミクロ状態を最初に考え、多電子系を表す大文字のシンボルを書き下せばよい。スピンの向きを除けば図7.6 の左に示した(a)と(b)がミクロ状態を網羅しており、それぞれの電子配置は e_g^1 および t_{2g}^1 である。一方、スピンは上向きか下向き、すなわちダブレットであり、自由電子におけるタームシンボルと同様に大文字の既約表現の右肩に、この情報を示し、それぞれの多電子系固有状態は $^2T_{2g}$ と ^2E_g と表される。また、両者のエネルギー差は先に述べた歴史的事情により $10Dq$ である。

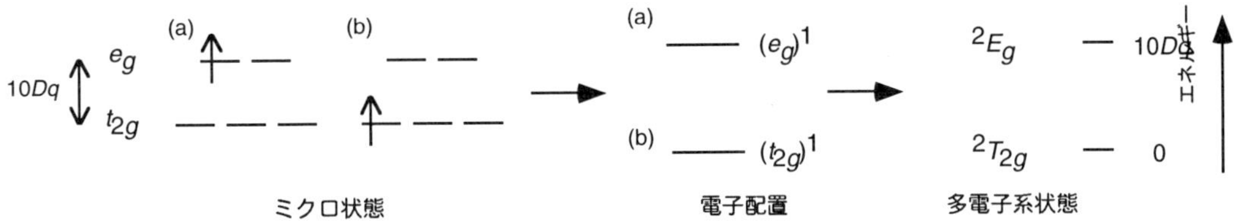

図 7.6 O_h 対称場で分裂した d 軌道を1個の電子が占有することによる二つの電子配置と多電子系状態

次に、電子が2個の場合を考える。e_g および t_{2g} を一電子系固有状態と考えるのだから

$$d^2 \rightarrow e_g^2, \ e_g t_{2g}, \ t_{2g}^2 \tag{7-12}$$

という電子配置があることになる。e_g と t_{2g} 間のエネルギー差は $10Dq$ なので、これらの軌道にいくつ電子がつまるかによって、それぞれの多電子系配置 (7-12) 間のエネルギー差は図7.7 のようになる。ここまでは簡単であるが、これからどのような多電子系電子状態が求まるかということはスピンなどを考慮し、注意深く対処せねばならない。以下、その方法を示す。

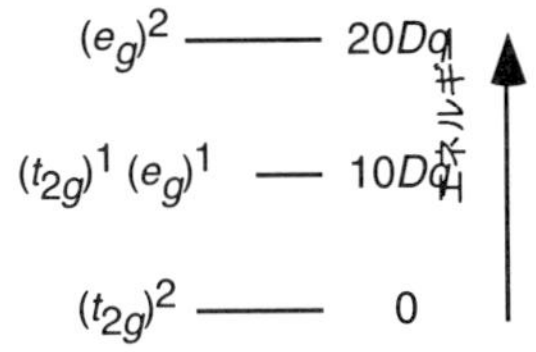

図 7.7 e_g と t_{2g} の各軌道に2個の電子が占有することにより得られる三つの電子配置とエネルギー準位

7.4.3 強い結晶場における多電子系電子状態

d^2 が O_h 下で与える電子配置 (7-12) からいくつの多電子系「固有状態」があることを導けばよいのだろうか？ L-S カップリングの場合、s とか p という一電子系の固有状態に基づいて、ミクロ状態を書き下し、L や S の多い順にタームシンボルを決めていった (6.4.3 節)。ひるがえって今度はどうだろう？ 我々が出発点としている一電子系固有状態は e_g とか t_{2g} という既約表現に従う関数である。そして、これらの状態に電子が詰まって多電子系固有状態が構築されている。このような場合、占有されている一電子系固有状態＝既約表現の組合せが多電子系固有状態であるのだから、占有されている e_g および t_{2g} 軌道の直積をとれば、ひとまず新しい状態が求まることになる。しかしこの表現は多くの場合、可約表現であり、いくつかの固有状態が対応している。したがって、それを既約化することにより最終的な固有状態を求めるわけだ。シュレディンガー

方程式を解かずにこのようなことができるのは、とりも直さず固有状態と既約表現とが一対一の関係にあるからだ。また、スピンに関しては球対称場におけるタームシンボルのときと同様に多重度 $2S+1$ を既約表現の左肩に記す。（実はこのスピンの状態を明らかにするという作業が最もやっかいな部分である。）以下、強い結晶場の極限における固有状態の求め方を説明する。

- **step1** まず、軌道部分の表現を求めるために、点群 O における各既約表現の直積を求めなくてはならない。そのためには二つの軌道の既約表現のキャラクターを掛け合わせ、それを既約化すればよい（復習をかねてやってみよ。4.8.4 節）。その結果を点群 O の直積表として次に示す。

表 7.5 点群 O の直積表

O	A_1	A_2	E	T_1	T_2
A_1	A_1	A_2	E	T_1	T_2
A_2	A_2	A_1	E	T_2	T_1
E	E	E	A_1+A_2+E	T_1+T_2	T_1+T_2
T_1	T_1	T_2	T_1+T_2	$A_1+E+T_1+T_2$	$A_2+E+T_1+T_2$
T_2	T_2	T_1	T_1+T_2	$A_2+E+T_1+T_2$	$A_1+E+T_1+T_2$

- **step2** 次に d^2 配置のスピン多重度を確認する。結晶場は固有関数のうち、軌道部分にだけ作用するのであるから、このスピン多重度は結晶場の中でも増えたり減ったりすることはない。二つの電子があるので、全体のスピン S は

$$S = 1/2 + 1/2 = 1 \quad (三重項)\quad と \quad S = 1/2 - 1/2 = 0 \quad (一重項) \tag{7-12}$$

のいずれかである。ここで、三重項ではスピンが平行な状態を許しているのに対し、一重項では反平行の状態のみが存在する。したがってパウリに排他律により、一つの軌道に二つの電子が入るとき、三重項は許されない。

- **step3** $(t_{2g})^1(e_g)^1$ 配置： いま考えているのは点群 O_h であるが、点群 O の直積表を利用できる。なぜなら、(a) 点群 O_h ＝ 点群 O × i（反転操作）であること、(b) そして gerade 同士の既約表現の積ではキャラクターの符号は変わらない、すなわち、gerade × gerade = gerade であるからだ。よって、点群 O の直積表に基づき、直ちに

$$t_{2g} \otimes e_g \to t_{1g} + t_{2g} \tag{7-13}$$

を得る。この電子配置では t_{2g} と e_g という別々の状態に電子が入っているので、パウリの排他律を考慮する必要がない。つまり個々のスピンの向き方は自由である。言い換えると、直積を既約表現に分解して得られた T_{1g} と T_{2g} という状態の両方が $S=0$ および 1 という値をとることができる。よって、この配置は次のタームに分裂する。（フントの法則により三重項の状態の方が安定である。）

$$(t_{2g})^1(e_g)^1 \to {}^1T_{1g} + {}^3T_{1g} + {}^1T_{2g} + {}^3T_{2g} \tag{7-14}$$

- **step4** $(e_g)^2$ 配置： e_g という一つの一電子状態に二つの電子が入るわけで、パウリの排他律を考える必要がある。とりあえず、点群 O の直積表を用いて、次の既約表現が求まる。

$$e_g \otimes e_g \to a_{1g} + a_{2g} + e_g \tag{7-15}$$

- 何が問題か？

得られた既約表現に対して一重項と三重項という状態が存在すると仮定すると

$$(e_g)^2 \to {}^1A_{1g} + {}^3A_{1g} + {}^1A_{2g} + {}^3A_{2g} + {}^1E_g + {}^3E_g \quad （正しくない）$$

という計 16 個の多電子系状態が存在することになる。しかし、我々が出発点としている $(e_g)^2$ 配置では図 7.8 に示した 6 個のミクロ状態しかそもそも存在しないのである。

$$(e_g)^2 \longrightarrow \text{↑↓ —} \; ; \; \text{↑ ↑} \; ; \; \text{↑ ↑} \; ; \; \text{↑ ↑} \; ; \; \text{↑ ↑} \; ; \; \text{— ↑↓}$$

図 7.8 $(e_g)^2$ 配置に属する 6 個のミクロ状態

ここに至って軌道関数の直積により得られた既約表現に対し、スピンの多重度をいかにして割り当てるか、という問題が生じた。これに対し、群論は Bethe による*低対称化の方法* (method of descending symmetry) という一般的な方法を提供してくれている。このやり方は一種の「解法のテクニック」のようなもので、本論から少しはずれるので、次の節で詳しく述べることとし、ここでは結果を記すが、少なくとも E_g という状態は三重項をとりえないことはわかるのではないかと思う。なぜなら、E_g はもともと二つの軌道関数が組になっている縮退状態を示す既約表現であり（表 7.1）、これが三重項を持つとなると、^3E_g となり、この状態だけで 6 個しかないミクロ状態を網羅してしまうからだ。

いずれにしても、次節できちんと示すが、$(e_g)^2$ 配置から得られる状態は次の三つである。

$$\left(e_g\right)^2 \to {}^1A_{1g} + {}^3A_{2g} + {}^1E_g \tag{7-16}$$

・step5　$(t_{2g})^2$ 配置：　<u>t_{2g} という一つの状態に 2 個の電子が入るので前節と同様、パウリの排他律に起因する問題が生じる。</u>まず、軌道部分のみ、直積を既約表現に分解することから求めよう。

$$t_{2g} \otimes t_{2g} \to a_{1g} + e_g + t_{1g} + t_{2g} \tag{7-17}$$

これも低対称化の方法により次の状態に帰結することが示せる（Bethe よ、ありがとう！）。

$$\left(t_{2g}\right)^2 \to {}^1A_{1g} + {}^1E_g + {}^3T_{1g} + {}^1T_{2g} \tag{7-18}$$

問題 7.5　ここまで得られた結果をまとめて d^2 配置が強い O_h 結晶場においてなす多電子系固有状態を安定な順に示せ。（必要であればフントの法則を用いよ。）

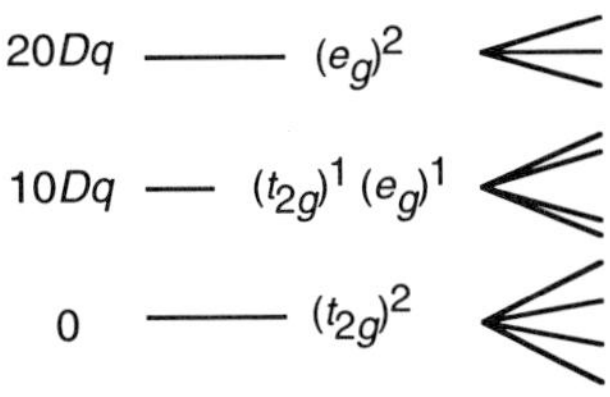

```
20Dq ——— (e_g)^2    <
10Dq ——— (t_{2g})^1(e_g)^1  <
 0   ——— (t_{2g})^2  <
```

図 7.9 d^2 配置が対称場 O_h においてなす電子配置とタームシンボル

7.5 低対称化の方法

ここで同一の状態に二つ以上の電子が入る場合のスピン多重度の割当て方について述べる。配位子場理論そのものとは直接の関係はないので、ここを飛ばして先を読んでもらってもよいが、この手法には群論の強みが現れているように思うので、コーヒー片手に読み通してみよう。

7.5.1　相関表

球対称場から点群 O_h という立方対称場に移ることによって、たとえば d 軌道が e_g と t_{2g} という二つの既約表現の基底関数に分裂することは理解した。しかし、それぞれの軌道関数は依然、縮退しており、その縮退度はそれぞれ 2 と 3 である。ここでさらに、対称性の低下を続けていけば、

第7章 配位子場理論

どんどん縮退が解け、ついには縮退のまったくない状態に落ち着くことは予想がつくだろう。一方、対称性を低下させると一口にいっても、$O_h(m\bar{3}m)$から$O(432)$へはよいとしても（反転中心をとっただけ）それから先は4回回転軸を保存させる形で対称性を低下させるのか、あるいは3回回転軸を保存させるのかなど、いろいろなやり方がある。

第I部でも少し触れたが、このようにある対称要素を除くことによって生じた群はもとの群の部分群をなしている。そして、得られた部分群の既約表現は、とり除いた対称要素によって当然、異なるだろう。そこで、対称性の高い状態から低い状態にしたとき、相互の点群での既約表現間の関係が一目でわかる表があればはなはだ便利である（実はある！）。そのような表を*相関表*（correlation table）という。次に点群O_hその部分群における相関表を示す。

表7.6 点群O_hとその部分群の既約表現間の相関表

O_h	O	T_d	D_{4h}	D_{2d}	C_{4v}	C_{2v}	D_{3d}	D_3	C_{2h}
A_{1g}	A_1	A_1	A_{1g}	A_1	A_1	A_1	A_{1g}	A_1	A_g
A_{2g}	A_2	A_2	B_{1g}	B_1	B_1	A_2	A_{2g}	A_2	B_g
E_g	E	E	$A_{1g}+B_{1g}$	A_1+B_1	A_1+B_1	A_1+A_2	E_g	E	A_g+B_g
T_{1g}	T_1	T_1	$A_{2g}+E_g$	A_2+E	A_2+E	$A_2+B_1+B_2$	$A_{2g}+E_g$	A_2+E	A_g+2B_g
T_{2g}	T_2	T_2	$B_{2g}+E_g$	B_2+E	B_2+E	$A_1+B_1+B_2$	$A_{1g}+E_g$	A_1+E	$2A_g+B_g$
A_{1u}	A_1	A_2	A_{1u}	B_1	A_2	A_2	A_{1u}	A_1	A_u
A_{2u}	A_2	A_1	B_{1u}	A_1	B_2	A_1	A_{2u}	A_2	B_u
E_u	E	E	$A_{1u}+B_{1u}$	A_1+B_1	A_1+B_1	A_1+A_2	E_u	E	A_u+B_u
T_{1u}	T_1	T_2	$A_{2u}+E_u$	B_2+E	B_2+E	$A_1+B_1+B_2$	$A_{2u}+E_u$	A_2+E_u	A_u+2B_u
T_{2u}	T_2	T_1	$B_{2u}+E_u$	A_2+E	A_2+E	$A_2+B_1+B_2$	$A_{1u}+E_u$	A_1+E_u	$2A_u+B_u$

これで準備は完了だ。以下、Betheの考案した解法のテクニック、低対称化の方法（method of descending symmetry）を学ぼう。

7.5.2 $(e_g)^2$配置の場合

・step1　最初に、先に用いた点群Oの直積表(表7.5)と相関表(表7.6)を用いて$e_g \times e_g$という直積の既約表現をO_hとD_{4h}について求めておく。

$$e_g \otimes e_g \longrightarrow \begin{cases} a_{1g} + a_{2g} + e_g & (O_h) \\ a_{1g} + b_{1g} + a_{1g} + b_{1g} & (D_{4h}) \end{cases} \quad (7\text{-}19)$$

ここで2段目は、O_hにおける既約表現a_{2g}がD_{4h}という環境下でb_{1g}となり、また、e_gがa_{1g}とb_{1g}とに分裂することを示している。

・step2　次に同じことだが、対称場O_hにおけるe_g軌道の縮退がD_{4h}においてどのように解けるかを確認する。相関表を見れば、一電子系の状態e_gそのものはa_{1g}とb_{1g}に分裂することがわかる（図7.10）。

$$e_g(O_h) \xrightarrow{D_{4h}} a_{1g} + b_{1g} \quad (7\text{-}20)$$

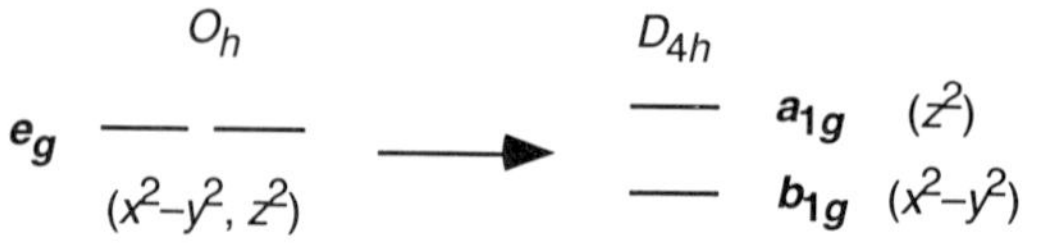

```
    O_h                    D_4h
e_g ___ ___      →      ___  a_1g  (z²)
                        ___  b_1g  (x²-y²)
    (x²-y², z²)
```

図7.10 対称性の低下によるe_gの分裂

- step3　D_{4h} における一電子系状態は a_{1g} と b_{1g} とに二つの電子を詰めることにより得られる。まず、個々のミクロ状態を書き下し、その結果、得られる多電子系状態をスピンも含めて書きだす（図7.11）。

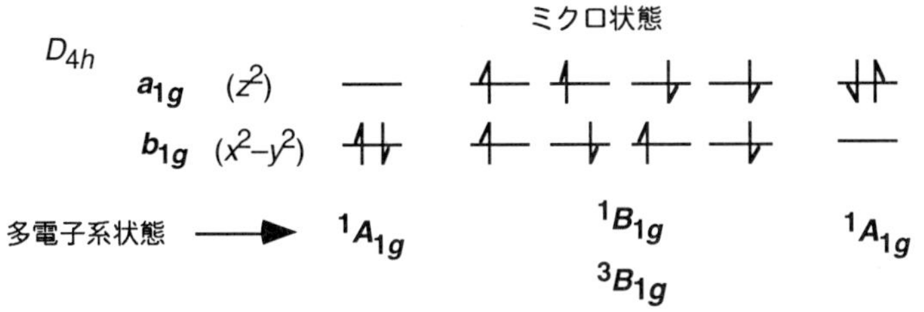

ミクロ状態

D_{4h}　a_{1g} (z^2)
　　　b_{1g} (x^2-y^2)

多電子系状態　→　$^1A_{1g}$　　$^1B_{1g}$　　$^1A_{1g}$
　　　　　　　　　　　　　　　$^3B_{1g}$

図7.11　点群 D_{4h} における a_{1g} と b_{1g} への電子の入れ方

ここで b_{1g} という一電子状態でも2個の電子が（反平行に）詰まってしまえば、それは多電子系の状態としては全対称な既約表現 $^1A_{1g}$ として記述されることに注意しよう。となるとパウリの排他律から三重項の状態をとれるのは自ずと a_{1g} と b_{1g} という二つの一電子状態に別々に電子が詰まった場合のみとなる。つまり、D_{4h} という環境においては $(e_g)^2$ 配置は

$$\left(e_g\right)^2 \quad \rightarrow \quad {}^1A_{1g} + {}^3B_{1g} + {}^1A_{1g} + {}^1B_{1g} \tag{7-21}$$

という四つの多電子系状態をとることが、ミクロ状態に基づいた厳密な考察から判明したのである。

- step4　最後に、(7-21)に示されたタームを、(7-19)で与えられている D_{4h} と O_h における各ターム間の相関に基づいて、逆に O_h の状態に戻す。ここで重要なことは、<u>D_{4h} 中のタームと、対称性を高めて O_h としたときのタームとは一対一の関係にある</u>ということである。特に、対称性を変更することによってスピンの多重度は変わらない。また、B_{1g} で示される状態が $^1B_{1g}$ と $^3B_{1g}$ と二つあるが、先に述べた理由で O_h の E_g は三重項となりえない（もしそうなると、それだけで6個の縮退度を網羅してしまうから）。したがって、$^1B_{1g}$ が O_h における E_g に対応しており、$^3B_{1g}$ は A_{2g} に対応していなくてはならないことになる。結局、$(e_g)^2$ 配置から生ずる多電子系電子状態は次のように決定される。

$$\left(e_g\right)^2 \quad \rightarrow \quad \begin{cases} {}^1A_{1g} + {}^3A_{2g} + {}^1E_g & (O_h) \\ {}^1A_{1g} + {}^3B_{1g} + {}^1A_{1g} + {}^1B_{1g} & (D_{4h}) \end{cases} \tag{7-22}$$

このように、低対称化の方法では縮退のある既約表現を
(i) 縮退がとれるまで対称性を低下させ、
(ii) ミクロ状態を書き下し、その結果として多電子系電子状態のタームをスピンを含めて求め、
(iii) 相関表によりもとの高い対称性の既約表現と低い対称性の既約表現との一対一の対応をとることにより、もとの状態のタームを求めていこう、

というものである。（対称性を「下げる」というよりは、descend、すなわち階段を一つひとつ「降りる」というニュアンスのほうが強い。）縮退が完全に解けた対称性の低い状態まで降りなくてはこの手法は使えないので、$(t_{2g})^2$ 配置では C_{2h} あるいは C_{2v} の既約表現を用いることになる。

問題 7.6　C_{2v} の既約表現間の直積表を作成せよ。次に O_h と C_{2v} 間の既約表現の相関を調べることにより $(t_{2g})^2$ 配置から生じるタームを求めよ。もっとも安定な状態の多電子系電子状態を示すタームは何か？

7.6 エネルギー相関図

これまでに我々は d^2 配置に関してのみではあるが、L-S カップリングに基づいた多電子系電子状態が弱い結晶場の下でどのように分裂するかを調べ、続いて、強い結晶場におけるタームも書き下すことに成功した。でも、よくよく考えてみると、結晶場というのは物質によって異なっており、そういった意味では連続的に変化しているはずだ。そこで、そのような仮想的な状況をまず考え、結晶場の強さに応じて、現実の物質に当てはめるというのがスマートなやり方であろう。本節では定性的ではあるが、この二つの極限を結びつけることを試みる。

結晶場の強さを横軸にとり、エネルギーレベルを縦軸とり、弱い結晶場と強い結晶場における固有状態間の関係を表した図を*エネルギー相関図*（correlation diagram）という。この相関図に関して次のルールがある。

(i) 弱い結晶場と強い結晶場の固有状態（ターム）は一対一の関係にある。
(ii) 同じ固有状態は交差しない（*非交差則*（non-crossing rule）、8.5.2 節参照）。

もともとが同じ電子配置から出発し、配位子場の強さだけが変化しているのであるから、(i) は自明である。一方、(ii) は分子軌道法などにも通ずる深い事情がある。一口でいうと、同じ既約表現に属する状態は相互作用を持ち、反発しあうのだ。弱い結晶場と強い結晶場のタームはすでに 7.3 および 7.4 節の最後に与えられているので、あとは上のルールに従って両者を結ぶだけである。結果を図 7.12 に示す。ここでの横軸は定性的なリガンドの強さ、すなわち $10Dq$ である。

このとき、エネルギー準位に関してはフントの法則に類似したやり方が適用できる。まず、スピン多重項が優先される。次に、フントの第二法則では L が最大になる方がエネルギー順位が低かったが、これを「軌道関数に関する縮退度が大きいものほどエネルギーが低い」と置き換えるのである。したがって、スピン多重項が同じであれば、基本的にはエネルギーの低いものから $T<E<A, B$ と並べることができる。

これで d^2 配置が O_h という結晶場に置かれた際、どのように多電子系電子状態が変化するか、定性的理解を得た。もちろん、d 軌道には 10 個までの電子が入れるし、他の結晶場、たとえば T_d や D_{4h} という場合だってある。しかし、本書でこれらすべてのケースを取り扱うわけにはいかないので配位

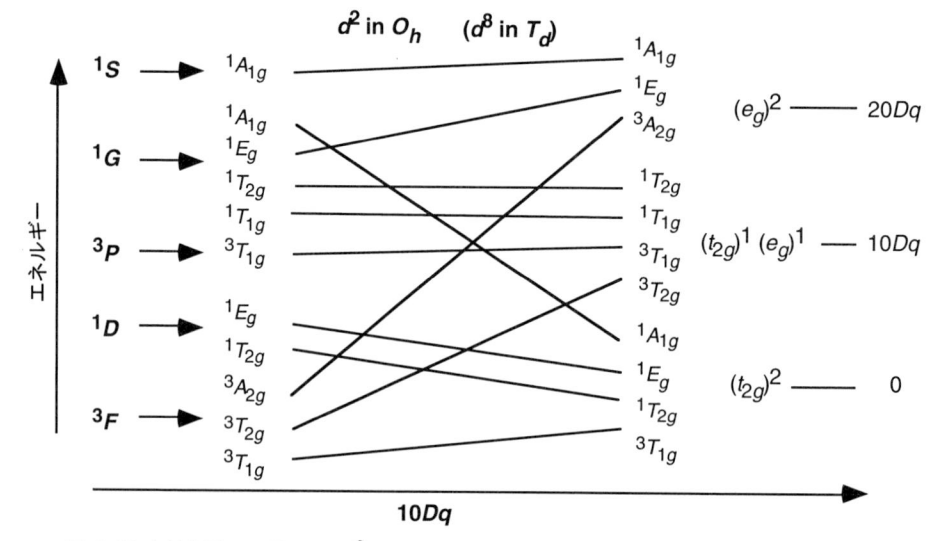

図 7.12 点対称場 O_h に置かれた d^2 配置の固有状態の弱い結晶場と強い結晶場間の相関

子場理論に関する教科書を参考としてほしい。一方、応用という観点からは d 軌道によって形成された配置が O_h あるいは T_d という環境に置かれた場合がよく登場するので、我々も d^n 配置に関して、n が2以上の場合と T_d の場合をどのように取り扱うかということに関してもう少し見ていきたいと思う。

7.6.1 電子とホールの関係

d 軌道は自由原子で5重に縮退しており、スピンを考慮すると10個の電子をこの状態に入れることができる。したがって、配位子場理論においては一般には d^n 配置と書いて $2 \leq n \leq 8$ の範囲の状態を考える。（10個入ってしまうと軌道関数は分裂しても、全部の軌道関数に電子が入ってしまうので、エネルギーレベルの分裂はないし、9個入った場合も、今から説明するように1個しか入っていない場合と同じで分裂様式は単純。）

結論を先に述べると d^{10-n} 配置は $10-n$ 個の電子ではなく、正電荷を有する n 個のホールが存在すると考えることにより、大ざっぱにいうと d^n 配置と反対の関係をもつエネルギー相関図が得られる。正電荷と負のリガンドとの間には引力が働くからだ。

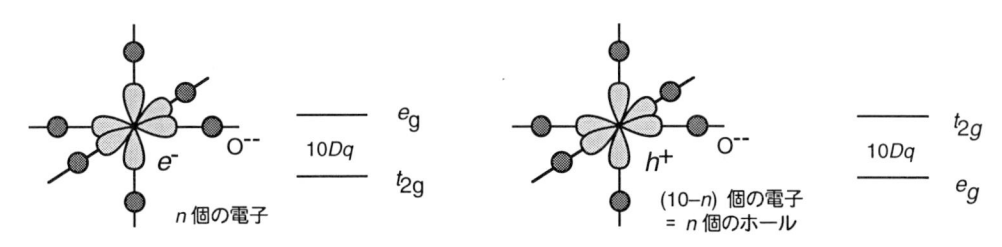

図 7.13 (10-n) 個の電子と n 個のホールの等価性

（a）弱い結晶場： この場合、主要な摂動項は e^2/r で表される電子間の反発力であるが、ホール間にも同様のクーロン反発力が働いている。すなわち、この摂動項は電子の場合もホールの場合もタームの分裂ということに関しては同様の効果を持つ。したがって、以前にやったように（問題6.5）、d^n 配置も d^{10-n} 配置も L-S カップリングによる同じ分裂様式を持つ。

このように L-S カップリングで大きく分裂した状態に結晶場の効果が次の摂動項として寄与するのが弱い結晶場の場合である。そもそも、既約表現への分裂は多電子状態のタームに対して、結晶場の対称性に基づき行われるのであるから、d^{10-n} 配置は d^n 配置と同じ既約表現に分裂すると結論できる。ただし、群論から言えるのはここまでで、d^{10-n} 配置における各準位のエネルギー順は、次に述べる強い結晶場と同様の理由により、d^n 配置のエネルギー順に対して逆転する。

（b）強い結晶場： 先に述べたように負電荷を持つ電子はリガンドに存在するやはり負のイオンと反発しあうのに対し、正電荷を持つホールとリガンド間には引力が働く。すなわち、<u>強い結晶場下の d^n 配置ではエネルギー的に不安定であった一電子軌道が d^{10-n} 配置では安定となる</u>（たとえば O_h では e_g と t_{2g} が逆転する。図7.13参照。また、図7.12と7.15の右側を比較のこと）。

7.6.2 四面体環境 (T_d) の場合

以上は、d 軌道からなる多電子系状態が点対称場 O_h に置かれた場合であった。では、T_d の場合はどうだろうか。先に O_h 環境と T_d 環境ではリガンドとの相互作用の大きさが反対であること

に触れた（図 7.14）。したがって、この二つの環境が d^n 配置に及ぼす効果は、ホールの場合と類似しており、T_d 環境に d 軌道が存在する場合、エネルギー準位図の右側、すなわち、強い結晶場の側が O_h 環境の場合に対し逆転する。つまり

$$d^n(T_d) \text{ のエネルギー順位} = d^{10-n}(O_h) \text{ のエネルギー順位}。 \tag{7-23}$$

したがって、図 7.12 に示したエネルギー相関図は d^8 配置が T_d 環境に入った場合にもそのまま適用される。また、図 7.15 に d^2 配置が T_d 環境に置かれたときのエネルギー相関図を示すが、これはまた、d^8 配置が O_h 環境に入った場合のタームの相関を示す（ただし、サブスクリプト g をつける）。

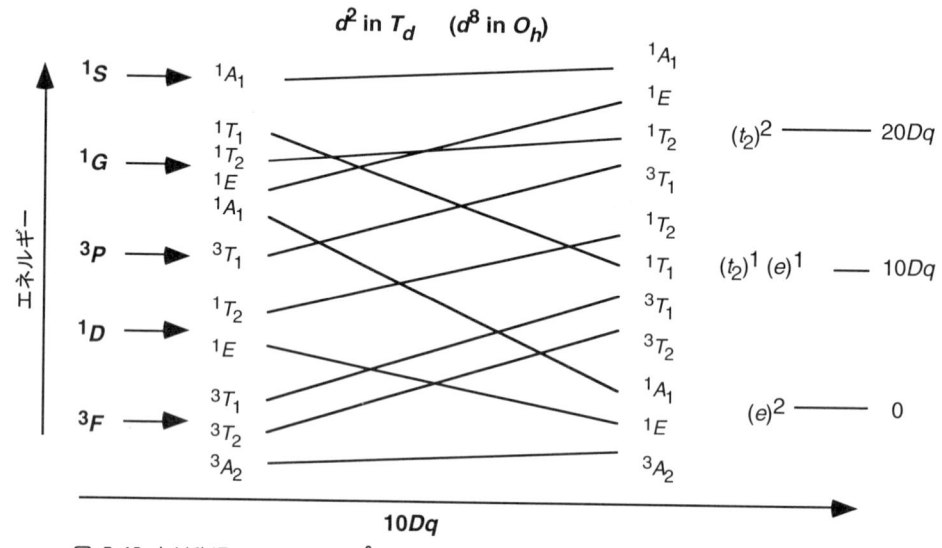

図 7.15 点対称場 T_d に置かれた d^2 配置の固有状態の弱い結晶場と強い結晶場間の相関
（O_h 下の d^8 配置の場合、サブスクリプト g をつける）

7.6.3 高スピン状態と低スピン状態

これまで、O_h 環境に置かれた d^2 および d^8 配置のエネルギー相関図を得た。この二つの配置に共通することは基底状態が弱い結晶場から強い結晶場までそれぞれ $^3T_{1g}$ と $^3A_2$ という、同一のタームで記述されるということである。一方、結晶場により分裂した二つの一電子固有状態、t_{2g} と e_g、に入れる電子の数はそれぞれ 6 個と 4 個であり、これら二つの軌道をまたがるような電子数の配置においては O_h 結晶場の強さによって基底状態が変わることがある。具体的には $d^4 \sim d^7$ の場合である。

一例として d^7 配置が O_h 環境に置かれた場合を考えよう。この配置では Dq がある値を越えると基底状態が $^4T_{1g}$ から ^2E_g に変わる。配置で表すと $(t_{2g})^5(e_g)^2$ から $(t_{2g})^6(e_g)^1$ に変わるのだ。この理由は次のように考えることができる（図 7.16）。軌道を占有する電子間にはパウリの排他律によりスピンを揃えようとする傾向があることは前章で述べた。結晶場が弱い場合、分裂した t_{2g}

と e_g とのエネルギー差はわずかであろう。したがって、軌道エネルギーでは多少、損をしてもスピンを揃えてしまった方がトータルのエネルギーが下がる。これが高スピン状態（high-spin state）である。しかし、結晶場の大きさが強くなると二つの軌道のエネルギー差が大きくなり過ぎ、電子は低い軌道を占有する。当然、スピンは反平行になるから、そのぶん、電子が同一の場所を占める有限の確率が生まれ、クーロンエネルギーでは損をするが、それ以上に軌道エネルギーで得をし、低スピン状態（low-spin state）となる。次節以降でもう少し、定量的な話をするが、このスピン対を形成するためのエネルギーはラカーパラメータ（Racah）B という単位でだいたい $2Dq$ あたりである（表7.7）。

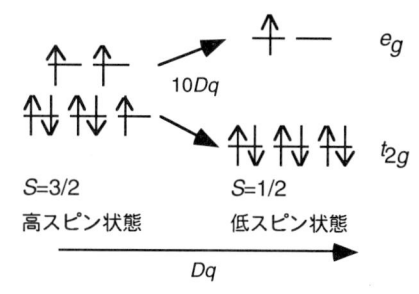

図 7.16 配位子場の強さによるスピン状態の変化

例としてあげている d^7 配置では $^4T_{1g}$ は高スピン状態であるのに対し、^2E_g は低スピン状態である。すなわち、結晶場が強くなるに従い、基底状態が高スピン状態から低スピン状態に変移している。また、あとから述べる磁性の話を先取りする形になるが、$^4T_{1g}$ 状態の有効ボーア磁子は温度依存性を示すのに対し、^2E_g 状態のそれは温度に依存しないことになる（7.8.2節参照）。

表 7.7 スピン対形成エネルギー　（Figgis p.170 より引用）

電子の数	4	5	6	7
スピン対形成のためのエネルギー（Dq/B）	2.7	2.8	2.0	2.2

一方、これらの電子配置が T_d 環境に置かれた場合であるが、先に述べたように T_d 環境による結晶場の大きさは O_h 環境に置かれた場合に比べ、$-4/9$ と半分以下になる。したがって、T_d 環境はスピン対を形成するのに必要なエネルギーを上回るほどの分裂を軌道関数に与えず、このような転移は通常、観察されない。また、高スピン・低スピン状態をもたらす結晶場は立方対称場だけではない。たとえば、我々の血液中のヘモグロビンなどに存在する生体とって欠くことのできないヘムたんぱく質中の鉄原子は、基本的には 4 個の窒素原子とその周りに存在する配位子によって構成された C_{4v} 環境下に置かれており、体内において多用な機能を演じている。

7.7　田辺-菅野ダイヤグラム

以上で、d^n 配置が結晶場に置かれた場合の多電子系電子状態に関して、弱い結晶場から強い結晶場まで、一応の定性的理解は得た。さらに一歩進めて、実験データの解釈という観点から見ると、先に得られたエネルギー相関図を定量的に表すことができればなおさら便利である。たとえば、O_h や T_d という環境に置かれた遷移金属イオンの基底状態から励起状態への遷移を分光的にとらえることは可能である。であるならば、そのエネルギー間隔から逆に結晶場の強さなどを推定できないだろうか？

そのような目的で作られた各準位間の半定量的なエネルギー相関図のうちで、最もよく知られているのが田辺-菅野ダイヤグラムだ（J.Phys.Soc.Jpn., **9**, 753, (1954)）。その導出は、当然、このコースの守備範囲を越えているが、よく用いられる図であるので、そこに出てくるパラメータの定性的な意味を正しく理解し、この図を利用できるようになることは大切だと思う。

第7章 配位子場理論

図 7.17 田辺-菅野ダイヤグラムの例
(J.Phys.Soc.Jpn., **9**, 766-779, (1954). 著者および日本物理学会の許可を得て転載)

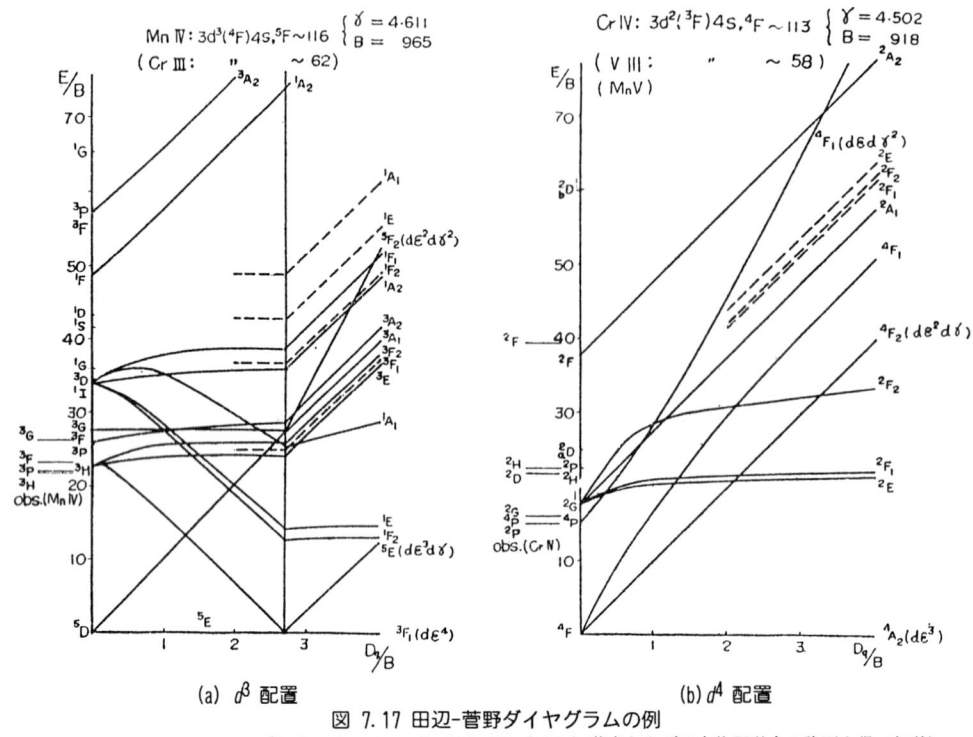

7.7.1 電子間の反発力を表すパラメータ：ラカーのパラメータ A, B, C

L-S カップリングをもたらす電子間の反発作用に相当する摂動項は e^2/r をすべての電子にわたってとったものであった。この電子間相互作用に関する理論によれば、d 状態に関する準位間のエネルギー差は二つのパラメータで記述できる。そのやり方にもコンドン-ショートレーパラメータ(Condon-Shortley parameter; F_1, F_2 などで表される)とラカーパラメータ(Racah parameter; A, B, C などで表される)と呼ばれる二つの方法がある。これらは結局は同等なのであるが、後者の方は同一配置の同じ多重度を持つターム間のエネルギー差を B という 1 個のパラメータで記述できるという小さな利点がある。（異なった多重度のものに関しては B と C という二つのパラメータが必要。）このような理由もあってラカーパラメータがよく用いられる。このパラメータのうち、A はすべての準位に共通なパラメータであり、相対的なエネルギー差には寄与しない。したがって以下、B と C のみを問題とする。

要するに各原子、あるいはイオンにはそれぞれの電子配置の内包する電子間反発作用に起因する定量的パラメータがあると考えればよい。そのパラメータを単位として結晶場の強さや各状態間のエネルギー差を表すのである。

7.7.2 田辺-菅野ダイヤグラムの例

図 7.17 に田辺と菅野によって計算されたエネルギー準位図、すなわち、田辺-菅野ダイヤグラムの例を示す。これらの図では O_h 環境に置かれた d^n 配置が呈する多電子系電子状態を結晶場の関数として表している。つまり、横軸には結晶場の強さ Dq をラカーパラメータ B で表し、縦軸には各準位のエネルギー差 E をやはり B で示している。ただし、先に述べたように電子間反発

(c) d^5 配置　　　　　　　(d) d^8 配置

図 7.17 田辺-菅野ダイヤグラムの例

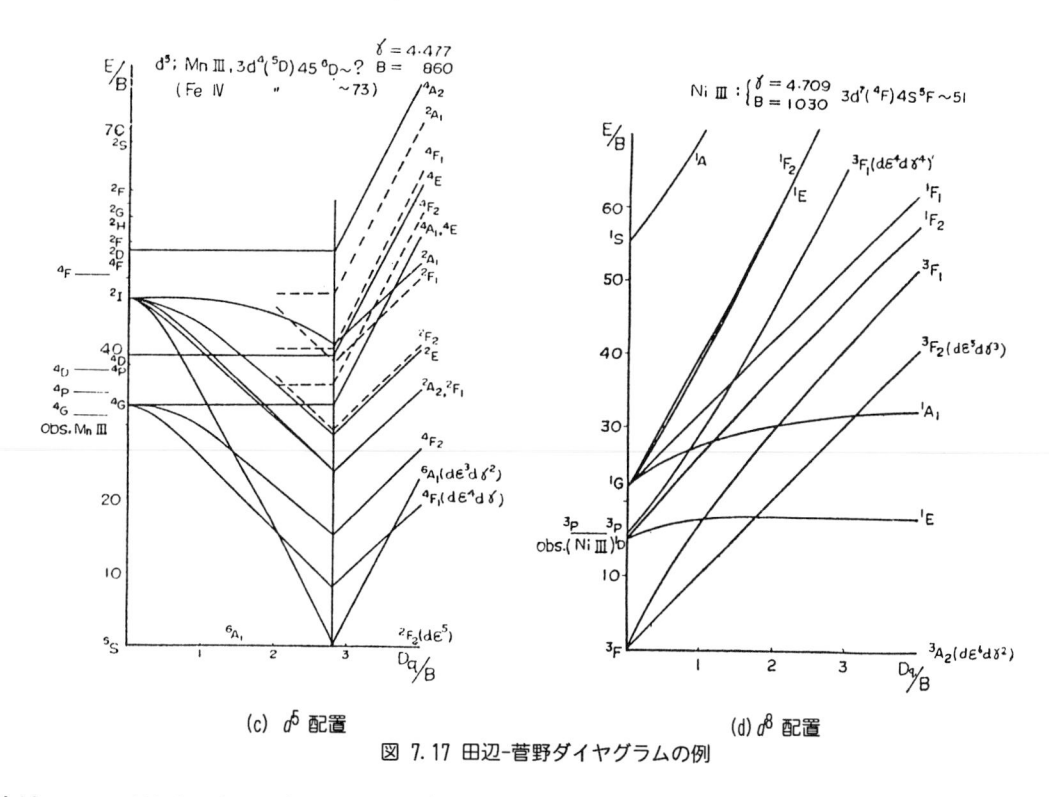

力は二つのパラメータ B と C により表されるのであるから、一つの図ですべての場合を網羅するわけにはいかない。そこで、これらの図はある決まった C/B の値に対して作成されている（原論文では $\gamma = C/B$）。この値は実在する典型的な遷移金属イオンの持つ値に近い値が選ばれ、それらの条件が各図には表記されている。さらに、図中のエネルギーレベルは基底状態を一番下にとっており、各励起状態のレベルは基底状態からの相対値であり、絶対的な値ではない。したがって、7.6.3 節に述べたように d^4 配置や d^6 配置など、基底状態が特定の結晶場の強さ（Dq）により高スピン配置から低スピン配置に変移する系では、見かけ上、その Dq の値を境として図の様相ががらりと変わってしまうことに注意しよう。しかし、このように常に基底状態を図の下に置くことによって、基底状態からの遷移スペクトルを考察するとき、大変便利となる。（図中、F で示されたタームは T を意味する（L.D.Landau and E.M.Lifshitz, *Quantum Mechanics* (Butterworth Heinemann, 1977) などに出てくる表記））。

7.7.3　吸収スペクトルと田辺-菅野ダイヤグラム

ここで、例を兼ねて、吸収スペクトルの実験データからリガンドの強さの指標である Dq とラカー係数 B を求めてみよう。図 7.18 に示す吸収スペクトルは $[V(H_2O)_6]^{3+}$ から得られたものである（O.G.Holmes and D.S.McClure, 1957）。これは d^2 配置が O_h 環境に置かれた状態であり、この状態のエネルギー準位を示す田辺-菅野ダイヤグラムを見てみると、$^3T_{1g}$、すなわちトリプレットの状態が基底状態をなしていることがわかる。であるから、励起状態もトリプレットであることをまず予想しよう。どのような励起状態に遷移するかを決めるには、基本的には、次のステップをとればよい。

第7章 配位子場理論

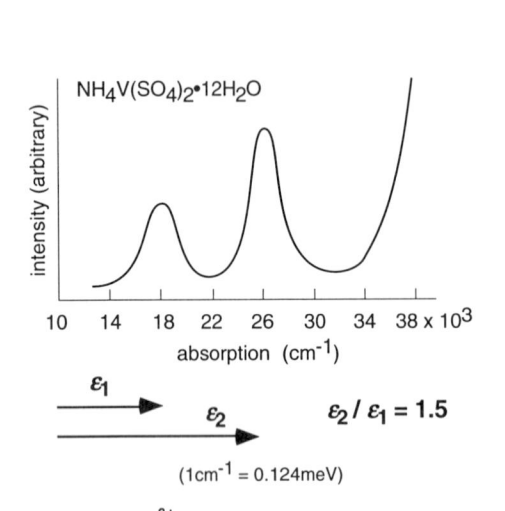

図 7.18 [V(H$_2$O)$_6$]$^{3+}$ の吸収スペクトルと二つのピーク位置の比
(O. G. Holmes and D. S. McClure (1957) による)

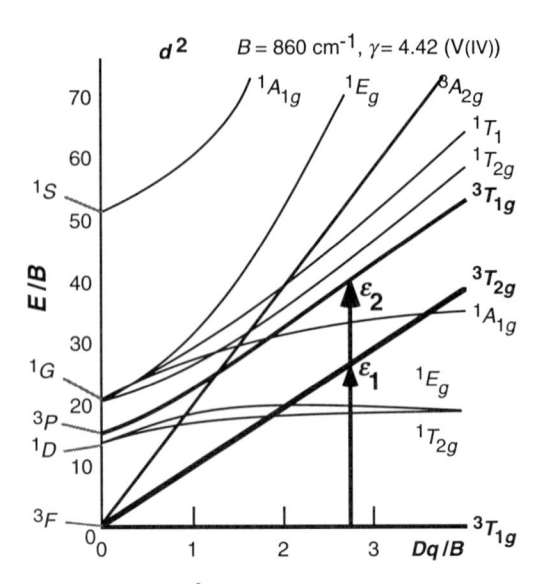

図 7.19 d^2 配置の田辺-菅野ダイヤグラムと許されたスピン状態への二つの遷移 ε_1、ε_2

- step1 データから二つの吸収ピークのエネルギー比をとる： $\varepsilon_2/\varepsilon_1 = 1.5$
- step2 この比を満たす励起状態のトリプレットの組合せを与える結晶場の強さを横軸から読み取る：

$$\varepsilon_1 : {}^3T_{1g} \rightarrow {}^3T_{2g}, \quad \varepsilon_2 : {}^3T_{1g} \rightarrow {}^3T_{1g} \rightarrow \quad Dq = 2.8\,B$$

- step3 ε_1 を B の単位で求め、それをデータと比べることにより、B の実際の値を求める。

$$\varepsilon_1/B = 25.9 = 17200\,(\text{cm}^{-1})/B \quad \rightarrow \quad B = 665\,\text{cm}^{-1}$$

- step4 得られた B の絶対値と step2 の結果から Dq の強さを求める。

$$Dq = 2.8\,B = 1860\,\text{cm}^{-1}$$

このように田辺-菅野ダイヤグラムは、点対称場に置かれた原子の基底状態から励起状態への遷移を定量的に説明している。

7.8 配位子場理論の応用例：金属錯体を中心にして

結晶場の強さに応じて d^n 配置の電子状態がどのように物性に反映されるのか、ここでは単純な構造として遷移金属イオンの周りが H$_2$O や NH$_3$ で囲まれた金属錯塩を例にとってみる。このような分子には並進対称性はない。しかしサイトシメトリーという立場からは α-Al$_2$O$_3$ などの結晶の八面体位置や四面体位置に入った Cr イオン（すなわち、ルビーをもたらす）などの電子状態を考えることと同等である。

7.8.1 構造に及ぼす効果： ヤン-テラー効果

基底状態の軌道関数に縮退があるとき、物質にはその縮退を解いて、少しでもエネルギー的に安定な状態になろうとする本来的な傾向がある。縮退を自ら解くためには、分子や結晶が自ら歪んで対称性

7.8 配位子場理論の応用：金属錯体を中心として

を下げなくてはならない。これがヤン-テラー効果（Jahn-Teller effect）であり、静的な効果とダイナミックな効果とに分けられる。縮退していた状態がどのように分裂するかは、考えてる状態とリガンドとの相互作用の強さ、あるいは温度などによる。以下、O_h 環境における $^{2S+1}E_g$, $^{2S+1}T_{1g}$, $^{2S+1}T_{2g}$ などの基底状態がどのように分裂するか極く簡単に触れる。

(a) 静的なヤン-テラー効果

$^{2S+1}E_g$ を基底状態とする配置では t_{2g} 軌道はすべて占有され、エネルギーの高い e_g 軌道まで電子が入っている。この状態の基底関数は x^2-y^2 および z^2 であった（実際の d 軌道は $d_{x^2-y^2}$ と d_{z^2}）。図 7.20 にこのエネルギーの高い e_g レベルのみを示す。そして、これらの関数は各リガンドの方を直接向いて、リガンドの波動関数と相互作用を持っている。分子軌道法では、このような結合のことを σ 結合という。これは強い相互作用であり、仮に分子の対称性が D_{4h} となったとすると、e_g は a_g と b_g とに分裂し、そのことによる安定化エネルギー（stabilization energy）は 0.1eV のオーダーとなる。これは室温の熱エネルギー kT（約 0.025eV）に比べ十分大きい。このような場合、分子は D_{4h}（4/mmm）となったまま落ち着くであろう。このような効果を静的なヤン-テラー効果という。（結晶ではさらに、ひずみによるエネルギーロスなども考慮する必要がある。）

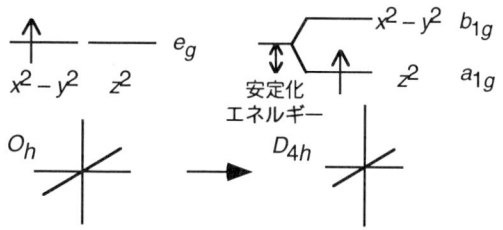

図 7.20 対称性の低下と構造の安定化：ヤン-テラー効果

(b) ダイナミックなヤン-テラー効果

これに対して $^{2S+1}T_{1g}$, $^{2S+1}T_{2g}$ を基底とする状態における基底関数は d_{xy}, d_{xz}, d_{zy} など、直接、リガンドを向いていない関数であった（図 6.7）。これらの軌道とリガンドとの相互作用は σ 結合の持つ相互作用よりずっと弱く、約 1/10 程度、0.01eV のオーダーである。これは室温の持つ熱エネルギーよりも小さい。このようなとき、仮に対称性が低下したとしても、静的ヤン-テラー効果の場合のように、ある特定の方向に関してのみ対称性が低下するわけにはいかず、熱エネルギーによって、主軸となる方向がころころ変わってしまう状況が生じるだろう。これをダイナミックなヤン-テラー効果という。

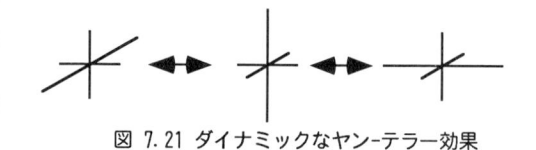

図 7.21 ダイナミックなヤン-テラー効果

7.8.2 いくつかの磁気的性質

(a) 自由イオンの常磁性帯磁率

まず、Cr^{3+} のように結晶や分子の中でイオン化した状態の d 電子配置が磁場に対してどのように応答するか復習する。（ここでは、考えているイオンの電子状態が、最初に L-S カップリング、次にスピン-軌道相互作用という順で分裂している状態を考える。）このイオンは磁性という観点からは、軌道角運動量とスピンに起因する次の磁気モーメントを持っている：

$$\vec{\mu} = -\beta(\vec{L} + 2\vec{S}) \tag{7-24}$$

ここで β は、ボーア磁子（Bohr magneton）と呼ばれる角運動量と磁気モーメントを結びつける基本的な量であり、また、上式は軌道角運動量とスピン角運動量とでは磁気モーメントを与える

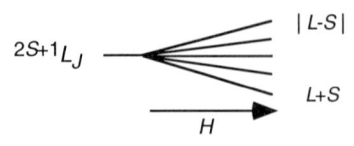

図 7.22 タームの磁場による分裂

比例定数（通常 g 値と呼ばれる）が異なることを示している。

さて、このような磁気モーメントは外部磁界 $\vec{H}$ と相互作用を持ち、縮退していたエネルギーレベルを分裂させる。今、磁場の方向を z 方向とし、ハミルトニアンを H_z と書くと、

$$H_z = -\vec{\mu} \cdot \vec{H} = \beta(L_z + 2S_z)H \tag{7-25}$$

と書ける。この項は磁場との相互作用が、角運動量の z 成分により異なることを示している。この相互作用エネルギーのことをゼーマンエネルギー（Zeeman energy）という。そこで、これを新たな摂動と考えて、磁場の存在下において、もとのエネルギーレベルがどれだけ変化するかを考えようというわけだ。

一方、このような物質は全体として磁化 M を持ち、M と H との間には

$$M = \chi H \tag{7-26}$$

という関係がある。この比例係数 χ を常磁性帯磁率（paramagnetic susceptibility）という。χ を求めるには、(i) まず、$^{2S+1}L_J$ で表される状態の縮退が外部磁場によりどのように分裂するかを計算し、(ii) その準位の磁場依存性を求め（絶対零度の帯磁率を求めることに相当）、(iii) さらに、熱平衡状態における統計的平均をとる、という三つのステップを踏む。

詳細は磁性の教科書等を見てもらうとして、ここでは結果を示そう（図 7.23）。基底状態 J_o とその上の励起状態 J_1 とのエネルギー差が考えている熱エネルギー kT に比べて大きい場合、χ は次のように書ける。

$$\chi \equiv \frac{C}{T} + N\alpha = N\left\{\frac{g_{J_o}^2 \beta^2 J_o(J_o+1)}{3kT} + \alpha_{J_o}\right\} \tag{7-27}$$

これを**ランジュバン-デバイの式**（Langevin-Debye's formula）という。第 1 項はキュリーの法則（Curie's law）を与え、第 2 項は温度に依存しないヴァンブレックの常磁性項（Van Vleck's paramagnetic term）を与える。

第 1 項は外部磁場をかけることにより本来は $2J_0+1$ 重に縮退したエネルギーレベルが解かれ、最もゼーマンエネルギーの低い状態、すなわち最大の磁気モーメントを持つべきはずなのに、これらの準位間のエネルギー差が熱エネルギーに比べ接近しているため、有限の温度では多少、磁気エネルギー的には不利であっても同じ J_0 に属する他のレベルをとる確率もあるという、磁気エネルギーと熱エネルギー間の拮抗した状態を示している。また、第 2 項は J_0 そのものに依存する項で、考えられる温度範囲では温度に依存しない項である。（ただし、励起状態と何らかの相互作用を持つ摂動項があるとこの条件がくずれる。）

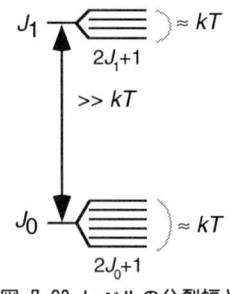

図 7.23 レベルの分裂幅と熱エネルギー kT

一方、実験的には常磁性帯磁率 χ が $1/T$ に従うことが確認できても、その比例定数が（7-27）の分子と一致するとは限らない。そこで実験的に得られた χ が $1/T$ に従うとき、

$$\chi = N\frac{\beta^2}{3kT}\mu_{\text{eff}}^2 \tag{7-28}$$

と置いて μ_{eff} を**有効磁気モーメント**（effective magnetic moment）と呼ぶ。

(b) 結晶場による軌道角運動量の消失

さて、結晶場という環境にこのような d^n 配置をとるイオンが置かれると、ある状態では軌道角運動量が消失するという事態が起こる。この場合、(7-28) から期待されるボーア磁子単位で表した有効磁気モーメント：

$$\mu_{\text{eff}} = 2\sqrt{J(J+1)} \tag{7-29}$$

から L の寄与がなくなり、μ_{eff} は S にのみ依存する。

$$\mu_{\text{eff}} = 2\sqrt{S(S+1)} \tag{7-30}$$

なぜ、結晶場の存在により軌道角運動量が消失するかということであるが、量子力学的な角運動量の期待値がゼロになるといってしまえばそれまでである。たとえば、縮退がまったくない状態の軌道関数は必ず実数で表すことができる。一方、軌道角運動量を表す演算子は通常の運動量を表わす演算子 (5-50) がそうであったように虚数である。このことから直ちに、縮退のない状態の軌道角運動量はゼロであることを、期待値を求めることにより証明することができる（金森、1969）。

$$\langle L \rangle_{\text{average}} = \langle \Psi | L | \Psi \rangle = \langle \Psi^* | L | \Psi^* \rangle = -\langle \Psi | L | \Psi \rangle^* = -\langle L \rangle_{\text{average}} \tag{7-31}$$

しかし、実際には縮退があっても E_g で表される状態の軌道角運動量は消失している。これらを厳密に証明するためには、それぞれの状態の L の期待値を調べるのがよいのだが、このコースの範疇をはるかに越えてるので（小谷(1949)；上村、田辺、菅野、1969）、ここでは Figgis(1986) による次の定性的理由を受け入れることとしよう。

軌道角運動量は (i) 軌道関数に縮退があり、(ii) さらにそれらのいくつかが回転により重なることのできるときのみ生ずる。たとえば d 軌道を例にとると、d_{xz} と d_{yz} という二つの関数は z 軸を中心に 90 度回転するとまったく同一の空間的な広がりを持つ。同様のことは、やはり d 軌道をなす d_{xy} と d_{x2-y2} という二つの関数に関してもいえる。さらに y 軸を中心にして考えれば d_{yz} と d_{xy} に関して同様のことが当てはまる。

さて、この d 軌道が O_h という結晶場の中に置かれると t_{2g} と e_g とに分裂する。このとき、d_{xz} と d_{yz}（および d_{yx}）は t_{2g} に属するから角運動量を有することが可能である。一方、e_g であるが、この既約表現の基底をなす d_{z2} と d_{x2-y2} という関数は図示してみればすぐにわかるが、どうやっても重ならない。したがって軌道角運動量は消失してしまう。さらに上記の条件が満たされていても、となりあう同じ形を持つ軌道関数に同一のスピン状態を有する電子が既に占有している場合、軌道角運動量を持つことはできない。したがって t_{2g}^3 および t_{2g}^6 で表される配置には軌道角運動量がない。

ここに述べられた描写を認めると、基底状態の既約表現が A_1, A_2 あるいは E の軌道角運動量は消失し、一方、T_1 あるいは T_2 の軌道角運動量は原理的には残ることが予想される。具体的に後者に相当するのは、O_h 環境下でいうと d^1, d^2, d^4 および d^5 の低スピン状態、d^6 および d^7 の高スピン状態である。「原理的に」と書いたのは、先のヤン-テラー効果でも述べたように、縮退のある状態は常に縮退を解いてより対称性の低い状態に移る可能性があるからだ。そうなれば、角運動量は消失してしまう。大分長くなったが、以上のような理由で、軌道角運動量の消失していない T_1, T_2 状態の μ_{eff} は温度依存性を持つことになる。

7.8.3 光スペクトル

次に配位子場に囲まれた d^n 配置を持つイオンが光を吸収し、基底状態から励起状態へ遷移するプロセスを考えてみよう。吸収に伴う遷移は大きくわけて電気双極子遷移、磁気双極子遷移、電気4重極遷

移にわけれらるが、本書では通常、最も大きい*電気双極子遷移*（electric dipole transition）について考える（8.7節、9.9節参照）。

この遷移が起こるためには以前、触れたように（4.10.2 節）、遷移を表す演算子 T を基底状態 $|\psi_g\rangle$ と励起状態 $|\psi_e\rangle$ ではさんだ行列要素（積分）が有限の値を持たなくてはならない。

$$\langle \psi_g | T(x,y,z) | \psi_e \rangle \neq 0 \tag{7-32}$$

これらの状態は軌道関数 $|\psi\rangle^{orb}$ とスピン関数 $|\psi\rangle^{spin}$ の積で表される。すなわち、

$$|\psi_g\rangle = |\psi_g\rangle^{orb} |\psi_g\rangle^{spin}, \quad |\psi_e\rangle = |\psi_e\rangle^{orb} |\psi_e\rangle^{spin} \tag{7-33}$$

また、電気双極子遷移の演算子は軌道関数のみに作用するから、結局、次式を得る

$$\langle \psi_g^{orb} | T(x,y,z) | \psi_e^{orb} \rangle \langle \psi_g^{spin} | \psi_e^{spin} \rangle \neq 0 \tag{7-34}$$

(a) スピン選択則

(7-35)中の第2項がゼロでないためにはスピンの値は等しくなくてはならない。つまり、電気双極子遷移が起こるためには

$$\Delta S = 0 \tag{7-35}$$

であることが必要である。これを*スピン選択則*（spin selection rule）という。

(b) 軌道選択則

スピン選択則が満たされた場合、軌道の対称性で基底状態から励起状態に遷移するかが決まる。これを*軌道選択則*（orbital selection rule）という。我々はすでに 4.10.2 節でこの軌道選択則の一般的取扱いを学んでいるので（4-54）、ここでは配位子場が反転中心を有している場合に着目しよう。まず、電気双極子遷移を表すオペレータは x, y, z などであり、反転操作 i に関して符号が変わるので、考えている物質が反転操作を対称要素として含むならば、そのようなオペレータは ungerade である。一方、反転中心を持つ配位子場に置かれた d^n 配置からなる固有状態は基底状態でも励起状態でもであっても必ず gerade で表される。このことから、たとえば O_h という環境下に置かれた d^n 配置では電子双極子遷移に対して常に

$$\langle \Psi_{gerade} | \Gamma_{ungerade} | \Psi'_{gerade} \rangle = 0 \tag{7-36}$$

であり、遷移は起らないことわかる。逆に言うと、中心対称性が存在する状況下では、可能な電気双極子遷移は必ずパリティの変化を伴う。これを*ラポルテの選択則*（Laporte selection rule）という。

例　Cu^{++}、すなわち d^9 配置を考える。
(i) O_h（反転中心がある）に置かれた場合
この場合、前述のように ungerade が一つだけ（双極子遷移を示すオペレータのみ）含まれているから、パリティを考えて
$$E_g \otimes T_{1u} \otimes T_{2g} \neq A_{1g} \quad (\because g \times u \times g \neq g)$$
すなわち、双極子遷移は禁止されていることがわかる。

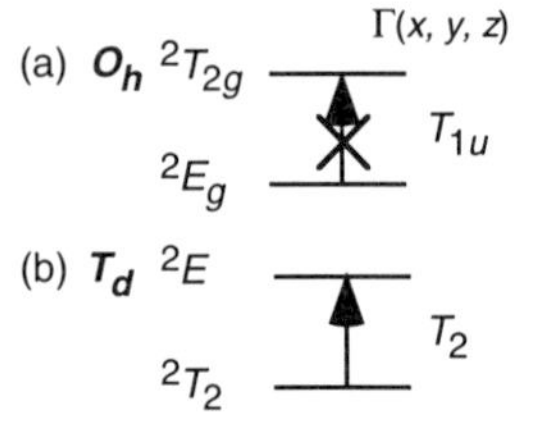

図 7.24 二つの立方対称場に置かれた d^9 配置の双極子遷移

(ii) T_d（反転中心がない）に置かれた場合
この場合、双極子遷移を示すオペレータ（x, y, z）の既約表現は T_2 であり、被積分関数の直積を既約表現に分解すると次のようになる。

$$T_2 \otimes T_2 \otimes E = A_1 + A_2 + 2E + 2T_1 + 2T_2$$

これは、全対称な表現 A_1 を含むから、双極子遷移は許される。

さて、実際にはどうかというと、軌道選択則が許す場合の 10^{-3} 程度の大きさで吸収は観測される。つまり、禁制遷移も起こっている。以下、簡単にこれらのことに触れる。詳細は分光学の教科書などを参考にしてほしい。

この弱い遷移の存在は、電子の軌道関数の持つ対称性が何らかの形で破られていることを示唆している。そこで、我々は VanVleck に従い、電子の波動関数に分子振動の波動関数が加わった状態が本来の波動関数であると考えよう。このような状態で初めて起こる遷移を電子的（electronic）と振動（vibrational）の組合せという意味でバイブロニックな遷移（vibronic transition）という。

このバイブロニックという視点からすると我々の波動関数は次のように書き換えられる：

$$|\Psi\rangle = |\Psi_{\text{Vibration}}\rangle|\Psi_{\text{Electronic}}\rangle \quad (7\text{-}37)$$

我々は分子振動に関してまだ勉強していないが、ここでは分子振動の基底状態の既約表現は全対称な表現であることを知るだけで十分である（9.8.2 節）。我々が評価しなくてはならない積分は

$$\left\langle \Psi_{\text{Vibration}}^{\text{Ground}} \left| \left\langle \Psi_{\text{Electronic}}^{\text{Ground}} \left| (x, y, z) \right| \Psi_{\text{Vibration}}^{\text{Excited}} \right\rangle \right| \Psi_{\text{Electronic}}^{\text{Excited}} \right\rangle \quad (7\text{-}38)$$

であるから、これら五つの既約表現からなる直積を既約表現に分解したとき、それが全対称な表現を含んでいるかどうかを調べればよい。

ここではこの問題に深入りすることはやめ、gerade/ungerade の区別（すなわち、パリティ）という観点からのみ、上の条件を調べてみよう。(7-38) に示された順にパリティを考えると

$$g \cdot g \cdot u \cdot \bigcirc \cdot g \quad (7\text{-}39)$$

となる。○で示したのが分子振動の励起状態のパリティである。(7-39) 全体が対称、すなわち g となるためには、分子振動の励起状態は反対称、すなわち、ungerade でなくてはならないことが直ちに結論される。言い換えると、分子振動が ungerade な状態に同時に励起された場合にバイブロニックな遷移が可能で、d 軌道という立場からすると、反転中心がある場合でも本来禁制である d^n 配置間の遷移が観察される可能性があるわけだ。

この章のまとめ

- 結晶場における一電子系固有状態の既約表現
- 弱い結晶場における多電子系既約表現
  タームの分裂は対応する一電子系固有状態の分裂様式に酷似
- 強い結晶場 → まず、一電子系固有状態が分裂（$d \to e_g + t_{2g}$）。配置は $e_g^m t_{2g}^n$。この配置から多電子系既約表現を求める。低対称化の方法。
- エネルギー相関図：d^{10-n} と d^n、T_d と O_h 間の関係、高スピン状態と低スピン状態。
- 田辺-菅野ダイヤグラム、対称性とヤン-テラー効果、磁性やスペクトロスコピーにおける対称性の効果。

第8章　分子軌道法

It should be noted that for many-electron systems it is only the "symmetry" of the total wave function which has physical (and chemical !) significance. This quantity is the only "observable" quantity.

　　　　　　　　　　C.J. Ballhausen and H.B. Gray　　*"Molecular Orbital Theory"*

前章では原子を取り囲む環境が持つ点対称性により、中心に置かれた原子の電子状態が変化することを見た。一方、現実の物質は多数の原子によって構成されている。したがって波動関数もこれらの原子にまたがっているはずだ。であるならば、全体の波動関数が持つべき対称性もその原子集合体の形に従っているとはいえないのだろうか？　さらに、これらの原子を結びつける力は何であろうか？　そして、その分子や結晶の形を決める要因は何であろうか？　単純な例でいうと CO_2 は直線上に三つの原子が並んで構成されているのに対し、NO_2 では N を頂点として二つの O 原子は約 130 度の角度にある。この対称性の相違はどこからきているのであろうか？

8.1　分子軌道法の基礎： 二原子分子H_2^+の状態

分子の対称性がその分子全体をまたがる電子の固有状態をいかに規定するかを調べる前に、まず、いくつかの原子をまたがって存在する電子の状態を記述する手法を学ぼう。A と B という二つの原子の周囲に 1 個の電子が存在する場合を考える。たとえば、H_2^+の場合だ。この系のハミルトニアンを書き下すと

$$H = -\frac{\hbar^2}{2m}\nabla^2 - \frac{Z_A e^2}{r_A} - \frac{Z_B e^2}{r_B} + \frac{Z_A Z_B e^2}{R} \tag{8-1}$$

となる（図 8.1）。以下、原子の振動（第 9 章）は無視できるとして話を進めよう。

まず、原子 A と原子 B が離れて存在しているときの一電子状態をそれぞれ、Ψ_AとΨ_Bと置く。そしてΨ_AとΨ_Bの組合せで、原子 A と B の間にある電子の波動関数Ψを表せないかを考えてみよう。このような軌道を分子軌道（molecular orbital）と呼ぶ。この分子軌道は、電子が原子 A の近傍にあるときは、原子Aの一電子状態Ψ_Aに、また、B の近傍にあるときはΨ_Bに似ているであろう。

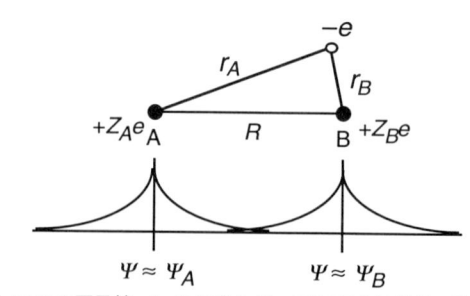

図 8.1　二つの原子核 A, Bにまたがって存在する電子の波動関数

このような状態を近似的に表そうとすると、全体の波動関数 Ψ をΨ_AとΨ_Bとの積、あるいは和で示せばよいことに気がつく。前者が Heitler と London が H_2 の状態（したがって電子は二つ）を解くのに用いた考え方の出発点であり、後者は *LCAO-MO* (linear combination of atomic orbitals - molecular orbital：原子軌道の線形結合による分子軌道、以下、LCAO-MO と略す）として知られている考え方だ。実は両者は密接な関係にあるのだが、ここでは後者、すなわち LCAO-MO で二つの原子の結合状態を考えていく。

まず、LCAO の仮定に基づいて図 8.1 のような状態にある電子の波動関数 Ψ を次の Ψ_A と Ψ_B との線形結合で表そう。以下、Ψ_A も Ψ_B も正の値をとる（たとえば s 軌道）関数とする。

$$\Psi = c_0 \left(c_A \Psi_A + c_B \Psi_B \right) \tag{8-2}$$

ここで c_0 はこれから求める規格化のための係数、c_A と c_B はそれぞれの重みを表す係数である。また、各波動関数はすでに規格化されているとしよう。すなわち、ブラケット表示で表せば

$$\langle \Psi | \Psi \rangle = 1, \quad \langle \Psi_A | \Psi_A \rangle = 1, \quad \langle \Psi_B | \Psi_B \rangle = 1 \tag{8-3}$$

と書ける。すると、

$$\langle \Psi | \Psi \rangle = c_0^2 \left\{ c_A^2 \langle \Psi_A | \Psi_A \rangle + c_B^2 \langle \Psi_B | \Psi_B \rangle + 2 c_A c_B \langle \Psi_A | \Psi_B \rangle \right\} = 1 \tag{8-4}$$

であることから c_0 が求まり、Ψ は次のように表される。

$$\Psi = \frac{1}{\sqrt{c_A^2 + c_B^2 + 2 c_A c_B S}} \left(c_A \Psi_A + c_B \Psi_B \right) \tag{8-5}$$

となる。ここで

$$S = \langle \Psi_A | \Psi_B \rangle \tag{8-6}$$

は**重なり積分**（overlap integral）と呼ばれる量である。これはその名のとおり、一電子近似に基づいた二つの波動関数がどの程度重なっているかということを表している。S がゼロのとき、二つの関数は無限に離れており、S が 1 のとき、二つの関数は完全に重なっている。すなわち、S は二つの原子の距離や関数の符号に依存する量である。

また、これら二つの原子が分子をなすということは、とりもなおさず、二つの原子がある程度近づいたときのほうが、別々に存在するときより系のエネルギーが低くなるということだ。（近づきすぎるとハミルトニアン (8-1) からも明らかなように、二つの原子間のクーロン反発力が大きくなる）。したがって、次のステップとしてこの系のエネルギー E を我々が仮定した波動関数 (8-5) を用いてあらわな形で表し、E が最小になる条件を考えてみよう。

ここで注意してほしいことは、我々はハミルトニアン (8-1) に基づくシュレディンガー方程式を直接解いているのでは決してないということである。しかし、5.5.2 節で学んだように、真の解 E_0 に対して変分法によって得られた E は必ず、

$$E \geq E_0 \tag{8-7}$$

であることがわかっているから、たとえば試行関数 (8-5) から出発して E を最小にすることにより、得られた Ψ は (8-5) が与える可能性の中で、ベストの解であるに違いない。そこでまず、ハミルトニアン H の期待値が最小になるように係数 c_A と c_B を選んでみよう。

$$\begin{aligned} E &= \langle \Psi | H | \Psi \rangle \\ &= \frac{\left\{ c_A^* \langle \Psi_A | + c_B^* \langle \Psi_B | \right\} H \left\{ c_A | \Psi_A \rangle + c_B | \Psi_B \rangle \right\}}{c_A^2 + c_B^2 + 2 c_A c_B S} \\ &= \frac{c_A^2 \langle \Psi_A | H | \Psi_A \rangle + c_B^2 \langle \Psi_B | H | \Psi_B \rangle + 2 c_A c_B \langle \Psi_A | H | \Psi_B \rangle}{c_A^2 + c_B^2 + 2 c_A c_B S} \\ &= \frac{c_A^2 H_{AA} + c_B^2 H_{BB} + 2 c_A c_B H_{AB}}{c_A^2 + c_B^2 + 2 c_A c_B S} \end{aligned} \tag{8-8}$$

ここで H_{AA} は電子が原子 A の周囲にあるときのエネルギーを表す：

第8章 分子軌道法

$$H_{AA} = \langle \Psi_A | H | \Psi_A \rangle \tag{8-9}$$

これは負の値をとり、電子が原子 A の周りにいて安定となることと対応している。H_{BB} についても同様である。一方、H_{AB} の符号は二つの波動関数の符号に依存するが、この場合、Ψ_A も Ψ_B も正の値（s 軌道）をとるので、やはり負の値をとる。

さて、これから E を c_A と c_B に関して最小になるようにしたい。そのために我々は

$$\frac{\partial E}{\partial c_A} = \frac{\partial E}{\partial c_B} = 0 \tag{8-10}$$

となることを要求しよう。これが 5.5.2 節で述べた、変分法の実際のやり方だ。まず、(8-8)を次のように変形する。

$$E(c_A^2 + c_B^2 + 2c_A c_B S) = c_A^2 H_{AA} + c_B^2 H_{BB} + 2c_A c_B H_{AB} \tag{8-8'}$$

この両辺を c_A と c_B で偏微分すると

$$\begin{cases} \frac{\partial E}{\partial c_A}(c_A^2 + c_B^2 + 2c_A c_B S) + E(2c_A + 2c_B S) = 2c_A H_{AA} + 2c_B H_{AB} \\ \frac{\partial E}{\partial c_B}(c_A^2 + c_B^2 + 2c_A c_B S) + E(2c_B + 2c_A S) = 2c_B H_{BB} + 2c_A H_{AB} \end{cases} \tag{8-11}$$

を得るが、これに極小値をとる条件（8-10)を代入すれば、

$$\begin{cases} c_A(H_{AA} - E) + c_B(H_{AB} - ES) = 0 \\ c_A(H_{AB} - ES) + c_B(H_{BB} - E) = 0 \end{cases} \tag{8-12}$$

となる。c_A と c_B が 0 以外の意味のある値をとるためには c_A と c_B に対する係数行列式が 0 でなくてはならないというのが代数学の教えるところである。そこで、

$$\begin{vmatrix} H_{AA} - E & H_{AB} - ES \\ H_{AB} - ES & H_{BB} - E \end{vmatrix} = 0 \tag{8-13}$$

すなわち、

$$(H_{AA} - E)(H_{BB} - E) - (H_{AB} - ES)^2 = 0 \tag{8-14}$$

と要求しよう。これが E が満たさなくてはならない方程式である。我々に残されたことは、この E に関する 2 次方程式を解くことだけである。そして重要なことは、その物理的意味を考えることである。

最初に原子 A と B が同種である場合を考える。すなわち A=B と置く。すると (8-14) は直ちに次の二つの解を与える（以下、$H_{BB} = H_{AA}$ と置き換えるが、H_{AB} は「別個の A 原子間のクロスターム」という意味からそのまま H_{AB} という記号を用いる）。

$$E_a = \frac{H_{AA} - H_{AB}}{1 - S} \tag{8-15}$$

$$E_b = \frac{H_{AA} + H_{AB}}{1 + S} \tag{8-16}$$

この E_a と E_b とが、二つの原子が近づくことによって生じた新しいエネルギーの期待値である。また、S が正の値をとれば（すなわち、二つの波動関数に重なりがあれば）H_{AB} は負であるから、

$$E_a > H_{AA} > E_b$$

が成立している。つまりこの結果は H_{AB} が有限の（負の）値をとれば E_b が H_{AA} より低いということを示している。すなわち LCAO-MO という形で我々が仮定した波動関数（8-5）は、二つの A 原子が結合状態（bonding state）にあったほうが系全体のエネルギーは低くなるという事実を内包していたのである。一方、E_a は H_{AA} より大きく、不安定な状態があることを示している。これを反結合状態（antibonding state）という。また、E_a および E_b の表式を見ると S が正であることから、H_{AA} に対して E_b の値が低くなる以上に E_a の値が大きくなることに気づく。

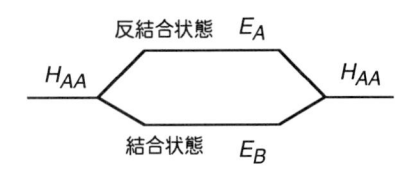

図 8.2 結合状態と反結合状態のエネルギーレベル

さらに重要なことは（8-15, 16）は S と H_{AB} の関数としてしか E の値を与えておらず、S も H_{AB} も二つの原子間の距離 R に強く依存するということである。要するに E は R の関数である。したがって、たとえば結合状態を考えるときは、H_{AB} や S などをあらわに評価し、E_b を R の関数としてプロットし、最も小さな E_b を LCAO-MO が与える結合エネルギーと考え、また、そのような R を二原子間の距離と考えるわけだ。

例として、最も単純な二つの $1s$ 軌道による結合、すなわち H_2^+ 分子について E_a と E_b を R の関数としてスケッチしたのが図 8.3 である。その極小値をきちんと求めると、二つの H 原子間の平衡距離は 1.3Å、解離エネルギーは 1.76eV という結果が得られる。一方、実験的に得られた値は $R=1.06$Å、解離エネルギーが 2.79eV である。したがって、我々がここで求めた結果は、定性的には化学結合の本質をよく表しているといえる。ただし、LCAO という単純な仮定が近似でしかないことを常に肝に銘じておかねばならない。波動関数が正しいものでなかったから、(8-7)において等号が成立しなかったのだ。

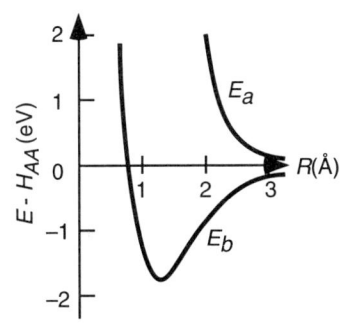

図 8.3 結合エネルギーと反結合エネルギーの R 依存性

問題 8.1 連立方程式（8-12）に戻って LCAO を構成する二つの波動関数の係数 c_A と c_B の値を具体的に求めよ。すなわち、波動関数 Ψ を Ψ_A および Ψ_B の線形結合として具体的に表せ。また、得られた波動関数をスケッチせよ。

上の問題を解くと、結合状態と反結合状態を現す分子軌道として次の形が求まる。また、これらは、図 8.4 で示すような分布をしている。

$$\Psi_b = \frac{1}{\sqrt{2}}(\Psi_A + \Psi_B) \tag{8-17}$$

$$\Psi_a = \frac{1}{\sqrt{2}}(\Psi_A - \Psi_B) \tag{8-18}$$

ここで Ψ_b は二原子分子の中心に関する反転操作で、その符号を変えないのに対し、Ψ_a では符号が変わることに注意しよう。8.3 節で、このような符号の変化に着目した分子軌道の分類を行うが、その前に、波動関数の対称性と重なりの大きさに、エネルギーレベルがどのように依存するかを考えよう。

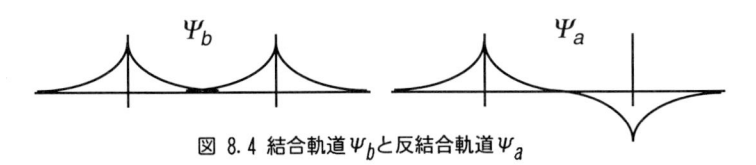

図 8.4 結合軌道 Ψ_b と反結合軌道 Ψ_a

8.2 波動関数の対称性と重なり積分 S

H_2^+で代表される二原子分子の場合、結合軌道あるいは反結合軌道が新たな固有状態となるわけではあるが、このときのエネルギー変化は (8-15)および(8-16) 式を見ると H_{AB}、そして、重なり積分 S の値に強く依存する。一方、H_{AB} や S がゼロの場合には結合が生ぜず、エネルギーの変化はない。そこで、まず、どのような場合に S がゼロとなるか、原子軌道の対称性という観点から考えておきたい。

先の例のように分子軌道が s 軌道のみにより構成されている場合、これらの軌道が相対的にどのような配置にあっても無限遠にない限り、重なり積分はゼロではない有限の値を持つ。一方、一つの原子が s 軌道で、もう一つの原子の p 軌道の場合はどうだろう。p 軌道は三重に縮退していたが、原子を結ぶ軸を z 軸とすると、図 8.5 に示したように p_y 軌道(あるいは p_x)は符号の異なった部分が s 軌道と重なり、積分を全空間にわたって行うと S はゼロをとるのに対し、s 軌道と p_z 軌道間の重なり積分 S はゼロではない。

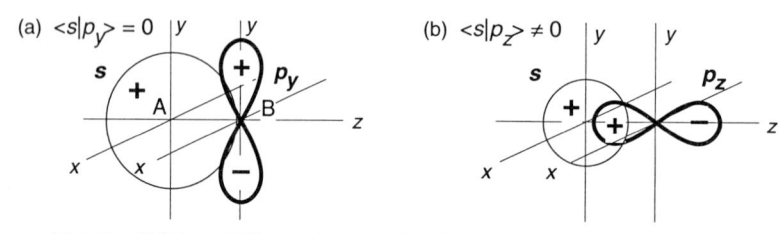

図 8.5 s 軌道と p 軌道のオーバーラップ: (a) 重なり積分、$S=0$、(b) $S \neq 0$

このことを一般に拡張すると、<u>原子 A-B を結ぶ軸に関して同じ対称性を持っている軌道同士の重なり積分はゼロではなく、相互作用を持つことが可能</u>といえる。同時に、三重に縮退していた p 軌道は分子の軸に沿った方向と垂直な方向とに縮退が一部、解けたとも解釈できるだろう。重なり積分がゼロとなるもう一つの例を図 8.6 に示す。これは s 軌道と d_{x2-y2} 軌道の場合である。

問題 8.2 二原子分子において s 軌道と相互作用を持てるのはどのような d 軌道か？

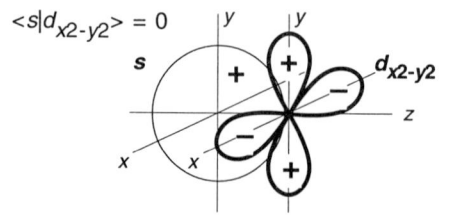

図 8.6 s 軌道と d 軌道のオーバーラップの例: $S=0$

ここまでは s 軌道を基準に考えてきた。ここで、図 6.7 に振り返って各軌道の角度方向の成分、すなわち、球面調和関数の形を思い出そう。さらにここでは z 軸の周りの角度成分、すなわち、ϕ 成分のみを考えればよい。s 軌道の特徴は波動関数のうち (θ, ϕ) 成分の符号が変わるノード(node：節)を持たないことである。一方、p_z や d_{z2} 軌道にはノードは存在するものの、着目している z 軸の周りの対称性のみを考えると、ノードは存在しない。すなわち、ϕ 成分を見る限り、これらの軌道は s 軌道と同じ対称性を持っている。一般に、ϕ 成分に関してノードをまったく持たない波動関数の重なりによる結合のことを σ 結合と呼ぶ。図 8.5(b)に示した結合が異種軌道間の σ 結合の例だ。

一方、重なり積分 S がゼロでないためには、二つの原子軌道の ϕ 方向の対称性が等しいことが条件であるから、ノードがあってもかまわない。例として p_y 軌道同士で構成される結合を考え

8.3 分子軌道の既約表現：二原子分子の場合

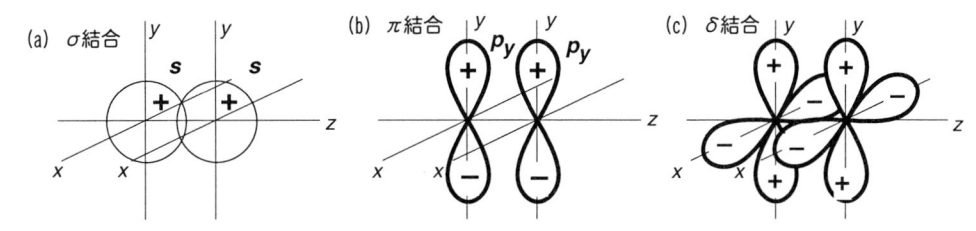

(a) σ結合   (b) π結合   (c) δ結合

図 8.7 z 軸のまわりの対称性による結合の呼び方

よう（図 8.7b）。一般に、軌道の符号が変わる面をノード面 (nodal plane) というが、この例のようにノード面が一つある結合を π 結合という。また、π 結合を形成できるのは、依然、縮退している p_x および p_y 軌道であるから、二原子分子において π 結合に基づく分子軌道も二重に縮退している（すなわち、電子が占有できる同等の軌道状態が二つある）。さらにノード面が二つある場合、たとえば $d_{x^2-y^2}$ 間の結合を δ 結合という。また、すぐに学ぶが、これら σ, π, δ などの記号は分子軌道の既約表現に由来している。要するに、原子軌道では中心に関するノードで s, p, d, ... 軌道と呼んだように、分子結合は主軸に関するノードにより σ, π, δ, ... 結合と呼ぶわけだ。

この節の最後に、二つの原子の p 軌道で構成される結合・反結合状態のエネルギーレベルを考えよう。p 軌道は σ 結合および π 結合をもたらすが、それぞれの重なり積分を S_σ および S_π とすると、軌道の方向性からいって S_σ が S_π より大きい。したがって σ 結合のほうがより大きな相互作用を持つはずである。この状況をエネルギーレベルとして定性的に図 8.8 に示した。

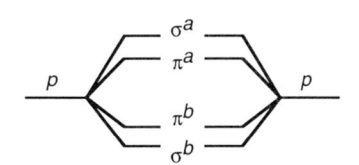

図 8.8 σ 結合と π 結合のエネルギーレベル

8.3 分子軌道の既約表現： 二原子分子の場合

前節で行ったことは、いわば主軸に関する ϕ 方向の対称性のみに着目して、分子軌道を分類したことに相当する。この節で、分子全体の持つ対称性がとりまく電子の状態に与える制約について、他の対称要素も含めて考察しよう。前提となるのは、分子が満たす対称操作によって電子状態が変化することはないので、分子軌道も分子全体の有する対称性に従うという考え方である。言い換えると、分子軌道は分子の属する点群を構成する既約表現のいずれかに従って変換される。

まず最初に二原子分子が有する対称要素を考えよう。この分子の主軸となる回転軸は C_∞ である。そこで、二原子分子 A_2 に存在する対称操作をまとめると、次の 6 種の操作があることがわかる（図 8.9）：(i) 恒等操作 E、(ii) 主軸に関する回転操作 C_∞、(iii) C_∞ 軸を含む任意の面に関する鏡映操作 σ_v。ここまでは A, B が異なった原子からなる分子にも存在する対称操作である。(iv) この分子の中心に関しての反転操作 i、(v) C_∞ 軸に直交する任意の軸に沿っての 2 回回転操作 C_2 ($=i\sigma_v$)、(vi) C_∞ 軸に直交する面に関しての鏡映操作 σ_h ($=iC_\infty^\pi=S_\infty^{2\pi}$) である。さらに、この分子の属する点群は、主軸に直交する C_2 操作が存在するの

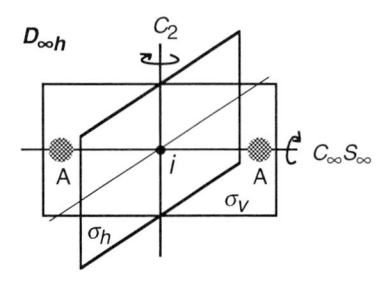

図 8.9 二原子分子 A_2 に存在する対称要素

で、$D_{\infty h}$ である（2.6.2 節参照）。本書で点群 $D_{\infty h}$ が本格的に登場してきたのは、これが初めてである。そこで、軌道の対称性を分類しながら、同時に点群 $D_{\infty h}$ のキャラクター表もここで作ってしまおう。そして、分子軌道をその対称性を反映した名称で呼ぶこととしよう。以下、同種の原子ではあるが、二つの原子を区別するため、便宜的に A と B と呼ぶ。

1) s 軌道からなる分子軌道

まず、$1s$ もしくは $2s$ 軌道から導かれる分子軌道の対称性を考える。問題 8.1 の結果から s 軌道によって構成される分子軌道には結合状態と反結合状態とがあり、これらは σ 結合でもあったので、正式な名称が決まるまで、とりあえずこれらを、それぞれ σ_s^b および σ_s^a と呼ぼう。

$$\sigma_s^b = \frac{1}{\sqrt{2+2S}}(s_A + s_B)$$
$$\sigma_s^a = \frac{1}{\sqrt{2-2S}}(s_A - s_B)$$
(8-19)

この状況は図 8.10 のようにスケッチすることができる。これら二つの波動関数に E, C_∞ および σ_v

図 8.10 s 軌道による結合軌道 σ_g^+ と反結合軌道 σ_u^+

という操作を行ってももとの分子のままであり、何も起こらない。すなわち、これらの操作に関するキャラクターは 1 である。一方、反転操作 i を施すと原子 A と B とが入れ替わる。二つの原子が入れ替わるから、二つの波動関数も

$$i\sigma_s^b = i\frac{1}{\sqrt{2+2S}}(s_A + s_B) = \frac{1}{\sqrt{2+2S}}(s_B + s_A) = \sigma_s^b$$
$$i\sigma_s^a = i\frac{1}{\sqrt{2-2S}}(s_A - s_B) = \frac{1}{\sqrt{2-2S}}(s_B - s_A) = -\sigma_s^a$$
(8-20)

のように変化し、その結果、σ_s^b 軌道はそのままだが、σ_s^a 軌道の符号が反転することがわかる。言い換えると、反転操作に関する σ_s^b 軌道と σ_s^a 軌道のキャラクターはそれぞれ 1 および -1 となる。パリティという立場から表現すると、σ_s^b 軌道は gerade であり、σ_s^a 軌道は ungerade といえる。したがって、それぞれの軌道の既約表現を次のように表そう（右肩のスーパースクリプト $^+$ は初めてでてきたが、これは σ_v に関するキャラクターが $+1$ であることを表す）。

$$\sigma_s^b \longrightarrow \sigma_g^+$$
$$\sigma_s^a \longrightarrow \sigma_u^+$$

また、軌道の対称性という観点からは $1s$ から構成される分子軌道も $2s$ から構成される分子軌道も同じ対称性を持つので、これらを区別するため、順番に、$1\sigma_g^+$, $1\sigma_u^+$ および $2\sigma_g^+$, $2\sigma_u^+$ と表記しよう。これが分子軌道の名称であり、同じ対称性を持った軌道を、その対称性を表す既約表現の前に番号をつけて示す。この事情は球対称場におかれた原子の $1s, 2s, ...$ などと同じだ。

2) p_z 軌道からなる分子軌道

二つの p_z 軌道からなる結合および反結合軌道をスケッチすると図 8.11 のようになる。

8.3 分子軌道の既約表現：二原子分子の場合

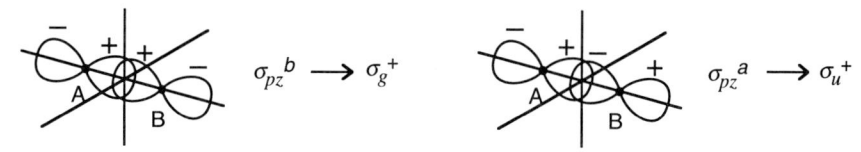

図 8.11 p_z 軌道による結合軌道 σ_g^+ と反結合軌道 σ_u^+

また、これらの軌道は、次のように表される（p_z 軌道が奇のパリティを持っていることに注意）。

$$\sigma_{pz}^b \propto (p_{zA} - p_{zB})$$
$$\sigma_{pz}^a \propto (p_{zA} + p_{zB})$$
(8-21)

図 8.11 から E, C_∞ および σ_v という操作に関する上記二つの波動関数のキャラクターは+1 であることがわかる。一方、σ_{pz}^b および σ_{pz}^a 軌道の反転操作に関するキャラクターは、それぞれ +1 と–1 である。このことから、これらの軌道の既約表現は次のように表せる。

$$\sigma_{pz}^b \longrightarrow \sigma_g^+$$
$$\sigma_{pz}^a \longrightarrow \sigma_u^+$$

結局、<u>$2p_z$ から構成される分子軌道は対称性という観点からは s 軌道の場合と同じ</u>となってしまった。そこで、これらの軌道を $3\sigma_g^+$, $3\sigma_u^+$ と表記する。すなわち、s 軌道から構成されるσ_g^+ も p_z から構成されるσ_g^+ も、分子軌道の対称性という観点からは同じ既約表現で表される。

3) p_x および p_y 軌道からなる結合軌道

縮退している p_x および p_y 軌道から構成される分子軌道は結合軌道と反結合軌道とに分けて考える。最初に、p_x と p_y とで結合軌道を構築しよう（図 8.12）。この図に基づけば、個々の波動関

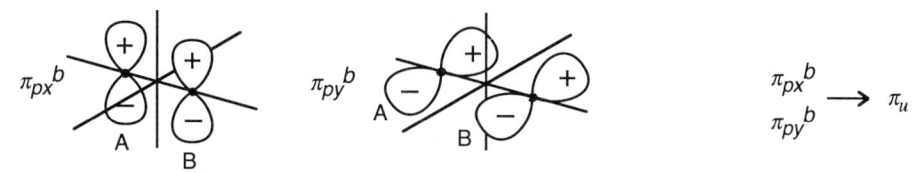

図 8.12 縮退している（p_x, p_y）軌道による結合軌道 π_u

数は（8-22）のように表される。

$$\pi_{px}^b \propto (p_{xA} + p_{xB})$$
$$\pi_{py}^b \propto (p_{yA} + p_{yB})$$
(8-22)

<u>C_∞ 軸の周りを 90 度回転することによってπ_{px}^b 軌道がπ_{py}^b 軌道に変換されるということは、とりもなおさず、この両者が縮退しているということだ</u>。したがって、これらの軌道を不変に保つ対称操作のキャラクターを求めるために、まず各操作を 2×2 の変換マトリックスで表現したい。マトリックスを書き下す前に、とりあえずパリティをチェックしておこう。反転操作を施せば、これらπ^b 軌道はその符号が変わることから、π^b 軌道のパリティは奇、ungerade である。

さて、これらの基底に対して、$D_{\infty h}$ を構成する対称操作のキャラクターは次のように求まる。

第8章　分子軌道法

$$E\begin{bmatrix}\pi_{px}^b\\\pi_{py}^b\end{bmatrix}=\begin{bmatrix}1 & 0\\0 & 1\end{bmatrix}\begin{bmatrix}\pi_{px}^b\\\pi_{py}^b\end{bmatrix} \longrightarrow \chi(E)=2$$

$$C_\infty^\phi\begin{bmatrix}\pi_{px}^b\\\pi_{py}^b\end{bmatrix}=\begin{bmatrix}\cos\phi & -\sin\phi\\\sin\phi & \cos\phi\end{bmatrix}\begin{bmatrix}\pi_{px}^b\\\pi_{py}^b\end{bmatrix} \longrightarrow \chi(C_\infty^\phi)=2\cos\phi$$

$$\sigma_v(yz)\begin{bmatrix}\pi_{px}^b\\\pi_{py}^b\end{bmatrix}=\begin{bmatrix}-1 & 0\\0 & 1\end{bmatrix}\begin{bmatrix}\pi_{px}^b\\\pi_{py}^b\end{bmatrix} \longrightarrow \chi(\sigma_v)=0$$

$$i\begin{bmatrix}\pi_{px}^b\\\pi_{py}^b\end{bmatrix}=\begin{bmatrix}-1 & 0\\0 & -1\end{bmatrix}\begin{bmatrix}\pi_{px}^b\\\pi_{py}^b\end{bmatrix} \longrightarrow \chi(i)=-2$$

(8-23)

このような既約表現をπ_uと呼び、軌道の名称として次の表記を用いることとする。

$$\begin{pmatrix}\pi_{px}^b\\\pi_{py}^b\end{pmatrix} \longrightarrow 1\pi_u \tag{8-24}$$

4) p_xおよびp_y軌道からなる反結合軌道

これらの軌道も π_u の場合と同様、2重に縮退している（図8.13）。一方、反転操作に関してgeradeである。したがって既約表現は π_g であり、我々の分子軌道も次のように表される。

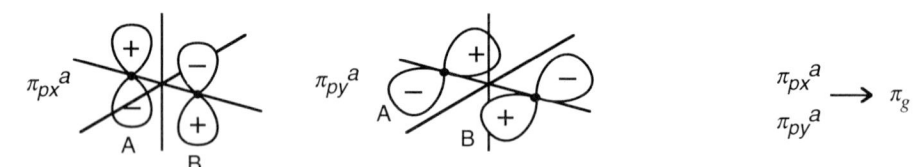

図 8.13 縮退している（p_x, p_y）軌道による反結合軌道 π_g

$$\begin{pmatrix}\pi_{px}^b\\\pi_{px}^a\end{pmatrix} \longrightarrow 1\pi_g \tag{8-25}$$

ここまで得られたキャラクターをまとめて表にしてみよう。この表にはσ_g^-やδ_gあるいは、δ_uという既約表現のキャラクターも示してある。これが、$D_{\infty h}$のキャラクター表である。

表8.1　点群$D_{\infty h}$のキャラクター表

$D_{\infty h}$	E	$2C_\infty^\phi$	$\cdots$	$\infty\sigma_v$	i	$2S_\infty^\phi$	$\cdots$	∞C_2
σ_g^+	1	1	$\cdots$	1	1	1	$\cdots$	1
σ_g^-	1	1	$\cdots$	-1	1	1	$\cdots$	-1
π_g	2	$2\cos\phi$	$\cdots$	0	2	$-2\cos\phi$	$\cdots$	0
δ_g	2	$2\cos2\phi$	$\cdots$	0	2	$2\cos2\phi$	$\cdots$	0
$\cdots$	$\cdots$	$\cdots$	$\cdots$	$\cdots$	$\cdots$	$\cdots$	$\cdots$	$\cdots$
σ_u^+	1	1	$\cdots$	1	-1	-1	$\cdots$	-1
σ_u^-	1	1	$\cdots$	-1	-1	-1	$\cdots$	1
π_u	2	$2\cos\phi$	$\cdots$	0	-2	$2\cos\phi$	$\cdots$	0
δ_u	2	$2\cos2\phi$	$\cdots$	0	-2	$-2\cos2\phi$	$\cdots$	0
$\cdots$	$\cdots$	$\cdots$	$\cdots$	$\cdots$	$\cdots$	$\cdots$	$\cdots$	$\cdots$

（$\infty\sigma_v$は主軸を含むσ_v。また、ここで灰色で示した部分にある各既約表現の gerade を表すサブスクリプトをとることにより $C_{\infty v}$ のキャラクター表と読み替えることができる（ただし、基底関数は異なる）。）

8.4 MO ダイヤグラム
8.4.1 MO ダイヤグラム

次に、前節で求めたそれぞれの原子の $1s, 2s, 2p, ...$ から構成される σ_u^+ や π_g などの分子軌道をエネルギーの低い順にならべてみよう。このとき、軌道の重なりの度合いの相違から、σ 結合と π 結合では分子軌道を構成することによるエネルギーの利得に差があることを考慮する。すると図 8.14 のようなエネルギー順位図が得られる。これを MO ダイヤグラム（MO (molecular orbital) diagram）という。ここで各レベルに示した○印は一つひとつの分子軌道に対応しており、スピンを考えて二つの電子がこの○印に入ることができる。

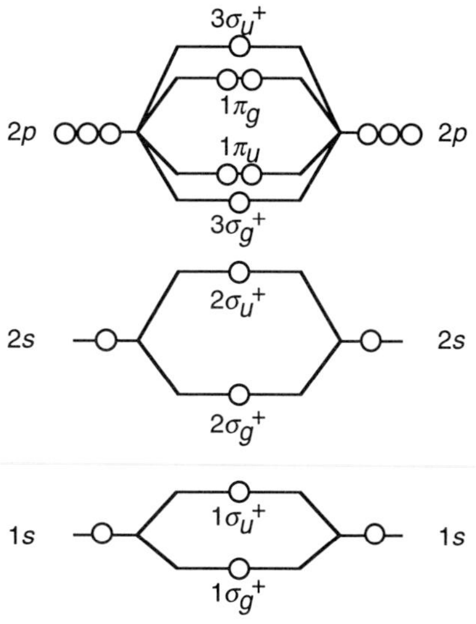

8.4.2 分子における一電子問題

ここで再度 H_2^+ を記述するハミルトニアン（8-1）を見てみよう。この場合、電子が一つしかないので、電子同士の反発項は入っていない。すなわち、これは一電子問題であった。一方、O_2 や Cl_2 の分子の（多電子系）電子状態では電子同士の反発があるはずだ。しかし、我々は電子がいくつ増えてもまず、この反発項を無視し、1個の電子が複数の原子をまたがって占有できる軌道を求め、次に、パウリの排他律を加味しながら、その軌道に一つずつ電子を入れていくという立場をとる。この意味では、我々がここで学ぶ分子軌道法の手法は、これまで行った一電子近似に基づいた原子の多電子系電子状態の求め方と同じと考えてよい。

一方、自由原子との相違点は、球対称場では $s, p, d, ...$ などという球面調和関数に基づいた軌道がシュレディンガー方程式の解として得られたが、分子を構成することにより、個々の原子軌道の対称性は下がり（たとえば、3重に縮退していた p 軌道が主軸の方向と主軸に垂直な方向とに分離する）、そのような個々の原子軌道の組合せが分子全体の対称性に従って分子軌道を構築するということだ。

図 8.14 二原子分子 A_2 のMOダイヤグラム

8.5 配置間相互作用と非交差則

前節までで我々は波動関数を分子の対称性に応じて分類し、波動関数の重なりという定性的な考察から、エネルギーレベル、すなわち、MO ダイヤグラムを導いた。しかし、実際に自然界に存在する分子の電子構造とはこんなに単純なものなのだろうか？ 残念ながら LCAO-MO 法に基づいた H_2^+ 分子の解離エネルギーの計算値は実験値と比べ、約 1eV もの差があった（8.1 節）。したがって、本当の波動関数はもっと異なったものであるはずだ。

が、一方で、物質の対称性というのはこれ以上複雑にはなりえない。点群 $D_{\infty h}$ はどのような操作を施しても $D_{\infty h}$ である。そこで本節では、もう少し、一電子問題の解の近似をあげることを考えたい。すなわち、与えられた対称性をくずすことなく、かつ、LCAO-MO の方法に立脚したままで、波動関数および MO ダイヤグラムの精度を上げることを試みる。

8.5.1 配置間相互作用

最初に、これまでの分子軌道は二つの原子の同等の原子軌道によって構成されていることに注目しよう。たとえば $2s_A+2s_B$ が組み合わさり、$2\sigma_g^+$ を作った。一方、対称性の議論からすると、二原子分子では $2s$ 軌道も $2p_z$ 軌道も結合軌道であれば、同じ既約表現 σ_g^+ に属する。このような同じ対称性を持つ二つの軌道はさらに混じり合って新しい分子軌道を作ってもよいのではないだろうか。言い換えると、$2s$ 軌道と $2p_z$ 軌道から構成された $2\sigma_g^+$ と $3\sigma_g^+$ はさらに組み合わさって、新たな波動関数を与える可能性を有している。

このような同一の対称性を持つ分子軌道同士の相互作用を*配置間相互作用*（Configuration Interaction : CI）という。計算の詳細はこの章の最初に述べた方法とまったく同じなので省略するが、要するに $2s_A$ と $2s_B$ という二つの原子の軌道の代わりに $2\sigma_g^+$ と $3\sigma_g^+$ という二つの分子軌道から出発し、(8-2) から (8-18) までをもう一度、行えばよい。

その結果、$2s_A$ 軌道と $2s_B$ 軌道が相互作用しあって $2\sigma_g^+$ と $2\sigma_u^+$ とに分裂したのとまったく同じ理由で、$2\sigma_g^+$ と $3\sigma_g^+$ 軌道とが相互作用しあってこれらの準位間のエネルギー差はさらに広まる。この様子を示したのが図 8.15 である（矢印が CI によるエネルギーの定性的な変化を示す）。

さらに、相互作用の大きさによっては $3\sigma_g^+$ と $1\pi_u$ の準位が逆転する。これは二原子分子を構成する原子に依存する。結論を述べると Li_2〜N_2 までは $3\sigma_g^+>1\pi_u$ であり、O_2〜F_2 では、$1\pi_u>3\sigma_g^+$ となる。また、$3\sigma_g^+$ は対称性という観点のみからは $2\sigma_g^+$ ばかりでなく $1\sigma_g^+$ とも相互作用を持っているが、一方で、相互作用の大きさは二つの軌道のオーバーラップを表す S の大きさに依存する。行列式 (8-13) の非対角要素の大きさに依存するといってもいい。したがって $1s$ と $2p_z$ から形成された分子軌道同士の相互作用は小さいので図 8.15 では省略してある。

要するに、ここでの重要な結論は同一の対称性を持った分子軌道同士はさらに相互作用を起こしエネルギーレベルを変化させるということだ。これは何も二原子分子だけではなく、複雑な構造をした分子や結晶の分子軌道に関してもいえることである。

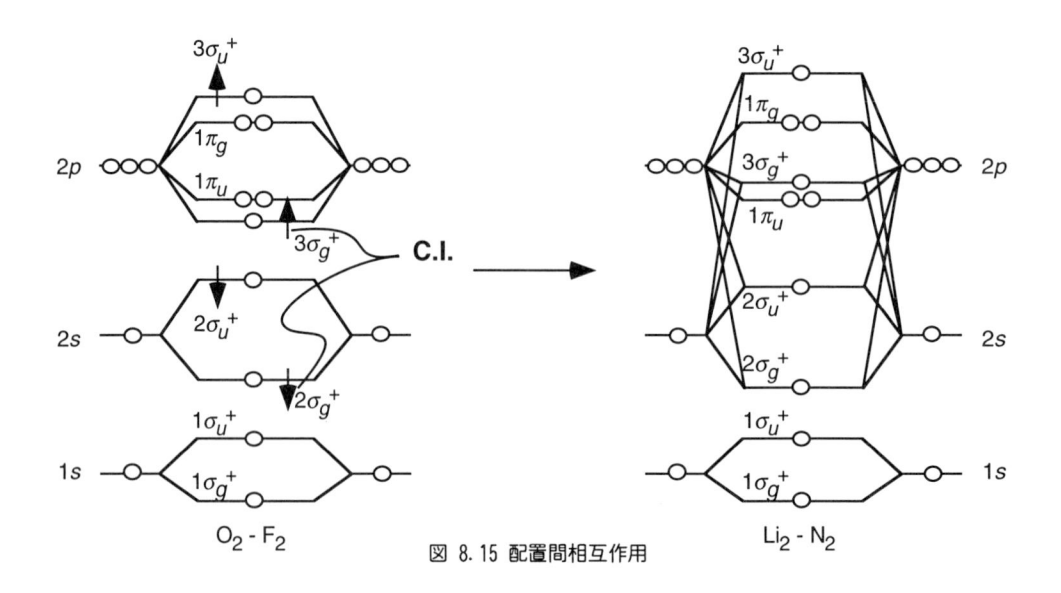

図 8.15 配置間相互作用

8.5.2 非交差則

配置間相互作用に関連して、もう一つの重要な結論がある。それは同一の既約表現に属する（すなわち同一の対称性を持つ）分子軌道のエネルギーレベルは交差できないということである。反発しあうといってもいい。これを*非交差則*（non-crossing rule）という。

このことを数学的に示すには（8-14）に戻ってみればよい。いま、αとβをそれぞれの分子軌道とすると、（8-14）は次のように書き換えられる。

$$(H_{\alpha\alpha} - E)(H_{\beta\beta} - E) - (H_{\alpha\beta} - ES)^2 = 0 \tag{8-26a}$$

ここで重なり積分 S は 1 よりかなり小さいので、思い切ってゼロと置いてしまおう。二つのレベルが交差するとは

$$H_{\alpha\alpha} = H_{\beta\beta} \tag{8-27}$$

ということだから、結局（8-14）は

$$H_{\alpha\alpha} - E = \pm H_{\alpha\beta} \tag{8-26b}$$

となる。ここで、非対角要素である $H_{\alpha\beta}$ は

$$H_{\alpha\beta} = \langle \alpha | H | \beta \rangle = \int \alpha H \beta d\tau \tag{8-28}$$

である。以前やったように、この積分がゼロでない値を持つためには、α と β が同じ対称性を有することが必要であった。つまり、二つの関数の既約表現を Γ_α および Γ_β とすると

$$\begin{aligned} E &= H_{\alpha\alpha} & (\Gamma_\alpha \neq \Gamma_\beta) \\ E &= H_{\alpha\alpha} \pm H_{\alpha\beta} & (\Gamma_\alpha = \Gamma_\beta) \end{aligned} \tag{8-29}$$

となることが結論される。つまり、<u>同じ対称性を持つ場合、$H_{\alpha\beta}$ が有限の値をとるので、二つのレベルは交差できない</u>。この状況を図 8.16 に示した。

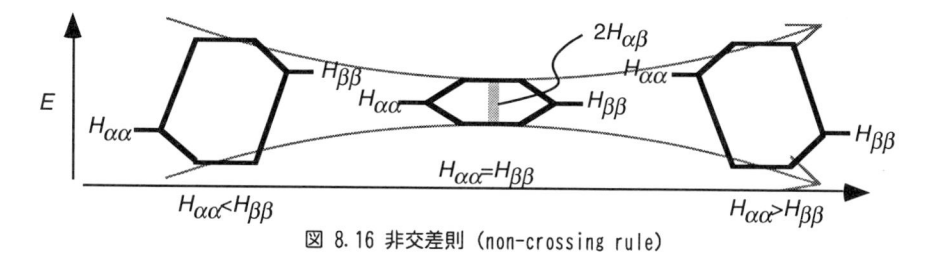

図 8.16 非交差則（non-crossing rule）

8.6 分子における多電子系固有状態とタームシンボル

前節までで一電子近似のもと LCAO 法により波動関数を求め（それが分子軌道）、それを分子の対称性に応じた既約表現で表すこと、また、定性的なエネルギーレベルを MO ダイアグラムにより示すことを学んだ。さらに一電子系固有状態間の相互作用にも触れた。次のステップはこのダイアグラム中に存在する各レベルに一つひとつ電子を詰め、電子間の相互作用を定性的に考えることにより、多電子系固有状態を記述することである。そして、最後に得られた多電子系固有状態間のエネルギー準位を考える。また、状態間の遷移の可能性も調べよう。

8.6.1 電子配置

多電子系状態を考える第 1 ステップとして、<u>分子軌道、すなわち、一電子系固有状態にいくつ電子が入るか</u>ということを考えよう。我々はすでに MO ダイアグラムを構築しているから、そこ

第8章 分子軌道法

に電子を一つずつ詰めていくだけである。すなわち、原子のところでやったのとまったく同様に、分子における*電子配置*（configuration）を次のように表すことができる。

$$H_2^+ : (1\sigma_g^+)^1$$
$$H_2 : (1\sigma_g^+)^2$$
$$He_2^+ : (1\sigma_g^+)^2 (1\sigma_u^+)^1$$
$$He_2 : (1\sigma_g^+)^2 (1\sigma_u^+)^2$$

先に述べたように、分子軌道法は結合軌道のエネルギーの低下分より反結合軌道のエネルギーの上昇分のほうが大きいことを教えてくれているが、このことは自然界には He_2 という分子が存在しないことと対応している。さらに図 8.14 を用いて、$n=2$ に属する Li から Ne までの電子配置を次の例のように示すことができる。

$$Li_2 : [He_2] (2\sigma_g^+)^2$$
$$N_2 : [Be_2] (1\pi_u)^4 (3\sigma_g^+)^2$$
$$O_2 : [Be_2] (3\sigma_g^+)^2 (1\pi_u)^4 (1\pi_g)^2$$

問題 8.3 (a) 上に示した Li_2, N_2, O_2 の電子配置に基づいて電子を各分子軌道を示す○印に入れよ（この際、電子のスピンを↑↓により表すこと）。
(b) 特に O_2 分子の電子配置に基づき、（$2p$ 原子軌道から構成される）8個の外殻電子がどのように軌道を占有するか図 8.17 に示せ。分子全体として磁気モーメントを持つだろうか？ この結果から期待される O_2 分子の磁気的性質は通常何と呼ばれるか？

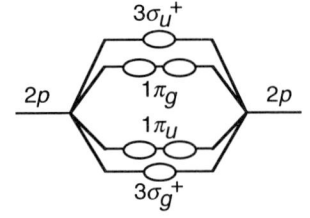

図 8.17 O_2 の $2p$ 軌道からなる分子軌道

8.6.2 多電子系固有状態の表記：タームシンボル

ここで述べる手法は、これまで見てきたやり方と同じである。要するに多電子系固有状態は軌道の占有の仕方とスピンとで記述される。軌道に関する情報が、球対称場における原子では総軌道角運動量 L で、配位子に囲まれている場合はその点対称性を反映した既約表現で表現されたのに対し、分子の場合、想像がつくと思うが、分子全体の対称性を反映した既約表現で表現される。すなわち、分子のタームシンボル（molecular term symbol）は分子軌道の対称性を表す既約表現をΓとすれば、これとスピン多重度 $2S+1$ により、一般に次のように記述される：

$$\text{分子のタームシンボル}: {}^{2S+1}\Gamma \;(={}^{2S+1}|M_L|) \quad \text{（重要）(8-30)}$$

<u>Γは配位子場理論でも見てきたように、電子配置に基づき、一電子系固有状態の直積を既約表現に既約化することによって得られる（大文字で表示）</u>。また、こうして得られた Σ, Π, Δ, Φ などという記号は、個々の分子軌道の軌道角運動量の z 成分 m_l の和、M_L に対応している。たとえば、π軌道に二つ電子が入る場合、最大で $M_L=1+1=2$ となることができるから、Δ という多電子系状態をとることが可能である。この点も一原子の場合と似ており、さらにフントの法則を適用する際などは、上述の各既約表現のギリシャ文字を対応する S, P, D, F などで置き換えて考えることができる。以下、分子のタームシンボルを同種の二原子分子について、点群 $D_{\infty h}$ のキャラクター表を参考にしながら見てみよう。また、同一の配置から導かれる異なった電子状態間のエネルギーレベルについても考える。

8.6 分子における多電子系固有状態とタームシンボル

(1) H_2^+：最も簡単な分子であり、1個の電子しかないので、多電子系といっても一電子近似で求めた電子配置にスピンの状態を加えたものがそのまま分子のタームシンボルとなる。

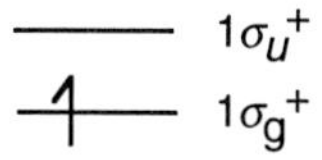

図 8.18 H_2^+の基底状態

- 基底状態：　　電子配置は $(1\sigma_g^+)^1$　　　→ Σ_g^+　　　タームシンボル
　　　　　　　スピン：　↑もしくは↓　　　→ $S=1/2$　　　∴ $^2\Sigma_g^+$
- 第一励起状態：　電子配置は $(1\sigma_u^+)^1$　　　→ Σ_u^+
　　　　　　　スピン：　↑もしくは↓　　　→ $S=1/2$　　　∴ $^2\Sigma_u^+$

(2) H_2：基底状態と第二励起状態は軌道に電子が詰まった状態、すなわち全対称な状態となり、また、スピンもそれぞれの軌道の中でペアを組まなくてはならないので、事情は単純である。第一励起状態のみ注意を要する（図 8.19）。

- 基底状態：　　電子配置は $(1\sigma_g^+)^2$　　　　→ $\sigma_g^+ \otimes \sigma_g^+ \to \Sigma_g^+$　　　∴ $^1\Sigma_g^+$
　　　　　　　スピン：　　↑↓　　　　　　→ $S=0$
- 第一励起状態：　電子配置は $(1\sigma_g^+)^1 (1\sigma_u^+)^1$　→ $\sigma_g^+ \otimes \sigma_u^+ \to \Sigma_u^+$
　　　　　　　スピン：(i)　　↑ ↑　　　　→ $S=1$ ($M_S=1, 0, -1$)　∴ $^3\Sigma_u^+$
　　　　　　　　　　(ii)　　↑↓　　　　→ $S=0$ ($M_S=0$)　　　∴ $^1\Sigma_u^+$
- 第二励起状態：　電子配置は $(1\sigma_u^+)^2$　　　→ $\sigma_u^+ \otimes \sigma_u^+ \to \Sigma_g^+$　　　∴ $^1\Sigma_g^+$
　　　　　　　スピン：　　↑↓　　　　　　→ $S=0$

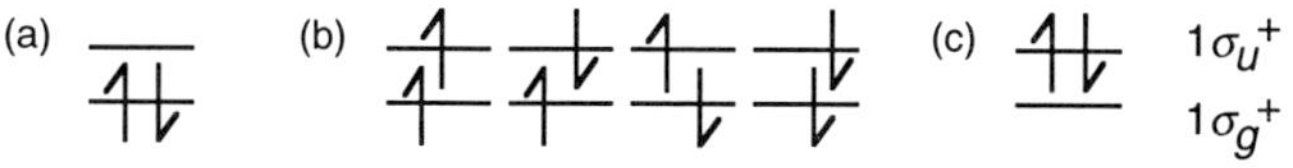

図 8.19 H_2の (a)基底状態、(b)第一励起状態、(c)第二励起状態

軌道状態は、一般には σ_g^+ などで表される個々の電子の入っている一電子系固有状態の直積を $D_{\infty h}$ のキャラクター表を用いて求め、次にそれを既約表現に分解することにより得る。しかし、そんなことをしなくとも、軌道が全部詰まった状態は全対称であること、全対称な既約表現とそうでない既約表現との積は後者を与えること、などに気がつけば、簡単に上の結果が得られる。一方、スピンに関しては、特に第一励起状態では、別々の軌道に電子が入るのでパウリの排他律に拘束されず、一重項と三重項を与えることに注意しよう。

8.6.3 エネルギー準位

さて、H_2 分子における多電子系電子状態がわかったところで、これらの状態のエネルギーレベルを各ミクロ状態のエネルギーから出発して考える。この方法も原子の場合とよく似ている。以下、ターム間のエネルギー差をもたらすのに大きな寄与を与える項目からステップ順に示す。

- step1　一電子系のエネルギーレベル
　　たとえば、第一励起状態のエネルギーは大ざっぱにいって $1\sigma_g^+$ 軌道と $1\sigma_u^+$ 軌道のエネルギーの和である（たとえば、図 8.19(b)）。

- step2 電子間のクーロン反発力

それぞれの電子に対する (8-1) 式で表される一電子系のハミルトニアンを H_1, H_2 として、二つ電子がある系のハミルトニアン H は次のように書き下せる。

$$H = H_1 + H_2 + e^2/r \tag{8-31}$$

ここで r は二つの電子間の距離である。この反発力によるエネルギーを通常、クーロン積分 (Coulomb integral) といって J で表す。たとえば、基底状態の場合、

$$J_{1\sigma_g^+, 1\sigma_g^+} = \int \left[1\sigma_g^+(1)\,1\sigma_g^+(2)\right] \frac{e^2}{r} \left[1\sigma_g^+(1)\,1\sigma_g^+(2)\right] d\tau_1 d\tau_2 \tag{8-32}$$

と表される（被積分関数中の 1, 2 はそれぞれの電子に相当する）。ここでは量子化学の詳細に立ち入ることはやめて、この量がクーロン反発力に起因した正の量であることを覚えておこう。

- step3 フントの第一法則

三重項ではスピンが平行の状態にあり、したがってこのような電子は同一の場所を占有することはできない。一方、一重項では反平行の状態にあり、パウリの排他律に束縛される必要はない。したがって、以前述べたように、後者のほうが電子が接近できる確率が高く、エネルギー的に高い状態にある。これがフントの第一法則のそもそもの原因であることは既に述べた（6.3.4 節）。このことを量子力学的に表現すると、電子は入れ替わっても区別できないことにその起源を発するクーロン力である、といえる。詳細は量子力学の教科書に任せるとして、ここでは、同一の多電子系軌道状態にスピンが平行に入ったときと、反平行に入ったときの差は交換積分（exchange integral）K という量で表されることを述べるにとどめたい。

以上をまとめると一電子近似から得られるエネルギー準位は次のような補正を受け、多電子系状態のエネルギー準位を与える（図 8.20）。

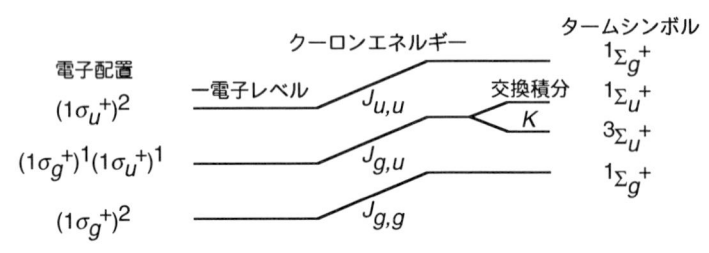

図 8.20 H_2 の多電子系固有状態のエネルギー準位

8.6.4 ボンドオーダー

ところで、実際の分子を構成している原子間の結合力は、原子が単独で存在したときの軌道よりも、結合軌道のほうがよりエネルギー的に低く、その軌道に電子が入ることにより生じる。当然、反結合軌道に電子が入れば、逆の効果となってしまう。この状況を定性的に示すのに、ボンドオーダー（bond order）という量が用いられるので、次にその定義を述べる。

ボンドオーダー = $\frac{1}{2}${(結合軌道に入っている電子の数) − (反結合軌道に入っている電子の数)}

たとえば、H_2^+ のボンドオーダーは 1/2、H_2 のそれは 1 である。このようにボンドオーダーが大きいほど、その分子は安定である。ちなみに $1s$ 軌道のみから構成される二原子分子のボンドオーダーをまとめると表 8.2 のようになる。

8.6 分子における多電子系固有状態とタームシンボル

表 8.2 いくつかの二原子分子のボンドオーダー

	ボンドオーダー	原子間距離 (Å)	結合エネルギー (kJ/mol)
H_2^+	1/2	1.06	255
H_2	1	0.74	431
He_2^+	1/2	1.08	251
He_2	0	-	-

8.6.5 多電子系固有状態（続き）

さて、H_2 分子の基底および励起状態のタームシンボルがわかり、さらにそのエネルギー準位も定性的にわかったところで、$1\sigma_u^+$ よりもさらに上のレベルに電子を入れていこう。図 8.15 の MO ダイヤグラムを参考にして、以下の説明を読んでほしい。

まず、He_2 の基底状態の配置は $(1\sigma_g^+)^2(1\sigma_u^+)^2$ と 2 個の $1s$ 軌道からもたらされた分子軌道に電子が詰まり、閉じているので $[He_2]$ と表す。このような閉殻配置は全対称な既約表現で表される。$D_{\infty h}$ で言えば $^1\Sigma_g^+$ である。各キャラクターは 1 であり、よってこれより上の軌道に電子を入れる場合、この閉殻となった部分は 1 と置き、さらなる考察からはずしてよい。また、反結合状態の変化分のほうが結合状態の変化分より大きいので、He_2 は存在しない (8-15, 16)。

問題 8.4 Li_2 および Be_2 の基底状態の電子配置、分子のタームシンボル、ボンドオーダーを示せ。

この問題はこれまでの $1s$ からなる分子軌道を $2s$ に置き換えるだけで対処できる。すなわち、ここまでは σ 状態に基づく化学結合であった。ところが、B_2 から先の分子では、複数の電子が π 状態を占有するので、同一電子配置に対し、いくつかの軌道状態が生じる。さらにスピン多重度が加わり、タームシンボルが決定される。このようなことを以下、見てみよう。

(3) B_2 : 基底状態の電子配置は $[Be_2](1\pi_u)^2$ であり、$D_{\infty h}$ のキャラクター表にしたがって、この組合せから得られる可約表現を既約表現へ分解することから始める。

問題 8.5 直積 : $\pi_u \otimes \pi_u$ を既約表現に分解せよ。（$2\cos^2\phi = 1 + \cos 2\phi$ であることを用いよ。）

結果は

$$\pi_u \otimes \pi_u \rightarrow \Sigma_g^+ + \Sigma_g^- + \Delta_g$$

となる。ここで Δ という状態がでてきたが、これはキャラクター表から、基底関数が (x^2-y^2, xy) という 2 重に縮退した状態であることがわかる。

一方、スピンであるが 2 個の電子があることから三重項と一重項の状態があることがわかる。多重度でいうとそれぞれ 3 と 1 である。結局、軌道の縮退度とスピンの縮退度を合わせると

$$^1\Sigma_g^+ + {}^3\Sigma_g^+ + {}^1\Sigma_g^- + {}^3\Sigma_g^- + {}^1\Delta_g + {}^3\Delta_g \qquad \text{（正しくない）}$$

という 12 の状態の組合せが考えられる。しかし、$(1\pi_u)^2$ という配置にはもともと

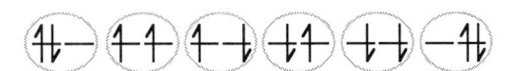

図 8.21 π^2 配置から得られる 6 個のミクロ状態

という 6 個のミクロ状態しか存在しない（図 8.21）。すなわち、軌道とスピンは自由に組み合わすことができない。この矛盾は配位子場理論のところで触れたのと同じものである。

しかし、軌道の縮退度が 1, 1, 2、そして、スピンの縮退度が 3, 1 という組合せから 6 個のミクロ状態を作るのであるから、少なくとも軌道状態 Δ のスピン縮退度が 1 であることはすぐにわかる。詳細は省略するが、最終的に得られる多電子系状態は

$$\pi_u \otimes \pi_u \rightarrow {}^1\Sigma_g^+ + {}^3\Sigma_g^- + {}^1\Delta_g \tag{8-33}$$

となることがわかっている。我々はこの結果を受け入れ、フントの法則にしたがってこれら 3 個の状態のエネルギー準位を決めることとしよう。

問題 8.6 フントの法則にしたがって（8-33）により表された三つの状態のエネルギー準位を求む。

(4) B_2^- : MO ダイアグラムに従えば、B_2^- の電子配置は $[Be_2](1\pi_u)^3$ となる。このように $1\pi_u$ 軌道の 4 個の空席のうち 3 個が埋まった場合は、一つのホールがあるものと取り扱えばよい。すなわち、$(1\pi_u)^1$ と考える。したがってタームシンボルは ${}^2\Pi_u$ となる。

(5) N_2 : 基底状態の電子配置は $[Be_2](1\pi_u)^4(3\sigma_g^+)^2$、したがってタームシンボルは ${}^1\Sigma_g^+$ である。この配置から（もっと直感的には図 8.15 の MO ダイアグラムから）明らかなとおり、N_2 の結合は一つの σ 結合と二つの π 結合からなっており、極めて安定な構造をもたらしている（ボンドオーダー：3）。また、最も低い励起状態までエネルギー的に離れており、したがって可視光に対して N_2 は透明である。

(6) O_2 : 基底状態の電子配置は $[N_2](1\pi_g)^2$。π 状態に二つの電子が入っているので事情は B_2 の場合(8-33)とまったく同じである（問題 8.3 も参照）。すなわち、この配置のエネルギー準位は右のようになる（低温で赤色を吸収する）。

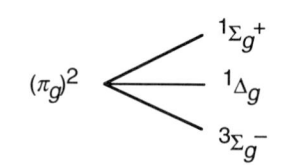

$$(\pi_g)^2 \begin{cases} {}^1\Sigma_g^+ \\ {}^1\Delta_g \\ {}^3\Sigma_g^- \end{cases}$$

図 8.22 O_2 の多電子系固有状態

8.7 スペクトロスコピー

我々はこれまで同種原子からなる二原子分子という簡単な系しか学んでいないが、しかし、これまでの取扱いには分子軌道法における基本的な項目を数多く含んでいる。先に進む前に、これまでの知識をまとめて、分光学への応用に触れたい。本書は分光学の教科書では決してないが、配位子場理論でもそうであったように、基底状態から励起状態への遷移の可能性に対して、対称性とスピンが基本的な役割りを演じる。以下に述べることは配位子場理論で述べたことと形式的には同じで、配位子に囲まれた遷移金属の電子状態を対象とするか、分子全体の電子状態を対象にするか、という点のみが異なる。

さて、電磁波の吸収だけに限っても、分子の電子状態を励起させるオペレータは電気双極子、磁気双極子、電気四重極子などいろいろある。とりあえず、これらを μ で表そう。

$$\mu = \mu(\text{電気双極子}) + \mu(\text{磁気双極子}) + \mu(\text{電気四重極子})$$

通常は最初の項が最も重要で、この項による寄与がゼロのときに、それ以下の項による吸収がは

じめて顕著に観察される。分子の電子状態の基底状態と励起状態をそれぞれ $|\Psi_{gr}\rangle$ と $|\Psi_{ex}\rangle$ とすると、遷移が起こるためには

$$\langle \Psi_{gr} | \mu | \Psi_{ex} \rangle \neq 0 \tag{8-34}$$

でなくてはならない。これらの状態は、スピン-軌道相互作用を無視すれば、軌道状態 $|\Psi^{orb}\rangle$ とスピン状態 $|\Psi^{spin}\rangle$ の積で表すことができるので、(8-34) は次のように二つの部分に分離される。

$$\langle \Psi_{gr}^{orb} | \langle \Psi_{gr}^{spin} | \mu | \Psi_{ex}^{orb} \rangle | \Psi_{ex}^{spin} \rangle = \langle \Psi_{gr}^{orb} | \mu | \Psi_{ex}^{orb} \rangle \langle \Psi_{gr}^{spin} | \Psi_{ex}^{spin} \rangle \neq 0 \tag{8-35}$$

8.7.1 スピン選択則

電磁波による励起ではスピンの状態は変化しないから、次のスピン選択則が得られる。

$$\Delta S = 0 \tag{8-36}$$

8.7.2 軌道選択則

軌道状態に関する積分にはオペレータが含まれる。そこでまず、各オペレータの基底関数を次に示す（図 8.23）。

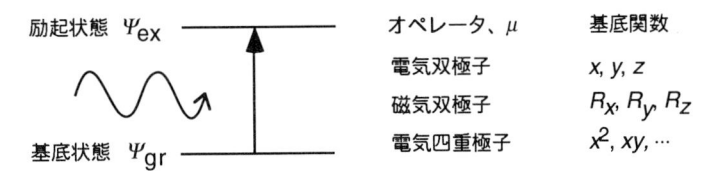

オペレータ、μ	基底関数
電気双極子	x, y, z
磁気双極子	R_x, R_y, R_z
電気四重極子	$x^2, xy, \ldots$

図 8.23 分子の基底状態から励起状態へ遷移を起こすオペレータと対応する基底関数

遷移が可能であるためには、基底状態、オペレータ、励起状態の既約表現の直積が全対称な既約表現を含むことが必要なのであった（4.10.2節）。すなわち、

$$\Gamma_{gr} \otimes \Gamma_\mu \otimes \Gamma_{ex} \longrightarrow \text{（全対称な既約表現を含む）} \tag{8-37}$$

ここまでは一般的な結論だが、ここで同種の二原子分子の場合について考えてみよう。このような分子の属する点群は $D_{\infty h}$ であり、反転中心が存在する。すなわち、軌道の状態はパリティにより gerade か ungerade に大きく分けられる。一方、(8-37) で与えられる直積が全対称であるためには直積の結果が少なくとも gerade でなくてはならない。さらに、電気双極子のオペレータの既約表現は x, y, z などであり、これは ungerade である。したがって、反転中心を有する分子に関して、パリティという観点のみから軌道選択則を書き直すと、

$$\begin{array}{l} g \times u \times u = g \\ u \times u \times g = g \end{array} \longrightarrow \begin{array}{l} g \longrightarrow u \\ u \longrightarrow g \end{array} \tag{8-38}$$

すなわち、許された遷移は gerade の状態を ungerade に、ungerade の状態を gerade にする場合のみである。言い換えると中心対称性（2.7 節も参照）を持つ分子における可能な電気双極子遷移は必ずパリティの変化を伴う。これは配位子場における d^n 配置からなる状態の遷移（7.8.3 節）でも学んだように、ラポルテの選択則である。

第8章 分子軌道法

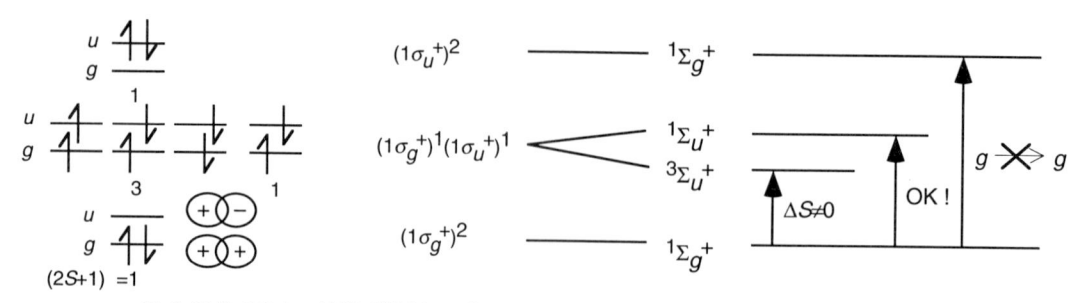

図 8.24 H_2のミクロ状態（軌道とスピン多重度）、電子配置、タームシンボル、可能な遷移

例1 H_2

さて、これまでの知見をさっそく、水素分子の場合にあてはめてみよう。図 8.24 に基底および励起状態のミクロ状態、電子配置、タームシンボルなどをまとめた。この図から、スピン、および軌道のパリティを考えて、可能な遷移は

$$^1\Sigma_g^+ \longrightarrow {}^1\Sigma_u^+ \tag{8-39}$$

のみであることがわかる。また、これは可能な遷移を示しただけで、実際、どのような電磁波に対して遷移が起こるのかはさらに $D_{\infty h}$ のキャラクター表中の基底関数（付録 E）を見る必要がある。

問題 8.7 $D_{\infty h}$ のキャラクター表は (x, y) が π_u として、z が σ_u^+ として変換されることを示している。(8-39) に示された遷移を起こすには、どのような偏光波が必要か？

例2 O_2

上の例は基本に忠実な教科書にはもってこいの場合であったが、O_2 の場合はどうだろうか？　残念ながらこの場合、スピンに関してもパリティに関しても基底状態から励起状態への遷移は禁制である。

しかし、このような場合にも現実には遷移は観察される。詳細は分光学の教科書を参考にしてもらうとして、複雑な事情の主要項目を以下にまとめる。

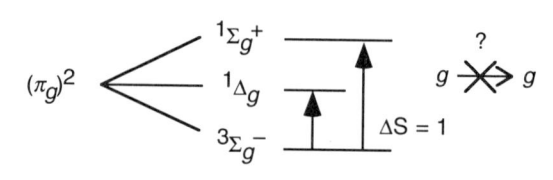

図 8.25 O_2では遷移は不可能か？

(a) スピン-軌道相互作用：スピンと軌道とは常に相互作用を持っているので、実際には軌道状態とスピン状態を独立したオブザーバブルとみなすことはできず、したがって、(8-35) に示したように分離することはできない。
(b) バイブロニックな遷移：配位子場理論のところでも述べたが、振動モードが同時に変化することによって（振動モードの励起状態が ungerade となることによって）、一般には電子状態による選択則が緩和される。しかし、ここで考えている同種の二原子分子では次章で見るように、振動モードが ungerade になることはない。したがって、一般論としては重要なことではあるが、ここでの考慮には該当しない。
(c) 磁気双極子による遷移：このオペレータは gerade であるので $g \rightarrow g$ という遷移も可能である。

現実にはこのような事情により、弱い吸収スペクトルが観察される。

8.8 異種二原子分子の対称性と既約表現

ここまでの段階で同種の二つの原子を与えられたとき、あなたは次のことができなくてはならない：
- step1　二つの原子を互いに近づけ、一電子近似に基づいた MO ダイアグラムを作れること、
- step2　可能な電子配置から多電子系電子状態、すなわち、タームシンボルを得ること、
- step3　それぞれの状態間の遷移の可能性を定性的に説明すること、

繰り返すが、分子軌道法のエッセンスはこれまでに紹介した二原子分子という最も簡単な場合に含まれている。本書において、すべての分子の分子軌道を明らかにすることなど到底できないので、以下、異種原子による二原子分子そして三原子分子の場合を簡単にまとめ、分子軌道法の説明を終えたい。

異種の二原子分子 AB の模式図を右に示した。これから、同種原子の場合と比べて分子の対称性が低下していることがわかる。すなわち、反転中心および主軸に直交する 2 回回転軸と鏡映面がなくなり、分子が属する点群は $D_{\infty h}$ の部分群である $C_{\infty v}$ となる。

同種原子による二原子分子の場合との相違は
(1) 電子が A 原子と B 原子とから感じる実効的な電荷 Z_{eff} が異なる。
(2) 対称性の低下により、同じ既約表現に属する一電子軌道の数が増し、配置間相互作用（CI）が起こりやすくなった、

の2点である。

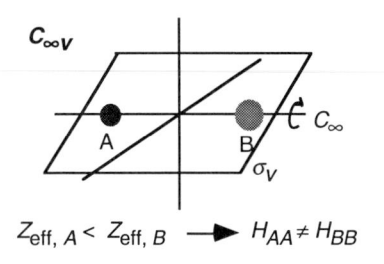

図 8.26 異種の二原子分子における対称要素

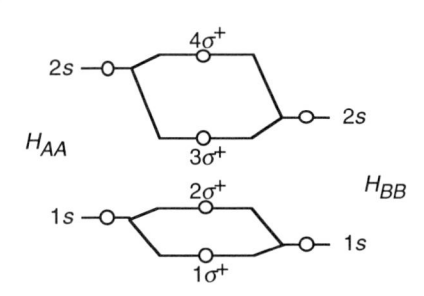

図 8.27 異種の二原子分子のMOダイヤグラム

さらに、異種の二原子分子といっても A 原子と B 原子との原子番号が近い場合とそうでない場合とでは分子軌道の在り方が大きく異なる。初めに、A と B の原子量が近い場合の状況を s 軌道に基づいた MO ダイアグラムで考えよう（図 8.27）。図では、B 原子の有効電荷が大きくなったため、電子の感じるポテンシャルはより深くなった状況を示している（H_{BB} の絶対値が大きくなった）。

それに加え、分子に反転中心がなくなったため、gerade/ungerade の区別が各状態から消え去った。そのため、いずれのσ結合の既約表現も単にσ$^+$と表され、エネルギーの低いものから順次、番号がついている。このことは同種原子の分子では起こらなかった $1\sigma_u^+$ と $2\sigma_g^+$ との配置間相互作用が（対称性の低下によりそれぞれ $2\sigma^+$ と $3\sigma^+$ に置き変わり）可能となったことを意味する。

また、A 原子と B 原子の有効電荷が異なるため、電子の分布もある程度、偏ったものとなるだろう。このことを LCAO の枠組みの範囲で表すには、基となる波動関数の線形結合をとる際に電子の分布に対応した極性（polarity）の指標となる係数 λ を導入する。たとえば、$1\sigma^+$の場合、

$$1\sigma^+ \propto 1s_B + \lambda 1s_A \tag{8-41}$$

となる。ここで λ は 0〜1 の値をとる。上の例は電子は B 原子のほうにより引きつけられていることを表す。

次に、A と B の原子量がまったく異なった原子の場合はどうであろうか？　もちろん対称性という観点からは $C_{\infty v}$ であることには変わらないが、二つの原子の有効電荷が異なれば、分子軌道の状況はかなり異なる。それを MO ダイアグラムの形で見てみよう。

ここにあげるのは HF の場合である。まず、分子を形成する以前の H および F 原子のそれぞれの電子の解離エネルギーを示す。

表 8.3　H と F に存在する電子を解離するのに必要なエネルギー（eV）

	$1s$	$2s$	$2p$
H	13.6		
F		40.2	18.6

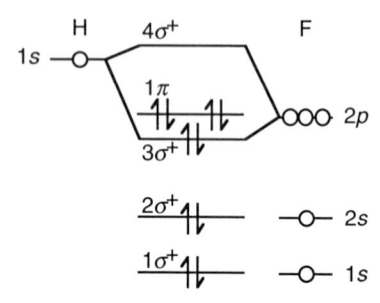

図 8.28　フッ化水素 HF の MO ダイヤグラム

このように、Z が 9 となっただけでも F 原子中の電子は深いポテンシャルの中に閉じ込められてしまう（中心場におけるシュレディンガー方程式のエネルギー固有値は Z の 2 乗に比例するのであった）。こんな状況では F 原子の $1s$ 軌道が H 原子の $1s$ 軌道と相互作用を持つことなど望めない。F 原子の $2s$ 軌道ですら、深くポテンシャルの中に閉じ込められている。このような場合、F 原子の $1s$ や $2s$ 軌道中の電子は孤立対（lone pair）を作るという。

一方、点群 $C_{\infty v}$ においても p_z 軌道は s 軌道と同じ既約表現に属するから、分子軌道を形成することが可能である（p_x と p_y からなる 1π は lone pair となる）。以上のような事情を反映して、図 8.28 のような MO ダイアグラムを定性的に描くことができる。この図からもわかるように HF 分子の結合を担っているのは H 原子の $1s$ 軌道と F 原子の $2p_z$ 軌道から形成される $3\sigma^+$ という分子軌道である。

8.9　三原子分子

次に三つの原子、といっても B-A-B のようなケースについて触れたい。このような分子の構造をここで勉強することは単にこれまでの延長上にあるというだけでなく、(i) 二つの B 原子を A 原子の周囲のリガンドと考えることによって、A 原子の周囲が O_h, D_{4h}, T_d などさらに複雑な対称性を有する分子構造を考える際の原型（prototype）とみなせる、(ii) 分子が A 原子を頂点として曲がった状態を考えることによって、対称性の低下がエネルギーレベルの変化にもたらす影響を調べる、といった大きな意味がある。

8.9.1　点群 $D_{\infty h}$ に属する三原子分子

最初に二酸化炭素、すなわち、O-C-O というまっすぐな三原子分子の場合を考える。この分子が属する点群は $D_{\infty h}$ である。MO ダイアグラムをどのようにして作るかステップを踏んで見てみよう。

・step1　まず、どの軌道とどの軌道が相互作用をもてるか、おおよその目安をつけるためそれぞれの原子の軌道から電子を解離させるのに必要なエネルギーを見てみよう。

8.8 三原子分子

表 8.4 C と O の $2s$ および $2p$ 軌道にある電子を解離するのに必要なエネルギー (eV)

	$2s$	$2p$
C	19.4	10.6
O	32.3	15.8

ここで深く束縛されている $1s$ 軌道は結合に寄与しないので省略してある。これらの値が MO ダイアグラムの左右に存在する原子の軌道のおおよその位置関係を与える。

- step2　次に分子軌道の基となる原子の軌道を分子の対称性に応じて分類する。この構造には反転中心があることに注意。まず、3 重に縮退している p 軌道は主軸である C_∞ 軸にそった p_z 軌道と残りの p_x と p_y にわけられる。p_x と p_y は主軸の周りの回転で重なり、区別することはできないから 2 重に縮退している。さらに二つの O 原子は等価であるから、二つの O 原子の s, p_z, (p_x, p_y) 軌道を別々の扱うことはできず、それぞれ組み合わさって一つの既約表現を作る（図 8.29 では二つの O 原子を O1, O2 と表した）。

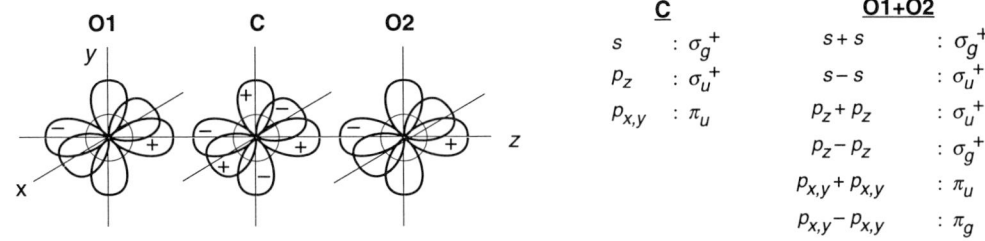

C		O1+O2	
s : σ_g^+		$s+s$: σ_g^+	
p_z : σ_u^+		$s-s$: σ_u^+	
$p_{x,y}$: π_u		p_z+p_z : σ_u^+	
		p_z-p_z : σ_g^+	
		$p_{x,y}+p_{x,y}$: π_u	
		$p_{x,y}-p_{x,y}$: π_g	

図 8.29　CO$_2$ の分子軌道を構成する等価な軌道の対称性と既約表現による分類

このような原子軌道の組合せに対し、分子の対称性にかなった既約表現を与えるためには、各軌道を基底とする、対称操作 E, C_∞, i, σ_v の変換マトリックスのキャラクターを求め、必要に応じてそのような表現を既約化すればよい。たとえば、二つの O 原子の s 軌道の組合せからなる軌道の既約表現はこの組合せの持つキャラクターから、σ_g^+ と σ_u^+ となることがわかる（表 8.5）。

表 8.5　二つの O 原子の s 軌道の対称性と既約表現

$D_{\infty h}$	E	C_∞	σ_v	i	
$s_1 + s_2$	1	1	1	1	σ_g^+
$s_1 - s_2$	1	1	1	-1	σ_u^+

要するに、図 8.29 を参考にして反転操作や鏡映操作による符号の変化を考え、既約表現を求めればよい。たとえば二つの O 原子の p_z 軌道からなる原子の軌道の表現は

$$p_z + p_z \to \sigma_u^+, \qquad p_z - p_z \to \sigma_g^+$$

となる。このようなプロセスによって図 8.29 に示したように、C 原子の s 軌道と p 軌道は σ_g^+, σ_u^+, π_u という既約表現に分かれ、二つの O 原子の軌道は σ_g^+, σ_u^+, π_g, π_u という四つの既約表現にわかれることが判明する（各自確認せよ）。

- step3　それぞれの原子の軌道の既約表現がわかったら、相互作用を持つことができるのは同じ既約表現に属する軌道同士であるという分子軌道法の基本的な考え方に従って、同じ対称性を持つ軌道をカップリングさせ MO ダイアグラムを作成する（図 8.30）。

第8章 分子軌道法

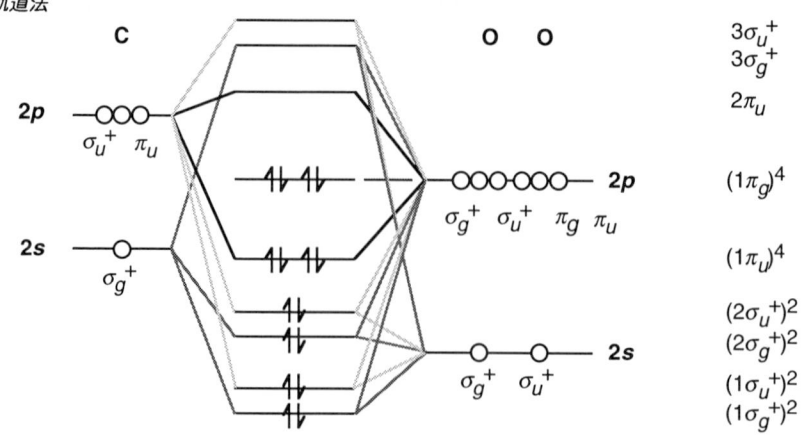

図 8.30 CO_2 のMOダイヤグラムと基底状態における電子配置

このとき、$1\pi_g$ は C 原子にパートナーがなく、結合に寄与しない孤立対となる。また、σ_g^+ と σ_u^+ とで、どちらのエネルギーが高いかということは対称性に基づいた議論のみではわからない。

- step4 得られたそれぞれの分子軌道にフントの法則に従って電子を詰めていく。図 8.30 には CO_2 の基底状態を示した。

　問題 8.8 （i）CO_2 の基底状態の電子配置が図 8.30 の MO ダイアグラムの右に示してある。この配置から求まる CO_2 の基底状態の多電子系電子状態、すなわち、タームシンボルを求めよ。
　（ii）次に、第一励起状態の電子配置とタームシンボルを求めよ（電子が 1 個抜けた状態はホールと考えれば、直積は簡単に求まる。スピンもパウリの排他律による制約はない）。
　（iii）基底状態から第一励起状態まで、どのような遷移が可能であるか？

8.9.2 点群 C_{2v} に属する三原子分子

次に、ここで求めた CO_2 の MO ダイアグラムにから出発して NO_2 の構造を考えてみよう。N 原子の原子番号は 7、C より一つだけ大きいだけだから、先に求めた MO ダイアグラムを用いても大きな誤りはないだろう。要するに電子をもう 1 個、図 8.30 に示したダイアグラム中の次の準位に入れてやればよい。次の準位とは反結合的な $2\pi_u$ である。大分、エネルギーも高い。あなたが NO_2 だったらこのような高いエネルギー状態をだまって受け入れるだろうか？

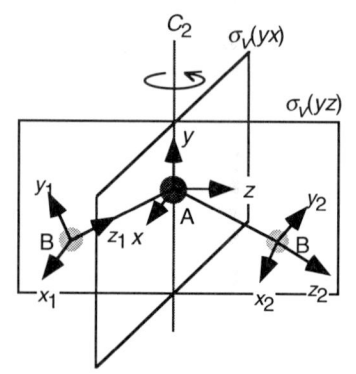

図 8.31 点群 C_{2v} に属する三原子分子

これまでの対称性とエネルギー固有値に関する説明を注意深く読んできた方にはなんとなくわかると思うが、自然界というのは実に巧妙にできている。少しでもエネルギーを下げる手段があれば自ずとその方向に向かうのだ。5.3 節で、粒子の個数によっては立方晶から直方晶に対称性が下がることによって系全体のエネルギーが下がることを示したが、ここでも同じことが起こる。この場合、直線構造の B-A-B 分子は A を頂点として曲がることによって、新たな固有状態（新しい対称性の下での既約表現に従う）を生み、低い固有値を持つことになる。これもヤン-テラー効果である。

曲がった B-A-B 分子と存在する対称要素を模式的に示す（図 8.31）。このように $D_{\infty h}$ が少しでも曲がってしまえば、C_2 が主軸となる。主軸を含む二つの鏡映面が二つあり、この分子が属する

点群は C_{2v} となる。また、三つの原子の x, y, z 軸の取り方だが、ここでは、主軸や鏡映面という対称要素に重なるように、そして各原子を結ぶ軸に一致するように、それぞれとろう。

このように分子の対称性が C_{2v} となっても二つの B 原子は区別がつかず、したがって B 原子からなる軌道は組み合わさって一つの既約表現をなすという点は CO_2 の場合と同様である。ただし、CO_2 との大きな違いは、点群 $D_{\infty h}$ で存在していた C_∞ 軸がなくなったため、p_x と p_y が一緒になって形成する既約表現 π_u や π_g がなくなったことだ。言い換えると、<u>対称性の低下によりこれらの軌道の縮退が解ける。そして軌道の分裂により固有エネルギーが下がった新しい状態が生まれる</u>。

・step1　まず、点群 C_{2v} のキャラクター表を見ることから始めよう。

表 8.6　点群 C_{2v} のキャラクター表（主軸を y 軸にとっている）

C_{2v}	E	$C_2(y)$	$\sigma_v(yx)$	$\sigma_v(yz)$
A_1	1	1	1	1
A_2	1	1	−1	−1
B_1	1	−1	1	−1
B_2	1	−1	−1	1

このキャラクター表では $D_{\infty h}$ における座標軸の取り方をそのまま踏襲してるので主軸が y 軸となっている。また、分子に対し二つの鏡映面をどのようにとるかによって既約表現 B_1 と B_2 が変わるがこれは約束だけの問題であって、本質的なことではない。

・step2　さて、このキャラクター表に基づいて、それぞれの原子の s や p などの各軌道が C_{2v} の下でどのような既約表現に属するか調べるわけだが、我々はすでに $D_{\infty h}$ のところでこれらの軌道が σ_g^+, σ_u^+, π_g, π_u という四つの軌道に分類されることを知っている。したがって、これらに属する 6 個の軌道（π は 2 重に縮退している）に関してのみ、C_{2v} の下での新しい既約表現を求めれば必要な情報をすべてを網羅したことになる。

問題 8.9　図 8.31 と上の C_{2v} のキャラクター表を参考にして次の関数がどのような既約表現に従うかまとめよ（A は中心の原子、1 および 2 は B 原子の軌道を示す。C_2 や $\sigma_v(yz)$ という対称操作でこれらの関数の符号が変化するか否かを調べればよい）。

(1) s_1+s_2,　(2) s_1-s_2,　(3) p_{xA},　(4) p_{yA},　(5) $p_{x1}-p_{x2}$,　(6) $p_{y1}-p_{y2}$

この問題は言い換えると、次の相関表を作成しなさいということだ。$D_{\infty h}$ の各既約表現と C_{2v} の各既約表現との間にどのような相関があるかは表の両端に示したので、それぞれの対称操作による符号の変化のみ、各自、確認すればよい。

表 8.7　点群 $D_{\infty h}$ と C_{2v} との相関（問題 8.9）

$D_{\infty h}$ での既約表現	E	C_2	$\sigma_v(yx)$	$\sigma_v(yz)$	C_{2v} での既約表現
$\sigma_g^+ = s_1 + s_2$	1				a_1
$\sigma_u^+ = s_1 - s_2$	1				b_2
$\pi_u = p_{xA}$	1				b_1
$\pi_u = p_{yA}$	1				a_1
$\pi_g = p_{x1} - p_{x2}$	1				a_2
$\pi_g = p_{y1} - p_{y2}$	1				b_2

第8章 分子軌道法

- step3 最後に、得られた相関表を用いて先に作成した $D_{\infty h}$ に従う B-A-B 原子の MO ダイアグラム（図 8.30）を C_{2v} に従うダイアグラムに作り直せばよい。全部直すのは大変だ。肝心なのは電子に占有されている最も高い分子軌道 *HOMO*（Highest Occupied Molecular Orbital）とその上の軌道 *LUMO*（Lowest Unoccupied Molecular Orbital）の縮退がどのように解けるかということだから、その付近の状況のみを図 8.32 に示す。

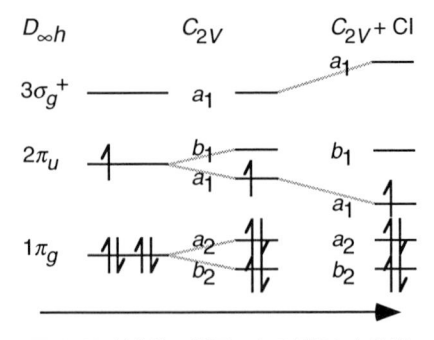

図 8.32 対称性の低下による縮退した軌道の分裂と配置間相互作用（CI）

ここでの横軸は二つの意味を持っている。一つは曲がった B-A-B 原子の角度 α であり、もう一つは配置間相互作用(CI)だ。この相関図からわかるように $2\pi_u$ 軌道の縮退が解けてできた a_1 は単なる分裂に加え、その上の a_1（$3\sigma_g^+$）と同じ対称性を持っているので強い相互作用をもって安定化される。詳しいことは計算によらなくてはならないが CO_2 においては α が約 170 度でこの a_1 はその下の a_2 や b_2 と同程度になり、ついにはこれらの軌道の持つエネルギーを下回ってしまう。したがって、NO_2 では曲がって対称性を下げた構造のほうが直線を保った場合に比べてずっと安定になる。

一方、同じ $2\pi_u$ 軌道の縮退が解けてできた b_1 の場合、上記の a_1 のように強い CI を持つ相手がない（少なくとも近いエネルギー範囲では）。したがって、b_1 軌道のエネルギーは a_1 のように大きな変化を示さない。このことの意味することは、一つには CO_2 が基底状態から励起状態に何らかの原因で遷移したとき、$1\pi_g$ 軌道から抜け出た電子の行き先が $2\pi_u$ のうちの a_1 であればその CO_2 は曲がるが、一方、b_1 であれば線形を保つということだ（だから、問題 8.8 の最後の問いの答えは実は単純ではない）。

問題 8.10 CO_2, NO_2^+, NO_2, NO_2^- はまっすぐな、あるいは曲がっているか？ また、曲がっているとすれば、どの分子がもっとも曲がっていると予想されるか？

問題 8.11 H_2O の MO ダイアグラムを作成せよ。H と O の各軌道の相対的なレベルを右に示す。

図 8.33 H と O の各軌道のレベル

この章のまとめ

- LCAO-MO による分子軌道の記述と変分法による最適化
- 分子全体の対称性による一電子状態の分類：既約表現
- 一電子状態のエネルギーレベル：MO ダイヤグラム
- 同じ対称性を持つ一電子状態間の相互作用：配置間相互作用（CI）
- 多電子系状態：タームシンボル
- 電子配置の直積 → 既約表現への分解 → フントの法則 → エネルギーレベル
- 電磁波の吸収と軌道選択則、スピン選択則
- 対称性の低下とエネルギーレベル

第9章　分子振動

Let me say that again: 'Each normal mode of vibration will form a basis for an irreducible representation of the point group of the molecule.'
　　　　　　　　D.C. Harris and M.D. Bertolucci　　*"Symmetry and Spectroscopy"*

前章において、分子を構成する原子間の距離や角度は電子の固有状態によって決められることを学んだ。しかし、実際に原子を結合しているのは硬直した棒ではなく、そもそも原子と電子の間のクーロン力であるから、現実の分子を構成する原子は平衡点を中心に常に振動している。そして、この振動の仕方も分子の対称性を反映している。

9.1　振動と回転運動の分離
9.1.1　電子状態、振動、回転運動

　分子の振動エネルギーはだいたい赤外線の波長領域、エネルギーでいうと 10^{-2}〜10^{-1}eV の範囲にある。そして分子を構成する原子の運動はポテンシャルの中での平衡状態からのずれとして記述することができる。ここで系全体のハミルトニアンを見ると、そこには原子核の運動エネルギーと電子の運動エネルギーに相当する項がある。原子核の重さは水素の場合でさえ電子の 1840 倍もある。このことを考えただけでも、電子は静止している原子核の周囲を運動していると扱っても大きな間違えは生じないだろう。そこで、二つの運動を分離し、原子核の運動は今ある電子状態が与えるポテンシャルの中でゆっくりと起こると考えれば、話は大分簡単になる。これがボルン–オッペンハイマー近似（Born-Oppenheimer approximation）である。この近似の範囲では原子核の振動エネルギーは電子状態が規定するポテンシャルの中の、量子化されたエネルギーとして与えられる。そして、このように考えると系の総エネルギーは電子状態のエネルギーと振動（そして回転）エネルギーに分離できる。

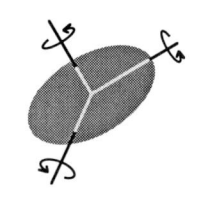

図 9.1 回転の自由度

　回転運動は空間的に固定された原子からなる構造体の回転である。この回転体の回転エネルギーも実は、量子化されている。そして、このように固定した物体の回転と考えることにより、近似的にだが、回転の固有状態を先の二つの固有状態と別個に扱うことができる。本書のテーマである対称性という観点からして、回転エネルギーのレベルに影響を及ぼすのはこの回転体の形である。つまり回転体のエネルギーレベルは、回転楕円体の三つの主軸方向の回転モーメントの大きさに支配される。いま、このモーメントを A, B, C と置けば、これらの大きさに応じて、分子の形は球対称こま（spherical top, $A=B=C$）、対称こま（symmetric top, $A=B \neq C$）、非対称こま（asymmetric top, $A \neq B \neq C$）の三つに大きく分類される。一例をあげると、CH_4（点群 T_d）、NH_3 や C_6H_6（C_{3v} や D_{6h}）、H_2O（C_{2v}）がそれぞれ三つの形に属する。対称こまの場合、さらに $A=B>C$（oblate）の場合と $A=B<C$（prolate）の場合にわけられる（また、二原子分子では主軸方向の回転モーメントがゼロなので線形回転体と呼ばれる）。

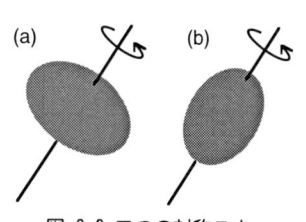

図 9.2 二つの対称こま

第9章 分子振動

これらの回転体は古典的には三つの方向を中心に回転できることになるが、我々が量子力学的な立場から観察可能なのは以前、述べたように互いに交換するオブザーバブルである。したがってこれら三つの方向のエネルギーを同時に観察するというわけにはいかない。詳細は省くが、回転体のエネルギーの固有状態は J, K, M ($J=0, 1, 2, ...; -J \leq K, M \leq J$) という三つの固有値で指定される。そしてこのような固有エネルギーはマイクロ波と呼ばれる、波長が 1mm から 1cm の電磁波帯（だいたい 10^{-4}〜10^{-5}eV）のスペクトルの中に観察される。このエネルギーのオーダーは振動エネルギーのそれに比べ、約3オーダーも小さい。したがって、振動による遷移が起こると、同時に必ず回転による遷移も起こる。よって、光の吸収や散乱スペクトルは、異なった振動モードに属する回転モード間の遷移を反映した細かな構造を有する（図9.3）。

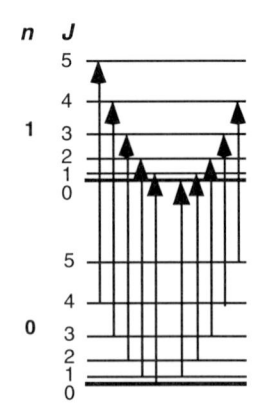

図 9.3 回転状態の存在による赤外線吸収スペクトルの微細構造

9.1.2 原子核の運動のハミルトニアン

さて我々は、ボルン–オッペンハイマー近似に従って、原子核が電子状態によって規定されたポテンシャルの中を動いているという場面から出発しよう。そのような原子核の集合体が満たしているハミルトニアンは次の形をしている。

$$H = -\sum \frac{\hbar^2}{2M_i}\nabla_i^2 + V \tag{9-1}$$

ここで M_i は i 番目の原子核の質量である。ここで簡単のため二原子分子を考える。するとポテンシャルは二原子間の距離 r のみの関数となる（質量も換算質量を用いることになる）。また、座標系としてどちらかの原子を中心として、球座標系を用いることが可能となる。このように r に依存する座標系を要求すると、空間の等方性に起因する本来的な性質として角運動量という量が導入されることは 6.1 節で述べたとおりである。

さて、先の電子の場合は $1/r$ に比例するクーロンポテンシャルを用いてエネルギー固有値を求めたわけであるが、原子間の運動の場合、平衡点を中心として原子が運動するのであるから、異なったポテンシャルを考えなくてはならない。それを解析的に表すには r_e を平衡距離として、次のような近似が用いられる。まず、最も簡単なものとしては

$$V(r) = \tfrac{1}{2}\alpha(r-r_e)^2 \tag{9-2}$$

という、いわゆるフックの法則（Hooke's law）に基づいた調和型ポテンシャル（harmonic potential）があげられる）。このポテンシャルは r_e に関して対称であり、実際の状況をよく表しているとは決していえない。そこで、もう少し実際のポテンシャルに近いものとして

$$V(r) = D\left\{1-e^{-\alpha(r-r_e)}\right\}^2 \tag{9-3}$$

というモースポテンシャル（Morse potential）が用いられる。

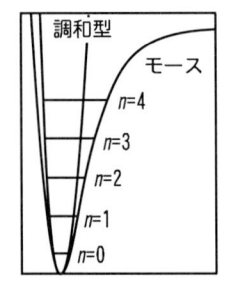

図 9.4 調和型ポテンシャルとモースポテンシャル

さて、ここでは調和振動子のモデルに立脚してハミルトニアンを書

き下し、回転運動の寄与を角運動量に依存する固有値という形でまとめてしまうと、r 方向に関して、次のようなハミルトニアンを得る：

$$H = -\frac{\hbar^2}{2\mu}\frac{1}{r^2}\frac{d}{dr}\left(r^2\frac{d}{dr}\right) + \frac{J(J+1)\hbar^2}{2\mu r^2} + \frac{1}{2}\alpha(r-r_e)^2 \quad (9\text{-}4)$$

このハミルトニアンに基づく、シュレディンガー方程式を解くことは量子力学の教科書に任せるとして、その結果得られるエネルギー固有値は次のようになる。

$$E_{n,J} = \left(n+\frac{1}{2}\right)\hbar\omega + \frac{J(J+1)\hbar^2}{2I} - \frac{\{J(J+1)\hbar^2\}^2}{2\omega^2 I^3} \quad (9\text{-}5)$$

ここで、$\omega = \sqrt{\alpha/\mu}$（角振動数）、$I=\mu r_e^2$（慣性モーメント）、$\mu$ は換算質量である。このようにエネルギーは量子化され n と J で規定される。このうち、第1項は調和振動子のエネルギーであり、第2項は回転体の回転エネルギーである。第3項は ω と I を含み、この二つの量がカップリングしていることを示している。

> ポテンシャルの形が変われば、当然、振動運動のエネルギー固有値も変わるだろう。たとえば、(9-5) において振動エネルギーは等間隔に与えられているが、実際には高いエネルギーになるほどその間隔が狭くなる。これは運動が平衡点から離れるにしたがって*非調和項*（anharmonic terms）の影響が大きくなるからだ。我々にとってより大切なことは (a) 振動エネルギーは離散化している、(b) 回転運動は空間の等方性から来ており（したがってポテンシャルが r のみに依存する限り、必ず存在する）そのエネルギーも離散化している、(c) これら二つのエネルギーは分子全体のハミルトニアンを解くことにより同時に得られ、また、弱くカップリングしている、という3点である。

<u>以上の制約を認めた上で、我々はこれから分子の振動に関して、主にフックの法則に基づいて現象を記述し、特に対称性に関する考察が分子の振動というこみいった問題をいかにすっきりさせるのか見ていきたい。</u>本書ではこれ以降、分子を構成する原子の大きさを無視する。したがって、原子の集合体を多数の質点系として扱う。また、これら質点間に作用する力もフックの法則に基づいたもの、すなわち変位の 2 乗に比例するものと仮定する。このような質点系の力学は古典問題として解け、いわゆる*基準モード*（normal mode）という単振動の集まりとして系の振動を表すことができる。この基準モードが分子の属する点群の既約表現により与えられることを強調したい。そして、個々のモードにおける振動を量子力学的に扱うことにより、分光学などにおける取扱いが可能になることを説明し、分子振動に関する説明を終える。

9.2　運動の自由度

まず、直線状の二原子分子を考えよう。それぞれの原子には x, y, z という三つの方向に運動の*自由度*（degree of freedom）がある。したがって、2個の原子からなる分子には計 6 個、n 個の原子からなる分子には $3n$ 個の自由度がある。このうち、特別な例として、すべての原子が同時に x 方向に同じだけ動いたとしよう。そのような運動は分子全体としての並進運動であるから、振動には寄与しない。結局、<u>並進運動に寄与する自由度がどの分子にも必ず三つある</u>ことになる。一方、

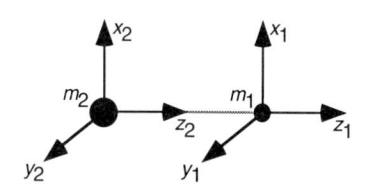

図 9.5 二原子分子の質量と座標

第9章 分子振動

図 9.6 で示すように回転運動に関係する自由度も存在する。二原子分子の場合、x 軸および y 軸の周りの回転運動が存在する。z 軸周りの回転運動が存在しないのはこの分子が直線状だからだ。要するに直線状の分子では回転の自由度が二つ、それ以外の形をしている分子には三つの回転の自由度がある。

そして、残ったそれぞれの原子の運動は複雑に組み合わさって「振動」となるわけだ。結局、全体としては一つの運動であるが、これを分解すると次の振動の自由度があることがわかる。

$$\text{普通の分子の振動の自由度は} \quad 3n-6 \tag{9-6a}$$
$$\text{直線状分子の振動の自由度は} \quad 3n-5 \tag{9-6b}$$

したがって、二原子分子の振動の自由度は 1 であり、これは延びたり縮んだりする運動だ。これを*伸縮モード* (stretching mode) と呼ぶ（図9.6(f)）。また、それぞれの原子の質量を m_1, m_2、変位を z_1, z_2 とすると、分子の重心は静止していると考えてよいから（重心の運動は並進運動としてすでに考慮されている）、

$$m_1 z_1 + m_2 z_2 = 0 \tag{9-7}$$

が成り立っている。つまり、二原子分子の持つ一見、ランダムな運動から振動だけを抽出すると、原子の運動は z 方向に限定され、この振動モードは図 9.6(f)の矢印で表した変位ベクトルで表現できる。

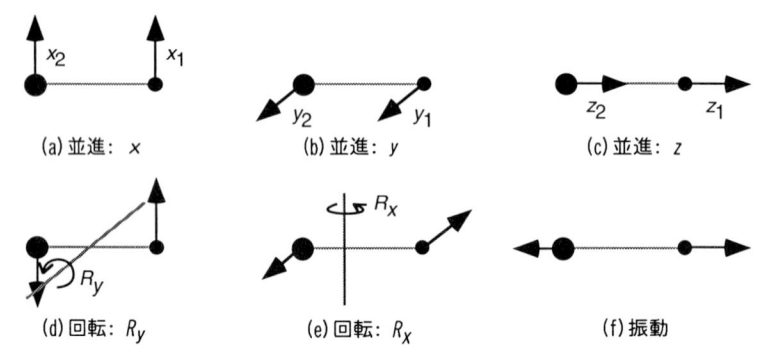

図 9.6 二原子分子の運動の分類

ここで、この変位ベクトルはこの分子の属する点群 $C_{\infty v}$ を構成するすべての対称操作（$E, C_{\infty}^{\phi}, \sigma_v$）に関して、その符号を変えないことに注意しよう。さらに原子 1 と 2 が同じ種類（$m_1=m_2$）であれば、二原子分子は点群 $D_{\infty h}$ に属し、その点群を構成するすべての対称操作（$E, C_{\infty}^{\phi}, S_{\infty}^{\phi}, C_2, \sigma_v, i, \sigma_h$）に関して、変位ベクトルはその符号を変えない。

9.3 質点系の運動方程式

引き続き単純な二原子分子の場合を考える。先の座標系におけるそれぞれの原子の z 方向の運動を考えよう。すなわち、分子の持つ対称性を考えて、x および y 方向の運動を考慮の対象から初めからはずす。一方、z 方向の二つの運動、並進と振動、に関してはこの時点で何の制約も設けていない（したがって、二つの運動は現在のところ分離されていない）。（この節と次節では古典力学の復習を行う。<u>対称性の議論とは少し離れるので最初は軽く目を通すだけでよい。</u>）

9.3 質点系の運動方程式

二原子分子の持つ運動エネルギーT とポテンシャルエネルギーU は力定数を α として、それぞれ次のように書ける。

$$T = \tfrac{1}{2}\left(m_1\dot{z}_1^2 + m_2\dot{z}_2^2\right)$$
$$U = \tfrac{1}{2}\alpha(z_1 - z_2)^2 \qquad (9\text{-}8)$$

解析力学の手法に従えば、ラグランジアン (Lagrangian)、$L\ (=T-U)$ を用いて、運動方程式は次のラグランジュ方程式（Lagrange equation）で与えられる（解析力学はちょっと、という人は運動方程式 (9-10) からスタートすれば十分）。

$$\frac{d}{dt}\frac{\partial L}{\partial \dot{q}_i} - \frac{\partial L}{\partial q_i} = 0 \qquad (9\text{-}9)$$

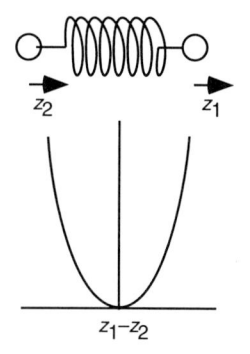

図 9.7 調和振動子による近似

これより、次の連立した*運動方程式*（equation of motion）が得られる。

$$m_1\ddot{z}_1^2 = -\alpha(z_1 - z_2)$$
$$m_2\ddot{z}_2^2 = -\alpha(z_2 - z_1) \qquad (9\text{-}10)$$

今から我々は、この運動方程式を解くことにより、z 方向の運動を並進運動と振動とに分離したい。そこでまず、$z_j\ (j=1, 2)$ を次のように置こう。

$$z_j = Z_j e^{i\omega t} \qquad (9\text{-}11)$$

したがって、(9-10) は次の連立方程式に書き換えられる。

$$-m_1\omega^2 Z_1 = -\alpha(Z_1 - Z_2)$$
$$-m_2\omega^2 Z_2 = -\alpha(Z_2 - Z_1) \qquad (9\text{-}12)$$

マトリックスの形に書くと次のようになる。

$$\begin{bmatrix} -m_1\omega^2 + \alpha & -\alpha \\ -\alpha & -m_2\omega^2 + \alpha \end{bmatrix}\begin{bmatrix} Z_1 \\ Z_2 \end{bmatrix} = \begin{bmatrix} 0 \\ 0 \end{bmatrix} \qquad (9\text{-}13)$$

これが $Z_j=0$ 以外の解を持つためには行列式がゼロでなくてはならないから、次式を要求する。

$$\begin{vmatrix} -m_1\omega^2 + \alpha & -\alpha \\ -\alpha & -m_2\omega^2 + \alpha \end{vmatrix} = 0 \qquad (9\text{-}14)$$

これが*特有方程式*（characteristic equation）であり、これから、次の解が得られる。

$$\omega_1^2 = 0, \quad \omega_2^2 = \frac{\alpha}{\mu} \qquad (9\text{-}15)$$

ここでμ は換算質量である。

$$\mu = \frac{m_1 m_2}{m_1 + m_2} \qquad (9\text{-}16)$$

このようにして求まった ω は系の固有振動数と呼ばれる。この固有振動数がどのような振動モードに対応しているかを見るために、それぞれの振動数に対応した二つの原子の z 方向の振幅、Z_1 と Z_2 を調べてみよう。得られた ω を (9-13) に代入すると、

(1) $\omega=0$ のとき：

$$Z_1 = Z_2 \qquad (9\text{-}17\text{a})$$

を得る。これを基底 $\{Z_1, Z_2\}$ により張られている固有空間におけるベクトル $|\omega=0\rangle$ で表せば、次のようになる（c は規格化定数）。

$$|\omega=0\rangle = c \begin{bmatrix} 1 \\ 1 \end{bmatrix} \tag{9-17b}$$

（2）$\omega = \sqrt{\alpha/\mu}$ のとき：

$$Z_1 = -(m_2/m_1)Z_2 \tag{9-18a}$$

あるいは次のベクトル表現が得られる。

$$\left|\omega = \sqrt{\alpha/\mu}\right\rangle = c \begin{bmatrix} m_1 \\ -m_2 \end{bmatrix} \tag{9-18b}$$

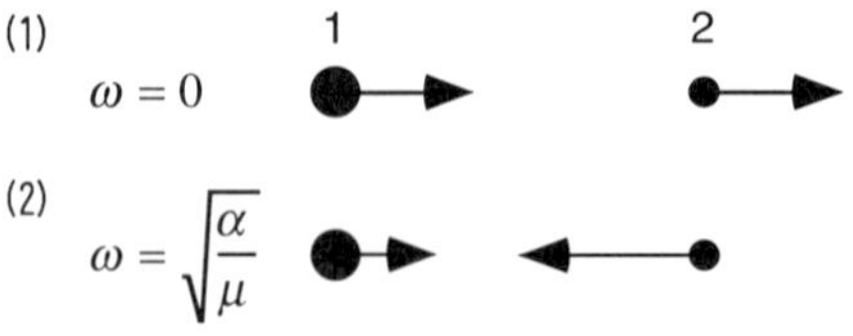

これらの解の物理的な意味もすぐにわかると思う。すなわち、（1）は単純な並進運動に対応している。一方、（2）は先に定性的な考察から得た伸縮モードの振動を表す（図9.8）。

(1) $\omega = 0$　　1　　2
(2) $\omega = \sqrt{\dfrac{\alpha}{\mu}}$

図 9.8 二つの固有振動モード

　さて、ここで我々の行ったことをもう一度、振り返ってみよう。本来、二原子分子の運動を記述するのに、二つの原子の x, y, z 座標からなる6元の運動方程式を組み立てるべきだったが、我々は伸縮運動を考えるには z 方向の成分のみ考えればよいという対称性に基づいた直感から z 方向の運動のみを考えた。その方程式には<u>二つの原子の変位のクロスタームがポテンシャルエネルギー</u>という形で入っていたので、2元の連立方程式を解くことにより、二つの解を見つけ、また、二つの運動のモードを得るに至った。

　ここまでの考え方は先の分子軌道法とよく似ている。二原子分子の電子状態を求めるときも、二つの原子の波動関数に重なりがあることによりクロスタームが生じ、我々はやはり連立方程式を解くことにより、二つの新たな固有状態を見つけた。数学的には、非対角項のあるハミルトニアンマトリックスを対角化することにより、新たな固有値および互いに直交する二つの固有ベクトルを見つけたことに相当する。対角化することにより、お互いに干渉のない方程式に分解してしまったのだ。さらに、この固有状態を表す軌道関数は分子の対称性からくる既約表現に従った。

　それでは、分子振動における固有状態とはなんだろう？ それを求めるには二つのステップを踏まなくてはならない。その<u>第一ステップが基準振動への分解</u>であり、<u>第二のステップが各基準モードにおける振動の波動関数による表現である</u>。前者は古典力学の、後者は量子力学の問題である。そこで、まず最初に基準振動モードを求めよう。その過程で x, y, z などという各原子の座標が**基準座標**（normal coordinate）q と呼ばれる座標に変換される。この q を用いると n 個の変数を持つ運動方程式は n 個の互いに独立な干渉のない単振動の運動方程式に分離される。

$$\ddot{q}_i + \omega_i^2 q_i = 0 \tag{9-19}$$

9.4　基準振動

　ここで基準振動を求める一般的な方法を説明する。<u>これは完全に古典力学の問題で、本コースの主題である対称性の話とは離れるので興味のない人は飛ばしてもらってもかまわない。</u>結論は各原子の x, y, z 方向の変位を変数とする多元の連立方程式は基準座標を用いれば、相互に独立な単振動の方程式（9-19）に分離されるということだ。また、基準モードへの分離だけならば、ここで述べる一般

な方法によらなくとも、前節まで述べた連立方程式を解き、固有ベクトルを求めることで達成される。

まず、前節において二原子分子の振動モードを求めるための連立方程式を（9-12）に示したが、これをマトリックスで表してみよう。

$$\omega^2 \begin{bmatrix} m_1 & 0 \\ 0 & m_2 \end{bmatrix} \begin{bmatrix} Z_1 \\ Z_2 \end{bmatrix} = \alpha \begin{bmatrix} 1 & -1 \\ -1 & 1 \end{bmatrix} \begin{bmatrix} Z_1 \\ Z_2 \end{bmatrix} \qquad (9\text{-}20)$$

左辺のマトリックスは対角化されているが、右辺のマトリックスにクロスタームがあるため、わざわざ行列式を解いて全体を対角化し、固有値ω、よって、二つの運動モードを求めなくてはならなかったのだ。そこで、少しでもマトリックスを勉強した人ならば、<u>左辺のマトリックスをそのままにして、なんとか右側のマトリックスを対角化したい</u>と思うだろう。そうすれば 2×2 の連立した運動方程式が二つの独立した運動方程式として扱えるからだ

この疑問は本質的なことで、我々の扱ってる問題は運動エネルギーの2次形式と位置エネルギーの2次形式を同時に対角化するという問題に帰結する。このことは先に（9-8）に表した運動エネルギー T とポテンシャルエネルギー U が次のようにして書けることにより確認できる。

$$T = \tfrac{1}{2}\left(m_1 \dot{z}_1^2 + m_2 \dot{z}_2^2\right) = \tfrac{1}{2} \begin{pmatrix} \dot{z}_1 & \dot{z}_2 \end{pmatrix} \begin{pmatrix} m_1 & 0 \\ 0 & m_2 \end{pmatrix} \begin{pmatrix} \dot{z}_1 \\ \dot{z}_2 \end{pmatrix}$$

$$U = \tfrac{1}{2}\alpha(z_1 - z_2)^2 = \tfrac{1}{2}\alpha\left(z_1^2 - 2z_1 z_2 + z_2^2\right) = \tfrac{1}{2} \begin{pmatrix} z_1 & z_2 \end{pmatrix} \alpha \begin{pmatrix} 1 & -1 \\ -1 & 1 \end{pmatrix} \begin{pmatrix} z_1 \\ z_2 \end{pmatrix} \qquad (9\text{-}21)$$

すなわち、（9-20）の左辺と右辺にでてきたマトリックスはそれぞれ運動エネルギーと位置エネルギーを与えるマトリックスそのものである。また、これらのマトリックスはもともと *2次形式* (quadratic form) であった式をマトリックスに変形しただけだから、必ず*対称行列* (symmetrical matrix) となる。

実は二つの対称行列は、一つの行列の固有値がすべて正であれば、同時に、一つを単位行列に、もう一つを対角行列に変形することが可能なのだ。これを*合同変換* (congruence transformation) という。話をすっきりさせるため、まず、(9-21)を次のように記号 $\tilde{M}$ と $\tilde{A}$ を用いて表し直す。

$$2T = \begin{pmatrix} \dot{z}_1 & \dot{z}_2 \end{pmatrix} \begin{pmatrix} m_1 & 0 \\ 0 & m_2 \end{pmatrix} \begin{pmatrix} \dot{z}_1 \\ \dot{z}_2 \end{pmatrix} = \langle \dot{z} | \tilde{M} | \dot{z} \rangle; \qquad \tilde{M} = \begin{pmatrix} m_1 & 0 \\ 0 & m_2 \end{pmatrix}$$

$$2U = \begin{pmatrix} z_1 & z_2 \end{pmatrix} \begin{pmatrix} \alpha & -\alpha \\ -\alpha & \alpha \end{pmatrix} \begin{pmatrix} z_1 \\ z_2 \end{pmatrix} = \langle z | \tilde{A} | z \rangle; \qquad \tilde{A} = \begin{pmatrix} \alpha & -\alpha \\ -\alpha & \alpha \end{pmatrix} \qquad (9\text{-}22)$$

ここでは単純な 2×2 マトリックスを例として用いているが、これからの議論は $\tilde{M}$ と $\tilde{A}$ の次元が3以上であっても当てはまる。以下、すべてのマトリックスは単位マトリックス $\tilde{I}$ を掛けても、もとのマトリックスのままであることを利用してこれらのマトリックスを変形していく。

- step1　まず、$\tilde{M}$ を単位マトリックスにすることを考える。このため次のマトリックスを準備する。

$$\tilde{N} = \begin{pmatrix} \sqrt{m_1}^{-1} & 0 \\ 0 & \sqrt{m_2}^{-1} \end{pmatrix} \qquad (9\text{-}23)$$

このマトリックスを $\tilde{M}$ の両側からかければ、$\tilde{M}$ は単位マトリックスとなり、また同時に、基底が変換される。すなわち、

第9章　分子振動

$$2T = \langle \dot{z}|\tilde{M}|\dot{z}\rangle = \langle \dot{z}|\tilde{I}\tilde{M}\tilde{I}|\dot{z}\rangle = \langle \dot{z}|\tilde{N}^{-1}\tilde{N}\,\tilde{M}\,\tilde{N}\tilde{N}^{-1}|\dot{z}\rangle = \left\{\langle \dot{z}|\tilde{N}^{-1}\right\}\tilde{I}\left\{\tilde{N}^{-1}|\dot{z}\rangle\right\} \quad (9\text{-}24)$$

さらに、我々は $\tilde{M}$ と $\tilde{A}$ を同時に変形しているのだから、この操作は $\tilde{A}$ に対しても同様に行わなくてはならない。よって、

$$2U = \langle z|\tilde{A}|z\rangle = \langle z|\tilde{I}\tilde{A}\tilde{I}|z\rangle = \langle z|\tilde{N}^{-1}\tilde{N}\,\tilde{A}\,\tilde{N}\tilde{N}^{-1}|z\rangle = \left\{\langle z|\tilde{N}^{-1}\right\}\tilde{\Omega}'\left\{\tilde{N}^{-1}|z\rangle\right\} \quad (9\text{-}25)$$

を得る。ここで次のように置いている。

$$\tilde{\Omega}' = \tilde{N}\,\tilde{A}\,\tilde{N} \quad (9\text{-}26)$$

・step2　次に上の操作で出てきた $\tilde{\Omega}'$ を対角化する。すなわち、$\tilde{\Omega}'$ の固有ベクトルからなるユニタリマトリックス、$\tilde{U}$ を用いると $\tilde{\Omega}'$ は次のように $\tilde{\Omega}$ と変形される。

$$2U = \left\{\langle z|\tilde{N}^{-1}\right\}\tilde{U}\tilde{U}^{-1}\tilde{\Omega}'\,\tilde{U}\tilde{U}^{-1}\left\{\tilde{N}^{-1}|z\rangle\right\} = \langle z|(\tilde{N}^{-1}\tilde{U})\,\tilde{\Omega}\,(\tilde{U}^{-1}\tilde{N}^{-1})|z\rangle \quad (9\text{-}27)$$

ここで、

$$\tilde{\Omega} = \tilde{U}^{-1}\tilde{\Omega}'\,\tilde{U} = \tilde{U}^{-1}\tilde{N}^{-1}\tilde{A}\tilde{N}^{-1}\,\tilde{U} \quad (9\text{-}28)$$

である。同様のことを $2T$ (9-24) に対しても行うが、$\tilde{U}\tilde{U}^{-1} = \tilde{I}$（単位マトリックス）だから、対角要素しか持たない $2T$ に変化はない。ただ、(9-24) における基底のみ $\tilde{U}$ により変換される。

また、$\tilde{U}$ は、$\tilde{\Omega}'$ を対角化するように求められたのだから、$\tilde{\Omega}$ は次の対角行列で表される。

$$\tilde{\Omega} = \begin{pmatrix} \omega_1^2 & & \\ & \omega_2^2 & \\ & & \ddots \end{pmatrix} \quad (9\text{-}29)$$

・step3　以上の操作によって変換された我々の基底を $|q\rangle$ と置こう。つまり、

$$|q\rangle = \tilde{U}^{-1}\tilde{N}^{-1}|z\rangle \quad (9\text{-}30)$$

そして、このようにして求めた基底に対して (9-22) は次のように表される。

$$2T = \langle \dot{z}|\tilde{M}|\dot{z}\rangle = \langle \dot{q}|\dot{q}\rangle = \begin{pmatrix} \dot{q}_1 & \dot{q}_2 \end{pmatrix}\begin{pmatrix} 1 & 0 \\ 0 & 1 \end{pmatrix}\begin{pmatrix} \dot{q}_1 \\ \dot{q}_1 \end{pmatrix}$$
$$2U = \langle z|\tilde{A}|z\rangle = \langle q|\tilde{\Omega}|q\rangle = \begin{pmatrix} q_1 & q_2 \end{pmatrix}\begin{pmatrix} \omega_1^2 & 0 \\ 0 & \omega_2^2 \end{pmatrix}\begin{pmatrix} q_1 \\ q_2 \end{pmatrix} \quad (9\text{-}31)$$

だいぶまどろっこしくなったが、要するに $\tilde{A}$ マトリックスに

$$\tilde{N} = \begin{pmatrix} 1/\sqrt{m_1} & & \\ & 1/\sqrt{m_2} & \\ & & \ddots \end{pmatrix} \quad (9\text{-}32)$$

を両側から掛けて（それが $\tilde{\Omega}'$）、それを対角化すれば、基準振動数 ω_i（の2乗）は求まるということだ。また、そのとき、用いたマトリックス $\tilde{N}$、そして $\tilde{U}$ によって、新たに変換された基底が基準座標 $|q\rangle$ というわけだ。

こうして対角化された T と U からラグランジアン、$L = T - U$ を用いて運動方程式を求めれば、クロスタームのない単振動の運動方程式が得られる。そして、このときの基底をなす q_i こそが i 番目の基準モードの基準座標である。したがって、改めて個々の運動方程式を解く必要はない。

例として、先の二原子分子の場合について基準座標を求めてみよう。まず、$\tilde{\Omega}'$は

$$\tilde{\Omega}' = \tilde{N}\tilde{A}\tilde{N} = \begin{pmatrix} 1/\sqrt{m_1} & 0 \\ 0 & 1/\sqrt{m_2} \end{pmatrix} \begin{pmatrix} \alpha & -\alpha \\ -\alpha & \alpha \end{pmatrix} \begin{pmatrix} 1/\sqrt{m_1} & 0 \\ 0 & 1/\sqrt{m_2} \end{pmatrix} = \begin{pmatrix} \alpha/m_1 & -\alpha/\sqrt{m_1 m_2} \\ -\alpha/\sqrt{m_1 m_2} & \alpha/m_2 \end{pmatrix} \quad (9\text{-}33)$$

であり、この$\tilde{\Omega}'$の固有値ω_i^2と固有ベクトル$u^{(i)}$ ($i=1, 2$)は通常の方法で次のように求まる。

$$\omega_1^2 = 0, \quad u^{(1)} = \frac{1}{\sqrt{m_1 + m_2}} \begin{pmatrix} \sqrt{m_1} \\ \sqrt{m_2} \end{pmatrix}; \quad \omega_2^2 = \alpha\left(\frac{1}{m_1} + \frac{1}{m_2}\right), \quad u^{(2)} = \frac{1}{\sqrt{m_1 + m_2}} \begin{pmatrix} -\sqrt{m_2} \\ \sqrt{m_1} \end{pmatrix} \quad (9\text{-}34\text{a})$$

すなわち、$\tilde{U}$と$\tilde{\Omega}$は

$$\tilde{U} = \begin{pmatrix} u^{(1)} & u^{(2)} \end{pmatrix} = \frac{1}{\sqrt{m_1 + m_2}} \begin{pmatrix} \sqrt{m_1} & -\sqrt{m_2} \\ \sqrt{m_2} & \sqrt{m_2} \end{pmatrix}; \quad \tilde{\Omega} = \begin{pmatrix} 0 & 0 \\ 0 & \alpha/\mu \end{pmatrix} \quad (9\text{-}34\text{b})$$

となる。これらを用いると基準座標は次のように与えられる。

$$|q\rangle = \begin{pmatrix} q_1 \\ q_2 \end{pmatrix} = \tilde{U}\tilde{N}^{-1}|z\rangle = \sqrt{\frac{m_1 m_2}{m_1 + m_2}} \begin{pmatrix} \frac{1}{\sqrt{m_1 m_2}}(m_1 z_1 + m_2 z_2) \\ (-z_1 + z_2) \end{pmatrix} \quad (9\text{-}35)$$

問題 9.1 直線状の三原子分子、CO_2を考える。

(i) この分子の並進、回転、振動の自由度はいくつか？ どのような振動モードがあるかスケッチしてみよ（これは意外と難しい。できなくてもよいから、自分で考えること）。

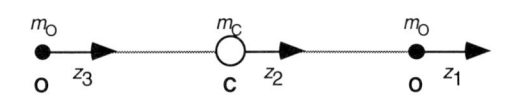

図 9.9 直線状三原子分子CO_2

(ii) 次に三つの原子のz方向の変位をそれぞれ、z_1, z_2, z_3と置くことにより、運動方程式が次の形になることを示せ。

$$\begin{aligned} m_O \ddot{z}_1 &= -\alpha(z_1 - z_2) \\ m_C \ddot{z}_2 &= -\alpha(-z_1 + 2z_2 - z_3) \\ m_O \ddot{z}_3 &= -\alpha(z_3 - z_2) \end{aligned} \quad (\text{a})$$

この方程式を直接解くことによりz方向の基準振動数と固有ベクトルが次の形になることを示せ。

$$\omega_1 = 0 \to |1\rangle = \begin{pmatrix} 1 \\ 1 \\ 1 \end{pmatrix}; \quad \omega_2 = \sqrt{\frac{\alpha}{m_O}} \to |2\rangle = \begin{pmatrix} 1 \\ 0 \\ -1 \end{pmatrix}; \quad \omega_3 = \sqrt{\frac{\alpha}{\mu}} \to |3\rangle = \begin{pmatrix} m_C \\ -2m_O \\ m_C \end{pmatrix} \quad \left(\mu = \frac{m_C m_O}{m_C + 2m_O}\right) \quad (\text{b})$$

ここで得られたそれぞれの固有ベクトルを図示せよ。それぞれ、どのような運動モードに対応するか？

(iii) 一方、$\tilde{M}$と$\tilde{A}$は次のように表されることを示せ。

$$\tilde{M} = \begin{pmatrix} m_O & & \\ & m_C & \\ & & m_O \end{pmatrix}; \quad \tilde{A} = \alpha\begin{pmatrix} 1 & -1 & 0 \\ -1 & 2 & -1 \\ 0 & -1 & 1 \end{pmatrix} \quad (\text{c})$$

これから$\tilde{N}$を求め、さらに、$\tilde{N}\tilde{A}\tilde{N}(=\tilde{\Omega}')$を対角化することにより(b)に示した基準振動数が求まることを確認せよ。一方、基準振動モードは次のようになる。

$$|q_1\rangle = \sqrt{\mu \frac{m_O}{m_C}} \begin{pmatrix} 1 \\ \frac{m_C}{m_O} \\ 1 \end{pmatrix}; \quad |q_2\rangle = \sqrt{\frac{m_O}{2}} \begin{pmatrix} 1 \\ 0 \\ -1 \end{pmatrix}; \quad |q_3\rangle = \sqrt{\frac{\mu}{2}} \begin{pmatrix} 1 \\ -2 \\ 1 \end{pmatrix} \quad (\text{d})$$

(iv) 原子の横方向の変位のうち一方向の成分、たとえばx方向の成分をx_1, x_2, x_3と置けば、力定数は異なるが運動方程式の形は(a)で表されるだろう。この仮定に従えば、x方向の変位もやはり固有ベクトル(b)で表される。これを図示せよ。それぞれ、どのような運動モードに対応するか？

9.5 基準振動の既約表現

問題 9.1 で CO_2 に関して得られた振動モードを図示してみよう（図 9.10）。このうち、上の二つが*伸縮モード*（stretching mode）である。これを見ると最初のモードの変位ベクトルの符号は反転操作によって変化しないが、2 番目の伸縮モードでは符号が逆転することがわかるだろう。一方、主軸を含む鏡映面 σ_v に関しては両者とも符号の変化はない。したがって、この二つのモードは CO_2 の属する点群 $D_{\infty h}$ の既約表現 σ_g^+ と σ_u^+ にそれぞれ属する。一方、主軸に直交する x および y 方向の二つの曲げモードは C_∞ 軸に関する回転により完全に重なるから、縮退している。また、反転操作をほどこすと、変位ベクトルの向きが変わるのでパリティは ungerade、よって、既約表現は π_u である。このように、それぞれの基準モードは分子の属する点群の既約表現に従う。そして、これから、各モードの既約表現を求めることが大切になる。たとえば、電磁波の吸収スペクトルから分子の構造や原子間の力定数 α を求めるときなどである。

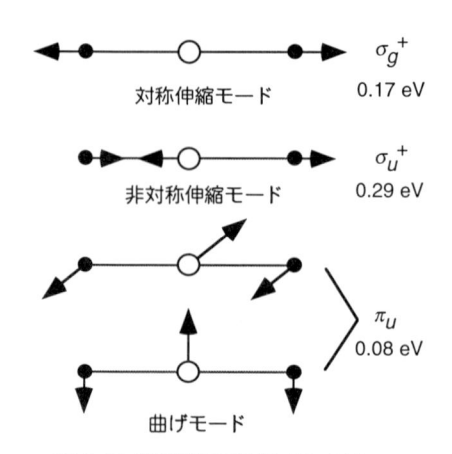

図 9.10 直線状三原子分子 AB_2 の三つの基準振動モードと既約表現

ところが、ある分子が与えられたとき、その分子の基準モードを求めるのに、いちいち運動方程式を解かなくてはならないというのは大変である。原理的には、今まで見てきたように n 個の原子からなる分子には $3n$ の自由度があり、それぞれの原子の座標、x_i, y_i, z_i ($i = 1, 2, ..., n$) に対して存在する $3n$ 個からなる連立方程式を解けば、運動を分解できる。あるいは、先に示したように $3n$ 次元マトリックスを対角化し、基準座標 q_i を一気に求めることも可能である。

しかし、実際にはわずか 2 個の原子からなる分子でも 6 個の変数があり、仮に z 方向の方程式に限定した場合でもマトリックスの対角化は煩雑な作業となる。しかし一方で、基準座標はわからなくとも、与えられた分子の振動モードがどの既約表現に属するかを知るだけでも、かなりの助けになる。たとえば、基準モードの既約表現がわかれば、変位ベクトルのおおよその形を推測できる。また、電磁波との相互作用に関しても可能な遷移の見通しをつけられる。そこで、以下、分子の属する点群を知った上で、キャラクター表を用いて各振動モードの既約表現を求める方法を学びたい。

再度 CO_2 を例にとって考えよう。この分子の構造は直線型の B-A-B、属する点群は $D_{\infty h}$ である。この点群を構成する対称要素は点群 $C_{\infty v}$ に存在する E, C_∞, σ_v に反転操作を掛け合わせたものから

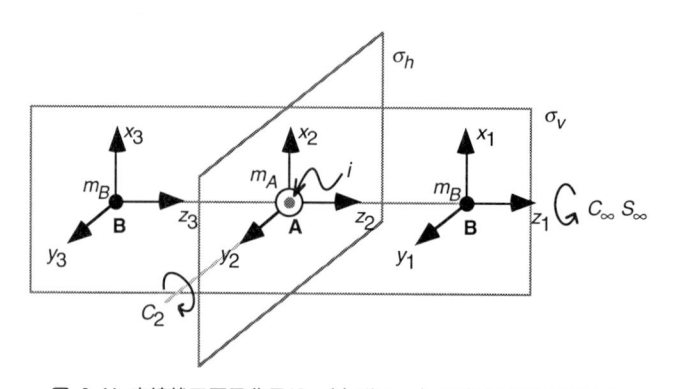

図 9.11 直線状三原子分子 AB_2（点群 $D_{\infty h}$）に存在する対称操作

なる（図 9.11、表 8.1 も参照）。そこで、これらの操作によりこの分子に属する9個の変位がどのように変換されるかを調べ、それを既約表現に分解しよう。言い換えると、これらの対称要素を9個の変位を基底とする 9×9 の変換マトリックスで表し、既約化するのだ。我々は、とりあえずこの 9×9 の可約表現を Γ_{total} という記号で表そう。

たとえば、反転操作により、(x_1, y_1, z_1) は $(-x_3, -y_3, -z_3)$ のように変換されるから、i のマトリックス表現は次のようになる。

$$i \begin{pmatrix} x_1 \\ y_1 \\ z_1 \\ x_2 \\ y_2 \\ z_2 \\ x_3 \\ y_3 \\ z_3 \end{pmatrix} = \begin{pmatrix} 0 & 0 & 0 & 0 & 0 & 0 & -1 & 0 & 0 \\ 0 & 0 & 0 & 0 & 0 & 0 & 0 & -1 & 0 \\ 0 & 0 & 0 & 0 & 0 & 0 & 0 & 0 & -1 \\ 0 & 0 & 0 & -1 & 0 & 0 & 0 & 0 & 0 \\ 0 & 0 & 0 & 0 & -1 & 0 & 0 & 0 & 0 \\ 0 & 0 & 0 & 0 & 0 & -1 & 0 & 0 & 0 \\ -1 & 0 & 0 & 0 & 0 & 0 & 0 & 0 & 0 \\ 0 & -1 & 0 & 0 & 0 & 0 & 0 & 0 & 0 \\ 0 & 0 & -1 & 0 & 0 & 0 & 0 & 0 & 0 \end{pmatrix} \begin{pmatrix} x_1 \\ y_1 \\ z_1 \\ x_2 \\ y_2 \\ z_2 \\ x_3 \\ y_3 \\ z_3 \end{pmatrix} = \begin{pmatrix} -x_3 \\ -y_3 \\ -z_3 \\ -x_2 \\ -y_2 \\ -z_2 \\ -x_1 \\ -y_1 \\ -z_1 \end{pmatrix} \quad (9\text{-}36)$$

したがって、反転操作のキャラクターは

$$\chi(i) = -3 \quad (9\text{-}37)$$

となる。一方、主軸の周りの回転 ϕ という操作 C_∞^ϕ は、我々の基底に対し、

$$\begin{pmatrix} x_1 \cos\phi - y_1 \sin\phi \\ x_1 \sin\phi + y_1 \cos\phi \\ z_1 \\ x_2 \cos\phi - y_2 \sin\phi \\ x_2 \sin\phi + y_2 \cos\phi \\ z_2 \\ x_3 \cos\phi - y_3 \sin\phi \\ x_3 \sin\phi + y_3 \cos\phi \\ z_3 \end{pmatrix} = \begin{pmatrix} \cos\phi & -\sin\phi & 0 & 0 & 0 & 0 & 0 & 0 & 0 \\ \sin\phi & \cos\phi & 0 & 0 & 0 & 0 & 0 & 0 & 0 \\ 0 & 0 & 1 & 0 & 0 & 0 & 0 & 0 & 0 \\ 0 & 0 & 0 & \cos\phi & -\sin\phi & 0 & 0 & 0 & 0 \\ 0 & 0 & 0 & \sin\phi & \cos\phi & 0 & 0 & 0 & 0 \\ 0 & 0 & 0 & 0 & 0 & 1 & 0 & 0 & 0 \\ 0 & 0 & 0 & 0 & 0 & 0 & \cos\phi & -\sin\phi & 0 \\ 0 & 0 & 0 & 0 & 0 & 0 & \sin\phi & \cos\phi & 0 \\ 0 & 0 & 0 & 0 & 0 & 0 & 0 & 0 & 1 \end{pmatrix} \begin{pmatrix} x_1 \\ y_1 \\ z_1 \\ x_2 \\ y_2 \\ z_2 \\ x_3 \\ y_3 \\ z_3 \end{pmatrix} \quad (9\text{-}38)$$

と表されるから、キャラクターは次のようになる。

$$\chi(C_\infty^\phi) = 3 + 6\cos\phi \quad (9\text{-}39)$$

同様に他の対称要素のキャラクターも次のように求めることができる。

$$\chi(E) = 9, \quad \chi(\sigma_v) = 3, \quad \chi(S_\infty^\phi) = -1 + 2\cos\phi, \quad \chi(C_2) = -1 \quad (9\text{-}40)$$

問題 9.2 上の四つのキャラクターを確認せよ。

こうしてキャラクターが求まったならば、次のステップはこの表現 Γ_{total} をキャラクター表に従って既約表現に分解することだ。

第9章 分子振動

表9.1 $D_{\infty h}$のキャラクター表と三原子分子AB_2の振動モードの既約表現の導出

$D_{\infty h}$	E	$2C_\infty^\phi$	σ_v	i	$2S_\infty^\phi$	C_2	
Σ_g^+	1	1	1	1	1	1	
Σ_g^-	1	1	−1	1	1	−1	R_z
Π_g	2	$2\cos\phi$	0	2	$-2\cos\phi$	0	(R_x, R_y)
Σ_u^+	1	1	1	−1	−1	−1	z
Σ_u^-	1	1	−1	−1	−1	1	
Π_u	2	$2\cos\phi$	0	−2	$2\cos\phi$	0	(x, y)
Γ_{total}	9	$3+6\cos\phi$	3	−3	$-1+2\cos\phi$	−1	
Γ_{TRANS}	3	$1+2\cos\phi$	1	−3	$-1+2\cos\phi$	−1	$z; (x, y)$
Γ_{ROT}	2	$2\cos\phi$	0	2	$-2\cos\phi$	0	(R_x, R_y)
Γ_{VIB}	4	$2+2\cos\phi$	2	−2	$2\cos\phi$	0	$=\Sigma_g^+ +\Sigma_u^+ +\Pi_u$

この表の中ほどに我々が求めた Γ_{total} を示した。この表現を既約化するのに、以前やったように公式（4-35）を使ってももちろんかまわないが、ここではすでに我々が把握している情報を使って、目測で既約化できる。最初に注意したいのは Γ_{total} は三原子分子の有する 9 個の自由度から得られた表現であるから、この中には、三つは並進操作に対応する表現 Γ_{TRANS} と二つの回転操作に対応する表現 Γ_{ROT}が含まれているということだ。それぞれの操作の基底となるのはz, x, y, R_x, R_yという関数であり、表の右側に示されている。そこでこれらの、振動に関係ない操作のキャラクターをあらかじめまとめておけば、はなはだ便利である。それが表中の Γ_{TRANS} と Γ_{ROT} という欄に示されている。我々が求めている振動に関する表現 Γ_{VIB} のキャラクターは Γ_{total} のキャラクターからこの二つの操作のキャラクターを差し引いたものである。

$$\Gamma_{VIB} = \Gamma_{total} - \Gamma_{TRANS} - \Gamma_{ROT} \tag{9-41}$$

このようにして Γ_{VIB} のキャラクターだけを求めてしまえば、あとは先に学んだ方法を用いてΓ_{VIB} を既約化でき、

$$\Gamma_{VIB} = \Sigma_g^+ + \Sigma_u^+ + \Pi_u \tag{9-42}$$

を得る（確かめよ）。この結果は、先に特有方程式を解いて得た変位ベクトルを図示することによって得られた、それぞれの振動モードの対称性と一致している（図 9.10）。言い換えると、このように最初に Γ_{VIB} の既約表現を求めてしまえば、変位ベクトルを考える際、だいぶ楽になる。

キャラクター表を用いることでだいぶ見通しがよくなったが、これで満足してはいけない。第一、たった三つの原子に対してさえ 9×9 のマトリックスが必要だとすると CH_4 や SF_6 などという比較的簡単な分子でさえ、15×15 とか 21×21 という大きなマトリックスが必要となる。そして、そのうちほとんどの行列要素はゼロであり、ごくわずかの要素のみが +/−1 あるいは $\cos\phi$といった値を持つのみなのだ。何かよい方法はないだろうか？

CO_2 の場合のマトリックス（9-36）や（9-38）を見ればわかるが、対角要素がゼロでない値を持つのは対称操作により原子が移動しない場合のみである。したがって、変位ベクトルの符号の変化を考えるまでもなく、キャラクターを求めるだけなら、対称操作によって原子が置き換わる場合は、初め

から考慮に入れる必要がない。さらに、我々が注目しているのは原子を取り囲む x^2 とか yz とかという複雑な関数ではなく、x, y, z という1次の基底関数で表される変位ベクトルのみである。したがって、置き換わらない原子の x, y, z という三つの関数に対応するキャラクターさえわかればよい。

ここに述べた考察から、任意の分子のすべての変位ベクトルを基底とする群の表現 Γ_{total} のキャラクターを求めるために必要十分な、次の一般的方法が導かれる。

(1) 分子が属する点群の対称操作 R により動かない原子の数 n_R を、それぞれの対称操作 R について求める。
(2) その点群で x, y, z という基底関数が属する既約表現のキャラクターをそれぞれの R について足し合わせ、$\chi_{xyz}(R)$ とする(このような x, y, z について足し合わされた表現は Γ_{TRANS} に等しいが、ここではこれを Γ_{xyz} と呼ぶ)。
(3) Γ_{total} のそれぞれの R についてのキャラクターは $n_R\chi_{xyz}(R)$ で与えられる。

ここに書いたことを H_2O を例にとって示そう。この分子が属する点群は C_{2v} である(図9.12)。ここでは z 軸を C_2 と平行にとった。

- step1 まず、C_{2v} に属する対称操作のうち、E と $\sigma_v(zy)$ は三つの原子を不変に保つ。一方、C_2 と $\sigma_v(zx)$ により動かないのは中央の O 原子のみである。よって n_R が表9.2に示したように求まる。
- step2 次に Γ_{xyz} の欄に x, y, z が属する既約表現、A_1, B_1, B_2 のキャラクターを足し合わせて書き入れる。
- step3 あとは、Γ_{xyz} の列と n_R の列とを掛け合わせると、Γ_{total} が求まる。
- step4 最後に Γ_{total} から並進($\Gamma_{\text{TRANS}}=\Gamma_{xyz}$)と回転 ($\Gamma_{\text{ROT}}$)によるキャラクターを差し引き、残った表現を既約表現に分解すれば Γ_{VIB} が求まる。

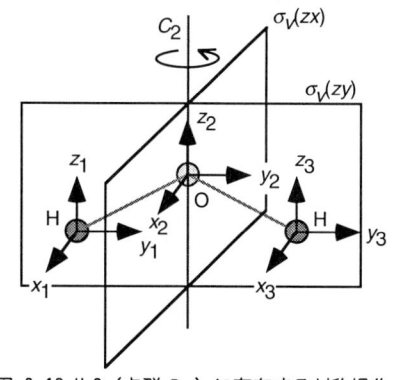

図 9.12 H_2O(点群 C_{2v})に存在する対称操作

以上を行い、C_{2v} のキャラクター表の下にまとめると、次のようになる。

表9.2 C_{2v} のキャラクター表と水分子の振動モードの既約表現の導出

	C_{2v}	E	C_2	$\sigma_v(zx)$	$\sigma_v(zy)$	
	A_1	1	1	1	1	z
	A_2	1	1	-1	-1	R_z
	B_1	1	-1	1	-1	x, R_y
	B_2	1	-1	-1	1	y, R_x
(1)	n_R	3	1	1	3	
(2)	Γ_{xyz}	3	-1	1	1	
(3)	Γ_{total}	9	-1	1	3	
	Γ_{ROT}	3	-1	-1	-1	
	Γ_{VIB}	3	1	1	3	$2A_1+B_2$

すなわち、H_2O 分子の振動の基準モードに関して、次の既約表現を得る:

$$\Gamma_{\text{VIB}}= 2A_1+B_2 \tag{9-43}$$

実際の H_2O 分子の振動の基準モードを図 9.13 に示す。このようにそれぞれのモードの対称性は我々の簡単な考察から求めたものと合致している。

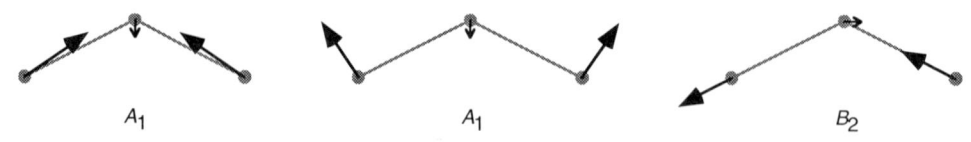

図 9.13 H_2O （点群 C_{2v}）の基準振動モードと既約表現

問題 9.3 CO_3^- や BCl_3（点群 D_{3h}）の基準モードの既約表現を求めよ。

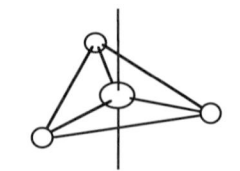

図 9.14 平面状四原子分子（点群 D_{3h}）

表9.3 D_{3h} のキャラクター表

D_{3h}	E	$2C_3$	$3C_2$	σ_h	$2S_3$	$3\sigma_v$		
A_1'	1	1	1	1	1	1		x^2+y^2, z^2
A_2'	1	1	-1	1	1	-1	R_z	
E'	2	-1	0	2	-1	0	(x, y)	(x^2-y^2, xy)
A_1''	1	1	1	-1	-1	-1		
A_2''	1	1	-1	-1	-1	1	z	
E''	2	-1	0	-2	1	0	(R_x, R_y)	(xz, yz)

このように対称性に基づいた方法による振動モードの既約表現への分解は我々に簡便な方法を与えてくれるが、一方で具体的にどのような変位ベクトルが存在するのか、ということに関してはそれほど強力というわけでもない。対称性を満たすだけなら、いくらでもそのようなベクトルを描けるからである。たとえば、図 9.15(a)で示した両端の原子についている対称な5個の変位ベクトルはすべて A_1 に従う。あと必要なことは、中心の原子の上下方向の変位ベクトルを分子全体の運動量がゼロであるという条件から求めるだけだ。さらに B-A-B という曲がった分子には A_1 という既約表現が二つ求まったが、この二つが x, y, z 座標系で直交しているという保証はまったくない。互いに独立なのは、あくまでも基準座標であるからだ。

一方、B_2 モードを対称性という観点からのみ見てみると、図 9.15(b)が描ける。この場合も、変位ベクトルは紙面内にあり、また、それらは両端の原子を主軸に沿ってぐるっと180度回転したあと各ベクトルの符号を逆転させたものである。したがって、中央の原子の変位は図のように水平面内にしか存在できないこともわかる。

きちんと変位ベクトルを求めるためには 9.3 あるいは 9.4 節に示した方法で変位ベクトルを求める必要があるのだ。本節で示した対称性のみに基づいた方法には、このような限界もあるが、存在する基準モードの既約表現という最も基本的な情報を簡便に与えてくれるという意味で重要なのである。

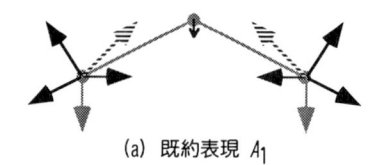

(a) 既約表現 A_1

(b) 既約表現 B_2

図 9.15 H_2O（点群 C_{2v}）の変位ベクトルの例

9.6　座標系の選択： 対称座標系

ここまでは H_2O 分子のように曲がった分子の場合であっても、各原子の変位ベクトルは空間に固定した同一方向の x, y, z 座標系を用いて表してきた（図 9.12）。一方、分子軌道法で水素原子の軌道を考えたときは二つの水素原子の座標はそれぞれの結合の方向に沿ってとった（図 8.31）。これでは、その場の都合に応じて勝手に座標系を選ぶこととなり、厳密性に欠けるとは言えないだろうか？

実は座標系の選択には自由度がある。H_2O 分子の自由度が全部で9個であったことを思い起こそう。このことは9個の独立の変数を用いれば H_2O 分子の運動を記述できることを意味している。そのためには、3個の原子のそれぞれの x, y, z 座標を用いてもよいが、それ以外の座標系を選んでもかまわない。たとえば、並進と回転の自由度がそれぞれ3であったから、まず、それらの自由度に関する分子全体の変数をたとえば図 9.16(a), (b) のように選んでしまおう。そして、残された3個の自由度でもって分子の相対位置に関する状態を記述できればいい。たとえば、二つの H 原子と O 原子の間の距離 r、あるいは自由度としては r の変位 Δr_1 と Δr_2 だけでもいい、それにこの二つの変位間の角度 α、もしくはその変位 $\Delta \alpha$ を座標として選べば、すべての原子の位置を一意に表せる。

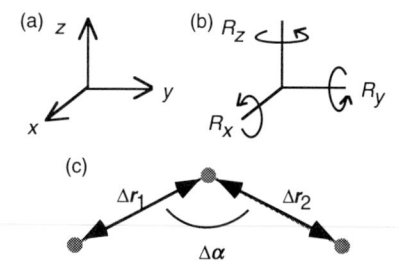

図 9.16 並進・回転・振動が分離された座標系

一般に、上述のような並進運動と回転運動を最初から除去して選んだ座標系のことを<u>内部座標（internal coordinates）</u>という。ランダムに選んだ内部座標系は分子の対称性にかなっているとは必ずしもいえないが、物理的な考察から得た、分子の対称性を満たす座標系のことを*対称座標*(symmetry coordinates) という。これは射影演算子（4.9節）を用いて、機械的につくることもできる。

さて、上図の $\Delta r_1, \Delta r_2$、そして $\Delta \alpha$ という座標が H_2O 分子の持つ点群 C_{2v} に属する対称操作によって、どのように振る舞うか考えてみよう（図 9.12 参照）。まず、Δr_1 と Δr_2 は E と $\sigma_v(zy)$ に対して不変であるが、C_2 と $\sigma_v(zx)$ という操作に関しては入れ替わる。このことから、この二つの変位は組んで基底として振る舞い、また、キャラクターは最初の二つの操作に対して2，あとの操作に対して0であることがわかる（紙に書いて確かめよ）。一方、$\Delta \alpha$ という座標はすべての操作に対して自分自身に投影され、また、符号がマイナスになるということはない。したがって、すべての操作に関してキャラクターは1である。

以上の結果と C_{2v} のキャラクター表を用いてこれらの変位を既約表現に分解すると、$\Delta r_1, \Delta r_2$ は一緒になって A_1 と B_2 という既約表現に、$\Delta \alpha$ は単独で A_1 という既約表現に従うことがわかる(表 9.4)。これは、それぞれ対称伸縮モード、非対称伸縮モード、そして曲げモードに対応する。

表9.4　C_{2v} のキャラクター表と内部座標に基づいた、水分子の振動モードの既約表現の導出

C_{2v}	E	C_2	$\sigma_v(zx)$	$\sigma_v(zy)$			
A_1	1	1	1	1		z	x^2, y^2, z^2
A_2	1	1	−1	−1		R_z	xy
B_1	1	−1	1	−1		x, R_y	xz
B_2	1	−1	−1	1		y, R_x	yz
$\Delta r_1 + \Delta r_2$	2	0	0	2	$= A_1 + B_2$		
$\Delta \alpha$	1	1	1	1	$= A_1$		

第9章 分子振動

この方法の利点は分子の運動の既約表現をすべて求めなくともよいことにある。並進モードに関する情報は必要ないし、さらに、エネルギー的には通常、曲げモードより伸縮モードのほうが大きいなどの理由から、まず伸縮モードの既約表現を求めたいという状況が生じることがある。その場合、いちいち、各原子の x, y, z 座標系に基づいた変換マトリックスのキャラクターを求めて既約表現に分解するのではなしに、最初から分子構造の示唆する伸縮モードを表す変位ベクトルのみに着目し、どのように変換するかを調べた方が手っ取り早い。このように伸縮モードのみに着目した解析を*伸縮モード解析*（stretching analysis）という。ただし、このようにして選んだ対称座標系の変位は、先にも述べたように、基準座標および既約表現という観点からはこれらと一対一の関係にあるが、変位ベクトルの方向や大きさという点からすると定性的なものであり、実際の変位ベクトルは運動方程式を解くことによって得られる。

問題 9.4 CO_2 分子の伸縮モードがどのような既約表現に属するか求めよ（まず、下の表をうめ、次に $D_{\infty h}$ のキャラクター表（表9.1）を用い、既約表現に分解せよ）。

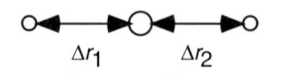

図 9.17 伸縮モードの基底：Δr_1, Δr_2

表 9.5　CO_2 分子の伸縮モード解析

$D_{\infty h}$	E	C_{∞}^{ϕ}	σ_v	i	S_{∞}^{ϕ}	C_2	
$\Delta r_1 + \Delta r_2$							

問題 9.5 SF_6 分子の S-F 原子間の距離を基底関数ととり、これらの六つの基底がどのような既約表現に従うか求めよ（付録 E のキャラクター表を用いて 6 個の Δr を基底とする表現を既約化せよ）。

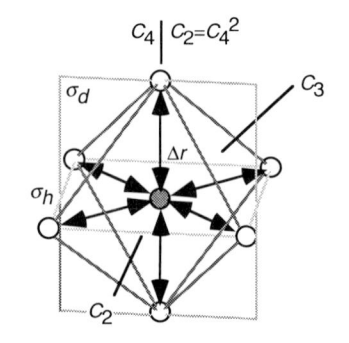

図 9.18 SF_6 に存在する対称操作

9.7 射影演算子を用いた振動モードの図示

ここまでの知見を一口で表すと、「分子の属する点群さえわかっていれば、キャラクター表を用いることにより、振動モードの既約表現はたやすく得られる」ということになる。一方、実際の変位ベクトルは運動方程式を解かなくては求まらない。しかし折角、既約表現までわかっているなら、それを用いて、もう少し簡単に変位ベクトルの様子を定性的にでも示す手段はないのだろうか？　そこで、この節では分子の対称要素と振動の既約表現から、対称座標を機械的に求める方法を紹介する。

まず、4.9節で触れた射影演算子（projection operator）P_i から出発する。

$$P_i \propto \sum_R \chi_i^*(R) R \tag{4-43}$$

ここで、i は考えている点群の中の任意の既約表現 R は対称操作そのものである。で、今、この

9.7 射影演算子を用いた振動モードの表示

R により変換しようとしているのは任意の関数である。すなわち、P_i は任意の関数に作用する演算子であり、対称操作 R にわたって和をとることにより、既約表現に従う一連の関数や変位ベクトルを自動的に生み出す。

さっそく H_2O 分子が属する点群 C_{2v} を例にとって射影演算子をあらわな形で書いてみよう。まず、P_i を構成する対称操作 R は図 9.12 を参考に次のように表される。

$$P_i = \chi_i(E)E + \chi_i(C_2)C_2 + \chi_i(\sigma_v(zx))\sigma_v(zx) + \chi_i(\sigma_v(zy))\sigma_v(zy) \tag{9-44}$$

ここで、我々は H_2O 分子の振動の基準モードが $2A_1+B_2$ と表されることを、すでに知っているというところから出発する。A_1 と B_2 に関してそれぞれの対称操作のキャラクターを表から得ると、個々の表現に対応する射影演算子は次のように表される（ついでに A_2 のものも示した）。

$$\begin{aligned}
P_{A_1} &= 1\cdot E + 1\cdot C_2 + 1\cdot \sigma_v(zx) + 1\cdot \sigma_v(zy) \\
&= E + C_2 + \sigma_v(zx) + \sigma_v(zy) \\
P_{B_2} &= 1\cdot E + (-1)\cdot C_2 + (-1)\cdot \sigma_v(zx) + 1\cdot \sigma_v(zy) \\
&= E - C_2 - \sigma_v(zx) + \sigma_v(zy) \\
P_{A_2} &= 1\cdot E + 1\cdot C_2 + (-1)\cdot \sigma_v(zx) + (-1)\cdot \sigma_v(zy) \\
&= E + C_2 - \sigma_v(zx) - \sigma_v(zy)
\end{aligned} \tag{9-45}$$

このように、それぞれの対称操作を任意の関数にほどこし、さらにその符号をキャラクターに応じて変え、そして、それらを足しあわせることによって新しい関数を生み出すのが、射影演算子の作用である。

初めに、作用される関数として H_2O 分子に存在するであろう（この時点ではわからない）H-O 結合の一つの伸縮を表す Δr を選んでみよう（図 9.19(a)）。射影演算子 P_i は Δr に基づく伸縮モードが既約表現 i に存在すれば、それに応じた対称座標を与えるが、そうでない場合、ゼロを与える。すなわち、各既約表現から得られた射影演算子を Δr に作用させると次のようになる。

$$\begin{aligned}
P_{A_1}\Delta r &= E\Delta r + C_2\Delta r + \sigma_v(zx)\Delta r + \sigma_v(zy)\Delta r \\
P_{B_2}\Delta r &= E\Delta r - C_2\Delta r - \sigma_v(zx)\Delta r + \sigma_v(zy)\Delta r
\end{aligned} \tag{9-46}$$

これを図示すると、それぞれの射影演算子の効果がよくわかる。まず A_1 という既約表現では $E, \sigma_v(zy)$ という操作によって Δr は動かないが、C_2 および $\sigma_v(zx)$ という操作により、もう一つの H-O 結合に射影（project）される。そして、これらのベクトルを足しあわせると、図 9.19(a)の右に示したような*対称伸縮モード*（symmetric stretching mode）が得られる。

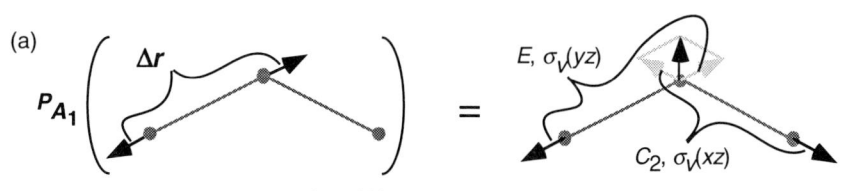

図 9.19 射影演算子の効果 (a)（伸縮モード）

一方、P_{B_2} を $\Delta \bar{r}$ に作用させると、C_2 および $\sigma_v(xz)$ より投射されたベクトルの符号が変わるので、図 9.19(b)のようにだいぶ様子が異なった変位ベクトルが得られる。これが先に求めた*非対称伸縮モード*（asymmetric stretching）である。

第9章 分子振動

さらに、図 9.19(c)のように P_{A_2} を $\Delta \vec{r}$ に作用させるとすべてのベクトルが相殺して、ゼロという結果が得られる。つまり、Δr を基底とする A_2 という振動モードは存在しないという結果が自動的に得られたわけだ。このように、既約化などのプロセスをとっていなくとも、基底 Δr に点群 C_{2v} に属する射影演算子を機械的に作用させるだけで、存在するモードが自動的に導かれたということになる。

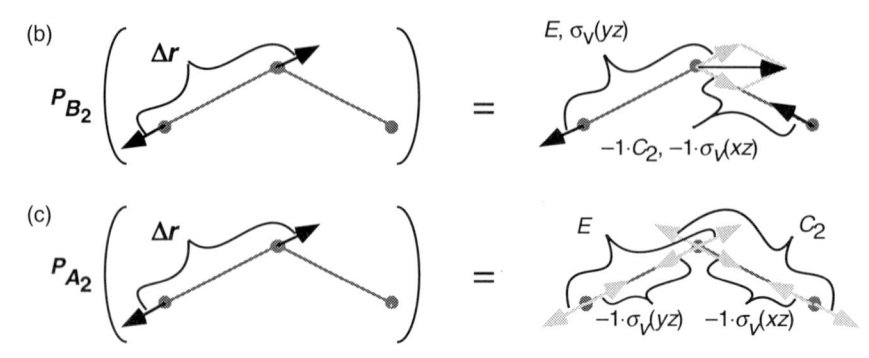

図 9.19 射影演算子の効果 (b)(c)（伸縮モード）

また、H_2O 分子のもう一つの振動モードとして、曲げモードがあることは先に述べた。この曲げモードの既約表現を求めるために、H_2O 分子に存在する曲げベクトル $\Delta \theta$ に対して P_{A_1} および P_{B_2} を作用させてみよう。

まず、P_{A_1} について考えると、どのような操作をほどこしても曲げベクトル $\Delta \theta$ は不変であることがわかる。つまり、$\Delta \theta$ は有限の値をとり、A_1 として振る舞う（図9.19(d)）。

次に、P_{B_2} を作用させると、図 9.19(e)に示すように、C_2 と $\sigma_v(zx)$ という操作をしたあとで $\Delta \theta$ の符号が変わり、これらを足しあわせるとゼロとなる。すなわち、このような曲げモードは存在しない。

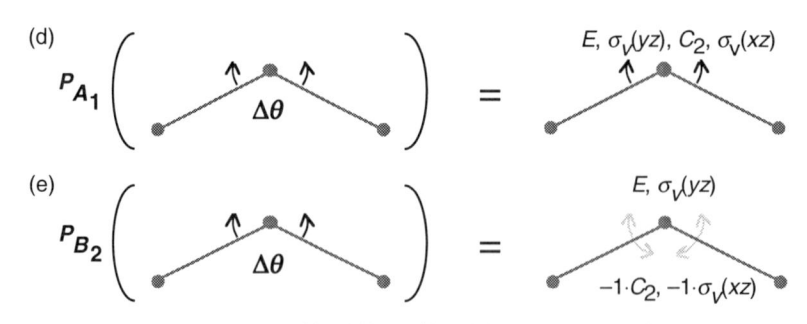

図 9.19 射影演算子の効果 (d)(e)（曲げモード）

以上のことから、射影演算子を用いることにより、既約表現 $2A_1+B_2$ のうち A_1 と B_2 が伸縮モードに、また、もう一つの A_1 が曲げモードに相当していることが自動的にわかった。（ここでは最初から伸縮および曲げというベクトルを、物理的理由から意図的に用いたことに注意されたい。）

9.7 射影演算子を用いた振動モードの表示

次に、伸縮とか曲げモードといった仮定を一切しないで、既約表現 A_1 から得られる射影演算子を H_2O 分子を構成する原子のそれぞれの座標（図 9.20）の和（$x_1+x_2+x_3+y_1+y_2+y_3+z_1+z_2+z_3$）に作用させてみよう。項がたくさんあって大変なので、それぞれの座標に対して評価する。

$$P_{A_1} x_1 = E x_1 + C_2 x_1 + \sigma_v(zx) x_1 + \sigma_v(zy) x_1$$
$$= x_1 - x_3 - x_3 + x_1$$
$$= 0 \tag{9-47a}$$

$$P_{A_1} x_2 = E x_2 + C_2 x_2 + \sigma_v(zx) x_2 + \sigma_v(zy) x_2$$
$$= x_2 - x_2 + x_2 - x_2$$
$$= 0 \tag{9-47b}$$

（x_3 に対しても同様）

$$P_{A_1} y_1 = E y_1 + C_2 y_1 + \sigma_v(zx) y_1 + \sigma_v(zy) y_1$$
$$= y_1 - y_3 - y_3 + y_1$$
$$\sim y_1 - y_3 \tag{9-47c}$$

$$P_{A_1} y_2 = E y_2 + C_2 y_2 + \sigma_v(zx) y_2 + \sigma_v(zy) y_2$$
$$= y_2 - y_2 + y_2 - y_2$$
$$= 0 \tag{9-47d}$$

$$P_{A_1} z_1 = E z_1 + C_2 z_1 + \sigma_v(zx) z_1 + \sigma_v(zy) z_1$$
$$= z_1 + z_3 + z_3 + z_1$$
$$\sim z_1 + z_3 \tag{9-47e}$$

$$P_{A_1} z_2 = E z_2 + C_2 z_2 + \sigma_v(zx) z_2 + \sigma_v(zy) z_2$$
$$= z_2 + z_2 + z_2 + z_2$$
$$\sim z_2 \tag{9-47f}$$

図 9.20 三原子分子の座標

(a) 0
(b) y_1-y_3
(c) z_1+z_3
(d) z_2

図 9.21 射影演算子を作用させた結果

このように、結局、（y_1-y_3）+（$z_1+z_2+z_3$）だけが得られた。つまり、射影演算子はこれらの項だけを抽出してくれたのだ。この結果を図 9.21 に示した。x 方向に関して射影演算子は三つの原子すべてに対し、ゼロという結果を与える。すなわち、A_1 という既約表現は x 方向に関与しない。よく考えると、この分子の x 方向に可能な運動は並進のみであり、そのような既約表現は B_1 であることからも、既約表現 A_1 に対する射影演算子は x 方向の運動に関与しないことがわかる（一方、P_{B_1} を x に対し作用させてみよ）。逆に (9-46e) および (f) は z 方向への並進運動を示している。これはキャラクター表の基底関数 z が A_1 のように振る舞うことからも理解できる。

ここで、H 原子の y 方向の変位を示す (9-47c) と z 方向の変位を示す (9-47e) で表されるベクトルを足しあわせ、それに重心が動かないように (9-47f) で表される O 原子の z_2 の変位を負の方向に変位させると、図 9.22(a)のような対称伸縮モードが得られる。さらに、z 方向のみについて重心が動かないように (9-47e) および (f) を組み合わせると図 9.22(b)に示す曲げモードが得られる。

(a) 対称伸縮モード

(b) 曲げモード

図 9.22 既約表現A_1に属する二つの振動モード

つまり、既約表現 A_1 に関する射影演算子は z 方向の並進と A_1 に属する二つのモードとをまとめて、抽出してしまったのである。これは我々が用いた演算子が「不完全な」射影演算子であったことの一つの結果だ。

問題 9.6 射影演算子 P_{B_2} を $x_1, x_2, y_1, y_2, z_1, z_2$ に作用させると、非対称伸縮モードを含むベクトル成分が得られることを示せ。

9.8 基準モードと状態関数
9.8.1 調和振動子

これまで我々は、古典力学に基づき分子の振動を基準モードに分け、かつ、群論の助けを借りてそれぞれの基準モードが分子の点群の既約表現に従うことを学んだ。これはいわば複雑に絡まっている糸をほどいたことに相当する。しかし、実際の分子振動は各モードの中で離散化したエネルギーを持つ固有状態により表される。さらに、状態間の遷移に伴う問題も生じる。そこで我々は、まず、分子振動を 1 次元の調和振動子で近似することによってこの問題に対処したい。

まず、基準座標 q における次のシュレディンガー方程式から出発することとしよう。

$$\left[-\frac{\hbar^2}{2}\frac{d^2}{dq^2}+\frac{1}{2}\omega^2 q^2\right]\Psi = E\Psi \tag{9-48}$$

この式は一つの基準モードに対する式であるから、いま、考えている分子に基準振動モードが n 個あれば、このような方程式が n 個独立にある。そして、分子全体の振動を表す最終的な解はこれらの解 Ψ の積で与えられる。

さて、方程式（9-48）の解法は量子力学の教科書に任せることとして、我々は次の量子化されたエネルギー固有値を見てみよう。

$$E_n = \left(n+\frac{1}{2}\right)\hbar\omega \tag{9-49}$$

ここで n は 0, 1, 2, ... の値をとり、特に $n=0$ の振動エネルギーがいわゆる零点振動だ（調和振動では固有エネルギーは等間隔で離散化されているが、実際は非調和項が入り、固有値間の間隔が少しずつ狭くなる）。さて、このような固有値に対応する固有関数は次の形に書かれる。

$$\Psi_n = c_n H_n(\sqrt{\beta}q)\exp(-\beta q^2/2) \tag{9-50}$$

ここで

$$\beta = \omega/\hbar \tag{9-51}$$

c_n は規格化定数、$H_n(x)$ はエルミート多項式であり、たとえば、次の関係式から任意の $H_n(x)$ を得ることができる。

$$\Psi_{n+1}(x) = \frac{1}{\sqrt{2}\sqrt{n+1}}\left(x-\frac{d}{dx}\right)\Psi_n(x); \qquad \Psi_0(x) = \left(\frac{1}{\pi}\right)^{1/4}e^{-x^2/2} \tag{9-52}$$

これを用いれば、最初のいくつかの $H_n(x)$ は次のように表される。

9.8 基準モードと状態関数

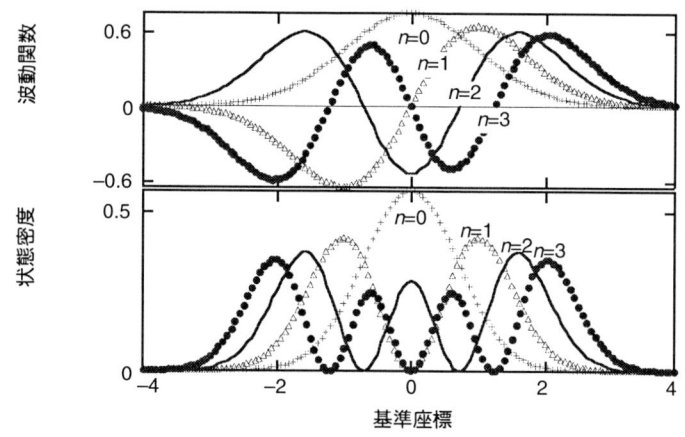

図 9.23 量子化された振動子の波動関数と状態密度

$$H_0 = 1; \quad H_1 = 2x; \quad H_2 = 4x^2 - 2; \quad H_3 = 8x^3 - 12x; \quad \cdots \tag{9-53}$$

大切なのは、これら固有関数の形、とくに原子の存在確率に対応するこれらの関数の2乗値がどのように分布しているかということである。図 9.23 に $n=3$ までの固有関数と対応する状態密度を示した。このように、原子は調和型のポテンシャルの中を振動しており、エネルギーが高くなるにしたがって存在確率が外側に向けてより広がるというのは、古典的な描像と一致している。

問題 9.7 $n=0$ を除いて、どの励起状態でも平均すると内側より外側で存在確率が高いが、このことを小学生にもわかるように古典的な描像で説明せよ。

一方、古典論と最も異なるのはノード（節）の存在であろう。これは、ポテンシャルという枠の中に閉じ込められた定在波に対応した量子力学的な効果の現れである。また（9-50）で表された固有関数は互いに直交している。すなわち、これらの関数により構成される関数系は正規直交系をなし、基準モード Γ_i に属する状態空間は固有ベクトル $|n\rangle$ により張られている。

問題 9.8 定数を除けば、これらの状態ベクトルは次の関数で表される。

$$|0\rangle = e^{-x^2/2}; \quad |1\rangle = xe^{-x^2/2}; \quad |2\rangle = (2x^2-1)e^{-x^2/2}; \quad \ldots$$

n が偶数と奇数である（すなわち、パリティが異なる）状態ベクトルが直交することは図 9.23 のグラフからも明らかである。それでは $\langle 0|2\rangle = 0$ を計算によって確かめよ。

$$\left(\int_{-\infty}^{\infty} e^{-x^2} dx = \sqrt{\pi}; \quad \int_{-\infty}^{\infty} x^2 e^{-x^2} dx = \sqrt{\pi}/2 \right)$$

9.8.2 基準モードと状態関数

このような<u>固有値 n で規定される個々の固有関数がそれぞれの基準振動数 ω_i で規定される基準座標 q_i に対して存在する</u>わけだ。したがって一つひとつの状態関数を規定するには i と n を指標として用いるのがよさそうである。そこで i 番目のモードの n 次に励起された状態関数を $\Psi_i(n)$ と表すこととしよう。これは、エルミート多項式を用いて、比例定数を無視すれば、次のように書ける。

第9章 分子振動

$$\Psi_i(0) \propto \exp(-\beta_i q_i^2/2)$$
$$\Psi_i(1) \propto q_i \exp(-\beta_i q_i^2/2)$$
$$\Psi_i(2) \propto \left(2q_i^2 - 1\right)\exp(-\beta_i q_i^2/2)$$
$$\Psi_i(3) \propto \left(2q_i^3 - 3q_i\right)\exp(-\beta_i q_i^2/2)$$
$$\cdots$$
$$\Psi_i(n) \propto H_n(\beta_i q_i)\exp(-\beta_i q_i^2/2)$$

(9-54)

何だかこの節にきて、変位ベクトルに立脚した直感的な描像から、急にむずかしい話になってしまったが、ここでの量子力学的な取扱いは、決して現実から逸脱したものではない。図9.13などにも象徴されているように、分子の対称性から求めた既約表現はその変位の方向や大きさという点から、物理的な基準振動モードを与えてはいないものの、対称性という観点からは正しい答えを与えている。ここまでは、古典論の話であるが、この節で述べているのは、現実の分子の変位は古典的には表せず、我々が観測できるのは状態密度であり、また、電磁波などと相互作用を持つ波動関数であるということだ。ここで、古典的な基準モードとの関係を見るために、水分子の場合を例にとって $n=0$ および 1 の場合の伸縮モードの波動関数を定性的に図示してみよう（図9.24）。

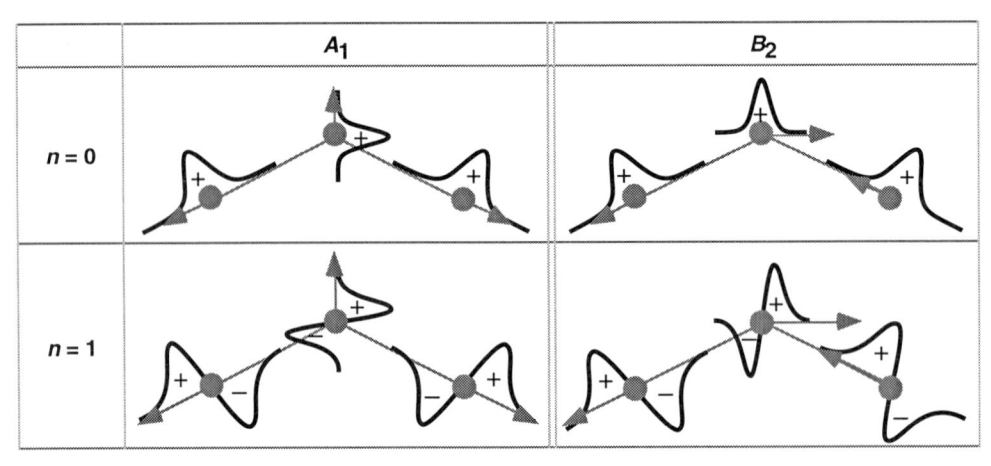

図 9.24 波動関数の対称性： $n = 0$ → 全対称； $n = 1$ → 基準座標の既約表現

この図は波動関数の対称性以外は、まったく定性的なものであるが、古典的に求めた基準モードと量子力学的な既約表現との相違を端的に示している。図を見て、最初に気がつくことは<u>基底状態$\Psi_i(0)$が古典的な基準モードの既約表現にかかわらず、全対称となっている</u>ことだ。以下、これまで求めてきた古典的なモードの対称性をどのように量子力学的に取り扱うかを見てみよう。

一般に、基準振動を表す q_i は既約化された基底関数であり、それはこれまでも見てきたように A_1 とか E とかという既約表現に従う。しかしながら、対応する波動関数 $\Psi_i(n)$ は必ずしも同じ既約表現に従うわけではない。まず、基底状態 $\Psi_i(0)$ を考えよう。最初に q_i が縮退していない場合を考える。縮退がなければ、すべての対称操作は q_i の符号を変えるか変えないかのどちらか（キャラクターでいうと+1 か-1）であるから、q_i^2 の符号は変わらない。したがって、q_i^2 の関数である $\Psi_i(0)$ はすべての対称操作において不変である。零点振動は全対称なのである。

縮退のある場合はそのキャラクターが 2 とか 0 とかであるから慎重に扱う必要がある。そもそ

もキャラクターというのは何であったか？ それは対称操作をマトリックスで表現したときの対角要素の和にすぎなかったはずだ。だからキャラクターに惑わされずにマトリックスに戻って考えよう。いま、例として縮退した基底関数 (x, y) と、この基底によって表される任意のベクトル $|q\rangle$ を考える。

$$|q\rangle = c_1|x\rangle + c_2|y\rangle = \begin{pmatrix} c_1 \\ c_2 \end{pmatrix} \tag{9-55}$$

任意の対称操作を R で表すと、この対称操作によってできたベクトル、$|r\rangle$ は

$$|r\rangle = R|q\rangle \tag{9-56}$$

と書ける。このとき R をマトリックス表現でイメージするとよい。これは対称操作なのであるから、その操作を施すことによってこのベクトルの大きさは変わってはならない。すなわち、考えているベクトルの大きさの2乗をとると、

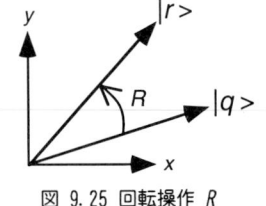

$$\langle r|r\rangle = \langle q|R^*R|q\rangle = \langle q|q\rangle \tag{9-57}$$

図 9.25 回転操作 R

である。つまり、q が縮退している場合であっても、対称操作によってその2乗の値 q^2 は変わらない。よって、対称操作 R を表現するマトリックスは $R^* = R^{-1}$、ユニタリでなくてはならない。言い換えると、対称操作はスケールの変換を伴わない。

以上の考察により、q が属する既約表現によらず、q の縮退度によらず、ゼロ次の振動の状態関数 $\Psi_i(0)$ は常に全対称な既約表現に従うことがわかった（これが 7.8.3 節でバイブロニックな遷移について簡単にふれたとき、分子振動の基底状態は全対称であると述べた理由である）。

では 1 次の励起状態を表す状態関数はどのような既約表現に従うのであろうか？ 先ほど見たように

$$\Psi_i(1) \propto q_i \exp(-\beta_i q_i^2/2) \tag{9-58}$$

であり、この波動関数の指数項については全対称であることが、たったいま判明したから、$\Psi_i(1)$ は Γ_i、すなわち基準座標 q_i の既約表現と同一であると直ちに結論できる。

2 次以上の励起状態だが、縮退がある場合は複雑なので巻末に掲げた参考書を見てもらうとして、ここでは簡単な縮退のない場合のみを扱う。$n=2$ の場合、状態関数は

$$\Psi_i(2) \propto (2q_i^2 - 1)\exp(-\alpha_i q_i^2) \tag{9-59}$$

であり、先ほどの考察から第 1 項も第 2 項も全対称であることがわかる。$n=3$ の場合、逆に q_i が全対称な指数項からくくりだされるので、状態関数の既約表現は q_i の既約表現と同じである。

結局、縮退のない場合、波動関数は $n=$ 偶数のときは全対称で $n=$ 奇数のときは基準モードの既約表現に従うことがわかった。

9.8.3 分子全体の状態関数

分子全体としての波動関数 $\Psi_{\text{molecular}}$ はこれらの基準モードに対応する個々の状態関数の積となる（ハミルトニアンが個々のモードの和であるから、シュレディンガー方程式が個々のモードに変数分離できると考えればよい）。すなわち、分子全体の自由度を N とすれば、

$$\Psi_{\text{molecular}} = \Psi_1(n_1)\Psi_2(n_2)\Psi_3(n_3)\cdots = \prod_{i=1}^{3N-6}\Psi_i(n_i) \tag{9-60}$$

となる。（もちろん二原子分子の場合は $3N-5$）大変な事になりそうだが、室温ではすべてのモードが $n=0$ の状態であることが多い。この状態が分子全体としての振動の基底状態である。

$$\Psi_{\text{molecular}}(0) = \Psi_1(0)\Psi_2(0)\Psi_3(0)\cdots = \prod_{i=1}^{3N-6}\Psi_i(0) \tag{9-61}$$

一方、励起状態とは、いずれかの状態が $n\ne 0$ となったときの状態である。特に、今、ある分子に三つの振動モードがあったと仮定して $\Psi_1(0)\Psi_2(0)\Psi_3(2)$ のように $n>1$ の状態に励起される遷移をオーバートーン、$\Psi_1(1)\Psi_2(1)\Psi_3(0)$ のように二つ以上のモードが一つのフォトンによって同時に励起される遷移をコンビネーションバンドという。

9.9 赤外およびラマン分光

これまで何回か登場してきたが、ここで再び、電磁波によりこれら分子振動の状態がどのように遷移するかをまとめ、分子振動に関する話を終えたい。本書は分光学の教科書ではないが、赤外・ラマンスペクトルの解析には群論の知識は必須であり、その意味から、ここで改めてこれらの分光現象における物理にごく簡単に触れる。

9.9.1 赤外分光

ここでいう「赤外」という言葉は、吸収される電磁波のエネルギーが赤外線の領域だからそのようにいうのであり、むしろ、赤外分光という言葉は、いくつかある電磁波の吸収モードの中から、電気双極子（electric dipole）による状態の遷移を意味する場合が多い。まず分子の双極子モーメント $\vec{\mu}$ を表そう。分子を構成する j 番目の原子が x_j の位置にあり、その電荷を e_j とすれば、一般にこの分子の双極子モーメントの x 方向の成分は次のように書ける。

$$\mu_x = \sum_j e_j x_j \tag{9-62}$$

y, z 方向に関しても同様である。いま、電磁波により、分子の振動状態が変わり、双極子モーメントに変化が起こったと考える。この変化は電磁波の吸収スペクトルに現れるに違いない。量子力学的には、このとき、$\vec{\mu}$ を現在のモーメントの状態を変化させるオペレータと考える。

上記のような遷移が実際に可能であるためには、基底状態 $|\Psi_{\text{gr}}\rangle$ がこのオペレータ $\vec{\mu}$ によって励起されようとするとき、励起状態が、考えている分子にとって許された固有状態 $|\Psi_{\text{ex}}\rangle$ の一つでなくてはならない。つまり、遷移が可能であるためには

$$\langle\Psi_{\text{gr}}|\mu|\Psi_{\text{ex}}\rangle \ne 0 \tag{9-63}$$

である必要がある。また、このオペレータが従う既約表現を Γ_μ とすれば、$\vec{\mu}$ の基底関数は x, y, z のいずれかであるから次のように書ける。

$$\Gamma_\mu = \Gamma_{x,y,z} \tag{9-64}$$

ここで CO_2 分子の場合を考えよう。まず、図 9.26 に従って古典的に考えると、分子自体は反

転中心を持っているが、σ_u^+とπ_u という二つの振動モードは非対称であるので、双極子モーメントの変化に対して活性である可能性がある。また、量子力学的には、これらの原子位置は基準座標を被関数とする波動関数の期待値で表されるべきものであった。すなわち、基底状態は振動モードの既約表現にかかわらず全対称、CO_2 分子が属する $D_{\infty h}$ でいえば σ_g^+ である。

ところが、励起状態 $n=1$ の既約表現は、考えている基準モードの既約表現と同じであったから、σ_u^+ というモードの

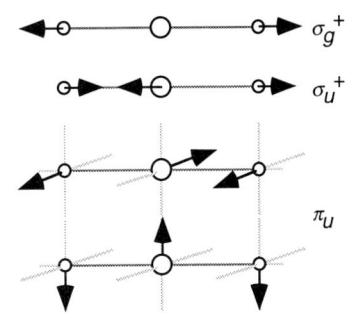

図 9.26 直線状三原子分子の振動モード

1次の励起状態の既約表現はやはりσ_u^+である。よって（9-63）で表される積分がゼロでないためには、直積：

$$\Gamma_{gr} \otimes \Gamma_\mu \otimes \Gamma_{ex} = \sigma_g^+ \otimes \Gamma_\mu \otimes \sigma_u^+ \tag{9-65}$$

が全対称な既約表現、$D_{\infty h}$ でいえば σ_g^+、を含めば遷移は可能となる。つまり基底状態では基準モードの既約表現にかかわらず全対称であるから、要するに励起状態の既約表現が基底関数 x, y, z いずれかの既約表現と同じであればよい。たとえば、点群 $D_{\infty h}$ において z がσ_u^+のように変換されるから、CO_2 のσ_u^+モードは z 方向に成分を有する電磁波に対して赤外活性である。また、(x, y) は π_u のように変換されるので、π_u モードも (x, y) 面内の成分を持つ電磁波に対して赤外活性であることが直ちに結論される。

> 簡単なことを長々と書いたかと思われるかもしれないが、分子振動における遷移は同一の基準モード内の全対称な基底状態と励起状態の間で行われるということを理解しておこう。言い換えると、たとえば、CO_2の場合における
> $$\langle \Psi_{gr} | \mu | \Psi_{ex} \rangle \neq 0 \tag{9-66}$$
> という選択則は、σ_g^+とσ_u^+という二つの異なった基準モード間の遷移を意味しているのではない。

以上をまとめると、<u>分子振動により赤外吸収が観察されるのは、分子の基準モードがその分子が属する点群の x, y, z のいずれかと同じ既約表現に従うとき</u>、と結論される。二酸化炭素が地上からの赤外線を吸収し、地球の温室化効果をもたらすのはこのような ungerade なモードの存在が大きな要因だ。

9.9.2　ラマン分光

これは少々複雑である。まず、実験方法を確認してみよう。赤外分光では試料から透過あるいは反射してきた電磁波の吸収スペクトルを見る。これに対して、ラマン分光では分子振動の状態間の遷移が起こるより高い周波数の光、たとえば緑色、を試料にあて、散乱してきた光の強度を振動数に対して調べる（分光する）のである。光が分子にあたると、原子をとりまく電子がその入射光の振動数 Ω で強制振動を起こし、同じ振動数の光を放出する。これが*レイリー散乱*（Rayleigh scattering）である。ところが、この散乱波を調べると、この振動数 Ω の強いレイリー散乱波から、わずかな振動数分、$\pm\omega$、だけずれた位置に弱い散乱強度が観測される。これが*ラマン散乱*（Raman scattering）である。そして、低エネルギー側のスペクトル線をストークス

線（Stokes line）、高エネルギー側のものを反ストークス線（anti-Stokes line）と呼ぶ。

つまり、ラマン散乱に直接、現れるのは強制振動を受けて誘起された電子のモーメントなのである。なぜこの電子のモーメントに分子振動が関係するかというと、分極している電子の誘起モーメント自体が原子間に依存するからだ。つまり、この原子間の距離が分子振動の振動数ωでゆっくりと変化すれば、もともと$\sin\Omega t$で入射した電磁波は次の変調を受けることになる：

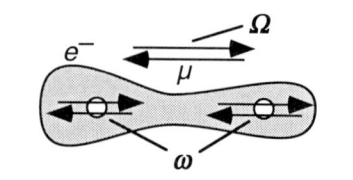

$$\sin\omega t \sin\Omega t \propto \cos((\omega-\Omega)t) - \cos((\omega+\Omega)t) \tag{9-67}$$

その結果、$\Omega\pm\omega$の位置に散乱強度が観測されるのである。

この外場に対する誘起モーメントの感受性は分極率（polarizability）α_{ij}と呼ばれる2階テンソルで次のように表される（テンソルについては第11章で触れる）。

$$\vec{\mu} = \tilde{\alpha}\vec{E} \longrightarrow \begin{pmatrix} \mu_x \\ \mu_y \\ \mu_z \end{pmatrix} = \begin{pmatrix} \alpha_{xx} & \alpha_{xy} & \alpha_{xz} \\ \alpha_{yx} & \alpha_{yy} & \alpha_{yz} \\ \alpha_{zx} & \alpha_{zy} & \alpha_{zz} \end{pmatrix} \begin{pmatrix} E_x \\ E_y \\ E_z \end{pmatrix} \tag{9-68}$$

このように誘起されたモーメントの方向が電場の方向と異なるのは、分子には球対称ではない構造があって電子の分極が必ずしも、電場の方向と一致しないためだ。

で、この分極率を量子力学的に表すと、

$$\alpha_{ij} \propto \frac{\langle m|\mu_i|n\rangle\langle n|\mu_j|k\rangle}{(E_n - E_0) + \hbar\omega} \tag{9-69}$$

という形に書ける。意味するところは電子状態に関しても、振動状態に関しても、基底状態である$|k\rangle$からいったん励起電子状態$|1\rangle_{elec}$に属するバイブロニックな中間状態$|n\rangle$に励起され、それが基底電子状態$|0\rangle_{elec}$に属する別の振動状態$|m\rangle$に落ち着く、という2段のプロセスをとるということだ（図9.28）。このような理由から分極率の表現（9-69）にはμ_iとμ_jが入り、遷移を表す基底関数はxx, yzなどとなる。

図 9.28 励起電子状態を介した振動状態の遷移

以上をまとめると、分子の振動が同一基準モードのωだけ高い振動数の状態に遷移することによってラマン散乱線は観測され、その遷移を表すオペレータの既約表現は分極率の既約表現そのものということになる。分子振動の基底状態は常に全対称であったから、結局、<u>分子振動によりラマン散乱が観察されるのは、基準モードが分子の属する点群の$x^2, y^2, z^2, xy, yz, zx$のいずれかと同じ既約表現に従うとき</u>、と結論される。

先のCO_2の例でいうと、対称伸縮モードの既約表現がσ_g^+であった。キャラクター表によってx^2+y^2およびz^2がσ_g^+に従うことがわかるので、このモードはラマン活性（Raman active）である。

9.9 赤外およびラマン分光

ここで、CO_2 に関しての結果をまとめると

σ_u^+, π_u ：赤外活性

σ_g^+ ：ラマン活性

となり、3個ある分子振動の既約表現がきれいにわかれてしまった。これは反転中心を持つ分子に関して一般にいえることであり、*排他則*（mutual exclusion rule）と呼ばれる。すなわち、ungerade のモードは赤外活性である可能性を有し、gerade のモードはラマン活性である可能性が有する。また、反転中心を持つ系では、あるモードが赤外活性であり同時にラマン活性であることは決してない。逆にいうと、ある未知のサンプルの赤外スペクトルとラマンスペクトルの同じ周波数の位置にピークがでてきたとすると、そのサンプルは反転中心を持たない可能性が高い。

問題 9.9 CO_3^-（点群 D_{3h}）の振動モードのうち、赤外活性なものとラマン活性なものをそれぞれ挙げよ。また、H_2O（C_{2v}）について同じことを行え。

問題 9.10 CH_4（T_d）の振動の自由度はいくらか？ 9.5 節に示した方法により振動モードの既約表現を求めよ。これらのうち、赤外活性なものとラマン活性なものをそれぞれ挙げよ。さらに、4個の伸縮ベクトルが持つ表現を既約化することにより（9.6 節に示した方法）、振動モードを伸縮モードと曲げモードにわけよ。

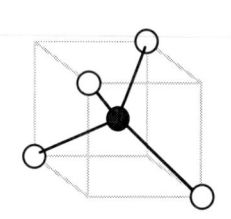

図 9.29 点群 T_d に従う分子

表 9.6 点群 T_d のキャラクター表と CH_4 の振動モード

T_d	E	$8C_3$	$3C_2$	$6S_4$	$6\sigma_d$		
A_1	1	1	1	1	1		$x^2+y^2+z^2$
A_2	1	1	1	−1	−1		
E	2	−1	2	0	0		$(2z^2-x^2-y^2, \ x^2-y^2)$
T_1	3	0	−1	1	−1	(R_x, R_y, R_z)	
T_2	3	0	−1	−1	1	(x, y, z)	(xy, xz, yz)
n_R							
Γ_{xyz}							
Γ_{VIB}							

この章のまとめ

- 分子の運動＝並進＋回転＋振動
- 基準振動
  （分子を構成する各原子の変位ベクトル → 分子の属する点群の既約表現に従う。）
- 既約表現の求め方：(i) 一般的方法：$\{n_R$(対称操作により不変の原子の数)$\times \Gamma_{xyz}\}$ を既約化
  (ii) 対称座標を用いたやり方：伸縮モード解析
- 射影演算子による変位ベクトルの定性的な表記
- 振動の波動関数による表示と調和振動子近似
- 分子振動の基底状態：基準モードにかかわらず全対称。1次の励起状態：基準モードの既約表現
- 赤外活性とラマン活性

第10章 バンド理論

The basic theorem is, in general terms, that the energy function in the Brillouin zone has the full point group of the crystal. Any operation, such as rotating the crystal around an axis, that leaves it invariant, also transforms the function E(k) into itself.

　　　　　　　　　　　　　　　J.M. Ziman　　"Principles of the Theory of Solids"

　これまでの議論は主に点対称性に基づくものばかりであった。本来、球対称であった原子の電子状態は周囲の対称性の低下と共にその縮退が解け、また、分子全体の電子状態や振動という固有状態も分子の点群に従うことを学んだ。一方、結晶は並進対称性というもう一つの対称要素を有している。この新しい対称要素が加わったことにより、原子の並び方は230の空間群によって整理することができた。それでは、波動関数や振動などの固有状態はどのように記述されなくてはならないのだろうか。

10.1　巡回群の既約表現とエネルギー準位

10.1.1　巡回群

　並進対称性というのは自分の隣に同じ環境があって、その隣にも同じ環境があって、そのまた隣にも同じ環境があってということの繰り返しが延々と続く状態をいう。数学的に無限に広がる状況は表せないので、通常は非常に大きな数 N だけ繰り返されたところの環境は $n=1$ 番目、すなわち出発点の環境と同じですよ、という条件をもって並進対称性を表す。これが周期的境界条件だ。我々が関心を持っている群という立場からすると、この周期的境界条件の導入は、巡回群の導入に等しい。この巡回群は4.3.2節で簡単に触れたが、今まで本格的に用いたことはなかった。いよいよの出番である。まず、巡回群の基本的性質を $n=6$ の場合を例にとって復習しよう。

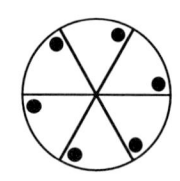

図 10.1　点群 C_6

　オーダー $h=6$ の巡回群においては、
$$\{E=E,\ A=C_6,\ B=C_6^2(=C_3),\ C=C_6^3\ (C_2),\ D=C_6^4\ (=C_3^2),\ F=C_6^5\} \tag{10-1}$$
という対称操作の組が群をなす。そして、これらの操作に対応するマトリックスが群の表現である。どのような種類の既約表現がいくつあり、それらのキャラクターは何か、ということを調べる前に巡回群に関する一般的な考察をしておきたい。

　まず、巡回群ではすべての対称要素は互いに交換する。したがって、この群を構成するすべてのクラスのオーダーは1であり、オーダーが h の群には h 個の独立したクラスが存在することが直ちに結論される。さらに、クラスの数と既約表現の数とは等しいのであるから、既約表現も h 個あり、また、各要素の表現はすべて1次元のマトリックスである。1次元であるのだから、この行列要素がキャラクターそのものである（これまで学んだ群の多くでは1次元の既約表現のキャラクターは+1か-1、すなわち、対称操作を施したあと、そのオブジェクトの符号が変わるか否か、だけが問題であったが、巡回群ではキャラクターは一般に複素数となる（5.6節も参照））。

　たとえば、六員環のような $h=6$ の巡回群では六つの既約表現が存在することになり、それぞれの既約表現が6個の対称操作に対してキャラクターを持ち、このキャラクターが一般点や関数などに対称操作を施したあとに掛けられる。この6個のキャラクターからなる組を六つ求めることが当面の課題である。

最初に、先の積表の中の A ($=C_6$) という操作に付随するキャラクター＝ただの数を ε と置こう。我々は巡回群を扱っているのであるから、A を h ($=6$) 回行えば ($=C_6^6$)、恒等操作を行ったのと同じ結果がもたらされる。すなわち、我々は操作 A のキャラクター ε が満たす性質として次の等式を要求する。

$$\varepsilon^h = 1 \tag{10-2}$$

つまり、この ε が、たとえば次の値をとれば、巡回群の性質が満たされることが予想される。すなわち、

$$\varepsilon = e^{2\pi i/h} = e^{2\pi i/6} = e^{\pi i/3} \tag{10-3}$$

この数が、基底となる関数（単なる一般点でもいい）に対する対称操作 A の直後に掛けられるということだ。この ε を用いれば、$B=AA$, $C=AAA$, … などから、次のキャラクターを持つ表現が群としての性質を満たすことがわかるだろう。すなわち、既約表現の一つが求まったことになる。これを Γ_1 と呼ぼう。

$$\Gamma_1: \quad \{\chi_E, \chi_A, \chi_B, \chi_C, \chi_D, \chi_F\} = \{1, \varepsilon, \varepsilon^2, \varepsilon^3, \varepsilon^4, \varepsilon^5\} \tag{10-4}$$

さて、これで一つの既約表現はわかったが、先ほどの考察からこの群には他にあと五つ、既約表現があるはずである。これを求めるために二つ目の既約表現 Γ_2 における対称操作 A のキャラクターを ε^2 と置こう。h 回この操作をほどこすと、

$$\varepsilon^{h \cdot 2} = 1^2 = 1 \tag{10-5}$$

より、この選択は恒等操作と等しい結果を与えることがわかる。すなわち、ε^2 から出発すると別の既約表現 Γ_2 が得られる。

$$\Gamma_2: \quad \{\chi_E, \chi_A, \chi_B, \chi_C, \chi_D, \chi_F\} = \{1, \varepsilon^2, \varepsilon^4, \varepsilon^6, \varepsilon^8, \varepsilon^{10}\} \tag{10-6}$$

ここで Γ_2 における、A のキャラクターをあらわな形で書くと、(10-3) から次のようになる。

$$\varepsilon^2 = (e^{\pi i/3})^2 = e^{2\pi i/3} \tag{10-7}$$

同様の考察を続けると、他の既約表現に属する A のキャラクターとして

$$\Gamma_3: \chi_A=\varepsilon^3, \quad \Gamma_4: \chi_A=\varepsilon^4, \quad \Gamma_5: \chi_A=\varepsilon^5, \quad \Gamma_6: \chi_A=\varepsilon^6, \quad \Gamma_7: \chi_A=\varepsilon^7, \quad \Gamma_8: \chi_A=\varepsilon^8, \quad \Gamma_9: \chi_A=\varepsilon^9, \ldots \tag{10-8}$$

などが延々と得られる。ところが Γ_6 における A のキャラクターは

$$\varepsilon^6 = (e^{\pi i/3})^6 = e^{2\pi i} = 1 \tag{10-9}$$

であるから、Γ_7 における A のキャラクター、$\chi_A=\varepsilon^7$、は

$$\varepsilon^7 = \varepsilon^6 \varepsilon = 1\varepsilon = \varepsilon \tag{10-10}$$

となり、Γ_7 は Γ_1 とまったく同じになってしまう。同様の理由で $\Gamma_8=\Gamma_2$, $\Gamma_9=\Gamma_3$, … などとなる。さらに、$\varepsilon^{-1}=\varepsilon^5$ であるから、$\Gamma_{-1}=\Gamma_5$, $\Gamma_{-2}=\Gamma_4$, … などと書いても間違いではないだろう。

要するに、これ以上、同様のプロセスを繰り返しても、なんら新しい表現は生まれず、最初の六つ Γ_1, Γ_2, Γ_3, Γ_4, Γ_5, Γ_6 あるいは、これをいくつかずらした六つの組だけが、物理的に意味のある既約表現ということになる。ここで、既約表現 Γ_6 では $\chi_A=1$ であるから、$B=AA$ など他のすべての操作のキャラクターも 1 となる。すなわち、この既約表現は全対称な既約表現であり、我々は、この表現を Γ_0 と呼んだほうがよさそうだ。

第10章 バンド理論

以上の考察により、すべての既約表現が無事求まった。さっそく、$h=6$ の巡回群のキャラクター表を書き下してみよう。

表 10.1(a)　$h=6$ の巡回群の既約表現：その1

	$E=E$	$A=C_6$	$B=C_6^2$	$C=C_6^3$	$D=C_6^4$	$F=C_6^5$
Γ_0	1	1	1	1	1	1
Γ_1	1	ε	ε^2	ε^3	ε^4	ε^5
Γ_2	1	ε^2	ε^4	ε^6	ε^8	ε^{10}
Γ_3	1	ε^3	ε^6	ε^9	ε^{12}	ε^{15}
Γ_4	1	ε^4	ε^8	ε^{12}	ε^{16}	ε^{20}
Γ_5	1	ε^5	ε^{10}	ε^{15}	ε^{20}	ε^{25}

さて、ここで

$$\varepsilon^{13} = \varepsilon^7 = \varepsilon, \quad \varepsilon^{14} = \varepsilon^8 = \varepsilon^2, \quad \varepsilon^{15} = \varepsilon^9 = \varepsilon^3 = -1, \quad \ldots, \quad \varepsilon^{18} = \varepsilon^{12} = \varepsilon^6 = 1, \quad \ldots$$

などの関係を使って上の表をもうちょっと見やすくしてみよう。

表 10.1(b)　$h=6$ の巡回群の既約表現：その2

	E	C_6	C_6^2	C_6^3	C_6^4	C_6^5
Γ_0	1	1	1	1	1	1
Γ_1	1	ε^1	ε^2	-1	ε^4	ε^5
Γ_2	1	ε^2	ε^4	1	ε^2	ε^4
Γ_3	1	-1	1	-1	1	-1
Γ_4	1	ε^4	ε^2	1	ε^4	ε^2
Γ_5	1	ε^5	ε^4	-1	ε^2	ε^1

さらにここで、複素数の基本的性質：

$$\varepsilon^2 = -\varepsilon^*, \quad \varepsilon^4 = -\varepsilon, \quad \varepsilon^5 = \varepsilon^*, \quad \ldots$$

などを用いれば、表10.2(b)はさらに簡単となる（$*$ は複素共役を示す。図10.2参照）。

表 10.1(c)　$h=6$ の巡回群の既約表現：その3

C_6	E	C_6	C_6^2	C_6^3	C_6^4	C_6^5		
Γ_0	1	1	1	1	1	1	$\to$	A
Γ_1	1	ε	$-\varepsilon^*$	-1	$-\varepsilon$	ε^*	$\to$	E_1
Γ_2	1	$-\varepsilon^*$	$-\varepsilon$	1	$-\varepsilon^*$	$-\varepsilon$	$\to$	E_2
Γ_3	1	-1	1	-1	1	-1	$\to$	B
Γ_4	1	$-\varepsilon$	$-\varepsilon^*$	1	$-\varepsilon$	$-\varepsilon^*$	$\to$	E_2
Γ_5	1	ε^*	$-\varepsilon$	-1	$-\varepsilon^*$	ε	$\to$	E_1

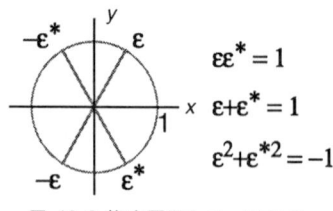

図 10.2 複素平面とキャラクター

$$\varepsilon\varepsilon^* = 1$$
$$\varepsilon + \varepsilon^* = 1$$
$$\varepsilon^2 + \varepsilon^{*2} = -1$$

大分、スマートなキャラクター表となった。ここで念のため、これらの既約表現が本当に直交しているかどうか確認してみよう。すなわち、大直交定理から得られた小定理（III）によれば、異なった二つの既約表現間のキャラクターの積の和をすべての対称要素にわたってとれば、ゼロになるべきである。たとえば、

$$\Sigma(\chi_{\Gamma 1})^*(\chi_{\Gamma 2}) = (1)^* \cdot 1 + \varepsilon^* \cdot (-\varepsilon^*) + (-\varepsilon^*)^* \cdot (-\varepsilon) + (-1)^* \cdot 1 + (-\varepsilon)^* \cdot (-\varepsilon^*) + (\varepsilon^*)^* \cdot (-\varepsilon) = 0$$

であるから、既約表現 Γ_1 と Γ_2 は確かに直交していることがわかる（和をとる際、一方が複素共役量となることに注意）。このようにして、6個の Γ_κ（κ: 0～5）が間違いなく巡回群の既約表現であることが確認された。

問題 10.1 Γ_1 と Γ_3 および Γ_2 と Γ_4 が直交していることを確認せよ。

ところで、先も述べたが、得られたキャラクター表を見ると Γ_2 と Γ_4、および Γ_1 と Γ_5 はキャラクターの順序が逆であるだけでなく互いに複素共役の関係にあることがわかる。そのため、マリケン表記ではこれら二組の似た者同士の既約表現をまとめて、それぞれ E_1 および E_2 で表す。また、他の二つの既約表現は、A および B で表される。このように整理し直して、次のキャラクター表を得る。また、ここにはそれぞれの既約表現の基底関数も示した。

表 10.1(d)　$h=6$ の巡回群の既約表現：その 4

C_6	E	C_6	C_6^2	C_6^3	C_6^4	C_6^5	$\varepsilon = \exp(2\pi i/6)$	
A	1	1	1	1	1	1	z, R_z	x^2+y^2, z^2
B	1	-1	1	-1	1	-1		
E_1	$\begin{cases} 1 \\ 1 \end{cases}$	$\begin{matrix}\varepsilon \\ \varepsilon^*\end{matrix}$	$\begin{matrix}-\varepsilon^* \\ -\varepsilon\end{matrix}$	$\begin{matrix}-1 \\ -1\end{matrix}$	$\begin{matrix}-\varepsilon \\ -\varepsilon^*\end{matrix}$	$\left.\begin{matrix}\varepsilon^* \\ \varepsilon\end{matrix}\right\}$	(x, y) (R_x, R_y)	(xz, yz)
E_2	$\begin{cases} 1 \\ 1 \end{cases}$	$\begin{matrix}-\varepsilon^* \\ -\varepsilon\end{matrix}$	$\begin{matrix}-\varepsilon \\ -\varepsilon^*\end{matrix}$	$\begin{matrix}1 \\ 1\end{matrix}$	$\begin{matrix}-\varepsilon^* \\ -\varepsilon\end{matrix}$	$\left.\begin{matrix}\varepsilon \\ -\varepsilon^*\end{matrix}\right\}$		(x^2-y^2, xy)

一般の化学の教科書にでてくる点群 C_6 のキャラクター表がこの表である。一方、我々は並進対称操作を有する系に対して、表 10.1(a) のキャラクター表をベースに次節以降、話を進めたい。その前に、オーダーが 6 の巡回群のエネルギー準位を調べておこう。

10.1.2 巡回群の既約表現とエネルギー準位

ここでは、巡回群に属する分子の波動関数の既約表現とエネルギー準位との関係を調べよう。たとえばベンゼンのような分子を考えるのである。（ベンゼンの属する点群は D_{6h} だが、ここでは、σ_h や C_2 という操作は考えず、D_{6h} の部分群である点群 C_6 に従う波動関数を組み立て、そのエネルギー準位を考える。）

$$\Psi_\kappa = \sum_n \phi_\kappa(n) = \sum_n c_n^\kappa \phi_0(n)$$

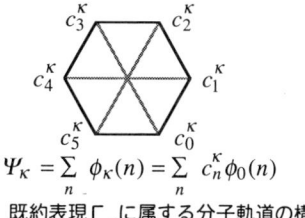

図 10.3　既約表現 Γ_κ に属する分子軌道の構築

最初に、分子全体の分子軌道を 8 章で述べた LCAO 法によって求めよう。まず、原子同士が無限に離れているときの各原子の波動関数を ϕ_0 と置こう。6 個の原子があるので、n 番目の原子に存在する ϕ_0 を $\phi_0(n)$ と呼んで区別する。これらは無限遠に離れた状態では、同一のエネルギー固有値を持つ。一方、これらの軌道をリング状に配置することによって相互作用が起き、κ 番目の既約表現 Γ_κ に従って、分子軌道を構成するわけだ。そこで、n 番目の原子の Γ_κ に従う波動関数を $\phi_\kappa(n)$ と呼ぶことにしよう。（κ はカッパと読む。）

第10章 バンド理論

問題 10.2（重要） 分子振動において基準モードを求めたが、現実の個々の原子の振動はそれらのモードが足し合わされた混沌とした状態であった。波動関数も同じで、現実の n 番目原子の波動関数はいくつかの固有状態の足しあわせである。このような関数を $\Psi_{\text{total}}(n)$ ($n=0\sim5$) と置こう。すると、この未知の $\Psi_{\text{total}}(n)$ は分子の持つ対称操作に関して不変でなくてはならない。そこで：

$\Psi_{\text{total}}(n)$ を基底とする可約表現のキャラクターをそれぞれの対称操作について求め、先に求めたキャラクター表を用いて、既約化してみよ（恒等操作ではすべての $\Psi_{\text{total}}(n)$ が動かないのでキャラクターは 6 それ以外の操作では必ず $\Psi_{\text{total}}(n)$ が動くのでキャラクターはゼロである）。

要するに六つの操作に対するキャラクターは $\{6, 0, 0, 0, 0, 0\}$ であるから、先に作成した C_6 のキャラクター表（表 10.2）より簡単に既約化できる。すなわち：

$$\Gamma_{\text{total}} = A + B + E_1 + E_2 \tag{10-11a}$$
$$= \Gamma_0 + \Gamma_1 + \Gamma_2 + \Gamma_3 + \Gamma_4 + \Gamma_5 \tag{10-11b}$$

そして、それぞれの表現 Γ_κ に属する分子軌道 Ψ_κ を求めればよい。このような κ 番目の各分子軌道は $\phi_\kappa(n)$ ($n=0\sim5$) の線形結合により構成される：

$$\begin{aligned}\Psi_\kappa &= \phi_\kappa(0) + \phi_\kappa(1) + \phi_\kappa(2) + \phi_\kappa(3) + \phi_\kappa(4) + \phi_\kappa(5) \\ &= c_0^\kappa \phi_0(0) + c_1^\kappa \phi_0(1) + c_2^\kappa \phi_0(2) + c_3^\kappa \phi_0(3) + c_4^\kappa \phi_0(4) + c_5^\kappa \phi_0(5)\end{aligned} \tag{10-12}$$

ここで $\phi_0(n)$ の係数を c_n^κ と置いた。この係数は無限遠にあったときの $\phi_0(n)$ を集め、既約表現 Γ_κ に従って分子軌道を作り、$\phi_\kappa(n)$ となった際の符号（位相）の変化を示している。

要するに分子軌道（LCAO-MO）を求めるとは、上に現れた係数 c_n^κ を求めることに尽きる。もちろん、一般には分子軌道法のところで見たように変分法を用いて、これらの係数を求めるわけだが、我々はこの分子の対称性から、それぞれの c_n^κ が独立ではないことを知っている。つまり、<u>n 番目の原子の状態は 0 番目の原子の状態に、考えている既約表現 Γ_κ に属するキャラクターを掛けたものであるはずだ。言い換えると $\{c_n^\kappa\}$ はキャラクターそのもの $\{\chi_\kappa(n)\}$ である</u>。また、0 番目の原子の状態は、どのような既約表現でもキャラクターが 1 であったから、常に ϕ_0 である。すなわち、既約表現 Γ_κ にかかわらず、次式が成立している。

$$\phi_\kappa(0) = \phi_0(0) \tag{10-13}$$

一方、c_n^κ はキャラクターそのものであるから、結局、κ 番目の既約表現に属する n 番目の原子の状態 $\phi_\kappa(n)$ は、

$$\phi_\kappa(n) = \chi_\kappa(n)\phi_\kappa(0) = \chi_\kappa(n)\phi_0(0) \tag{10-14}$$

となる。そして、求める LCAO-MO はとりもなおさず、分子を構成する原子すべてにわたって、この形を適用して得られた原子軌道の線形結合、ということになる。

たとえば、既約表現 A に従う分子軌道 Ψ_A は、すべてのキャラクターが 1 なので

$$\Psi_A \propto \phi_0(0) + \phi_0(1) + \phi_0(2) + \phi_0(3) + \phi_0(4) + \phi_0(5) \tag{10-15a}$$

となる。それぞれの項が各原子の $\phi_\kappa(n)$ ($n=0\sim5$) に対応する軌道関数である。同様に Ψ_B は

$$\Psi_B \propto \phi_0(0) - \phi_0(1) + \phi_0(2) - \phi_0(3) + \phi_0(4) - \phi_0(5) \tag{10-15b}$$

となる。このようにして得られた分子軌道は、分子全体の対称性を満たしている。そこで、これらを*対称性に合致した原子軌道の線形結合*（*SALC*: Symmetry Adapted Linear Combination）と呼ぶ。

結局、既約表現に応じた係数の組、$\{c_n^\kappa\}$で分子軌道を表すことができるから、$\{\phi_0(n)\}$を基底とした次のような状態ベクトルの形で表すこともできる。

$$|\Psi_A\rangle = \begin{pmatrix} 1 \\ 1 \\ 1 \\ 1 \\ 1 \\ 1 \end{pmatrix}, \quad |\Psi_B\rangle = \begin{pmatrix} 1 \\ -1 \\ 1 \\ -1 \\ 1 \\ -1 \end{pmatrix} \tag{10-16}$$

問題 10.3 LCAO-MO の形で Ψ_{E_1} および、Ψ_{E_2} を表せ（実際には、それぞれ二つの既約表現が対応している。どちらを用いてもよいが、用いたもともとの 1 次元の既約表現を示すこと）。

さて、κ 番目の既約表現に属する分子軌道の形が求まったところで、次にエネルギー固有値を求めたい。第 8 章で見たように、変分法で固有値を求めようとすると$\langle\Psi_A|H|\Psi_A\rangle$や$\langle\Psi_A|\Psi_A\rangle$などを、まず求める必要がある。ところが、これらの作業をまともにやろうとすると、重なり積分 S だけでも $_6C_2=15$ 個もでてきて大変な計算となってしまう。そこで、次の大胆な近似を行う。

$$S_{nm} = \int(\phi_\kappa(n))^*(\phi_\kappa(m))d\tau = \delta_{nm} \tag{10-17}$$

要するに、自分自身以外には重なりがないとする近似である。これで一体大丈夫なのか、と思われるかもしれないが、波動関数の重なりはエネルギー期待値のところで考慮するのである。すなわち、αとβを負の数として、まず、次のように置く。

$$\alpha = \int\phi_0(n)^*H\phi_0(n)d\tau \tag{10-18}$$

$$\beta = \int\phi_0(n)^*H\phi_0(n\pm1)d\tau \tag{10-19}$$

$$\int\phi_0(n)^*H\phi_0(m)d\tau = 0 \qquad (m \neq n, n+1, n-1) \tag{10-20}$$

これは、隣同士の波動関数によるエネルギー期待値（これを共鳴積分と呼ぶ）以外は相互作用がまったくないと考えることに等しい。この近似はヒュッケル近似（Hückel approximation）と呼ばれ、エネルギー固有値の計算が非常に簡単になる。たとえば、我々の例では各波動関数の規格化定数はすべて $1/\sqrt{6}$ となってしまう。これは単なる比例定数であとの計算には入ってこないから以後、省略する。

このような仮定のもと、Ψ_B に対応した状態$|\Psi_B\rangle$のエネルギー固有値$\langle\Psi_B|H|\Psi_B\rangle$を求めてみよう。最初なので、きちんと$\{\phi_0(n)\}$ ($n=0\sim5$)を基底とするマトリックス形式で書いてみる。

$$E_B = \langle\Psi_B|H|\Psi_B\rangle = \begin{pmatrix} 1 & -1 & 1 & -1 & 1 & -1 \end{pmatrix} \begin{pmatrix} \alpha & \beta & 0 & 0 & 0 & \beta \\ \beta & \alpha & \beta & 0 & 0 & 0 \\ 0 & \beta & \alpha & \beta & 0 & 0 \\ 0 & 0 & \beta & \alpha & \beta & 0 \\ 0 & 0 & 0 & \beta & \alpha & \beta \\ \beta & 0 & 0 & 0 & \beta & \alpha \end{pmatrix} \begin{pmatrix} 1 \\ -1 \\ 1 \\ -1 \\ 1 \\ -1 \end{pmatrix} = 6\alpha - 12\beta \tag{10-21}$$

問題 10.4 他の三つの既約表現に属する状態のエネルギー固有値、E_A, Ψ_{E_1}, Ψ_{E_2} を求めよ。

第10章　バンド理論

このようにして得られた固有値をエネルギー準位図の形にしてみるとわかりやすい（図 10.4）。

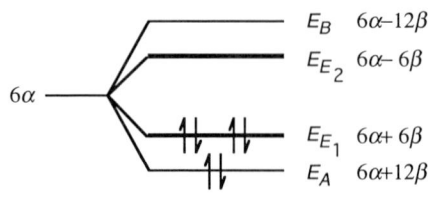

図 10.4 六員環の分子軌道のエネルギーレベル

このように六員環を形成している原子の隣同士の軌道の重なり合い（ここでは共鳴積分 β しか考慮していないが）によって、この構造は安定化する。さらに各原子から結合に寄与できる電子が一つずつ放出されたとすると、上図のように電子は A と E_1 という状態を占有することになる。

さて、ここまで読まれたみなさんは、「なんだこれではまったく分子軌道法の延長じゃないか。いったいバンド理論はどこへいったんだ！」と思われているに違いない。確かに図 10.4 に示されたエネルギー準位図はヒュッケル近似に基づいた分子軌道法の結果でしかない。

そこで、我々の目的であるバンド理論へ軌道修正するために、もう一度、巡回群に忠実な既約表現に戻ってみよう。すなわち、得られたエネルギー準位を既約表現 Γ_κ の指標である κ の関数として表し直してみる。すると図 10.5 のようなエネルギー準位図が得られる。ここでは表 10.2(a) で見たように、$\Gamma_5=\Gamma_{-1}$ などという関係を用いて 0～5 の範囲以外の κ に対してもプロットしてみた。この図は先に出てきた準位図を κ に対して書き換えただけで、本質的な操作は何も行っていない。

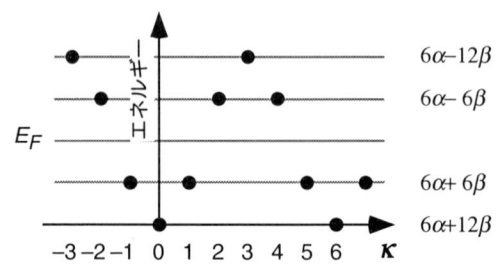

図 10.5 六員環の分子軌道のエネルギーレベル（横軸は既約表現を表す κ）

このようにプロットすると、エネルギー的に縮退していた既約表現間の関係もよくわかる。また、もともとは六つの既約表現しかないのだから、0 から 5 までとか -2 から 3 までプロットすれば、既約表現とエネルギー固有値の関係は過不足なく示せたこととなる。ついでに図中には各原子から電子が 1 個ずつ放出されたときのフェルミレベル E_F も示した。

きわめて簡単ではあるけれど、これがバンドといわれる構造の基本的な姿である。重要なことは、横軸が考えている物質の対称性に基づた巡回群の既約表現であり、縦軸がエネルギーとか固有振動数といった、その既約表現に対応する固有関数の固有値であるということだ。

10.2 既約表現 Γ_κ と波数 k

巡回群の既約表現に従う波動関数のエネルギー固有値はその既約表現の指標である κ の関数としてうまく表されることがわかった。このように表現できるのは、何もエネルギー固有値に限ったことではなく、分子振動のときに出てきた原子の変位を表す場合など、一般に言えることである。そこで、この節では、前節の結果を原子が多数ある場合、そして、長さの次元を持った並進対称操作に各原子が従う場合を考えよう。

最初に、再度、先に用いた六員環を例にとって、既約表現 Γ_κ に属する n 番目の原子上の固有状態 $\phi_\kappa(n)$ をキャラクター表 10.2(a) を用いて、0 番目の原子の固有状態 $\phi_\kappa(0)$ とどのような関係にあるのか、あらわに書き下してみよう。

表 10.2 点群 C_6 に属する分子の n 番目の原子の κ 番目の既約表現に従う状態 $\phi_\kappa(n)$

	$\phi_\kappa(0)$	$\phi_\kappa(1)$	$\phi_\kappa(2)$	$\phi_\kappa(3)$	$\phi_\kappa(4)$	$\phi_\kappa(5)$
Γ_0	$\phi_0(0)$	$\phi_0(0)$	$\phi_0(0)$	$\phi_0(0)$	$\phi_0(0)$	$\phi_0(0)$
Γ_1	$\phi_1(0)$	$\varepsilon\phi_1(0)$	$\varepsilon^2\phi_1(0)$	$\varepsilon^3\phi_1(0)$	$\varepsilon^4\phi_1(0)$	$\varepsilon^5\phi_1(0)$
Γ_2	$\phi_2(0)$	$\varepsilon^2\phi_2(0)$	$\varepsilon^4\phi_2(0)$	$\varepsilon^6\phi_2(0)$	$\varepsilon^8\phi_2(0)$	$\varepsilon^{10}\phi_2(0)$
Γ_3	$\phi_3(0)$	$\varepsilon^3\phi_3(0)$	$\varepsilon^6\phi_3(0)$	$\varepsilon^9\phi_3(0)$	$\varepsilon^{12}\phi_3(0)$	$\varepsilon^{16}\phi_3(0)$
Γ_4	$\phi_4(0)$	$\varepsilon^4\phi_4(0)$	$\varepsilon^8\phi_4(0)$	$\varepsilon^{12}\phi_4(0)$	$\varepsilon^{16}\phi_4(0)$	$\varepsilon^{20}\phi_4(0)$
Γ_5	$\phi_5(0)$	$\varepsilon^5\phi_5(0)$	$\varepsilon^{10}\phi_5(0)$	$\varepsilon^{15}\phi_5(0)$	$\varepsilon^{20}\phi_5(0)$	$\varepsilon^{25}\phi_5(0)$
Γ_κ	$\phi_\kappa(0)$	$\varepsilon^\kappa\phi_\kappa(0)$	$\varepsilon^{2\kappa}\phi_\kappa(0)$	$\varepsilon^{3\kappa}\phi_\kappa(0)$	$\varepsilon^{4\kappa}\phi_\kappa(0)$	$\varepsilon^{5\kappa}\phi_\kappa(0)$

$\varepsilon = \exp(2\pi i/N)$、$\kappa = 0 \sim N-1$；$N=6$

これを横に足したものが各既約表現の分子軌道だ。ここでは 6 回対称操作を考えているが ($N=6$)、N がこれより大きくてもこの表は同じ形を持つ。よって次のことが結論される。κ 番目の既約表現において、n 番目の原子の状態は 0 番目の原子の状態に係数 $\varepsilon^{n\kappa}$ を掛けたものである。つまり、

$$\phi_\kappa(n) = \varepsilon^{n\kappa}\phi_\kappa(0) \tag{10-22}$$

と書ける。ε はもともと ε^N が 1 となるような指数関数として定義されたのであったので(10-3)、結局、我々は ε をあらわな形に表して次の関係を得る。

$$\phi_\kappa(n) = \exp\left\{2\pi i \frac{n}{N}\kappa\right\}\phi_\kappa(0) \tag{10-23}$$

さて次に、この結果を利用して並進対称性を有している場合を考えてみよう。その場合、リング状に同じ原子が存在する回転対称の場合と異なって、格子間の距離という長さの次元が入ってくる。そこで、今、この距離を a と置こう（1 個の原子からなる格子であれば原子間隔だ）。

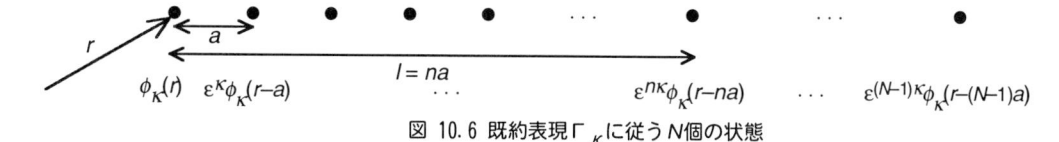

図 10.6 既約表現 Γ_κ に従う N 個の状態

先の n 回回転操作を表すオペレータが C_n であったことにならって、任意の関数を na だけ並進操作するオペレータを T^{na} と置こう。つまり、このオペレータは r の位置にある 0 番目の原子に存在する関数 $\phi_\kappa(r)$ に対して

$$T^{na}\phi_\kappa(r) \longrightarrow \phi_\kappa(r-na) \tag{10-24}$$

という操作をほどこす。ここで、中学校のときに習ったように、関数を正の方向に移動させるに

第10章 バンド理論

は、変数を $r \to r-na$ のように変化させなくてはならないことに注意しよう。

さて、このような並進対称性を有する系も周期的境界条件を用いれば巡回群をなす。したがって、先の六員環を例として得た結果がそのまま使える。ただし、n 番目の原子が長さの次元を持った $l=na$ という位置にあり、全部で N 個ある最後の原子は $L=Na$ という位置にあるので、

$$n \to na, \qquad N \to Na \tag{10-25}$$

という置換をキャラクター中の指数に対して行う必要がある。すると、n 番目の原子の Γ_κ に属する波動関数 $\phi_\kappa(r-na)$ は 0 番目の原子の波動関数を用いて次のように表記できる。

$$\phi_\kappa(r-na) = T_\kappa^{na}\phi_\kappa(r) = \varepsilon^{(na)\kappa}\phi_\kappa(r) = \exp\left\{\left(2\pi i \frac{na}{Na}\right)\kappa\right\}\phi_\kappa(r) = \exp\{i\,k(na)\}\phi_\kappa(r) \tag{10-26}$$

ここで既約表現 Γ_κ の指標 κ と一対一の関係にある長さと逆の次元を持つ数 k を導入した。

$$k = 2\pi\frac{\kappa}{Na} = \frac{2\pi}{a}\frac{\kappa}{N} = \frac{2\pi}{L/\kappa} \tag{10-27}$$

この k は、波長 L/κ に対する波数 (wave number) と考えてもよい。また、κ は 0 から $N-1$ の値をとるが、これを $-N/2$ から $N/2$ としても差し支えない。よって、対応する波数 k の範囲も

$$-\frac{N}{2} < \kappa \le \frac{N}{2} \longrightarrow -\frac{\pi}{a} < k \le \frac{\pi}{a} \tag{10-28}$$

となる。また、(10-25) を波数 k と $l=na$ を用いて書き直せば、

$$\phi_\kappa(r-l) = e^{ikl}\phi_\kappa(r) \tag{10-29}$$

という簡単な形となる。さらに、次の関係が成り立っている。

$$k \cdot l = \frac{2\pi}{a}\frac{\kappa}{N} \cdot na = \frac{2\pi\kappa n}{N} \tag{10-30}$$

大切なのはキャラクター e^{ikl} である。まず、キャラクターとは対称操作に対する固有値であることを再認識しよう（5.6 節）。そして巡回群においては、一般には絶対値が 1 の複素数である。図 10.7 に $h=24$ の場合についてのキャラクターの実部を n に対して（同等に $l=na$ に対して）スケッチした。この図自身が $h=24$ の巡回群のキャラクター表を図式化したものと考えてもよい。このように κ 番目の既約表現のキャラクターは並進対称性を持つ系全体に漂う波数 k の波を表しており、個々の格子に存在する波動関数や変位ベクトルなどの固有状態に変調を与える。

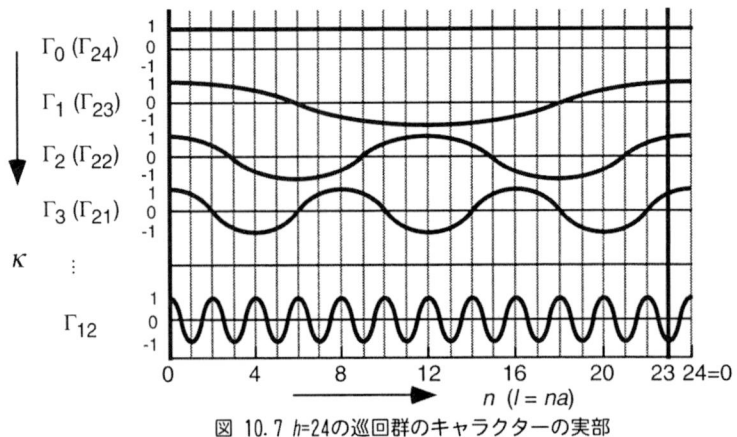

図 10.7 $h=24$ の巡回群のキャラクターの実部

10.3 ブロッホの定理とブロッホ関数

10.3.1 ブロッホの定理

前節で得られた既約表現 Γ_κ、すなわち波数 k に従う波動関数 Ψ_k の r および $r+l$ の位置における関係（10-29）を3次元に拡張しよう。

$$\Psi_k(\vec{r}-\vec{l}) = e^{i\vec{k}\cdot\vec{l}}\Psi_k(\vec{r}) \tag{10-31}$$

これを**ブロッホの定理**（Bloch's theorem）という。

この定理の導出からわかるように、この定理は本質的に巡回群であることに起因する性質である。要するに、$\Psi_k(\vec{r})$ を $\vec{l}$ だけ並進操作した波動関数 $\Psi_k(\vec{r}-\vec{l})$ は $\Psi_k(\vec{r})$ の $e^{i\vec{k}\cdot\vec{l}}$ 倍となるということをいっているだけだ。既約表現 Γ_κ に従う分子軌道の一つの項を抜き出したものと解釈できる。よって、この係数の値は波数 $\vec{k}$ と並進操作の $\vec{l}$ に依存する。繰り返すが、この係数はもともとは κ 番目の既約表現に属する対称操作 T^l あるいは C_n のキャラクターにすぎない。さらに、ここでの議論は巡回群であることのみから出発した一般的なものであったから、次の結論が導かれる：

<u>巡回群をなす系の波動関数は必ずブロッホの定理を満たさなくてはならない。</u>

したがって我々は、まず、ブロッホの定理を満たす関数の一般形を探す必要がある。

10.3.2 ブロッホ関数

まず、次の関数を（10-31）の両辺に代入してみよう。

$$\Psi_k(\vec{r}) = u_k(\vec{r})e^{-i\vec{k}\cdot\vec{r}} \tag{10-32}$$

すると、

$$u_k(\vec{r}-\vec{l})e^{-i\vec{k}\cdot(\vec{r}-\vec{l})} = e^{i\vec{k}\cdot\vec{l}}u_k(\vec{r})e^{-i\vec{k}\cdot\vec{r}} \tag{10-33}$$

を得る。逆にいうと、この等式が成立していれば、我々が選んだ関数（10-32）はブロッホの定理を満たしていることになる。そのためには $u_k(\vec{r})$ として次の条件を要求せねばならない。

$$u_k(\vec{r}) = u_k(\vec{r}-\vec{l}) \tag{10-34}$$

ここで $l=na$ は任意の格子間の距離であるから、結局 $u_k(\vec{r})$ という関数も、格子の持つ周期で変化する関数でなくてはならないことが判明した。（このようにブロッホの定理は（10-32）と（10-34）とによって与えられる場合もある。）

（10-34）という周期的条件が満たされているとき、（10-32）を**ブロッホ関数**という。我々はこの結果をシュレディンガー方程式などとは関係なく、考えている系が巡回群であることのみから得たのであるから、逆にいうと電子状態であろうと格子振動であろうと、<u>周期的環境下における系の固有関数は必ずブロッホ関数でなくてはならない</u>と結論できる。その意味で、この関数は固体物理において基幹をなす重要なものだ。

10.4 逆格子とブリルワンゾーン

10.4.1 逆空間と逆格子

我々は並進対称性を有する系の固有関数が持たなくてはならない一般的な関数形を求めたが、その過程で大切な説明を一つ抜かしている。実はブロッホの定理を 3 次元に拡張したとき、(10-31)の指数関数の肩を

$$k \cdot l \longrightarrow \vec{k} \cdot \vec{l} \tag{10-35}$$

と置き換えたが、このような拡張は本来は慎重に行うべきだ。なぜならば、l は次のように 1 次元から 3 次元に拡張されており、$\vec{l}$ は

$$l = na \longrightarrow \vec{l} = n_1 \vec{a}_1 + n_2 \vec{a}_2 + n_3 \vec{a}_3 \tag{10-36}$$

というベクトルで表されているからだ。1 次元のときは k の単位を a の逆数とすることにより、キャラクターである e^{ikl} の肩が無次元となったのだが、3 次元のときは $\vec{l}$ 自体が 3 次元格子の格子点を表すベクトルとなるので、単純にベクトルの逆数をとって無次元にするというわけにはいかない。ちょっとした工夫が必要である。

そこで、まず実際に 3 次元格子ベクトルに対する単位逆格子ベクトルを次のように定義しよう。

$$\vec{b}_1 = 2\pi \frac{\vec{a}_2 \times \vec{a}_3}{\vec{a}_1 \cdot \vec{a}_2 \times \vec{a}_3}, \quad \vec{b}_2 = 2\pi \frac{\vec{a}_3 \times \vec{a}_1}{\vec{a}_1 \cdot \vec{a}_2 \times \vec{a}_3}, \quad \vec{b}_3 = 2\pi \frac{\vec{a}_1 \times \vec{a}_2}{\vec{a}_1 \cdot \vec{a}_2 \times \vec{a}_3} \tag{10-37}$$

ここで分母は単位胞の体積である。このようにして定義された逆格子ベクトル (reciprocal lattice vector) は長さの逆の次元を持ち、また、上の定義から次の性質が直ちに導かれる：

$$\begin{aligned} \vec{a}_1 \cdot \vec{b}_1 &= \vec{a}_2 \cdot \vec{b}_2 = \vec{a}_3 \cdot \vec{b}_3 = 2\pi \\ \vec{a}_i \cdot \vec{b}_j &= 0 \ (for\ i \neq j) \end{aligned} \tag{10-38}$$

このベクトルを用いて、我々の波数ベクトルを次のように 3 次元に拡張しよう。

$$k = 2\pi \frac{\kappa}{Na} \longrightarrow \vec{k} = \frac{\kappa_1}{N_1} \vec{b}_1 + \frac{\kappa_2}{N_2} \vec{b}_2 + \frac{\kappa_3}{N_3} \vec{b}_3 \tag{10-39}$$

すなわち、1 次元の場合 k は格子定数 a の逆数に比例していたが、3 次元の場合、逆格子ベクトル $\vec{b}$ に依存するというわけだ。このように波数ベクトルを定義し直せば、

$$\begin{aligned} \vec{k} \cdot \vec{l} &= \left\{ \frac{\kappa_1}{N_1} \vec{b}_1 + \frac{\kappa_2}{N_2} \vec{b}_2 + \frac{\kappa_3}{N_3} \vec{b}_3 \right\} \cdot \{ n_1 \vec{a}_1 + n_2 \vec{a}_2 + n_3 \vec{a}_3 \} \\ &= 2\pi \left\{ \frac{\kappa_1}{N_1} n_1 + \frac{\kappa_2}{N_2} n_2 + \frac{\kappa_3}{N_3} n_3 \right\} \end{aligned} \tag{10-40}$$

となり、(10-30)と比べると 1 次元からの自然な延長になっていることがわかる。このように(単位)逆格子ベクトルによって張られる空間を*逆空間* (reciprocal space) という。

固体物理では (10-38) のように 2π を基準として逆格子の単位ベクトルを定義するが、結晶学では

$$\vec{a}_i \cdot \vec{b}_i = 1 \quad (i = 1, 2, 3)$$

と定義するのが普通である。したがって、たとえば (10-31) の指数項は、$e^{2\pi ikl}$ と書き直される。こうすることにより、hkl で表される面指数は整数となり (3.5 節)、また、波長の整数倍で波の干渉が起こることが明確に示せるからだ。

10.4 逆格子とブリルワンゾーン

それでは次に、(10-37) によって定義される逆格子そのものを見てみよう。逆空間中の任意の逆格子点は逆格子ベクトル $\vec{K}$ を用いて、次のように与えられる。(m_j (j=1, 2, 3) は整数)

$$\vec{K} = m_1\vec{b}_1 + m_2\vec{b}_2 + m_3\vec{b}_3 \tag{10-41}$$

実空間の格子点と逆格子との幾何学的関係を図 10.8 に示した。逆空間といっても実空間と同様の座標系を持ち、実空間の格子が回転すれば逆空間の格子も同じだけ回転する。すなわち、この二つの格子は互いに独立なのではなく (10-37) を通じて厳密に一対一の関係にある。また、一見異なったように見えるが、同じ点対称性を持つことに注意しよう。

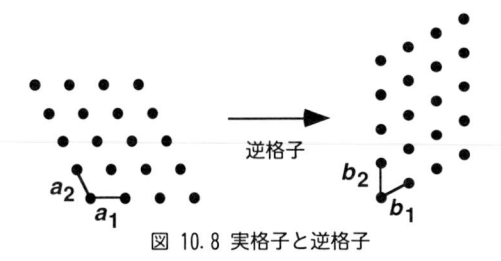

図 10.8 実格子と逆格子

さて、ここでこの実空間の任意の格子点を表すベクトル $\vec{l}$ と逆格子点を表すベクトル $\vec{K}$ とのスカラー積をとってみよう。

$$\begin{aligned}\vec{K} \cdot \vec{l} &= \{m_1\vec{b}_1 + m_2\vec{b}_2 + m_3\vec{b}_3\} \cdot \{n_1\vec{a}_1 + n_2\vec{a}_2 + n_3\vec{a}_3\} \\ &= 2\pi\{m_1n_1 + m_2n_2 + m_3n_3\}\end{aligned} \tag{10-42}$$

このように、ちょうどよく 2π の整数倍となってしまう。すなわち、次の等式が成り立つ。

$$e^{i(\vec{k}+\vec{K})\cdot\vec{l}} = e^{i\vec{K}\cdot\vec{l}}e^{i\vec{k}\cdot\vec{l}} = 1 \cdot e^{i\vec{k}\cdot\vec{l}} = e^{i\vec{k}\cdot\vec{l}} \tag{10-43}$$

このことを利用してブロッホの定理 (10-31) にでてくる指数関数を置き換えると、

$$\Psi_k(\vec{r}-\vec{l}) = e^{i\vec{k}\cdot\vec{l}}\Psi_k(\vec{r}) = e^{i(\vec{k}+\vec{K})\cdot\vec{l}}\Psi_k(\vec{r}) \tag{10-44}$$

と書いてもよいことになる。これは意味深な表現である。この式を直訳すると波数ベクトル $\vec{k}$ で定められる波動関数に対して $\vec{k}+\vec{K}$、すなわち、もともとの波数ベクトルから逆格子ベクトル分ずれているように振る舞ってもよいということになる。逆にいうと、一つの波数 $\vec{k}$ に対して $\vec{K}$ だけずれた波動関数がいくつあってもよいことになる。波数とは周波数の逆数だから、波数がずれるということは波動関数がより細かく(粗く)波打つということを意味している。そのように様子の異なる波動関数が一つの $\vec{k}$、すなわち一つの既約表現にいくつあってもよいというわけだ。

なぜこのようなことが起こったかというと、これも巡回群であることに起因している。この章の最初に六員環のキャラクターを考えたが、あのとき、たとえば対称要素 C_6 に対応するキャラクターが既約表現の総数、すなわち群のオーダーである 6 を越えると

$$\varepsilon^7 = \varepsilon$$

となるから、新しいキャラクターは生じないと結論づけた。確かに新しいキャラクターは生じないのであるが、このとき、同じキャラクターを持つ異なった波動関数が $\vec{K}$ だけ遠いところに生まれる可能性をブロッホの定理は否定していないのだ。このことが、2 次元や 3 次元の結晶中の固有状態を分類するとき、点対称性との関連で重要となる (10.8 節)。

10.4.2 ブリルワンゾーン

我々は巡回群の既約表現が κ という指標で特徴づけられることを見いだし、この既約表現は考えている格子点の数 N だけ（環状分子であれば原子の数だけ）あることから出発した（群のオーダーに等しい）。そこで、κ を次の範囲でとることができたわけだ。

$$-\frac{N}{2} \leq \kappa < \frac{N}{2}$$

一方、格子点が間隔 a で並ぶ並進対称性を持つ系もまったく同様に扱い、その既約表現を波数 k を用いて特徴づけた。そして k の範囲も、たとえば 1 次元では次のようにとれることを見た（10-28）。

$$-\frac{\pi}{a} \leq k < \frac{\pi}{a}$$

ところが、前節で述べたブロッホの定理が本来的に有する性質を考えると、波動関数とその固有値を規定するパラメータは既約表現の数だけある $\vec{k}$ に加えて、逆格子ベクトル $\vec{K}$ を加えたり引いたりした分だけあることになってしまう。$\vec{K}$ は逆格子単位ベクトルを組み合わせて、いくらでも自由に作れるから（10-41）、一つの既約表現に対し波動関数とその固有値は事実上、無限個あることになる。折角、既約表現に基づいて波動関数を整理できると思ったのに、これでは大変だ。異なった形をしている波動関数はしかたがないとしても、せめて固有値くらい同じ $\vec{k}$ に属するものはそのことが判るようにプロットしたい。そこで、逆格子点の周期性に着目して、すべての既約表現を上に示したの範囲にある k で代表してしまおう。この状況を1次元の場合について図10.9に示した。ここで ○ 印が逆格子点である。また、特定の波数ベクトル $\vec{k}$ とそれに対して逆格子ベクトル $\vec{K}$ だけずれたところにあるいくつかの点も ● 印で示した。このようにすると、もともとの $\vec{k}$ が $-\pi/a$ と π/a の存在することに対応して、次の各点：

$$\vec{k} + n\vec{K} \quad (n = \pm 1, \pm 2, \pm 3, \ldots) \tag{10-45}$$

が色分けしたそれぞれの領域に一つずつ存在することがわかる。このような領域を第一ブリルワンゾーン（Brillouin zone、BZ）、第二ブリルワンゾーン、などと呼ぶ。BZ の境界は逆格子ベクトルの半分、すなわち、

$$\vec{k} = \frac{\vec{K}}{2} \tag{10-46}$$

の位置に存在する。また、それぞれのゾーンの大きさは等しく、各ゾーン内には独立な波数（既約表現）$\vec{k}$ が必ず N 個ずつ存在する。この N 個の既約表現を第一ブリルワンゾーンで代表して表すやり方を還元ゾーン形式（reduced zone scheme）という。一方、一つずつの既約表現を逆空間

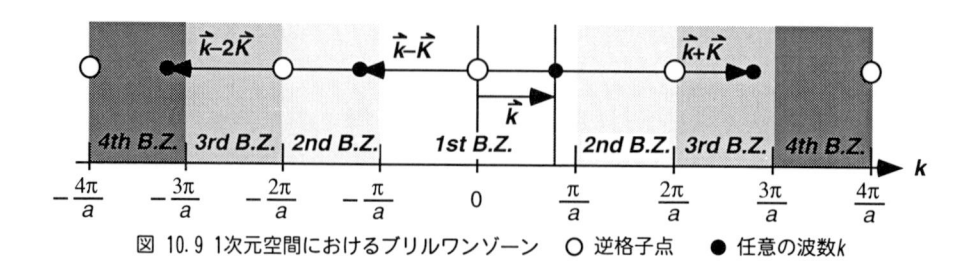

図 10.9 1次元空間におけるブリルワンゾーン　○ 逆格子点　● 任意の波数 k

10.4 逆格子とブリルワンゾーン

すべての領域にまたがって表すやり方を拡張ゾーン形式（extended (repeated) zone scheme）という。

2次元にこの考え方を拡張するときは、(10-46)で与えられるゾーン境界を k_x および k_y 方向に導入すればよい。一例を図10.10に示す。このとき、境界は逆格子点へ向かうベクトルの中点と垂直になるようにとっている。図を見ると遠くのゾーンにいくほど複雑な形となるが、それぞれのゾーン内にある k、すなわち既約表現の数は一定で、2次元の場合 $N_x N_y$ である。また、このようにして決められた第一ブリルワンゾーンは実空間の格子の持つ対称性と同じ対称性を有している。そして、このようにして選ばれた単位胞のことをウィグナー–ザイツセル（Wigner-Seitz cell）という。

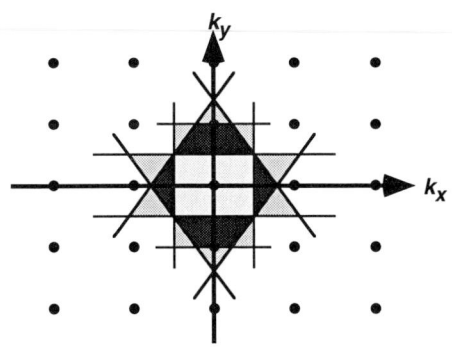

図 10.10 2次元逆空間とブリルワンゾーン

ところで、1次元につき N 個ある既約表現を、逆格子ベクトル $\vec{K}$ による並進操作によって重複しない領域を選ぶという観点からすると、何も上のような複雑な形をした方式でなくともよいような気がする。逆格子点そのものから構成される単純な単位胞の中にも、もちろん、それぞれ独立な $N_x N_y$ 個の既約表現に対応する $\vec{k}$ ベクトルが存在するし、また、$\vec{K}$ ベクトルと平行となるように境界を選んでも、大分すっきりした形となる。上記のやり方においてわざわざゾーン境界を $\vec{K}$ ベクトルと垂直にとるメリットは、先に述べたようにウィグナー–ザイツセルではもとの格子の有する点対称性がそのまま逆空間にも維持されるという点にある。また、X線や電子線の回折を考えるとき、逆空間の原点からゾーン境界へ向かう任意の入射波は回折条件を満たすということ、さらに、このように境界をとれば自由電子のエネルギーレベルとゾーンとが一対一の関係におかれ、ゾーン境界における電子の状態密度の変化などを考えるのに都合がよい、といった固体物理的視点からのメリットも大きい。

3次元におけるブリルワンゾーンも2次元の場合の拡張として自然に与えられる。図10.11は実空間の面心立方ブラベー格子に対する逆格子（体心立方格子）のウィグナー–ザイツセル、すなわち、第一ブリルワンゾーンである。しかし、このように(10-46)で与えられる逆格子空間内の面で k ベクトルを限定するやり方は、実空間におけるブラベー格子の対称性が低くなると、うまくいかない。対称性の低い結晶系を扱う場合、注意が必要だ（Koster, 1957）。

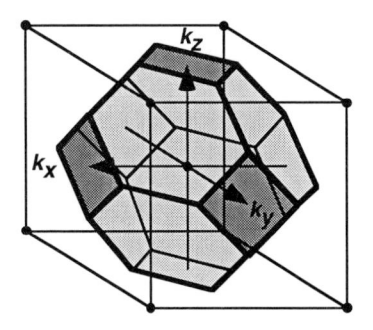

図 10.11 面心立方格子の逆格子と第一ブリルワンゾーン

10.5 格子振動
10.5.1 1次元の格子振動

我々がこれまで用いてきた手法は一般的なものであり、対象が波動関数であれ、原子の変位を表す関数であれ適用可能である。この節では単純な 1 次元の格子振動を例にとって、巡回群とブロッホの定理の意味するところを学ぼう。A と B という2種類の原子からなる基本構造を持つ単位胞が 1 次元単純格子に組み合わさった構造を考える（図 10.12）。第 9 章分子振動で扱った二原子分子が格子間隔 a をもって、ずっと連なったものと考えてもよい。

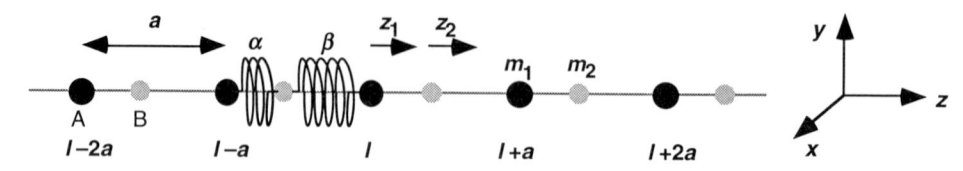

図 10.12 AB二原子からなる基本構造を持つ1次元格子

N 個の単位胞からなるこのようなチェーンには原子の数は全部で $2N$ 個、各原子が三つの自由度 x, y, z をもっているから、全体としての自由度は $6N$ ある。そして解かなくてはならない運動方程式もその数だけある。ここではとりあえず z 方向の運動のみ考えよう。一度に $2N$ 個の方程式を考えるのは大変なので、まず、ゼロ番目の格子点から l だけ離れた単位胞に存在する二つの原子の運動を記述してみよう。以後のやり方は途中でブロッホ関数を導入することを除けば、分子振動の場合と完全に同じである（原子 A と B をそれぞれ、サブスクリプト1と2で表す）。

- **step1** まず、l の位置にある単位胞中の j 番目の原子の z 方向の変位を $z_{l,j}$ とおこう（$j=1, 2$）。そして系全体の運動エネルギーとポテンシャルエネルギーを書き下し、それをラグランジュの方程式に代入することにより運動方程式を求める（運動方程式を定性的に理解すれば十分）。

$$T = \tfrac{1}{2}\left(m_1 \dot{z}_{l,1}^2 + m_2 \dot{z}_{l,2}^2\right)$$
$$U = \tfrac{1}{2}\left\{\beta\left(z_{l+a,1} - z_{l,2}\right)^2 + \alpha\left(z_{l,2} - z_{l,1}\right)^2 + \beta\left(z_{l,1} - z_{l-a,2}\right)^2\right\}$$
(10-47)

ここでフックの法則に現れる力定数として、図 10.12 に示したように α と β を用いた。これから、次の連立した運動方程式を得る。このような方程式の組が N 個あるわけだ。

$$m_1 \ddot{z}_{l,1}^2 = -\alpha\left(z_{l,1} - z_{l,2}\right) - \beta\left(z_{l,1} - z_{l-a,2}\right)$$
$$m_2 \ddot{z}_{l,2}^2 = -\beta\left(z_{l,2} - z_{l+a,1}\right) - \alpha\left(z_{l,2} - z_{l,1}\right)$$
(10-48)

- **step2** ここでブロッホの定理の登場である。すなわち、l の位置にある単位胞中の原子の変位を、ゼロ番目の単位胞中の原子の変位に並進操作の固有値（キャラクター）e^{ikl} を掛けたもので置き換えてしまうのだ。

$$\text{ブロッホの定理：} \quad z_{l,j} = e^{ikl} z_{0,j} \quad (j = 1, 2) \tag{10-49}$$

- **step3** さらに、分子振動のときと同様に各原子は調和振動をすると考え、κ 番目の既約表現、すなわち波数 k に属するゼロ番目の原子の変位を次のように置く。

$$\text{調和振動子：} \quad z_{0,j} = Z_{k,j} e^{i\omega t} \tag{10-50}$$

（このサフィックス k は煩雑なので以下省略する。ただし、ブロッホの定理を導入した瞬間に、巡回群の既約表現により指定された N 個ある固有状態を一つの k で代表しているという認識を忘れないようにしよう。最後に我々は、得られた固有値を k の関数として表す。）

以上を運動方程式に代入すると

$$-\omega^2 m_1 Z_1 = -\alpha(Z_1 - Z_2) - \beta(Z_1 - e^{-ika} Z_2)$$
$$-\omega^2 m_2 Z_2 = -\beta(Z_2 - e^{ika} Z_1) - \alpha(Z_2 - Z_1) \tag{10-51}$$

このように我々は、たまたま l の位置にある単位胞中の原子の変位から出発したが、ブロッホの定理を適用することによって、その特殊性が消滅し、$2N$ 個の方程式がたった一組の連立方程式となってしまった。並進対称性があったからこそ、このようなことが可能なのである。

- step4　移項して、マトリックス形式に書き直せば、次の形になる：

$$\begin{bmatrix} -m_1\omega^2 + (\alpha+\beta) & -(\alpha+\beta e^{-ika}) \\ -(\alpha+\beta e^{ika}) & -m_2\omega^2 + (\alpha+\beta) \end{bmatrix} \begin{bmatrix} Z_1 \\ Z_2 \end{bmatrix} = \begin{bmatrix} 0 \\ 0 \end{bmatrix} \tag{10-52}$$

この式を分子振動のとき得た式（9-13）と比べると対角要素は力定数が $\alpha+\beta$ となっているだけで同じだし、クロスタームもブロッホの定理を導入した結果入ってきた指数項を除けば同じであることに気づく。さて、$Z_j=0$ 以外の解を持つためには行列式がゼロでなくてはならないから、

$$\begin{vmatrix} -m_1\omega^2 + (\alpha+\beta) & -(\alpha+\beta e^{-ika}) \\ -(\alpha+\beta e^{ika}) & -m_2\omega^2 + (\alpha+\beta) \end{vmatrix} = 0 \tag{10-53}$$

を要求すると、次の解が得られる。

$$\omega^2 = \frac{\alpha+\beta}{2}\frac{1}{\mu}\left\{1 \pm \sqrt{1 - \frac{\mu}{m_1+m_2}\frac{16\alpha\beta}{(\alpha+\beta)^2}\sin^2\frac{ka}{2}}\right\} \tag{10-54}$$

μ は換算質量である。ここで $k=0$ という既約表現に対応する状態を考えると、分子振動のときとまったく同様の結果が得られる。

$$\omega_1^2 = 0, \quad \omega_2^2 = \frac{(\alpha+\beta)}{\mu} \qquad (k=0) \tag{10-55}$$

チェーンの場合はそれぞれの原子の両側に異なったバネが存在するので、伸縮運動の振動数 ω_2 にその効果が現れているが、それ以外は分子振動の場合と同じである。原子の変位を表す固有ベクトルも二原子分子の場合と同様に求まる。すなわち、図 9.8 に示したように ω_1 では単位胞中の二つの原子は同じ向きに、ω_2 のモードでは反対向きに原子が変位する。

10.5.2　音響モードと光学モード

　これら固有振動数を波数 k に対して (10-54) を用いてプロットしてみよう（図 10.13）。このように k に対して二つの異なった一連の固有値が求まる。これをブランチ（branch、枝）という。単位胞にある二つの原子の z 方向の成分しか考えなかったから二つのブランチしか発生しなかったのである。一般に n 個の原子が基本構造（basis）をなし、それぞれの x, y, z 方向の振動を考慮すれば、$3n$ 個のブランチがあることになる。それぞれのブ

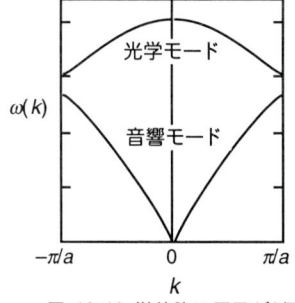

図 10.13 単位胞に原子が2個ある1次元格子の分散曲線：光学モードと音響モード

ランチにおける固有値の数は既約表現の数だけ、すなわち N 個あるから、結局、$3nN$ 個の解があることになる。これは、分子振動のときに考えた自由度の数と同じである。

$\omega=0$ から出発するブランチは $k = 0$ の近傍で k に比例しているが、この傾きが波の伝搬する群速度 (group velocity) であり、これは弾性波の持つ性質である。そのため、このブランチは音響モード (acoustic mode) と呼ばれる。分子振動の場合、$\omega=0$ の解は並進運動を意味し、このモードは3個しか存在しないのと同様に、格子振動でも音響モードは3個しかない。また、k がブリルワンゾーン境界に近づくと（すなわち弾性波の波長が原子間隔に近づくと）ω と k の比例関係が失われていくが、これが分散 (dispersion) と呼ばれる性質だ。そのため、ω-k 平面上の曲線は分散曲線 (dispersion curve) と呼ばれる。

次に単位胞中の原子の変位の様子を図示することを試みよう。そのためには (i) 音響モードでは単位胞内の原子は同じ方向に変位すること、(ii) 単位胞間の固有状態はキャラクター e^{ikl} によって変化すること、に注意すればよい。言い換えると、求める変位は (i) 二原子分子の変位を表す図 9.8、と (ii) 並進操作のキャラクターの変化を示す図 10.7 との積である。後者は波数 k、すなわち並進操作の既約表現 Γ_k に強く依存する。特に、ブリルワンゾーン境界付近に達すると、この領域のキャラクターの符号が各格子点間で激しく変動するから、隣同士の単位胞間における変位の向きが異なってくる。図 10.14 に k が 0 に近い場合とゾーン境界に近い場合の原子変位を示した。

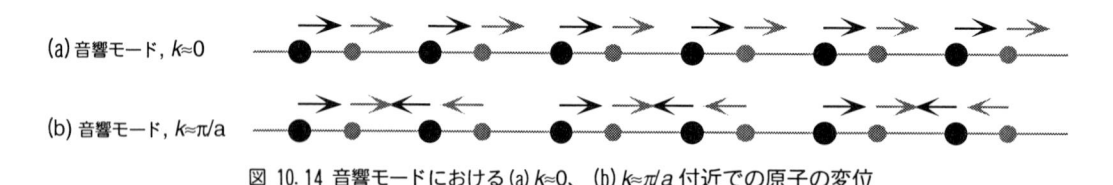

(a) 音響モード, $k \approx 0$

(b) 音響モード, $k \approx \pi/a$

図 10.14 音響モードにおける (a) $k \approx 0$、(b) $k \approx \pi/a$ 付近での原子の変位

もう一つのブランチは単位胞内の隣り合う原子が反対向きに運動するモードである。このモードでは、双極子モーメントの変化を伴うので、光学的に活性である。そのため、このブランチは光学モード (optical mode) と呼ばれる。光学モードは全自由度から音響モードを引いた $3n-3$ 個ある。音響モードの場合と同様に $k=0$ の近傍では隣り合う単位胞内の各原子の変位は同じである。

一方、ゾーン境界付近では、単位胞間での符号が逆転している。その結果、ゾーン境界の領域の音響モードと光学モードの原子の振動は似たような様相を示す。実際、もし、バネ定数と原子の質量が同じであれば、ゾーン境界においてこの二つのモードの振動数は完全に一致する。

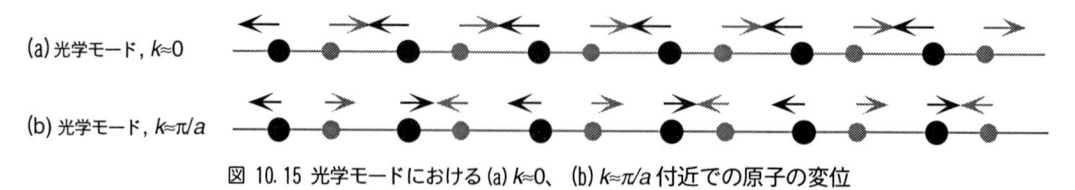

(a) 光学モード, $k \approx 0$

(b) 光学モード, $k \approx \pi/a$

図 10.15 光学モードにおける (a) $k \approx 0$、(b) $k \approx \pi/a$ 付近での原子の変位

ここまでは z 方向に並んだ原子の z 方向の変位だけを問題としてきた。このように波数 k の方向と各原子の変位が一致している波を縦波 (longitudinal wave) という。一方、z 方向の 1 次元問題であることには変わりないが、各原子の変位が x や y 方向の場合を横波 (transverse wave)

という。そして、光学モードと音響モードをLO, LAおよびTO, TAと略すことが多い。これらはそれぞれが基準振動モードであるからxおよびy方向の変位間でのクロスタームはない。したがって、形式的には（10-47）から（10-55）の取扱いとまったく同様であり、単に力定数のみが異なる（問題9.1(iv)参照）。またこの場合、z軸の周りに軸対称、すなわち$C_{\infty v}$という対称性を有しているのでxおよびy方向の固有状態は縮退している。このような理由で図10.16に示した分散曲線が描かれる。しかし3次元結晶では特定の対称軸以外の方向に向かう一般の波数kに対して、このような縮退は解けるはずであるから、一般のkに対してはTAとTOで表された分散曲線もさらに分離する。

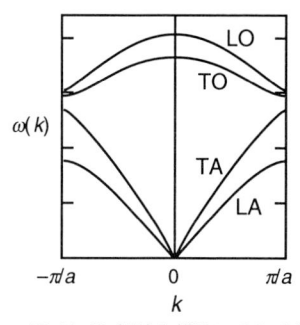

図10.16 縦波と横波にそれぞれのモードがわかれた場合

10.5.3　$k=0$近傍での基準振動モード

この節を終える前に、分子振動と格子振動との関係について簡単に触れたい。前章では、分子振動の各モードを基準振動に分けることにより赤外分光やラマン分光に活性であるか否かの判定などが楽になった。このようなことは格子振動でも可能であろうかという疑問が当然わいてくる。格子では隣り同士の単位胞中の原子の変位が波数kに依存するので分子振動のように簡単にはいかないが、それでもkがゼロの近傍では隣りの単位胞の振動の位相もほとんど同じであり、このような長い波長の領域の振動は赤外分光やラマン分光によって解析することが可能である。そこで$k \approx 0$でのふるまいを少し詳しく見てみよう。

問題は我々が分子振動で用いた手法を、並進対称性があり、また、kがほとんどゼロに近いという条件下でどのように用いるかという点にある。ここではWO_3という単純立方晶に属する結晶を例にとって、このことを調べてみる。

この結晶の属する空間群は$Pm\bar{3}m$、そしてWが$1b$サイト、Oが$3c$サイトを占有する（問題3.20）。 International Tablesに記載されている原点の取り方に準ずれば、図10.17のような位置だ。そしてもちろん、このような単位胞が並進対称操作によって繰り返されている状況を我々は想定している。一方、分子振動でやったことを思い出すと、各原子のx, y, z方向への変位を基底とする変換マトリックスの表現を既約化すれば、それが固有状態の既約表現そのものになる。

分子の場合との違いは、たとえばWO_3と同じ点対称性を有するSF_6分子では6個のF原子が対称操作によって交換するので、すべてのF原子の変位を基底とするマトリックス表現を考えなくてはならなかったが（問題9.5）、並進対称性がある状態では6個のF原子のうち3個は隣りの単位胞に属しているのでそのような点対称操作ができないという点である。正確にいうと、一般のkではとなり同士の単位胞の位相は少しずつずれているので同じサイトの原子でも単位胞が異なれば、その変位は等価ではないということだ。格子全体を漂う波（図10.7）によ

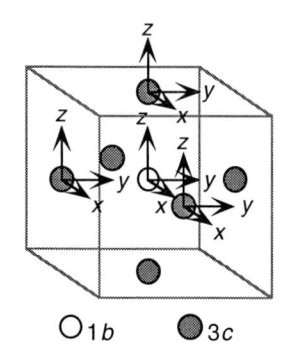

図10.17 空間群$Pm\bar{3}m$に属する結晶の$k\approx 0$近傍での$1b$および$3c$サイトの変位ベクトル

第10章 バンド理論

り変調を受けていると解釈してもよい。しかし例外がある。$k=0$ のときと $k=\pi/a$ のときである。この場合は隣り同士の単位胞の変位は等しい（もしくは180°ずれている）からだ。

以上の考察から WO_3 の $k=0$ における基準モードを求めてみよう。O 原子と W 原子は別々の原子であるから対称操作によって交換せず、別々に考えてよい。すると O 原子に対して 3×3、W 原子に対して 9×9 のマトリックスを考え、点群 O_h に属する各対称操作のキャラクターを求めればよいことになる。このとき、点群操作によって単位胞分だけずれたところに移る原子の変位は同じ原子の変位と見なさなくてはならないことに注意しなくてはならない。これが並進対称性からの制約である。このことを考慮して各原子変位に対してキャラクターを求め、属する点群のキャラクター表（表 10.3：この例では T_{1u} と T_{2u} しか現れないので他は省略した）を用いて、得られた表現を既約化すればよい。

問題 10.5 $1b$ サイトと $3c$ サイトの変位ベクトルの表現のキャラクターを求め、既約表現に分解せよ（表 10.3 の空欄を埋め、得られた表現を T_{1u} および T_{2u} に分解せよ）。

表 10.3 点群 O_h の既約表現を用いた $1b$ および $3c$ サイトの変位ベクトルの既約化

O_h	E	$8C_3$	$6C_2$	$6C_4$	$3C_4^2$	i	$6S_4$	$8S_6$	$3\sigma_h$	$6\sigma_d$	
T_{1u}	3	0	−1	1	−1	−3	−1	0	1	1	(x, y, z)
T_{2u}	3	0	1	−1	−1	−3	1	0	1	−1	
$1b$	3					−3					
$3c$	9					−9					

結果は $1b$ が T_{1u}、$3c$ が $2T_{1u}+T_{2u}$ である。したがって WO_3 の $k=0$ の付近における振動モードは全部で $3T_{1u}+T_{2u}$ ということになる。このうち、一つの T_{1u} は分子振動の並進運動、すなわち、音響モードに相当し、残りの $2T_{1u}+T_{2u}$ が光学モードに属する既約表現である。これらが、赤外活性であることは前章の結果からわかるだろう。

さらに先に進むためには、並進対称性に点対称性を取り入れたバンド理論の手法を学ばなくてはならない。11.8 節以降を一通り、目を通した後、参考書（犬井、田辺、小野寺(1980)）や文献（Maradudin & Vosko(1968)、Warren(1968)）などを参照のこと。

10.6　電子の状態：自由電子モデル

次に結晶中の電子の状態を考えてみよう。もちろん、定常状態におけるシュレディンガー方程式から出発する：

$$\left(-\frac{\hbar^2}{2m}\nabla^2 + V(r)\right)\Psi = E\Psi \tag{10-56}$$

我々はここで電子間の相互作用を考えていない。すなわち、これまで行ってきたのと同様に、一電子近似の下でこの問題を扱う。また、ポテンシャルは l を並進ベクトルとして

$$V(r-l) = V(r) \tag{10-57}$$

の形を持つ。ポテンシャルという演算子が並進対称性を有しているのであるから、固有関数は巡回群に従い、次のブロッホ関数の形を有しているはずだ。

10.6 電子の状態：自由電子モデル

$$\Psi_k = u_k(r)e^{-ikr} \tag{10-58}$$

要するに、シュレディンガー方程式の解が k で指定される既約表現に属することは、並進対称性を導入した瞬間に群論の立場から結論されるわけで、波動関数を求めるとは $u_k(r)$ の形を求めることに尽きる。

といってもこれが難しいわけで、最初に周期性だけを残してポテンシャルをゼロと置いてしまおう。これを*空格子*（empty lattice）という。そして、*自由電子モデル*（free electron model）の登場だ。また、この節では問題を 1 次元に限定する。そして既約表現に従う自由電子の状態間でどのような相互作用が起こるのか、あとから自由電子を記述する基底関数に、周期的ポテンシャルを摂動の形で加えることにより調べてみる。

ポテンシャルがゼロであれば、(10-56)は定常状態の波を記述する式となるから、事態は単純である。ただし、格子振動のときと異なり電子の波長はいくらでも短くできる。すなわち、波数 k は逆格子ベクトル K だけずれていてもかまわない。したがって固有関数は次の形をとる。

$$\Psi_k(x) = e^{-i(k+K)x} = e^{-iKx}e^{-ikx} \tag{10-59}$$

これは $u_k(r)$ が次の形をとることを意味している。

$$u_k(x) = e^{-iKx} \tag{10-60}$$

問題 10.6 (10-59)がブロッホの定理に従うことを確かめよ。

上で与えられた k 番目の既約表現に属する波動関数に対する固有値は

$$E_k = \frac{\hbar^2(k+K)^2}{2m} \tag{10-61}$$

である。このように K だけ離れた点に存在する、同じ既約表現に属する固有値を表すには還元ゾーン形式と拡張ゾーン形式という二つのやり方があることは以前述べた。得られたエネルギー固有値をこれらの二つのやり方でプロットしてみよう（図 10.19）。各 k に対していくつもの固有値が存在するという状況は還元ゾーン形式においてはっきりと示されている。それぞれの E_k 曲線をエネルギーバンドというが、実際の結晶では自由電子モデルでさえ、点対称性が加わるのでさらに複雑な形となる。この点については 10.8 節以降で詳しく述べる。

では、周期的ポテンシャルのスイッチをオンにしてみよう。といってもブラックホールのような特異点が並んでいるものは考えず、格子の周期を基調とするサイン関数、より一般には、その

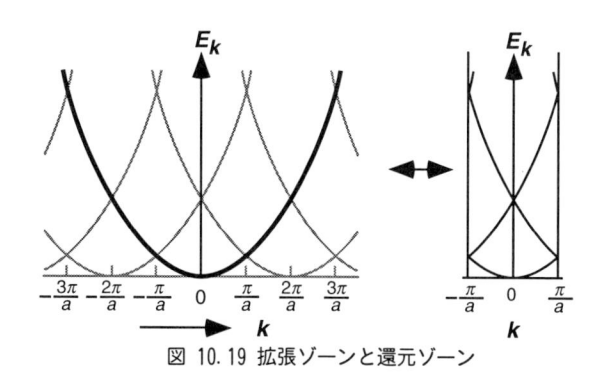

図 10.19 拡張ゾーンと還元ゾーン

第10章 バンド理論

ような周期関数の組合せであるフーリエ級数で表される比較的穏やかなポテンシャルが摂動として加わった状態を考える。すなわち、我々はポテンシャルを次のように表す。

$$V(x) = \sum_{m=-\infty}^{\infty} V_{mK} e^{imKx}, \quad K = \frac{2\pi}{a} \tag{10-62}$$

要するに a が格子間隔であるから、この波長を持った波を基本波とし、それにさらに m 次の高調波を加えたもので周期的ポテンシャルを一般的に表そうというわけだ。

問題 10.7 このようなポテンシャルが（10-57）を満たすことを確かめよ。

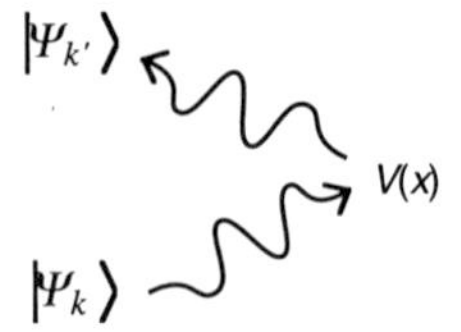

このポテンシャルによって（10-59）により表された自由電子がどのように散乱されるか考えてみよう。ただし、ここで考えるのは弾性散乱だけである。散乱される前の波を入射波と考え、入射波と散乱波の波数をそれぞれ k および k' としよう。すなわち、

$$|\Psi_k\rangle = e^{ikx}, \quad |\Psi_{k'}\rangle = e^{ik'x} \tag{10-63}$$

図 10.20 ポテンシャルによる弾性散乱

この波がポテンシャルによって散乱されるためには、次の積分が有限の値を持つ必要がある。

$$\langle \Psi_{k'}|V|\Psi_k\rangle = \int e^{ik'x}V(x)e^{ikx}dx = \int e^{-ik'x}\sum_m V_{mK}e^{imKx}e^{ikx}dx = \sum_m \int e^{-ik'x}V_{mK}e^{imKx}e^{ikx}dx \tag{10-64}$$

相互作用を表す演算子とその前後の状態関数からなる積分がゼロでないときにのみ、状態間の遷移が可能となる。これは、これまで出てきた赤外分光やラマン分光などと同じ考え方である。今回の場合、被積分関数は指数関数となった。このような積分は δ 関数の一つの表現であり、次のときのみ、積分は有限の値をとる（選択則と考えてもよい）。

$$-k' + mK + k = 0 \tag{10-65}$$

これを書き換えると

$$k' = k + mK \tag{10-66}$$

すなわち、散乱波の波数が逆格子分ずれたときのみ散乱は可能である。言い換えると、周期的ポテンシャルの中では逆格子分だけずれた状態、すなわち、同じ既約表現に属する波のみが相互作用を持つことができるのだ。どこかで聞いたことのある結論である。配位子場理論における電子状態間の遷移や分子軌道のところででてきた配置間相互作用と同じ結果がまた出てきたわけだ。また、これは回折現象でいうブラッグ反射（3.5節）を意味する。

次に、このような相互作用がエネルギーバンドにもたらす効果を調べてみよう。そのためまず、同じ既約表現 k に属する二つの基底状態を次のように置く。

$$|1\rangle = e^{ikx}$$
$$|2\rangle = e^{i(k+K)x} \tag{10-67}$$

これらの状態に相互作用がないとき、すなわち、ポテンシャルがゼロのときはこれらの基底はそのままハミルトニアンの固有状態であり、その固有値は先に求めたように、

$$E_{k,1}^0 = \frac{\hbar^2 k^2}{2m}, \quad E_{k,2}^0 = \frac{\hbar^2(k+K)^2}{2m} \tag{10-68}$$

である（ここで E のスーパースクリプト 0 は摂動のない状態の固有値であることを示している）。

さて、このような状態で動き回っている電子に対し、ポテンシャルのスイッチをオンしてみよう。すると、二つの状態間に先に述べたように相互作用が起こり、新しい固有状態は

$$\Psi = c_1|1\rangle + c_2|2\rangle = c_1 e^{ikx} + c_2 e^{i(k+K)x} \tag{10-69}$$

という線形結合によって表される。この新しい波動関数をシュレディンガー方程式（10-56）に代入し、ブラベクトル $\langle 1|$ および $\langle 2|$ を左側から掛けて得られる二つの方程式を連立させると係数 c_1 と c_2 を決めるために必要な次の固有方程式を得る。

$$\begin{pmatrix} E_{k,1}^0 & V_K \\ V_K & E_{k,2}^0 \end{pmatrix} \begin{pmatrix} c_1 \\ c_2 \end{pmatrix} = E_k \begin{pmatrix} c_1 \\ c_2 \end{pmatrix} \tag{10-70}$$

問題 10.8 （10-70）を導出せよ。

この固有方程式は形式的には格子振動のところで出てきたものとまったく同じで、次の解を得る。

$$E_k = \frac{E_{k,1}^0 + E_{k,2}^0 \pm \sqrt{\left(E_{k,1}^0 - E_{k,2}^0\right)^2 + 4V_K^2}}{2} \tag{10-71}$$

ポテンシャルの存在により二つの固有状態間に相互作用が起こった結果、新たな固有値が与えられるわけだ。そして、このような変化が波数 k で示されるすべての既約表現に対して起こる。この意味を調べるため、$E_{k,1}^0$ と $E_{k,2}^0$ の相対的な大きさによって E_k のとる値を場合わけしてみよう。

(i) $E_{k,1}^0 - E_{k,2}^0 \gg V_K$ のとき：

$$E_k \approx \begin{cases} E_{k,1}^0 \\ E_{k,2}^0 \end{cases} \tag{10-72a}$$

となり、このような k の領域では放物線で表されたバンドと大差ない。

(ii) $E_{k,1}^0 - E_{k,2}^0 \ll V_K$ のとき：

$$E_k = \frac{E_{k,1}^0 + E_{k,2}^0}{2} \pm V_K \tag{10-72b}$$

となり、この場合、$2V_K$ のギャップが固有値間に生ずることになる。

これは驚くべき結果である。どのような既約表現をとっても、エネルギー固有値がまったく存在しないエネルギー領域が存在することを意味している。そして、放物線からのずれは $E_{k,1}^0$ と $E_{k,2}^0$ の値が接近したとき、すなわち、ブリルワンゾーンの境界付近の既約表現に対してより強く起こる。この状況を次に図示する。これは分子軌道法のときに見た非交差則と同じ理由、すなわち、同じ既約表現に属するエネルギーは反発しあうというこ

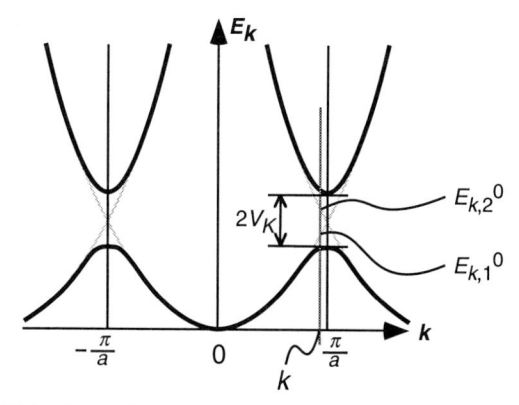

図 10.21 同一既約表現間の反発とバンド間のギャップの形成

第10章　バンド理論

とによる。ただ、気をつけてほしいのは、非交差則においてエネルギーギャップを表す図 8.16 での横軸は原子間の距離など、同一の既約表現に属する二つの状態間の相互作用の強さそのものであるのに対し、エネルギーバンドの横軸は既約表現の指標である波数 k であることだ。したがって、二つのバンドは常に反発しあっているが、特に $k=K$ の近傍で、バンド間にギャップが現れるのは k がゾーン境界に接近するにつれて、無摂動状態の固有値 $E_{k,1}^0$ と $E_{k,2}^0$ が互いに近づくからである（くどいが、相互作用の大きさが変わるのではない）。

結局、あるポテンシャルが存在するとき、一般の k を持つ波は大きな影響を受けないが、ブリルワンゾーン境界に近い既約表現 Γ_κ（波数 k）に属する K だけ異なった二つの固有状態はそのポテンシャルを媒介に強い相互作用を持つ（ブラッグ反射する）ということがわかった。この節で見てきたように、自由電子状態に弱い周期的ポテンシャルを加味して、固有状態を表すやり方をほぼ自由な電子モデル（nearly free electron model）という。

10.7　電子の状態：タイトバインディングモデル

自由電子モデルでは波動関数を平面波で近似してしまった。電子はもともと存在していた原子を離れて結晶全体にわたって存在するようになったのである。次に、これとは逆に電子が原子に局在している状況を考えよう。すなわち、結晶中の電子の固有状態を、原子軌道の線形結合である LCAO で表してみるのだ。固体物理ではこのモデルをタイトバインディングモデル（tight-binding model）（しっかりと結びついたモデル）というが、実は我々は本章の最初の六員環のところでこの方法をすでに学んでいる。本節でもヒュッケル近似を用いて、並進対称性を有する系のエネルギーバンドを導く。

まず、図 10.22 のように同種類の原子が N 個、互いに遠い距離に置かれている状況から出発する。このとき、それぞれの原子に存在する電子の波動関数 $\phi_0(r)$ は球対称の場 $V(r)$ にある波動関数そのものである。また電子のエネルギーも次の定常状態のシュレディンガー方程式が与える固有値である。

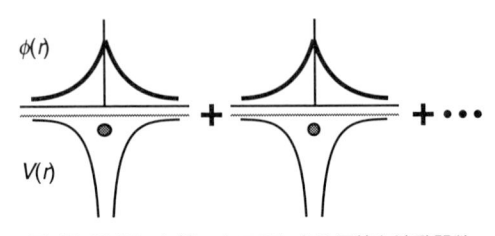

図 10.22　互いに遠いところにある同等な波動関数

$$\left(-\frac{\hbar^2}{2m}\nabla^2 + V(r)\right)\phi_0(r) = E_0\phi_0(r) \tag{10-73}$$

（ここで、ϕ と E のサブスクリプト $_0$ は原子が互いに離れた状態のときの波動関数とエネルギーをさす。）

さて、各原子間の距離が a となるまで近づけてみよう。我々は当面、1 次元の問題を考える。また、以下、簡単のため単位胞に原子が一つしかないとしよう。すると、na という位置にある原子に属していた電子は周囲の原子のポテンシャルを感じるようになるだろう。特にその前後、すなわち、$(n-1)a$ と $(n+1)a$ にある原子のポテンシャルを強く感じ、また、波動関数自体も重なりだすと考えるのは自然である。このような系のハミルトニアンは次のように書けるはずだ。

$$H = \sum_n \frac{-\hbar^2}{2m}\nabla_n^2 + \sum_n V_n(r); \qquad \bigl(V_n(r) = V(r-na)\bigr) \tag{10-74}$$

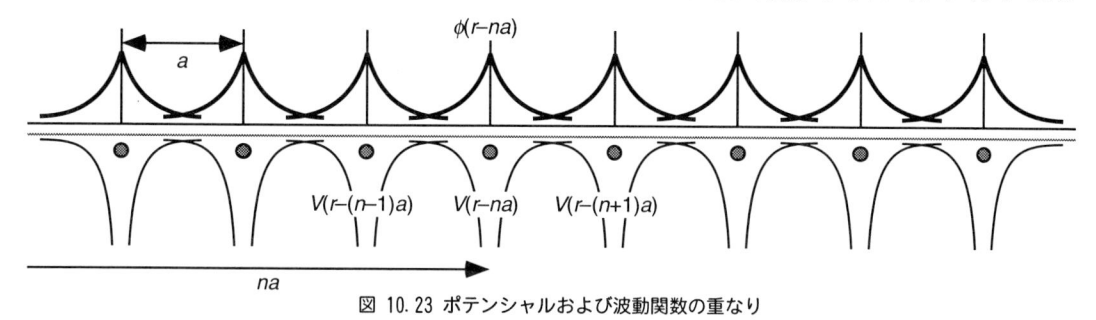

10.7 電子の状態：タイトバインディングモデル

図 10.23 ポテンシャルおよび波動関数の重なり

ここで第1項は n 番目の原子に属する電子の運動エネルギーを表す演算子であり、第2項は n 番目の原子のポテンシャルである。第1項は n 番目の電子にしか作用しないが、第2項は原理的にはすべての電子に作用する。

次に、このハミルトニアンに対する波動関数を、原子がバラバラにあったときの波動関数の和、すなわち、LCAO で表してみよう。

$$\Psi_k(r) = \sum_n \phi_k(r-na) = \sum_n c_n^k \phi_0(r-na) \tag{10-75}$$

この表現をきちんと理解することは極めて重要だ。まず、左側の Ψ_k は結晶全体にまたがる一つの波動関数を表し、巡回群の既約表現 Γ_k、すなわち、波数 k に依存する。我々はあくまでも一電子近似に基づいて Ψ_k を求めようとしており、この段階では Ψ_k が指定する状態に電子をいれていない。一方、真ん中の項は Ψ_k が個々の原子の波動関数 ϕ の和で与えられることを示している。この ϕ は Ψ がどのような既約表現に属しているかに依存するので、やはり k というサブスクリプトがついている。ϕ_k の和であって ϕ_0 の和でないのである。先にも見たように ϕ_0 に変調が加わり、ϕ_k となるのだ。そのための係数を表したのが最後の項であり、これが通常の LCAO の表現である。一方、ϕ_0 の定義からすべての n に対して、次式は常に成立している。

$$\phi_0(r) = \phi_0(r-na) \tag{10-76}$$

まず、並進対称性を有する場にある波動関数は必ずブロッホの定理に従うことを要求しよう。すなわち、次の一般形式を直ちに書き下す。

$$\phi_k(r-l) = e^{ikl}\phi_k(r) = e^{ikl}\phi_0(r) \tag{10-77}$$

ここでゼロ番目の原子に属する電子の波動関数 $\phi_k(r)$ はどのような既約表現においても $\phi_0(r)$ であるから、最右辺のように書いた（k にかかわらずキャラクターは常に 1）。この結果を用いれば na にある原子の周りの波動関数は ϕ_0 を用いて次のように書ける（$l=-na$ と置き、(10-76) を用いる。）。

$$\phi_k(r-na) = e^{ikna}\phi_0(r) = e^{ikna}\phi_0(r-na) \tag{10-78}$$

すなわち LCAO (10-75) における係数は次のように書ける。

$$c_n^k = e^{ikna} \tag{10-79}$$

要するに、k 番目の既約表現における n 番目の並進対称操作に相当するキャラクターそのものである。このようにタイトバインディングモデルにおいて系全体の波動関数を求めることは、個々の原子の軌道を基底とした並進対称性に従う線形結合によって分子軌道を表すことに相当する。

第10章 バンド理論

さて、次にこのような波動関数にハミルトニアンを作用させ、バンドを求めよう。分子軌道法のところでやったのと同様に、変分法に基づきエネルギー期待値を与える次の式から出発する。

$$E_k = \frac{\langle \Psi_k | H | \Psi_k \rangle}{\langle \Psi_k | \Psi_k \rangle} \tag{10-80}$$

$|\Psi_k\rangle$ が N 個の項からなる線形結合から表されているので、大変そうに思えるが、ヒュッケル近似を用いれば一挙に簡単になる。まず、分母から評価しよう。

$$\begin{aligned}\langle \Psi_k | \Psi_k \rangle &= \int \sum_{n'} e^{-ikn'a} \phi_0^*(r-n'a) \sum_n e^{ikna} \phi_0(r-na) dV \\ &= \sum_{n'} \sum_n e^{ik(n-n')a} \int \phi_0^*(r-n'a) \phi_0(r-na) dV \end{aligned} \tag{10-81}$$

この積分は n' 番目と n 番目の波動関数との重なりを示している。我々はヒュッケル近似に従い、この重なりは自分自身によるもの以外にないと仮定する。結局、N 個の重なりがあるので、

$$\langle \Psi_k | \Psi_k \rangle = N \tag{10-82}$$

となる。

次に分子を評価するために、まず、n 番目の原子の波動関数 $\phi_k(r-na)$ にのみ系全体のハミルトニアンを作用させてみる。

$$\begin{aligned}H\phi_k(r-na) &= \left(\frac{-\hbar^2}{2m}\nabla^2 + \sum_n V_n(r)\right)e^{ikna}\phi_0(r-na) \\ &= e^{ikna}\left(\frac{-\hbar^2}{2m}\nabla^2 + (\cdots + V_{n-1}(r) + V_n(r) + V_{n+1}(r) + \cdots)\right)\phi_0(r-na) \\ &= e^{ikna}\left\{\left(\frac{-\hbar^2}{2m}\nabla^2 + V_n(r)\right) + \sum_{m\neq n} V_m(r)\right\}\phi_0(r-na) \\ &= e^{ikna}\left(E_0 + \sum_{m\neq n} V_m(r)\right)\phi_0(r-na) \end{aligned} \tag{10-83}$$

つまり、運動エネルギーを表す項と、n 番目のポテンシャルのみくくりだし、単原子のエネルギー固有値 E_0 を与え、ハミルトニアンの残りの部分、すなわち、n 番目の波動関数が周辺の原子から感じるポテンシャルの効果とに分離してしまったのである。

さて、ここで再度、ヒュッケル流の近似を用いよう。すなわち、n 番目の波動関数が感じるポテンシャルは、その前後の原子によるポテンシャルのみとする。よって、

$$H\phi_k(r-na) = e^{ikna}\left(E_0 + V_{n-1}(r) + V_{n+1}(r)\right)\phi_0(r-na) \tag{10-84}$$

となる。この表式は、格子振動のところで原子の前後のバネ定数しか考慮しなかったこととまったく同じである。これらは長範囲規則（long-range order）の存在を無視した近似であり、伝導電子に対してはもちろん、変態点近傍や超伝導などいわゆる協力現象が重要となる場面でも成立しないものであることを心にとめておきたい。

いずれにしても、これらの近似を用いたおかげで、取扱いは非常に簡単となった。すなわち、

10.7 電子の状態：タイトバインディングモデル

$$\langle \Psi_k | H | \Psi_k \rangle = \int \sum_{n'} e^{-ikn'a} \phi_0^*(r-n'a) \sum_n e^{ikna} \left(E_0 + V_{n-1}(r) + V_{n+1}(r) \right) \phi_0(r-na) dV$$

$$= NE_0 + \sum_{n'} \sum_n e^{ik(n-n')a} \int \phi_0^*(r-n'a)\left(V_{n-1}(r)+V_{n+1}(r)\right)\phi_0(r-na)dV \quad (10\text{-}85)$$

を得る。ここで先ほどの仮定により、上の積分は

$$n' = \begin{cases} n-1 \\ n+1 \end{cases} \quad (10\text{-}86)$$

のときのみゼロでない値を持つ。この積分をベンゼン環のときと同様に 2β と置こう。つまり、(10-85)の原子の積分の中の第1項を

$$\beta = \int \phi_0^*(r-(n-1)a)V_{n-1}(r)\phi_0(r-na)dV \quad (10\text{-}87)$$

と置くのである。当然、この積分値は何番目の原子であるかということに依存しないので、結局、

$$\langle \Psi_k | H | \Psi_k \rangle = NE_0 + \sum_n \left\{ e^{ika} \int \phi_0^*(r-(n-1)a)V_{n-1}(r)\phi_0(r-na)dV \right.$$
$$\left. + e^{-ika} \int \phi_0^*(r-(n+1)a)V_{n+1}(r)\phi_0(r-na)dV \right\}$$
$$= NE_0 + N\beta\left\{ e^{ika} + e^{-ika} \right\} \quad (10\text{-}88)$$

となる。最後の式は最近接原子（Nearest Neighbor）の座標を一般に R と書けば、

$$\langle \Psi_k | H | \Psi_k \rangle = NE_0 + N \sum_{\text{Nearest Neighbor}} \beta e^{ikR} \quad (10\text{-}89)$$

と表せることを示している。したがって、我々が目的としていたエネルギー期待値は一般に次の形を持つ（E_0, β とも負の値をとる）。

$$E_k = E_0 + \sum_{\text{Nearest Neighbor}} \beta e^{ikR} \quad (10\text{-}90)$$

さて、ここまでの1次元格子を念頭に置いていた議論は3次元でもまったく有効である。したがって、最近接原子間の相互作用のみを考慮したタイトバインディングモデルに基づくエネルギー固有値の表式として次式を得る。

$$E_{\vec{k}} = E_0 + \sum_{\text{Nearest Neighbor}} \beta e^{i\vec{k}\cdot\vec{R}} \quad (10\text{-}91)$$

さっそくこの表式を用いて、単純立方格子におけるエネルギーバンドをいくつかの $\vec{k}$ に対して求めてみよう。単位胞に原子が1個しかない単純立方格子では各格子点に原子があるとしてよいから、(0, 0, 0)の位置にある原子に対するそれぞれの最近接原子の座標は次のように与えられる。（図10.24）。

$$\vec{R} = (a, 0, 0); (-a, 0, 0); (0, a, 0); (0, -a, 0); (0, 0, a); (0, 0, -a) \quad (10\text{-}92)$$

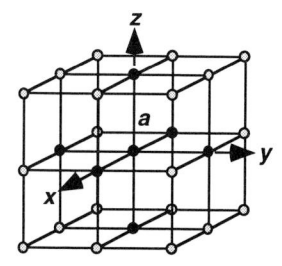

図 10.24 単純立方格子における6個の最近接格子点

また一方、逆空間には次の波数で代表される $N_x N_y N_z$ 個の既約表現が第1ブリルワンゾーン内に分布している。

第10章　バンド理論

$$\vec{k} = (k_x, k_y, k_z) \tag{10-93}$$

これら(k_x, k_y, k_z)の組で指定される波数、すなわち既約表現、に一つひとつの固有値が対応している。結晶の点対称性などによってそれらのうち、いくつかは縮退しているかもしれない。この$\vec{k}$に対する固有値の分布を示すのがバンドである。我々がこの節で扱っている固有値はハミルトニアンに対するもの、すなわちエネルギーであり、ここで用いた近似の範囲内で、各波数に対するエネルギーは次式で表される。

$$\begin{aligned}E_{\vec{k}} &= E_0 + \beta\left(e^{ik_x a} + e^{-ik_x a} + e^{ik_y a} + e^{-ik_y a} + e^{ik_z a} + e^{-ik_z a}\right) \\ &= E_0 + 2\beta(\cos k_x a + \cos k_y a + \cos k_z a)\end{aligned} \tag{10-94}$$

このように得られた表式をプロットしてみよう。といっても第1ブリルワンゾーン内に3次元的に分布する、すべての既約表現に対応する固有状態のエネルギーを表すのは大変なので、図 10.25 のようにブリルワンゾーン内の特定の点や線上に存在する$\vec{k}$に対応する固有エネルギーをプロットする。これらの点（線上の点も含めて）は逆空間内の点対称性の高い点であり、そのような$\vec{k}$に対応する固有状態は一般に縮退している。この点に関しては次節以降で述べる。いずれにしても、以上の単純な考察から得られたのが図 10.26 に示したエネルギーバンドである。

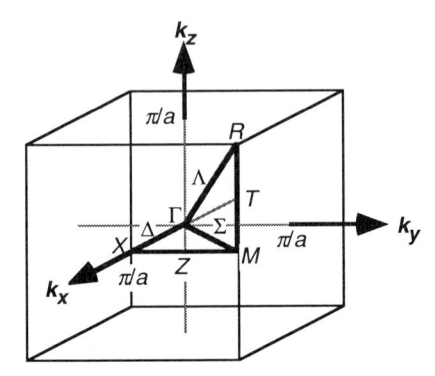

図 10.25　単純立方格子の第一ブリルワンゾーンおよび高い対称性を持ついくつかの点

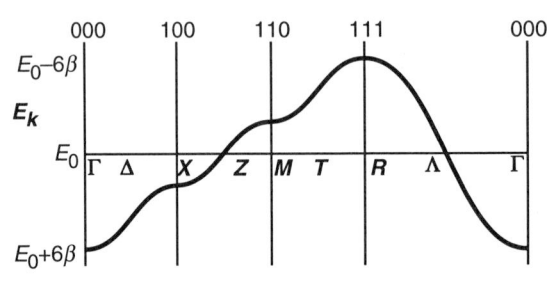

図 10.26　タイトバインディングモデルによって得られた単純立方格子におけるバンド構造

問題 10.9　(10-94)を用い、ΓとMを結ぶ線上の既約表現 Σ が与えるエネルギーバンドを求めよ。

このようにタイトバインディングモデルすなわち並進対称性を加味した LCAO 法は簡単にエネルギーバンドを与えてくれるが、一方で平面波を含んでいない、すなわち伝導電子の状態をまったく考慮していないという本質的な問題を内包している。実際に用いられるバンド計算の方法は固体物理の教科書にまかせるとして、次に我々は、どのような方法であっても守られなければならない物理、すなわち、結晶の有する点対称性がバンド構造に与える制約を調べてみよう。

10.8 結晶の点対称性とバンド

並進対称性を持つ系は巡回群で記述され、そのような固有関数はブロッホ関数で記述されることを学んだ。本節ではさらに、結晶の点対称性がバンド構造に与える影響を調べよう。我々は対象をシンモルフィックな空間群に限定し、かつ、ここでは、平面波で電子状態が記述される場合（10-6 節）のみを考える。

10.8.1 逆格子の対称性

我々がバンド構造という言葉でもって表そうとしているのは、結晶中に山ほど存在する電子や振動の固有状態の波数 k に対するプロットである。飛び交うさざ波をただやみくもにピックアップしてその固有値を求めるのも一案ではあるが、もう少しスマートなやり方もあるだろう。たとえば図 10.27 に示したような正方晶中の波を考えてみると、a 軸と b 軸は4回回転軸によって関係づけられているから等価である。さらに、ある $\vec{k}$ に対して、逆格子分だけずれた $\vec{k}+\vec{K}$ という状態があるが、逆格子ベクトル $\vec{K}$ によっては、$\vec{k}+\vec{K}$ のいくつかは、同じ固有値を与えるだろう。つまり、結晶の点対称性と逆空間内の並進により、同じ固有値を持つ状態は数多く存在することが考えられる。

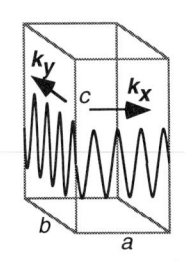

図 10.27 結晶中に飛び交う波

最初に、実格子の点対称性をそのまま逆格子に当てはめてもよいかどうか、確認しよう。逆格子を定義する（10-37）を見てみると、実格子と逆格子とは一対一の関係にあることがわかる。つまり、実格子を不変（invariant）にする点対称操作を逆格子に施しても、逆格子は同様に不変でなくてはならない。もちろん、ベクトル積によって定義された逆格子の形は、一般に実格子とは異なるが、点対称性という観点からは同じ対称要素を持ち、同じ点群に属する。

このことから、次の一般的な結論が得られる。
(i) 点対称操作によって、ブリルワンゾーン（BZ）内のいくつかの $\vec{k}$ は等価となる。したがって、BZ を分割し、最小限のユニークな(非等価)領域を考え、その領域に存在する $\vec{k}$ のみを考慮すればよい。
(ii) BZ 内の任意の $\vec{k}$ に対して、結晶の持つ点対称操作を施して得られた等価な波数 k の組を k のスター（star of k）と呼ぶ。
(iii) BZ 内の鏡映面等の点対称要素上に存在する $\vec{k}$ はその対称操作に関しては不変である（特殊点上にある）。そして、このような $\vec{k}$ を不変に保つ対称操作は結晶の属する点群の部分群をなす。これを k の群（group of k）と呼ぶ。
(iv) 逆格子ベクトル $\vec{K}$ だけ離れた $\vec{k}$ のいくつかは、点対称操作によって互換する。これらは k の群に属しており、既約化できる。

このような BZ 内の各点を結晶の持つ点対称性を用いて整理する考え方は、バンドの組立ての根幹をなしている（Bouckaert, Smoluchowski, Wigner, 1936 (BSW)）。k のスターと k の群は、

第10章 バンド理論

実空間との比較でいうと、前者が、空間群の一般点や等価な特殊点の組、後者が各点のサイトシメトリーに対応する。さらに、結晶の属する点群のオーダーを h、k のスターに属する等価な $\vec{k}$ の数を s、その k の群のオーダーを h_k と置けば、

$$h = s \cdot h_k \tag{10-95}$$

の関係がある。これは実空間における空間群のオーダー、すなわち一般点の数、が任意の位置の多重度とその位置のサイトシメトリーのオーダーとの積で表されることと対応している。

10.8.2 k のスターと BZ 内の非等価な領域

2次元正方格子を考えよう。この格子の逆格子も正方格子であり、BZ は実空間の格子の対称性を有する（図 10.28）。BZ 内の各点 k ($\vec{k}$) がブロッホ関数の既約表現に対応することを常に心の片隅に置いておこう。この BZ 内の対称性の高い点や線は Γ, Σ などで示してある。

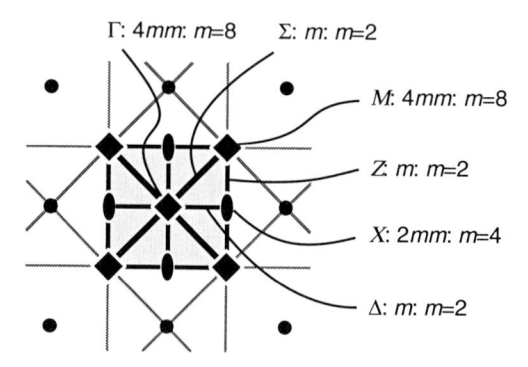

図 10.28 2次元正方格子の逆格子および第一ブリルワンゾーン内の対称性の高い点のサイトシメトリー（k の群）と多重度 m（同一の k のスターに属する等価な k の数）

- Γ: $4mm$: $m=8$
- Σ: m: $m=2$
- M: $4mm$: $m=8$
- Z: m: $m=2$
- X: $2mm$: $m=4$
- Δ: m: $m=2$

いま、ある波数 k を逆空間における一般点と考え、この結晶系の持つ点群操作を施してみる。すると一連の k ベクトルが描かれるだろう。これが k のスターだ。我々の正方格子を例にとって考えると、この格子が属する結晶系は $4mm$ であり一般点の多重度は 8 である。であるから、最も対称性の低い一般点に対応する k のスターは八つの等価な $\vec{k}$ から構成される（図 10.29(a)）。ところが、この $\vec{k}$ がたまたま鏡映面上にあるとスターを構成する $\vec{k}$ は半分に減る ((b), (c))。さらに、これらの $\vec{k}$ が伸びて BZ の境界まで達した場合を考えよう。先に述べたように BZ 境界上の点は反対側の点と逆格子ベクトル $\vec{K}$ により結ばれており、異なった $\vec{k}$ とみなすことはできない（もともと巡回群の既約表現は 1 次元でいうと $-N/2 \leq \kappa < N/2$、つまり N 個しかなかったことに対応する）。したがって、スターを構成する $\vec{k}$ はさらに減る ((d), (e))。特に M まで伸びた波 k のスターは一つの $\vec{k}$ で構成される (f)。これは M 点がホロシメトリックな点、すなわち、原点 Γ と同じ対称性 $4mm$ を持つことに対応している。

k のスターを構成するそれぞれの $\vec{k}$ は等価であるから、先にも述べたように、すべての固有値を調べる必要はない。言い換えると、2 次元正方晶の場合、ハッチングで示した 1/8 の領域のみ詳しく知らべればよい。これが BZ 内のユニークな領域だ。この領域の面積はもともとの BZ の

10.8 結晶の点対称性とバンド

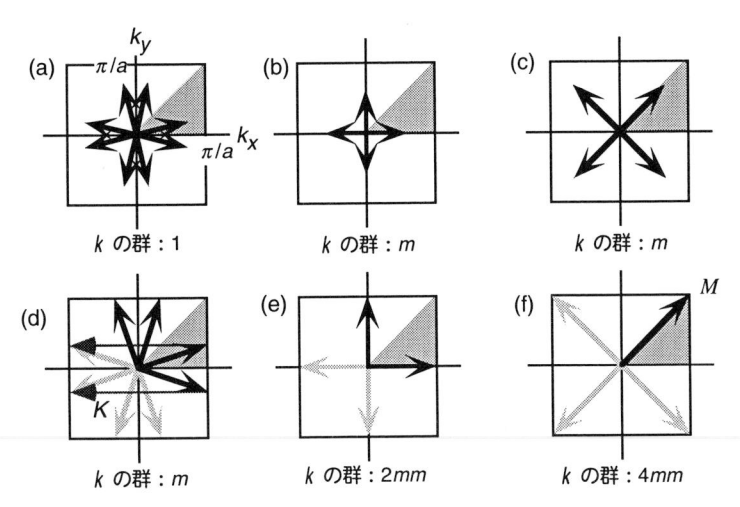

図 10.29 2次元正方格子における k のスターと k の群および第一ブリルワンゾーン内の非等価な領域

面積をその点群のオーダーで割ったものに等しい。また、実空間との対比でいうと、これは3.4.1節において触れた非対称ユニット（assymetric unit）に相当する。

問題 10.10 立方格子の属する点群は $m\bar{3}m$ である。最も低い一般点に対応する k のスターはいくつの点を含むか？　図 10.30 に対称性の高い点のいくつかを示したが、このうち、Δ, X, M, R のスターは何本の点（矢印）を持つか？

10.8.3 k の群と小表現

次に、それぞれの k の有する点対称性を考えよう。もしある $\vec{k}$ が回転軸や鏡映面などのいくつかの点対称要素上に存在すれば、そのような $\vec{k}$ はこれらの対称操作によって不変である。そこで、これらの点対称操作がなす群を k の群と呼ぶ。厳密には逆格子ベクトル $\vec{K}$ の分だけずらす並進対称操作も k の群に入るが、ここではそのような逆空間における並進操作を要素として含む k の群を広義の k の群と呼んで、点対称操作のみによって構成される群と区別することにしよう。つまり、我々は $\vec{k}$ の存在する場所のサイトシメトリーそのものを k の群と呼ぶことにする。たとえば BZ 内の一般点では k の群の要素は $\{E\}$（恒等操作）だけであるが、最も対称性の高い逆格子の原点 Γ や M では結晶の属する点群そのものが k の群である。

さて、ある $\vec{k}$ に対して、逆格子ベクトル $\vec{K}$ により関係づけられた $\vec{k}$ がいくつも存在し、異なった固有値を与え、バンドを形成する。このとき、逆空間の原点から離れるに従って（すなわち、エネルギーが高くなるに従って）、原点から等距離にある波数の数も増え、同じ固有値を与えることが予想される。これらの $\vec{k}$ は逆格子ベクトルによる並進操作と同時に k の群を構成する点対称操作によっても互いに結びついていて一緒に振る舞う。そのような縮退した $\vec{k}$ の組に対する対称操作の表現は可約であり、よって既約化することにより初めて、対応する波動関数と固有値を明らかにできる。そのような既約表現を BSW に従って、**小表現**（small representation）と呼ぶ。

この事情は分子軌道法において、対称性という観点から等価な別々の原子に属する波動関数は

第10章 バンド理論

互いに区別できず、組み合わせて可約表現を作り、それを既約化することによって縮退を一部解き、エネルギー固有値を求めたことと似ている。

以上をまとめると、バンドを $\vec{k}$ の持つ点対称性に基づいて正しく記述するには、まず、BZ 内のユニークな領域を求め、次に k のスターのうちの一つの $\vec{k}$ （しかし、逆格子分だけ異なった等価な $\vec{k}$ の組を陰に含む）に対する表現を既約化するすればよいことになる。

> 波数 k 自体が巡回群の既約表現 Γ_k の指標であり、我々は縮退した既約表現が属する既約表現を求めるというややっこしい状況に直面しているのではあるが、前者は並進対称性に起因する既約表現であり、後者は点対称操作に起因する既約表現であることに気がつけば、整然と理解できる。また、巡回群の既約表現の指標である k を横軸にし、各 k を k の群の小表現に基づいて分類し、その固有値をプロットしたものがバンドである。一般論はこれくらいにして次に、実例をもって実際のエネルギーバンドを見てみよう。

10.9　k の群とバンド構造

本節では単純立方晶でしかもポテンシャルがゼロ、すなわち 10.6 節で触れた自由電子モデルに基づいて議論を進める（tight-binding のように原子軌道から出発する場合も本章で述べるやり方が基礎となるが、詳しくは参考書を見ること）。さらに簡単のため、扱う空間群は 73 のシンモルフィックな空間群に限定する（すなわち、部分的な並進操作のある系は考えない）。

10.9.1　ブリルワンゾーン内の各 k の点対称性 ―― k の群

図 10.30 に単純立方格子の BZ を示した。この図を用いて BZ 中の各点の対称性を確認しよう。先に述べたように BZ の対称性から BZ 内のすべての k に対して固有値を求める必要はなく、単純立方格子の場合、図の太線で囲まれた 1/48 の領域で十分である。この中で対称性の高い点や線を見てみよう。たとえば、Γ は $O_h(m\bar{3}m)$ という最も高い対称性を有しているのに対し、Δ で表された線上の任意の点のサイトシメトリーは $C_{4v}(4mm)$ である。これらの点群は、結晶の属する点群の部分群であり、すなわち、k の群である。これらはそれぞれ、Γ の群、Δ の群とも呼ばれる。

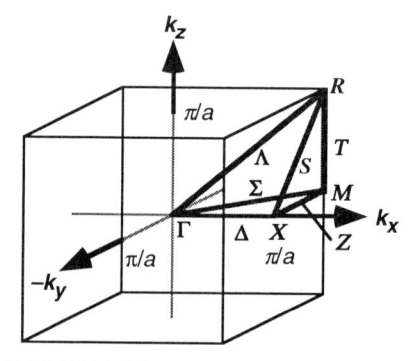

図 10.30　単純立方格子の第一ブリルワンゾーン内の非等価な領域と対称性の高い k

問題 10.11　この図中に存在する BSW による記号で示された場所に存在する k の属する点群（k の群）を求めよ。
(i) X；(ii) Z；(iii) M；(iv) Σ；(v) Λ；(vi) R；
(vii) Δ-Σ で張られた面（以下、$\Delta\Sigma$ と略す）；(viii) 一般点

10.9.2 Δ上の波数 k の既約表現と固有値

まず、BZ の中心 Γ から X に向かう線Δ上の k の点対称性を調べてみよう。とりもなおさずこの線は4回対称軸であり、Δの群は $C_{4v}(4mm)$ である。また、図 10.30 を見ると、T もΔと同じ対称性を持つことがわかる。さっそく、BSW に示されたこの点群のキャラクター表を見てみよう。表中の2段目と右側には我々がこれまで用いてきたシェーンフリース表記による対称要素と既約表現も比較のため示してある。

表 10.4 ΔとTの小表現のキャラクター表（キャラクター表C_{4v}）

Δ、T	E	$2C_4$	C_4^2	$2iC_4^2$	$2iC_2$	
$C_{4v}(4mm)$	E	$2C_4$	C_4^2	$2\sigma_v$	$2\sigma_v'$	
Δ_1	1	1	1	1	1	A_1
Δ_1'	1	1	1	-1	-1	A_2
Δ_2'	1	-1	1	-1	1	B_2
Δ_2	1	-1	1	1	-1	B_1
Δ_5	2	0	-2	0	0	E

この表を見ておやっと思われた方は、これまでの C_{4v} の表をよく理解している方である。これは、配位子場理論などで用いたものとまったく同じキャラクター表であるが、表記の仕方が多少異なるのだ。特に注意を要するのは、4番目と5番目のクラスである $2iC_4^2$ と $2iC_2$ に示されている2回回転軸は3番目のクラスにある主軸上の C_4^2 ではないということだ。図 10.30 のΔについて説明すると3番目のクラスの C_4^2 を k_x 軸とすると、$2iC_4^2$ と $2iC_2$ 中の C_4^2 と C_2 はそれぞれ、たとえば、k_z と k_z+k_y 方向の軸を示すのである（そのようにすることによって、主軸 k_x を含む二つの鏡映面 σ_v と σ_v' が表せることを確認せよ）。

ここで、固体物理の分野でよく使われる BSW 表記（BSW notation）の特徴をまとめる。

(i) 対称要素の選び方に自由度がある場合、<u>格子の有する対称要素との関係がわかるように k の群の対称要素を示している</u>。たとえば、分子の場合、C_{4v} 中に存在する二つの異なったクラスに属する鏡映面 σ_v と σ_v' の選択には任意性があるが、BSW 表記では、母体である立方晶の4回転軸に垂直な鏡映面を iC_4^2 と明記し、もう一つの鏡映面 iC_2 と区別している。また、2回回転軸であってもそれが C_4^2 である場合と、単なる C_2 である場合とをはっきりと区別している。

(ii) 小表現（すなわち各既約表現）の名前が異なった k の群の間での対応がわかるようにつけられている（この点は、これから明らかとなる）。

> このように各点 k が属する点群の要素を勝手にとるのではなしに、格子を基準にすることによって、一つの k の群と他の k の群の間の対称要素や既約表現に関連を持たせている。言い換えると、固体中のサイトシメトリーはたとえ局所的な点群といえども、それらの母体である格子と切っても切り離せない関係にあることを、このキャラクター表は暗に主張している。

さて、Δ上の固有状態を求めるのだが、ここで説明上の問題が一つ生じる。我々は最終的には還元ゾーンを用いてバンドを表すが、k のスターを構成するたった一つの $\vec{k}$ を考えても、逆格子ベクトル $\vec{K}$ で関係づけられた $\vec{k}$（$+\vec{K}$）が多数存在する。そこで、混乱を避けるためこの節では図

第10章 バンド理論

10.31 のように逆格子の原点を Γ と呼び、逆格子ベクトル $\vec{K}$ で関係づけられた k の既約表現という観点からは等価だが、逆空間内の点対称操作という観点から異なった逆格子点を $\gamma2$ などと呼ぶこととする。（同様に $\vec{K}$ で関係づけられた X を $x1$, $x2$ などと呼ぶ。）そして、これら Γ, $\gamma2$ などから右方向に出発する Δ を $\delta1$, $\delta2$, $\delta3$ などと呼び、図 10.31 のように矢印で示すこととする（この矢印は k ベクトルではなく一連の k ベクトルの終点がこの Δ 上にあることを示している）。このような約束の下で以下、各領域別に固有状態を求めてみる。

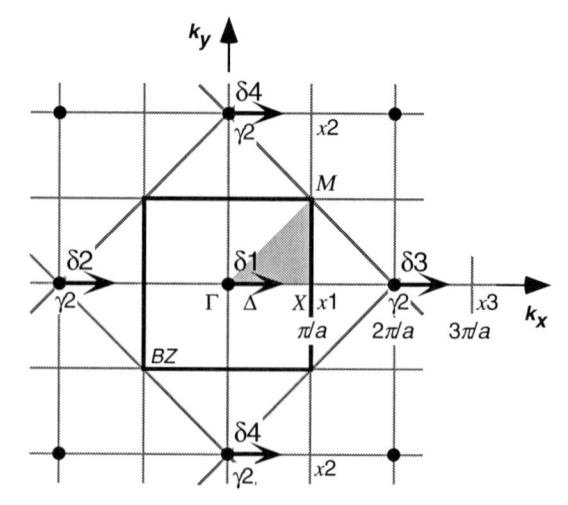

図 10.31 逆空間の k_x-k_y 断面と Δ に属するいくつかの k

- step1　$\delta1$, $\delta2$, $\delta3$ それぞれの $\vec{k}$ は k_x 成分しか持たない。すなわち 1 次元の場合と同様であり、拡張ゾーンでは同一の線上にある。たとえば $\delta1$ 上の点の波数、固有関数 φ および固有エネルギー E は α をパラメータとして次のように書くことができる。

$$\vec{k} = (\tfrac{\pi}{a}\alpha, 0, 0); \qquad 0 \leq \alpha < 1 \tag{10-96}$$

$$\varphi = e^{i k_x x} = e^{i \frac{\pi}{a}\alpha x} \tag{10-97}$$

$$E = \tfrac{\hbar^2}{2m}\left(\tfrac{\pi}{a}\right)^2 \alpha^2 = \varepsilon \alpha^2 \quad \left(\varepsilon = \tfrac{\hbar^2}{2m}\left(\tfrac{\pi}{a}\right)^2\right) \tag{10-98}$$

また、この固有関数 φ も、$\delta1$ で示した矢印も、Δ の群を構成する対称操作 $\{E, C_4, C_4^2, iC_4^2, iC_2\}$ によって不変であり、キャラクターは $\{1, 1, 1, 1, 1\}$ である。そこで $\delta1$ 上の k の小表現 R_{small} を全対称な

$$R_{\text{small}} = \Delta_1 \tag{10-99}$$

と書こう。同様に、$\delta2$ 上の点の波数は次のように書け、やはり Δ_1 に従うことがわかる。

$$\vec{k} = (\tfrac{\pi}{a}(2-\alpha), 0, 0); \qquad 0 \leq \alpha < 1 \tag{10-100}$$

問題 10.12 上に定義された α と ε を用いて $\delta2$ と $\delta3$ の領域の固有エネルギーを求めよ。また、キャラクターを調べることにより小表現 R_{small} を求め、還元ゾーン Γ-X 間に固有エネルギーを図示せよ。

図 10.32 に $\delta1$〜$\delta3$ に対するエネルギーをプロットした。

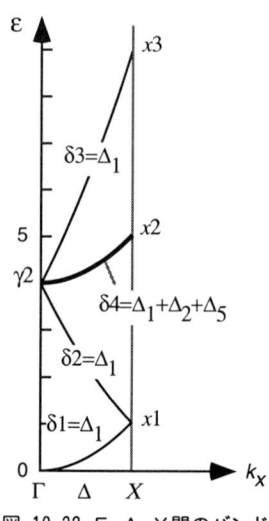

図 10.32 Γ-Δ-X 間のバンド

- step2　一方、$\delta4$ は $\delta3$ と同様に BZ の中心 Γ から逆格子ベクトル一つ分（$2\pi/a$）だけずれた点を起点とする Δ ではあるが、k_y 成分を持ち、$\delta3$ とは明らかに異なる波数ベクトルを有している。

具体的には、δ3(k_x, 0, 0)であるが δ4(k_x, $2\pi/a$, 0)である。さらに図 10.31 は BZ の k_x-k_y 断面だが k_x-k_z 断面にも δ4 と同等の波数を持つ領域が二つ存在する。これら 4 個の波数は等価であり、組となって振る舞い、基底となる固有関数、および固有エネルギーは次のように書ける。

$$\vec{k} = (\tfrac{\pi}{a}\alpha, \pm\tfrac{2\pi}{a}, 0);\quad (\tfrac{\pi}{a}\alpha, 0, \pm\tfrac{2\pi}{a}) \tag{10-101}$$

$$\varphi_1 = e^{i\pi/a \alpha x}e^{i 2\pi/a y};\quad \varphi_2 = e^{i\pi/a \alpha x}e^{-i 2\pi/a y};\quad \varphi_3 = e^{i\pi/a \alpha x}e^{i 2\pi/a z};\quad \varphi_4 = e^{i\pi/a \alpha x}e^{-i 2\pi/a z} \tag{10-102}$$

$$E = \varepsilon(4+\alpha)^2 \tag{10-103}$$

上記の四つの $\vec{k}$ は k_x 軸を主軸とした C_{4v} に属する対称操作によって互いに交換する。また、固有関数も同様に交換する。したがって、これらの四つの関数は C_{4v} の表現の基底をなす。

いま、これらの基底に対する C_{4v} の 5 個の操作を考えると E ではすべてが不変、iC_4^2 すなわち k_x-k_y 面を鏡映面とする操作では二つの基底が不変であるが、他の操作では、すべて移動してしまう。よって、5 個の操作のキャラクターは {4, 0, 0, 2, 0} となる。この表現は可約であり、既約化できる。すると δ4 の領域にある波数の既約表現は次のようになる(キャラクター表(表 10.4)で確認のこと)。

$$R_{\text{small}} = \Delta_1 + \Delta_2 + \Delta_5 \tag{10-104}$$

これらの状態はポテンシャルがゼロでなくなると解けることが予想される。しかし、結晶が歪んだりしなければ、Δ_5 の状態は二重に縮退したままである。

さらに、射影演算子を用いることにより、各小表現の対称性と合致したブロッホ関数を基底ベクトル(10-102)から求めることができる。分子振動で行ったのとまったく同じ手法を用いれば(図 9.19)、それらは次のようになる。

$$\begin{cases}
\Delta_1: & \Psi = \varphi_1+\varphi_2+\varphi_3+\varphi_4 = \tfrac{1}{2}e^{i\pi/a \alpha x}\left(\cos(2\pi/a\, y)+\cos(2\pi/a\, z)\right) \\
\Delta_2: & \Psi = \varphi_1+\varphi_2-\varphi_3-\varphi_4 = \tfrac{1}{2}e^{i\pi/a \alpha x}\left(\cos(2\pi/a\, y)-\cos(2\pi/a\, z)\right) \\
\Delta_5: & \Psi = (\varphi_1-\varphi_2, \varphi_3-\varphi_4) = \left(\tfrac{1}{2i}e^{i\pi/a \alpha x}\sin(2\pi/a\, y), \tfrac{1}{2i}e^{i\pi/a \alpha x}\sin(2\pi/a\, z)\right)
\end{cases} \tag{10-105}$$

このように<u>逆格子ベクトルで結びつけられ、かつ k の群(Δ の群)の点対称操作により互換する波数 k は一緒になって振る舞う。この表現は一般に可約であり、既約化しなくてはならない。そしてブロッホ関数は既約表現の指定する対称性に従った線形結合で与えられる</u>。つまり、ここでは平面波しか考えていないので、等価な平面波(互換する $\vec{k}$)をなす表現を既約化する必要があるということだ。互換する $\vec{k}$ が与える基底で張られる固有空間をブロック化しなくてはならないと言ってもいい。これは先にも触れたが、分子軌道法のところで、互いに同等な波動関数はその分子の属する点群の基底となり、分子軌道は各既約表現の有する対称性に合致した基底の線形結合によって表されたこととよく似ている。

これで δ1, δ2, δ3, δ4 という Δ 上の四つの異なった既約表現が求まった。δ4 のみが四重に縮退していた以外、縮退はなかった。一方、図 10.32 において、δ2, δ3, δ4 という 3 本の曲線が交わっている γ2 の縮態度は、これらの縮退度が合わさり 6 となる。この結果は、当然、その点自身における既約表現からも得られなくてはならない。

10.9.3　Γ上の波数kの既約表現

そこで、次に BZ の原点である Γ 上の k の既約表現を調べてみよう。Γ の群はこの系でホロシメトリックな $O_h(m\bar{3}m)$ である。この点群のキャラクター表を次に示した。この表中の小表現や対称要素のシンボルについての注意は先に述べたとおりである。

表 10.5　Γ と R の小表現のキャラクター表（点群 O_h のキャラクター表）

Γ、R	E	$3C_4^2$	$6C_4$	$6C_2$	$8C_3$	i	$3iC_4^2$	$6iS_4$	$6iC_2$	$8iS_3$	
$O_h(m\bar{3}m)$	E	$3C_4^2$	$6C_4$	$6C_2$	$8C_3$	i	$3\sigma_h$	$6iS_4$	$6\sigma_d$	$8iS_3$	
Γ_1	1	1	1	1	1	1	1	1	1	1	A_{1g}
Γ_2	1	1	−1	−1	1	1	1	−1	−1	1	A_{2g}
Γ_{12}'	2	2	0	0	−1	2	2	0	0	−1	E_g
Γ_{15}'	3	−1	1	−1	0	3	−1	1	−1	0	T_{1g}
Γ_{25}'	3	−1	−1	1	0	3	−1	−1	1	0	T_{2g}
Γ_1'	1	1	1	1	1	−1	−1	−1	−1	−1	A_{1u}
Γ_2'	1	1	−1	−1	1	−1	−1	1	1	−1	A_{2u}
Γ_{12}	2	2	0	0	−1	−2	−2	0	0	1	E_u
Γ_{15}	3	−1	1	−1	0	−3	1	−1	1	0	T_{1u}
Γ_{25}	3	−1	−1	1	0	−3	1	1	−1	0	T_{2u}
$R_{\text{small}} : \gamma 2$	6	2	2	0	0	0	4	0	2	0	
$R_{\text{small}} : R$	8	0	0	0	2	0	0	0	4	0	

（下 2 段は γ2 および R のキャラクター）

まず、BZ の原点 Γ は $k=0$ の点であり、当然、縮退もなく既約表現は全対称な Γ_1 である。

一方、先ほどの Δ の延長上にある γ2 は波数ベクトル

$$\vec{k} = (\tfrac{2\pi}{a}, 0, 0) \tag{10-106}$$

を表している。ところが、この γ2 には逆格子ベクトルで結ばれ、かつ、O_h を構成する点対称操作によって互いに交換する等価な点が次のように 6 個ある。

$$\vec{k} = (\pm\tfrac{2\pi}{a}, 0, 0); \quad (0, \pm\tfrac{2\pi}{a}, 0); \quad (0, 0, \pm\tfrac{2\pi}{a}) \tag{10-107}$$

対応する波動関数は

$$\varphi_1 = e^{i2\pi/a\,x}; \quad \varphi_2 = e^{-i2\pi/a\,x}; \quad \varphi_3 = e^{i2\pi/a\,y}; \quad \varphi_4 = e^{-i2\pi/a\,y}; \quad \varphi_5 = e^{i2\pi/a\,z}; \quad \varphi_6 = e^{-i2\pi/a\,z} \tag{10-108}$$

という 6 個の波である。この 6 個の関数が対称性に合致した固有状態を組み上げるのに必要な基底関数だ。また、固有エネルギーも簡単に求まり、次のようになる。

$$E = 4\varepsilon \tag{10-109}$$

この値は、γ2 を通る 3 個の Δ が与える値と一致している。

次に、既約表現を求めるため、等価な γ2 を基底とする表現のキャラクターを求める。各操作によって動かない γ2 を数えればよく、表 10.5 に示した結果が得られる。これを既約化すると

$$\gamma 2 = \Gamma_1 + \Gamma_{12} + \Gamma_{15} \; (= A_{1g} + E_g + T_{1u}) \tag{10-110}$$

となる。前節で求めた δ4 の小表現 $\Delta_1 + \Delta_2 + \Delta_5$ とサフィックスもうまい具合に対応がとれている！

問題 10.13　BZ 内の点で O_h に従うもう一つの k は R である（図 10.30）。原点から最も近い R の小表現を求めよ（上の表の既約表現の Γ_{15} などをすべて R_{15} などと読み替えて用いる）。

10.9.4　その他の波数 k（X、Z、Σ、Λなど）の既約表現

BZ 内のその他の点における k の群もまったく同様に求まり、既約表現とそれに属する波動関数および固有エネルギーを求めることができる。以下、いくつかの k の群のキャラクター表を示す。まず、M や X の群を考えよう。

表 10.6　M と X の小表現のキャラクター表（点群 D_{4h} のキャラクター表）

M	E	$2C_{4\perp}^2$	$C_{4\perp}^2$	$2C_{4\perp}$	$2C_2$	i	$2iC_{4\perp}^2$	$iC_{4\perp}^2$	$2iC_{4\perp}$	$2iC_2$	
X	E	$2C_{4\perp}^2$	$C_{4//}^2$	$2C_{4//}$	$2C_2$	i	$2iC_{4\perp}^2$	$iC_{4//}^2$	$2iC_{4//}$	$2iC_2$	
$D_{4h}(4/mmm)$	E	$2C_2'$	C_4^2	$2C_4$	$2C_2''$	i	$2\sigma_v$	σ_h	$2S_4$	$2\sigma_d$	
X_1	1	1	1	1	1	1	1	1	1	1	A_{1g}
X_2	1	1	1	−1	−1	1	1	1	−1	−1	B_{1g}
X_3	1	−1	1	−1	1	1	−1	1	−1	1	B_{2g}
X_4	1	−1	1	1	−1	1	−1	1	1	−1	A_{2g}
X_1'	1	1	1	1	1	−1	−1	−1	−1	−1	A_{1u}
X_2'	1	1	1	−1	−1	−1	−1	−1	1	1	B_{1u}
X_3'	1	−1	1	−1	1	−1	1	−1	1	−1	B_{2u}
X_4'	1	−1	1	1	−1	−1	1	−1	−1	1	A_{2u}
X_5	2	0	−2	0	0	2	0	−2	0	0	E_g
X_5'	2	0	−2	0	0	−2	0	2	0	0	E_u

図 10.30 から明らかなとおり、k 空間内の点 M と X は、同じ点群 D_{4h} に属するのであるが、主軸がそれぞれ k_z および $k_x(k_y)$ であるので、各対称要素に $\perp$ と $//$ という記号をつけて区別している。

たとえば原点に最も近い X を考えてみよう。逆格子ベクトルで結びつくのは図 10.33 のように二つの X であり、これらを結びつける点対称操作のキャラクターを、最初に求める必要がある。BSW 表記による点対称操作のいくつかを図中に示した。各操作により二つの X が交換するか否かを考えることにより、次のキャラクターを得る。そして、これを既約化すると、この二つの等価な X は $X_1 + X_4'$ のように振る舞うことがわかる。

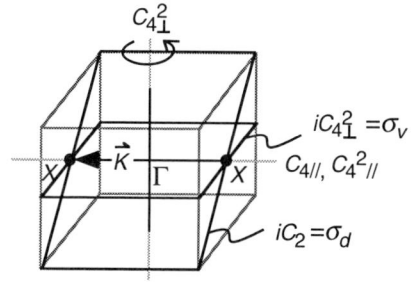

図 10.33　原点に最も近い二つの等価な X に関する対称操作（点群 D_{4h}）

表 10.7　原点に最も近い X のキャラクター（可約表現）

X	E	$2C_{4\perp}^2$	$C_{4//}^2$	$2C_{4//}$	$2C_2$	i	$2iC_{4\perp}^2$	$iC_{4//}^2$	$2iC_{4//}$	$2iC_2$
二つの X	2	0	2	2	0	0	2	0	0	2

問題 10.14　BZ の原点に最も近い M には等価な $\vec{k}$（逆格子ベクトルで結びつき、かつ、M の群の点対称操作で互換する $\vec{k}$）はいくつあるか？　すなわち、この M が与える縮退度はいくつか？　上の D_{4h} のキャラクター表を用いて小表現に既約化せよ。

第10章 バンド理論

次に Σ, Z, S および Λ の群のキャラクター表を示す。このように Σ, Z, S の対称要素の標記ももとの立方晶との関係がわかるように示されている。

表10.8 Σ、Z、S の小表現のキャラクター表

Σ	E	C_2	iC_4^2	iC_2	
Z、S	E	C_4^2	iC_4^2	$iC_4^2{}_\perp$	
$C_{2v}(2mm)$	E	C_2	$\sigma_v(xz)$	$\sigma_v(yz)$	
Z_1	1	1	1	1	A_1
Z_2	1	1	−1	−1	A_2
Z_3	1	−1	−1	1	B_2
Z_4	1	−1	1	−1	B_1

表10.9 Λ の小表現のキャラクター表

Λ	E	$2C_3$	$3iC_2$	
$C_{3v}(3m)$	E	$2C_3$	$3\sigma_v$	
Λ_1	1	1	1	A_1
Λ_2	1	1	−1	A_2
Λ_3	2	−1	0	E

これらのキャラクター表を用いれば任意の k の群は小表現に既約化でき、紙とエンピツだけで、図 10.34 に示すバンドを得る。さらに 10.11 節で述べるが、ハッチングしたところは同じ既約表現が交差しており、ポテンシャルの導入により 10.6 節に述べた理由でギャップが生じる。

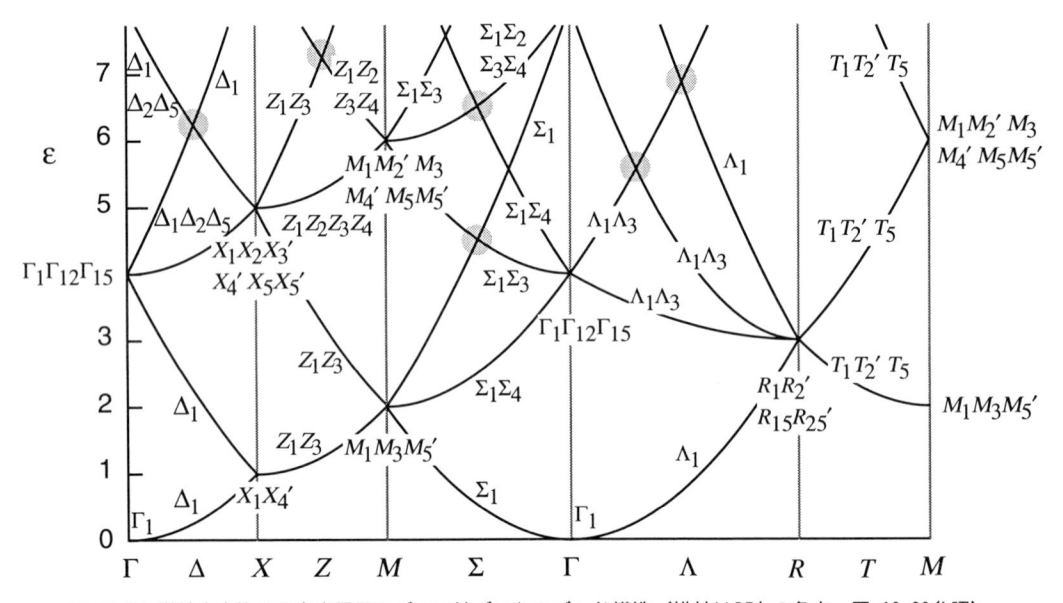

図 10.34 単純立方格子の自由電子モデルに基づいたのバンド構造（横軸はBZ内の各点、図 10.30参照）

問題 10.15 原点に最も近い M から出発する Σ は次のように3本描かれる。s1 および二重に縮退した s2 に対する小表現を求めよ。また、エネルギーを k の関数として求めよ。よって、エネルギーバンドの $M_1M_3M_5'$ を通過する Σ は原点 Γ から出発するもの（Σ_1）も含め4本あることを示せ。これは $M_1M_3M_5'$ の縮退度と一致しているか？

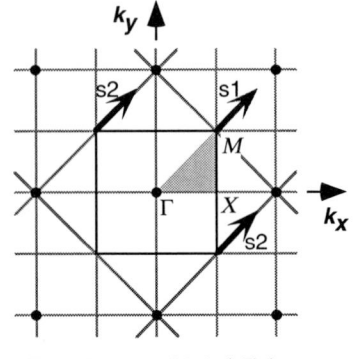

図 10.35 $M_1M_3M_5'$ から出発する Σ

10.10 適合関係

問題 10.15 からもわかるように $M_1 M_3 M_5'$ は $\Sigma_1, \Sigma_1, \Sigma_1+\Sigma_4$ というバンドに分裂する。これは M の対称性（D_{4h}）が低下し、C_{2v} になったとき、対応する既約表現同士がこのように結びつくことを示している。このことを**適合関係**（compatibility relation）という。言い換えると D_{4h} という点群から、いくつかの対称要素をとり、その部分群 C_{2v} になったときの各既約表現間の対応を示している。　…　ここまで読んで、おや、これと似たようなこと、どこかでやったような気がするなぁ、と思われるかもしれない。そうなのだ。配位子場理論の所でも対称性の高い点群と低い点群との関係を相関表で示した（表 7.6）。

この両者はまったく同じものである。配位子場理論では相関表であり、バンド理論では適合関係と呼ばれているだけだ。ただ、バンド理論では点群の対称要素が格子に密着していて、その関係がキャラクター表からも、簡単に読み取れることが特徴だ。たとえば、Δ の従う C_{4v} のキャラクター表(表 10.4)と Z が従う C_{2v} の表(表 10.8)を比べてみよう。この両者の違いは前者にある $2C_4(=C_4^1+C_4^3)$ という対称要素の存在である。いま、この対称要素と対応するキャラクターをこの表から取り去ってみよう。すると鏡映面の数も半分に減る。また、二重に縮退した Δ_5 という既約表現もなくなってしまう。このようにしてできた表は C_{2v} のキャラクター表に他ならないが、このとき、Δ の群と Z の群とで C_4^2 という主軸を共通にしておくというルールを作っておけば、Δ の群の既約表現と Z の群の既約表現との間には、次の一対一の相関が保たれるはずである。

$$\Delta_1:\Sigma_1, \quad \Delta_2:\Sigma_4, \quad \Delta_1':\Sigma_2, \quad \Delta_2':\Sigma_3 \tag{10-111}$$

実際、得られたバンドを見ればわかるように、M を介して Δ と Σ の既約表現は必ず、上の適合関係を守って結びついている。

このようなことは各表現の主軸などの対称要素を格子に密着して選ぶ、というルールさえ守ればどのような k の群の間にも成立することである。次に単純立方格子の BZ 中の各点の間の適合関係を示す。

表 10.10 各小表現間の適合関係　(a) $\Gamma - \Delta - \Lambda - \Sigma$

Γ_1	Γ_2	Γ_{12}	Γ_{15}'	Γ_{25}'	Γ_1'	Γ_2'	Γ_{12}'	Γ_{15}	Γ_{25}
Δ_1	Δ_2	$\Delta_1 \Delta_2$	$\Delta_1' \Delta_5$	$\Delta_2' \Delta_5$	Δ_1'	Δ_2'	$\Delta_1' \Delta_2'$	$\Delta_1 \Delta_5$	$\Delta_2 \Delta_5$
Λ_1	Λ_2	Λ_3	$\Lambda_2 \Lambda_3$	$\Lambda_1 \Lambda_3$	Λ_2	Λ_1	Λ_3	$\Lambda_1 \Lambda_3$	$\Lambda_2 \Lambda_3$
Σ_1	Σ_4	$\Sigma_1 \Sigma_4$	$\Sigma_2 \Sigma_3 \Sigma_4$	$\Sigma_1 \Sigma_2 \Sigma_3 \Sigma_2$		Σ_3	$\Sigma_2 \Sigma_3$	$\Sigma_1 \Sigma_3 \Sigma_4$	$\Sigma_1 \Sigma_2 \Sigma_4$

(b) $M - \Sigma - Z - T$

M_1	M_2	M_3	M_4	M_1'	M_2'	M_3'	M_4'	M_5	M_5'
Σ_1	Σ_4	Σ_1	Σ_4	Σ_2	Σ_3	Σ_2	Σ_3	$\Sigma_2 \Sigma_3$	$\Sigma_1 \Sigma_4$
Z_1	Z_1	Z_3	Z_3	Z_2	Z_2	Z_4	Z_4	$Z_2 Z_4$	$Z_1 Z_3$
T_1	T_2	T_2'	T_1'	T_1'	T_2'	T_2	T_1	T_5	T_5

(c) $X - \Delta - Z - S$

X_1	X_2	X_3	X_4	X_1'	X_2'	X_3'	X_4'	X_5	X_5'
Δ_1	Δ_2	Δ_2'	Δ_1'	Δ_1'	Δ_2'	Δ_2	Δ_1	Δ_5	Δ_5
Z_1	Z_1	Z_4	Z_4	Z_2	Z_2	Z_3	Z_3	$Z_3 Z_2$	$Z_1 Z_4$
S_1	S_4	S_1	S_4	S_2	S_3	S_2	S_3	$S_2 S_3$	$S_1 S_4$

第10章 バンド理論

問題 10.16 図 10.34 のエネルギーバンドには X-R 間の領域のバンドが示されていない。S は Σ の群と、R は Γ の群とそれぞれ同型であるのでそれぞれの小表現のシンボルを置き換えただけで表 10.10 の適合関係はそのまま利用できる。計算など一切せずに、この表のみから X-S-R 間のエネルギーバンドの定性的な形とその小表現を求めよ。

10.11 ポテンシャルがゼロでない場合

さて、今までは空格子という仮定のもとに議論を進めてきたが、ここでポテンシャルのスイッチを突然入れてみよう。考え方は 10.6 節で見たほぼ自由な電子モデルと同じである。すると、次の二つのことが起こる。

（1）いくつかのバンドの縮退が解ける。たとえば、4ε の値を持つ Γ では

$$\Gamma_1 \Gamma_{12} \Gamma_{15} \longrightarrow \Gamma_1 + \Gamma_{12} + \Gamma_{15} \tag{10-112}$$

と縮退度がそれぞれ 1、2、3 の三つの状態の分裂する。ここで後者の縮退は結晶全体の対称性が低下しない限り解けない。これを必然的な縮退（essential degeneracy）という。

（2）同じ小表現に属するバンドは非交差則に従って互いに反発しあい、ギャップが生ずる。先のエネルギーバンドでいうとハッチングで示した箇所である。

Δ を例にとってみると、まず、

$$\Delta_1 \Delta_2 \Delta_5 \longrightarrow \Delta_1 + \Delta_2 + \Delta_5 \tag{10-113}$$

と分裂する。このうちの Δ_1 が、やはり Γ から X に向かって上昇している Δ_1 と交差する箇所でこのルールにしたがってギャップが生じる。

実際の計算例で見てみよう。といっても単純立方晶をなす単体金属はポロニウムだけなので、ここではもっと身近な CsCl 構造を持つ AgZn のエネルギーバンドを見てみる。次に示したのは APW（augumented plane wave）と呼ばれている方法で計算したエネルギーバンドである（H.L.Skriver, 1973）。縦軸でゼロ付近にある Γ_{12} および Γ_{25}' は d 軌道によるものなのでここでは、

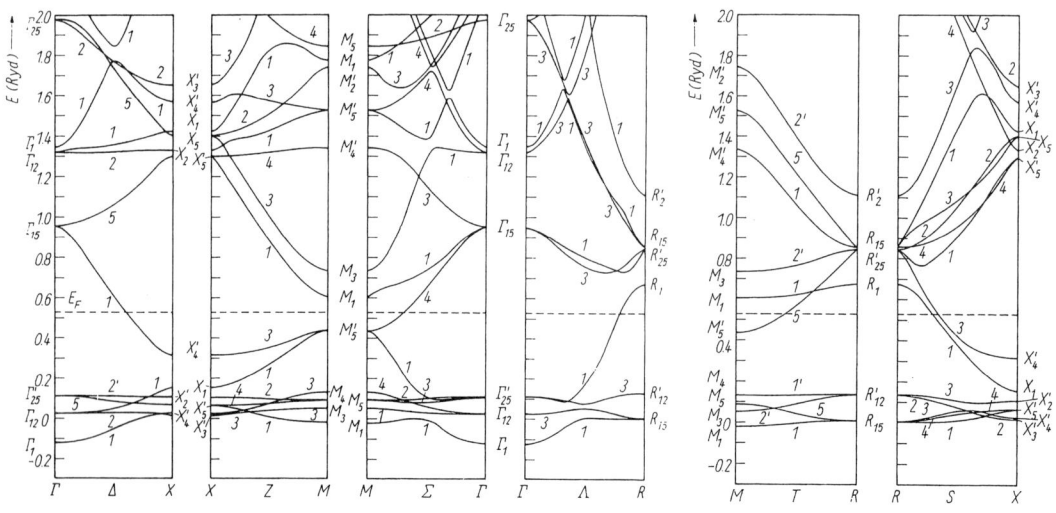

図 10.36 APW 法で計算された AgZn（単純立方格子、CsCl 構造）のバンド構造
(H.L.Skriver, *phys.stat.sol(b)*, **58**, 721 (1973), WILEY-VCH Verlag 社の許可を得て転載)

10.12 ノンシンモルフィックな系、スピン-軌道相互作用

無視しよう。(でも、配位子場理論のところでやったように d 軌道は $m\bar{3}m$ の環境下で e_g と t_{2g} に分裂する。それがそのまま Γ_{12} と Γ_{25}' という既約表現となっていることはわかる。) それよりエネルギーが高い領域のバンド構造を見ると、我々が先に行った結果とよく似ている。そして空格子の仮定の下で計算して得た小表現の縮退がとれ、かつ、同じ小表現に従うバンドは反発し合ってギャップが生じていることが確認できる。このように、我々がここで学んだことは定性的であってもバンドのなす基本的な構造を予測している。

10.12 ノンシンモルフィックな系、スピン-軌道相互作用

最後にシンモルフィックでない場合やスピン-軌道(S-O)相互作用がバンド構造に及ぼす効果について、極く簡単に触れたい。これらの議論は群論の初等的な応用という本コースの範疇を遥かに越えているのでここでは主要な結果のみを与え、詳しくは文献を参考にしてほしい。

10.12.1 ノンシンモルフィックな系

らせん軸やグライド面が必須の対称操作として存在すると、単位胞内の最も対称性の高い位置でも等価な位置が最低二つ存在することは空間群のところで触れた。この結果、BZ 内の特殊な点における既約表現が最低でも二重に縮退したものになってしまう。そのため、二つのバンドがそのような点(たとえばダイアモンド構造の X)で合体してしまう。これをバンドの合体(sticking together of bands)という。

10.12.2 スピン-軌道相互作用

今まで求めたバンドにはすべて上向き α と下向き β という二つのスピンが与えられた固有状態に入ることが前提であった。言い換えると、すべてのバンドの既約表現は最低でも二重に縮退していた。

$$E(k)\,\alpha = E(k)\,\beta \quad \text{(S-O 相互作用がない場合)} \tag{10-114}$$

ところが、6.6 節で見たように、軌道とスピンとの間には軌道の角運動量に起因する磁気的な相互作用が働いている。そのために、これらの状態は $k=0$ 以外で分裂してしまう。

$$E(k)\,\alpha \neq E(k)\,\beta \tag{10-115}$$

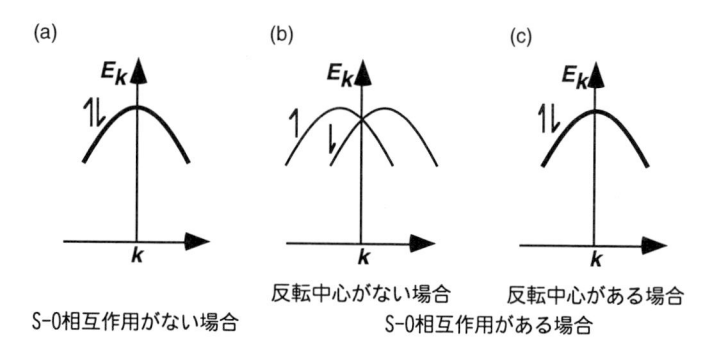

図 10.37 スピン-軌道相互作用と結晶の反転中心の存在の有無がバンドに与える効果

一方、時間反転操作により k の向きとスピンの向きが変わる。すなわち、一般に

$$E(k)\,\alpha = E(-k)\,\beta \quad \text{（S-O 相互作用があり、かつ反転中心がない場合）} \quad (10\text{-}116)$$

が成立する。また、さらに、反転中心が空間群に存在するとスピンの状態が同じでかつ k の符号が変わった状態は同じ固有値を持つ。

$$E(k)\,\alpha = E(-k)\,\alpha \quad \text{（反転中心がある場合）} \quad (10\text{-}117)$$

結局、反転中心を有する系のバンドは S-O 相互作用があっても縮退していると結論される。

$$E(k)\,\alpha = E(k)\,\beta \quad \text{（S-O 相互作用があり、かつ反転中心がある場合）} \quad (10\text{-}118)$$

以上の結果を図 10.37 にまとめた。

この章のまとめ

- 並進対称性 → 巡回群で整理できる
- 巡回群の既約表現の指標 κ ⇔ 波数 k
- κ 番目の既約表現における並進操作 l のキャラクター ⇔ ブロッホの定理の e^{ikl}
- 波数の 3 次元への拡張 → 逆空間と逆格子
- k に逆格子ベクトル K を加えても同一既約表現に属する → ブリルワンゾーンの導入
- バンド構造：格子振動、自由電子モデル、タイトバインディングモデル（=LCAO）
- 結晶の点対称性とブリルワンゾーン内のユニークな領域（asymmetric unit）の存在
- k のスター
- k の点対称性 → k の群
- 逆格子ベクトル K と逆格子の点対称操作によって互換する k は等価
  →縮退し、組になって振る舞う → 既約化の必要=小表現
- 逆空間内の対称性の異なったサイト間の相関=小表現の相関 → 適合関係

第11章　テンソル

Some of the components of tensor properties of matter are zero in crystalline bodies and some are equal between themselves owing to the symmetry of the system.
                    F.G. Fumi   *Acta Crystallographica* <u>5</u> 44 (1952)

ここまでの各章において我々は、原子配列の対称性が電子状態や振動に及ぼす影響を調べてきた。一般的な言い方をすれば、系のハミルトニアンが対称操作の演算子と交換することを利用して、実際のシュレディンガー方程式を解くことなく、系の固有状態を物質の対称性に基づいた既約表現に分類してきたわけだ。しかし、そのような原子レベルでのメカニズムを一切問わなくとも、固体の分極率や電気伝導度といったマクロ的な物性は、やはり結晶全体の対称性に従うことが知られている。ここでは量子力学からしばし離れ、まず、物性をテンソルにより表示する手法を学び、次にマクロ的な物性が熱力学、そして結晶が従う点群という観点からどのように整理されるのか考えてみよう。

11.1　物性テンソルとフィールドテンソル

11.1.1　物性の記述

ある物体の物性とは何だろう？　我々が「物性」を測定するときには、たいてい物体に対して外から何らかの働きかけ（作用：action）を行い、それに対する応答（response）を観察する。同じ作用をほどこしても物体によって応答が違うのは当然だ。我々が「物性」（property）という言葉を用いて表している性質とは、この応答をもたらす物質特有な振舞いをさしている。

この三者の関係を一般的な式で表してみよう。

$$\text{応答} = \text{物性} \times \text{作用} \tag{11-1}$$

たとえば、そこに落ちている銅線を電池につなげば電流が流れるだろう。我々が測定するのはかけた電圧と電流値だが、実際に知りたい「物性」値は電気伝導率あるいは抵抗値であるはずだ。またフライパンの熱膨張率を求めたいとすれば、フライパンを加熱し、温度変化に対する長さの変化を測定すればよい。

さて、このような実験をきちんと記述しようと思うと、実験室に準備された座標系にそって物性値を測定しなくてはなるまい。たとえば銅線に対してどの方向に電圧をかけたとか、フライパンが伸びたといっても x, y, z 方向に分けて測定しておく必要があるだろう。形が変わるだけのフライパンもあるから各方向間の角度も測定しよう。一方、加熱したことを表す温度という量には方向はないのでこれで十分だ。さらに、電圧をかけた方向と電流が流れる方向とが同じであるという保証はないから、電圧も電流も別々に測定し、一つの座標系で表すというのが注意深い研究者のやり方である。すると、三つの成分で表される電場と、やはり三つの成分で表される電流を関係づける電気伝導率という物性は一般的には9個の成分でもって記述されることになる。

このような事情に基づいて（11-1）式をもう少し、大学の教科書らしく書き換えてみよう。いま、応答、物性、作用という量をそれぞれ、$\tilde{R}, \tilde{P}, \tilde{A}$ という記号で表すと、

$$\tilde{R} = \tilde{P} \cdot \tilde{A} \tag{11-2}$$

となる。ここでそれぞれの記号の上のチルダは、それぞれ

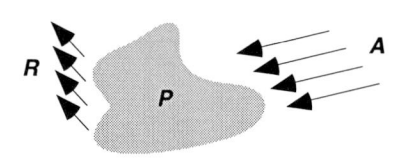

図 11.1　応答 R ＝ 物性 P × 作用 A

第11章 テンソル

の量が表す対象によって 1 個、3 個、9 個などの変数によって記述されることを示している。たとえば、先の例でいうと、電流密度、電気伝導率、電界の大きさをそれぞれ J, σ, E と表して、

$$\begin{pmatrix} J_1 \\ J_2 \\ J_3 \end{pmatrix} = \begin{pmatrix} \sigma_{11} & \sigma_{12} & \sigma_{13} \\ \sigma_{21} & \sigma_{22} & \sigma_{23} \\ \sigma_{31} & \sigma_{32} & \sigma_{33} \end{pmatrix} \begin{pmatrix} E_1 \\ E_2 \\ E_3 \end{pmatrix} \tag{11-3}$$

となる。一般に、$\tilde{R}, \tilde{P}, \tilde{A}$ に現れる変数の数は 3^n であることは自明であろう。数学的な定義は次の節で行うが、これらの量を n 階テンソル (tensor of n-th rank) と呼ぶ。

ところで、作用 $\tilde{A}$ は、我々が外場として与えるテンソル量であるから物質固有の性質ではない。もちろん物体の対称性とも関係ない。また、(11-2) において次のように $\tilde{R}$ を作用と考えることもできるから、$\tilde{R}$ も物質固有の性質ではない。

$$\tilde{A} = \tilde{P}^{-1} \cdot \tilde{R} \tag{11-2′}$$

(たとえば電流を作用と考え電圧を測定すれば、電気伝導率の代わりに抵抗率が物性値として得られる。) そこで、このような我々が制御できるテンソルをフィールドテンソル (field tensor) と呼ぶことにしよう。

一方、$\tilde{P}$ (もしくは $\tilde{P}^{-1}$) は我々の力ではどうしようもない物質固有の量である。そこで、このようなテンソルを物性テンソル (matter tensor) と呼ぼう。本章で詳しく説明したいのは結晶の対称性がこの物性テンソルに与える制約である。

11.1.2 テンソルの例

次に、階数別にテンソルの例を見てみよう。厳密なテンソルの定義は次節で行うので、ここではテンソルとは単に 3^n 個の成分によって記述された量と理解する程度でかまわない。むしろ、フィールドテンソルと物性テンソルをはっきりと区別する習慣をつけてほしい。

11.1.2.1 0 階テンソル

スカラー量である。温度、密度、あるいは電位などのポテンシャルが代表的な例だ。

11.1.2.2 1 階テンソル

3 成分で表されるベクトル量である。

(a) **1 階フィールドテンソル**：スカラー量を座標で微分した温度勾配や電場などの量、次に熱の流れ、電流など物質の移動を示す量、そして分極ベクトル、磁化など静的な変化を示す量がある。

$$\frac{\partial T}{\partial x_i}; \quad E_i; \quad J_i; \quad P_i; \quad M_i; \quad \ldots \tag{11-4}$$

(b) **1 階物性テンソル：焦電性定数** 0 階のフィールドテンソルを作用させた結果、1 階のフィールドテンソルが観測されるとき、その物性は 1 階のテンソル量として表される。たとえば温度と分極ベクトルを結びつける焦電性 (pyroelectricity) がそうである。すなわち、温度変化 ΔT に対して物質に分極 ΔP_i (i=1, 2, 3 (x, y, z に対応。通常、テンソルを扱うときは、x_1, x_2, x_3 軸と呼ぶ。カルチャーの違いだ)) があったとき、両者を結びつける焦電性定数 p_i は 1 階の物性テンソルで

ある。式で表せば次のようになる：

$$\Delta P_i = p_i \Delta T \tag{11-5}$$

また、外部電場がゼロでも*自発分極*（spontaneous polarization）を持つ物質を焦電結晶と呼ぶ。

11.1.2.3 2階テンソル

フィールドテンソルとしては応力と歪みがあげられる。また、先ほどの電気伝導率のような二つの一階フィールドテンソルを結びつける多くの2階物性テンソル、そして0階と2階のフィールドテンソルを結びつける2階物性テンソルも存在する。

(a) **2階フィールドテンソル：応力**　立方体に働く応力（stress）を図 11.2(a)に示した。このように応力とは単位面積あたりに働く力である。そして、±i方向の応力が、±j面に働いているとき、σ_{ij}と表すのが約束である。そうするとσ_{11}, σ_{22}などは引っ張り応力を示し、$-\sigma_{11}$などは圧縮応力を示すことになる。一方、σ_{21}, σ_{32}などは物体を変形しようとする力、すなわち*剪断応力*（shear stress）を表す。

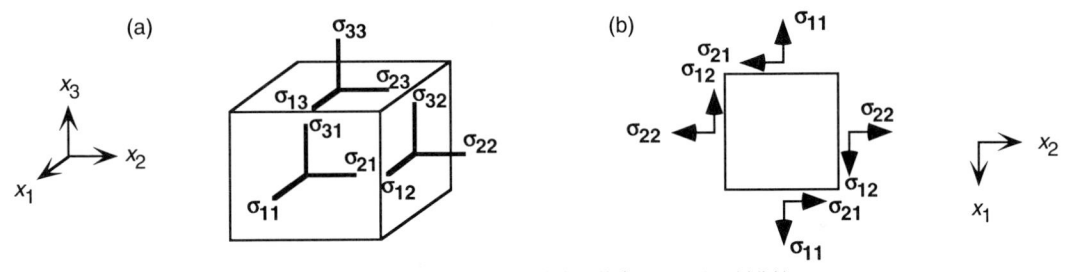

図 11.2 (a)応力テンソル σ_{ij}；(b)力の釣合いからくる対称性 $\sigma_{ij}=\sigma_{ji}$

さて、分子振動のところでもそうであったように通常我々は、物体の並進運動や回転運動を考えない。仮に存在していても、物性という観点からはそれらを差し引いた状態を考えれば十分である。すなわち、物体に働く応力は釣り合っていることを前提とする。図 11.2(b) は x_3 方向から立方体を見下ろした図であるが、この釣合いの前提から x_3 軸まわりには回転モーメントがあってはならない。このことから、応力テンソルは次の性質を有していると結論される。

$$\sigma_{ij} = \sigma_{ji} \tag{11-6}$$

このように ij 成分と ji 成分とが等しいテンソルを*対称テンソル*（symmetrical tensor）という。

(b) **2階フィールドテンソル：歪み**　最初に1次元における歪み（strain）を次のように定義する

$$e = \lim_{\Delta x \to 0} \frac{\Delta u}{\Delta x} \tag{11-7}$$

すなわち、歪みはもとの長さに対する変形量の比の極限として定義される。2次元、3次元の場合も形式的には同じで、次の2階テンソルで表せる。

図 11.3 1次元における歪み、e

$$e_{ij} = \lim_{\Delta x \to 0} \frac{\Delta u_i}{\Delta x_j} \tag{11-8}$$

この定義は、物体がどれだけ等方的に伸びたり縮んだりということだけでなく、どれだけ変形したかということも含んでいる。1次元の場合と異なって、イメージするのが少々難しいので図11.4

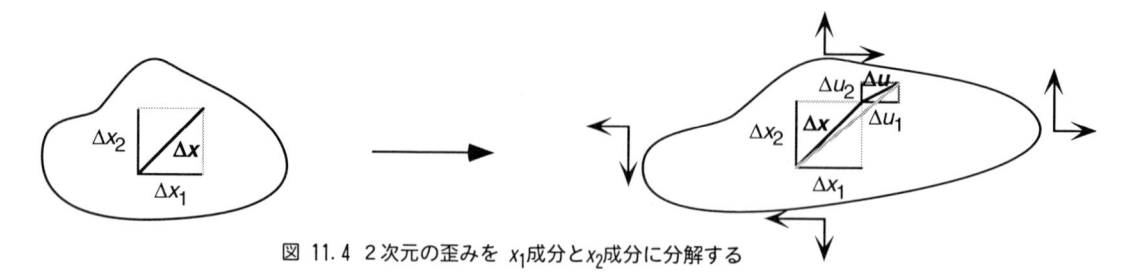

図 11.4 2次元の歪みを x_1 成分と x_2 成分に分解する

を見てみよう。ここには物体全体が変形を受け、その中の微小長さ Δx が Δu だけ伸びた状況が示されている。それらを各成分にわけ、その Δx_j と Δu_i に対して（11-8）により、e_{ij} が定義されているのだ。ここで $i=j$ のときは1次元と同様で、i 方向の伸びを示す。一方、$i \neq j$ の成分の持つ意味を理解するためにさらに図11.5を見てみるとしよう。Δx の始点から終点を結ぶ正方形が変形により平行四辺形に歪んでいる。ここで Δx_2 方向からの角度の変位を θ とすると

$$\theta \approx \tan\theta = \lim_{\Delta x \to 0} \frac{\Delta u_1}{\Delta x_2} = e_{12} \qquad (11-9)$$

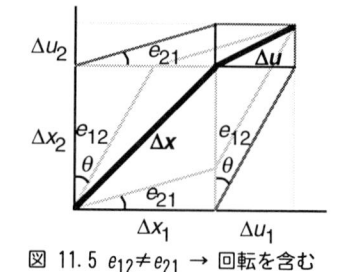

であるから、e_{12} は Δx を無限小まで持っていったときの変形の角度変化を表している。

図 11.5 $e_{12} \neq e_{21}$ → 回転を含む

さて、ここで $e_{12} > e_{21}$ のときを考えてみると、上の図からこの場合、物体が時計まわりに回転することがわかる。この回転自体は物質の歪みとは関係ないので、歪みテンソルから区別して考えたい。そのために e_{ij} を次の ε_{ij} と ω_{ij} とに分解しよう。（前者は対称テンソルであり、後者は反対称テンソル (antisymmetric tensor) と呼ばれる。）

$$\varepsilon_{ij} = \frac{1}{2}(e_{ij} + e_{ji}) \qquad (11\text{-}10\text{a})$$

$$\omega_{ij} = \frac{1}{2}(e_{ij} - e_{ji}) \qquad (11\text{-}10\text{b})$$

$$e_{ij} = \varepsilon_{ij} + \omega_{ij} \qquad (11\text{-}11)$$

こうすると ω_{ij} は純粋に回転を表すテンソルとなり、一方、歪みは ε_{ij} というテンソルで表される。また、このプロセスにより、歪みテンソルも、応力テンソルと同様、対称テンソルとなった。

(c) 2階物性テンソル：帯電率 誘電体を1階のフィールドテンソルである電場 E_j 中に置くと誘電分極 P_i を生ずるが、この両者を結ぶのが帯電率あるいは電気感受率 (electric susceptibility) と呼ばれる2階のテンソル量 χ_{ij} である。

$$P_i = \chi_{ij} E_j \qquad (11\text{-}12)$$

(d) **2階物性テンソル：電気電導率**　上の例では対象としている物質が熱力学的平衡状態にあることを前提としているが、一方、定常状態ではあるが不可逆な反応を表す 2 階の物性テンソルも数多く存在する。先にあげた**電気伝導率**（electrical conductivity）σ_{ij} が代表的な例である。

$$J_i = \sigma_{ij} E_j \tag{11-13}$$

(e) **2階物性テンソル：熱膨張率**　温度変化 ΔT による変形は歪み ε_{ij} で表される。この両者を結ぶ物性は**熱膨張率**（thermal expansion coefficient）と呼ばれる2階テンソルで表される。

$$\varepsilon_{ij} = \alpha_{ij} \Delta T \tag{11-14}$$

11.1.2.4　3階テンソル

本書で扱う 3 階以上のテンソルはすべて物性テンソルである。要するに 2 階と 1 階のフィールドテンソルを関係づける $3^3 = 27$ の成分からなるテンソル量である。

(a) **圧電テンソル**　物体に応力 σ_{jk} を加えたとき、分極 P_i を生じる物質がある。このような現象をピエゾ効果と呼ぶ。そして、これら二つのフィールドテンソルを関係づける 3 階の物性テンソルを圧電テンソルと呼び、d_{ijk} で表す。

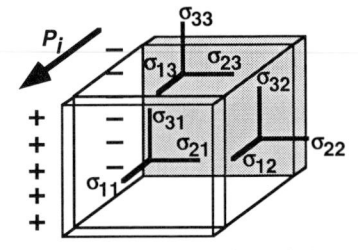

図 11.6　応力 σ_{jk} から分極 P_i を与える圧電テンソル d_{ijk}

$$P_i = d_{ijk} \sigma_{jk} \tag{11-15}$$

一方、この逆、すなわち電場 E_k をかけることにより歪み ε_{ij} が生じる現象を逆ピエゾ効果（converse piezo effect）という。これは同じ d_{ijk} を用いて次のように表せる（11.5.1 節）。

$$\varepsilon_{ij} = d_{ijk} E_k \tag{11-16}$$

d_{ijk} はマトリックスでは表せない。敢えていえば d_{ijk} は 3×3×3 のキューブなのだ。

11.1.2.5　4階テンソル

本書では、二つの 2 階フィールドテンソルを関係づける物性テンソルのみを扱う。

(a) **スティフネス**　物体によって同じ力を加えても伸びたり変形したりする量が異なるが、このとき、応力 σ_{ij} と歪み ε_{kl} との関係を与える $3^4 = 81$ の成分からなる4階テンソルが**スティフネス**（stiffness）c_{ijkl} である。

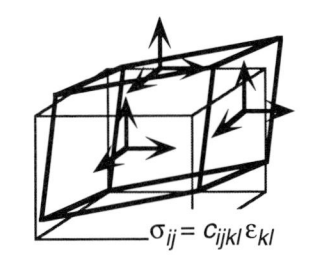

図 11.7　応力 σ_{ij} と歪み ε_{kl} を関係づけるスティッフネス c_{ijkl} とコンプライアンス s_{klij}

$$\sigma_{ij} = c_{ijkl} \varepsilon_{kl} \tag{11-17}$$

(b) **コンプライアンス**　上と逆の関係にあるのが**コンプライアンス**（compliance）s_{ijkl} である。これは**フックの法則**（Hooke's law）を一般化したものといえる。

$$\varepsilon_{ij} = s_{ijkl} \sigma_{kl} \tag{11-18}$$

c_{ijkl} も s_{ijkl} もマトリックスでは表すことのできない物性テンソルであることに注意したい。

11.2 テンソルの定義

数学的な定義といっても、本書で扱うのは直交座標系に限定されたテンソルのみである。初めに物質を固定したとき、スカラーで表される物性値は座標の回転や反転という操作によって変化しない量であることを確認しよう。また、ベクトルという量は、空間の中で原点からある点に向かう固定された矢印と同じように、人間が持ち込んだ座標系とは関係のない、空間に固定した物理量であった。すなわち、これら 0 階、1 階テンソルの定義は座標系の変換ということに深い関係を持っている。2 階以上のテンソルに対しても同様な定義を用いる。

問題点をはっきりさせよう。今、図 11.8 のように $\overrightarrow{OP}$ で表されたベクトルがある。このベクトルに対して電流でも分極でもいい、何かある 1 階テンソルで表される物理量をイメージしてほしいのだ。この物理量を A さんは (x_1, x_2, x_3) という座標系で測定し、あとからやってきた B さんは (x_1', x_2', x_3') という座標系で測定したとしよう。座標系が異なるので、A さんが得た 1 階テンソルの各成分の値 (p_1, p_2, p_3) と B さんが得た各成分の値 (p_1', p_2', p_3') とは一見、異なるだろう。ところが、これらはもともと $\overrightarrow{OP}$ という空間に固定されたある物理量なのであるから、A さんが求めた結果と B さんが求めた結果とはまったく同じでなくてはならない。

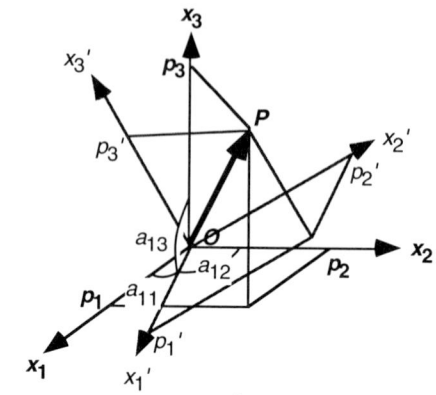

図 11.8 不変なベクトル $\overrightarrow{OP}$ と二つの座標系を結ぶ方向余弦 a_{ij}

この二人が求めた値を整理するには、まず、二人の用いた座標系間の関係をきちんと表すのが先決である。そこで A さんの各座標軸 Ox_j からの、B さんの座標軸 Ox_i' への射影、すなわち二つの軸間の方向余弦を図のように a_{ij} と表そう。（二つの軸間の角度を ^ で表す。）

$$a_{ij} = \cos(x_i' \wedge x_j) \tag{11-19}$$

すると、二つの座標系で表された物理量のそれぞれの成分間には次の関係があるはずだ。

$$\begin{pmatrix} p_1' \\ p_2' \\ p_3' \end{pmatrix} = \begin{pmatrix} a_{11} & a_{12} & a_{13} \\ a_{21} & a_{22} & a_{23} \\ a_{31} & a_{32} & a_{33} \end{pmatrix} \begin{pmatrix} p_1 \\ p_2 \\ p_3 \end{pmatrix} \tag{11-20}$$

要するに、たとえば p_1, p_2, p_3 のそれぞれの Ox_i' 方向の成分を足しあわせたものが p_1' ということを言っているだけだ。これを各成分についてあらわに書き直すと、

$$p_i' = \sum_{j=1}^{3} a_{ij} p_j \quad (i = 1, 2, 3) \tag{11-21}$$

となる。ここでサフィックスが繰り返されたときは和をとるというルール（Einstein summation convention と呼ばれる）を用いて、この式をすっきりしたものに書き換えよう。すなわち、

$$p_i' = a_{ij} p_j \quad (i, j = 1, 2, 3) \tag{11-22}$$

と表す。右辺にて j が繰り返されているが、このようなときはいつでも j に関して和をとるのだ。これはマトリックス形式で書いた（11-20）とまったく同じ内容を示している。また、このルールでは繰り返されるサフィックスの記号は結局、和をとるのだから何であってもかまわない。い

ずれにしても、これで A さんの求めた値と B さんの求めた値は (11-22) で結ばれている同一なものであることがわかった（無論、二人がきちんと実験を行っていればの話であるが）。

さて、このように考えると異なった座標系において求められた同一のベクトルは、必ず (11-21) を満たしていることがわかる。そこで逆に<u>1 階のテンソルとは (11-22) に従って変換される量</u>であると定義する。

さらに 2 階以上のテンソルも同様に定義する。すなわち<u>旧い座標で求めた量 T_{kl} と新しい座標で求めた T'_{ij} との間に次の関係があるとき、これを 2 階のテンソル</u>と呼ぶ。

$$T_{ij}' = a_{ik}a_{jl}T_{kl} \tag{11-23}$$

3 階以上のテンソルも同様で、次の関係を満たす $T_{ijklm...}$ が各階のテンソル量である。

$$T_{ijk}' = a_{il}a_{jm}a_{kn}T_{lmn} \tag{11-24}$$

$$T_{ijkl}' = a_{im}a_{jn}a_{ko}a_{lp}T_{mnop} \tag{11-25}$$

変な定義の仕方だなぁと思われるかもしれない。しかし、これらの量が上の各式に従うということは、とりもなおさず、<u>それぞれの量が座標系の変換に対して不変であることを意味している。</u>また、$T_{ijklm,...}$ という量はマトリックスではない。むしろ、座標変換に対して不変という観点からすると、我々にとって親しみやすい、空間に固定したベクトルを拡張したものと考えたほうがよいかもしれない。たとえば、物質中のある 1 点の状態を表す二つの 1 階のフィールドテンソルを結びつけるのがやはりその点に存在する 2 階の物性テンソルなのだ。3 階以上も同様に数多くの成分からなる物質固有の物性値と考えればよい。ただ、2 階のテンソルだけはテンソルとしての性質をまったく失わずにマトリックス形式に書くことができる。

問題 11.1 座標変換のマトリックス (a_{ij}) がユニタリであることを示せ。

問題 11.2 A さんと B さんは (11-20) の関係にある座標系で、未知の物質 X を流れる電流 J_i と電場 E_j から電気伝導率 σ_{ij} を求めた。いま、A さんが求めた $J_i = \sigma_{ij}E_j$ という関係の両辺に係数マトリックス(a_{ij}) 用いて座標変換をほどこすことにより、B さんの求めた同等の式 $J_i' = \sigma_{ij}'E_j'$ に変換せよ。この結果、σ_{ij}' の各成分が A さんが求めた σ_{ij} に対し、2 階テンソルの定義 (11-23) で結ばれていることを示せ（(a_{ij}) はユニタリマトリックスであることを用いるとよい）。

11.3 極性テンソルと軸性テンソル

これでめでたし、めでたし、と思いたいところだが、意外なところに落とし穴がある。図 11.9 を見てみよう。これから問題とするのは座標系の右手系・左手系という区別である。まず、回転という対称操作に関しては右手・左手の変化はないが、鏡映、たとえば σ_h をほどこすと座標系そのものが右手系から左手系へ変換する。

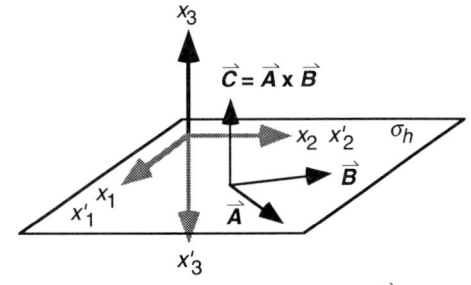

図 11.9 鏡映操作 σ_h と軸性ベクトル $\vec{C}$

一方、前節の結果から 1 階テンソルであるところのベクトルは座標の変換によって左右されない不変の物理量である。いま、$\vec{A}$ と $\vec{B}$ という二つのベクトルのベクトル積によって定義された $\vec{C}$ というベクトルを考えよう。

$$\vec{C} = \vec{A} \times \vec{B} \tag{11-26}$$

第11章 テンソル

右手左手変換が起こらない回転操作に関してはベクトル $\vec{C}$ は不変であるが、σ_h のように右手左手変換の起こる系に関しては、変換後の座標系で与えられた $\vec{C}$ にマイナス符号をつけてやらないと、ベクトルの不変性は保たれないことが図 11.9 からわかる。

このような理由で、（11-21）においてなされた 1 階テンソルの定義は、ベクトル積により定義された量を考慮すると、より一般に

$$p_i' = \lambda a_{ij} p_j \quad (i, j = 1, 2, 3) \tag{11-27}$$

と拡張される。ここで λ は右手左手変換が起こらない座標系の変換に対して +1、右手左手変換が起こる変換に対して −1 の値をとる。後者に属するベクトルを*軸性ベクトル* (axial vector) という。たとえば、光学活性を表すベクトルがこのような性質を持つ。また、キャラクター表で R_z などと一般に表された基底も軸性ベクトルである（4.8.2 節参照）。同様の区別が他の階のテンソルについてもあり、右手左手変換が起こる操作により符号の変わる 0 階テンソルを*擬スカラー* (pseudo-scalar)、2 階テンソルを*軸性2階テンソル* (axial second-rank tensor) と呼ぶ。

一方、これまでに出てきた電流密度や温度勾配などのベクトルはすべて $\lambda=1$ である。そういった普通のベクトルを*極性ベクトル* (polar vector) と呼ぶ。他の階のテンソルに関しても同様である。以下、特に断らない限り、通常の*極性テンソル* (polar tensor) を扱う。

再確認しよう。上の図を見て、$\vec{B}$ だって

$$\vec{B} = \vec{C} \times \vec{A}$$

ではないか、と主張されるかもしれない。しかし、ここで言っているのは単なる数学的な記述法ではなく、あくまでも物理的意味のあるベクトル積により定義された 1 階テンソルなのである。たとえば、（4-32）において与えられる角運動量は軸性ベクトルであるが、位置や運動量は極性ベクトルである。

11.4 テンソル成分の削減とマトリックス表示：フィールドテンソルの対称性

要するに n 階の物性テンソルとは $T_{ijklm,...}$ で表される 3^n 個の成分からなる物性値である。たとえば、ある結晶の歪みと応力の関係を表すには 4 階テンソル、すなわち、81 個の成分が必要となる。我々はこれらをすべて求めなくてはならないのだろうか？ 一方、鉄の単結晶の電気伝導率を測定したとしよう。立方晶の辺の方向<100>と体対角の方向<111>とでは同じ値を示すであろうか？ 本節以降、こういった疑問に対し、各階のテンソルの成分のうち、ゼロでなくてはならない成分、あるいは互いに等しい値を持つ成分などを論ずるための指針をまとめる。

11.4.1 応力および歪みテンソルの対称性

応力と歪みを表す 2 階のフィールドテンソルは対称テンソルであり、最大でも 6 個しか異なった値を持たない。このため、本来 ij（i, j=1, 2, 3）の組合せで 9 個あるテンソルの成分を一つのサフィックス i（=1〜6）でまとめて表すことが多い。これをテンソルのマトリックス表示 (matrix notation) という。応力 σ と歪み ε ではテンソル表示とそのマトリックス表示との対応が異なるので要注意だ。

11.4 テンソル成分の削減とマトリックス表示：フィールドテンソルの対称性

表 11.1 応力テンソルと歪みテンソルのマトリックス表示

応力テンソル	σ_{11}	σ_{22}	σ_{33}	σ_{23}	σ_{32}	σ_{13}	σ_{31}	σ_{12}	σ_{21}
マトリックス表示	σ_1	σ_2	σ_3	σ_4		σ_5		σ_6	
歪みテンソル	ε_{11}	ε_{22}	ε_{33}	ε_{23}	ε_{32}	ε_{13}	ε_{31}	ε_{12}	ε_{21}
マトリックス表示	ε_1	ε_2	ε_3	$\varepsilon_4=\varepsilon_{23}+\varepsilon_{32}$		$\varepsilon_5=\varepsilon_{13}+\varepsilon_{31}$		$\varepsilon_6=\varepsilon_{12}+\varepsilon_{21}$	

ここで、このマトリックス表示σ_iと本来のテンソルの各成分σ_{ij}との対応を 3×3 のマトリックスで次に比較してみよう。

$$\begin{pmatrix} \sigma_1 & \sigma_6 & \sigma_5 \\ & \sigma_2 & \sigma_4 \\ & & \sigma_3 \end{pmatrix} = \begin{pmatrix} \sigma_{11} & \sigma_{12} & \sigma_{13} \\ \bullet & \sigma_{22} & \sigma_{23} \\ \bullet & \bullet & \sigma_{33} \end{pmatrix} \quad (11\text{-}28)$$

$$\begin{pmatrix} \varepsilon_1 & \varepsilon_6 & \varepsilon_5 \\ & \varepsilon_2 & \varepsilon_4 \\ & & \varepsilon_3 \end{pmatrix} = \begin{pmatrix} \varepsilon_{11} & \varepsilon_{12}+\varepsilon_{21} & \varepsilon_{13}+\varepsilon_{31} \\ \bullet & \varepsilon_{22} & \varepsilon_{23}+\varepsilon_{32} \\ \bullet & \bullet & \varepsilon_{33} \end{pmatrix} \quad (11\text{-}29)$$

このように 2 階テンソルではテンソル自体をマトリックスで表すことができるから混乱が生じるかもしれないが、マトリックス表示の σ_i, ε_i ($i=1,2,...,6$) のサフィックスは σ_{ij} などと異なって、テンソル本来の性質である座標変換（11-22）にはまったく従わない。

11.4.2 圧電テンソル

前節の結果を用いて、3 階テンソルである圧電テンソルを簡約化してみよう。すなわち、圧電テンソル d_{ijk} には $3^3=27$ 個の成分が存在したが、そのうち、jk からなる 9 個の成分は、マトリックス表示することにより 6 個の成分で表せる。結局、27 個の成分を、3×6=18 個まで減らすことができる。このとき、簡約化後の値 d_{ij} と本来のテンソル d_{ijk} との間には次の関係がある。

表 11.2 3 階テンソルのマトリックス表示（i = 1, 2, 3）

d_{i11}	d_{i22}	d_{i33}	d_{i23}	d_{i32}	d_{i13}	d_{i31}	d_{i12}	d_{i21}
d_{i1}	d_{i2}	d_{i3}	$d_{i4}=d_{i23}+d_{i32}$		$d_{i5}=d_{i13}+d_{i31}$		$d_{i6}=d_{i12}+d_{i21}$	

これらの成分をまとめて、次のように 3×6 のマトリックスにして表す。

$$\begin{pmatrix} d_{11} & d_{12} & d_{13} & d_{14} & d_{15} & d_{16} \\ d_{21} & d_{22} & d_{23} & d_{24} & d_{25} & d_{26} \\ d_{31} & d_{32} & d_{33} & d_{34} & d_{35} & d_{36} \end{pmatrix} \quad (11\text{-}30)$$

これら二つのサフィックスにより表示された 3 階テンソルもテンソル本来の性質を持たない。むしろ、3 階テンソル成分 d_{ijk} のうち、同じ値を持つものを省略したものと考えよう。ここで $d_{14}=d_{123}+d_{132}$ のように和で表すことにより、たとえば P_1 を（11-15）を用いて計算すると

$$\begin{aligned} P_1 &= d_{11}\sigma_1 + d_{12}\sigma_2 + d_{13}\sigma_3 + d_{14}\sigma_4 + d_{15}\sigma_5 + d_{16}\sigma_6 \\ &= d_{111}\sigma_1 + d_{122}\sigma_2 + d_{133}\sigma_3 + (d_{123}+d_{132})\sigma_4 + (d_{113}+d_{131})\sigma_5 + (d_{112}+d_{121})\sigma_6 \\ &= d_{111}\sigma_{11} + d_{122}\sigma_{22} + d_{133}\sigma_{33} + d_{123}\sigma_{23} + d_{132}\sigma_{32} + d_{113}\sigma_{13} + d_{131}\sigma_{31} + d_{112}\sigma_{12} + d_{121}\sigma_{21} \\ &= d_{1jk}\sigma_{jk} \end{aligned}$$

と、分極 P_i の値が簡約された d_{ij} と σ_j とによる機械的な計算で正しく求まる。

11.4.3 スティッフネスとコンプライアンス

応力と歪みが対称テンソルであることから、4 階テンソルのスティッフネスとコンプライアンスは次の対称性を必ず有している。

$$c_{ijkl} = c_{jikl} \;;\;\; c_{ijkl} = c_{ijlk} \;;\;\; s_{ijkl} = s_{jikl} \;;\;\; s_{ijkl} = s_{ijlk} \tag{11-31}$$

したがって 81 個ある成分の数も 36 まで減らすことができる。すなわち、(11-17) および (11-18) で与えられた σ と ε の関係が次のようになるようにマトリックス表示 c_{ij} と s_{ij} の値を決めることが可能である。

$$\sigma_{ij} = c_{ijkl}\varepsilon_{kl} \;\rightarrow\; \sigma_i = c_{ij}\varepsilon_j \tag{11-32}$$

$$\varepsilon_{ij} = s_{ijkl}\sigma_{kl} \;\rightarrow\; \varepsilon_i = s_{ij}\sigma_j \tag{11-33}$$

最初にコンプライアンスにおけるマトリックス表示とテンソル表示の関係を見るために、ε_1 を考えてみよう。マトリックス表示では、

$$\varepsilon_1 = s_{1j}\sigma_j$$
$$= s_{11}\sigma_1 + s_{12}\sigma_2 + s_{13}\sigma_3 + s_{14}\sigma_4 + s_{15}\sigma_5 + s_{16}\sigma_6 \tag{11-34a}$$

であるが、これをテンソル本来の姿に戻すと、次のようになる：

$$\varepsilon_{11} = s_{11kl}\sigma_{kl}$$
$$= s_{1111}\sigma_{11} + s_{1122}\sigma_{22} + s_{1133}\sigma_{33} + s_{1123}\sigma_{23} + s_{1132}\sigma_{32} + s_{1113}\sigma_{13} + s_{1131}\sigma_{31} + s_{1112}\sigma_{12} + s_{1121}\sigma_{21}$$
$$= s_{1111}\sigma_{11} + s_{1122}\sigma_{22} + s_{1133}\sigma_{33} + (s_{1123}+s_{1132})\sigma_{23} + (s_{1113}+s_{1131})\sigma_{13} + (s_{1112}+s_{1121})\sigma_{12} \tag{11-34b}$$

ここで上の二つの表式を比べると、s_{11} は s_{1111} と一対一の対応にあるが、s_{14} は $s_{1123}+s_{1132}$ と対応していることがわかる。このようなことを ε_4 などにも行うと、マトリックス表示 s_{ij} とテンソル s_{klmn} との間に、次の関係が成立していることが判明する。（$i, j = 1, 2, 3$; $k, l, m, n = 1, 2, 3$）

$$s_{ij} = s_{klmn} \quad (i = 1, 2, 3 \text{ かつ } j = 1, 2, 3) \tag{11-35}$$

$$s_{ij} = s_{iimn} + s_{iinm} \text{ もしくは } s_{kljj} + s_{lkjj} \quad (i = 1, 2, 3 \text{ もしくは } j = 1, 2, 3 \text{（同順）}) \tag{11-36}$$

$$s_{ij} = s_{klmn} + s_{klnm} + s_{lkmn} + s_{lknm} \quad (i = 4, 5, 6 \text{ かつ } j = 4, 5, 6) \tag{11-37}$$

一方、スティッフネスについて見ると、次のようにマトリックス表示で表された係数はすべて個々のテンソル表示における係数に対応している。

$$c_{ij} = c_{klmn} \quad (i, j = 1, 2, 3, 4, 5, 6;\; k, l, m, n = 1, 2, 3) \tag{11-38}$$

問題 11.3 （11-34）にならって、σ_1、ε_4 を計算し、（11-35）－（11-38）を確かめよ。

11.5 熱力学的な対称性と物性テンソル

前節の議論は我々が応力および歪みというフィールドテンソルを対称であるように定義したことにより派生した 3 階、4 階の物性テンソルの対称化についての説明であった。それに対し、この節では熱力学の立場から物性テンソルの持つ対称性について考えたい。まず、平衡状態における物性を表す 2 階のテンソルは $k_{ij}=k_{ji}$ という性質を持つことを見た後、熱力学的考察に基づき、テンソルの持つ対称性を一般的見地から見てみよう。さらに不可逆過程に関してはオンサガーの原理 (Onsager's principle) に基づき、テンソルの対称性を考える。後者は本書の目的の範疇を越えた議論なので結論を受け入れ、次節に進んでもらってかまわない。要は $k_{ij}=k_{ji}$ という対称性を多くの物性テンソルは有しているということだ。

11.5.1 平衡状態

例として誘電率(dielectric permittivity) κ_{ij} が有する対称性を考えよう。誘電率とは次のように電場の大きさ E と物質中の電束密度 D とを関係づける2階の物性テンソルである。

$$D_i = \kappa_{ij} E_j \tag{11-39}$$

これは(11-12)で見た分極を与えるテンソル χ_{ij} とは次の関係にある（ε_0 は真空の誘電率、δ_{ij} はクロネッカーのデルタ）。

$$\kappa_{ij} = \varepsilon_0 \delta_{ij} + \chi_{ij} \quad \text{(MKSA)}; \quad \kappa_{ij} = \delta_{ij} + 4\pi\chi_{ij} \quad \text{(ガウス単位系)} \tag{11-40}$$

さて今、電場 E が体積 v の結晶（コンデンサーと考えればよい）に与えられており、その結果この結晶に内部エネルギー U が蓄えられているとしよう。この状態から出発して、電束密度のさらなる微小変化 dD に対する内部エネルギーの変化量 dU は熱力学の第一法則により次式で与えられる。

$$dU = DQ + vE_i dD_i \tag{11-41}$$

ここで右辺第1項は熱の出入り、第2項は結晶に対してなされた仕事を示している（熱の出入りは完全微分でないので DQ と表している）。また、サフィックス i は仕事を評価するのに x_1, x_2, x_3 の三つの方向にわたって和をとらなくてはならないことを示している。

ところが D_i 自体、(11-39)で与えられているから、結局、断熱条件下（$DQ=0$）において内部エネルギーの変化は

$$dU = vE_i \kappa_{ij} dE_j \tag{11-42}$$

となる。これを変形すると

$$\frac{\partial U}{\partial E_j} = v\kappa_{ij} E_i \tag{11-43}$$

と書けるが、これをさらに E_i で偏微分すると

$$\frac{\partial}{\partial E_i}\left(\frac{\partial U}{\partial E_j}\right) = v\kappa_{ij} \tag{11-44}$$

となる。要するに右辺 κ のサフィックス i と j が交換するかどうか、すなわち対称か否か、は左辺の偏微分の順序を変えられるか否か、ということと等価である。解析学の教科書を見ると、考えている点において U という関数が E_i と E_j に関して連続であることがこの可換性の十分条件であると書いてある。この場合、電場を変えることによって、サンプルに相変態など不連続な変化が起きなければ、この仮定は満たされていると考えて差し支えないので、結局、次の対称性が成立していることがわかる。

$$\kappa_{ij} = \kappa_{ji} \tag{11-45}$$

問題 11.4 応力 σ がかかっている状態の歪みエネルギーの微小変化が断熱条件下において

$$dU = v\sigma_{ij} d\varepsilon_{ij} \tag{11-46}$$

で与えられることから出発して、

$$c_{ijkl} = c_{klij} \tag{11-47a}$$

が成立していることを示せ。同様に次の関係がある。

$$s_{ijkl} = s_{klij} \tag{11-47b}$$

第11章 テンソル

この簡単な議論を一般化しよう。熱力学の教科書にでてくるマックスウェルの関係式(Maxwell's equations) の導き方を覚えている人は以下の説明を楽にフォローできるはずだ（これまでもそうであったが、ここでは可逆過程のみを考えている。したがって DQ をエントロピー S を用いて TdS と置ける）。

- step1　系の内部エネルギー変化 dU から出発しよう。
$$dU = DQ + DW = TdS + \sigma_{ij} d\varepsilon_{ij} + E_k dD_k \tag{11-48}$$
ここでギブスの自由エネルギー G を考えよう。
$$G = H - TS = U - \sigma_{ij}\varepsilon_{ij} - E_k D_k - TS \tag{11-49}$$
H は電場の効果を含んだエンタルピーと考えればよい。（応力は引っ張り応力を正ととる。）

- step2　この表現の全微分をとり (11-48) を用いると、G の微小変化として
$$dG = -\varepsilon_{ij} d\sigma_{ij} - D_k dE_k - SdT \tag{11-50}$$
が得られる。この式から直ちに、
$$\left.\frac{\partial G}{\partial \sigma_{ij}}\right|_{E,T} = -\varepsilon_{ij};\quad \left.\frac{\partial G}{\partial E_k}\right|_{T,\sigma} = -D_k;\quad \left.\frac{\partial G}{\partial T}\right|_{\sigma,E} = -S \tag{11-51}$$
が得られる。この三つの関係式をもとにさらに G の2階偏微分をとると、次の等式を得る。

$$\left(-\frac{\partial^2 G}{\partial E_k \partial s_{ij}}\right) \left.\frac{\partial \varepsilon_{ij}}{\partial E_k}\right|_{\sigma,T} = \left.\frac{\partial D_k}{\partial \sigma_{ij}}\right|_{E,T};\quad \left(-\frac{\partial^2 G}{\partial \sigma_{ij}\partial T}\right) \left.\frac{\partial S}{\partial \sigma_{ij}}\right|_{T,E} = \left.\frac{\partial \varepsilon_{ij}}{\partial T}\right|_{\sigma,E};\quad \left(-\frac{\partial^2 G}{\partial T \partial E_k}\right) \left.\frac{\partial D_k}{\partial T}\right|_{E,\sigma} = \left.\frac{\partial S}{\partial E_k}\right|_{T,\sigma}$$
$$\tag{11-52a; b; c}$$

となる。これらの等式は熱力学におけるマックスウェルの関係式を拡張したものと考えてよい。

- step3　さて、(11-52) の意味を考えるため、まず歪み ε が応力以外にも逆ピエゾ効果や熱膨張の結果として与えられたことを思い出そう。すなわち歪みは
$$\varepsilon = \varepsilon(\sigma, E, T) \tag{11-53}$$
と表され、微小変化 $d\varepsilon$ は
$$d\varepsilon_{ij} = \left.\frac{\partial \varepsilon_{ij}}{\partial \sigma_{kl}}\right|_{E,T} d\sigma_{kl} + \left.\frac{\partial \varepsilon_{ij}}{\partial E_k}\right|_{T,\sigma} dE_k + \left.\frac{\partial \varepsilon_{ij}}{\partial T}\right|_{\sigma,E} dT$$
$$= s_{ijkl} d\sigma_{kl} + d_{ijk} dE_k + \alpha_{ij} dT \tag{11-54}$$
と展開できる。ここで第1項は歪みに対する主効果を表している。また、第2項、3項の係数は、圧電テンソル、熱膨張率であり、それぞれ (11-52a、b) に等しい。

- step4　一方で、電束密度 D も電場 E 以外にピエゾ効果、そして、焦電効果の結果として与えられることを我々は知っている。つまり、歪みと同様に
$$D = D(\sigma, E, T) \tag{11-55}$$
$$dD_i = \left.\frac{\partial D_i}{\partial \sigma_{jk}}\right|_{E,T} d\sigma_{jk} + \left.\frac{\partial D_i}{\partial E_j}\right|_{T,\sigma} dE_j + \left.\frac{\partial D_i}{\partial T}\right|_{\sigma,E} dT \tag{11-56}$$
と展開できる。第1項がピエゾ効果を表しており、第2項は電束密度に関する主効果、第3項が焦電

効果だ。ところが、この第1項は（11-52a）の関係から（11-54）に現れた逆ピエゾ効果を表す d_{ijk} に完全に等しいことがわかる。すなわち、（11-56）は

$$dD_i = d_{ijk}d\sigma_{jk} + \kappa_{ij}dE_j + p_i dT \tag{11-57}$$

と書き表すことができる。

- **step5** ここまでくるとおもしろい対称性が現れていることに気がつく。たとえば、（11-54）は示強変数 σ に対する示量変数であるところの ε の微小変化の展開であり、（11-56）は示強変数 E に対する示量変数 D の展開であった。それならば、次に温度 T という示強変数に対する示量変数の展開がくるのではないか？ しかし、温度に対する示量変数とは何だろう？ それはランダムネスの指標であるエントロピー S である。簡単にいうと、応力をかければ物質は伸びるのと同様に、温度を上げれば物質内の秩序が乱れるのだ。それを"エントロピーが増える"と熱力学では表現する。詳細は熱力学の教科書に譲るとして、我々が求めている表現は

$$S = S(\sigma, E, T) \tag{11-58}$$

であり、これを ε_{ij} や D_i と同様に展開して

$$dS = \left.\frac{\partial S}{\partial \sigma_{ij}}\right|_{E,T} d\sigma_{ij} + \left.\frac{\partial S}{\partial E_i}\right|_{T,\sigma} dE_i + \left.\frac{\partial S}{\partial T}\right|_{\sigma,E} dT \tag{11-59}$$

$$= \alpha_{ij}d\sigma_{ij} + p_i dE_k + \frac{C_p}{T}dT$$

となる。ここで（11-52）の関係式から第1項、第2項に現れた物性テンソルがそれぞれ α_{ij}, p_i に等しいことを用いている。また、主効果である第3項に定圧熱容量 C_p がでてきた。

以上、平衡状態の物性を表すテンソルに関する重要な結論をまとめる：
- 2階テンソルは $\kappa_{ij} = \kappa_{ji}$ に代表される対称性を有している。
- 3階テンソルに関してはピエゾ効果、逆ピエゾ効果とも同一の d_{ijk} 成分を持つ。
- 4階テンソルでは $c_{ijkl} = c_{klij}$（マトリックス表示では $c_{ij} = c_{ji}$）に代表される対称性を有する。

さらに、エントロピー変化は応力や電場によっても、α_{ij} や p_i を介して、もたらされる。

11.5.2 不可逆過程

一方、熱伝導率や電気伝導率のような非平衡な状態を表す物性テンソルに関しては上記のような可逆変化に基づいた熱力学的議論は使えない。たとえば熱伝導は次の式で記述されるが、

$$\begin{pmatrix} J_1 \\ J_2 \\ J_3 \end{pmatrix} = -\begin{pmatrix} k_{11} & k_{12} & k_{13} \\ k_{21} & k_{22} & k_{23} \\ k_{31} & k_{32} & k_{33} \end{pmatrix} \begin{pmatrix} \frac{\partial T}{\partial x_1} \\ \frac{\partial T}{\partial x_2} \\ \frac{\partial T}{\partial x_3} \end{pmatrix} \longleftrightarrow J_i = -k_{ij}\frac{\partial T}{\partial x_j} \tag{11-60}$$

ここで、k_{12} と k_{21} が同じであるという保証はない。もし同じであるとすると、それは、x_2 方向の温度勾配によって x_1 方向に流れる熱流束と x_1 方向の温度勾配によって x_2 方向に流れる熱流束とは互いに等しいことを意味する。このことの証明に関する問題は本書の範疇をはるかに越えており、不可逆過程の熱力学によって初めてきちんとした解答が得られる。したがって、ここでは定常状態の流れに関するオンサガーの原理（Onsager's principle）を述べることにとどめ、その結果としてテンソルの各成分の対称性を認めることとしよう。

第11章 テンソル

いくつかの異なった流束 J_i ($i=1, 2, 3, ..., n$) と、それをもたらすドライビングフォース X_j ($j=1, 2, 3, ..., n$)（温度勾配とか電場とか）があると、$i \neq j$ という成分間にも相互作用が働くのが一般の場合である。たとえば、1次元の熱流束と電気伝導とのカップリングは次の式で表される。

$$J_i = L_{11}X_1 + L_{12}X_2$$
$$J_2 = L_{21}X_1 + L_{22}X_2 \qquad (11\text{-}61)$$

L_{12} および L_{21} がクロスターム間を結ぶ定数である。この式を一般化すると

$$J_i = L_{ij}X_j \qquad (11\text{-}62)$$

と書けるが、オンサガーの原理によれば、このクロスターム間を結ぶ定数に関して

$$L_{ij} = L_{ji} \qquad (11\text{-}63)$$

が成立している。

この原理を証明するためには、輸送問題における一つひとつの衝突過程に時間反転性が成立しているというところまでさかのぼらなくてはならない。ただ、磁場中を動く荷電粒子に働くローレンツ力に、この時間反転性を適用しようとすると磁界 H も反転させなくてはならないから、磁場中では (11-63) は次の形をとる：

$$L_{ij}(H) = L_{ji}(-H) \qquad (11\text{-}64)$$

詳細は参考書を見てもらうとして、我々はこれで磁界のない条件での不可逆過程を表す2階の物性テンソルは対称であることを認めて先に進むことにしよう。要するに、平衡状態も含めて、磁界のない条件下における2階テンソルは、唯一、ここでは触れなかった熱起電力に関するものを除き、対称テンソルで表される。一方、磁界が存在する場合の例は 11.7(vi) 節で見てみることにする。

11.6 ノイマンの原理

さて、これでやっとお膳立てが終了した。我々は物性は n 階のテンソルとして表され、3^n 個の成分、一般には異なった値を持つことを理解した。一方、物体がある対称性を持てば、テンソルで表された物性も、この物体の対称性に束縛された、何らかの対称性を持っていると考えるのは自然である。この点に関してまず、ノイマンの原理（Neumann's principle）を述べる。

> **ノイマンの原理** 結晶のどのような物性であってもその対称性は少なくともその結晶の持つ点群の対称性を持たなくてはならない

これは原理であって証明できるものではない。230 種類の空間群の分だけ、物性も異なった対称性を持っているはずだと主張されるかもしれない。強いて言えば、らせん等のノンシンモルフィックな操作は格子定数程度のオーダーの並進対称操作しか伴わず、X線回折などにはその効果が現れるとしてもマクロ的な物性には反映されないと考えるのである。したがって 73 のシンモルフィックな空間群しか残らないことになる。さらに体心立方や面心立方といったブラベー格子におけるセンタリングによる区別も物性には現れず、七つの結晶系の相違だけが物性に反映されると考えれば、結局 32 種類の点群が残る。

また、注意してほしいのはノイマンの原理は属する点群の対称性を最低限、有すると言ってるだけで、物性の対称性は結晶の対称性より高くてもかまわない。以降、我々はこのノイマンの原理を出発点として、ここまで熱力学的考察などから明らかにしてきた、物性テンソルの対称性をさらに詳しく調べることとする。

11.7　結晶の対称性と物性テンソル： 直接法

これまで、我々は (i)力の釣合い、(ii)回転運動の除外、(iii)熱力学的対称性、(iv)オンサガーの原理、等を考えて物性を記述するのに必要な成分の数を減らしてきた。具体的には

$$2\text{階テンソル：} \quad 3^2=9 \quad \to \quad 6$$
$$3\text{階テンソル：} \quad 3^3=27 \quad \to \quad 18$$
$$4\text{階テンソル：} \quad 3^4=81 \quad \to \quad 36 \quad \to \quad 21$$

となった。この節ではさらに、結晶の対称性によって必ずゼロでなくてはならない成分、あるいは同じ値を持たなくてはならない成分の存在を見つけたい。このような成分を見いだすのによく使われるのが*直接法*（direct inspection method）という直感的な手法である。

　　　この方法の基本的なよりどころは、<u>結晶に点群操作を施してももとの結晶との区別はつかず、したがって観察者に対して同じ物性を示すはずだ</u>、という点にある。座標系に対し、結晶の持つ点対称操作を施し、新しい座標系で物性を記述しても、もとの座標系で得られた結果と、まったく同じ結果が得られねばならない、ということと同じだ。したがって、結晶の持つ点対称操作によって結ばれた二つの座標系によって記述されたテンソル成分のうち、異なった値を与える成分があれば、その成分はゼロでなくてはならない。また、いくつかの成分がこのような関係にある座標系よって交換して記述されたとすれば、それらの成分は完全に等しくなくてはならない。

　先に進む前に、物体に対する点対称操作と、座標系間の関係という点に関して、頭の整理をしておきたい。図 11.10 からわかるように、ある物体に R という対称操作を施すということは、R^{-1} だけ動いた新しい座標系 (x_1', x_2') から物体を測定するということに等しい。このとき、座標間の関係を表す (a_{ij}) は、物体に対する対称操作を表すマトリックス $R=(r_{ij})$ と一致する（やってみよ）。

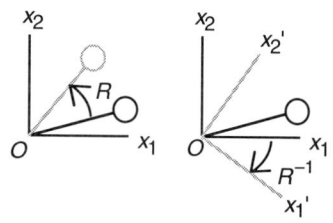

図 11.10 回転操作 R と二つの座標系

$$(a_{ij}) = (r_{ij}) \tag{11-65a}$$

逆にいうと、座標系に対称操作 R を施すことは、物体に R^{-1} を施すことに相当する。このときは、

$$(a_{ij}) = (r_{ij})^{-1} = (r_{ji}) \tag{11-65b}$$

となる。しかし、群の定義からもわかるように群の要素は必ず逆要素を含んでおり、座標系の変換に $R=(r_{ij})$ を用いても、あるいは、$R^{-1}=(r_{ji})$ を用いても、本節の目的の範囲内では、まったく同じ結果をもたらすので、この微妙な相違に、あまりこだわる必要はない。（ここは軽く読み流して、とりあえず、(i)以降の議論に進んでもらってかまわない。）

第11章　テンソル

この本では以下、（11-22）から（11-25）にわたって各階のテンソルの定義で用いられた座標変換に関するマトリックス (a_{ij}) に (r_{ji}) を代入することで、結晶のものさしである座標系そのものに対称操作 R を施し、新しい座標系と旧い座標系で測定した各成分間の関係をチェックしていく。たとえば、2階テンソルでは、次の等式を要求していく。

$$T_{ij} = a_{ik}a_{jl}T_{kl} = r_{ki}r_{lj}T_{kl} \tag{11-66}$$

ここで、先の一般の座標変換によるテンソルの変換（11-23）では左辺の変換後の各成分 T_{ij} にプライムがついていたが、対称操作による変換（11-66）ではそのプライムがないことが最大のポイントだ。これは<u>この操作が対称操作であり、対称操作によって変換された新しい座標系から観測される各成分の値は、元の値に完全に一致していなくてはならない</u>という我々の要求を表現している。

以下、各階のテンソルに関していくつかの例をあげる。大切なのは結果を覚えることではなく、手法をマスターすることである。4階までのテンソルの主要な結果は巻末の付録Fにまとめた。

（i）0階テンソル： 熱容量など

当然のことであるが、0階テンソルの成分はすべての結晶において一つである。

（ii）1階テンソル： 焦電効果

1階の物性テンソルとしては先に述べた焦電性があげられる。すなわち、温度を変えると分極が生じるという性質だ。いま、考えている結晶に反転中心があるとすれば、互いに反転した関係にある座標系で焦電定数を測定しても、まったく同じ結果が得られるはずだ。つまり、この二つの座標系で測定された焦電定数 p_i に対し、次の式を要求する。

$$p_i = \begin{pmatrix} p_1 \\ p_2 \\ p_3 \end{pmatrix} = \bar{i}\, p_i = \begin{pmatrix} -1 & 0 & 0 \\ 0 & -1 & 0 \\ 0 & 0 & -1 \end{pmatrix}\begin{pmatrix} p_1 \\ p_2 \\ p_3 \end{pmatrix} = \begin{pmatrix} -p_1 \\ -p_2 \\ -p_3 \end{pmatrix} \tag{11-67}$$

つまり、すべての成分について

$$p_i = -p_i \quad (i = 1, 2, 3) \tag{11-68}$$

と符号が逆転する。すなわち、これらの成分は恒等的にゼロでなくてはならない。言い換えると、<u>焦電性は反転中心を持つ結晶には存在しない</u>。

別な言い方をすると、結晶に一つの矢印があるとみなし、その矢印が反対方向を向く対称操作が存在するとき、その方向には焦電性は存在しないのだ。たとえば 4（C_4）という結晶では、主軸に直交する矢印は C_4^2 という 180°の回転操作で反対を向くから、主軸に直交する方向には焦電性が存在しえない。一方、主軸に沿った矢印を反転させる操作は存在しないので、このような主軸方向には焦電性が存在する可能性がある。このような結晶を極性結晶という（2.7 参照）。

問題 11.5　4mm（C_{4v}）には焦電性が存在するか？　422 ではどうか？

問題 11.6　単斜晶において 2 回回転軸を x_3 方向としよう（第一セッティング）。この結晶系に属する三つの点群 2、m および 2/m について焦電性が存在する可能性のある成分を述べよ。

（iii）2階テンソル（極性テンソル）： 電気伝導率、分極率など

直方晶系の点群 222 に従う結晶の電気伝導率 σ_{ij} を考えよう。この点群 222 における生成要素は任意の二つの2回回転軸である。そこで、たとえば、

$$C_2 = (c_{ij}) = \begin{pmatrix} -1 & & \\ & -1 & \\ & & 1 \end{pmatrix}; \quad C'_2 = (c'_{ij}) = \begin{pmatrix} -1 & & \\ & 1 & \\ & & -1 \end{pmatrix} \tag{11-69}$$

を選ぼう。これらのマトリックスに対し、

$$\sigma_{ij} = c_{ik} c_{jl} \sigma_{kl}; \quad \sigma_{ij} = c'_{ik} c'_{jl} \sigma_{kl} \tag{11-70}$$

を計算し、各成分がどのように変換されるかを調べ、互いに等しい成分、恒等的にゼロである成分を見い出せばよい。2階のテンソルに限ってマトリックス演算でテンソルを変換できるので、ここでは紙面の節約も兼ねて、マトリックス演算を用いて（11-70）の展開を行ってみよう。

$$C_2 \sigma C_2^{-1} = \begin{pmatrix} -1 & & \\ & -1 & \\ & & 1 \end{pmatrix} \begin{pmatrix} \sigma_{11} & \sigma_{12} & \sigma_{13} \\ \sigma_{21} & \sigma_{22} & \sigma_{23} \\ \sigma_{31} & \sigma_{32} & \sigma_{33} \end{pmatrix} \begin{pmatrix} -1 & & \\ & -1 & \\ & & 1 \end{pmatrix} = \begin{pmatrix} \sigma_{11} & \sigma_{12} & -\sigma_{13} \\ \sigma_{21} & \sigma_{22} & -\sigma_{23} \\ -\sigma_{31} & -\sigma_{32} & \sigma_{33} \end{pmatrix} \tag{11-71}$$

このように σ_{13} と σ_{23} の符号が逆転した。同様の展開を C'_2 に関しても行うと

$$C'_2 \sigma C_2^{'-1} = \begin{pmatrix} -1 & & \\ & 1 & \\ & & -1 \end{pmatrix} \begin{pmatrix} \sigma_{11} & \sigma_{12} & \sigma_{13} \\ \sigma_{21} & \sigma_{22} & \sigma_{23} \\ \sigma_{31} & \sigma_{32} & \sigma_{33} \end{pmatrix} \begin{pmatrix} -1 & & \\ & 1 & \\ & & -1 \end{pmatrix} = \begin{pmatrix} \sigma_{11} & -\sigma_{12} & \sigma_{13} \\ -\sigma_{21} & \sigma_{22} & -\sigma_{23} \\ \sigma_{31} & -\sigma_{32} & \sigma_{33} \end{pmatrix} \tag{11-72}$$

が得られる。これらの結果が $[\sigma_{ij}]$ と同一であるためには

$$\sigma_{12} = -\sigma_{12}; \quad \sigma_{13} = -\sigma_{13}; \quad \sigma_{23} = -\sigma_{23} \tag{11-73}$$

を要求しなくてはならない。すなわち、これらの成分はゼロである。よって点群 222 において 2階テンソルは次の形を有することが判明した（右辺はマトリックス表示（⇔で示す））。

$$\sigma = \begin{pmatrix} \sigma_{11} & 0 & 0 \\ 0 & \sigma_{22} & 0 \\ 0 & 0 & \sigma_{33} \end{pmatrix} \Leftrightarrow \begin{pmatrix} \sigma_1 & 0 & 0 \\ & \sigma_2 & 0 \\ & & \sigma_3 \end{pmatrix} \tag{11-74}$$

付録Fに示したように極性2階対称テンソルは結晶系ごとに分けられ、全部で5種類しかない。

問題 11.7 （11-70）をあらわに適用することにより、（11-74）を得よ。

問題 11.8 点群4（生成要素：C_4）に属する結晶の2階テンソルの各成分をマトリックス表示せよ。

（iv）2階テンソル（軸性テンソル）： 光学活性

ある方向に偏光している光が、光学活性な結晶を通過すると偏光面の回転が起こる。このとき、この偏光面の回転を記述する物性テンソルは2階の軸性テンソルである。ここでは、このようなテンソルの対称性を考えよう。

軸性テンソルでは右手左手変換により符号が変わるので注意したい。要するに、右手左手変換のある操作に関しては、変換して得られたテンソルの各成分の符号を逆転すればよい。例として $\bar{4}$ （S_4）を考えよう。初めに、ふつうの極性テンソル T について計算すると：

第11章　テンソル

$$S_4TS_4^{-1} = \begin{pmatrix} 0 & -1 & 0 \\ 1 & 0 & 0 \\ 0 & 0 & -1 \end{pmatrix}\begin{pmatrix} T_{11} & T_{12} & T_{13} \\ T_{21} & T_{22} & T_{23} \\ T_{31} & T_{32} & T_{33} \end{pmatrix}\begin{pmatrix} 0 & 1 & 0 \\ -1 & 0 & 0 \\ 0 & 0 & -1 \end{pmatrix} = \begin{pmatrix} T_{22} & -T_{21} & T_{23} \\ -T_{12} & T_{11} & -T_{13} \\ T_{32} & -T_{31} & T_{33} \end{pmatrix} \quad (11\text{-}75)$$

が得られ、これから前節でやったのと同様の論理で、次の結果を得る。

$$T = \begin{pmatrix} T_{11} & 0 & 0 \\ 0 & T_{11} & 0 \\ 0 & 0 & T_{33} \end{pmatrix} \Leftrightarrow \begin{pmatrix} T_1 & 0 & 0 \\ & T_1 & 0 \\ & & T_3 \end{pmatrix} \quad (11\text{-}76)$$

一方、軸性テンソル（g_{ij}）について同様の操作を施せば（光学活性を表すテンソルのシンボルとしてgyration、g、が用いられる）、単に（11-75）の結果の符号を変えればよいだけなので、

$$S_4gS_4^{-1} = -\begin{pmatrix} g_{22} & -g_{21} & g_{23} \\ -g_{12} & g_{11} & -g_{13} \\ g_{32} & -g_{31} & g_{33} \end{pmatrix} = \begin{pmatrix} -g_{22} & g_{21} & -g_{23} \\ g_{12} & -g_{11} & g_{13} \\ -g_{32} & g_{31} & -g_{33} \end{pmatrix} \quad (11\text{-}77)$$

となる。この各成分を評価すると

$$g_{11} = -g_{22};\quad g_{33} = -g_{33} = 0;\quad g_{12} = g_{21};\quad g_{13} = g_{23} = g_{31} = g_{32} = 0$$

すなわち、

$$g = \begin{pmatrix} g_{11} & g_{12} & 0 \\ g_{21} & -g_{11} & 0 \\ 0 & 0 & 0 \end{pmatrix} \Leftrightarrow \begin{pmatrix} g_1 & g_6 & 0 \\ & -g_1 & 0 \\ & & 0 \end{pmatrix} \quad (11\text{-}78)$$

という結果を得る。付録 F にまとめたように、鏡映操作や反転操作を含んでいながら、かつ、光学活性でありうるのは、上の例を含め m、$2mm$、$\bar{4}$、$\bar{4}2m$ しかなく、<u>他の光学活性な点群はすべて右手左手変換を伴わない要素からなるエンアンティモーフィックな点群</u>（2.7節参照）である。

(v) 3階テンソル（極性テンソル）：ピエゾ効果

1880年、ロッシェル塩（$NaKC_4H_4O_6 \cdot 4H_2O$）という含水化合物に応力を加えると著しく大きいプラスの電荷とマイナスの電荷が相反する面に生じることが、キュリー兄弟（J. and P. Curie）によって見出された。これをダイレクトピエゾ効果（direct piezo effect）と呼ぶ。反対に、電場を加えることにより形を変える効果を、逆ピエゾ効果（converse piezo effect）と呼ぶ。この発見以降、ピエゾ効果は水晶発振器など我々の生活に欠かせない物理現象となった。ここではダイレクト効果（以下、ピエゾ効果と略す）のみを扱う。

まず、ピエゾ効果は反転中心のある結晶には存在しない。仮に存在するとして、結晶のある表面にプラスの電荷が誘起されたとしよう。反転中心があればその面の反対側にもプラスの電荷が誘起されるはずであるが、これは不可能である。要するに、焦電性と同様に、<u>極性結晶のみがピエゾ効果を示す</u>のである。

問題 11.9 反転中心のある結晶にはピエゾ効果が存在しないことを、反転操作の各成分（11-67）を3階極性テンソルの変換を表す次式に代入することより証明せよ。

$$d_{ijk} = a_{il}a_{jm}a_{kn}\,d_{lmn} \quad (11\text{-}79)$$

この簡単な問題で明らかなように3階以上のテンソルでは前項まで用いたマトリックス演算による各成分の変換ができなくなる。最初は面倒のように思うかもしれないが、（11-79）を用いて力まかせにやるのが一番手っ取り早い。

まず、単斜晶系の点群2を考えよう。2回回転軸を x_3 軸に平行にとると、変換マトリックスは

$$C_2 = \begin{pmatrix} -1 & 0 & 0 \\ 0 & -1 & 0 \\ 0 & 0 & 1 \end{pmatrix} \tag{11-80}$$

と書ける。これを用いて（11-79）により、27個の異なった成分を計算し、どの成分が非ゼロか、調べてみよう。まず、$i=1$、すなわち x_1 方向の分極 P_1 を与える成分 d_{1kl} のみを考える。このうち、まず最初に、σ_{11} による分極 P_1 を与える d_{111} を評価する。

$$\begin{aligned} d_{111} =\ & a_{1k}a_{1l}a_{1m}d_{klm} \\ =\ & +a_{11}a_{11}a_{11}d_{111} + a_{11}a_{11}a_{12}d_{112} + a_{11}a_{11}a_{13}d_{113} \\ & +a_{11}a_{12}a_{11}d_{121} + a_{11}a_{12}a_{12}d_{122} + a_{11}a_{12}a_{13}d_{123} \\ & +a_{11}a_{13}a_{11}d_{131} + a_{11}a_{12}a_{12}d_{132} + a_{11}a_{13}a_{13}d_{133} \\ & +a_{12}a_{11}a_{11}d_{211} + a_{12}a_{11}a_{12}d_{212} + a_{12}a_{11}a_{13}d_{213} \\ & +a_{12}a_{12}a_{11}d_{221} + a_{12}a_{12}a_{12}d_{222} + a_{12}a_{12}a_{13}d_{223} \\ & +a_{12}a_{23}a_{21}d_{231} + a_{12}a_{12}a_{12}d_{232} + a_{12}a_{13}a_{13}d_{233} \\ & +a_{13}a_{11}a_{11}d_{311} + a_{13}a_{11}a_{12}d_{312} + a_{13}a_{11}a_{13}d_{313} \\ & +a_{13}a_{12}a_{11}d_{321} + a_{13}a_{12}a_{12}d_{322} + a_{13}a_{12}a_{13}d_{323} \\ & +a_{13}a_{23}a_{21}d_{331} + a_{13}a_{13}a_{12}d_{332} + a_{13}a_{13}a_{13}d_{333} \end{aligned} \tag{11-81}$$

なんと非エレガントなやり方か！と驚かれるかもしれない。でも klm にわたって和をとるとはこういうことなのだ。しかも、このようなことを、全部で27の項にわたって行わなくてはならない。しかし、冷静に考えると a_{ij} でゼロでないのは a_{11}, a_{22}, a_{33} だけであることに気がつく。よって、（11-81）の27項のうち、ゼロでないのは最初の項のみとなる。 すなわち、

$$d_{111} = a_{11}a_{11}a_{11}d_{111} = (-1)(-1)(-1)d_{111} = -d_{111} \tag{11-82a}$$

これは簡単だ！ 同様に考えると

$$\begin{aligned} d_{112} =\ & a_{11}a_{11}a_{22}d_{112} = (-1)(-1)(-1)d_{112} = -d_{112} \\ d_{113} =\ & a_{11}a_{11}a_{33}d_{113} = (-1)(-1)(1)d_{113} = d_{113} \\ d_{121} =\ & a_{11}a_{22}a_{11}d_{121} = (-1)(-1)(-1)d_{121} = -d_{121} \\ d_{122} =\ & a_{11}a_{22}a_{22}d_{122} = (-1)(-1)(-1)d_{122} = -d_{122} \\ d_{123} =\ & a_{11}a_{22}a_{33}d_{123} = (-1)(-1)(1)d_{123} = d_{123} \\ d_{131} =\ & a_{11}a_{33}a_{11}d_{131} = (-1)(1)(-1)d_{131} = d_{131} \\ d_{132} =\ & a_{11}a_{33}a_{22}d_{132} = (-1)(1)(-1)d_{132} = d_{132} \\ d_{133} =\ & a_{11}a_{33}a_{33}d_{123} = (-1)(1)(1)d_{133} = -d_{133} \end{aligned} \tag{11-82b}$$

となる。符号が変わる成分はすべてゼロである。さらに、注意深く観察すると、klm の中で3が一度だけでてくると、うまい具合に -1 がキャンセルしてくれるということに気がつく。つまり、$i=1$ でゼロでない成分は klm の中で3が一度だけある成分：

$$d_{113}, d_{123}, d_{131}, d_{132} \tag{11-83a}$$

ということになる。

第11章 テンソル

引き続き、x_2 方向の分極を与える成分、すなわち $i=2$ を含む各成分を計算する。　…
ここで、おっと待って！ と言ってくれた人は、事情をよく理解している人である。$i=2$ の成分とはたとえば d_{211} であり、（11-82a）において a_{11} を a_{22} で置き換えた成分に相当する。しかし、対称操作のマトリックス成分を見ると $a_{11}=a_{22}=-1$ なので、結局、計算しなくとも同じ結果が得られることがわかる。つまり、次の非ゼロの成分が得られる。

$$d_{213}, d_{223}, d_{231}, d_{232} \tag{11-83b}$$

$i=3$ のときももうひとひねりするだけだ。つまり、（11-82）における a_{11} が $a_{33}=-1$ に置き変わるだけなので（11-82）の結果のすべての符号が逆転するだけだ。結局、非ゼロの成分として

$$d_{311}, d_{312}, d_{321}, d_{322}, d_{333} \tag{11-83c}$$

が得られる。総合すると 3 が奇数回出てくる成分はゼロでないことがわかる。よく考えれば当たり前の話である。得られた P_1, P_2, P_3 の各成分をテンソル表示のまま、および、3×6 のマトリックス表示で表すと点群 2 の 3 階極性テンソルは

$$\begin{pmatrix} 0 & 0 & d_{113} \\ 0 & 0 & d_{123} \\ d_{113} & d_{123} & 0 \end{pmatrix} ; \begin{pmatrix} 0 & 0 & d_{213} \\ 0 & 0 & d_{223} \\ d_{213} & d_{223} & 0 \end{pmatrix} ; \begin{pmatrix} d_{311} & d_{312} & 0 \\ d_{312} & d_{322} & 0 \\ 0 & 0 & d_{333} \end{pmatrix} \longleftrightarrow \begin{pmatrix} 0 & 0 & 0 & d_{14} & d_{15} & 0 \\ 0 & 0 & 0 & d_{24} & d_{25} & 0 \\ d_{31} & d_{32} & d_{33} & 0 & 0 & d_{36} \end{pmatrix}$$

$$\tag{11-84}$$

と書き表せる（この例では2回回転軸を x_3 軸に平行にとったが、付録Fでは x_2 軸にとっている）。

問題 11.10 ロッシェル塩は-18℃ から 24℃ までの温度範囲で強誘電性を示し、点群 2 に従い上記の非ゼロの項を持つ。一方、これ以上あるいは以下の温度領域でこの物質は点群 222 に相変移する。この点群222 に属する結晶はピエゾ効果を示すだろうか？　ここでは x_3 に加え、もう一つの2回回転軸を x_1 軸と平行にとることにより、（11-84）の非ゼロの成分がどのように変換されるかを検討し、点群 222 に属する結晶の 3 階テンソルを表示せよ。

問題 11.11 点群 4 に属する結晶の 3 階極性テンソルを示せ。

(vi) 3 階テンソル（軸性テンソル）： ホール効果

電子が発見される以前の 1879 年、ホール（E.H.Hall）は電流が x 方向に流れている導電体に対し、磁場を z 方向にかけると y 方向に電圧が生じることを見出した。ローレンツ力でもって軌道を曲げられた電子が導体の片側にチャージアップしたのだ。これをホール効果という。y 方向に生じた電界の結果、x 方向の電気抵抗も変化するはずだ。一般に電気抵抗率は前節で見たように対称テンソルでなくてはならないが、この例のように磁界をかけるとその対称性がくずれ、磁場中の電気抵抗率 $\rho_{ij}(B)$ は非対称テンソルとなる。

・**step1**　まず、固体物理の教科書に習って、次のホール係数（Hall coefficent）R_H を定義しよう。

$$R_H = \frac{E_y}{J_x B} \tag{11-85}$$

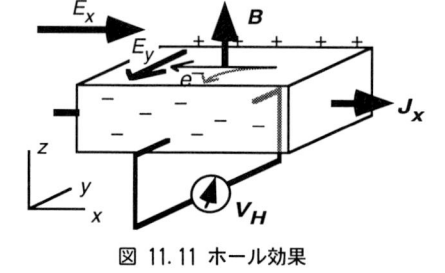

図 11.11 ホール効果

この式を変形すると、次の形を得る：

$$J_x = \frac{1}{R_H B}E_y = \frac{1}{\rho_H}E_y \tag{11-86}$$

ここにでてくる抵抗率は、E_y と J_x という異なった方向の量を結びつけている量である。つまり、ホール係数は磁界による抵抗率（あるいは同等に電気伝導率）の変化を表す 2 階テンソルの非対角項にのみ寄与する。さらにこの各成分 ρ_{ij} は先のオンサガーの定理（11-64）からいって

$$\rho_{ij} = -\rho_{ji} \tag{11-87}$$

である。このことは次の初等的な考察からも明らかである（図 11.11）。すなわち、電流 J_x に対しローレンツ力は $-y$ 方向に働くが、J_y に働く力は $+x$ 方向であり、符号が反対である。よってホール効果に起因する電気抵抗率の変化$\Delta\rho^h(B)$ は、一般に反対称テンソルで表される。

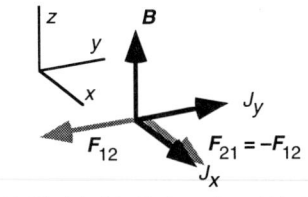

図 11.12 J_xとJ_yに働くローレンツ力の符号

$$\Delta\rho^h(B) = \begin{pmatrix} 0 & h_{12} & h_{13} \\ h_{21} & 0 & h_{23} \\ h_{31} & h_{32} & 0 \end{pmatrix} = \begin{pmatrix} 0 & h_{12} & h_{13} \\ -h_{12} & 0 & h_{23} \\ -h_{13} & -h_{23} & 0 \end{pmatrix} \tag{11-88}$$

さらに磁場を反転すると、ローレンツ力も反転する。したがって$\Delta\rho^h(B)$ は B の奇関数であるはずだ。

- step2　一方、歪みテンソルのところでもやったように、すべてのテンソルは対称テンソルと反対称テンソルの和として表すことができる。したがって、磁場に対する抵抗率の変化が非対称テンソルであることを考えると、別に対称テンソルが存在するはずだ。それを$\Delta\rho^m(B)$ で表そう。つまり、我々は磁場中の一般的な電気抵抗率$\rho_{ij}(B)$ を反対称テンソルと対称テンソルにわけて次のように書くことができる：

$$\rho_{ij}(B) = \rho_{ij}^0 + \Delta\rho_{ij}^h(B) + \Delta\rho_{ij}^m(B) \tag{11-89}$$

ここで、ρ^0_{ij}は磁場の存在しないときの抵抗率である。

- step3　次に視点を変えて、ここで電気抵抗率を磁場 B の関数として一般に展開してみよう。

$$\rho_{ij}(B) = \rho^0 + R_{ijk}B_k + M_{ijkl}B_kB_l + \cdots \tag{11-90}$$

ここで磁場が反転したときの符号の変化を考えると、1 次の項は反転するが、2 次の項に変化はない。したがって、それぞれが$\Delta\rho^h(B)$ と$\Delta\rho^m(B)$ に対応することがわかる。前者がホール効果(Hall effect)であり、後者は横磁気抵抗 (transverse magnetoresistance) を表している。

- step4　だいぶ前置きが長くなってしまったが、要するに、抵抗率ρ_{ij} は 2 階極性テンソルで、磁界 B は 1 階軸性テンソルである。そして両者を結びつける係数のうち、<u>B の 1 次の項を与えるホール係数 R_{ijk} が 3 階軸性テンソル</u>というわけだ。さらにホール係数が与える電気抵抗率$\Delta\rho^h(B)$ は 2 階の反対称テンソル（11-88）である。これらをあらわに関係づけると次のようになる。

$$\Delta\rho_{ij}^h(B) = R_{ijk}B_k \tag{11-91}$$

- **step5** 次に、このような性質を持つホール係数を表す 3 階軸性テンソルと結晶の対称性との関係を点群 2 を例にとって考える。この点群の生成要素は、次の変換マトリックスで表される。

$$C_2 = \begin{pmatrix} -1 & 0 & 0 \\ 0 & -1 & 0 \\ 0 & 0 & 1 \end{pmatrix} \tag{11-92}$$

そして軸性テンソルを扱っているのだから、3 階テンソルの変換は次のように表される。

$$R_{ijk} = \lambda a_{il} a_{jm} a_{kn} R_{lmn} \tag{11-93}$$

λ が右手左手変換がないかあるかによって、それぞれ+1/−1 の値をとるのは 2 階の軸性テンソルの場合と同じである、と大上段に構えてしまったが、点群 2 では右手左手変換はないから結局 $\lambda=+1$ でピエゾ効果のところでやった極性ベクトルと事情は同じである。ただ、ここでは反対称2 階テンソルを与える 3 階テンソルを扱っているという点が大きく異なる。
<u>結晶の対称性によりどの項がゼロになるかという計算は、物性テンソルが対称か非対称かという事とは関係ないので、(11-84) で得られた結果をそのまま用いることができる</u>。すなわち、座標変換の対称操作によってゼロでない可能性がある項は、次のものに絞られる。

$$R_{113}, R_{123}, R_{131}, R_{132}, R_{213}, R_{223}, R_{231}, R_{232}, R_{311}, R_{312}, R_{321}, R_{322}, R_{333} \tag{11-94}$$

- **step6** 次に、R_{ijk} が磁場 B_k という 1 階テンソルと反対称 2 階テンソル ρ_{ij} を関係づけていることに起因する制約について考えてみる。すなわち、ijk という指標のうち ij に関しては反対称の関係 (11-87) を要求しなくてはならない。よって、(1) $i=j$ の項はゼロであり、また、(2) $R_{ijk} = -R_{jik}$ であることが結論される。<u>これらはすべて、結晶の対称性ではなく、ホール効果に起因する電気抵抗率テンソルの反対称性、もとをただせばオンサガーの定理からきている</u>。

結局、27 個の成分を磁場 B の方向を表す 3 番目の指標 k によって区分けして整理すると、結果がは次のようにまとめられる（先のピエゾ効果 (11-84) のときは分極 P_i の指標 i に基づいて整理しているので注意）。

$$\begin{pmatrix} 0 & 0 & R_{131} \\ 0 & 0 & R_{231} \\ -R_{131} & -R_{231} & 0 \end{pmatrix}; \begin{pmatrix} 0 & 0 & R_{132} \\ 0 & 0 & R_{232} \\ -R_{132} & -R_{232} & 0 \end{pmatrix}; \begin{pmatrix} 0 & R_{123} & 0 \\ -R_{213} & 0 & 0 \\ 0 & 0 & 0 \end{pmatrix} \tag{11-95}$$

このように 5 個の独立なゼロでない成分が存在することがわかった。<u>対称テンソルのときに用いられた簡便なマトリックス表示法は反対称テンソルでは使用できない</u>が、27 個のうち、ゼロでない独立な成分は最大でも 9 個しかないので、事情はそれほど複雑ではない（次の問題参照）。

問題 11.12 比較的大きなホール効果を示すビスマス（点群 $\bar{3}m$）のホール係数を表す 3 階テンソルの対称性を論ぜよ（最初に対角項がゼロであることと、対称操作 m を行うことにより、5 個のゼロでない成分にしぼり、その後、$\bar{3}$ 操作を行うとよい）。

11.7 結晶の対称性と物性テンソル：直接法

(vii) 4階テンソル（極性テンソル）： スティッフネス

次に、熱力学的考察などにより 21 まで独立な成分の数が減った歪みと応力を結びつける 4 階テンソルの成分が、さらに結晶の対称性によってどれだけ減るか考えてみよう。基本的手法としては、3 階テンソルのときと同様に、4 階テンソルに対しても、次の変換操作を機械的に施し、その前後において各成分の値が等しいと置けばよい。

$$c_{ijkl} = a_{im}a_{jn}a_{ko}a_{lp}\, c_{mnop} \tag{11-96}$$

しかし、すぐに判明するとおり、このやり方だと 81 個存在する係数をまともに扱うことになり、係数の比較自体が結構、大変な操作となってしまう。そこで、ここでは 2 回や 4 回回転軸のように座標軸の単純な入れ換えを伴った系に対して、特に有効な方法を紹介する。

最初に正方晶系の点群 4 を例にとって考える。この系では不変であるはずの 4 回回転操作 C_4 により座標軸を入れ換えよう。逆に、座標軸が固定されていると考えると C_4^{-1} という操作を結晶に施すことになる。すると新しい座標系と旧い座標系を関係づける (a_{ij}) は次のように与えられる。

$$(a_{ij}) = (r_{ij})^{-1} = \begin{pmatrix} 0 & 1 & 0 \\ -1 & 0 & 0 \\ 0 & 0 & 1 \end{pmatrix} \tag{11-97}$$

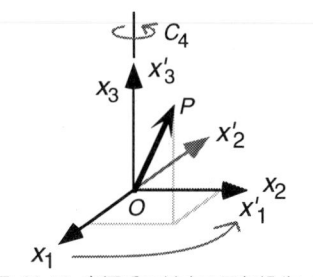

図 11.13 座標系に対する回転操作 C_4（座標軸の入れ換え）

この変換マトリックスのうち、ゼロでない係数は

$$a_{12}=1; \quad a_{21}=-1; \quad a_{33}=1 \tag{11-98}$$

の三つのみである。係数 a_{ij} は旧い x_j 軸を新しい x_i' 軸に変換するときの符号の変化を表していることに注意しよう。で、この係数を用いて、たとえば c_{1213} を評価してみると、

$$c_{1213} = a_{12}a_{21}a_{12}a_{33}\, c_{2123} = (1)(-1)(1)(1)\, c_{2123} = -c_{2123} \tag{11-99}$$

となる。このようなことを他の 73 の係数に関しても行って同等な係数とそうでない係数を求めるのであるが、これではあまりにも煩雑すぎる。そこで、$ijkl = jikl;\ ijkl = ijlk$ という関係から導かれた 6×6 の簡便なマトリックス表示における同等な係数の比較を行おう。まず、次の表のようにマトリックス表示 $c_i\ (i = 1,2,...,6)$ の指標 i（テンソル表示では ij とか kl といった組）が座標変換マトリックスの成分 $a_{ij}a_{kl}$ によってどのように変換するか考える。

表 11.3 点群 4 に属する対称操作が施されたときのマトリックス表示 c_i の指標 i の変換の仕方

変換前のマトリックス表示	1	2	3	4	5	6
変換前のテンソル表示	11	22	33	23	13	12
	↓	↓	↓	↓	↓	↓
変換操作の成分	$a_{21}a_{21}$	$a_{12}a_{12}$	$a_{33}a_{33}$	$a_{12}a_{33}$	$a_{21}a_{33}$	$a_{21}a_{12}$
	↓	↓	↓	↓	↓	↓
変換後のテンソル表示	22	11	33	13	−23	−21
変換後のマトリックス表示	2	1	3	5	−4	−6

この表で、最下段のマトリックス表示にある − 符号は、最終的に得られた c_{ij} もしくは s_{ij} の符号が変わることを示している。たとえば、c_{45} は $-c_{54}$ と変換される。我々は、この表に基づき 6×6

第11章 テンソル

のマトリックス表示のサフィックスの変換を 21 個の c_{ij} に対して行い、かつ、符号を変える必要のあるところは変えればよい。結果は次のようになる。

$$\begin{pmatrix} c_{11} & c_{12} & c_{13} & c_{14} & c_{15} & c_{16} \\ & c_{22} & c_{23} & c_{24} & c_{25} & c_{26} \\ & & c_{33} & c_{34} & c_{35} & c_{36} \\ & & & c_{44} & c_{45} & c_{46} \\ & & & & c_{55} & c_{56} \\ & & & & & c_{66} \end{pmatrix} = \begin{pmatrix} c_{22} & c_{21} & c_{23} & c_{25} & -c_{24} & -c_{26} \\ & c_{11} & c_{13} & c_{15} & -c_{14} & -c_{16} \\ & & c_{33} & c_{35} & -c_{34} & -c_{36} \\ & & & c_{55} & -c_{54} & c_{56} \\ & & & & c_{44} & -c_{46} \\ & & & & & c_{66} \end{pmatrix} \tag{11-100}$$

両辺の各成分を比較すると、たとえば、$c_{14} \to c_{25} \to -c_{14}$ から $c_{14}=c_{25}=0$ であることがわかる。このような比較を各成分について行うと、結局、

$$c_{11}=c_{22}, \quad c_{33}, \quad c_{13}=c_{23}, \quad c_{12}, \quad c_{44}=c_{55}, \quad c_{66}, \quad c_{16}=-c_{26} \tag{11-101}$$

のみが非ゼロの値を持つことがわかる。この状況を表すのに図 11.14 のような表示がよく用いられる (Nye, 1955)。ここで●がゼロでない成分、線で結ばれているのは同じ値を持つ成分、●と○が結ばれているのは反対符号で絶対値が同じ成分を表す（くどいようだが、コンプライアンスやスティッフネスの場合、マトリックス自体は対称マトリックスであり、$c_{12}=c_{21}$ といった関係は常に成立している）。

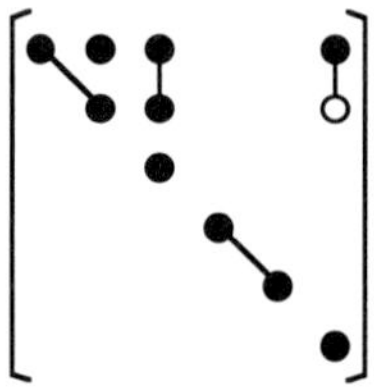

図 11.14 点群 $C_4(4)$ に属する結晶の s_{ij} および c_{ij} の非ゼロ成分

問題 11.13 点群 4mm および点群 4/mmm によって得られるゼロでない 4 階テンソルの成分を求めよ。
（上で求めた非ゼロの成分に対し、4 回回転軸を含む鏡映面により、たとえば $x_1 \to -x_1$ の座標変換を行い、どの成分がゼロとなるか調べよ。次に 4 回回転軸に垂直な鏡映面による $x_3 \to -x_3$ の操作を行い、さらにゼロでない成分があるかどうか調べよ。）

次に立方晶系に属する点群 23 を考えよう。まず、3 回対称操作、次に 2 回対称操作を考える。この操作によって各軸は図 11.15 のように変換され、この操作は次のマトリックスで与えられる。

$$C_3 = \begin{pmatrix} 0 & 1 & 0 \\ 0 & 0 & 1 \\ 1 & 0 & 0 \end{pmatrix}; \quad C_2 = \begin{pmatrix} -1 & 0 & 0 \\ 0 & -1 & 0 \\ 0 & 0 & 1 \end{pmatrix} \tag{11-102}$$

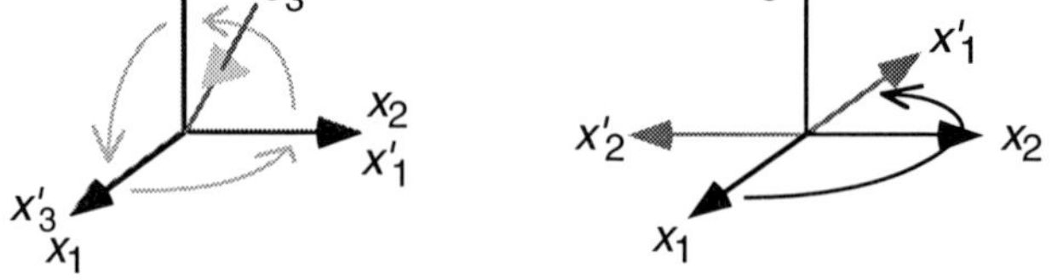

図 11.15 点群23(T)の生成要素を用いた座標系の入れ換え：回転操作 (a) C_3 および (b) C_2

すなわち、テンソル表示による各係数は、二つの座標系で次のような関係にある。

$$1 \to 2; \quad 2 \to 3; \quad 3 \to 1; \quad 1 \to -1; \quad 2 \to -2; \quad 3 \to 3 \tag{11-103}$$

11.7 結晶の対称性と物性テンソル：直接法

これをマトリックス表示に焼き直すため、先に用いたのと類似の表を作成しよう（この表は 3 回回転操作のあと 2 回回転操作を行ったというのではなく、それぞれの独立した操作の結果を示す）。

表 11.4　点群 23 を構成する対称操作が施されたときのマトリックス表示の i および j の変換の仕方

変換前：マトリックス表示	1	2	3	4	5	6
テンソル表示	11	22	33	23	13	12
3 回回転操作後：テンソル表示	22	33	11	31	21	23
マトリックス表示	2	3	1	5	6	4
2 回回転操作後：テンソル表示	11	22	33	−23	−13	12
マトリックス表示	1	2	3	−4	−5	6

まず、3 回回転操作を考える、つまり、スティッフネスのマトリックス表示は次のように変換される。

$$\begin{pmatrix} c_{11} & c_{12} & c_{13} & c_{14} & c_{15} & c_{16} \\ & c_{22} & c_{23} & c_{24} & c_{25} & c_{26} \\ & & c_{33} & c_{34} & c_{35} & c_{36} \\ & & & c_{44} & c_{45} & c_{46} \\ & & & & c_{55} & c_{56} \\ & & & & & c_{66} \end{pmatrix} = \begin{pmatrix} c_{22} & c_{23} & c_{21} & c_{25} & c_{26} & c_{24} \\ & c_{33} & c_{31} & c_{35} & c_{36} & c_{34} \\ & & c_{11} & c_{15} & c_{16} & c_{14} \\ & & & c_{55} & c_{56} & c_{54} \\ & & & & c_{66} & c_{64} \\ & & & & & c_{44} \end{pmatrix} \quad (11\text{-}104)$$

これから下表の左欄に示す同じ値を持つ七つの係数の組が得られる。さらに 2 回操作を考えると、3 回操作により与えられた係数 ij に 4 もしくは 5 が一つだけある項は、符号が変わるから（表 11.4）すべてゼロとなることがわかる。これらの結果を次の表にまとめる。

表 11.5　点群 23 におけるスティッフネス、コンプライアンスの非ゼロ成分

3 回操作		2 回操作
11 = 22 = 33	→	≠ 0
12 = 23 = 31	→	≠ 0
14 = 25 = 36	→	= 0
15 = 26 = 34	→	= 0
16 = 24 = 35	→	= 0
45 = 56 = 64	→	= 0
44 = 55 = 66	→	≠ 0

以上より点群 23 に従う結晶のスティッフネスおよびコンプライアンスという 4 階テンソルのゼロでない成分は図 11.16 のようにまとめられる。

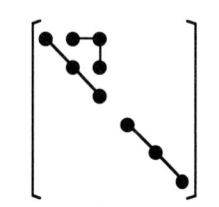

図 11.16　点群 23 (T) に属する結晶の s_{ij} および c_{ij} の非ゼロ成分

11.8 結晶の対称性と物性テンソル： 群論に基づいた手法

前節では、物性を表す各テンソル成分が対称操作によって変化しないというノイマンの原理に従い、恒等的にゼロの成分や互いに等しい成分を導出した。一方、これまでの章で出てきた可約表現の既約化という操作はまったくでてこない。どうしたんだ、と思われる方もおられるかもしれない。実は変換表現のキャラクターを用いた手法ではゼロ成分がいくつあるかということは求められるが、具体的な非ゼロ成分や、どの成分とどの成分が同一の値を持つのかということには答えられないのである。なぜならば、変換マトリックスの対角要素はある操作に対して不変な成分を与えるものであり、対角要素の和のみからでは、それぞれの成分がどのように変換するかはわからないからだ。しかしながら、独立な成分の数だけを求めたいとき、この方法は威力を発揮するので、本節でその方法を述べたい。（また、最近の発展に関しては巻末の参考書（A.S.Nowick）を参照されたい。）

非ゼロ成分の個数は次のステップにより求まる（Bhagavantam and Suryanarayana, 1949）。

- step1　考えているテンソルの非等価な成分を点群に従う基底と考える。これらの成分間の対称操作による変換マトリックスは可約であり、そのキャラクターを求める。

- step2　テンソルの各成分を基底とする表現はどのような対称操作によっても、その符号が変わらないので、これらの成分は全対称な既約表現に属する。よって前項で与えられた可約表現のうち、全対称な既約表現に属する成分の数を通常の群論の方法（4.8.3 節）で求める。つまり、既約化する際の公式（4-35）において、特に $i=A$、すなわち全対称の場合を用いる。

$$a_A = \frac{1}{h}\sum_R \chi_{\text{red}}(R)\chi_A(R) \tag{4-35'}$$

ここで、χ_{red} が非等価な成分の変換を表す可約マトリックスのキャラクター、χ_A が全対称な既約表現のキャラクター、h は点群のオーダーである。また、和はすべての操作に対してとるので、対称要素の数が 1 より大きなクラスに対してはその分、きちんと数えなくてはならない。以下、実例でもってこの方法を紹介する。

11.8.1　点群操作

結晶を ϕ だけ回転する操作、および、その後に回転軸と直交する平面に関して鏡映を行う操作 R_ϕ は一般に次のように書ける。ここで ± 1 は鏡映操作の有り無しでそれぞれの符号をとる。

$$R_\phi = r_{ij} = \begin{pmatrix} \cos\phi & -\sin\phi & 0 \\ \sin\phi & \cos\phi & 0 \\ 0 & 0 & \pm 1 \end{pmatrix} \tag{11-105}$$

11.8.2　テンソル成分の変換マトリックスのキャラクター

上記の操作を座標系に対して行うと、(11-65) より、二つの座標系を関係づける (a_{ij}) は (r_{ji}) に等しい（11.7 節）。これらは対称操作であり、(a_{ij}) で関係づけられた二つのテンソル $T_{ijkl\cdots}$ は不変である。すなわち、

$$T_{ijkl\cdots} = a_{ip}a_{jq}a_{kr}a_{ls}\cdots T_{pqrs\cdots} \tag{11-106}$$

が成立している。そこで $T_{ijkl\cdots}$ を分子振動や分子軌道法のところでやったのと同じ基底と考えて、その変換マトリックスのキャラクターを求める。

(a) 1階テンソルの変換マトリックスのキャラクター

焦電定数のような1階テンソル P_i ($i=1, 2, 3$) を見てみよう。この場合（11-106）をマトリックス形式で書いたほうがてっとり早い。

$$P_i' = a_{ij}P_j = (r_{ij})^{-1}P_j \tag{11-107a}$$

すなわち、

$$\begin{pmatrix} P_1' \\ P_2' \\ P_3' \end{pmatrix} = \begin{pmatrix} \cos\phi & \sin\phi & 0 \\ -\sin\phi & \cos\phi & 0 \\ 0 & 0 & \pm 1 \end{pmatrix} \begin{pmatrix} P_1 \\ P_2 \\ P_3 \end{pmatrix} \tag{11-107b}$$

と書けるから、この変換マトリックスのキャラクターは次のように与えられる。

$$\chi_{\text{red}}(R_\phi) = 2\cos\phi \pm 1 \tag{11-108}$$

(b) 2階対称テンソルの変換マトリックスのキャラクター

（11-71）のようにマトリックスで計算してもよいが結構煩雑なので、テンソルの定義に従い、（11-106）を直接使ってみよう。2階対称テンソルにおいて独立な成分は6個しかない。

$$\begin{aligned} T_{11}' &= a_{11}a_{11}T_{11} + a_{11}a_{12}T_{12} + a_{12}a_{11}T_{21} + a_{12}a_{12}T_{22} \\ &= \cos^2\phi T_{11} + 2\cos\phi\sin\phi T_{12} + \sin^2\phi T_{22} \\ T_{22}' &= \sin^2\phi T_{11} - 2\cos\phi\sin\phi T_{12} + \cos^2\phi T_{22} \\ T_{33}' &= T_{33} \\ T_{23}' &= \pm\cos\phi T_{23} \mp \sin\phi T_{13} \\ T_{13}' &= \pm\sin\phi T_{23} \pm \cos\phi T_{13} \\ T_{12}' &= -\cos\phi\sin\phi T_{11} + \cos\phi\sin\phi T_{22} + (\cos^2\phi - \sin^2\phi)T_{12} \end{aligned} \tag{11-109}$$

この変換を一つのマトリックスで表すと、6個の成分を基底とする群の表現となる。すなわち、

$$\begin{pmatrix} T_{11}' \\ T_{22}' \\ T_{33}' \\ T_{23}' \\ T_{13}' \\ T_{12}' \end{pmatrix} = \begin{pmatrix} \cos^2\phi & \sin^2\phi & 0 & 0 & 0 & 2\cos\phi\sin\phi \\ \sin^2\phi & \cos^2\phi & 0 & 0 & 0 & -2\cos\phi\sin\phi \\ 0 & 0 & 1 & 0 & 0 & 0 \\ 0 & 0 & 0 & \pm\cos\phi & \mp\sin\phi & 0 \\ 0 & 0 & 0 & \pm\sin\phi & \pm\cos\phi & 0 \\ -\cos\phi\sin\phi & \cos\phi\sin\phi & 0 & 0 & 0 & \cos^2\phi - \sin^2\phi \end{pmatrix} \begin{pmatrix} T_{11} \\ T_{22} \\ T_{33} \\ T_{23} \\ T_{13} \\ T_{12} \end{pmatrix} \tag{11-110}$$

となる。この表現のキャラクターは次のように与えられる。

$$\chi_{\text{red}}(R_\phi) = 4\cos^2\phi \pm 2\cos\phi \tag{11-111}$$

11.8.3 非ゼロ成分の計算

例1 点群 m

単斜晶系の点群 m に属する結晶の持つ1階テンソル、および2階対称テンソルの非ゼロ成分の数を求める。要するにキャラクター表および（4-35）式に基づいて全対称な既約表現 A' に属する要素の数を求めればよい。

第11章 テンソル

表11.6 点群 $m(C_s)$ のキャラクター表

m C_s	E	σ_h	$h=2$
A'	1	1	
A''	1	-1	

(a) 1階テンソル

まず、それぞれの対称操作のキャラクターを (11-108) 式から求める。（σ に対し$\phi=0$）

$$\chi_{\text{red}}(E) = 2+1 = 3; \qquad \chi_{\text{red}}(\sigma_h) = 2-1 = 1 \tag{11-112}$$

次に、この結果を (4-35) に代入すると

$$a_{A'} = \frac{1}{2}\{1\cdot 3\cdot 1 + 1\cdot 1\cdot 1\} = 2 \tag{11-113}$$

となり、3個の成分のうち、2個の成分がゼロでないことがわかる。

(b) 2階テンソル

この場合も (11-111) から出発するだけで手続きはまったく同様だ。

$$\chi_{\text{red}}(E) = 4+2 = 6; \qquad \chi_{\text{red}}(\sigma_h) = 4-2 = 2 \tag{11-114}$$

$$\therefore \quad a_{A'} = \frac{1}{2}\{1\cdot 6\cdot 1 + 1\cdot 2\cdot 1\} = 4 \tag{11-115}$$

となり、9個の成分のうち、4個の成分がゼロでないことがわかる。

例2　点群 $3m$

次は点群 $3m$ にトライしよう。

表11.7 点群 $3m(C_{3v})$ のキャラクター表

$3m$ C_{3v}	E	$2C_3$	$3\sigma_v$	$h=6$
A_1	1	1	1	
A_2	1	1	-1	
E	2	-1	0	

(a) 1階テンソル

それぞれの対称操作のキャラクターは次のように求まる。

$$\chi_{\text{red}}(E) = 2+1 = 3; \quad \chi_{\text{red}}(C_3) = 2\cos\tfrac{2}{3}\pi + 1 = 0; \quad \chi_{\text{red}}(\sigma_v) = 2\cdot 1 - 1 = 1 \tag{11-116}$$

ここでσ_vに関するキャラクターは主軸と直交する軸にそって0°回転し、鏡映操作を行っている。いずれにしても先と同様に非ゼロの成分は次のように求まる。

$$a_{A_1} = \frac{1}{6}\{1\cdot 3\cdot 1 + 2\cdot 0\cdot 1 + 3\cdot 1\cdot 1\} = 1 \tag{11-117}$$

(b) 2階テンソル

$$\chi_{\text{red}}(E) = 4+2 = 6; \quad \chi_{\text{red}}(C_3) = 4\left(\cos\tfrac{2}{3}\pi\right)^2 + 2\cos\tfrac{2}{3}\pi = 0; \quad \chi_{\text{red}}(\sigma_v) = 4-2 = 2 \tag{11-118}$$

$$\therefore \quad a_{A_1} = \frac{1}{6}\{1\cdot 6\cdot 1 + 2\cdot 0\cdot 1 + 3\cdot 2\cdot 1\} = 2 \tag{11-119}$$

これらの例からわかるように、群論に基づく方法は非ゼロの成分の数を容易に与えてくれる。しかし、具体的にどの成分がゼロでないのかという情報は得られない。直接法で得られた結果を確認したり、多くの結晶系の非ゼロの成分を求めたりする場合に適した手法である。

問題 11.14 点群 4 に属する結晶の 1 階テンソルおよび 2 階対称テンソルの非ゼロな成分の数を本節で説明した手法で求めよ。

11.9 いくつかの応用例

以上、物性テンソルが有する対称性について論じた。しかし、こういったテンソル量が利用できなくては何にもならない。そこで最後に 2, 3 簡単な例を示して本章を終えたい。

例1　任意の方向への電気伝導率の計算

ガリウムの電気伝導率は大きな異方性を持つことで知られている。その値は a, b, c 軸方向にそれぞれ、

$$\rho_{11} = 50.5, \rho_{22} = 16.1, \rho_{33} = 7.5 \qquad (\times 10^{-6}\ \Omega\text{cm})$$

である。今、1mm × 1mm × 10mm の単結晶試験片の長い軸（L 軸と呼ぼう。）が a 軸と c 軸に対してそれぞれ 60°の角度で切り出されている。この試験片の長手方向 L に 100mA の電流を流すには何ボルトの電圧をかければよいであろうか？

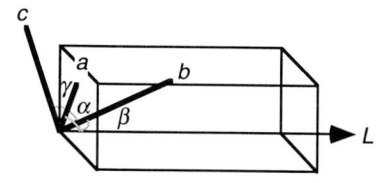

図 11.17 試片方向 L と結晶の a, b, c 軸間の方向余弦 α, β, γ

L 軸方向の電気伝導率を与えられたテンソル値から計算すればよい。座標変換のマトリックス成分をすべて求める必要はなく、それぞれの成分が L 方向に与える寄与を方向余弦から求めれば十分である。各軸と L 軸との角度を α, β, γ と置けば、

$$\cos^2\alpha + \cos^2\beta + \cos^2\gamma = 1 \tag{11-120}$$

であることより、$\beta = 45°$ であることがわかる。2 階テンソルの変換公式（11-23）から

$$\begin{aligned}
\rho_{LL} &= a_{L1}a_{L1}\rho_{11} + a_{L2}a_{L2}\rho_{22} + a_{L3}a_{L3}\rho_{33} \\
&= \cos^2\alpha\,\rho_{11} + \cos^2\beta\,\rho_{22} + \cos^2\gamma\,\rho_{33} \\
&= 0.25\rho_{11} + 0.5\rho_{22} + 0.25\rho_{33} \\
&= 22.6
\end{aligned} \tag{11-121}$$

よって、必要な電圧値は 0.23 mV ということになる。

例2　ピエゾ効果

応用上重要な物質が水晶（α-SiO$_2$、点群 32）である。この物質の圧電率は

$$d_{11} = 2.31, \qquad d_{14} = -0.727 \qquad (\times 10^{-12}\ \text{Coulomb/Newton})$$

である。この物質の 2 回回転軸方向（x_1 軸）に 1kg/cm^2（$=9.8\times10^4$ N/m^2）の応力を与えたとき、どの程度の分極が観察されるだろうか？

点群 32 の 3 階テンソルの非ゼロ成分（付録 F）と与えられたデータから、分極 p_i は次のようになる。

第11章 テンソル

$$\begin{pmatrix} p_1 \\ p_2 \\ p_3 \end{pmatrix} = \begin{pmatrix} -2.31 & 2.31 & 0 & -0.727 & 0 & 0 \\ 0 & 0 & 0 & 0 & 0.727 & 4.620 \\ 0 & 0 & 0 & 0 & 0 & 0 \end{pmatrix} \begin{pmatrix} \sigma_1 \\ \sigma_2 \\ \sigma_3 \\ \sigma_4 \\ \sigma_5 \\ \sigma_6 \end{pmatrix} \quad (11\text{-}122)$$

かかっている応力は σ_1 だけだから、観察される分極は 2.3×10^{-7} C/m² ということになる。

例3　立方晶系における弾性的異方性 (Elastic Anisotropy)

例1の手法を4階テンソルであるコンプライアンスに適応しよう。すなわち、立方晶の三つの軸からの方向余弦が α, β, γ であるような方向 L へ応力をかけたときのコンプライアンスを求める。

この値は $\varepsilon_{ij}=s_{ijkl}\sigma_{kl}$ より、その方向のヤング率 (Young's modulus) E の逆数に等しい。

$$s_{LLLL} = a_{Li}a_{Lj}a_{Lk}a_{Ll}s_{ijkl} \quad (11\text{-}123)$$

これを立方晶におけるゼロでない成分すべてに対して展開し、（11-35）などに注意して簡易マトリックス表示に直すと、次の式が得られる。

$$\frac{1}{E_L} = s_{LLLL} = s_{11} - s_{44}\left\{\frac{2(s_{11}-s_{12})}{s_{44}} - 1\right\}(\alpha^2\beta^2 + \beta^2\gamma^2 + \gamma^2\alpha^2) \quad (11\text{-}124)$$

一方、次の量をを*剪断異方性定数* (shear anisotropy factor) という。

$$A = \frac{2(s_{11}-s_{12})}{s_{44}} = \frac{c_{44}}{\frac{1}{2}(c_{11}-c_{12})} \quad (11\text{-}125)$$

表11.8 に示したコンプライアンスの値から剪断異方性定数 A の値を求めると、鉄は 2.51 であるのに対して、タングステンは 1 すなわち、弾性的には等方的な材料であることがわかる。

表11.8　鉄およびタングステンのコンプライアンス（10^{-11}Pa）

	s_{11}	s_{12}	s_{44}
鉄	0.80	−0.28	0.86
タングステン	0.26	−0.07	0.66

問題 11.15　（11-124）を導け。

この章のまとめ

- 物性テンソルとフィールドテンソル
- 極性ベクトルと軸性ベクトル
- フィールドテンソルの対称性 → マトリックス表示
- 熱力学的な対称性 → $\alpha_{ij}=\alpha_{ji}$
- 結晶の点対称性とノイマンの原理
- 独立な成分の計算：直接法　付録F参照
- 独立な成分の計算：群論に基づく方法（非ゼロ成分の数の計算に便利）

問題解答

1.1: 図 A1.1&2 に示した四つの平行四辺形はすべて単位胞の例。
1.2: 図 A1.1&2 に示した平行四辺形のうち、c と d がプリミティブ単位胞。
1.3: 図 A1.3 において、大きさ a のベクトル OP を時計回りに α だけ、回転する操作があれば、その逆の操作も必ず存在しなくてはならない。この二つの操作がベクトル OP' と OP'' を生む。一方、並進対称操作が許されているとき、OP は OP' と OP'' のベクトル和で表される。よって、N を整数として、$2a\cos\alpha = Na$ が成立する。これを満たす α から、$n = 1, 2, 3, 4, 6$ が求まる。
1.4: 図 A1.4 に示した $a' = 1/\sqrt{2}$ の正方形ネットが生まれ、新たな対称性は生じない(ユニークでない)。
1.5: 図 A1.5 中に太線で示した側心単斜格子が生まれる。
1.6: 図 A1.6 に示した重なった二つの底心(側心)直方格子が生まれる。
1.7: 図 A1.7 に示した a の長さが $1/\sqrt{2}$ の体心正方格子が生まれる。
1.8: 三方晶に属する。

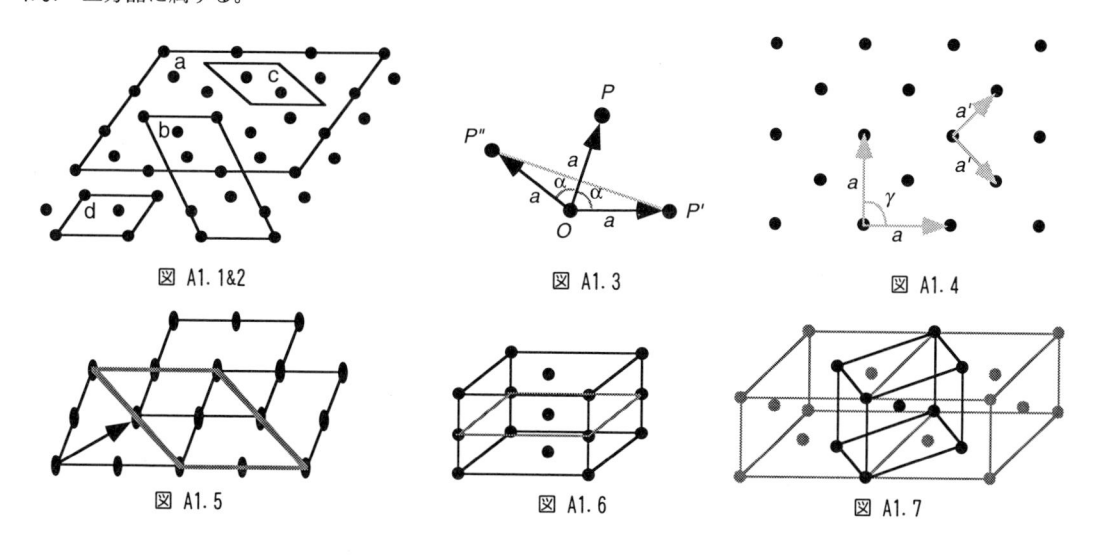

図 A1.1&2 　　図 A1.3 　　図 A1.4

図 A1.5 　　図 A1.6 　　図 A1.7

2.1: 図 A2.1 参照

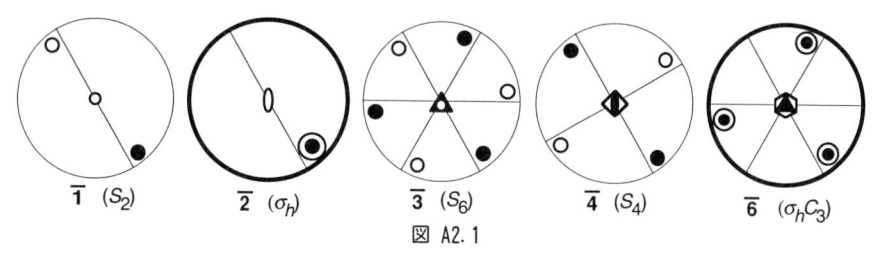

$\overline{1}\ (S_2)$ 　 $\overline{2}\ (\sigma_h)$ 　 $\overline{3}\ (S_6)$ 　 $\overline{4}\ (S_4)$ 　 $\overline{6}\ (\sigma_h C_3)$

図 A2.1

2.2: 図 A2.2 参照
2.3〜10: 付録 B 参照
2.9: 2 回回転軸と 3 回回転軸の組合せに反転操作を加えても 4 回回転軸は生まれない。$2/m\,\overline{3}\ (m3)$。
2.8: $\overline{6}m2, 32, 3m, 3m, 3/m = \overline{6}$
2.11: $\overline{4}3m, m3, 432, 23, m\overline{3}m$ 　　 2.12: $\overline{8}2m$

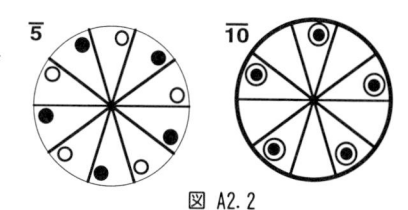

$\overline{5}$ 　 $\overline{10}$

図 A2.2

物質の対称性と群論

3.1: 4回転軸方向の隣の単位胞の同じ位置から出発してやはり 4_3 操作が行われ、さらに隣の単位胞の同じ位置からも 4_3 操作が行われるというのが格子点の定義である。最初の 4_3 操作と矛盾することなくこれらの操作は可能であり、単位胞はもとのままである。

3.2: ○1/4−

3.3〜6: 付録C参照

3.7: *pg, pmg, pgg, p4g*；グライド面；2

3.8: *p4g*、図A3.8参照

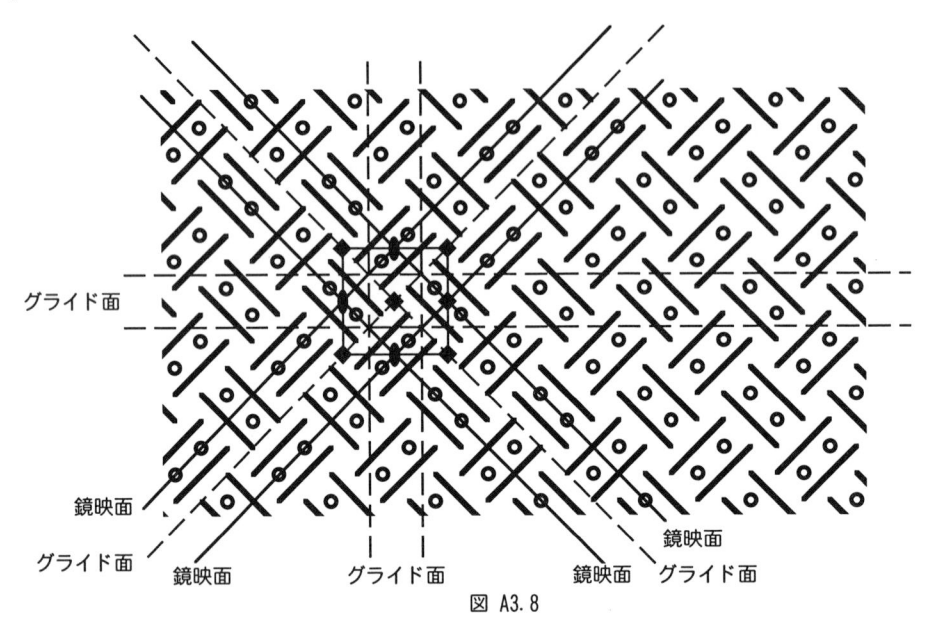

図 A3.8

3.9〜11: 図A3.9〜10参照

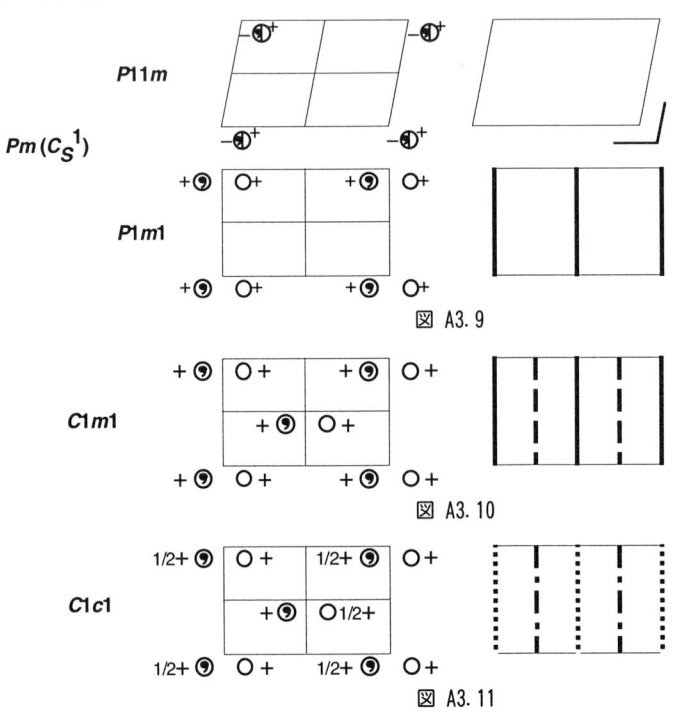

図 A3.9

図 A3.10

図 A3.11

3.12: 2回回転軸、$P22_12$

3.13～14: 図A3.13～14参照

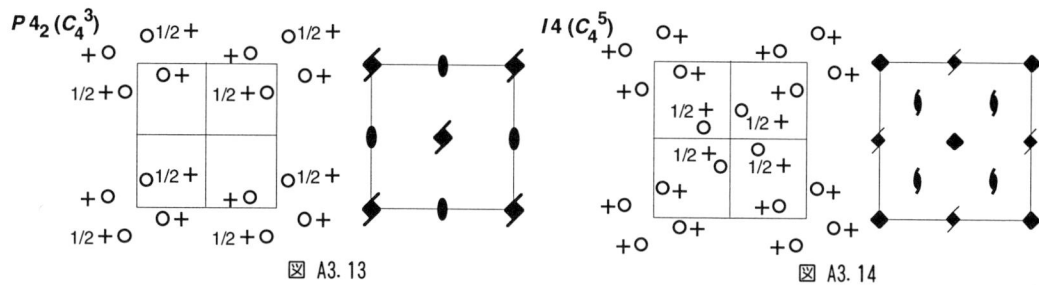

図A3.13

図A3.14

3.15: 12, 48, 24, 96, 192（これはあくまで(x, y, z)で代表される1種類の一般点の数である。）

3.16: 図A3.16； $P4/m$において$1a$と$1b$サイトがらせん軸を伴う$P4_2/m$では$2a$となる。

3.17: 8個の異なった一般点を生み出す対称操作を International Tables に従って、次のように順番づけると、図A3.18に示した8個の一般点と対称操作が得られる。

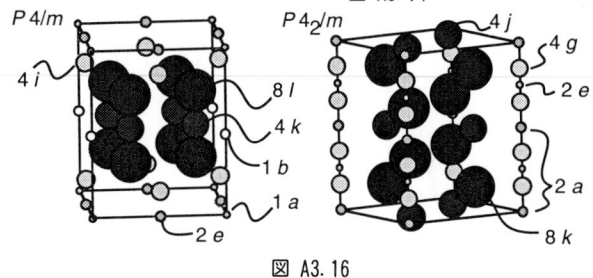

(1) 1
(2) 2 $00z$,
(3) m $x0z$,
(4) m $0yz$,
(5) $t(1/2\ 1/2\ 1/2)$,
(6) $2_1(001/2)$ (screw) $1/4\ 1/4$,z
(7) $n(1/2\ 0\ 1/2)$ (n-glide) $x1/4z$,
(8) $n(0\ 1/2\ 1/2)$ (n-glide) $1/4yz$

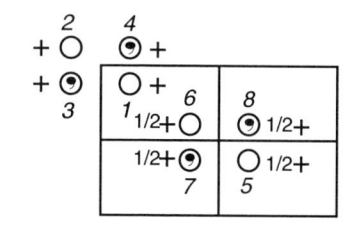

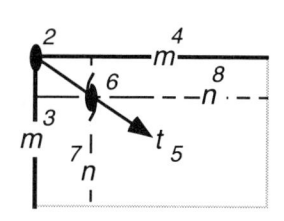

図A3.17

3.18: 図A3.19. 単純立方構造、失われた対称要素：4回回転軸、三つの3回反軸など。残った対称要素：一つの3回反軸、3回回反軸を含む鏡映面など。

3.19: 図A3.19. (a) CsCl構造、CuZn, AgZnなど。 (b) $Im\bar{3}m$、Fe, V, Nbなど。

3.20: 図A3.20. A: 6個、B: 12個。ペロブスカイト構造。

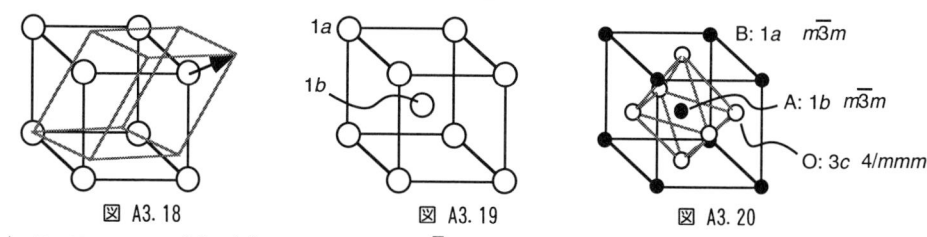

図A3.18

図A3.19

図A3.20

3.21: (a) $4/m\ 2/m\ 2/m$； (b) (1) $4mm$, $4/m$, $\bar{4}2m$

3.22: 空間群 $Pm\bar{3}m$ の maximal non-isomorphic subgroups のIに[4] $P1\bar{3}2/m(R\bar{3}m)$ があるから、$R\bar{3}m$ はもとの空間群から一般点の数が1/4に減った t-subgroup に属する。

3.23: (a) 点群 $m\bar{3}m$ は反転中心を持つから極性を持たず、強誘電性は示さない。(b) 点群 $4mm$ は極性を有する。$m\bar{3}m$ と $4mm$ との間には部分群 $4/mmm$ があり、$4mm$ は maximal subgroup ではない。

3.24: 図A3.24； $0kl$反射の構造因子は$k+l$=奇数のとき、消滅する。

3.25: Na: 8個、Zn: 104個

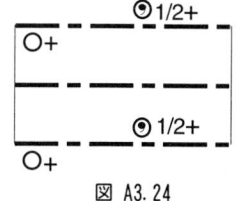

図A3.24

3.26: 図 A3.26. (a) $Im\bar{3}m$, $2a$, $m\bar{3}m$ (b) $4/mmm$、二つの原子が $a/2$、4 個の原子が $a/\sqrt{2}$ の位置にある。
(c) $\bar{4}2m$、最近接原子数は 4。

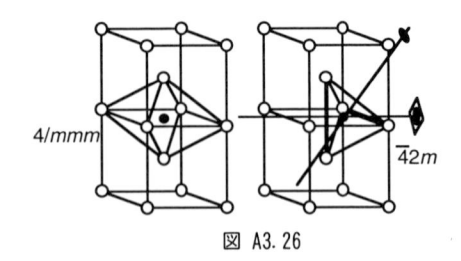

図 A3.26

4.1: $\{E, C_6, C_6^2=C_3, C_6^3=C_2, C_6^4=C_3^2, C_6^5\}$, $h=6$; $\{E, C_6^3=C_2\}$; $\{E, C_6^2=C_3, C_6^4=C_3^2\}$

4.2: $\{E, C_3, C_3^2, \sigma_v, \sigma_v', \sigma_v''\}$; $h=6$ （主軸を含む鏡映面 σ_v はこのように区別される場合が多い。）

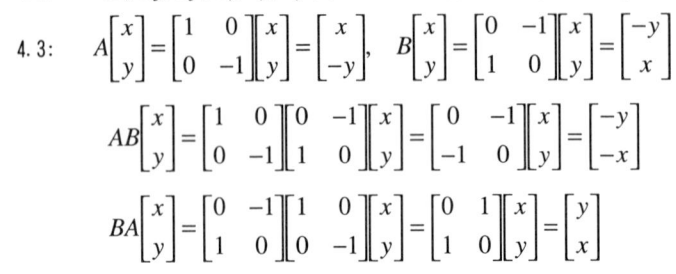

4.3: $A\begin{bmatrix}x\\y\end{bmatrix} = \begin{bmatrix}1 & 0\\0 & -1\end{bmatrix}\begin{bmatrix}x\\y\end{bmatrix} = \begin{bmatrix}x\\-y\end{bmatrix}$, $B\begin{bmatrix}x\\y\end{bmatrix} = \begin{bmatrix}0 & -1\\1 & 0\end{bmatrix}\begin{bmatrix}x\\y\end{bmatrix} = \begin{bmatrix}-y\\x\end{bmatrix}$

$AB\begin{bmatrix}x\\y\end{bmatrix} = \begin{bmatrix}1 & 0\\0 & -1\end{bmatrix}\begin{bmatrix}0 & -1\\1 & 0\end{bmatrix}\begin{bmatrix}x\\y\end{bmatrix} = \begin{bmatrix}0 & -1\\-1 & 0\end{bmatrix}\begin{bmatrix}x\\y\end{bmatrix} = \begin{bmatrix}-y\\-x\end{bmatrix}$

$BA\begin{bmatrix}x\\y\end{bmatrix} = \begin{bmatrix}0 & -1\\1 & 0\end{bmatrix}\begin{bmatrix}1 & 0\\0 & -1\end{bmatrix}\begin{bmatrix}x\\y\end{bmatrix} = \begin{bmatrix}0 & 1\\1 & 0\end{bmatrix}\begin{bmatrix}x\\y\end{bmatrix} = \begin{bmatrix}y\\x\end{bmatrix}$

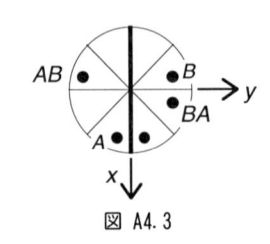

∴ A と B とは交換しない。

図 A4.3

4.4: 群をなす。単位要素：0。逆要素：$-n$。

4.5: 群をなす。 $E^{-1}=E$, $C_2^{-1}=C_2$

4.6:

$\{1,-1\}$	1	−1
1	1	−1
−1	−1	1

4.7:

C_3	E	C_3	C_3^2
E	E	C_3	C_3^2
A	C_3	C_3^2	E
C_3^2	C_3^2	E	C_3

4.8: E が対角上に一つしかないのは次の場合である。残りの要素をどのように置いても再配列の定理を満たすことはできない。たとえば、○に B を置くとどうなるか？

	E	A	B	C
E	E	A	B	C
A	A	○		E
B	B			E
C	C	E		

4.9:

$C_4 = \mathbf{G}_4^1$	E	C_4	C_2	C_4^2
E	E	C_4	C_2	C_4^2
C_4	C_4	C_2	C_4^2	E
C_2	C_2	C_4^2	E	C_4
C_4^2	C_4^2	E	C_4	C_2

$C_{2v} = \mathbf{G}_4^2$	E	C_2	σ_v	σ_v'
E	E	C_2	σ_v	σ_v'
C_2	C_2	E	σ_v'	σ_v
σ_v	σ_v	σ_v'	E	C_2
σ_v'	σ_v'	σ_v	C_2	E

4.10: クロージャー、そして逆要素の存在を考えよう。

4.11: $\{E, C_2\}$, $\{E, \sigma_v\}$, $\{E, \sigma_v''\}$：ここまでは正規部分群。$\{E, C_2, \sigma_v, \sigma_v'\}$ $\{E\}$：自明な部分群。

4.12: 自分自身を除いて、$\{E, C_6^3=C_2, C_6^4=C_3^2\}$, $g=3$; $\{E, C_6^3=C_2\}$, $g=2$; $\{E\}$, $g=1$

4.13: $A = X^{-1}BX$, $A = Y^{-1}CY$ → $B = XAX^{-1} = X(Y^{-1}CY)X^{-1} = (YX^{-1})^{-1}C(YX^{-1}) = Z^{-1}CZ$

4.14:

32 (D_3)	E	$C_2^{(1)}$	$C_2^{(2)}$	$C_2^{(3)}$	C_3	C_3^2
E	E	$C_2^{(1)}$	$C_2^{(2)}$	$C_2^{(3)}$	C_3	C_3^2
$C_2^{(1)}$	$C_2^{(1)}$	E	C_3^2	C_3	$C_2^{(3)}$	$C_2^{(2)}$
$C_2^{(2)}$	$C_2^{(2)}$	C_3	E	C_3^2	$C_2^{(1)}$	$C_2^{(3)}$
$C_2^{(3)}$	$C_2^{(3)}$	C_3^2	C_3	E	$C_2^{(2)}$	$C_2^{(1)}$
C_3	C_3	$C_2^{(2)}$	$C_2^{(3)}$	$C_2^{(1)}$	C_3^2	E
C_3^2	C_3^2	$C_2^{(3)}$	$C_2^{(1)}$	$C_2^{(2)}$	E	C_3

4.15: $\mathbf{G}_6^1$ と同型：クラスは $\{E\}$, $\{\sigma_h\}$, $\{\sigma_h C_3\}$, $\{\sigma_h C_3^2\}$, $\{C_3\}$, $\{C_3^2\}$。すなわち、それぞれの要素が自分自身でクラスを形成する。極点図を見ると、C_3 と C_3^2 に相当する二つの一般点を結ぶ操作が $32(D_3)$ や $3m(C_{3v})$ と異なって、この点群には存在しない。$\mathbf{G}_6^1$ は巡回群であり、結局、$\bar{6}(C_{3h})$ は点群 $6(C_6)$ と同型であることがわかる。

4.16: (i) 単位要素の存在は $[E]$ が単位マトリックスであることから自明。(iii) 逆要素の存在もこの系はマトリックスが対角要素しか持たないことから、自分自身が自分の逆要素になっていることがわかる。(ii) 一方、クロージャーに関しては計算してみる必要がある。たとえば、

$$AB = \begin{bmatrix} -1 & 0 & 0 \\ 0 & -1 & 0 \\ 0 & 0 & 1 \end{bmatrix} \begin{bmatrix} 1 & 0 & 0 \\ 0 & -1 & 0 \\ 0 & 0 & 1 \end{bmatrix} = \begin{bmatrix} -1 & 0 & 0 \\ 0 & 1 & 0 \\ 0 & 0 & 1 \end{bmatrix} = C$$

であり、同様に $AC=B$, $BC=A$ などが確認できる。

4.17: 実際にやってみれば、$AB=C$ などが確認できる。

4.18: これも、積表に代入するだけで、すぐに確認できる。

4.19: 点群 $222(C_{2v})$ の要素は $\{E, C_2(x), C_2(y), C_2(z)\}$ でオーダーは 4。また、それぞれの対称要素を結びつける要素は一つもなく、クラスの数も 4。したがって既約表現も四つある。それぞれの既約表現の次元を 4 と置けば、$l_1^2+l_2^2+l_3^2+l_4^2=4$。よって、すべての既約表現の次元は 1。全対称な既約表現 $\{1, 1, 1, 1\}$ は必ず存在するから、あとはこれを 4 次元ベクトルと考えて、これに直交するベクトルを三つ求めればおしまい。

4.20: $l_y=zp_x-xp_z$ に対する符号の変化をキャラクター表から考えればよい。結果は $\mathbf{B}_1$。

4.21: $\Gamma_a = 2A_1+A_2+E$
$\Gamma_b = A_1+2A_2+2E$

4.22: (2) のみ A_1 を含みゼロでない可能性がある。

4.23: 図 A4.23 参照

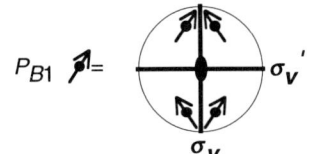

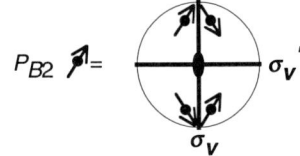

図 A4.23

5.1: $(a)\ \langle 1|1\rangle = 1\cdot 1 + 0\cdot 0 + 0\cdot 0 = 1$ $(b)\ \langle 3|2\rangle = 0\cdot 0 + 0\cdot 1 + 1\cdot 0 = 0$

5.2:
$$|A|^2 = \langle A|A\rangle = c_1^*c_1\langle 1|1\rangle + c_1^*c_2\langle 1|2\rangle + c_1^*c_3\langle 1|3\rangle + c_2^*c_1\langle 2|1\rangle + c_2^*c_2\langle 2|2\rangle + c_2^*c_3\langle 2|3\rangle$$
$$+ c_3^*c_1\langle 3|1\rangle + c_3^*c_2\langle 3|2\rangle + c_3^*c_3\langle 3|3\rangle$$
$$= c_1^*c_1\cdot 1 + c_1^*c_2\cdot 0 + c_1^*c_3\cdot 0 + c_2^*c_1\cdot 0 + c_2^*c_2\cdot 1 + c_2^*c_3\cdot 0$$
$$+ c_3^*c_1\cdot 0 + c_3^*c_2\cdot 0 + c_3^*c_3\cdot 1$$
$$= c_1^*c_1 + c_2^*c_2 + c_3^*c_3 = |c_1|^2 + |c_2|^2 + |c_3|^2$$

5.3:
$$\langle i|j\rangle = \tfrac{2}{a}\int_0^a -\tfrac{1}{2}\left(\cos\frac{(i+j)\pi}{a}x - \cos\frac{(i-j)\pi}{a}x\right)dx = \delta_{ij}$$

5.4:
$$\lambda=1: \ |\lambda=1\rangle = \tfrac{1}{\sqrt{2}}\{|1\rangle+|2\rangle\}; \qquad \lambda=-1: \ |\lambda=-1\rangle = \tfrac{1}{\sqrt{2}}\{|1\rangle-|2\rangle\}$$

5.5: 粒子が 3 個のとき：D_{2h}, D_{4h}, O_h ともほとんど同じトータルエネルギーを持つ：4 個で D_{2h} と D_{4h} のエネルギーがほぼ並び、5 個で再び D_{2h} が安定となる。

5.6: 次の交換関係が導かれる。
$$\begin{aligned}
[L_x, L_y] &= [yp_z - zp_y, zp_x - xp_z] \\
&= [yp_z, zp_x] - [yp_z, xp_z] - [zp_y, zp_x] + [zp_y, xp_z] \\
&= (yp_z zp_x - zp_x yp_z) - p_z(yx - xy) - z(p_y p_x - p_x p_y) + (zp_y xp_z - xp_z zp_y) \\
&= -yp_x(-p_z z + zp_z) - 0 - 0 + xp_y(zp_z - p_z z) \\
&= i\hbar L_z
\end{aligned}$$

5.7:
$$\varepsilon_0 = E_0 + \varepsilon_{0,1} = E_0 + \langle 0|Ax|0\rangle = \frac{\hbar^2\pi^2}{2ma^2} + \frac{Aa}{2}$$

5.8:
$$\varepsilon_0 = \frac{\hbar^2}{ma^2}5 > \frac{\hbar^2}{ma^2}\frac{\pi^2}{2} = E_0$$

6.1: $l=1$ の場合の極小値のさらに外側に極小値を持つ。

6.2: $(2p)^2 \quad L=2,1,0; \quad S=1,0$

6.3: 図 A6.3 参照

6.4: $^3P_2: 2J+1=5; \quad ^3P_1: 2J+1=3; \quad ^3P_0: 2J+1=1$
よって縮退度は 5+3+1=9

6.5: 電子が 1 個であるから 6 個のミクロ状態しかない。$L=1, S=1/2$。
タームシンボルは $^2P_{3/2}$ と $^2P_{1/2}$

6.6: これも 10 個のミクロ状態しかない。$L=2, S=1/2$。タームシンボルは $^2D_{5/2}$ と $^2D_{3/2}$

6.7: d^1 から d^{10} の順に $^2D_{3/2}; \ ^3F_2; \ ^4F_{3/2}; \ ^5D_0; \ ^6S_{5/2}; \ ^5D_4; \ ^4F_{9/2}; \ ^3F_4; \ ^2D_{5/2}; \ ^1S_0$

6.8:
$d^2: \ ^3F_2 < ^3F_4 < ^1D_2 < ^3P_0 < ^3P_1 < ^3P_2 < ^1G_4 < ^1S_0;$
$d^8: \ ^3F_4 < ^3F_3 < ^3F_2 < ^1D_2 < ^3P_2 < ^3P_1 < ^3P_0 < ^1G_4 < ^1S_0$

7.1:
$$\chi = \sum_{m=-l}^{l} e^{mi\alpha} = e^{-i\alpha l}\sum_{m=0}^{2l} e^{i\alpha m} = e^{-i\alpha l}\frac{1-e^{i\alpha(2l+1)}}{1-e^{i\alpha}} = e^{-i\alpha l}\frac{(e^{i\alpha(2l+1)/2} - e^{-i\alpha(2l+1)/2})/2i \cdot e^{i\alpha(2l+1)/2}}{(e^{i\alpha/2} - e^{-i\alpha/2})/2i \cdot e^{i\alpha/2}}$$

7.2: （4-35）を用いてもよいが、目視により $e+t_2$ がすぐに求まる。

7.3: $l=3$ である。（7-5）より $\{E, C_3, C_2(=C_4^2), C_4, C_2\}$ のキャラクターが $\{7, 1, -1, -1, -1\}$ であり、これを既約化し、$a_2+t_1+t_2$ が求まる。

7.4: T_d 下では S_4 と σ_d のキャラクターに関して（7-9）および（7-10）を適用する。l が偶数、すなわち、d 軌道のキャラクターは O_h 下と同じで $e+t_2$ と分裂する。一方、l が奇数では、f 軌道のキャラクターが O_h 下とは異なり、$\{E, C_3, C_2, S_4, \sigma_d\} \to \{7, 1, -1, 1, 1\}$ となる。これを既約化し、$a_1+t_1+t_2$ が求まる。

7.5: 図 A7.5 参照

7.6: C_{2v} の各既約表現間の直積表は表 4.15 にある。あるいは、もともとの抽象群 G_4^2 の積表（表 4.7）を用いてもよい（キャラクター表（表 4.27）しかなければ、各キャラクターの間の積をとって作成する）。

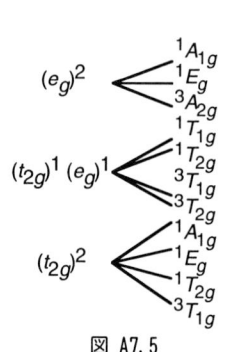

C_{2v}	A_1	A_2	B_1	B_2
A_1	A_1	A_2	B_1	B_2
A_2	A_2	A_1	B_2	B_1
B_1	B_1	B_2	A_1	A_2
B_2	B_2	B_1	A_2	A_1

O_h 環境下で $(t_{2g})^2$ は次のような既約表現に既約化され（キャラクター表 O（表 7.1）を用いる）、相関表（表 7.6）を見ることにより、これらの各表現は C_{2v} 環境下において 2 行目に示すように分裂することがわかる。

$$t_{2g} \times t_{2g} = a_{1g} + e_g + t_{1g} + t_{2g} \quad (O_h)$$
$$= a_1 + (a_1 + a_2) + (a_2 + b_1 + b_2) + (a_1 + b_1 + b_2) \quad (C_{2v})$$

一方、一電子状態 t_{2g} に電子が 2 個入ることによってできるミクロ状態は図 A7.6 に示した状態にスピンの向きを考えることにより、全部で 15 あることがわかる。このうち、三重項の状態となれるのは電子が異なった一電子状態に入っている場合である。したがって、次のタームを得る。

$$(t_{2g})^2 = {}^1A_1 + ({}^1A_1 + {}^1A_2) + ({}^3A_2 + {}^3B_1 + {}^3B_2) + ({}^1A_1 + {}^1B_1 + {}^1B_2) \quad (C_{2v})$$
$$= {}^1A_{1g} + {}^1E_g + {}^3T_{1g} + {}^1T_{2g} \quad (O_h)$$

よって基底状態を示すタームは ${}^3T_{1g}$ である。

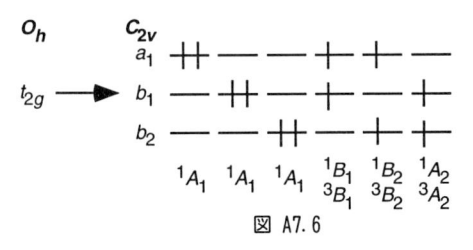

図 A7.6

8.1: (8-15, 16)を用いて (8-12)のいずれかに代入するだけなので省略。

8.2: d_{z^2}

8.3: (a) 図 A8.3 参照

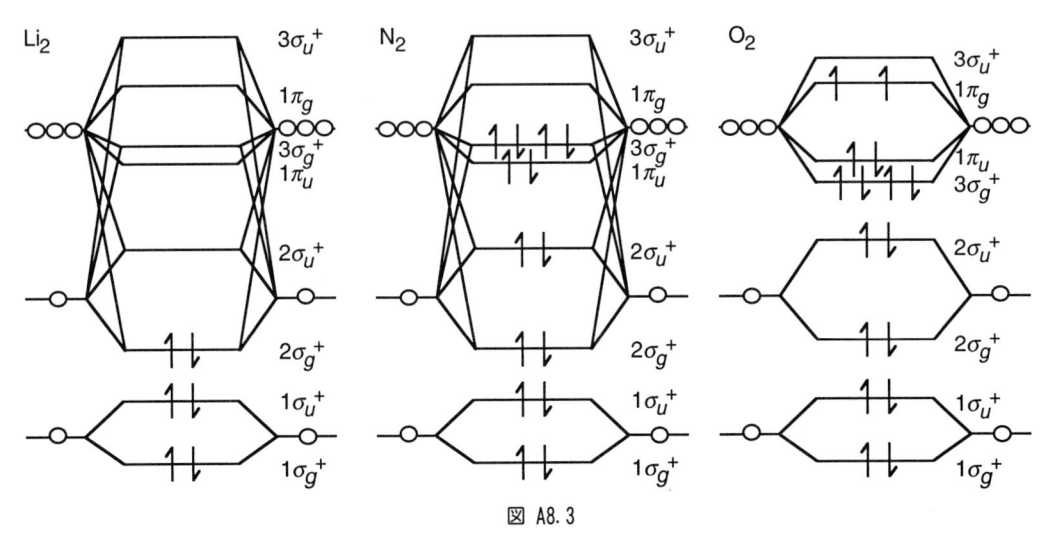

図 A8.3

(b) O_2 は常磁性 (paramagnetic)

8.4: Li_2：$[He_2]\,(2\sigma_g^+)^2$, ${}^1\Sigma_g^+$, B.O.=1;　　Be_2：$[He_2]\,(2\sigma_g^+)^2(2\sigma_u^+)^2$, ${}^1\Sigma_g^+$, B.O.=0

8.5: 直積を求めると次のキャラクターを得る。

$D_{\infty h}$	E	$2C_{\infty}^{\phi}$	$\cdots$	$\infty\sigma_v$	i	$2S_{\infty}^{\phi}$	$\cdots$	∞C_2
$\pi_u \otimes \pi_u$	4	$2+2\cos2\phi$	$\cdots$	0	4	$2+2\cos2\phi$	$\cdots$	0

これを表8.1を用いて既約化し、$\pi_u \otimes \pi_u \to \Sigma_g^+ + \Sigma_g^- + \Delta_g$ を得る。

8.6: 安定な順に $^3\Sigma_g^- < {}^1\Delta_g < {}^1\Sigma_g^+$

8.7: z 偏光波

8.8: (i) $^1\Sigma_g^+$

(ii)第一励起状態の配置は $(\pi_g)^3(\pi_u)^1$ であるが、ホールと考えることにより $(\pi_g)^1(\pi_u)^1$ と同じとみなせる。$\pi_g \otimes \pi_u$ のキャラクターは次のように求まる:

$D_{\infty h}$	E	$2C_{\infty}^{\phi}$	$\cdots$	$\infty\sigma_v$	i	$2S_{\infty}^{\phi}$	$\cdots$	∞C_2
$\pi_g \otimes \pi_u$	4	$2+2\cos2\phi$	$\cdots$	0	-4	$-2-2\cos2\phi$	$\cdots$	0

これを既約化して、$\Sigma_u^+ + \Sigma_u^- + \Delta_u$ を得る。一方、スピンは別々の軌道の電子を考えているのでパウリの排他律に拘束されない。すなわち、$S = 1, 3$ の値がとれ、$^1\Sigma_u^+, {}^3\Sigma_u^+, {}^1\Sigma_u^-, {}^3\Sigma_u^-, {}^1\Delta_u, {}^3\Delta_u$ を得る。

(iii)基底状態からの遷移はまず、スピン選択律から $S = 1$ の場合のみが許される。さらに軌道選択律を考えれば、結局、$^1\Sigma_g^+ \to {}^1\Sigma_u^+$ のみが許される。この遷移は 75000cm^{-1} に観測される強い吸収スペクトルに対応する。したがって、CO_2 は無色だ。

8.9:

$D_{\infty h}$	E	C_2	$\sigma_v(yx)$	$\sigma_v(yz)$	C_{2v}
$\sigma_g^+ = s_1 + s_2$	1	1	1	1	a_1
$\sigma_u^+ = s_1 - s_2$	1	-1	-1	1	b_2
$\pi_u = px_A$	1	-1	1	-1	b_1
$\pi_u = py_A$	1	1	1	1	a_1
$\pi_g = px_1 - px_2$	1	1	-1	-1	a_2
$\pi_g = py_1 - py_2$	1	-1	-1	1	b_2

8.10: CO_2、NO_2^+:線形、NO_2:曲がっている(132°)、NO_2^{2-}:曲がっている(115°)

8.11: まず、C_{2v} のキャラクター表を用いることにより、各軌道の既約表現が次のように求まる。

		E	C_2	$\sigma_v(yx)$	$\sigma_v(yz)$	C_{2v}
H:	$s_1 + s_2$	1	1	1	1	a_1
H:	$s_1 - s_2$	1	-1	-1	1	b_2
O:	s	1	1	1	1	a_1
O:	py	1	1	1	1	a_1
O:	px	1	-1	1	-1	b_1
O:	pz	1	-1	-1	1	b_2

同じ対称性を持った軌道同士が相互作用を持つことができ、図A8.11のMOダイヤグラムを得る。

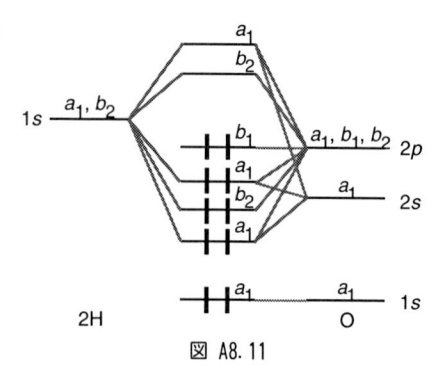

図 A8.11

9.1: (i) 並進：3、回転：2、振動：4，図A9.1(i)参照

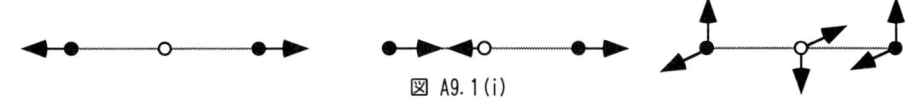

図 A9.1(i)

(ii) それぞれの原子に関する運動方程式から（a）式が得られるが、次のように運動エネルギーとポテンシャルエネルギーから出発し、ラグランジュ方程式に代入してもよい。

$$T = \tfrac{1}{2}m_O\dot{z}_1^2 + \tfrac{1}{2}m_C\dot{z}_2^2 + \tfrac{1}{2}m_O\dot{z}_3^2$$
$$U = \tfrac{1}{2}\alpha(z_1-z_2)^2 + \tfrac{1}{2}\alpha(z_2-z_3)^2$$

(9-11) を (a) に代入して得られる次の行列式を解けば (b) が得られる。図A9.1(ii)参照

$$\begin{vmatrix} -m_O\omega^2+\alpha & -\alpha & 0 \\ -\alpha & -m_C\omega^2+2\alpha & -\alpha \\ 0 & -\alpha & -m_O\omega^2+\alpha \end{vmatrix} = 0$$

また、三つの解は、z 方向への並進、対称伸縮振動モード、非対称伸縮振動モードに対応する。

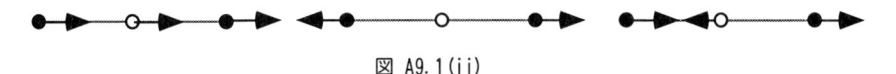

図 A9.1(ii)

(iii) (ii) に示した運動エネルギーとポテンシャルエネルギーの式をマトリックスで表せばよい。

$$2T = \langle \dot{z}_1 \ \dot{z}_2 \ \dot{z}_3 \rangle \begin{pmatrix} m_O & 0 & 0 \\ 0 & m_C & 0 \\ 0 & 0 & m_O \end{pmatrix} \begin{vmatrix} \dot{z}_1 \\ \dot{z}_2 \\ \dot{z}_3 \end{vmatrix}; \quad 2U = \langle z_1 \ z_2 \ z_3 \rangle \begin{pmatrix} \alpha & -\alpha & 0 \\ -\alpha & 2\alpha & -\alpha \\ 0 & -\alpha & \alpha \end{pmatrix} \begin{vmatrix} z_1 \\ z_2 \\ z_3 \end{vmatrix}$$

$\tilde{N}$ は (9-32) で与えられている。

$$\tilde{\Omega} = \frac{\alpha}{\sqrt{m_C m_O}} \begin{pmatrix} \vartheta & -1 & \\ -1 & 2\vartheta^{-1} & -1 \\ & -1 & \vartheta \end{pmatrix} \quad \left(\vartheta = \sqrt{\frac{m_C}{m_O}}\right) \text{ の固有値を通常の方法で求めればよい。}$$

(iv) x 方向に関する解は x 方向の並進、回転モード、曲げ振動モードに対応する。また、y 方向にも同様の結果が得られる。よって、z 方向と併せて、9個の自由度を網羅したことになる。

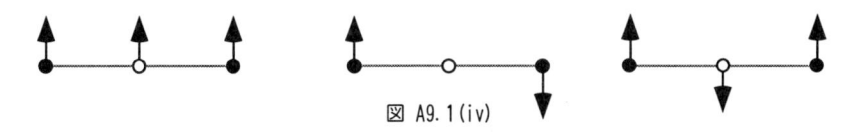

図 A9.1(iv)

9.2: それぞれの表現によって各座標は次のように変換され、変換マトリックスから次のキャラクターを得る。

$$E \to (x_1 \ y_1 \ z_1 \ x_2 \ y_2 \ z_2 \ x_3 \ y_3 \ z_3) \to \chi = 9$$
$$\sigma_v \to (x_1 \ -y_1 \ z_1 \ x_2 \ -y_2 \ z_2 \ x_3 \ -y_3 \ z_3) \to \chi = 3$$
$$S_\infty^\phi \to (x_3\cos\phi \ y_3\cos\phi \ -z_3 \ x_2\cos\phi \ y_2\cos\phi \ -z_2 \ x_1\cos\phi \ y_1\cos\phi \ -z_1) \to \chi = -1+2\cos\phi$$
$$C_2 \to (-x_3 \ y_3 \ -z_3 \ -x_2 \ y_2 \ -z_2 \ -x_1 \ y_1 \ -z_1) \to \chi = -1$$

9.3: 4個の原子が対称操作により動くか否かから n_R を、また、基底関数から $\Gamma_{xyz}(=\Gamma_{TRANS})$、および Γ_{ROT} を求め、$\Gamma_{VIB}(=n_R\Gamma_{xyz})-(\Gamma_{ROT}+\Gamma_{TRANS})$ を得る。これを既約化して、$A_1'+A_2''+2E'$ を得る。

D_{3h}	E	$2C_3$	$3C_2$	σ_h	$2S_3$	$3\sigma_v$
n_R	4	1	2	4	1	2
Γ_{xyz}	3	0	−1	1	−2	1
Γ_{total}	12	0	−2	4	−2	2
Γ_{xyz}	3	0	−1	1	−2	1
Γ_{ROT}	3	0	−1	−1	2	−1
Γ_{VIB}	6	0	0	4	−2	2

9.4: $\Delta r_1 + \Delta r_2$ のキャラクターは次のように求まり、これを既約化することにより $\Sigma_g^+ + \Sigma_u^+$ を得る。

$D_{\infty h}$	E	C_∞	σ_v	i	S_∞	C_2
$\Delta r_1 + \Delta r_2$	2	2	2	0	0	0

9.5: Δr のキャラクターは次のように求まり、これを既約化することにより $A_{1g}+E_g+T_{1u}$ を得る。

O_h	E	$8C_3$	$3C_2$	$6C_4$	$6C_2$	i	$8S_6$	$3\sigma_h$	$6S_4$	$6\sigma_d$
Δr	6	0	2	2	0	0	0	4	0	2

9.6: 射影演算子を施すと次の結果を得る：$P_{B2}x_1 = x_1+x_3-x_3-x_1 = 0$, $P_{B2}x_2 = x_2-x_2+x_2-x_2 = 0$, $P_{B2}y_1 = y_1+y_3+y_3+y_1 \sim y_1+y_3$, $P_{B2}y_2 \sim y_2$, $P_{B2}z_1 = z_1-z_3-z_3+z_1 \sim z_1-z_3$, $P_{B2}z_2 = 0$。これらをベクトル合成すれば、図 A9.6 に示すベクトルを得る。これは y 方向の並進と非対称伸縮モードを合わせたものと考えることができる。

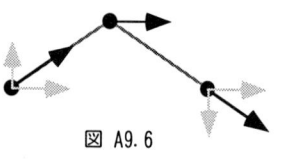

図 A9.6

9.7: あなたが乗っているブランコはどこでゆっくりし、どこでビューンと早くなるだろうか？ ゆっくりとなるのはブランコが高くなった点であり、平均するとあなたを発見する確率はブランコの外側で高い。

9.8: $$\langle 0|2\rangle = \int_{-\infty}^{\infty} e^{-x^2/2}(2x^2-1)e^{-x^2/2}dx = 2\sqrt{\pi}/2 - \sqrt{\pi} = 0$$

9.9: CO_3^- （点群 D_{3h}）：赤外活性：E' と A_2''、ラマン活性：A_1' と E'
H_2O （C_{2v}）：赤外活性：A_1 と B_2、ラマン活性：A_1 と B_2

9.10: 自由度は9。振動モード：A_1+E+2T_2。うち、伸縮モード：A_1+T_2、曲げモード：$E+T_2$。赤外活性：T_2、ラマン活性：A_1、E、T_2。

T_d	E	$8C_3$	$3C_2$	$6S_4$	$6\sigma_d$	
Γ_{xyz} (T_2)	3	0	−1	−1	1	
n_R	5	2	1	1	3	
$\Gamma_{total}(=\Gamma_{xyz}\times n_R)$	15	0	−1	−1	3	
$\Gamma_{total} - \Gamma_{xyz} - \Gamma_{ROT}$ (T_1)	9	0	1	−1	3	A_1+E+2T_2
Δr ($\Gamma_{streching}$)	4	1	0	0	2	A_1+T_2
$\Gamma_{bending}$	5	−1	1	−1	1	$E+T_2$

10.1:
$$\sum \chi(\Gamma_1)^*\chi(\Gamma_3) = 1\cdot 1 + \varepsilon^*\cdot(-1) + (-\varepsilon)^*\cdot 1 + (-1)\cdot(-1) + (-\varepsilon)^*\cdot 1 + (\varepsilon^*)^*\cdot(-1)$$
$$= 1-\varepsilon^*-\varepsilon+1-\varepsilon^*-\varepsilon = 0$$
$$\sum \chi(\Gamma_2)^*\chi(\Gamma_4) = 1\cdot 1 + (-\varepsilon^*)^*\cdot(-\varepsilon) + (\varepsilon^*)^*\cdot(-\varepsilon^*) + 1\cdot 1 + (\varepsilon^*)^*\cdot(-\varepsilon) + (-\varepsilon)^*\cdot(-\varepsilon^*)$$
$$= 1+\varepsilon^2+\varepsilon^{*2}+1+\varepsilon^2+\varepsilon^{*2} = 0$$

10.2: 巡回群であるので対象を不変にする操作は E のみ。よって $\{6, 0, 0, 0, 0, 0\}$ を得る。ε が複素数であることに注意すれば、$A+B+E_1+E_2$ と視察により既約化できる。

10.3:
$$|\Psi_{E1}\rangle \to |\Psi_{\Gamma 1}\rangle = \phi_0 + \varepsilon\phi_1 - \varepsilon^*\phi_2 - \phi_3 - \varepsilon\phi_4 + \varepsilon^*\phi_5$$
$$|\Psi_{E2}\rangle \to |\Psi_{\Gamma 2}\rangle = \phi_0 - \varepsilon^*\phi_1 - \varepsilon\phi_2 + \phi_3 - \varepsilon^*\phi_4 - \varepsilon\phi_5$$

10.4: ブラベクトルが複素共役量となることに注意。$E_A = 6\alpha + 12\beta$ はすぐに求まる。E_{E1} は次のマトリックス演算を行えばよい。同様にして $E_{E2} = 6\alpha - 6\beta$ を得る。

$$E_{E1} = \langle \Psi_{E1}|H|\Psi_{E1}\rangle = \begin{pmatrix} 1 & \varepsilon & -\varepsilon^* & -1 & -\varepsilon & \varepsilon^* \end{pmatrix}^* \begin{pmatrix} \alpha & \beta & 0 & 0 & 0 & \beta \\ \beta & \alpha & \beta & 0 & 0 & 0 \\ 0 & \beta & \alpha & \beta & 0 & 0 \\ 0 & 0 & \beta & \alpha & \beta & 0 \\ 0 & 0 & 0 & \beta & \alpha & \beta \\ \beta & 0 & 0 & 0 & \beta & \alpha \end{pmatrix} \begin{pmatrix} 1 \\ \varepsilon \\ -\varepsilon^* \\ -1 \\ -\varepsilon \\ \varepsilon^* \end{pmatrix} = 6\alpha + 6\beta$$

10.5: $1b$ サイトに関する対称操作は問題ないが、$3c$ サイトの場合、C_4^2 や σ_h という操作で単位胞の反対側に原子が移ることに注意。これらの原子は等価と考える。次のキャラクター表が得られ、目視により既約化できる。 $1b : T_{1u}$, $3c : 2T_{1u}+T_{2u}$。

O_h	E	$8C_3$	$6C_2$	$6C_4$	$3C_4^2$	i	$6S_4$	$8S_6$	$3\sigma_h$	$6\sigma_d$	
T_{1u}	3	0	−1	1	−1	−3	−1	0	1	1	(x, y, z)
T_{2u}	3	0	1	−1	−1	−3	1	0	1	−1	
$1b$	3	0	−1	1	−1	−3	−1	0	1	1	
$3c$	9	0	−1	1	−3	−9	−1	0	3	1	

10.6:
$$\Psi_k(x-l) = e^{-i(k+K)(x-l)} = e^{-i(kx+Kx-kl-Kl)} = e^{ikl}e^{-i(k+K)x} = e^{ikl}\Psi_k(x)$$

10.7:
$$V(x-l) = \sum_{m=-\infty}^{\infty} V_m e^{imK(x-l)} = \sum_{m=-\infty}^{\infty} V_m e^{imKx}e^{-imKl} = \sum_{m=-\infty}^{\infty} V_m \cdot e^{imKx} \cdot 1 = \sum_{m=-\infty}^{\infty} V_m e^{imKx} = V(x)$$

10.8: 自由電子ハミルトニアンを H_0、（10-62）で表されるポテンシャルを V と置けば、$H=H_0+V$。ここで $\langle 1|H_0|1\rangle = E_{k,1}^0$, $\langle 2|H_0|2\rangle = E_{k,2}^0$ である。また（10-64）より、$\langle 1|V|2\rangle = \langle 2|V|1\rangle = V_K$ が求まる。シュレディンガー方程式 $H|\Psi\rangle = E|\Psi\rangle$ の右辺から $\langle 1|$ を掛けると

$$\langle 1|(H_0+V)(c_1|1\rangle + c_2|2\rangle) = \langle 1|E(c_1|1\rangle + c_2|2\rangle) \longrightarrow E_1^0 c_1 + V_K c_2 = Ec_1$$

を得る。これを、同様に $\langle 2|$ を掛けて求めたものと連立させ、（10-70）を得る。

10.9: Σ 上の点は $(k_x, k_x, 0)$ $(k_x \to \pi/a)$ である。したがって（10-91）は $E_k = E_0 + 2\beta(\cos k_x a + 1)$ となる。これをプロットして図 A10.9 を得る。

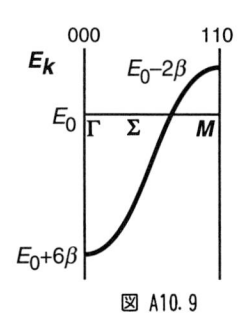

10.10: 48, $\Delta : 6$, $X : 3$, $M : 3$, $R : 1$

10.11: (i) X: $4/mmm$, (ii) Z: $2mm$, (iii) M: $4/mmm$, (iv) Σ: $2mm$, (v) Λ: $3m$,
(vi) R: $m\bar{3}m$, (vii) $\Delta\Sigma$: m, (viii) 一般点: 1

10.12: $\delta 2 : E = \varepsilon(2-\alpha)^2$, キャラクターは $\{E, C_4, C_4^2, iC_4^2, iC_2\} = \{1, 1, 1, 1, 1\}$,
$R_{\text{small}} = \Delta_1$

$\delta 3 : E = \varepsilon(2+\alpha)^2$, $R_{\text{small}} = \Delta_1$ 結果は、図 10.32 に示した。

10.13: $R_1 + R_{25}' + R_2' + R_{15}$

図 A10.9

10.14: いくつかの対称要素は図 A10.14 のようになる。他の対称要素も併せてキャラクターを求め（下表）既約化し、$M_1 + M_3 + M_5'$ を得る。

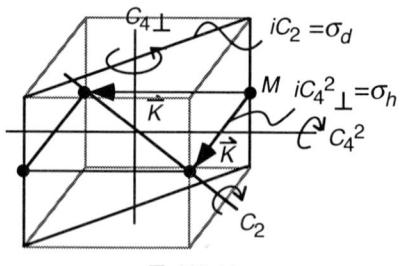

図 A10.14

M	E	$2C_4^2$	$C_4^2{}_\perp$	$2C_{4\perp}$	$2C_2$	i	$2iC_4^2$	$iC_4^2{}_\perp$	$2iC_{4\perp}$	$2iC_2$	
	4	0	0	0	2	0	0	4	0	2	$M_1 + M_3 + M_5'$

10.15: $s1$ および $s2$ のキャラクターは次のように求まり、それぞれ Σ_1 と $\Sigma_1+\Sigma_4$ とに既約化される。

$C_{2v}(2mm)$	E	C_2	$\sigma_v(xz)$	$\sigma_v(yz)$	
$s1$	1	1	1	1	Σ_1
$s2$	2	0	2	0	$\Sigma_1+\Sigma_4$

k の範囲は $\alpha: 0 \to 1$ としてそれぞれ次の値をとり、これからエネルギーが求まる。

$s1: \vec{k} = \left(\frac{\pi}{a}(1+\alpha), \frac{\pi}{a}(1+\alpha), 0\right) \longrightarrow E = 2\varepsilon(1+\alpha)^2$

$s2: \vec{k} = \left(\frac{\pi}{a}(1+\alpha), \frac{\pi}{a}(1-\alpha), 0\right) \longrightarrow E = 2\varepsilon(1+\alpha^2)$

Γ（原点）$\to M$ に向かう Σ を合わせると 4 本の Σ が M を通過しており、すなわち、問題 10.14 で求めた M の縮退度 (M_1, M_3, M_5') と一致する。

10.16: 図 A10.16 参照。

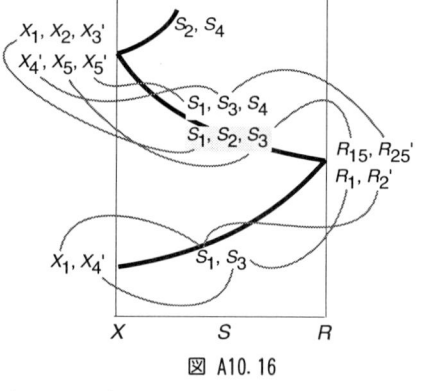

図 A10.16

11.1: 新しい座標系 (x_1', x_2', x_3') のそれぞれの座標軸に沿った単位ベクトル $\overrightarrow{Ox_j'}$ と表す $(j = 1, 2, 3)$。すると、a_{ij} は古い座標系 (x_1, x_2, x_3) の各軸に対する方向余弦であるから、$\overrightarrow{Ox_j'}$ は古い座標系において次のように表される（図 A11.1 参照）。

$$\overrightarrow{Ox_1'} = (a_{11}, a_{12}, a_{13}), \quad \overrightarrow{Ox_2'} = (a_{21}, a_{22}, a_{23}), \quad \overrightarrow{Ox_3'} = (a_{31}, a_{32}, a_{33})$$

マトリックス $\tilde{A}=(a_{ij})$ がユニタリであることを示すには、転置マトリックス $\tilde{A}^T=\tilde{A}^{-1}$ であること、すなわち、$\tilde{B}=\tilde{A}\,\tilde{A}^T$ が単位マトリックスであることを示せばよい。

$$\tilde{A} = \begin{pmatrix} a_{11} & a_{12} & a_{13} \\ a_{21} & a_{22} & a_{23} \\ a_{31} & a_{32} & a_{33} \end{pmatrix}, \quad \tilde{A}^T = \begin{pmatrix} a_{11} & a_{21} & a_{31} \\ a_{12} & a_{22} & a_{32} \\ a_{13} & a_{23} & a_{33} \end{pmatrix}$$

たとえば、$\tilde{B}=(b_{ij})$ の対角要素 b_{11} および非対角要素 b_{12} を計算すると、

$$b_{11} = a_{11}\cdot a_{11} + a_{12}\cdot a_{12} + a_{13}\cdot a_{13} = \left(\overrightarrow{Ox_1'}\right)^2 = 1$$
$$b_{12} = a_{11}\cdot a_{21} + a_{12}\cdot a_{22} + a_{13}\cdot a_{23} = \overrightarrow{Ox_1'}\cdot\overrightarrow{Ox_2'} = 0$$

他の項も同様に計算でき、$\tilde{B}$ は単位マトリックスであり、すなわち $\tilde{A}=(a_{ij})$ はユニタリマトリックスであることがわかる。

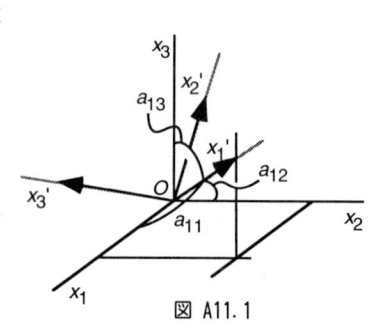

図 A11.1

11.2: $\tilde{A}$ を変換マトリックス、$\tilde{I}$ を単位マトリックスとする。座標変換によって

$$\vec{J}' = \tilde{\sigma}' \vec{E} \longrightarrow \tilde{A}\vec{J} = \tilde{A}\tilde{\sigma}\tilde{I}\vec{E} = \tilde{A}\tilde{\sigma}(\tilde{A}^{-1}\tilde{A})\vec{E} = (\tilde{A}\tilde{\sigma}\tilde{A}^{-1})(\tilde{A}\vec{E})$$

となるから、$\tilde{\sigma}' = \tilde{A}\tilde{\sigma}\tilde{A}^{-1}$ を計算すればよい。$\tilde{A} = (a_{ij})$ に対し、$\tilde{A}^{-1} = (a_{ji})$ であることに注意して、

$$\sigma'_{kl} = [\tilde{A}]_{ki} \sigma_{ij} [\tilde{A}^{-1}]_{jl} = a_{ki}\sigma_{ij}a_{lj} = a_{ki}a_{lj}\sigma_{ij}$$

を得る。つまり、J' および E' が一階テンソルとしてσ' が 2 階テンソルとして変換され、両者の結果は同等である。

11.3:
$$\varepsilon_4 = s_{41}\sigma_1 + s_{42}\sigma_2 + s_{43}\sigma_3 + s_{44}\sigma_4 + s_{45}\sigma_5 + s_{46}\sigma_6$$

$\varepsilon_{23} + \varepsilon_{32} = (s_{2311}+s_{3211})\sigma_{11} + (s_{2322}+s_{3222})\sigma_{22} + (s_{2333}+s_{3233})\sigma_{33} + (s_{2323}+s_{2332}+s_{3223}+s_{3232})\sigma_{23} +$
$+ (s_{2313}+s_{2331}+s_{3213}+s_{3231})\sigma_{13} + (s_{2312}+s_{2321}+s_{3212}+s_{3221})\sigma_{12}$

$\therefore \ s_{41} = s_{2311}+s_{3211}$ など、すなわち、(11-36)を得る。
$s_{45} = s_{2313}+s_{2331}+s_{3213}+s_{3231}$ など、すなわち、(11-37)を得る。

$$\sigma_1 = c_{11}\varepsilon_1 + c_{12}\varepsilon_2 + c_{13}\varepsilon_3 + c_{14}\varepsilon_4 + c_{15}\varepsilon_5 + c_{16}\varepsilon_6$$

$\sigma_{11} = c_{1111}\varepsilon_{11} + c_{1112}\varepsilon_{12} + c_{1113}\varepsilon_{13} + c_{1121}\varepsilon_{21} + c_{1122}\varepsilon_{22} + c_{1123}\varepsilon_{23} + c_{1131}\varepsilon_{31} + c_{1132}\varepsilon_{32} + c_{1133}\varepsilon_{33}$
$= c_{1111}\varepsilon_{11} + c_{1122}\varepsilon_{22} + c_{1133}\varepsilon_{33} + (c_{1123}\varepsilon_{23}+c_{1132}\varepsilon_{32}) + (c_{1113}\varepsilon_{13}+c_{1131}\varepsilon_{31}) + (c_{1112}\varepsilon_{12}+c_{1121}\varepsilon_{21})$

ところが、$\varepsilon_1 = \varepsilon_{11}$, $\varepsilon_4 = \varepsilon_{23}+\varepsilon_{32}$ などであったから、係数を比較して、
$c_{12} = c_{1122}$, $c_{12} = c_{1122}$ など、すなわち、(11-38)を得る。

11.4: $dU = v\sigma_{ij}d\varepsilon_{ij} = v(c_{ijkl}\varepsilon_{kl})d\varepsilon_{ij}$ を ε_{kl} で偏微分すればよい。

11.5: $4mm$: 可能性がある。422: 焦電性は存在しえない。

11.6: 2: x_3、m: x_1 および x_2、$2/m$: なし。

11.7: たとえば、$\sigma'_{11} = c_{1k}c_{1l}\sigma_{kl}$ でゼロでないのは c_{11} のみだから、$\sigma'_{11} = (-1)(-1)\sigma_{11}$。同様に $\sigma'_{12} = c_{1k}c_{2l}\sigma_{kl}$ および、$\sigma'_{12} = c'_{1k}c'_{2l}\sigma_{kl}$ について求めると、$\sigma_{12} = -\sigma_{12}$ を得る。

11.8:
$$C_4\sigma C_4^{-1} = \begin{pmatrix} 0 & 1 & 0 \\ -1 & 0 & 0 \\ 0 & 0 & 1 \end{pmatrix} \begin{pmatrix} \sigma_{11} & \sigma_{12} & \sigma_{13} \\ \sigma_{21} & \sigma_{22} & \sigma_{23} \\ \sigma_{31} & \sigma_{32} & \sigma_{33} \end{pmatrix} \begin{pmatrix} 0 & -1 & 0 \\ 1 & 0 & 0 \\ 0 & 0 & 1 \end{pmatrix} = \begin{pmatrix} \sigma_{22} & -\sigma_{21} & \sigma_{23} \\ -\sigma_{12} & \sigma_{11} & -\sigma_{13} \\ \sigma_{32} & -\sigma_{31} & \sigma_{33} \end{pmatrix}$$

これより、ゼロでない成分を評価して、$\begin{pmatrix} \sigma_1 & 0 & 0 \\ 0 & \sigma_1 & 0 \\ 0 & 0 & \sigma_3 \end{pmatrix}$ を得る。

11.9: 反転操作を現すのマトリックス成分は $a_{11}=a_{22}=a_{33}=-1$ 以外はゼロであるから、

$d_{ijk} = a_{ii}a_{jj}a_{kk}d_{ijk} = (-1)(-1)(-1)d_{ijk} = -d_{ijk}$ を得、すべての成分がゼロであることがわかる。

11.10: 変換マトリックスで非ゼロ成分は $a_{11}=1$, $a_{22}=a_{33}=-1$ の三つ。ということは 2 あるいは 3 が偶数回でてきたテンソル成分のみが非ゼロである。したがって次の結果を得る。

$$\begin{pmatrix} 0 & 0 & 0 \\ 0 & 0 & d_{123} \\ 0 & d_{123} & 0 \end{pmatrix}; \begin{pmatrix} 0 & 0 & d_{213} \\ 0 & 0 & 0 \\ d_{213} & 0 & 0 \end{pmatrix}; \begin{pmatrix} 0 & d_{312} & 0 \\ d_{312} & 0 & 0 \\ 0 & 0 & 0 \end{pmatrix} \longleftrightarrow \begin{pmatrix} 0 & 0 & 0 & d_{14} & 0 & 0 \\ 0 & 0 & 0 & 0 & d_{25} & 0 \\ 0 & 0 & 0 & 0 & 0 & d_{36} \end{pmatrix}$$

11.11: 変換マトリックス C_4 の非ゼロ成分は $a_{21}=-1$, $a_{12}=a_{33}=1$ の三つ。これを 18 個の成分に代入すればよい。ijk の中の 1 と 2 が交換し、左辺の ijk に 2 が奇数回でるところの符号が変わる。

$d_{111} = a_{12}a_{12}a_{12} = d_{222}$	$d_{211} = a_{21}a_{12}a_{12} = -d_{122}$	$d_{311} = d_{322}$
$d_{122} = d_{211}$	$d_{222} = -d_{111}$	$d_{311} = d_{322}$
$d_{133} = d_{233}$	$d_{233} = -d_{133}$	$d_{333} = d_{333}$
$d_{123} = -d_{213}$	$d_{223} = d_{113}$	$d_{323} = -d_{313}$
$d_{113} = d_{223}$	$d_{213} = -d_{123}$	$d_{313} = d_{313}$
$d_{112} = -d_{221}$	$d_{212} = d_{121}$	$d_{312} = -d_{321}$

ハッチングを示したところ以外はすべてゼロと結論できる。また、等しい値を持つ項、符号の違う項に注意すると次の結果を得る。

$$\begin{pmatrix} 0 & 0 & d_{113}(=d_{223}) \\ 0 & 0 & d_{123}(=-d_{213}) \\ d_{113}(=d_{223}) & d_{123}(=-d_{213}) & 0 \end{pmatrix}; \begin{pmatrix} 0 & 0 & d_{213}(=-d_{123}) \\ 0 & 0 & d_{223}(=d_{113}) \\ d_{213}(=-d_{123}) & d_{223}(=d_{113}) & 0 \end{pmatrix};$$

$$\begin{pmatrix} d_{311}(=d_{322}) & 0 & 0 \\ 0 & d_{322}(=d_{311}) & 0 \\ 0 & 0 & d_{333} \end{pmatrix} \longleftrightarrow \begin{pmatrix} 0 & 0 & 0 & d_{14}(=-d_{25}) & d_{15}(=d_{24}) & 0 \\ 0 & 0 & 0 & d_{24}(=d_{15}) & d_{25}(=d_{14}) & 0 \\ d_{31} & d_{32} & d_{33} & 0 & 0 & 0 \end{pmatrix}$$

11.12: 二つの対称操作を表すマトリックスは

$$m = \begin{pmatrix} -1 & 0 & 0 \\ 0 & 1 & 0 \\ 0 & 0 & 1 \end{pmatrix}, \quad \bar{3} = (c_{ij}) = \begin{pmatrix} 1/2 & -\sqrt{3}/2 & 0 \\ \sqrt{3}/2 & 1/2 & 0 \\ 0 & 0 & -1 \end{pmatrix}$$

と書ける。まず、m を R_{ijk} に対して施す。この操作は右手左手変換を伴うので $\lambda=-1$ であることに注意すると、次の結果を得る（マトリックスは k に対して区分けしてあることに注意）。

$$k=1: \begin{pmatrix} 0 & 0 & 0 \\ 0 & 0 & R_{231} \\ 0 & -R_{231} & 0 \end{pmatrix}; \quad k=2: \begin{pmatrix} 0 & R_{122} & R_{132} \\ -R_{122} & 0 & 0 \\ -R_{132} & 0 & 0 \end{pmatrix}; \quad k=3: \begin{pmatrix} 0 & R_{123} & R_{133} \\ -R_{123} & 0 & 0 \\ -R_{133} & 0 & 0 \end{pmatrix}$$

これら五つの非ゼロ成分に（11-93）を適用し、ゼロの項、互いに等しい項を導く（煩雑になってきたので、$a_{ij}=c_{ij}$ を直接代入した。）たとえば、

$$R_{231} = -1 \cdot \{c_{21}c_{33}c_{11}R_{131} + c_{21}c_{33}c_{12}R_{132} + c_{22}c_{33}c_{11}R_{231} + c_{22}c_{33}c_{12}R_{232}\}$$
$$= -1 \cdot \{\tfrac{\sqrt{3}}{2}(-1)\tfrac{1}{2}R_{131} + \tfrac{\sqrt{3}}{2}(-1)(-\tfrac{\sqrt{3}}{2})R_{132} + \tfrac{1}{2}(-1)\tfrac{1}{2}R_{231} + \tfrac{1}{2}(-1)(-\tfrac{\sqrt{3}}{2})R_{232}\}$$
$$= -1 \cdot \{0 + \tfrac{3}{4}R_{132} - \tfrac{1}{4}R_{231} + 0\}$$

を得、結局 $R_{231} = -R_{132}$ となる。このような操作を他の四つの項にも施すと独立な非ゼロ成分は二つとなる。k で整理すると次の結果を得る。

$$k=1: \begin{pmatrix} 0 & 0 & 0 \\ 0 & 0 & R_{231} \\ 0 & -R_{231} & 0 \end{pmatrix}; \quad k=2: \begin{pmatrix} 0 & 0 & -R_{231} \\ 0 & 0 & 0 \\ R_{231} & 0 & 0 \end{pmatrix}; \quad k=3: \begin{pmatrix} 0 & R_{123} & 0 \\ -R_{123} & 0 & 0 \\ 0 & 0 & 0 \end{pmatrix}$$

11.13: 4mm: 4 の結果に加え、$c_{16}=c_{26}=0$ となる。4/mmm: さらなる変化はない。

11.14: C_4 のキャラクター表のうち、必要なのは全対称な既約表現の部分だけである。

C_4	E	C_4	C_4^2	C_4^3
A	1	1	1	1

1 階テンソル：(11-111) より、$\chi(E)=2+1=3$, $\chi(C_4)=0+1=1$, $\chi(C_4^2)=-2+1=-1$, $\chi(C_4^3)=0+1=1$。
これから $a_A = 1/4\,(3+1-1+1) = 1$ を得る。
2 階テンソル：(11-108) より、$\chi(E)=4+2=6$, $\chi(C_4)=0+0=0$, $\chi(C_4^2)=4-2=2$, $\chi(C_4^3)=0+0=0$。
これから $a_A = 1/4\,(6+0+2+0) = 2$ を得る。

11.15: $s_{LLLL} = a_{Li}a_{Lj}a_{Lk}a_{Ll}\,s_{ijkl}$
$= \alpha^4 s_{1111} + \beta^4 s_{2222} + \gamma^4 s_{3333} + 2(\alpha^2\beta^2 s_{1122} + \beta^2\gamma^2 s_{2233} + \gamma^2\alpha^2 s_{3322}) + 4(\alpha^2\beta^2 s_{1212} + \beta^2\gamma^2 s_{2323} + \gamma^2\alpha^2 s_{1313})$
$= (\alpha^4+\beta^4+\gamma^4)s_{11} + (\alpha^2\beta^2+\beta^2\gamma^2+\gamma^2\alpha^2)(2s_{12}+s_{44})$

ここで、$\alpha^2+\beta^2+\gamma^2=1$ より、$\alpha^4+\beta^4+\gamma^4=1-2(\alpha^2\beta^2+\beta^2\gamma^2+\gamma^2\alpha^2)$ を利用すると（11-124）を得る。

付録

付録 A

点群 23 および点群 $m\bar{3}m$ の対称性を有する立体模型。問題 2.11 を参考に色分けすることにより、$m3, 432, \bar{4}3m$ の点群を得ることができる。また、一つひとつの三角の領域がステレオ投影図の三角の領域に対応する。

付録 B

B-1：並進対称性と両立する 32 種類の点群のオーダー、抽象群（C.J.Bradley & A.P.Cracknell (1972) に準じた）、生成要素などの表。

B-2：32 種類の点群の一般点および対称要素のステレオ投影図。

付録 C

17 の 2 次元空間群の一般点および対称要素の図と、多重度（multiplicity）、サイトシメトリー、等価な点の座標（Coordinates of Equivalent Positions）。

付録 D

International Tables に記載されている空間群 No.194 と No.225 の図とデータからの抜粋。
(The International Union of Crystallography の許可を得て転載)

付録 E

並進対称性と両立する 32 種類の点群、および $D_{\infty h}$ と $C_{\infty h}$ のキャラクター表

付録 F

対称テンソルの非ゼロ成分と等価な成分。

付録

付録 A
点群 23 および $m\bar{3}m$ の対称性を有する立体模型（このページを A4 に拡大コピーして用いるとよい）。一つひとつの三角の領域が、ステレオ投影図の三角の領域に対応する（$m\bar{3}m$ の対称性を下げることにより、他の点群、たとえば $1(C_1)$、$3(C_3)$、$4/m(C_{4h})$ などを作成してみてもよい。一方、この模型では作れない点群はなんだろうか？）。

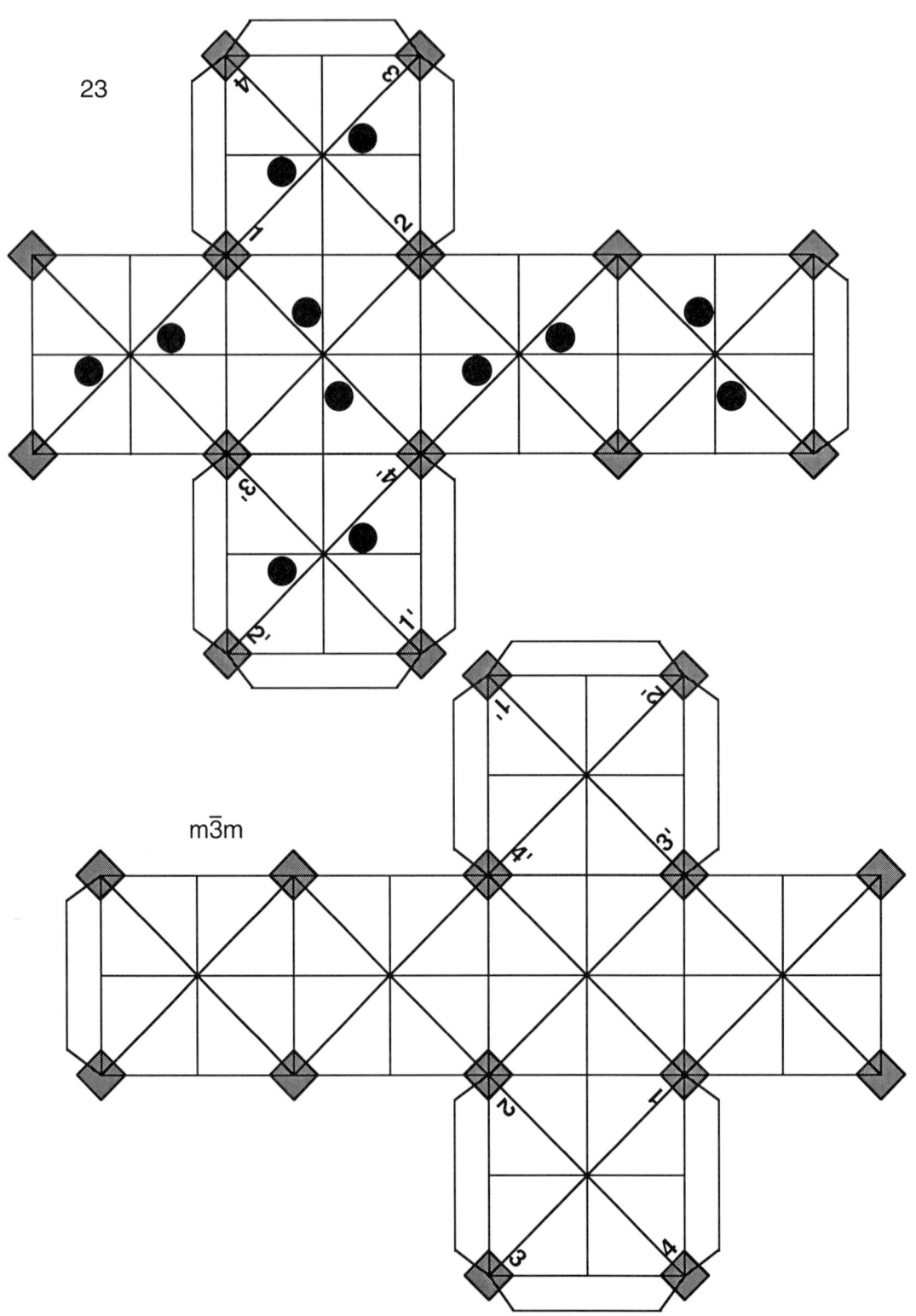

23

$m\bar{3}m$

付録 B-1　並進対称性と両立する32種類の点群

結晶系	オーダー	抽象群	国際表記	シェーンフリース表記	生成要素の例
三斜晶 Triclinic	1	G_1^1	1	C_1	E
	2	G_2^1	$\bar{1}$	C_i	i
単斜晶 Monoclinic	2	G_2^1	2	C_2	C_2
	2	G_2^1	m	C_{1h}	σ_h
	4	G_4^2	$2/m$	C_{2h}	C_2, i
直方晶（斜方晶） Orthorhombic	4	G_4^2	222	D_2	C_{2z}, C_{2x}
	4	G_4^2	$mm2$	C_{2v}	C_2, σ_v
	8	G_8^3	mmm	D_{2h}	C_{2z}, C_{2x}, i
正方晶 Tetragonal	4	G_4^1	4	C_4	C_4
	4	G_4^1	$\bar{4}$	S_4	S_4
	8	G_8^2	$4/m$	C_{4h}	C_4, i
	8	G_8^4	422	D_4	C_{4z}, C_{2x}
	8	G_8^4	$4mm$	C_{4v}	C_4, σ_v
	8	G_8^4	$\bar{4}2m$	D_{2d}	S_{4z}, C_{2x}
	16	G_{16}^9	$4/mmm$	D_{4h}	C_{4z}, C_{2x}, i
三方晶 Trigonal	3	G_3^1	3	C_3	C_3
	6	G_6^1	$\bar{3}$	$S_6(C_{3i})$	S_6
	6	G_6^2	32	D_3	C_{3z}, C_{2x}
	6	G_6^2	$3m$	C_{3v}	C_3, σ_v
	12	G_{12}^3	$\bar{3}m$	D_{3d}	S_{6z}, C_{2x}
六方晶 Hexagonal	6	G_6^1	6	C_6	C_6
	6	G_6^1	$\bar{6}$	C_{3h}	S_3
	12	G_{12}^2	$6/m$	C_{6h}	C_{3z}, C_{2z}, i
	12	G_{12}^3	622	D_6	C_{6z}, C_{2x}
	12	G_{12}^3	$6mm$	C_{6v}	C_6, σ_v
	12	G_{12}^3	$\bar{6}2m$	D_{3h}	S_{3z}, C_{2x}
	24	G_{24}^5	$6/mmm$	D_{6h}	$C_{3z}, C_{2z}, C_{2x}, i$
立方晶 Cubic	12	G_{12}^5	23	T	C_3, C_{2z}, C_{2x}
	24	G_{24}^{10}	$m3$	T_h	S_6, C_{2z}, C_{2x}
	24	G_{24}^7	432	O	$C_3, C_{2z}, C_{2x}, C_{2d}$
	24	G_{24}^7	$\bar{4}3m$	T_d	$C_3, C_{2z}, C_{2x}, \sigma_d$
	48	G_{48}^7	$m\bar{3}m$	O_h	$S_6, \sigma_z, \sigma_x, C_{2d}$

- 立方晶以外で回転軸が二つ以上ある場合、主軸を C_{nz} と表した。
- 主軸を含む鏡映面を任意にとれる場合は σ_v と表した。
- 2回回転軸に挟まれた鏡映操作を σ_d と表した。
- 立方晶における C_3 および S_6 操作の軸は、立方体の体対角<111>方向に存在する。
- 立方晶における C_{2d} 操作の軸は、<110>方向に存在する。

付録

付録B-2 並進対称性と両立する32種類の点群の一般点と対称要素のステレオ投影図

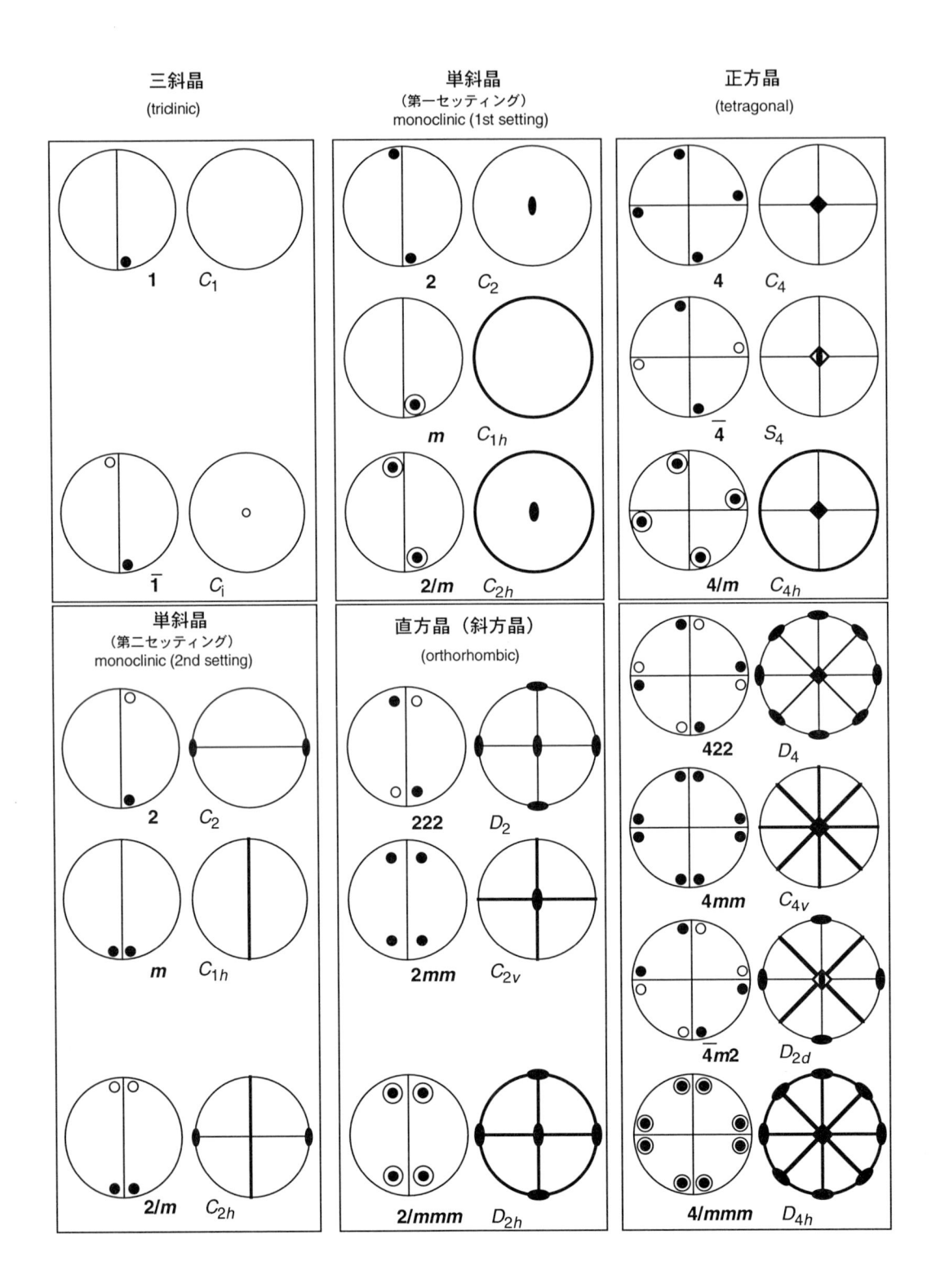

三斜晶 (triclinic)

1 C_1

$\bar{1}$ C_i

単斜晶（第一セッティング）monoclinic (1st setting)

2 C_2

m C_{1h}

2/m C_{2h}

単斜晶（第二セッティング）monoclinic (2nd setting)

2 C_2

m C_{1h}

2/m C_{2h}

直方晶（斜方晶）(orthorhombic)

222 D_2

2mm C_{2v}

2/mmm D_{2h}

正方晶 (tetragonal)

4 C_4

$\bar{4}$ S_4

4/m C_{4h}

422 D_4

4mm C_{4v}

$\bar{4}m2$ D_{2d}

4/mmm D_{4h}

B-2 並進対称性と両立する32種類の点群の一般点と対称要素のステレオ投影図

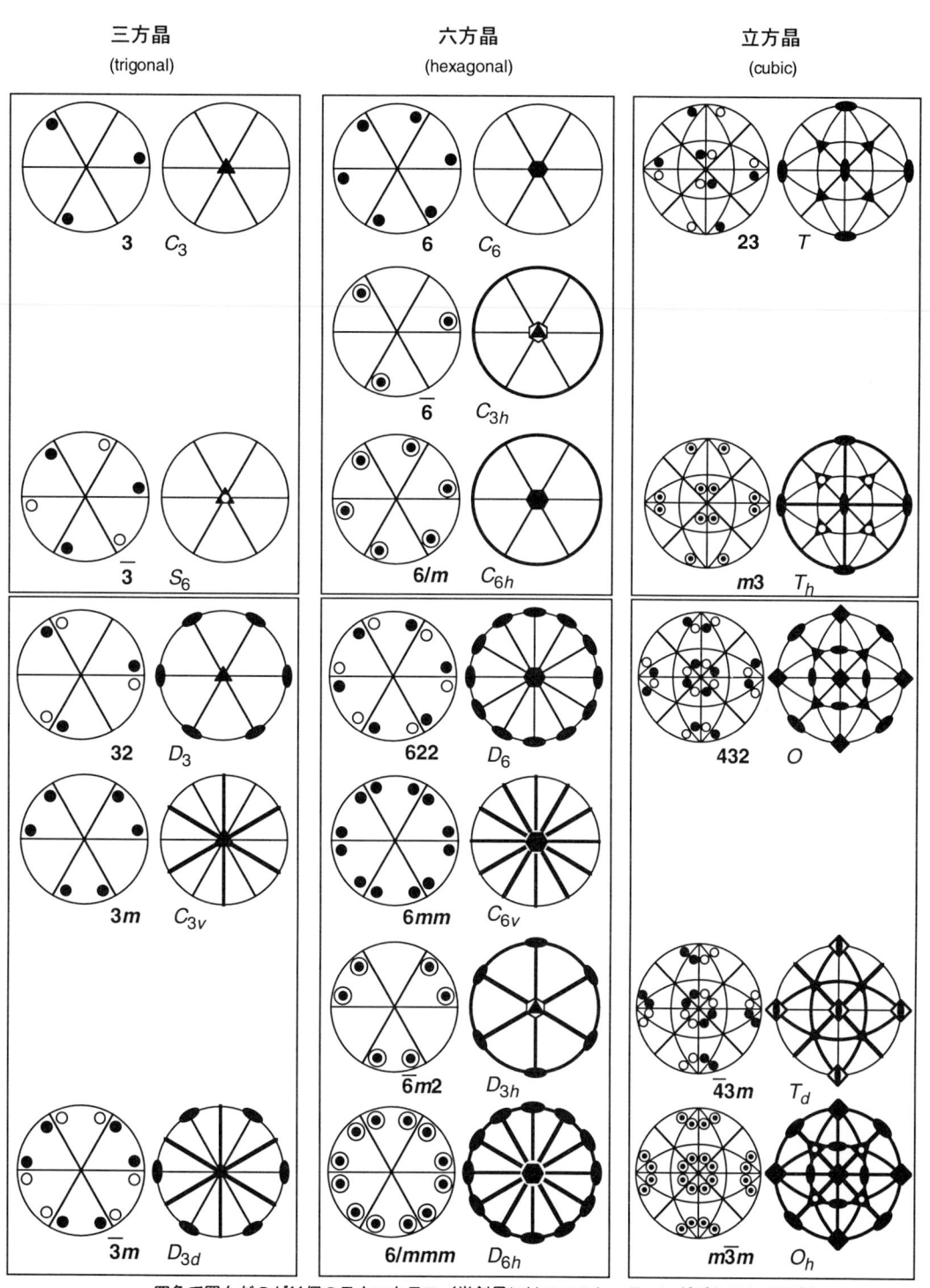

| 三方晶 (trigonal) | 六方晶 (hexagonal) | 立方晶 (cubic) |

3 C_3 ／ 6 C_6 ／ 23 T

$\bar{6}$ C_{3h}

$\bar{3}$ S_6 ／ 6/m C_{6h} ／ m3 T_h

32 D_3 ／ 622 D_6 ／ 432 O

3m C_{3v} ／ 6mm C_{6v}

$\bar{6}m2$ D_{3h} ／ $\bar{4}3m$ T_d

$\bar{3}m$ D_{3d} ／ 6/mmm D_{6h} ／ $m\bar{3}m$ O_h

四角で囲んだのが11個のラウエクラス（単斜晶には二つのセッティングがあるので注意）。
各クラスで対称性の最も高い点群が11個の中心対称性を持つ点群。
それ以外の21個の点群のうち、北（南）半球のみに極点のある10個の点群が極性を持つ点群。
対称要素に鏡映面も反転中心もない11個の点群がエンアンティモーフィックな点群。（2.7節参照）

303

付録 C　17種類の2次元空間群の一般点と対称要素

| 空間群の名称 | ネット | 点群 | パターソンシメトリー |

No.1　$p1$ ($p1$)　オブリーク　1　$p2$

Origin (原点) on 1

M. & W.L.	S.S.	C.E.P.
1	1	x, y

No.2　$p2$ ($p2$)　オブリーク　2　$p2$

Origin at 2

M. & W.L.	S.S.	C.E.P.
2 e	1	$x, y : \bar{x}, \bar{y}$
1 d	2	$\frac{1}{2}, \frac{1}{2}$
1 c	2	$\frac{1}{2}, 0$
1 b	2	$0, \frac{1}{2}$
1 a	2	$0, 0$

No.3　pm ($p1m1$)　長方形　m　$p2mm$

Origin on m

M. & W.L.	S.S.	C.E.P.
2 c	1	$x, y : \bar{x}, y$
1 b	$.m.$	$\frac{1}{2}, y$
1 a	$.m.$	$0, y$

No.4　pg ($p1g1$)　長方形　m　$p2mm$

Origin on g

M. & W.L.	S.S.	C.E.P.
2 a	1	$x, y : \bar{x}, y+\frac{1}{2}$

No.5　cm ($c1m1$)　長方形　m　$c2mm$

Origin on m

M. & W.L.	S.S.	C.E.P.
		$(0,0)+;\ (\frac{1}{2}, \frac{1}{2})+$
4 b	1	$x, y ; \bar{x}, y$
2 a	$.m.$	$0, y$

C 17種類の 2 次元空間群

M.. & W.L. : 多重度とワイコフレター、*S.S.* : サイトシメトリー、*C.E.P.* : 等価な点の座標

空間群の名称	ネット	点群	パターソンシメトリー			
No.6 *p2mm* (*p2mm*)	長方形	2*mm*	*p2mm*	M. & W.L.	S.S.	C.E.P.
				4 *i*	1	$x,y;\bar{x},y;x,\bar{y};\bar{x},\bar{y}$
				2 *h*	.*m*.	$\frac{1}{2},y;\frac{1}{2},\bar{y}$
				2 *g*	.*m*.	$0,y;0,\bar{y}$
				2 *f*	..*m*	$x,\frac{1}{2};\bar{x},\frac{1}{2}$
				2 *e*	..*m*	$x,0;\bar{x},0$
				1 *d*	2*mm*	$\frac{1}{2},\frac{1}{2}$
Origin at 2*mm*				1 *c*	2*mm*	$\frac{1}{2},0$
				1 *b*	2*mm*	$0,\frac{1}{2}$
				1 *a*	2*mm*	$0,0$

空間群の名称	ネット	点群	パターソンシメトリー			
No.7 *p2mg* (*p2mg*)	長方形	2*mm*	*p2mm*	M. & W.L.	S.S.	C.E.P.
				4 *d*	1	$x,y;\bar{x},\bar{y};\frac{1}{2}+x,\bar{y};\frac{1}{2}+\bar{x},y$
				2 *c*	.*m*.	$\frac{1}{4},y;\frac{3}{4},\bar{y}$
				2 *b*	2..	$0,\frac{1}{2};\frac{1}{2},\frac{1}{2}$
Origin at 2				2 *a*	2..	$0,0;\frac{1}{2},0$

空間群の名称	ネット	点群	パターソンシメトリー			
No.8 *p2gg* (*p2gg*)	長方形	2*mm*	*p2mm*	M. & W.L.	S.S.	C.E.P.
				4 *c*	1	$x,y;\bar{x},\bar{y};$ $\bar{x}+\frac{1}{2},y+\frac{1}{2};x+\frac{1}{2},\bar{y}+\frac{1}{2}$
				2 *b*	2..	$\frac{1}{2},0;0,\frac{1}{2}$
Origin at 2				2 *a*	2..	$0,0;\frac{1}{2},\frac{1}{2}$

空間群の名称	ネット	点群	パターソンシメトリー			
No.9 *c2mm* (*c2mm*)	長方形	2*mm*	*c2mm*	M. & W.L.	S.S.	C.E.P.
						$(0,0)+;\ (\frac{1}{2},\frac{1}{2})+$
				8 *f*	1	$x,y;\bar{x},\bar{y};\bar{x},y;x,\bar{y}$
				4 *e*	.*m*.	$0,y;0,\bar{y}$
				4 *d*	..*m*	$x,0;\bar{x},0$
				4 *c*	2..	$\frac{1}{4},\frac{1}{4};\frac{1}{4},\frac{3}{4}$
Origin at 2*mm*				2 *b*	2*mm*	$0,\frac{1}{2}$
				2 *a*	2*mm*	$0,0$

付録

空間群の名称	ネット	点群	パターソンシメトリー			
No.10 $p4$ ($p4$)	正方形	4	$p4$	M.&W.L.	S.S.	C.E.P.
				$4\,d$	1	$x,y\,;\,\bar{x},\bar{y}\,;\,\bar{y},x\,;\,y,\bar{x}$
				$2\,c$	$2\,.\,.$	$\frac{1}{2},0\,;\,0,\frac{1}{2}$
				$1\,b$	$4\,.\,.$	$\frac{1}{2},\frac{1}{2}$
				$1\,a$	$4\,.\,.$	$0,0$
Origin at 4						

空間群の名称	ネット	点群	パターソンシメトリー			
No.11 $p4mm$ ($p4mm$)	正方形	$4mm$	$p4mm$	M.&W.L.	S.S.	C.E.P.
				$8\,g$	1	$x,y\,;\,\bar{x},\bar{y}\,;\,\bar{y},x\,;\,y,\bar{x}\,;$ $y,x\,;\,\bar{y},\bar{x}\,;\,\bar{x},y\,;\,x,\bar{y}$
				$4\,f$	$.\,m$	$x,x\,;\,\bar{x},\bar{x}\,;\,x,\bar{x}\,;\,\bar{x},x$
				$4\,e$	$.\,m\,.$	$x,\frac{1}{2}\,;\,\bar{x},\frac{1}{2}\,;\,\frac{1}{2},x\,;\,\frac{1}{2},\bar{x}$
				$4\,d$	$.\,m\,.$	$x,0\,;\,\bar{x},0\,;\,0,x\,;\,0,\bar{x}$
				$2\,c$	$2mm\,.$	$\frac{1}{2},0\,;\,0,\frac{1}{2}$
				$1\,b$	$4mm$	$\frac{1}{2},\frac{1}{2}$
				$1\,a$	$4mm$	$0,0$
Origin at $4mm$						

空間群の名称	ネット	点群	パターソンシメトリー			
No.12 $p4gm$ ($p4gm$)	正方形	$4mm$	$p4mm$	M.&W.L.	S.S.	C.E.P.
				$8\,d$	1	$x,y\,;\,\bar{y},x\,;\,\bar{x},\bar{y}\,;\,y,\bar{x}\,;$ $\frac{1}{2}+y,\frac{1}{2}+x\,;\,\frac{1}{2}-x,\frac{1}{2}+y\,;$ $\frac{1}{2}-y,\frac{1}{2}-x\,;\,\frac{1}{2}+x,\frac{1}{2}-y$
				$4\,c$	$.\,.\,m$	$x,\frac{1}{2}+x\,;\,\bar{x},\frac{1}{2}-x\,;$ $\frac{1}{2}+x,\bar{x}\,;\,\frac{1}{2}-x,x$
				$2\,b$	$2\,m\,m$	$\frac{1}{2},0\,;\,0,\frac{1}{2}$
				$2\,a$	$4\,.\,.$	$0,0\,;\,\frac{1}{2},\frac{1}{2}$
Origin at $41g$						

空間群の名称	ネット	点群	パターソンシメトリー			
No.13 $p3$ ($p3$)	六方	3	$p6$	M.&W.L.	S.S.	C.E.P.
				$3\,d$	1	$x,y\,;\,\bar{y},x-y\,;\,\bar{x}+y,\bar{x}$
				$1\,c$	$3\,.\,.$	$\frac{2}{3},\frac{1}{3}$
				$1\,b$	$3\,.\,.$	$\frac{1}{3},\frac{2}{3}$
				$1\,a$	$3\,.\,.$	$0,0$
Origin at 3						

C 17種類の2次元空間群

空間群の名称	ネット	点群	パターソンシメトリー			
No.14 $p3m1$ $(p3m1)$ 　Origin at $3m1$	六方	$3m$	$p6mm$	M.&W.L.	S.S.	C.E.P.
				$6\,e$	1	$x,y;\bar{y},x-y;\bar{x}+y,\bar{x};$ $\bar{x}+y,y;x,x-y;\bar{y},\bar{x}$
				$3\,d$	$.m.$	$x,\bar{x};x,2x;2\bar{x},\bar{x}$
				$1\,c$	$3m.$	$\tfrac{2}{3},\tfrac{1}{3}$
				$1\,b$	$3m.$	$\tfrac{1}{3},\tfrac{2}{3}$
				$1\,a$	$3m.$	$0,0$

No.15 $p31m$ $(p31m)$ 　Origin at $31m$	六方	$3m$	$p6mm$	M.&W.L.	S.S.	C.E.P.
				$6\,d$	1	$x,y;\bar{y},x-y;\bar{x}+y,\bar{x};$ $y,x;x-y,\bar{y};\bar{x},\bar{x}+y$
				$3\,c$	$..m$	$x,0;0,x;\bar{x},\bar{x}$
				$2\,b$	$3..$	$\tfrac{2}{3},\tfrac{1}{3};\tfrac{1}{3},\tfrac{2}{3}$
				$1\,a$	$3.m$	$0,0$

No.16 $p6$ $(p6)$ 　Origin at 6	六方	6	$p6$	M.&W.L.	S.S.	C.E.P.
				$6\,d$	1	$x,y;\bar{y},x-y;\bar{x}+y,\bar{x};$ $\bar{x},\bar{y};y,\bar{x}+y;x-y,x$
				$3\,c$	$2..$	$\tfrac{1}{2},0;0,\tfrac{1}{2};\tfrac{1}{2},\tfrac{1}{2}$
				$2\,b$	$3..$	$\tfrac{1}{3},\tfrac{2}{3};\tfrac{2}{3},\tfrac{1}{3}$
				$1\,a$	$6..$	$0,0$

No.17 $p6mm$ $(p6mm)$ 　Origin at $6mm$	六方	$6mm$	$p6mm$	M.&W.L.	S.S.	C.E.P.
				$12\,f$	1	$x,y;\bar{y},x-y;\bar{x}+y,\bar{x};\bar{x},\bar{y};$ $y,\bar{x}+y;x-y,x;\bar{y},\bar{x};\bar{x}+y,y;$ $x,x-y;y,x;x-y,\bar{y};\bar{x},\bar{x}+y$
				$6\,e$	$.m.$	$x,\bar{x};x,2x;2\bar{x},\bar{x};\bar{x},x;$ $\bar{x},2\bar{x};2x,x$
				$6\,d$	$..m$	$x,0;0,x;\bar{x},\bar{x};\bar{x},0;$ $0,\bar{x};x,x$
				$3\,c$	$2mm$	$\tfrac{1}{2},0;0,\tfrac{1}{2};\tfrac{1}{2},\tfrac{1}{2}$
				$2\,b$	$3m.$	$\tfrac{1}{3},\tfrac{2}{3};\tfrac{2}{3},\tfrac{1}{3}$
				$1\,a$	$6mm$	$0,0$

付録 D　*International Tables* に記載された 3 次元空間群のデータの例（第 3 章参照）

$P6_3/mmc$ D_{6h}^4 $6/mmm$ Hexagonal

No. 194　　$P6_3/m\,2/m\,2/c$　　　　Patterson symmetry $P6/mmm$

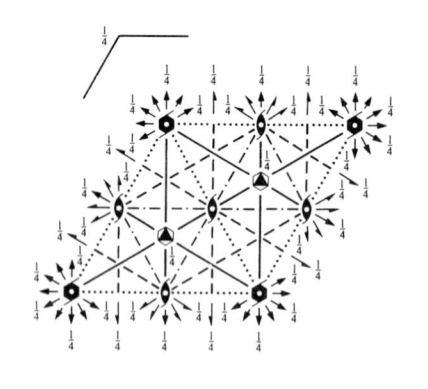

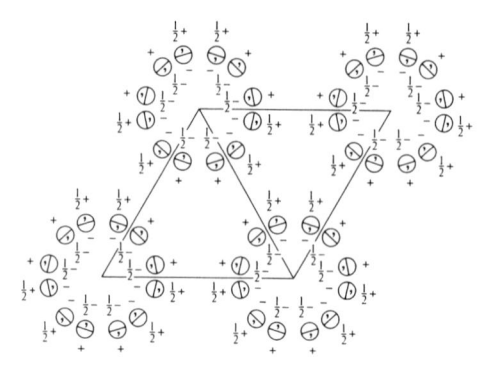

Origin at centre $(\bar{3}m1)$ at $\bar{3}2/mc$

Asymmetric unit　　$0 \leq x \leq \tfrac{2}{3}$;　$0 \leq y \leq \tfrac{2}{3}$;　$0 \leq z \leq \tfrac{1}{4}$;　$x \leq 2y$;　$y \leq \min(1-x, 2x)$

　　Vertices　　$0,0,0$　　$\tfrac{2}{3},\tfrac{1}{3},0$　　$\tfrac{1}{3},\tfrac{2}{3},0$
　　　　　　　　$0,0,\tfrac{1}{4}$　　$\tfrac{2}{3},\tfrac{1}{3},\tfrac{1}{4}$　　$\tfrac{1}{3},\tfrac{2}{3},\tfrac{1}{4}$

Symmetry operations

(1) 1
(2) 3^+ $0,0,z$
(3) 3^- $0,0,z$
(4) $2(0,0,\tfrac{1}{2})$ $0,0,z$
(5) $6^-(0,0,\tfrac{1}{2})$ $0,0,z$
(6) $6^+(0,0,\tfrac{1}{2})$ $0,0,z$
(7) 2 $x,x,0$
(8) 2 $x,0,0$
(9) 2 $0,y,0$
(10) 2 $x,\bar{x},\tfrac{1}{4}$
(11) 2 $x,2x,\tfrac{1}{4}$
(12) 2 $2x,x,\tfrac{1}{4}$
(13) $\bar{1}$ $0,0,0$
(14) $\bar{3}^+$ $0,0,z$; $0,0,0$
(15) $\bar{3}^-$ $0,0,z$; $0,0,0$
(16) m $x,y,\tfrac{1}{4}$
(17) $\bar{6}^-$ $0,0,z$; $0,0,\tfrac{1}{4}$
(18) $\bar{6}^+$ $0,0,z$; $0,0,\tfrac{1}{4}$
(19) m $x,\bar{x},z$
(20) m $x,2x,z$
(21) m $2x,x,z$
(22) c x,x,z
(23) c $x,0,z$
(24) c $0,y,z$

Maximal non-isomorphic subgroups

I　　$[2]P6_322$　　　　　　　　　1; 2; 3; 4; 5; 6; 7; 8; 9; 10; 11; 12
　　$[2]P6_3/m11(P6_3/m)$　　　1; 2; 3; 4; 5; 6; 13; 14; 15; 16; 17; 18
　　$[2]P6_3mc$　　　　　　　　1; 2; 3; 4; 5; 6; 19; 20; 21; 22; 23; 24
　　$[2]P\bar{3}m1$　　　　　　　　1; 2; 3; 7; 8; 9; 13; 14; 15; 19; 20; 21
　　$[2]P\bar{3}1c$　　　　　　　　1; 2; 3; 10; 11; 12; 13; 14; 15; 22; 23; 24
　　$[2]P\bar{6}m2$　　　　　　　　1; 2; 3; 10; 11; 12; 16; 17; 18; 19; 20; 21
　　$[2]P\bar{6}2c$　　　　　　　　1; 2; 3; 7; 8; 9; 16; 17; 18; 22; 23; 24
　　$[3]Pmmc(Cmcm)$　　　　1; 4; 7; 10; 13; 16; 19; 22
　　$[3]Pmmc(Cmcm)$　　　　1; 4; 8; 11; 13; 16; 20; 23
　　$[3]Pmmc(Cmcm)$　　　　1; 4; 9; 12; 13; 16; 21; 24

IIa　none

IIb　$[3]H6_3/mmc(a'=3a, b'=3b)(P6_3/mcm)$

Maximal isomorphic subgroups of lowest index

IIc　$[3]P6_3/mmc(c'=3c)$; $[4]P6_3/mmc(a'=2a, b'=2b)$

Minimal non-isomorphic supergroups

I　　none

II　$[3]H6_3/mmc(P6_3/mcm)$; $[2]P6/mmm(2c'=c)$

308

CONTINUED   No. 194 $P6_3/mmc$

Generators selected (1); $t(1,0,0)$; $t(0,1,0)$; $t(0,0,1)$; (2); (4); (7); (13)

Positions

Multiplicity, Wyckoff letter, Site symmetry   Coordinates   Reflection conditions

General:

24   l 1   (1) x,y,z (2) $\bar{y},x-y,z$ (3) $\bar{x}+y,\bar{x},z$ $hh\overline{2h}l: l=2n$
              (4) $\bar{x},\bar{y},z+\tfrac{1}{2}$ (5) $y,\bar{x}+y,z+\tfrac{1}{2}$ (6) $x-y,x,z+\tfrac{1}{2}$ $000l: l=2n$
              (7) $y,x,\bar{z}$ (8) $x-y,\bar{y},\bar{z}$ (9) $\bar{x},\bar{x}+y,\bar{z}$
            (10) $\bar{y},\bar{x},\bar{z}+\tfrac{1}{2}$ (11) $\bar{x}+y,y,\bar{z}+\tfrac{1}{2}$ (12) $x,x-y,\bar{z}+\tfrac{1}{2}$
            (13) $\bar{x},\bar{y},\bar{z}$ (14) $y,\bar{x}+y,\bar{z}$ (15) $x-y,x,\bar{z}$
            (16) $x,y,\bar{z}+\tfrac{1}{2}$ (17) $\bar{y},x-y,\bar{z}+\tfrac{1}{2}$ (18) $\bar{x}+y,\bar{x},\bar{z}+\tfrac{1}{2}$
            (19) $\bar{y},\bar{x},z$ (20) $\bar{x}+y,y,z$ (21) $x,x-y,z$
            (22) $y,x,z+\tfrac{1}{2}$ (23) $x-y,\bar{y},z+\tfrac{1}{2}$ (24) $\bar{x},\bar{x}+y,z+\tfrac{1}{2}$

Special: as above, plus

12   k $.m.$ $x,2x,z$ $2\bar{x},\bar{x},z$ $x,\bar{x},z$ $\bar{x},2\bar{x},z+\tfrac{1}{2}$ no extra conditions
             $2x,x,z+\tfrac{1}{2}$ $\bar{x},x,z+\tfrac{1}{2}$ $2x,x,\bar{z}$ $\bar{x},2\bar{x},\bar{z}$
             $\bar{x},x,\bar{z}$ $2\bar{x},\bar{x},\bar{z}+\tfrac{1}{2}$ $x,2x,\bar{z}+\tfrac{1}{2}$ $x,\bar{x},\bar{z}+\tfrac{1}{2}$

12   j $m..$ $x,y,\tfrac{1}{4}$ $\bar{y},x-y,\tfrac{1}{4}$ $\bar{x}+y,\bar{x},\tfrac{1}{4}$ $\bar{x},\bar{y},\tfrac{3}{4}$ $y,\bar{x}+y,\tfrac{3}{4}$ $x-y,x,\tfrac{3}{4}$ no extra conditions
             $y,x,\tfrac{3}{4}$ $x-y,\bar{y},\tfrac{3}{4}$ $\bar{x},\bar{x}+y,\tfrac{3}{4}$ $\bar{y},\bar{x},\tfrac{1}{4}$ $\bar{x}+y,y,\tfrac{1}{4}$ $x,x-y,\tfrac{1}{4}$

12   i $.2.$ $x,0,0$ $0,x,0$ $\bar{x},\bar{x},0$ $\bar{x},0,\tfrac{1}{2}$ $0,\bar{x},\tfrac{1}{2}$ $x,x,\tfrac{1}{2}$ $hkil: l=2n$
             $\bar{x},0,0$ $0,\bar{x},0$ $x,x,0$ $x,0,\tfrac{1}{2}$ $0,x,\tfrac{1}{2}$ $\bar{x},\bar{x},\tfrac{1}{2}$

6   h $mm2$ $x,2x,\tfrac{1}{4}$ $2\bar{x},\bar{x},\tfrac{1}{4}$ $x,\bar{x},\tfrac{1}{4}$ $\bar{x},2\bar{x},\tfrac{3}{4}$ $2x,x,\tfrac{3}{4}$ $\bar{x},x,\tfrac{3}{4}$ no extra conditions

6   g $.2/m.$ $\tfrac{1}{2},0,0$ $0,\tfrac{1}{2},0$ $\tfrac{1}{2},\tfrac{1}{2},0$ $\tfrac{1}{2},0,\tfrac{1}{2}$ $0,\tfrac{1}{2},\tfrac{1}{2}$ $\tfrac{1}{2},\tfrac{1}{2},\tfrac{1}{2}$ $hkil: l=2n$

4   f $3m.$ $\tfrac{1}{3},\tfrac{2}{3},z$ $\tfrac{2}{3},\tfrac{1}{3},z+\tfrac{1}{2}$ $\tfrac{2}{3},\tfrac{1}{3},\bar{z}$ $\tfrac{1}{3},\tfrac{2}{3},\bar{z}+\tfrac{1}{2}$ $hkil: l=2n$
                                                                                                                                                             or $h-k=3n+1$
                                                                                                                                                              or $h-k=3n+2$

4   e $3m.$ $0,0,z$ $0,0,z+\tfrac{1}{2}$ $0,0,\bar{z}$ $0,0,\bar{z}+\tfrac{1}{2}$ $hkil: l=2n$

2   d $\bar{6}m2$ $\tfrac{1}{3},\tfrac{2}{3},\tfrac{3}{4}$ $\tfrac{2}{3},\tfrac{1}{3},\tfrac{1}{4}$ $hkil: l=2n$
                                                                            or $h-k=3n+1$

2   c $\bar{6}m2$ $\tfrac{1}{3},\tfrac{2}{3},\tfrac{1}{4}$ $\tfrac{2}{3},\tfrac{1}{3},\tfrac{3}{4}$
                                                                            or $h-k=3n+2$

2   b $\bar{6}m2$ $0,0,\tfrac{1}{4}$ $0,0,\tfrac{3}{4}$ $hkil: l=2n$

2   a $\bar{3}m.$ $0,0,0$ $0,0,\tfrac{1}{2}$ $hkil: l=2n$

Symmetry of special projections

Along [001] $p6mm$ Along [100] $p2gm$ Along [210] $p2mm$
$a'=a$ $b'=b$ $a'=\tfrac{1}{2}(a+2b)$ $b'=c$ $a'=\tfrac{1}{2}b$ $b'=\tfrac{1}{2}c$
Origin at $0,0,z$ Origin at $x,0,0$ Origin at $x,\tfrac{1}{2}x,0$

(*Continued on preceding page*)

付録

$Fm\bar{3}m$ O_h^5 $m\bar{3}m$ Cubic

No. 225 $F\,4/m\,\bar{3}\,2/m$ Patterson symmetry $Fm\bar{3}m$

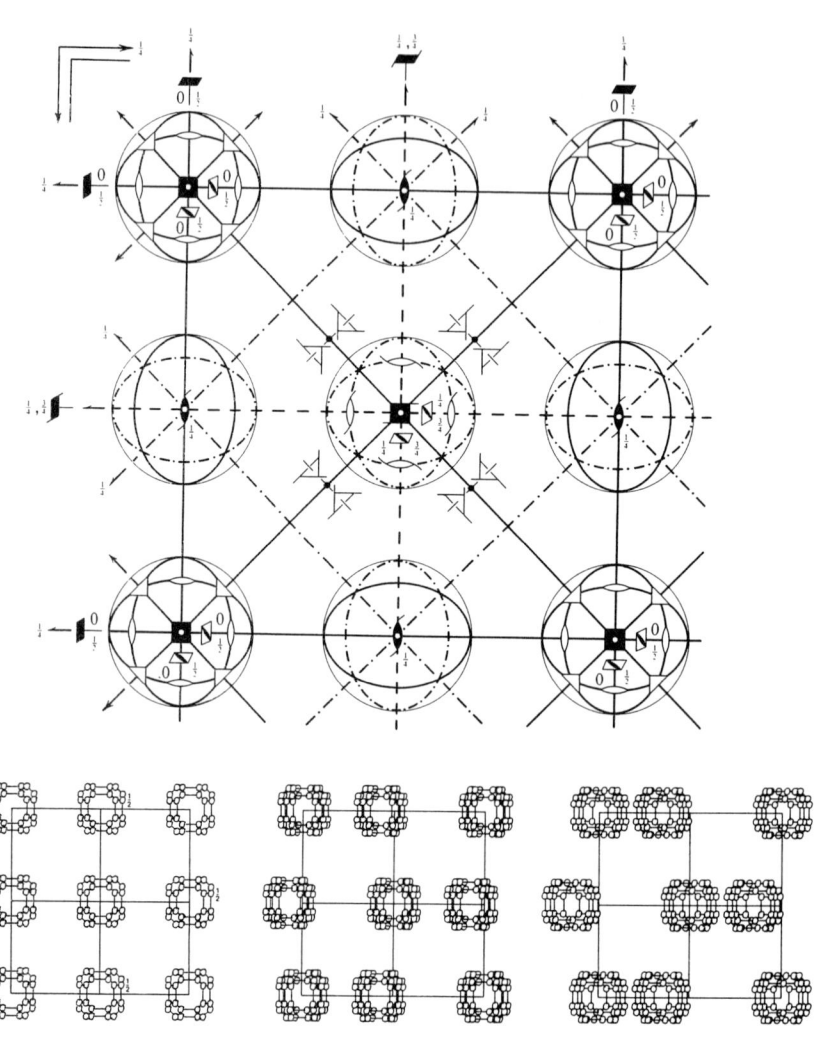

Origin at centre ($m\bar{3}m$)

Asymmetric unit $0 \leq x \leq \frac{1}{2}$; $0 \leq y \leq \frac{1}{4}$; $0 \leq z \leq \frac{1}{4}$; $y \leq \min(x, \frac{1}{2}-x)$; $z \leq y$

Vertices $0,0,0$ $\frac{1}{2},0,0$ $\frac{1}{4},\frac{1}{4},0$ $\frac{1}{4},\frac{1}{4},\frac{1}{4}$

Symmetry operations
(*given on page* 115)

310

CONTINUED   No. 225 $Fm\bar{3}m$

Generators selected (1); $t(1,0,0)$; $t(0,1,0)$; $t(0,0,1)$; $t(0,\tfrac{1}{2},\tfrac{1}{2})$; $t(\tfrac{1}{2},0,\tfrac{1}{2})$; (2); (3); (5); (13); (25)

Positions

Multiplicity, Wyckoff letter, Site symmetry

Coordinates $(0,0,0)+$ $(0,\tfrac{1}{2},\tfrac{1}{2})+$ $(\tfrac{1}{2},0,\tfrac{1}{2})+$ $(\tfrac{1}{2},\tfrac{1}{2},0)+$

Reflection conditions

h,k,l permutable

General:

192 l 1
(1) x,y,z (2) $\bar{x},\bar{y},z$ (3) $\bar{x},y,\bar{z}$ (4) $x,\bar{y},\bar{z}$
(5) z,x,y (6) $z,\bar{x},\bar{y}$ (7) $\bar{z},\bar{x},y$ (8) $\bar{z},x,\bar{y}$
(9) y,z,x (10) $\bar{y},z,\bar{x}$ (11) $y,\bar{z},\bar{x}$ (12) $\bar{y},\bar{z},x$
(13) $y,x,\bar{z}$ (14) $\bar{y},\bar{x},\bar{z}$ (15) $y,\bar{x},z$ (16) $\bar{y},x,z$
(17) $x,z,\bar{y}$ (18) $\bar{x},z,y$ (19) $\bar{x},\bar{z},\bar{y}$ (20) $x,\bar{z},y$
(21) $z,y,\bar{x}$ (22) $z,\bar{y},x$ (23) $\bar{z},y,x$ (24) $\bar{z},\bar{y},\bar{x}$
(25) $\bar{x},\bar{y},\bar{z}$ (26) $x,y,\bar{z}$ (27) $x,\bar{y},z$ (28) $\bar{x},y,z$
(29) $\bar{z},\bar{x},\bar{y}$ (30) $\bar{z},x,y$ (31) $z,x,\bar{y}$ (32) $z,\bar{x},y$
(33) $\bar{y},\bar{z},\bar{x}$ (34) $y,\bar{z},x$ (35) $\bar{y},z,x$ (36) $y,z,\bar{x}$
(37) $\bar{y},\bar{x},z$ (38) y,x,z (39) $\bar{y},x,\bar{z}$ (40) $y,\bar{x},\bar{z}$
(41) $\bar{x},\bar{z},y$ (42) $x,\bar{z},\bar{y}$ (43) x,z,y (44) $\bar{x},z,\bar{y}$
(45) $\bar{z},\bar{y},x$ (46) $\bar{z},y,\bar{x}$ (47) $z,\bar{y},\bar{x}$ (48) z,y,x

$hkl: h+k, h+l, k+l = 2n$
$0kl: k,l = 2n$
$hhl: h+l = 2n$
$h00: h = 2n$

Special: as above, plus

96 k ..m
x,x,z $\bar{x},\bar{x},z$ $\bar{x},x,\bar{z}$ $x,\bar{x},\bar{z}$ z,x,x $z,\bar{x},\bar{x}$
$\bar{z},\bar{x},x$ $\bar{z},x,\bar{x}$ x,z,x $\bar{x},z,\bar{x}$ $x,\bar{z},\bar{x}$ $\bar{x},\bar{z},x$
$x,x,\bar{z}$ $\bar{x},\bar{x},\bar{z}$ $x,\bar{x},z$ $\bar{x},x,z$ $x,z,\bar{x}$ $\bar{x},z,x$
$\bar{x},\bar{z},\bar{x}$ $x,\bar{z},x$ $z,x,\bar{x}$ $z,\bar{x},x$ $\bar{z},x,x$ $\bar{z},\bar{x},\bar{x}$

no extra conditions

96 j m..
$0,y,z$ $0,\bar{y},z$ $0,y,\bar{z}$ $0,\bar{y},\bar{z}$ $z,0,y$ $z,0,\bar{y}$
$\bar{z},0,y$ $\bar{z},0,\bar{y}$ $y,z,0$ $\bar{y},z,0$ $y,\bar{z},0$ $\bar{y},\bar{z},0$
$y,0,\bar{z}$ $\bar{y},0,\bar{z}$ $y,0,z$ $\bar{y},0,z$ $0,z,\bar{y}$ $0,z,y$
$0,\bar{z},\bar{y}$ $0,\bar{z},y$ $z,y,0$ $z,\bar{y},0$ $\bar{z},y,0$ $\bar{z},\bar{y},0$

no extra conditions

48 i m.m2
$\tfrac{1}{2},y,y$ $\tfrac{1}{2},\bar{y},y$ $\tfrac{1}{2},y,\bar{y}$ $\tfrac{1}{2},\bar{y},\bar{y}$ $y,\tfrac{1}{2},y$ $y,\tfrac{1}{2},\bar{y}$
$\bar{y},\tfrac{1}{2},y$ $\bar{y},\tfrac{1}{2},\bar{y}$ $y,y,\tfrac{1}{2}$ $\bar{y},y,\tfrac{1}{2}$ $y,\bar{y},\tfrac{1}{2}$ $\bar{y},\bar{y},\tfrac{1}{2}$

no extra conditions

48 h m.m2
$0,y,y$ $0,\bar{y},y$ $0,y,\bar{y}$ $0,\bar{y},\bar{y}$ $y,0,y$ $y,0,\bar{y}$
$\bar{y},0,y$ $\bar{y},0,\bar{y}$ $y,y,0$ $\bar{y},y,0$ $y,\bar{y},0$ $\bar{y},\bar{y},0$

no extra conditions

48 g 2.mm
$x,\tfrac{1}{4},\tfrac{1}{4}$ $\bar{x},\tfrac{1}{4},\tfrac{1}{4}$ $\tfrac{1}{4},x,\tfrac{1}{4}$ $\tfrac{1}{4},\bar{x},\tfrac{1}{4}$ $\tfrac{1}{4},\tfrac{1}{4},x$ $\tfrac{1}{4},\tfrac{1}{4},\bar{x}$
$\tfrac{1}{4},x,\tfrac{3}{4}$ $\tfrac{1}{4},\bar{x},\tfrac{3}{4}$ $x,\tfrac{1}{4},\tfrac{3}{4}$ $\bar{x},\tfrac{1}{4},\tfrac{3}{4}$ $\tfrac{1}{4},\tfrac{3}{4},x$ $\tfrac{1}{4},\tfrac{3}{4},\bar{x}$

$hkl: h = 2n$

32 f .3m
x,x,x $\bar{x},\bar{x},x$ $\bar{x},x,\bar{x}$ $x,\bar{x},\bar{x}$
$x,x,\bar{x}$ $\bar{x},\bar{x},\bar{x}$ $\bar{x},x,x$ $x,\bar{x},x$

no extra conditions

24 e 4m.m
$x,0,0$ $\bar{x},0,0$ $0,x,0$ $0,\bar{x},0$ $0,0,x$ $0,0,\bar{x}$

no extra conditions

24 d m.mm
$0,\tfrac{1}{4},\tfrac{1}{4}$ $0,\tfrac{3}{4},\tfrac{1}{4}$ $\tfrac{1}{4},0,\tfrac{1}{4}$ $\tfrac{3}{4},0,\tfrac{1}{4}$ $\tfrac{1}{4},\tfrac{1}{4},0$ $\tfrac{3}{4},\tfrac{1}{4},0$

$hkl: h = 2n$

8 c $\bar{4}3m$
$\tfrac{1}{4},\tfrac{1}{4},\tfrac{1}{4}$ $\tfrac{1}{4},\tfrac{1}{4},\tfrac{3}{4}$

$hkl: h = 2n$

4 b $m\bar{3}m$
$\tfrac{1}{2},\tfrac{1}{2},\tfrac{1}{2}$

no extra conditions

4 a $m\bar{3}m$
$0,0,0$

no extra conditions

Symmetry of special projections

Along [001] $p\,4mm$
$\mathbf{a}' = \tfrac{1}{2}\mathbf{a}$ $\mathbf{b}' = \tfrac{1}{2}\mathbf{b}$
Origin at $0,0,z$

Along [111] $p\,6mm$
$\mathbf{a}' = \tfrac{1}{6}(2\mathbf{a}-\mathbf{b}-\mathbf{c})$ $\mathbf{b}' = \tfrac{1}{6}(-\mathbf{a}+2\mathbf{b}-\mathbf{c})$
Origin at x,x,x

Along [110] $c\,2mm$
$\mathbf{a}' = \tfrac{1}{2}(-\mathbf{a}+\mathbf{b})$ $\mathbf{b}' = \mathbf{c}$
Origin at $x,x,0$

付録 E　キャラクター表

並進対称性と両立する 32 種類の点群、および $C_{\infty v}$ と $D_{\infty h}$ についてのキャラクター表を示す。ここでは主軸の回転操作、つまり、結晶系別に分類した。化学の教科書ではシェーンフリース表記にのっとり、キャラクター表は C_n, C_{nv}, C_{nh}, D_n, ... の順序で記載されているのが普通である。両者の比較を 4 回回転軸を例にとって比較する。国際表記において主軸が反転操作の伴う $\bar{3}m$, $\bar{6}m2$ などでは両表記法の対応が異なる（n の値が異なる）。

シェーンフリース表記	国際表記
C_4	4
C_{4v}	$4mm$
C_{4h}	$4/m$
D_4	422
D_{2d}	$\bar{4}2m$
D_{4h}	$4/mmm$
S_4	$\bar{4}$

対称要素で z 軸に沿った C_2 軸は $C_2(z)$ と表し、また、z 軸に垂直な（xy 面に存在する）鏡映面は $\sigma(z)$ などと表した。また、同型な群は抽象群の記号の基で、なるべく同一の表にまとめて示すようにしたが、基底関数等が異なる場合があるので、必ずも、すべて、そのようにまとめられているわけではない。ここに示した以外のキャラクター表、および、3 次の基底関数が必要な場合は文献 (Harris and Bertolucci, 1989) を参考にされたい。また、抽象群は Bradley and Cracknell (1972) に従った。

1. 三斜晶 (triclinic)

G_1^1

1, C_1	E
A	1

G_2^1

$\bar{1}$, C_i	E	i		
A_g	1	1	R_x, R_y, R_z	$x^2, y^2, z^2, xy, yz, zx$
A_u	1	-1	x, y, z	

2. 単斜晶 (monoclinic)

G_2^1

2, C_2	E	C_2		
A	1	1	z, R_z	x^2, y^2, z^2, xy
B	1	-1	x, y, R_x, R_y	yz, zx

G_2^1

m, C_s	E	σ_h		
A'	1	1	x, y, R_z	x^2, y^2, z^2, xy
A''	1	-1	z, R_x, R_y	yz, zx

G_4^2

$2/m$, C_{2h}	E	C_2	i	σ_h		
A_g	1	1	1	1	R_z	x^2, y^2, z^2, xy
B_g	1	-1	1	-1	R_x, R_y	yz, zx
A_u	1	1	-1	-1	z	
B_u	1	-1	-1	1	x, y	

3. 直方晶（斜方晶）(orthorhombic)

G_4^2

222, D_2	E	$C_2(z)$	$C_2(y)$	$C_2(x)$		
A	1	1	1	1		x^2, y^2, z^2
B_1	1	1	−1	−1	z, R_z	xy
B_2	1	−1	1	−1	y, R_y	zx
B_3	1	−1	−1	1	x, R_x	yz

G_4^2

$mm2$, C_{2v}	E	$C_2(z)$	$\sigma_v(y)$	$\sigma_v(x)$		
A_1	1	1	1	1	z	x^2, y^2, z^2
A_2	1	1	−1	−1	R_z	xy
B_1	1	−1	1	−1	x, R_y	zx
B_2	1	−1	−1	1	y, R_x	yz

G_8^3

$2/mmm$, D_{2h}	E	$C_2(z)$	$C_2(y)$	$C_2(x)$	i	$\sigma_h(z)$	$\sigma_h(y)$	$\sigma_h(x)$		
A_g	1	1	1	1	1	1	1	1		x^2, y^2, z^2
B_{1g}	1	1	−1	−1	1	1	−1	−1	R_z	xy
B_{2g}	1	−1	1	−1	1	−1	1	−1	R_y	zx
B_{3g}	1	−1	−1	1	1	−1	−1	1	R_x	yz
A_u	1	1	1	1	−1	−1	−1	−1		
B_{1u}	1	1	−1	−1	−1	−1	1	1	z	
B_{2u}	1	−1	1	−1	−1	1	−1	1	y	
B_{3u}	1	−1	−1	1	−1	1	1	−1	x	

4. 正方晶 (tetragonal)

G_4^1

4, C_4	E	C_4	C_4^2	C_4^3				
$\bar{4}$, S_4	E	S_4	C_4^2	S_4^3				
A	1	1	1	1	z	R_z		x^2+y^2, z^2
B	1	−1	1	−1	z			x^2-y^2, xy
E	$\begin{cases}1 \\ 1\end{cases}$	$\begin{matrix}i \\ -i\end{matrix}$	$\begin{matrix}-1 \\ -1\end{matrix}$	$\begin{matrix}-i \\ i\end{matrix}$		$(x, y), (R_x, R_y)$		(yz, zx)

G_8^2

$4/m$, C_{4h}	E	C_4	C_4^2	C_4^3	i	S_4^3	σ_h	S_4		
A_g	1	1	1	1	1	1	1	1	R_z	x^2+y^2, z^2
B_g	1	−1	1	−1	1	−1	1	−1		x^2-y^2, xy
E_g	$\begin{cases}1 \\ 1\end{cases}$	$\begin{matrix}i \\ -i\end{matrix}$	$\begin{matrix}-1 \\ -1\end{matrix}$	$\begin{matrix}-i \\ i\end{matrix}$	$\begin{matrix}1 \\ 1\end{matrix}$	$\begin{matrix}i \\ -i\end{matrix}$	$\begin{matrix}-1 \\ -1\end{matrix}$	$\begin{matrix}-i \\ i\end{matrix}$	(R_x, R_y)	(yz, zx)
A_u	1	1	1	1	−1	−1	−1	−1	z	
B_u	1	−1	1	−1	−1	1	−1	1		
E_u	$\begin{cases}1 \\ 1\end{cases}$	$\begin{matrix}i \\ -i\end{matrix}$	$\begin{matrix}-1 \\ -1\end{matrix}$	$\begin{matrix}-i \\ i\end{matrix}$	$\begin{matrix}-1 \\ -1\end{matrix}$	$\begin{matrix}-i \\ i\end{matrix}$	$\begin{matrix}1 \\ 1\end{matrix}$	$\begin{matrix}i \\ -i\end{matrix}$	(x, y)	

付録

G_8^4

422, D_4	E	$2C_4$	C_4^2	$2C'_2$	$2C''_2$			
$4mm, C_{4v}$	E	$2C_4$	C_4^2	$2\sigma_v$	$2\sigma_d$			
$\overline{4}2m, D_{2d}$	E	$2S_4$	C_2	$2C'_2$	$2\sigma_d$			
A_1	1	1	1	1	1	z		x^2+y^2, z^2
A_2	1	1	1	−1	−1	z	R_z	
B_1	1	−1	1	1	−1			x^2-y^2
B_2	1	−1	1	−1	1	z		xy
E	2	0	−2	0	0		$(x, y), (R_x, R_y)$	(yz, zx)

G_{16}^9

$4/mmm, D_{4h}$	E	$2C_4$	C_4^2	$2C'_2$	$2C''_2$	i	$2S_4$	σ_h	$2\sigma_v$	$2\sigma_d$		
A_{1g}	1	1	1	1	1	1	1	1	1	1		x^2+y^2, z^2
A_{2g}	1	1	1	−1	−1	1	1	1	−1	−1	R_z	
B_{1g}	1	−1	1	1	−1	1	−1	1	1	−1		x^2-y^2
B_{2g}	1	−1	1	−1	1	1	−1	1	−1	1		xy
E_g	2	0	−2	0	0	2	0	−2	0	0	(R_x, R_y)	(yz, zx)
A_{1u}	1	1	1	1	1	−1	−1	−1	−1	−1		
A_{2u}	1	1	1	−1	−1	−1	−1	−1	1	1	z	
B_{1u}	1	−1	1	1	−1	−1	1	−1	−1	1		
B_{2u}	1	−1	1	−1	1	−1	1	−1	1	−1		
E_u	2	0	−2	0	0	−2	0	2	0	0	(x, y)	

5. 三方晶 (trigonal)

G_3^1

3, C_3	E	C_3	C_3^2		$\varepsilon = \exp(2\pi i/3)$
A	1	1	1	z, R_z	x^2+y^2, z^2
E	$\begin{cases}1\\1\end{cases}$	$\begin{matrix}\varepsilon\\\varepsilon*\end{matrix}$	$\begin{matrix}\varepsilon*\\\varepsilon\end{matrix}$	$(x, y), (R_x, R_y)$	$(x^2-y^2, xy), (yz, zx)$

G_6^1

$\overline{3}, S_6$	E	C_3	C_3^2	i	S_6^5	S_6		$\varepsilon = \exp(2\pi i/3)$
A_g	1	1	1	1	1	1	R_z	x^2+y^2, z^2
E_g	$\begin{cases}1\\1\end{cases}$	$\begin{matrix}\varepsilon\\\varepsilon*\end{matrix}$	$\begin{matrix}\varepsilon*\\\varepsilon\end{matrix}$	$\begin{matrix}1\\1\end{matrix}$	$\begin{matrix}\varepsilon\\\varepsilon*\end{matrix}$	$\begin{matrix}\varepsilon*\\\varepsilon\end{matrix}$	(R_x, R_y)	$(x^2-y^2, xy), (yz, zx)$
A_u	1	1	1	−1	−1	−1	z	
E_u	$\begin{cases}1\\1\end{cases}$	$\begin{matrix}\varepsilon\\\varepsilon*\end{matrix}$	$\begin{matrix}\varepsilon*\\\varepsilon\end{matrix}$	$\begin{matrix}-1\\-1\end{matrix}$	$\begin{matrix}-\varepsilon\\-\varepsilon*\end{matrix}$	$\begin{matrix}-\varepsilon*\\-\varepsilon\end{matrix}$	(x, y)	

G_6^2

32, D_3	E	$2C_3$	$3C_2$			
$3m, C_{3v}$	E	$2C_3$	$3\sigma_v$			
A_1	1	1	1	z		x^2+y^2, z^2
A_2	1	1	−1	z	R_z	
E	2	−1	0		$(x, y), (R_x, R_y)$	$(x^2-y^2, xy), (yz, zx)$

G_{12}^3

$\overline{3}m, D_{3d}$	E	$2C_3$	$3C_2$	i	$2S_6$	$3\sigma_d$		
A_{1g}	1	1	1	1	1	1		x^2+y^2, z^2
A_{2g}	1	1	−1	1	1	−1	R_z	
E_g	2	−1	0	2	−1	0	(R_x, R_y)	$(x^2-y^2, xy), (yz, zx)$
A_{1u}	1	1	1	−1	−1	−1		
A_{2u}	1	1	−1	−1	−1	1	z	
E_u	2	−1	0	−2	1	0	(x, y)	

6. 六方晶 (hexagonal)

G_6^1

6, C_6	E	C_6	C_6^2	C_6^3	C_6^4	C_6^5		$\varepsilon=\exp(2\pi i/6)$
A	1	1	1	1	1	1	z, R_z	x^2+y^2, z^2
B	1	−1	1	−1	1	−1		
E_1	$\begin{cases}1\\1\end{cases}$	$\begin{matrix}\varepsilon\\\varepsilon^*\end{matrix}$	$\begin{matrix}-\varepsilon^*\\-\varepsilon\end{matrix}$	$\begin{matrix}-1\\-1\end{matrix}$	$\begin{matrix}-\varepsilon\\-\varepsilon^*\end{matrix}$	$\begin{matrix}\varepsilon^*\\\varepsilon\end{matrix}$	$(x, y), (R_x, R_y)$	(yz, zx)
E_2	$\begin{cases}1\\1\end{cases}$	$\begin{matrix}-\varepsilon^*\\-\varepsilon\end{matrix}$	$\begin{matrix}-\varepsilon\\-\varepsilon^*\end{matrix}$	$\begin{matrix}1\\1\end{matrix}$	$\begin{matrix}-\varepsilon^*\\-\varepsilon\end{matrix}$	$\begin{matrix}-\varepsilon\\-\varepsilon^*\end{matrix}$		(x^2-y^2, xy)

G_6^1

$\bar{6}, C_{3h}$	E	C_3	C_3^2	σ_h	S_3	S_3^5		$\varepsilon=\exp(2\pi i/3)$
A'	1	1	1	1	1	1	R_z	x^2+y^2, z^2
E'	$\begin{cases}1\\1\end{cases}$	$\begin{matrix}\varepsilon\\\varepsilon^*\end{matrix}$	$\begin{matrix}\varepsilon^*\\\varepsilon\end{matrix}$	$\begin{matrix}1\\1\end{matrix}$	$\begin{matrix}\varepsilon\\\varepsilon^*\end{matrix}$	$\begin{matrix}\varepsilon^*\\\varepsilon\end{matrix}$	(x, y)	(x^2-y^2, xy)
A''	1	1	1	−1	−1	−1	z	
E''	$\begin{cases}1\\1\end{cases}$	$\begin{matrix}\varepsilon\\\varepsilon^*\end{matrix}$	$\begin{matrix}\varepsilon^*\\\varepsilon\end{matrix}$	$\begin{matrix}-1\\-1\end{matrix}$	$\begin{matrix}-\varepsilon\\-\varepsilon^*\end{matrix}$	$\begin{matrix}-\varepsilon^*\\-\varepsilon\end{matrix}$	(R_x, R_y)	(yz, zx)

G_{12}^2

$6/m, C_{6h}$	E	C_6	C_6^2	C_6^3	C_6^4	C_6^5	i	S_3^5	S_6^5	σ_h	S_6	S_3		$\varepsilon=\exp(2\pi i/6)$
A_g	1	1	1	1	1	1	1	1	1	1	1	1	R_z	x^2+y^2, z^2
B_g	1	−1	1	−1	1	−1	1	−1	1	−1	1	−1		
E_{1g}	$\begin{cases}1\\1\end{cases}$	$\begin{matrix}\varepsilon\\\varepsilon^*\end{matrix}$	$\begin{matrix}-\varepsilon^*\\-\varepsilon\end{matrix}$	$\begin{matrix}-1\\-1\end{matrix}$	$\begin{matrix}-\varepsilon\\-\varepsilon^*\end{matrix}$	$\begin{matrix}\varepsilon^*\\\varepsilon\end{matrix}$	$\begin{matrix}1\\1\end{matrix}$	$\begin{matrix}\varepsilon\\\varepsilon^*\end{matrix}$	$\begin{matrix}-\varepsilon^*\\-\varepsilon\end{matrix}$	$\begin{matrix}-1\\-1\end{matrix}$	$\begin{matrix}-\varepsilon\\-\varepsilon^*\end{matrix}$	$\begin{matrix}\varepsilon^*\\\varepsilon\end{matrix}$	(R_x, R_y)	(yz, zx)
E_{2g}	$\begin{cases}1\\1\end{cases}$	$\begin{matrix}-\varepsilon^*\\-\varepsilon\end{matrix}$	$\begin{matrix}-\varepsilon\\-\varepsilon^*\end{matrix}$	$\begin{matrix}1\\1\end{matrix}$	$\begin{matrix}-\varepsilon^*\\-\varepsilon\end{matrix}$	$\begin{matrix}-\varepsilon\\-\varepsilon^*\end{matrix}$	$\begin{matrix}1\\1\end{matrix}$	$\begin{matrix}-\varepsilon^*\\-\varepsilon\end{matrix}$	$\begin{matrix}-\varepsilon\\-\varepsilon^*\end{matrix}$	$\begin{matrix}1\\1\end{matrix}$	$\begin{matrix}-\varepsilon^*\\-\varepsilon\end{matrix}$	$\begin{matrix}-\varepsilon\\-\varepsilon^*\end{matrix}$		(x^2-y^2, xy)
A_u	1	1	1	1	1	1	−1	−1	−1	−1	−1	−1	z	
B_u	1	−1	1	−1	1	−1	−1	1	−1	1	−1	1		
E_{1u}	$\begin{cases}1\\1\end{cases}$	$\begin{matrix}\varepsilon\\\varepsilon^*\end{matrix}$	$\begin{matrix}-\varepsilon^*\\-\varepsilon\end{matrix}$	$\begin{matrix}-1\\-1\end{matrix}$	$\begin{matrix}-\varepsilon\\-\varepsilon^*\end{matrix}$	$\begin{matrix}\varepsilon^*\\\varepsilon\end{matrix}$	$\begin{matrix}-1\\-1\end{matrix}$	$\begin{matrix}-\varepsilon\\-\varepsilon^*\end{matrix}$	$\begin{matrix}\varepsilon^*\\\varepsilon\end{matrix}$	$\begin{matrix}1\\1\end{matrix}$	$\begin{matrix}\varepsilon\\\varepsilon^*\end{matrix}$	$\begin{matrix}-\varepsilon^*\\-\varepsilon\end{matrix}$	(x, y)	
E_{2u}	$\begin{cases}1\\1\end{cases}$	$\begin{matrix}-\varepsilon^*\\-\varepsilon\end{matrix}$	$\begin{matrix}-\varepsilon\\-\varepsilon^*\end{matrix}$	$\begin{matrix}1\\1\end{matrix}$	$\begin{matrix}-\varepsilon^*\\-\varepsilon\end{matrix}$	$\begin{matrix}-\varepsilon\\-\varepsilon^*\end{matrix}$	$\begin{matrix}-1\\-1\end{matrix}$	$\begin{matrix}\varepsilon^*\\\varepsilon\end{matrix}$	$\begin{matrix}\varepsilon\\\varepsilon^*\end{matrix}$	$\begin{matrix}-1\\-1\end{matrix}$	$\begin{matrix}\varepsilon^*\\\varepsilon\end{matrix}$	$\begin{matrix}\varepsilon\\\varepsilon^*\end{matrix}$		

G_{12}^3

622, D_6	E	$2C_6$	$2C_6^2$	C_6^3	$3C_2'$	$3C_2''$			
$6mm, C_{6v}$	E	$2C_6$	$2C_6^2$	C_6^3	$3\sigma_h$	$3\sigma_d$			
A_1	1	1	1	1	1	1	z		x^2+y^2, z^2
A_2	1	1	1	1	−1	−1	z	R_z	
B_1	1	−1	1	−1	1	−1			
B_2	1	−1	1	−1	−1	1			
E_1	2	1	−1	−2	0	0	$(x, y), (R_x, R_y)$		(yz, zx)
E_2	2	−1	−1	2	0	0			(x^2-y^2, xy)

G_{12}^3

$\bar{6}m2, D_{3h}$	E	$2C_3$	$3C_2$	σ_h	$2S_3$	$3\sigma_v$		
A_1'	1	1	1	1	1	1		x^2+y^2, z^2
A_2'	1	1	−1	1	1	−1	R_z	
E'	2	−1	0	2	−1	0	(x, y)	(x^2-y^2, xy)
A_1''	1	1	1	−1	−1	−1		
A_2''	1	1	−1	−1	−1	1	z	
E''	2	−1	0	−2	1	0	(R_x, R_y)	(yz, zx)

G_{24}^5

$6/mmm$ D_{6h}	E	$2C_6$	$2C_6^2$	C_6^3	$3C_2'$	$3C_2''$	i	$2S_3$	$2S_6$	σ_h	$3\sigma_d$	$3\sigma_v$		
A_{1g}	1	1	1	1	1	1	1	1	1	1	1	1		x^2+y^2, z^2
A_{2g}	1	1	1	1	-1	-1	1	1	1	1	-1	-1	R_z	
B_{1g}	1	-1	1	-1	1	-1	1	-1	1	-1	1	-1		
B_{2g}	1	-1	1	-1	-1	1	1	-1	1	-1	-1	1		
E_{1g}	2	1	-1	-2	0	0	2	1	-1	-2	0	0	(R_x, R_y)	(yz, zx)
E_{2g}	2	-1	-1	2	0	0	2	-1	-1	2	0	0		(x^2-y^2, xy)
A_{1u}	1	1	1	1	1	1	-1	-1	-1	-1	-1	-1		
A_{2u}	1	1	1	1	-1	-1	-1	-1	-1	-1	1	1	z	
B_{1u}	1	-1	1	-1	1	-1	-1	1	-1	1	-1	1		
B_{2u}	1	-1	1	-1	-1	1	-1	1	-1	1	1	-1		
E_{1u}	2	1	-1	-2	0	0	-2	-1	1	2	0	0	(x, y)	
E_{2u}	2	-1	-1	2	0	0	-2	1	1	-2	0	0		

7. 立方晶 (cubic)

G_{12}^5

$23, T$	E	$4C_3$	$4C_3^2$	$3C_2$		$\varepsilon=\exp(2\pi i/3)$
A	1	1	1	1		$x^2+y^2+z^2$
E	$\begin{cases}1\\1\end{cases}$	$\begin{matrix}\varepsilon\\\varepsilon*\end{matrix}$	$\begin{matrix}\varepsilon*\\\varepsilon\end{matrix}$	$\begin{matrix}1\\1\end{matrix}$		$(2z^2-x^2-y^2, x^2-y^2)$
T	3	0	0	-1	$(R_x, R_y, R_z), (x, y, z)$	(xy, xz, yz)

G_{24}^{10}

$m3, T_h$	E	$4C_3$	$4C_3^2$	$3C_2$	i	$4S_6$	$4S_6^5$	$3\sigma_h$		$\varepsilon=\exp(2\pi i/3)$
A_g	1	1	1	1	1	1	1	1		$x^2+y^2+z^2$
E_g	$\begin{cases}1\\1\end{cases}$	$\begin{matrix}\varepsilon\\\varepsilon*\end{matrix}$	$\begin{matrix}\varepsilon*\\\varepsilon\end{matrix}$	$\begin{matrix}1\\1\end{matrix}$	$\begin{matrix}1\\1\end{matrix}$	$\begin{matrix}\varepsilon\\\varepsilon*\end{matrix}$	$\begin{matrix}\varepsilon*\\\varepsilon\end{matrix}$	$\begin{matrix}1\\1\end{matrix}$		$(2z^2-x^2-y^2, x^2-y^2)$
T_g	3	0	0	-1	1	0	0	-1	(R_x, R_y, R_z)	(xy, xz, yz)
A_u	1	1	1	1	-1	-1	-1	-1		
E_u	$\begin{cases}1\\1\end{cases}$	$\begin{matrix}\varepsilon\\\varepsilon*\end{matrix}$	$\begin{matrix}\varepsilon*\\\varepsilon\end{matrix}$	$\begin{matrix}1\\1\end{matrix}$	$\begin{matrix}-1\\-1\end{matrix}$	$\begin{matrix}-\varepsilon\\-\varepsilon*\end{matrix}$	$\begin{matrix}-\varepsilon*\\-\varepsilon\end{matrix}$	$\begin{matrix}-1\\-1\end{matrix}$		
T_u	3	0	0	-1	-1	0	0	1	(x, y, z)	

G_{24}^7

432 O	E	$8C_3$	$3C_2$ $(=C_4^2)$	$6C_4$	$6C_2$		
A_1	1	1	1	1	1		$x^2+y^2+z^2$
A_2	1	1	1	-1	-1		
E	2	-1	2	0	0		$(2z^2-x^2-y^2, x^2-y^2)$
T_1	3	0	-1	1	-1	$(R_x, R_y, R_z), (x, y, z)$	
T_2	3	0	-1	-1	1		(xy, xz, yz)

G_{24}^7

$\bar{4}3m$ T_d	E	$8C_3$	$3C_2$ $(=C_4^2)$	$6S_4$	$6\sigma_d$		
A_1	1	1	1	1	1		$x^2+y^2+z^2$
A_2	1	1	1	-1	-1		
E	2	-1	2	0	0		$(2z^2-x^2-y^2, x^2-y^2)$
T_1	3	0	-1	1	-1	(R_x, R_y, R_z)	
T_2	3	0	-1	-1	1	(x, y, z)	(xy, xz, yz)

E　キャラクター表

$G_{48}{}^7$

$m\bar{3}m$ O_h	E	$8C_3$	$3C_2$ $(=C_4{}^2)$	$6C_4$	$6C_2$	i	$8S_6$	$3\sigma_h$	$6S_4$	$6\sigma_d$		
A_{1g}	1	1	1	1	1	1	1	1	1	1		$x^2+y^2+z^2$
A_{2g}	1	1	1	−1	−1	1	1	1	−1	−1		
E_g	2	−1	2	0	0	2	−1	2	0	0		$(2z^2-x^2-y^2,$ $x^2-y^2)$
T_{1g}	3	0	−1	1	−1	3	0	−1	1	−1	(R_x, R_y, R_z)	
T_{2g}	3	0	−1	−1	1	3	0	−1	−1	1		(xy, xz, yz)
A_{1u}	1	1	1	1	1	−1	−1	−1	−1	−1		
A_{2u}	1	1	1	−1	−1	−1	−1	−1	1	1		
E_u	2	−1	2	0	0	−2	1	−2	0	0		
T_{1u}	3	0	−1	1	−1	−3	0	1	−1	1	(x, y, z)	
T_{2u}	3	0	−1	−1	1	−3	0	1	1	−1		

8. 線形分子 (linear molecule)

$C_{\infty v}$	E	$2C_\infty{}^\phi$	...	$\infty\sigma_v$		
Σ^+	1	1	...	1	z	x^2+y^2, z^2
Σ^-	1	1	...	−1	R_z	
Π	2	$2\cos\phi$	...	0	$(x, y), (R_x, R_y)$	(yz, zx)
Δ	2	$2\cos 2\phi$	...	0		(x^2-y^2, xy)
Φ	2	$2\cos 3\phi$	...	0		
...	...	...	...	...		

$D_{\infty h}$	E	$2C_\infty{}^\phi$	...	$\infty\sigma_v$	i	$2S_\infty{}^\phi$	...	∞C_2		
$\Sigma_g{}^+$	1	1	...	1	1	1	...	1		x^2+y^2, z^2
$\Sigma_g{}^-$	1	1	...	−1	1	1	...	−1	R_z	
Π_g	2	$2\cos\phi$	...	0	2	$-2\cos\phi$	...	0	(R_x, R_y)	(yz, zx)
Δ_g	2	$2\cos 2\phi$	...	0	2	$2\cos 2\phi$	...	0		(x^2-y^2, xy)
...	...	...	...	...	...	...	...	...		
$\Sigma_u{}^+$	1	1	...	1	−1	−1	...	−1	z	
$\Sigma_u{}^-$	1	1	...	−1	−1	−1	...	1		
Π_u	2	$2\cos\phi$	...	0	−2	$2\cos\phi$	...	0	(x, y)	
Δ_u	2	$2\cos 2\phi$	...	0	−2	$-2\cos 2\phi$	...	0		
...	...	...	...	...	...	...	...	...		

9. 20面体対称性を持つ系 (icosahedral group)

I_h	E	$12C_5$	$12C_5{}^2$	$20C_3$	$15C_2$	i	$12S_{10}$	$12S_{10}{}^3$	$20S_6$	15σ	$\tau=(1+\sqrt{5})/2 = 2\cos(\pi/5)$	
A_g	1	1	1	1	1	1	1	1	1	1		$x^2+y^2+z^2$
T_{1g}	3	τ	$1-\tau$	0	−1	3	$1-\tau$	τ	0	−1	(R_x, R_y, R_z)	
T_{2g}	3	$1-\tau$	τ	0	−1	3	τ	$1-\tau$	0	−1		
G_g	4	−1	−1	1	0	4	−1	−1	1	0		
H_g	5	0	0	−1	1	5	0	0	−1	1		$(2z^2-x^2-y^2,$ $x^2-y^2,$ $xy,$ $yz, zx)$
A_u	1	1	1	1	1	−1	−1	−1	−1	−1		
T_{1u}	3	τ	$1-\tau$	0	−1	−3	$\tau-1$	$-\tau$	0	1	(x, y, z)	
T_{2u}	3	$1-\tau$	τ	0	−1	−3	$-\tau$	$\tau-1$	0	1		
G_u	4	−1	−1	1	0	−4	1	1	−1	0		
H_u	5	0	0	−1	1	−5	0	0	1	−1		

付録F　対称テンソルの非ゼロ成分と等価な成分

4 階までの対称（物性）テンソルに関して、ゼロでない成分と互いに等しい成分を示す。断りのない限り、すべて通常の極性テンソル。各記号のルールは次のとおり。

- ● ： 非ゼロ成分
- ・ ： ゼロ成分
- 空欄 ： 対称成分（たとえば21成分はその表の12成分と同じ）
- ●—● ： 互いに等価な成分
- ○ ： 線で結ばれている●に対して符号が反対な成分
- ⊙ ： 線で結ばれている●に対して2倍の大きさを持つ成分
- ◎ ： 線で結ばれている●に対して符号が反対でかつ2倍の大きさを持つ成分
- × ： $2(s_{11} - s_{12})$
- n ： 独立な成分の数

単斜晶は第二セッティング、すなわち、x_2 軸を 2 回回転軸あるいは鏡映面に垂直な軸ととっている。直方晶（斜方晶）は対称要素を $x_1 x_2 x_3$ の順に表示。その他の点群は主軸を x_3 軸にとっている。点群の分類に関しては 第 2 章参照。光学活性（optical activity）に関する 2 階非対称テンソルや、4 階の光弾性係数に関しては参考書（Nye(1989)，小川(1998)）を参照のこと。

1階テンソル

・極性を持つ次の10種類の点群のみ非ゼロ成分を持つ。あとの点群はすべてゼロ。

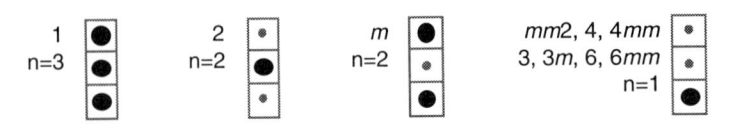

1　n=3

2　n=2

m　n=2

mm2, 4, 4mm
3, 3m, 6, 6mm
n=1

2階テンソル

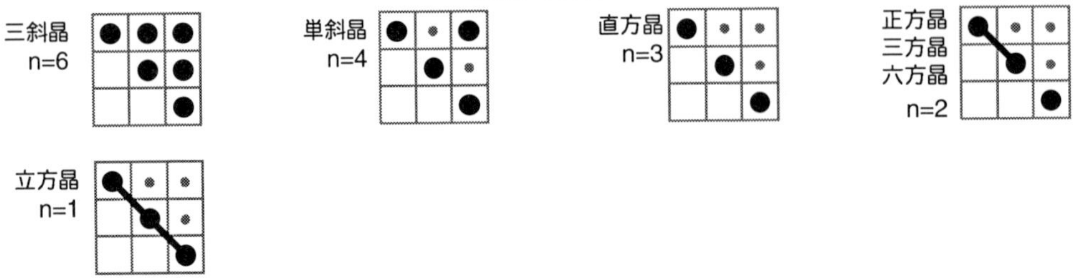

三斜晶　n=6

単斜晶　n=4

直方晶　n=3

正方晶
三方晶
六方晶
n=2

立方晶　n=1

2階軸性テンソル

・エンアンティモーフィックな点群：
　1, 2, 222, 4, 422, 3, 32, 6, 622, 23, 432
　⇒ 2階極性対称テンソルと同じ

・それ以外の点群
　⇒ 次の 4種類の点群を除いて、すべてゼロ

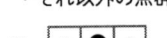

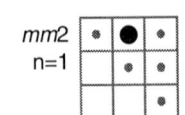

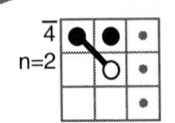

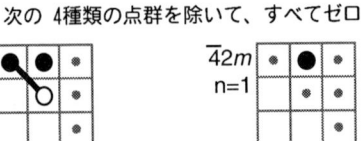

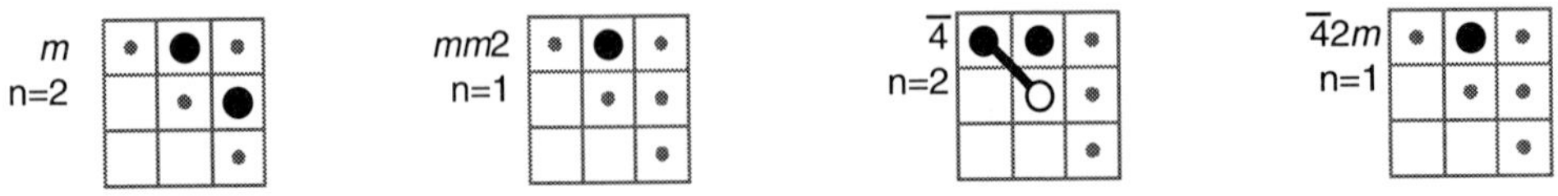

m　n=2

mm2　n=1

$\bar{4}$　n=2

$\bar{4}2m$　n=1

F 対称テンソルの非ゼロ成分と等価な成分

3階テンソル

・中心対称性を持つ点群および 432 に属する結晶： n=0

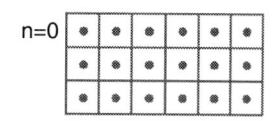

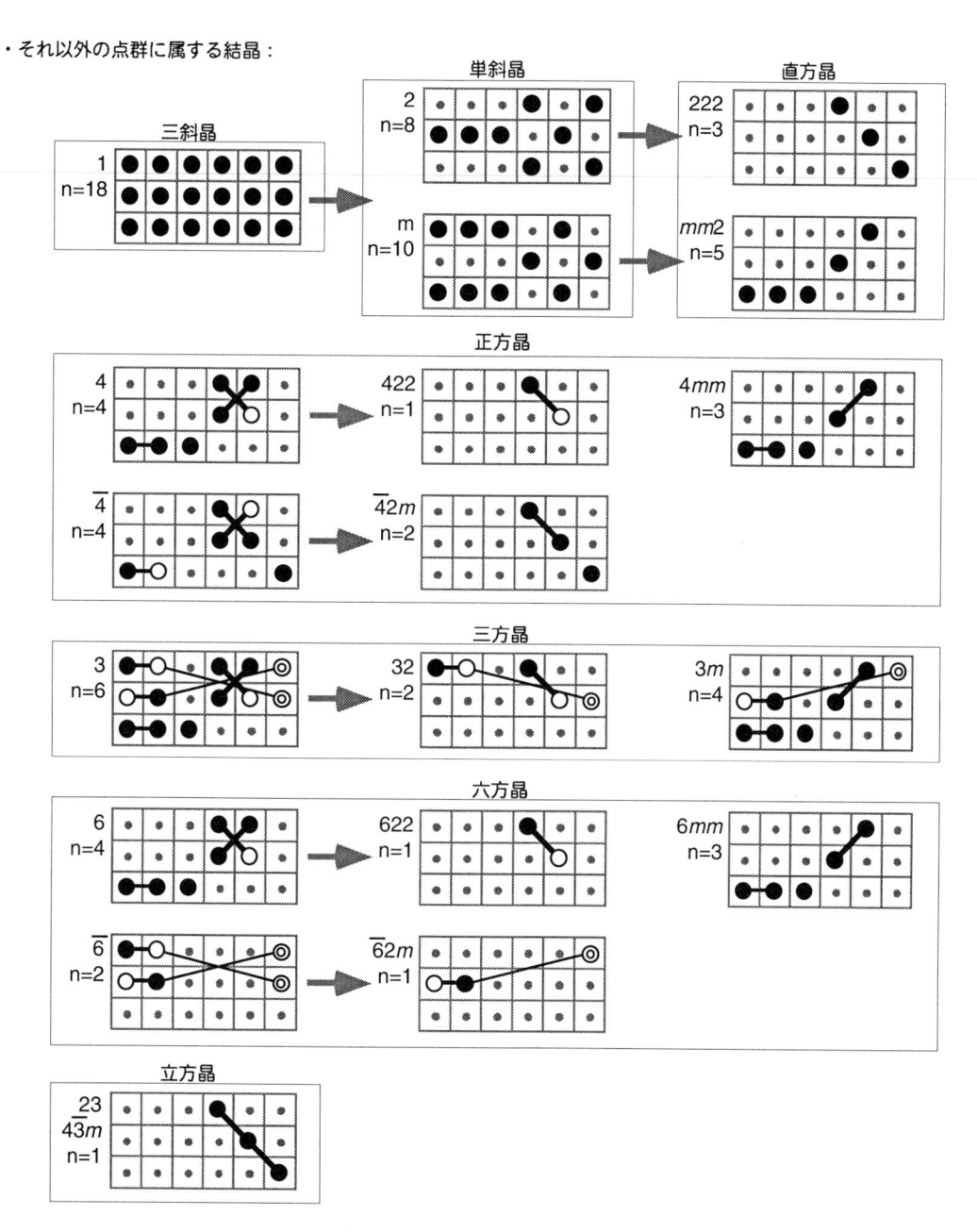

・それ以外の点群に属する結晶：

三斜晶: 1, n=18

単斜晶: 2, n=8 ； m, n=10

直方晶: 222, n=3 ； mm2, n=5

正方晶: 4, n=4 ； $\bar{4}$, n=4 ； 422, n=1 ； $\bar{4}2m$, n=2 ； 4mm, n=3

三方晶: 3, n=6 ； 32, n=2 ； 3m, n=4

六方晶: 6, n=4 ； $\bar{6}$, n=2 ； 622, n=1 ； $\bar{6}2m$, n=1 ； 6mm, n=3

立方晶: 23, $\bar{4}3m$, n=1

付録

4階テンソル

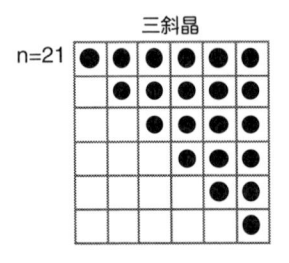

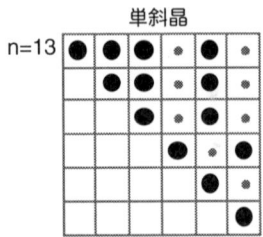

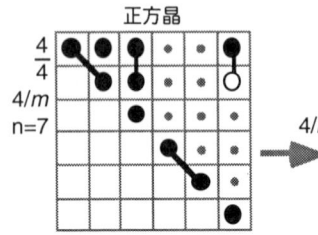

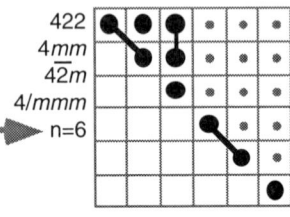

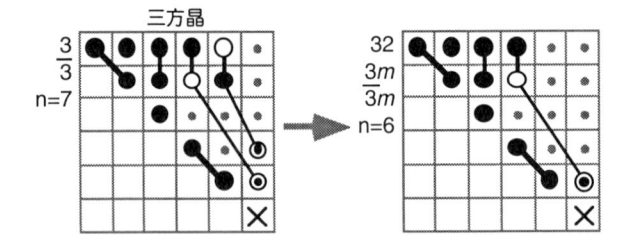

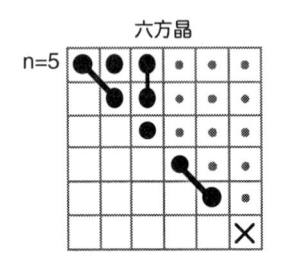

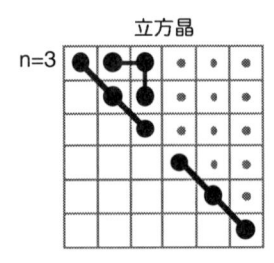

三斜晶 n=21

単斜晶 n=13

直方晶 n=9

正方晶 4/4, 4/m n=7 → 422, 4mm, $\overline{4}2m$, 4/mmm n=6

三方晶 3/3 n=7 → 32, 3m, $\overline{3}m$ n=6

六方晶 n=5

立方晶 n=3

参考文献

本書をまとめるにあたって特に参考としたものには◎をつけた。また特に理由のない限り、改訂版や再訂版が発刊されている場合、新しいもののみ示した。

第Ⅰ部

◎ G. Burns and A.M. Glazer, *Space Groups for Solid State Scientists*, Academic Press, San Diego, 1978.

◎ A. Kelly, G.W. Groves & P. Kidd, *Crystallography and Crystal Defects*, revised edition, Johy Wiley & Sons, N.Y., 2000.

C.J.Bradley and A.P.Cracknell, *The Mathematical Theory of Symmetry in Solids*, Clarendon Press, Oxford, 1972. (『点群と空間群の表現』、大森啓一訳、内田老鶴圃、1975)

◎ *International Tables for Crystallography, Volume A*, Ed. T. Hahn, D. Reidel, Publishing Company (1983)

P.Villars, *Pearson's Handbook*: *Crystallographic Data for Intermetallic Phases*, ASM International, Materials Park, 1997.

第Ⅱ部

H. Weyl, *Symmetry*, Princeton University Press, Princeton, 1952.

E.P.Wigner, *Group Theory and Its Application to the Quantum Mechanics of Atomic Spectra*, Academic Press, San Diego, 1959. (『群論と量子力学』、森田正人、森田玲子訳、吉岡書店、2000)

◎ F.A. Cotton, *Chemical Applications of Group Theory, 3rd ed.*, Johy Wiley & Sons, N.Y., 1990.

V.Heine, *Group Theory in Quantum Mechanics*, Dover, N.Y., 1993.

M. Tihkham, *Group Theory and Quantum Mechanics*, McGraw-Hill, N.Y., 1964.

◎ A.D. Boardman, D.E. O'Connor, & P.A. Young, *Symmetry and its Applications in Science*, McGraw Hill, London, 1973.

M.Hamermesh, *Group Theory and Its Application to Physical Problems*, Dover, N.Y., 1989.

◎ 犬井鉄郎、田辺行人、小野寺嘉孝、『応用群論』、裳華房、1980. (英語版: *Group Theory and Its Applications in Physics*, Springer, Berlin, 1996)

P.A. Atkins, *Physical Chemistry, 4th ed.*, Freeman, N.Y., 1990.

◎ C. Cohen-Tannoudji, B. Diu & F. Laloë, *Quantum Mechnics.*, Johy Wiley & Sons, N.Y., 1977.

L. Pauling and E.B. Wilson, Jr., *Introduction toQuantum Mechanics*, Dover, N.Y., 1985.

◎ D.A. McQuarrie, *Quantum Chemistry*, University Science Books, Mill Valley, 1983.

P.A. Atkins, *Molecular Quantum Mechanics, 2nd ed.*, Oxford, Oxford, 1983.

G. Arfken, *Mathematical Methods for Physicists, 3rd. ed.*, Academic, Orlando, 1985.

伏見康治、赤井逸、『直交関数系』、共立出版、1987.

第Ⅲ部

C.J. Ballhausen, *Introduction to Ligand Field Theory*, McGraw-Hill, N.Y., 1962.

◎ B.N. Figgis, *Introduction to Ligand Fields*, Krieger, Malabar, 1986.

◎ 上村洸、菅野暁、田辺行人、『配位子場理論とその応用』、裳華房、1969.

田辺行人監修、『新しい配位子場の科学』、講談社サイエンティフィック、1998.

金森順次郎、磁性、培風館、1969.

◎ C.J. Ballhausen & H.B. Gray, *Molecular Orbital Theory*, Benjamin, 1964.

◎ E.Solomon, *Lecture notes on Inorganic Chemistry II, (Chem.153, Stanford University)*, 1991.

◎ D.C. Harris and M.D. Bertolucci, *Symmetry and Spectroscopy*, Dover, N.Y., 1989.

◎ 小野寺嘉孝、『群論入門』、裳華房、1996.

中崎昌雄、『分子の対称と群論』、東京化学同人、1973.

藤永茂、成田進、『やさしい群論入門』、岩波書店、2001.

参考文献

    C.Kittel, *Introduction toSolid State Physics, 5th ed.*, Johy Wiley & Sons, N.Y., 1976.
    N.W. Ashcroft & N.D. Mermin, *Solid State Physics*, Saunders, 1976.
◎ G. Burns, *Introduction to Group Theory with Applications*, Academic Press, San Diego, 1977.
    （部分訳：『群論入門』、中村輝太郎、澤田昭勝共訳、培風館、1983）
    G. Burns, *Solic State Physics*, Academic, San Diego, 1985.
    J.M. Ziman, *Principles of the Theory of Solids*, Cambridge, Cambridge, 1972.
    和光信也、『固体の中の電子』、講談社サイエンティフィック、1992.
◎ J.F. Nye, *Physical Properties of Crystals*, Oxford, Oxford, 1989.
◎ D.R. Lovett, *Tensor Properties of Crystals*, Adam Hilger, Bristol, 1989.
◎ W.A. Wooster, *Tensors and Group Theory for the Physical Properties of Crystals*, Clarendon, Oxford, 1973.
    F.Jona & G.Shirane, *Ferroelectric Crystals.*, Dover, N.Y., 1993.
    Y.Xu, *Ferroelectric Materials and Their Applications*, North-Holland, Amsterdam, 1991.
    小川智哉、『結晶工学の基礎』、裳華房、1998.
    G.E.Dieter, *Mechanical Metallurgy, 3rd ed.*, McGraw-Hill, N.Y., 1986.
    A.S.Nowick, *Crystal Properties Via Group Theory*, Cambridge, Cambridge 1995.

論文および解説（関係ある章の番号を［］内に示した。）
◎ M.Kotani, *J.Phys.Soc.Jpn.*, **4**, 293 (1949) ［7］
◎ Y.Tanabe & A. Sugano, *J.Phys.Soc.Jpn.*, **9**, 753 (1954) ［7］
◎ Y.Tanabe & A. Sugano, *J.Phys.Soc.Jpn.*, **9**, 766 (1954) ［7］
    渡辺宏、'結晶場の話'、*固体物理*、**3**, 133 (1968) - **3**, 302 (1968) （3回にわたる連載） ［7］
    菅野暁、'分光学への群論の応用'、*固体物理*、**4**, 136 (1969) - **5**, 209 (1970) （14回にわたる連載） ［7］
    O.G.Holmes & D.S.McClure, *J.Chem.Phys.*, **26**, 1686 (1957) ［7］
◎ T.J. Konno, *J.Chem.Edu.*, **78**, 674 (2001) ［7］
◎ L.P. Bouckaert, R. Smoluchowski, and E. Wigner, *Phys.Rev.*, **50**, 58 (1936) ［10］
◎ G.F. Koster, *Solid State Physics*, **5**, 173 (1957) ［10］
    A.A. Maradudin & S.H.Vosko, *Rev.Mod.Phys.*, **40**, 1 (1968) ［10］
    J.L. Warren, *Rev.Mod.Phys.*, **40**, 38 (1968) ［10］
◎ H.L.Skriver, *phys.stat.sol.(b)*, **58**, 721 (1973) ［10］
◎ S. Bhagavantam and D.Suryanarayana, *Acta Cryst.*, **2**, 21 (1949) ［11］
◎ F.G.Fumi, *Acta Cryst.*, **5**, 44 (1952) ［11］
◎ F.G.Fumi, *Acta Cryst.*, **5**, 691 (1952) ［11］
    F.G.Fumi & C. Ripamonti, *Acta Cryst.*, **A36**, 535 (1980) ［11］
    A.S. Nowick & W.R. Heller, *Adv.Phys.*, **14**, 101 (1965) ［3, 11］
    中村森彦、*金属学会会報*、**5**, 404 (1991) ［11］
    中村輝太郎、*固体物理*、**3**, 287 (1968) ［11］

その他（専門性が高かったり、本書の主題から、やや離れるが参考となる文献をいくつか示す。）
    桜井敏雄、『X線結晶回折の手引き』、裳華房、1983.
    柳瀬章、『空間群のプログラム』、裳華房、1995.
    W.A. Harrison, *Electronic Structure and the Properties of Solids*, Dover, N.Y., 1989.
    安達健五、『化合物磁性』（局在スピン系）、裳華房、1996.
    坂東昌子、『物理と対称性』、丸善、1996.
    高橋礼司、『対称性の数学』、日本放送出版協会、1998.
    新井朝雄、『対称性の数理』、日本評論社、1993.
    H.A. Bethe, P.A.M. Dirac, W.Heisenberg, E.P. Wigner, O. Klein, L.D. Landau(by E.M. Lifshitz), *From a Life of Physics*, World Scientific, Singapore, 1989.

索引

あ
アーベル群（Abel group）、75
安定化エネルギー（stabilization energy）、157

い
位数　→　オーダー
一重項（singlet）、130
一電子問題（one-electron problem）、一電子状態
　　　球対称場の、119
　　　タイトバインディングモデルでの、237
　　　分子における、171
　　　球対称場の、119
　　　点対称場（配位子場）の、139, 142, 144
一般点（general position）、23, 25

う
ヴァンブレックの常磁性項（Van Vleck's paramagnetic term）、158
ウィグナー–ザイツセル（Wigner-Seitz cell）、227
右旋性（dextrorotatory）、10
運動方程式（equation of motion）、191, 228

え
映進操作　→　グライド操作
映進面　→　グライド面
エネルギー準位図、135, 145, 176, 220, 246, 250
エネルギー相関図、134, 139, 150
エルミート性（Hermitian conjugate, self-adjoint）、107
エンアンティモーファス（enantiomorphous）な操作、10
エンアンティモーフィック（enantiomorphic）、34, 48, 272
遠心力、120

お
オーダー（order）、68
応力（stress）、257
オブザーバブル（observable）、106
　　　の完全な集合（CSCO）、110
音響モード（acoustic mode）、230
オンサーガーの原理（Onsager's principle）、268

か
回映操作（roto-reflection）、30
回転運動、187
回転操作（rotation operation）、1, 9, 21
　　　インプロパー（improper）、22
　　　プロパー（proper）、22
　　　シェーンフリース表記、30
回反操作（roto-inversion）、22
回折（diffraction）、63
角運動量（angular momentum）、118
　　　軌道角運動量、119, 121
　　　軌道角運動量の消失、159
　　　スピン角運動量、126, 128
　　　総軌道角運動量、128
　　　総スピン角運動量、128
　　　の和、128
拡張ゾーン形式（extended (repeated) zone scheme）、226, 233
掛け算表　→　積表
重なり積分（overlap integral）、97, 163, 166
カップリング（coupling）
　　　L-S カップリング、134
　　　j-j カップリング、134
可約表現（reducible representation）、81, 91
還元ゾーン形式（reduced zone scheme）、226, 233
換算質量（reduced mass）、120, 189
完全直交系、103

き
規格化（normalize）、101
基準座標（normal coordinates）、192
基準振動、基準モード（normal mode）、189
　　　結晶の、231
擬スカラー（pseudo-scalar）、262
基底（basis）、90, 100, 112
基底関数（basis function）、90
軌道（orbital）、126
軌道近似（orbital approximation）、125
軌道選択則　→　選択則
基本構造（basis）、8, 35, 229
既約表現（irreducible representation）、81
　　　全対称な（totally symmetric -）、84

　　　　　分子軌道の、191
　　　　　結晶場（配位子場）の、142
　　　　　基準振動の、196
　　　　　巡回群の、217, 221
既約化、91
逆空間（reciprocal space）、224
逆格子（reciprocal lattice）、224
逆ピエゾ効果（converse piezo effect）、259, 272
逆要素（inverse）、70
キャラクター（character、指標）、5, 82
　　　　　表（character table）、82, 312
球面調和関数（spherical harmonics）、123
キュリーの法則（Curie's law）、158
鏡映操作（mirror operation）、1, 10, 22
鏡映面（mirror plane）、1, 10, 22
　　　　　シェーンフリース表記、30
強誘電性（ferroelectricity）、34
共型　→　シンモルフィック
共役（conjugate）、75
行列式（determinant）、120
極性（分子軌道の、polarity）、181
極性ベクトル（polar vector）、262
極性テンソル（polar tensor）、262
極性を持つ点群、34
極点（pole）、20
キラル（chiral）、48
近似法、112
　　　　　摂動法、112
　　　　　変分法、116, 164
　　　　　軌道近似、125
　　　　　ボルン・オッペンハイマー近似、187
　　　　　ヒュッケル近似、219
　　　　　変分法、131, 184
金属錯体、156

く

空間群（space group）、35
　　　　　国際表記、42
　　　　　シェーンフリース表記、42
　　　　　シンモルフィック、35, 57
　　　　　ノンシンモルフィック、35, 42, 57
　　　　　2次元、38, 304
　　　　　3次元、42, 308
空格子（empty lattice）、233
クーロンエネルギー、反発力、127, 176
クーロン積分、176
組換え定理　→　再配列定理

グライド操作（glide operation）、37
　　　　　軸グライド（axial -）、37
　　　　　対角グライド（diagonal -, n-）、37
　　　　　ダイヤモンドグライド（diamond -）、37
クラス（class）、77
クロージャー（closure）、69
群（group）、38
　　　　　の定義、69
　　　　　抽象群、71
　　　　　部分群、61, 74
　　　　　巡回群、75, 214
　　　　　同型な（isomorphic）、71, 80
　　　　　準同型な（homomorphic）、80
　　　　　の表現、79
　　　　　k の、241
群速度（group velocity）、230

け

結晶系（crystal system）、19, 24
　　　　　三斜晶（triclinic crystal system）、19, 43
　　　　　単斜晶（monoclinic -）、19, 26, 44
　　　　　直方晶（orthorhombic -）、19, 25, 46
　　　　　斜方晶　→　直方晶
　　　　　正方晶（cubic -）、19, 25, 48
　　　　　三方晶（trigonal -）、19, 27, 50
　　　　　六方晶（hexagonal -）、19, 27, 51
　　　　　立方晶（cubic -）、19, 28, 52
結晶構造（structure）、9, 35
結晶場（crystal field）、138
　　　　　弱い結晶場、139, 143
　　　　　強い結晶場、139, 144
結合則（associative law）、70
結合状態（bonding state）、165
ケット（ket）、101
原子散乱因子（atomic scattering factor）、63
原点（origin）、41, 55

こ

光学異性体、10
光学モード（optical mode）、230
交換関係（commuting relation）、109
　　　　　CSCO（Complete set of commuting observables）、110, 118
交換子（commutator）、109
交換積分（exchange integral）、176
交換則（commutative law）、69, 109
格子（lattice）、9, 35

二次元格子（ネット）、10
三次元格子（ブラベー格子）、12
逆格子（reciprocal lattice）、224
空格子（empty lattice）、233
格子振動、231
格子点（lattice point）、8
高スピン状態、152
構造因子（structure factor）、63
恒等操作、31
合同変換（congruence transformation）、193
国際表記（international notation）、5, 20, 42
固有関数（Eigenfunction）、104
　　　動径方向の、122
　　　(θ, ϕ) 方向の、123
　　　調和振動の、208
固有状態（Eigenstate）、104
　　　中心力の場における一電子系の、122
　　　分子振動の、209
固有値（Eigenvalue）、104
　　　対称操作の、117
　　　角運動量の、119
　　　並進対称操作の、223
コンプライアンス（compliance）、259, 264

さ

サイトシメトリー（site symmetry）、3, 41, 55
　　　方向性を持った（oriented -）、55
　　　逆空間での、243
再配列定理（rearrangement theorem）、71
左旋性（levorotatory）、10
座標（coordinate）
　　　基準座標、192, 208
　　　球座標系（spherical coordinate）、118
　　　対称座標（symmetry coordinate）、201
　　　二つの座標系とテンソル、260
参照球（reference sphere）、20
三重項（triplet）、131
散乱（scattering）
　　　弾性散乱、234
　　　散乱因子、63
　　　レイリー散乱、211

し

シェーンフリースの表記（Schoënflies notation）、5, 24, 30, 42
磁気抵抗（magnetoresistance）、275
軸性ベクトル（axial vector）、90, 262

自然旋光性（optical rotary power）、34
自発分極（spontaneous polarization）、34, 257
指標　→　キャラクター
射影演算子（projection operator）、95
　　　振動モードの表示、201
写像（mapping）、80
遮へい定数（shielding constant）、127
自由電子モデル（free electron model）、232
自由度（degree of freedom）、189
集合（set）、68
縮退（degeneracy）、108
　　　偶然の、109
　　　システマティックな、109
　　　必然的な、109, 252
　　　角運動量の縮退度、130
シュレディンガー方程式（Schrödinger equation）、103
巡回群（cyclic group）、75, 214
常磁性帯磁率（paramagnetic susceptibility）、158
状態ベクトル（state vector）、103
ショートシンボル（short symbol）、23
　　　標準的略記法（standard -）、42
焦電気結晶（pyroelectric crystal）、34
焦電性（pyroelectricity）、256
消滅則（systematic extinction）、64
伸縮モード（stretching mode）、190
伸縮モード解析（stretching analysis）、202
振動
　　　格子振動、228
　　　分子振動、187
シンモルフィック（symmorphic）
　　　な操作、35
　　　な空間群、35, 57

す

スタッキング（stacking）、12
　　　オフセットスタッキング、13
ステレオ投影（stereographic projection）、21
スティッフネス（stiffness）、259, 264
スピン（spin）、126
　　　低スピン・高スピン状態、152
　　　スピン角運動量、126
スピン－軌道相互作用、133, 180
　　　バンドに及ぼす効果、253
スピン選択則　→　選択則
スペクトロスコピー、159, 178, 210
　　　赤外分光、210

ラマン分光、211
スペクトル
    配位子場による吸収-、153, 159
    回転による微細構造、188
スレーターの方法（Slater's method）、131

せ

正規直交系（orthonormal system）、101
生成要素（generator）、26, 28, 55
ゼーマンエネルギー（Zeeman energy）、158
赤外活性（infrared active）、211, 232
赤外分光（infrared spectroscopy）、98, 210
積表（multiplication table）、70
積分（integral）
    重なり積分（overlap）、97, 163
    クーロン積分（Coulomb）、176
    交換積分（exchange）、176
    直積による評価、97
セッティング（setting）、26, 44
摂動法（perturbation method）、113
選択則（selection rule）、98
    軌道、160, 179, 211
    スピン、160, 179
    ラポルテ、160, 179
全対称な既約表現（totally symmetric irreducible representation）、84
センタリング（centering）、11, 14, 16, 57
剪断応力（shear stress）、257
剪断異方性定数（shear anisotropy factor）、284

そ

相関図（エネルギー -）
    球対称場の、134
    結晶場の、139, 150
相関表（correlation table）、148
    一電子状態の -、142
    O_h, T_d 場における多電子系状態の -、143
    点群 O_h とその部分群の -、148
双極子（dipole）
    電気双極子、160, 178, 210
    磁気双極子、180
相似変換（similarity transformation）、75

た

タームシンボル（term symbol、電子項）
    球対称場の、129
    配位子場の、143
    分子の、174
対称こま（symmetric top）、187
対称行列（symmetrical matrix）、193
対称座標（symmetry coordinates）、201
対称性（symmetry）
    点対称性、1, 20
    並進対称性、2, 35
    逆格子の、241
    フィールドテンソルの、262
対称性に合致した原子軌道の線形結合（symmetry adapted linear combination）、218
対称操作（symmetry operation）、1, 9, 55
    並進操作（translation）、2, 9
    部分的並進を伴う-（ノンシンモルフィック操作）、35
    らせん操作（screw）、35
    グライド操作（glide）、37
    回転操作（rotation）、1, 9, 21, 30
    回反操作（roto-inversion）、22
    回映操作（roto-reflection）、30
    反転操作（inversion）、1, 10, 22, 31
    鏡映操作（reflection）、1, 10, 22, 30
    恒等操作（identity）、9, 31
    点対称操作（point -）、2
    のシェーンフリース表記、30
    のマトリックス表現、79
    と量子力学、116
対称テンソル（symmetric tensor）、257
対称要素（symmetry element）、9, 21
    の表示記号、9, 21, 43
帯磁率（magnetic susceptibility）、158
帯電率（electric susceptibility）、258
大直交定理（great orthogonality theorem）、85
タイトバインディングモデル（tight-binding model）、236
多重度（multiplicity）、23, 55, 128
縦波（longitudinal wave）、230
多電子系固有状態（many electron state）
    球対称場の、129
    点対称場（配位子場）の、1432
    分子における、174
田辺-菅野ダイヤグラム（Tanabe-Sugano diagram）、153
単位胞（unit cell）、8
    プリミティブ単位胞（primitive -）、8
単位要素（identity）、69

ち

抽象群（abstract group）、71
中心対称性（centrosymmetric）、33
中心力の場、118
長範囲規則（long range order）、238
調和型ポテンシャル、118
調和振動子（harmonic oscillator）、206, 228
直積（direct product）、93, 108
  直積群、32
  直積表（点群 O）、146
直接法（direct inspection method）、269
直交（orthogonal）、101
  正規直交系、101
  完全直交系、103
直和（direct sum）、81

て

低スピン状態、152
低対称化の方法（method of descending symmetry）、148
ディラックの表記（Dirac's notation）、101
適合関係（compatibility relation）、251
点群（point group）、20, 22
  空間群の、42
  の国際表記、20, 24
  のシェーンフリース表記、20, 31
  中心対称性を持つ、33
  極性を持つ/持たない、34
  ホロシメトリックな、34
  エンアンティモーフィックな、34
電気感受率 → 帯電率
電気双極子遷移（electric dipole transition）、160, 178, 210
電気伝導率（electrical conductivity）、259, 283
電子項 → タームシンボル
電子配置（configuration）、126
  球対称場における、126
  強い結晶場における、145
  分子における、173
テンソル（tensor）、255
  定義、260
  極性テンソル、262
  軸性テンソル、90, 262
  対称テンソル、257
  物性テンソルとフィールドテンソル、256
  非対称テンソル、258
  歪み・応力テンソルの対称性、262
  の熱力学的対称性、264
  の結晶の対称性、269, 280
  – 積、108
点対称性（point symmetry）、20
点対称操作（point symmetry operation）、2, 20

と

同型（isomorphic）、71
特殊点（special position）、23, 55
特有方程式（characteristic equation）、191

な

内部座標（internal coordinates）、201

に

2次形式（quadratic form）、193
2次元格子 → ネット、10
二重項（doublet）、130

ね

ネット（net、2次元格子）、10、
  オブリークネット（oblique -）、10
  長方形ネット（rectangular -）、10, 38
  菱形ネット（rhombic -）、11, 38
  正方形ネット（square -）、11, 39
  三方ネット → 六方ネット
  六方ネット（hexagonal -）、12, 40
熱膨張率（thermal expansion coefficient）、259

の

ノイマンの原理（Neumann's principle）、268
ノード（node、節）、123, 166
ノンシンモルフィック（non-symmorphic）
  な操作、35
  な空間群、35, 57
  な系のバンド、253

は

配位子（ligand）、138
配位子場（ligand field）、138
排他則
  パウリの排他律、127
  反転中心を持つ分子の–（mutual exclusion rule）、213
配置間相互作用（configuration interaction）、172, 182, 186

バイブロニック（vibronic）、161, 180
パウリの排他律（Pauli's exclusion principle）、127
波数（wave number）、222
パターソンシメトリー（Patterson symmetry）、53
ハミルトニアン、104
 3次元井戸の、107
 球対称場（一電子系の）、120
 球対称場（多電子系の）、134
 結晶場の、139
 外部磁場下での、158
 2分子の、162
 分子振動、回転の、189
 調和振動の、206
 結晶の（LCAO）、238
パリティ（parity）、89, 161
 球面調和関数の-、124
反結合状態（anti-bonding state）、165
反対称テンソル（antisymmetric tensor）、258, 272
反転操作（inversion operation）、1, 10, 22
 シェーンフリース表記、31
反転中心（inversion center）、1, 10, 22, 253
バンド（band）、220, 235, 250, 253
 の合体（sticking together of bands）、253

ひ

ピエゾ効果（piezo effect）、34, 272
非交差則（non-crossing rule）、150, 173
微細構造（fine structure）、133, 188
歪み（strain）、257
非調和項（anharmonic term）、189
非対称ユニット（assymetric unit）、55, 243
ヒュッケル近似、219
表記
 空間群の、42
 国際-、5, 20, 42
 シェーンフリースの、5, 20, 30, 42
 ディラックの、101
 マリケン、88
 BSW、241, 245
表現（representation）、79
 マトリックス-、79
 真の、80
 同型の、80
 準同型の、80
 等価な、81
 可約表現、81
 既約表現、81
 全対称な既約表現、84
 小表現、243

ふ

フィールドテンソル（field tensor）、256
複素共役（complex conjugate）、101
フックの法則（Hooke's law）、188, 259
物性テンソル（matter tensor）、256
部分群（subgroup）、61, 74
部分集合（subset）、68
不変（invariant）、20, 241
ブラ（bra）、101
ブラッグ反射（Bragg reflection）、63, 236
ブラベー格子（Bravais lattice, lattice）、12
 三斜格子（triclinic lattice）、12
 単斜格子（monoclinic -）
  単純単斜格子（primitive -）、13
  側心単斜格子（side-centered -）、13
 直方格子（斜方）（orthorhombic -）
  単純直方格子（primitive -）、13
  側心直方格子（side-centered -）、14
  底心直方格子 → 側心直方格子
  体心直方格子（body-centered -）、14
  面心直方格子（face-centered -）、15
 正方格子（tetragonal -）
  単純正方格子（primitive -）、15
  体心正方格子（body-centered -）、15
  面心正方格子 → 体心正方格子
 六方格子（hexagonal -）、16
 三方格子 → 六方格子
  ロンボヘドラル格子（rhombohedral-）、16
 立方格子（cubic -）
  単純立方格子（primitive -）、17
  体心立方格子（body-centered -）、17
  面心立方格子（face-centered -）、17
プランクの定数、104
ブランチ（branch）、229
フルシンボル（full symbol）、23
ブリルワンゾーン（Brillouin zone）、226, 244
ブロック化、81
ブロッホの定理（Bloch's theorem）、223, 228
ブロッホ関数（Bloch function）、223
分極率（polarizability）、212
分光 → スペクトロスコピー
分散曲線（dispersion curve）、230
分子軌道（molecular orbital）、162, 217

の既約表現、167
対称性に合致した原子軌道の線形結合（SALC: symmetry adapted linear combination）、218
分子振動、187
フントの法則（Hund's rule）、127, 132, 176

へ

並進運動、分子の、190
並進操作（translation）、2, 9
並進対称性（translational symmetry）、2
ベクトル（vector）、100
 ベクトル空間（vector space）、100
 状態ベクトル（state vector）、103
 ブラ（bra）、101
 ケット（kept）、101
 逆格子ベクトル、224
変分法（variational method）、116, 163, 238

ほ

ボーア磁子（Bohr magneton）、157
ボーア半径（Bohr radius）、122
ホール（hole）、151
ホール効果（Hall effect）、274
ポテンシャル、
 球対称場の、119
 遠心力の、120
 調和型、188
 モース、188
 周期的空ポテンシャル、233
 周期的、233
ほぼ自由な電子モデル（nearly free electron model）、236
ボルン-オッペンハイマー近似（Born-Oppenheimer approximation）、187
ホロシンメトリック（holosymmetric）、34
ボンドオーダー（bond order）、177

ま

曲げモード（bending mode）、204
マッピング（mapping、写像）、80
マックスフェルの関係式（Maxwell's equations）、266
マトリックス表示
 ハミルトニアンのマトリックス表示、105
 テンソルのマトリックス表示、263
マリケン表記（Mulliken notation）、88

み

ミクロ状態（micro state）、128
 強い結晶場での、145, 149
 分子における、177

も

モード（振動の）
 基準モード、192, 231
 伸縮モード、190
 曲げモード、204
 音響モード、229
 光学モード、229
モースポテンシャル（Morse potential）、188

や

ヤン-テラー効果（Jahn-Teller effect）、109, 156
 ダイナミックな-、157
ヤング率（Young's modulus）、284

ゆ

有効磁気モーメント（effective magnetic moment）、158
誘電率（dielectric permittivity）、265

よ

要素（element）、68
 単位-、69
 逆-、70
 共役な、75
横磁気抵抗（transverse magnetoresistance）、275
横波（transverse wave）、230

ら

ラウエクラス（Laue class）、33
ラカーパラメータ（Racah parameter）、154
ラグランジアン（Lagrangian）、191
ラグランジュの定理（Lagrange's theorem）、74
ラグランジュ方程式（Lagrange equation）、191, 228
ラゲルの陪多項式（associated Laguerre polynomials）、122
らせん操作（screw operation）、35
ラポルテの選択則（Laporte selection rule）、160, 179
ラプラシアン（Laplacian）、120
ラマン活性（Raman active）、212

ラマン分光（Raman spectroscopy）、98, 211
ランジュバン・デバイの式（Langevin-Debye's formula）、158

り
量子数（quantum number）、104
　　軌道量子数（orbital）、121
　　主量子数（principal）、121
　　磁気量子数（magnetic）、121

る
類　→　クラス

れ
レイリー散乱、211

わ
ワイコフレター（Wyckoff letter）、55

B
B-S-W の表記、241, 245

C
CSCO (Complete Set of Commuting Observables)、110, 118

E
Einstein summation convention、260

G
gerade、89

H
Hermann-Mauguin 表記　→　国際表記
HOMO、186

I
International Tables for Crystallography、38, 53

J
j-j カップリング、134

K
k の群、241
k のスター、241

L
LCAO-MO (linear combination of atomic orbital - molecular orbital)、162, 217, 236
L-S カップリング、134
LUMO、186

M
MO ダイヤグラム、171

S
Supergroup、61

U
ungerade、89

〈著者略歴〉

今野 豊彦（こんの　とよひこ）

1979年　東北大学工学部原子核工学科卒業
1980年　ロンドン大学インペリアルカレッジ大学院卒業（MSc）
1981-1990年　新日本製鐵株式会社
1993年　スタンフォード大学大学院　材料工学科卒業（Ph.D.）
1993年　東北大学金属材料研究所　助手
2002年　大阪府立大学大学院　工学研究科　教授
2006年　東北大学金属材料研究所　教授
2022年　退職

専門分野：材料科学、構造組織解析

物質の対称性と群論	著　者　今野豊彦　Ⓒ 2001
	発行者　南條光章
2001年10月25日　初版1刷発行	発　行　**共立出版株式会社**
2025年 5月15日　初版18刷発行	東京都文京区小日向4丁目6番19号
	電話 東京（03）3947-2511番（代表）
	〒112-0006／振替口座 00110-2-57035番
	URL　www.kyoritsu-pub.co.jp
	印　刷　星野精版印刷
	製　本　協栄製本
検印廃止	一般社団法人 自然科学書協会 会員
NDC 007.64	
ISBN 978-4-320-03409-9	Printed in Japan

JCOPY ＜出版者著作権管理機構委託出版物＞
本書の無断複製は著作権法上での例外を除き禁じられています．複製される場合は，そのつど事前に，出版者著作権管理機構（TEL：03-5244-5088，FAX：03-5244-5089，e-mail：info@jcopy.or.jp）の許諾を得てください．

物理学の諸概念を色彩豊かに図像化！　《日本図書館協会選定図書》

カラー図解 物理学事典

Hans Breuer［著］　Rosemarie Breuer［図作］
杉原　亮・青野　修・今西文龍・中村快三・浜　満［訳］

ドイツ Deutscher Taschenbuch Verlag 社の『dtv-Atlas 事典シリーズ』は，見開き2ページで一つのテーマ（項目）が完結するように構成されている。右ページに本文の簡潔で分かり易い解説を記載し，左ページにそのテーマの中心的な話題を図像化して表現し，本文と図解の相乗効果で，より深い理解を得られように工夫されている。これは，類書には見られない『dtv-Atlas 事典シリーズ』に共通する最大の特徴と言える。本書は，この事典シリーズのラインナップ『dtv-Atlas Physik』の日本語翻訳版であり，基礎物理学の要約を提供するものである。
内容は，古典物理学から現代物理学まで物理学全般をカバーし，使われている記号，単位，専門用語，定数は国際基準に従っている。

【主要目次】　はじめに（物理学の領域／数学的基礎／物理量，SI単位と記号／物理量相互の関係の表示／測定と測定誤差）／力学／振動と波動／音響／熱力学／光学と放射／電気と磁気／固体物理学／現代物理学／付録（物理学の重要人物／物理学の画期的出来事／ノーベル物理学賞受賞者）／人名索引／事項索引…■菊判・ソフト上製・412頁・定価6,050円（税込）

ケンブリッジ物理公式ハンドブック

Graham Woan［著］／堤　正義［訳］

『ケンブリッジ物理公式ハンドブック』は，物理科学・工学分野の学生や専門家向けに手早く参照できるように書かれたハンドブックである。数学，古典力学，量子力学，熱・統計力学，固体物理学，電磁気学，光学，天体物理学など学部の物理コースで扱われる2,000以上の最も役に立つ公式と方程式が掲載されている。
詳細な索引により，素早く簡単に欲しい公式を発見することができ，独特の表形式により式に含まれているすべての変数を簡明に識別することが可能である。オリジナルのB5判に加えて，日々の学習や復習，仕事などに最適な，コンパクトで携帯に便利なポケット版（B6判）を新たに発行。

【主要目次】　単位，定数，換算／数学／動力学と静力学／量子力学／熱力学／固体物理学／電磁気学／光学／天体物理学／訳者補遺：非線形物理学／和文索引／欧文索引
■B5判・並製・298頁・定価3,630円（税込）■B6判・並製・298頁・定価2,860円（税込）

（価格は変更される場合がございます）　共立出版　www.kyoritsu-pub.co.jp